新工科**电子信息类**
新形态教材精品系列

电工与电子技术

微○课○版

吉培荣　瞿晓东◎主编
李海军　粟世玮　张红　吉博文◎副主编

人民邮电出版社
北　京

图书在版编目（CIP）数据

电工与电子技术 ：微课版 / 吉培荣，瞿晓东主编. 北京 ：人民邮电出版社，2025. -- (新工科电子信息类新形态教材精品系列). -- ISBN 978-7-115-65815-9

Ⅰ. TM；TN

中国国家版本馆 CIP 数据核字第 2024J1L487 号

内 容 提 要

本书按照教育部高等学校电工电子基础课程教学指导分委员会制定的“电工学”课程教学基本要求编写而成，共 18 章，包括电路的基本概念和两类约束、电路的基本分析方法与定理、含受控电源电路及非线性电路、动态电路、交流电路、三相电路与安全用电、电机及其控制、半导体及二极管电路、三极管及其基本放大电路、三极管的其他类型放大电路、场效应管及其基本放大电路、运算放大器及其应用电路、放大电路中的反馈和正弦波振荡电路、直流稳压电源和晶闸管电路、门电路和组合逻辑电路、触发器和时序逻辑电路、信号的采集与转换、电路与电子实验。

本书可作为高等学校电工学、电路基础、电工技术、电子技术等课程的教材或学习参考书，也可供相关工程技术人员参考。

♦ 主　　编　吉培荣　瞿晓东

副 主 编　李海军　粟世玮　张　红　吉博文

责任编辑　王　宣

责任印制　胡　南

♦ 人民邮电出版社出版发行　　北京市丰台区成寿寺路 11 号

邮编　100164　　电子邮件　315@ptpress.com.cn

网址　https://www.ptpress.com.cn

三河市君旺印务有限公司印刷

♦ 开本：787×1092　1/16

印张：22.25　　2025 年 7 月第 1 版

字数：658 千字　　2025 年 7 月河北第 1 次印刷

定价：79.80 元

读者服务热线：(010)81055256　印装质量热线：(010)81055316

反盗版热线：(010)81055315

前　言

写作背景

“电工学”是高等学校非电类工科专业的一门重要的专业基础课程，该课程由电工技术和电子技术两大部分组成。学生通过对该课程的学习，可以掌握电工与电子技术领域的基本理论、基本分析方法和基本技能，为今后从事与电工与电子技术相关的工作打下一定的基础。

本书内容

本书按照教育部高等学校电工电子基础课程教学指导分委员会制定的“电工学”课程教学基本要求编写而成。本书内容较为全面，并具有概念准确、论述清晰的特点。学生使用本书学习电工与电子技术，能够掌握基本的概念和方法，并对相关的工程应用有所了解，为进一步学习和应用电工与电子技术奠定必要的基础。

本书的学时安排建议如表 1 所示，学时一为大学时安排，学时二为中学时安排，学时三为小学时安排。在大学时安排中，教材中的理论内容可基本完整讲授；而在中学时和小学时安排中，有部分理论内容无法在课堂上讲授，要留给学生自学。

表 1　学时安排建议

章序	章名	学时一	学时二	学时三
1	电路的基本概念和两类约束	4	4	3
2	电路的基本分析方法与定理	9	9	7
3	含受控电源电路及非线性电路	5	5	4
4	动态电路	4	4	4
5	交流电路	8	8	6
6	三相电路与安全用电	4	4	4
7	电机及其控制	6	6	0
8	半导体及二极管电路	4	4	3
9	三极管及其基本放大电路	6	6	5
10	三极管的其他类型放大电路	6	4	2
11	场效应管及其基本放大电路	4	2	0
12	运算放大器及其应用电路	6	4	3
13	放大电路中的反馈和正弦波振荡电路	6	2	1
14	直流稳压电源和晶闸管电路	6	2	2
15	门电路和组合逻辑电路	8	8	6
16	触发器和时序逻辑电路	8	8	6
17	信号的采集与转换	2	0	0
18	电路与电子实验	(16)	(8)	(8)
	理论总学时+（实验总学时）	96+(16)	80+(8)	56+(8)

本书特色

1. 合理构建知识体系，阐明基础知识概念

本书以电工与电子技术为载体，为学生搭建全面、系统的知识体系。不同院校的教师可以根据学生的专业和知识水平选用合适的知识内容开展教学。本书注重阐明基础知识概念，例如，本书定义了实际电路空间、理想电路空间和模型电路子空间，并给出了三者之间的关系，建立了狭义电路理论与广义电路理论的概念，规定了理想电路中电压和电流的正方向并说明了理想电路中实际方向的实质。

2. 精选典型例题习题，夯实理论知识基础

本书选取了电工与电子技术中的基础理论、关键方法、经典应用等重要内容，同时针对重难点知识编排了丰富的典型例题与习题，帮助学生及时巩固所学知识，打牢理论基础。

3. 揭示知识本质，强化学生实践能力

本书内容严谨，注重揭示知识本质，例如，针对实际运算放大器在线性应用时呈现的特点采用了"极小电压""极小电流"的描述，对运算放大器的理想模型特性采用了"零电压""零电流"的描述，有助于学生掌握知识的本质，精准把握理论情况与实际情况的关系，从而提高学生应用理论知识解决实际问题的能力。另外，为了加强学生的实践能力，本书特别设计了电路与电子实验部分，旨在通过讲解实验操作来深化学生对电路理论的理解。

4. 配套立体化教辅资源，支持开展混合式教学

本书将清晰明了的纸质图书与细致入微的微课讲解视频紧密结合，形成新形态教材；并且提供PPT、教学大纲、教案、习题答案等电子资源。教师可登录人邮教育社区（www.ryjiaoyu.com）下载相关资源。

编者团队

本书由三峡大学电气与新能源学院的教师和宜昌供电公司的工程技术人员合作完成。吉培荣编写第 1、18 章并参与第 2～17 章的编写，瞿晓东参与第 8、9、10、11 章的编写，李海军参与第 15、16、17 章的编写，粟世玮参与第 2、3、7 章的编写，张红参与第 12、13、14 章的编写，吉博文参与第 4、5、6 章的编写。

本书主编吉培荣长期从事电路、电子技术、电工学、电工测量、电力系统分析等课程的教学和相关领域的研究工作，担任电工教研室（电工电子教学基地）主任二十余年，编写相关教材多部。长期担任高等学校电路和信号系统教学与教材研究会常务理事、中国武汉（南方十一省）电工理论学会常务理事、湖北省电机工程学会电工理论专业委员会常务理事、湖北省高等学校电工学研究会常务理事。

限于编者水平，书中难免存在一些不足之处，敬请读者批评指正。联系地址：湖北省宜昌市大学路 8 号三峡大学电气与新能源学院。联系邮箱：jipeirong@163.com（吉培荣），646954452@qq.com（瞿晓东）。

编　者

2024 年 12 月

目 录

第5章 交流电路

第6章 三相电路与安全用电

第7章 电机及其控制

第8章

半导体及二极管电路

第9章

三极管及其基本放大电路

第10章

三极管的其他类型放大电路

第11章 场效应管及其基本放大电路

第12章 运算放大器及其应用电路

第13章 放大电路中的反馈和正弦波振荡电路

第14章 直流稳压电源和晶闸管电路

第15章 门电路和组合逻辑电路

第16章 触发器和时序逻辑电路

第 17 章 信号的采集与转换

第 18 章 电路与电子实验

第 1 章

电路的基本概念和两类约束

【本章简介】

本章主要介绍关于电路的一些基本概念和基础知识，它们是电路理论中的基础内容，也是核心内容。本章具体内容为电路的基本概念、元件约束、拓扑约束、实际电路的模型化。

1.1 电路的基本概念

1.1.1 实际电路和理想电路的概念

电路一词有两重含义，一是指实际电路，二是指理想电路。

实际电路是由实际器件用实际导线连接而成的具有特定功能的电流通路。

实际电路的种类很多，但总体来看，大致可概括为两类：一类电路进行电能量的传输、分配，如电力系统；另一类电路进行电信号的传输、处理，如通信系统和各种信息（信号）处理系统。

实际电路一般由三个部分组成，如传输或分配电能量的电路由电源、输配电环节、负载三部分组成；传输或处理信息（信号）的电路由信号源、传输或处理信息（信号）的环节、信息（信号）接收器三部分组成。

构成实际电路的实际器件类型很多，发出电能量或电信号的器件有旋转发电机、电池、热电偶、信号发生器、感应元件、天线等，电路工作时的中间环节中有变压器、频率转换器、放大器、输电线、信号馈线等，消耗电能量或接收电信号的器件有电炉、电动机、照明灯具、音箱、显示器、投影仪等。

理想电路是由定义出来的各种理想元件通过理想导线遵循确定规律连接而成的虚拟电路。这里的“确定规律”是指后面要讨论的基尔霍夫定律。

理想元件由定义而生，为概念而非物理存在，故理想电路也属概念的范畴。理想元件包括线性电阻、线性电容、线性电感、理想电压源、理想电流源等。

电路也被称为电网络、电系统，简称为网络、系统。它们是人们从不同的角度出发而提出的术语，在本书中，对这三者视为等同。

实际电路与理想电路的关系

1.1.2 实际电路与理想电路的关系

以某一实际电路为对象，抽象出用以反映其主要特性的理想电路，这一过程称为实际电路的模型化（详细的讨论将在 1.4 节中进行）。图 1-1（a）所示为手电筒电路，模型化后的结果如图 1-1（b）所示。图 1-1（b）中，S 为理想开关，U_S 为理想电压源，R_S 和 R_L 为理想电阻。

通过模型化，得到与实际电路相对应的理想电路后，对其进行理论分析和计算，并将结果应用于实际电路中，即为通过模型化和理论计算分析实际电路的一般过程。另一种分析实际电路的方法是对实际电路进行测试从而得到分析结果，本书第 18 章的电路与电子实验就对应此项内容。

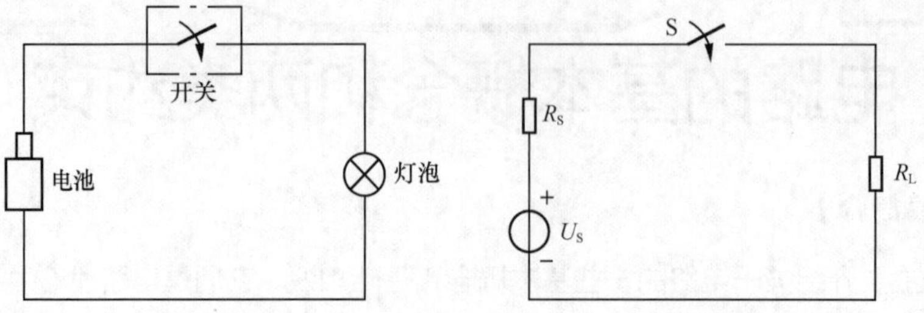

（a）手电筒电路　　（b）模型化电路

图 1-1　实际模型电路化示例

本书规定，与实际电路有对应关系的理想电路称为“模型电路”（可简称为模型），与实际电路没有对应关系的理想电路不能称为模型电路。

全部实际电器件和实际电路的集合构成实际电路空间；全部理想元件和理想电路的集合构成理想电路空间。理想电路空间中包含模型电路子空间，为全部模型电路的集合。实际电路、理想电路、模型电路三者的关系如图 1-2 所示。从图中可以看到，某些理想电路不存在对应的实际电路，但由实际电路总可以构造出对应的理想电路。

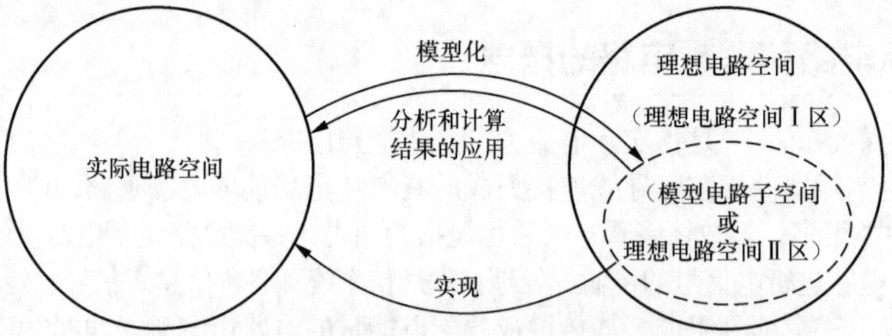

图 1-2　实际电路、理想电路与模型电路三者的关系

图 1-2 中，上面的两个箭头反映了实际电路的分析过程；下面的一个箭头反映了实际电路的实现过程，这一过程是指首先设计出模型电路，然后实现对应的实际电路。

为方便起见，把图 1-2 中的理想电路空间分为I区和II区。与实际电路没有对应关系的部分称为理想电路空间I区，与实际电路有对应关系的部分称为理想电路空间II区。所有的理想元件均定义在理想电路空间I区中，它们本身不存在电压、电流或功率的限制；但当理想元件出现在理想电路空间II区中时，因它们与实际电路对应，故存在电压、电流或功率的限制。

图 1-2 中模型电路子空间（II区）的边界线之所以用虚线表示，是因为某些内容原本处于II区，但可能移入I区。例如，理想电压源与线性电阻串联闭合构成的理想电路对应某些实际电路时，原本处于理想电路空间II区中，但在分析这一理想电路中的电流随电阻阻值变化的规律时，假定电阻阻值趋于无限小时，就应将这一理想电路从II区移入I区中，因为此时的理想电路无法与任何实际电路相对应。

对模型电路进行分析，其结果有实际意义；但对处于理想电路空间I区中的理想电路进行分析，有时只有理论上的意义。

1.1.3 狭义电路理论与广义电路理论

为方便界定相关概念和论述问题，可把直接分析理想电路的理论称为狭义电路理论，而把直接分析实际电路的理论称为广义电路理论。狭义电路理论是一个严密的逻辑体系，遵循定义和规则；

广义电路理论属于物理范畴，遵循客观规律。

狭义电路理论的研究对象处于理想电路空间（包括I区、II区）中，其核心处于I区中；广义电路理论的研究对象处于实际电路空间和理想电路空间II区中，也包含模型化的内容。广义电路理论实际包含了电子信息和电气工程的主要内容。

狭义电路理论和广义电路理论的交集是理想电路空间II区，理想电路空间II区中的内容既遵循定义和规则，也遵循物理规律。

本书第 1～6 章为电路理论部分，重点介绍理想电路分析方法，总体上属于狭义电路理论范畴，但也包含了不少广义电路理论（模型电路及关联讨论等）的内容；本书的其他部分，总体上属于广义电路理论范畴。

1.1.4　电路的基本物理量和变量

1．实际电路中的基本物理量

实际电路涉及大量的物理量，基本的物理量是电压、电流、电荷和磁通（或磁链）。在国际单位制（International System of Units，SI）中，电压的单位为伏特，符号为 V；电流的单位为安培，符号为 A；电荷的单位为库仑，符号为 C；磁通（或磁链）的单位为韦伯，符号为 Wb。

工程上常用的电压单位还有千伏（kV）、毫伏（mV）和微伏（μV）等；常用的电流单位还有千安（kA）、毫安（mA）、微安（μA）等。

对于随时间变化的情况，电压、电流、电荷通常用$u(t)$、$i(t)$、$q(t)$表示，或写为u、i、q；对于不随时间变化的情况，电压、电流、电荷通常用U、I、Q表示；磁通或磁链通常用$\varphi(t)$或$\Phi(t)$表示，也可写为φ或Φ。

人们可以感知电压、电流、电荷和磁通（或磁链）这些基本物理量，测量是感知这些物理量的基本手段。

2．理想电路中的基本变量

理想电路是虚拟存在的，并非物理存在，因此其中不存在物理量。但由于构建理想电路的根本目的是解决实际电路中的问题，故须设定与实际物理量相对应的虚拟物理量，包括虚拟电压、虚拟电流、虚拟电荷和虚拟磁通（或虚拟磁链），简称为电压、电流、电荷和磁通（或磁链），它们是理想电路中的基本变量，其单位、符号与对应的实际物理量相同。

1.1.5　电流、电压的参考方向

在物理学中，把电荷有规律地定向移动称为电流，并规定正电荷移动的方向（实质是电子移动的反方向）为电流的实际方向。

物理学中也说明，电荷在电场中的移动是电场力做功的结果。将无穷远处选为参考点，空间中某点的电位就为将单位正电荷从该点移至无穷远处电场力所做的功。两点之间的电位差称为电压，并规定高电位点趋向低电位点的方向为电压的实际方向。

在模型电路即理想电路空间II区中，把与实际方向一致的方向称为规定正方向，简称为正方向。电流的规定正方向是虚拟正电荷移动的方向，电压的规定正方向是虚拟高电位点趋向低电位点的方向。将相关概念扩展到理想电路空间I区中，即得到整个理想电路中规定正方向的定义。

由于模型电路中的规定正方向与对应实际电路中的实际方向一致，为方便起见，通常将规定正方向称为实际方向；进一步地，将整个理想电路空间中的规定正方向都称为实际方向。须注意这一做法本质上存在问题，因为实际方向是对应于实际电路的，并非对应于理想电路。这一做法的负面影响之一是容易产生将理想电路与实际电路混为一谈的问题，电路理论的初学者对此要高度警惕。

在对电路进行分析时，由于电压、电流的实际方向（规定正方向）往往事先未知，或者随时间变化，因此，必须预先假定电压和电流的方向，称为参考方向；由于参考方向是预先假定的方向，故也可称其为假定方向。

电压u的参考方向（假定方向）常用“+、−”号或箭头表示，如图 1-3（a）中所示；电流i的参考方向（假定方向）常用箭头表示，如图 1-3（b）中所示。参考方向（假定方向）也可用双下标表示，如针对图 1-3，u_{AB} 表示电压的参考方向（假定方向）由 A 点指向 B 点，i_{AB} 表示电流的参考方向（假定方向）由 A 点指向 B 点。

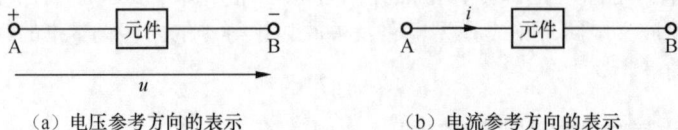

（a）电压参考方向的表示　　（b）电流参考方向的表示

图 1-3　电压和电流参考方向的表示

有了参考方向（假定方向），结合求出或给定的电压或电流的具体符号和数值，就可确定实际方向（规定正方向）。例如，在图 1-3（a）中，假定已得到$u=1\text{V}$，则表明电压的大小是 1V，实际方向如图中箭头所示；若得到的是$u=-1\text{V}$，则表明电压的大小是 1V，实际方向与图中箭头方向相反。同理，在图 1-3（b）中，假定已得到$i=1\text{A}$，则表明电流的大小是 1A，实际方向如图中箭头所示；若得到的是$i=-1\text{A}$，则表明电流的大小是 1A，实际方向与图中箭头方向相反。

电路中的电压和电流是两个不同的物理量（或称变量），它们的参考方向是分别设定的。如果对某一元件（或局部电路）设定的电压与电流参考方向一致，这时的参考方向就称为关联参考方向，简称为关联方向。图 1-4（a）中，u与i为关联方向。当电压与电流的参考方向不一致时，这时的参考方向就称为非关联参考方向，简称为非关联方向。图 1-4（b）中，u与i为非关联方向。图 1-4 中的 N 表示某个局部电路，它可由多个元件构成，也可仅由一个元件构成，因该电路有两个引出端，故称其为二端电路。

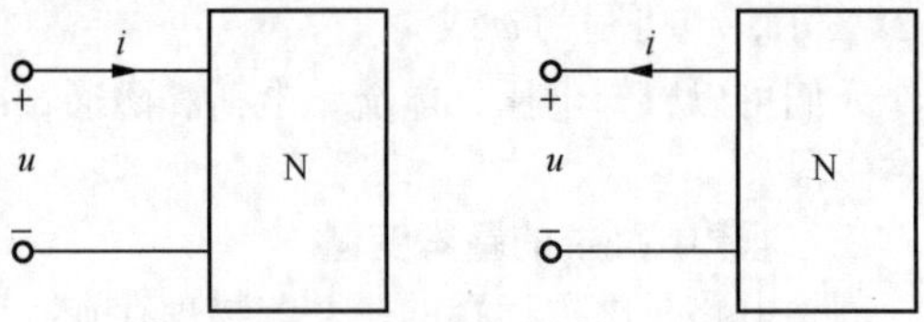

（a）关联参考方向　　（b）非关联参考方向

图 1-4　电压和电流的关联参考方向与非关联参考方向

需要强调的是：电压、电流的参考方向（假定方向）可独立设定，但一旦设定，在分析和计算过程中一般就不应改变；本书中，在电路图上标定的所有电压、电流的方向均是参考方向（假定方向），并非实际方向（规定正方向）。

另外还须说明，图 1-4 所示电路有时是整体电路中的局部，这时$i\neq 0$，有时为独立存在，这时$i=0$。具体情况须结合具体场景加以判断。

1.1.6 电磁能量与功率

电场和磁场，均是特殊形式的物质，均具有能量。描述电场的基本物理量是电场强度 $\boldsymbol{E}$ 和辅助量电通密度 $\boldsymbol{D}$，描述磁场的基本物理量是磁通密度 $\boldsymbol{B}$ 和辅助量磁场强度 $\boldsymbol{H}$。

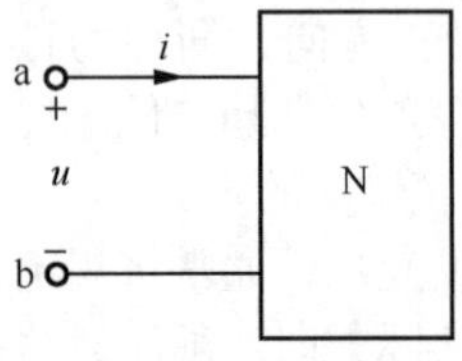

图 1-5　电路的功率计算

当电路工作时，电场力推动电荷在电路中运动，电场力对电荷做功，同时电路吸收能量。电场力将单位正电荷由电场中 a 点移动到 b 点所做的功即为 a、b 两点间的电压。

图 1-5 所示电路中，电压u和电流i的参考方向一致，为关联方向。在 dt 时间内通过该电路的电荷量为 $\mathrm{d}q=i\cdot\mathrm{d}t$，电荷由 a 端移到 b 端，电场力对其做的功为 $\mathrm{d}A=u\cdot\mathrm{d}q$，电路吸收的能量为

$$\mathrm{d}W=\mathrm{d}A=u\cdot\mathrm{d}q \tag{1-1}$$

即

$$\mathrm{d}W = u \cdot i \cdot \mathrm{d}t \tag{1-2}$$

功率为能量对时间的变化率，则图 1-5 所示电路的功率为

$$p = \frac{\mathrm{d}W}{\mathrm{d}t} = u \cdot i \tag{1-3}$$

式（1-3）表明，电压和电流取关联参考方向时，乘积“ui”表示电路吸收能量的速率。如果 $p = ui > 0$，则表示该电路吸收能量；如果 $p = ui < 0$，则表示该电路吸收负能量，即发出能量。若将图 1-5 所示电路中的电压或电流的参考方向加以改变，使得电压和电流为非关联方向，此时如果仍用公式 $p = ui$ 计算电路的功率，则 $p = ui > 0$ 表示电路发出能量，$p = ui < 0$ 表示电路吸收能量。

为了从计算结果上直接得出电路吸收或发出能量的统一结论，可以规定：电压和电流为关联方向时，功率的计算式为 $p = ui$；电压和电流为非关联方向时，功率的计算式为 $p = -ui$。在此规定下，$p > 0$ 表示电路吸收能量，$p < 0$ 表示电路发出能量。

实际中，经常有吸收功率和发出功率的说法，对此，不可直接按字面理解其含义，应理解为吸收能量和发出能量，这是因为功率虽有正负，但却没有吸收和发出的概念。

在国际单位制（SI）中，功率的单位是瓦特，符号为 W。工程上常用的功率单位有千瓦（kW）、毫瓦（mW）等。

电路中的能量通过对功率的时间积分得到。从 t_0 到 t 时间内电路（或元件）吸收的能量由式（1-4）表示，即

$$W = \int_{t_0}^{t} p\mathrm{d}\xi = \int_{t_0}^{t} ui\mathrm{d}\xi \tag{1-4}$$

在国际单位制（SI）中，能量的单位为焦耳，符号为 J。现实中还采用千瓦小时（kWh）作为电能的单位，1 kWh 也称为 1 度（电）。两者的换算关系为：$1\text{kWh}=10^3\text{W}\times3600\text{s}=3.6\times10^6\text{J}$。

电路分析的过程中，功率和能量的计算十分重要，这是因为实际电路在工作时总伴有电能与其他形式能量的相互转换。此外，电气设备、实际器件本身还存在功率大小的限制。在使用电气设备和实际器件时，应注意其电压或电流是否超过额定值（即正常工作时所要求的数值）。如果过载（即电压或电流超过额定值），就容易造成设备或器件的损坏，或降低设备的使用寿命，或使设备不能正常工作。

1.2 元件约束

电阻（电导）元件

1.2.1 电阻（电导）元件

理想电阻（电导）元件是为了反映实际电路中的耗能效应而定义的，其特性可用精确的数学方程来描述。

线性电阻是一种理想二端元件，其特性定义为：当电压和电流取关联方向时，在任何时刻，其两端的电压 u 和流过的电流 i 满足式（1-5）所示的线性函数关系

$$u = Ri \tag{1-5}$$

将式（1-5）改写，可有

$$i=Gu \tag{1-6}$$

式（1-5）就是通常所说的欧姆定律。式（1-5）中的系数 R 称为电阻元件的电阻参数，通常也称为电阻。R 既表示电阻元件，也表示电阻参数，其符号如图 1-6（a）所示。式（1-6）中的系数 G 称为电阻元件（或称电导元件）的电导参数，简称电导，R 与 G 是互为倒数的关系，即 $G=1/R$。在国际单位制（SI）中，R 的单位为欧姆，简称欧，符号为 Ω；G 的单位为西门子，简称西，符号为 S。

非关联参考方向条件下，式（1-5）、式（1-6）应改为 $u = -Ri$、$i = -Gu$。

电阻元件和电导元件都被用来反映实际电路中的耗能效应，因此是同一种元件，但在涉及理想电路的对偶性质时（对偶性质将在本书 2.4 节中介绍），电阻元件和电导元件应被视为两个不同的元件。工程上，电阻常用的单位还有千欧（kΩ）和兆欧（MΩ）。

式（1-5）定义的线性电阻其电压电流关系（伏安特性）可用$u-i$平面中过原点的一条直线表示，如图 1-6（b）所示。电压电流关系一词常用 VCR（Voltage and Current Relationship）表示。

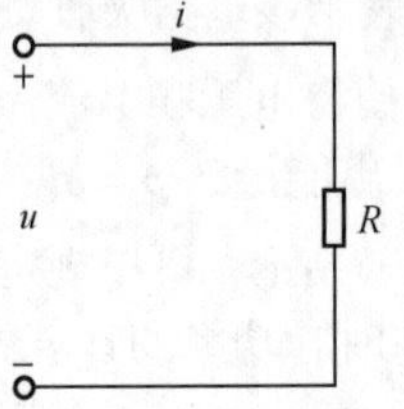

（a）线性电阻元件的符号

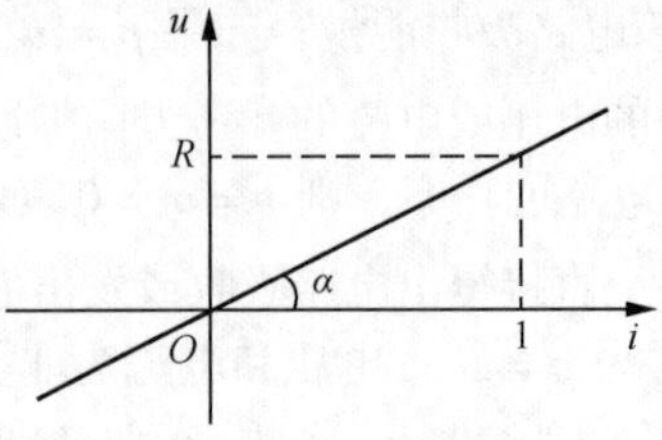

（b）伏安特性曲线

图 1-6　线性电阻元件符号及其伏安特性曲线

线性电阻的电压u和电流i为关联方向时，其功率的计算式为

$$p = ui = Ri^2 = u^2 / R \tag{1-7}$$

或

$$p = ui = Gu^2 = i^2 / G \tag{1-8}$$

由式（1-7）可知t_0到t时间内，该电阻吸收（消耗）的电能为

$$W_{\mathrm{R}} = \int_{t_0}^{t} Ri^2(\xi)\mathrm{d}\xi \tag{1-9}$$

当$R \to \infty$时，电阻两端的电压无论为何值，流过它的电流恒为零，此种情况称为“开路”，也常称为“断路”；当$R = 0$时，流过电阻的电流无论为何值，其两端的电压始终为零，此种情况称为“短路”。

实际电阻器件与理想电阻元件的特性是不同的，如反映理想电阻元件特性的式（1-5）中，电压和电流可为无穷大，而实际电阻器件上的电压和电流是受限制的。当实际电阻器件上的电压或电流过大时，器件会被烧毁。在实际电阻器件能够正常工作的电压和电流范围内，若其上的电压电流关系近似符合式（1-5）所示的关系，就可把实际电阻模型化为线性电阻，但这时的线性电阻有电压、电流或功率的限制。

理想电阻是为了反映实际电路中消耗电能量这一现象而定义的，结合这一情况，线性电阻元件的定义式$u = Ri$中，R值应大于零。但在狭义电路理论中，R值并不限定大于零，可以是零值，也可以是负值。R值为零值时就是理想导线，R值为负值时就表明该元件发出能量。实际电阻器件均是消耗能量的。实际电源的用途是用来发出能量的，在某些情况下，可以把发出能量的实际二端电路用负电阻表示，即模型化为负电阻。

1.2.2 独立电源

独立电源是为了描述实际电路中某些器件对外提供电能这一现象而定义的，“独立”二字是相对于后面将要讨论的受控电源而言的。独立电源也称为理想电源，包括理想电压源和理想电流源两种。

1. 理想电压源

理想电压源的定义：端电压为一个确定的时间函数或常量，该电压与端子上流过的电流无关。

理想电压源常简称为电压源，其符号如图 1-7（a）所示，伏安特性为

$$\begin{cases} u(t) = u_{\mathrm{S}}(t) \\ i(t)\text{由外接电路决定，值域为}(-\infty, +\infty) \end{cases} \tag{1-10}$$

式（1-10）中，$u_S(t)$ 为给定的时间函数，与流过的电流 $i(t)$ 无关；$i(t)$ 由外电路确定，值域范围为 $(-\infty,+\infty)$。当 $u_S(t)=U_S$ 为恒定值时，电压源称为直流电压源，可用图 1-7（b）所示符号表示，其中长画线对应于“+”，短画线对应于“−”。

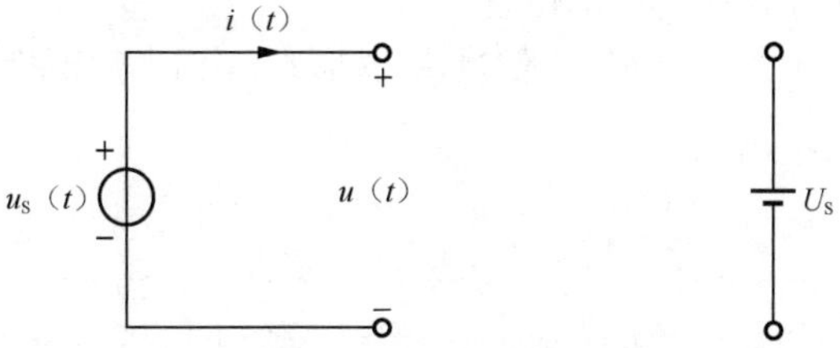

（a）理想电压源的符号　　（b）直流时常用的理想电压源的符号

图 1-7　理想电压源的两种符号

图 1-8（a）给出的是电压源与外电路相连接的情况，其端子 1、2 之间的电压 $u(t)$ 等于 $u_S(t)$，它不受外电路的影响。图 1-8（b）给出的是直流电压源 $u_S(t)=U_S$ 时的伏安特性曲线，它是一条平行于电流轴的固定直线，表明电压源的电压始终为 U_S，电流可以在负无穷到正无穷的范围内取值。若 $u_S(t)$ 随时间变化，针对每一个时刻，都可得到一个与图 1-8（b）类似的伏安特性曲线图，但不同时间平行于横轴的直线处于图中不同的位置。

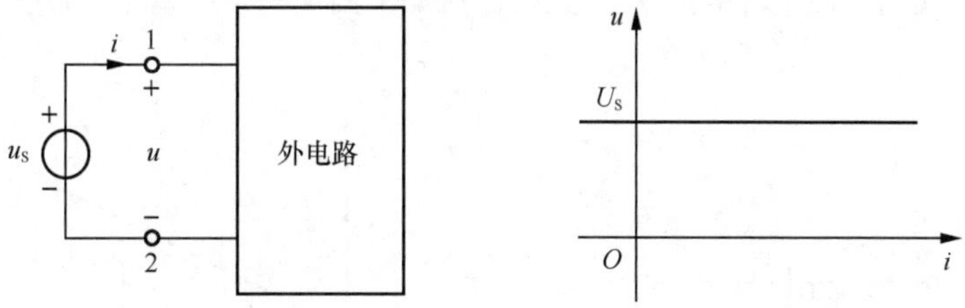

（a）接外电路的理想电压源　　（b）理想电压源的伏安特性曲线

图 1-8　接外电路的理想电压源和理想电压源的特性曲线

2．理想电流源

理想电流源的定义：端子上的电流为一个确定的时间函数或常量，该电流与两个端子间的电压无关。

理想电流源常简称为电流源，其符号如图 1-9（a）所示，伏安特性为

$$\begin{cases} i(t)=i_S(t) \\ u(t)\text{由外接电路决定，值域为}(-\infty,+\infty) \end{cases} \tag{1-11}$$

式（1-11）中，$i_S(t)$ 为给定的时间函数，与两个端子间的电压 $u(t)$ 无关；$u(t)$ 由外接电路决定，值域范围为负无穷到正无穷。图 1-9（b）给出了理想电流源与外电路相连接的情况。

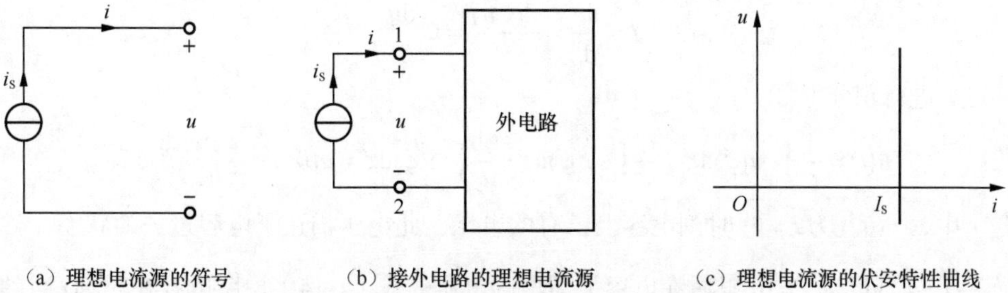

（a）理想电流源的符号　　（b）接外电路的理想电流源　　（c）理想电流源的伏安特性曲线

图 1-9　理想电流源符号及其伏安特性曲线

当$i_S(t)=I_S$为恒定值时，电流源为直流电流源，其伏安特性曲线如图 1-9（c）所示，它是一条平行于电压轴的固定直线，表明该电流源的电流始终为I_S，电压可以在负无穷到正无穷的范围内取值。若$i_S(t)$随时间变化，则针对每一个时刻，都可得到一个与图 1-9（c）类似的伏安特性图，但不同时刻平行于纵轴的直线处于图中不同的位置。

理想电压源、理想电流源在电路中常常被称为激励或输入，这时，由它们产生的电压和电流就被称为响应或输出。

1.2.3 电容元件

等量异号电荷在实际电路中间隔一定距离时，在异号电荷之间的空间中存在电场，电容元件是为了描述电场效应（储存电场能量）而提出的。电容元件常简称为电容。

线性电容是一种理想二端元件，其特性定义为：元件上所存储的电荷量q与其两端间的电压u成正比，即

$$q=Cu \tag{1-12}$$

式（1-12）中，C为线性电容的参数，也用于表示电容元件。线性电容的图形符号如图 1-10（a）所示。在国际单位制中，电容的单位是法拉，简称法，符号为 F。工程技术中，电容常用的单位还有微法（μF）和皮法（pF）。

式（1-12）所定义的线性电容的库伏特性可用$q-u$平面中一条过原点的直线来表示，如图 1-10（b）所示。

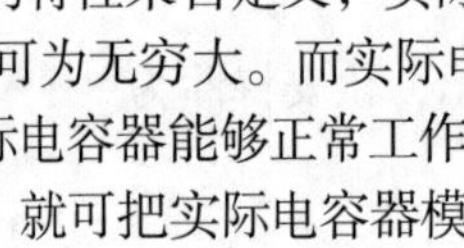

（a）电容符号

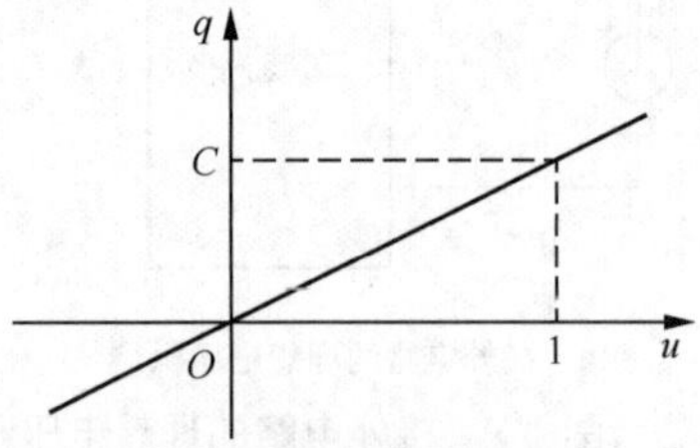

（b）库伏特性曲线

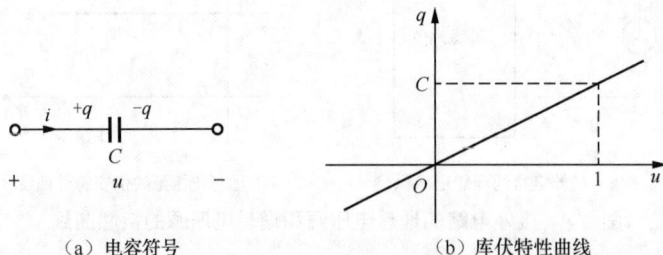

图 1-10 线性电容的符号及其库伏特性曲线

理想电容元件的特性来自定义，实际电容器并不满足理想电容元件的特性。针对理想电容元件的式（1-12），电压可为无穷大。而实际电容器上的电压是受限制的，当电压过大时，电容器就会被击穿而损坏。在实际电容器能够正常工作的电压范围内，若电压与电荷间的关系近似符合式（1-12）所表示的线性关系，就可把实际电容器模型化为图 1-10（a）所示的线性电容，此即为电容器的一种模型电路。

当电容上的电压u随时间发生变化时，存储在电容上的电荷随之变化，这样便出现了充电或放电现象，就有电流在连接电容的导线上流过。如果电压u和电流i取关联参考方向，由式（1-12）可得

$$i=\frac{\mathrm{d}q}{\mathrm{d}t}=\frac{\mathrm{d}(Cu)}{\mathrm{d}t}=C\frac{\mathrm{d}u}{\mathrm{d}t} \tag{1-13}$$

对式（1-13）进行积分可得

$$u(t)=\frac{1}{C}\int_{-\infty}^{t}i(\xi)\mathrm{d}\xi=\frac{1}{C}\int_{-\infty}^{0_-}i(\xi)\mathrm{d}\xi+\frac{1}{C}\int_{0_-}^{t}i(\xi)\mathrm{d}\xi=u(0_-)+\frac{1}{C}\int_{0_-}^{t}i(\xi)\mathrm{d}\xi \tag{1-14}$$

式（1-14）中，$u(0_-)$为$t=0_-$时刻电容上已有的电压，此电压描述了电容过去的状态，称为初始电压；而$\frac{1}{C}\int_{0_-}^{t}i(\xi)\mathrm{d}\xi$为$t=0_-$以后在电容上新增的电压。式（1-14）说明电容在时刻t时的电压取

决于 $-\infty \sim t$ 时间范围内所有时刻的电流值，即与电流过去的全部历史状况有关。由此可见，电容有记忆电流的作用，所以该元件是一种记忆元件。

如果电容电压 u 和电流 i 的参考方向相反，即两者为非关联参考方向，则有

$$i = -C\frac{\mathrm{d}u}{\mathrm{d}t} \tag{1-15}$$

对式（1-15）进行积分，可得积分形式的电容电压 u 与电容电流 i 的关系为

$$u(t) = -\frac{1}{C}\int_{-\infty}^{t} i(\xi)\mathrm{d}\xi = -\frac{1}{C}\int_{-\infty}^{0_-} i(\xi)\mathrm{d}\xi - \frac{1}{C}\int_{0_-}^{t} i(\xi)\mathrm{d}\xi = u(0_-) - \frac{1}{C}\int_{0_-}^{t} i(\xi)\mathrm{d}\xi \tag{1-16}$$

当电压、电流取关联参考方向时，电容的瞬时功率为

$$p = ui = Cu\frac{\mathrm{d}u}{\mathrm{d}t} \tag{1-17}$$

若 $p > 0$，说明电容在吸收能量，即处于被充电状态；若 $p < 0$，说明电容在释放能量，即处于放电状态。如果电容从时间 t_0 到 t 被充电，则此阶段它所吸收的能量 ΔW_C 为

$$\Delta W_C = \int_{t_0}^{t} p(\xi)\mathrm{d}\xi = \int_{t_0}^{t} u(\xi)i(\xi)\mathrm{d}t = \int_{t_0}^{t} Cu\frac{\mathrm{d}u}{\mathrm{d}\xi}\mathrm{d}\xi = \frac{1}{2}Cu^2(t) - \frac{1}{2}Cu^2(t_0) \tag{1-18}$$

电容吸收的能量以电场能量的形式存储，t 时刻电容存储的电场能量 $W_C(t)$ 为

$$W_C(t) = \frac{1}{2}Cu^2(t) \tag{1-19}$$

电容被充电时，$|u(t)|$ 增加，$W_C(t)$ 增加，元件吸收能量；电容放电时，$|u(t)|$ 减少，$W_C(t)$ 减少，元件释放能量。电容元件不会把吸收的能量消耗掉，而是将其以电场能的形式存储在电场中，所以电容元件是一种储能元件。但实际电容工作时会消耗一部分能量。

电容电压保持不变时，电容上的电荷不变，流过的电流为零，此时，电容相当于断路。

1.2.4　电感元件

当电流流过实际电路时在周边会产生磁场，电感元件是为了描述磁场效应（储存磁场能量）而提出的。电感元件常简称为电感。

线性电感是一种理想二端电路元件，其特性定义如下：元件中的磁通链 Φ 与流过的电流 i 成正比，即

$$\Phi = Li \tag{1-20}$$

式（1-20）中，L 为线性电感的参数，也通常指代电感元件。线性电感的图形符号如图 1-11（a）所示。在国际单位制中，电感的单位是亨利（H）。亨利是比较大的单位，工程中常用的电感单位有毫亨（mH）和微亨（μH）。

式（1-20）所定义的线性电感上的磁链 Φ 与电流 i 之间的关系可用 $\Phi - i$ 平面中一条过原点的直线表示，如图 1-11（b）所示。

理想电感元件的特性是定义出来的，实际电感元件并不满足理想电感元件的特性。针对理想电感元件的式（1-20）中，电流可为无穷大。而实际电感元件上的电流是受限的，当电流过大时，实际电感元件就会因过热而烧毁。在实际电感元件能够正常工作的电压和电流范围内，若电感上的电流与其上磁链间的关系近似符合式（1-20）所表示的线性关系，就可把实际电感模型化为图 1-11（a）所示的线性电感，此即为实际电感的一种模型电路。

电感线圈是一种实际电感，如图 1-12 所示，当变化的电流 i 通过时，在线圈中会产生变化的磁通 φ 或磁通链 Φ，变化的磁通链在线圈两端必然引起感应电压 u。

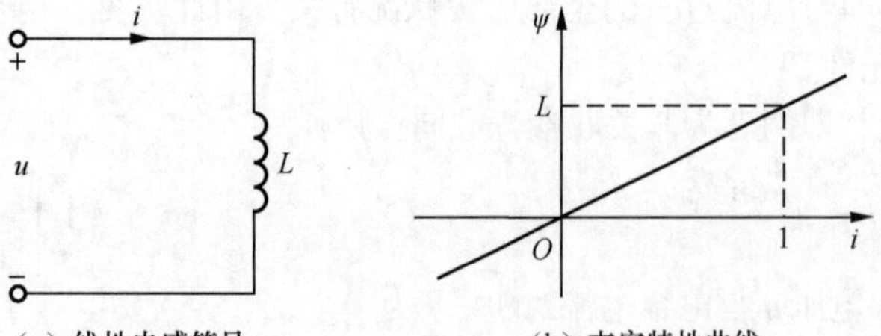

（a）线性电感符号　（b）韦安特性曲线

图 1-11　线性电感的符号及其韦安特性曲线

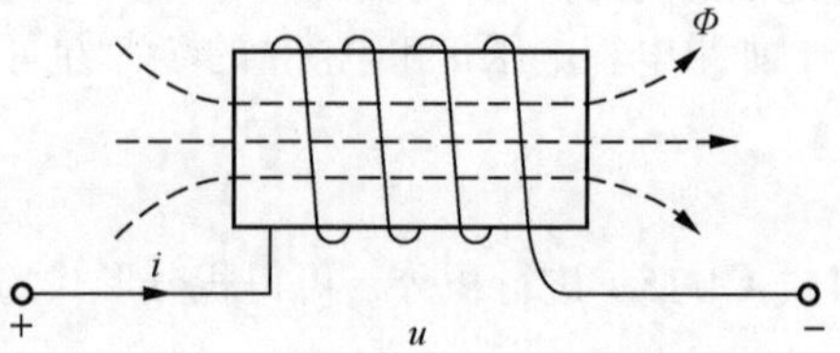

图 1-12　实际电感线圈示意图

由式（1-20）可得

$$u=\frac{\mathrm{d}\Phi}{\mathrm{d}t}=L\frac{\mathrm{d}i}{\mathrm{d}t} \tag{1-21}$$

对式（1-21）进行积分可得

$$i(t)=\frac{1}{L}\int_{-\infty}^{t}u(\xi)\mathrm{d}\xi=\frac{1}{L}\int_{-\infty}^{0_-}u(\xi)\mathrm{d}\xi+\frac{1}{L}\int_{0_-}^{t}u(\xi)\mathrm{d}\xi=i(0_-)+\frac{1}{L}\int_{0_-}^{t}u(\xi)\mathrm{d}\xi \tag{1-22}$$

式（1-22）中，$i(0_-)$ 为 $t=0_-$ 时刻电感中存在的电流，它总结了电感过去的历史状况，称为初始电流；$\frac{1}{L}\int_{0_-}^{t}u(\xi)\mathrm{d}\xi$ 为 $t=0_-$ 时刻以后在电感中增加的电流。式（1-22）说明，t 时刻电感上的电流取决于 $-\infty\sim t$ 时间范围内所有时刻上的电压值，即与电感电压过去全部的历史状况有关。可见，电感有记忆电压的功能，它是一种记忆元件。

当电感的电压 u 与电流 i 为非关联参考方向时，有

$$u=-L\frac{\mathrm{d}i}{\mathrm{d}t} \tag{1-23}$$

则电感电压 u 与电流 i 积分形式的关系为

$$i(t)=-\frac{1}{L}\int_{-\infty}^{t}u(\xi)\mathrm{d}\xi=-\frac{1}{L}\int_{-\infty}^{0_-}u(\xi)\mathrm{d}\xi-\frac{1}{L}\int_{0_-}^{t}u(\xi)\mathrm{d}\xi=i(0_-)-\frac{1}{L}\int_{0_-}^{t}u(\xi)\mathrm{d}\xi \tag{1-24}$$

当电压与电流为关联参考方向时，电感的瞬时功率为

$$p=ui=Li\frac{\mathrm{d}i}{\mathrm{d}t} \tag{1-25}$$

若 $p>0$，说明电感在吸收能量；若 $p<0$，说明电感在释放能量。从时间 t_0 到 t 期间内，电感的能量变化 ΔW_L 为

$$\Delta W_L=\int_{t_0}^{t}p\mathrm{d}\xi=\int_{t_0}^{t}Li\mathrm{d}i=\frac{1}{2}Li^2(t)-\frac{1}{2}Li^2(t_0) \tag{1-26}$$

电感在任意时刻 t 存储的磁场能量 $W_L(t)$ 为

$$W_L(t)=\frac{1}{2}Li^2(t) \tag{1-27}$$

由此可知，当 $|i(t)|$ 增加时，$W_L(t)$ 增加，电感吸收能量；当 $|i(t)|$ 减小时，$W_L(t)$ 减少，电感释放能量。电感元件不会把吸收的能量消耗掉，而是将其以磁场能的形式存储在磁场中，所以电感元件是一种储能元件。但实际电感工作时会消耗一部分能量。

电感元件的电压、电流关系满足微分或积分形式，在电感电流不变时，电感上的磁通链不变，电压为零，此时，电感相当于短路。

1.3 拓扑约束

1.3.1 支路、节点、回路和网孔

这里介绍一些重要的电路术语。支路：通过相同电流的一段电路称为支路。支路可仅由一个元件构成，也可以是规定的某种结构。节点：三条或三条以上支路的连接点称为节点。有时也将两条支路的连接点称为节点。回路和网孔：由支路构成的闭合路径称为回路；当闭合路径呈现为一个自然的孔时，回路就称为网孔。

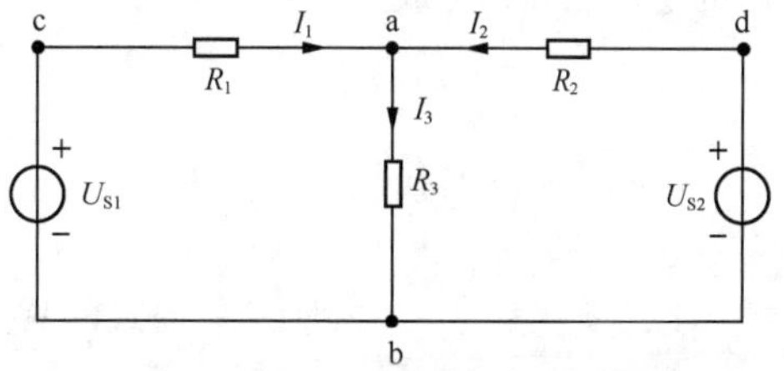

图 1-13　用于介绍电路术语的电路

图 1-13 所示电路有两个节点，即 a、b；有三条支路，即 ab、acb、adb。有时，c、d 也称为节点，这样，电路就有四个节点、五条支路。该电路的回路为三个，即 abca、abda、adbca，其中 abca、abda 为网孔。

元件（支路）的相互连接构成电路，电路须遵循两类约束，一类是元件（支路）约束，另一类是拓扑约束。元件（支路）约束用元件（支路）的 VCR 表示，拓扑约束由基尔霍夫电流定律和基尔霍夫电压定律描述。

基尔霍夫电流定律

1.3.2 基尔霍夫电流定律

基尔霍夫电流定律（kirchhoff's current law，KCL）的内容是：对电路中的任一节点，在任何时刻，与其相连的所有支路电流的代数和等于零。

由于数学上没有“代数和”专用符号，基于“和”专用符号 $\sum$，可得 KCL 的数学通式为

$$\sum_k \pm i_k = 0 \tag{1-28}$$

式（1-28）中，i_k 为 k 号支路上的电流。应用式（1-28）时，去掉展开式中的求和运算符号“+”和第 1 项前的数值符号“+”，所得即为代数和形式。

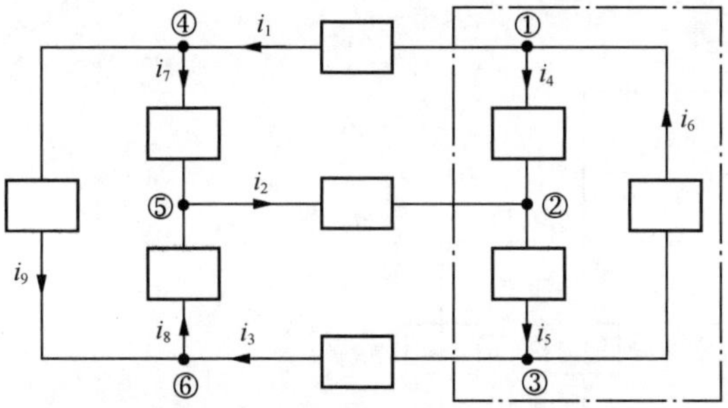

图 1-14　节点及广义节点示例

列写式（1-28）时常用的规则是：当 i_k 的参考方向背离节点时，i_k 前面用“+”号；当 i_k 的参考方向指向节点时，i_k 前面用“−”号；当然，作相反的规定也可行。

对图 1-14 所示的电路，规定流出节点的电流前面用“+”号，流入节点的电流前面用“−”号，按式（1-28）针对节点①、②、③列出的 KCL 方程为

$$\begin{cases}(+i_1)+(+i_4)+(-i_6)=0\\(-i_2)+(-i_4)+(+i_5)=0\\(+i_3)+(-i_5)+(+i_6)=0\end{cases} \tag{1-29}$$

去掉求和运算符号“+”和第 1 项前的数值符号“+”，其代数和形式为

$$\begin{cases}i_1+i_4-i_6=0\\-i_2-i_4+i_5=0\\i_3-i_5+i_6=0\end{cases} \tag{1-30}$$

KCL 不仅适用于电路中的任何节点，也适用于电路中的任何闭合面，即广义节点。图 1-14 中，虚线包围的封闭区域就是一个广义节点，对其应用 KCL 有

$$(+i_1)+(-i_2)+(+i_3)=0 \quad 或 \quad i_1-i_2+i_3=0 \tag{1-31}$$

式（1-31）也可由式（1-30）中的三个方程相加得到。所以，式（1-30）和式（1-31）所包含的四个方程不是相互独立的。

KCL 还可表述为：对电路中的任一节点（或广义节点），在任何时刻，流入的电流之和等于流出的电流之和，写成数学公式有

$$\sum_m i_{流入m}=\sum_n i_{流出n} \tag{1-32}$$

由式（1-31）可得

$$i_1+i_3=i_2 \tag{1-33}$$

式（1-33）正是式（1-32）这一通式的具体体现。

1.3.3 基尔霍夫电压定律

基尔霍夫电压定律（kirchhoff's voltage law，KVL）的内容是：对电路中的任一闭合回路，在任何时刻，组成回路的所有支路电压的代数和等于零。

KVL 的数学通式为

$$\sum_k \pm u_k=0 \tag{1-34}$$

式（1-34）中，u_k 为 k 号支路上的电压。

按式（1-34）列写 KVL 方程时，须确定对应回路的绕行方向。通常将顺时针方向确定为回路绕行方向。当支路电压 u_k 的参考方向与回路绕行方向一致时，u_k 前面取“+”号，反之取“−”号；或按相反方式处理。

图 1-15 所示电路中，支路 1、2、3、4 构成了一个回路，设回路绕行方向为顺时针，如虚线上的箭头所示，对该回路列 KVL 方程有

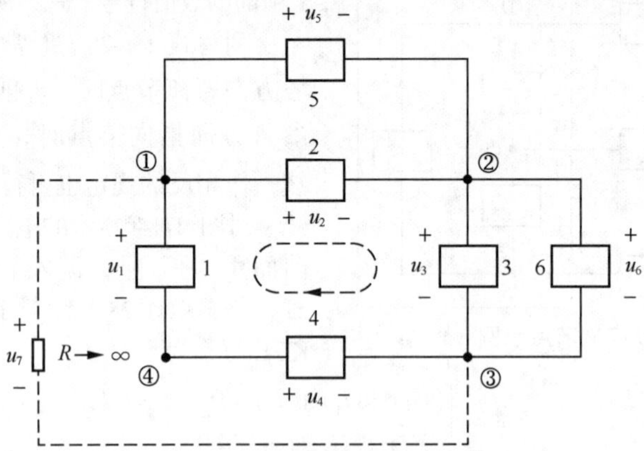

图 1-15 回路及广义回路示例

$$(-u_1)+(+u_2)+(+u_3)+(-u_4)=0 \quad 或 \quad -u_1+u_2+u_3-u_4=0 \tag{1-35}$$

式（1-35）可改写为

$$u_1+u_4=u_2+u_3 \tag{1-36}$$

式（1-36）说明，节点①与节点③之间的电压 u_1+u_4 是与路径无关的，即无论是沿支路 1、4

或沿支路 2、3 构成的路径，节点①与节点③之间的电压数值相等。

支路构成的闭合路径称为回路，非闭合路径通过在断开处添加一个电阻为无穷大的支路后可构成闭合路径，称为广义回路。广义回路也满足 KVL。如图 1-15 所示电路中，节点①与节点③之间无直接相连支路，添加一个电阻为无穷大的支路后（如图中虚线所示支路），该支路与支路 1、4 一起构成广义回路，该广义回路的 KVL 方程为

$$(-u_7)+(+u_1)+(+u_4)=0 \quad 或 \quad -u_7+u_1+u_4=0 \qquad (1\text{-}37)$$

式（1-37）中，u_7 是所添加支路的电压，实际是节点①与节点③之间的电压。

KVL 还可表述为：对电路中的任一回路（或广义回路），在任何时刻，与回路绕行方向一致的所有支路电压之和等于与回路绕行方向相反的所有支路电压之和，或称为电位降（与绕行方向一致）等于电位升（与绕行方向相反）。这一表述的数学通式为

$$\sum_m u_{一致m}=\sum_n u_{相反n} \quad 或 \quad \sum_m u_{降m}=\sum_n u_{升n} \qquad (1\text{-}38)$$

由式（1-37）可得

$$u_1+u_4=u_7 \qquad (1\text{-}39)$$

式（1-39）正是式（1-38）这一通式的具体体现。

1.3.4 拓扑约束的应用条件

在狭义电路理论范畴中，对理想电路而言，基尔霍夫定律是公理，其应用是无条件的。理想电压源能否短路？答案是不能，这里的不能是不可能，因为短路违背 KVL。同理，理想电流源不能断路，因为断路违背 KCL。

实际电压源能否短路？答案是不能，这里的不能是不允许而非不可能，不允许是因为实际电压源短路没有益处但有坏处，非不可能是因为实际电路中经常出现电压源短路现象。

在广义电路理论范畴中，对实际电路而言，基尔霍夫定律是规律，但其应用存在前提条件，须满足静态电磁场（恒稳电磁场）的要求，对应的电路为直流电路，电压和电流均保持恒定而不随时间发生变化。

现实中，多数情况下电磁场都是动态的，这时基尔霍夫定律不再成立。由于实际中并不一定需要完全精确的结果，满足一定精度要求的近似值都可以被接受，故可将基尔霍夫定律的应用条件放宽到准静态电磁场中。

什么样的电磁场可认为是准静态电磁场？这可通过比较电磁波的波长与实际电路的最大几何尺寸而确定。当电磁波的波长 λ 远大于所关联电路的最大几何尺寸 l 时，就可认为该电磁场为准静态电磁场。这里远大于的一般标准是 $\lambda>10l$ 或 $l<0.1\lambda$ 。

1.4 实际电路的模型化

对实际电路进行理论分析，首先要建立对应的模型电路，该过程被称为模型化，图 1-1 中已反映了这一情况。

任何一个模型电路都只能在一定精度意义上反映实际电路，都是对实际电路的近似。利用所建立的模型电路进行理论分析，若所得结果与实际相比的误差在工程允许的范围内，则可认为这样的模型电路就是一个适用的模型。

线性电阻、线性电容、线性电感是三种基本电路元件，分别是针对实际电路中的能量损耗、电场储能和磁场储能三种效应而定义出来的，很多实际元件的模型均可用基本电路元件或它们的组合来表示。

实验室中的线绕电阻工作在直流或较低频率时可建模为如图 1-6（a）所示的线性电阻；在高

频工作条件下，实际线绕电阻可模型化为如图 1-16 所示的模型电路，图中的 R 反映了线绕电阻消耗能量的属性，L 反映了线绕电阻产生磁场的属性，C 反映了线绕电阻产生电场的属性。

对一个实际的电容器，建模时若无须考虑其耗能效应和磁场效应，且其上的电荷与电压近似满足线性关系，则可用图 1-10（a）所示的线性电容对其建模；若必须考虑其工作时的能量损耗，则其模型可如图 1-17 所示。

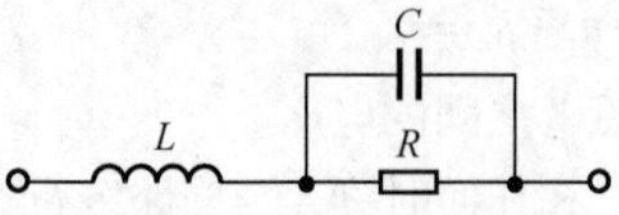

图 1-16　实际线绕电阻的一种模型电路

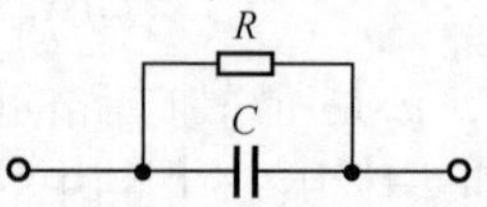

图 1-17　实际电容器的一种模型电路

对一个实际的电感线圈，建模时若无须考虑其耗能效应和电场效应，且其上的磁链与电流近似满足线性关系，则可用图 1-11（a）所示的线性电感对其建模；若必须考虑其工作时的能量损耗，则其模型电路可如图 1-18（a）所示；若还必须考虑工作时的电场效应，则可用图 1-16 或图 1-18（b）所示的模型电路表示。当然，还可以构造更复杂的模型电路。

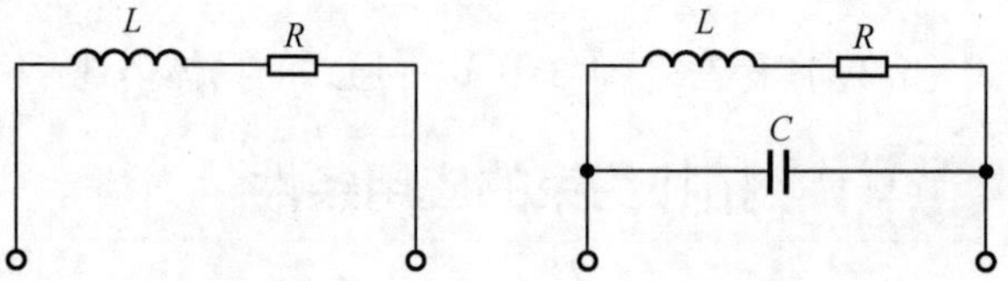

（a）实际电感的模型电路一　（b）实际电感的模型电路二

图 1-18　实际电感的两种模型

图 1-16、图 1-17、图 1-18 给出的模型电路包含了有限数量的理想元件，且元件的参数值均不趋近于零，这样的模型称为集中参数模型电路，对应的实际电路须工作在静态电磁场或准静态电磁场条件下；若实际电路不是工作在静态电磁场或准静态电磁场的条件下，就要用分布参数模型电路对实际电路建模，其模型中会包含无限数量的理想元件，且理想元件的参数值均趋于零，具体内容在此不作进一步讨论。

一般而言，实际电路的模型越复杂，模型精度越高，分析结果越接近实际，但相应的计算量就越大。实际工作中，在满足精度要求的前提下，模型越简单越好。

《习　题》

1-1　电路如题 1-1 图所示，写出各元件 u 和 i 的约束方程。

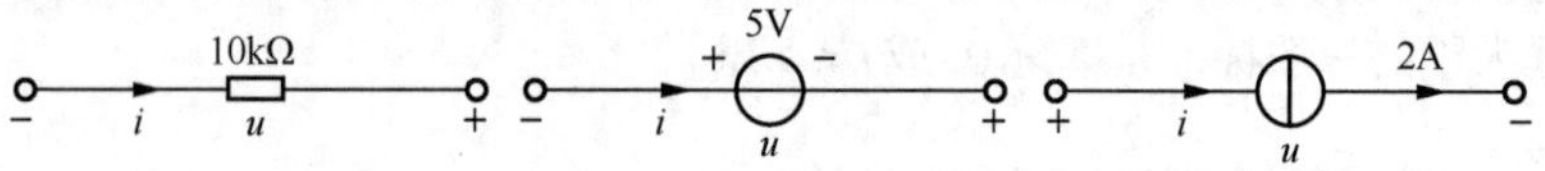

（a）　（b）　（c）

题 1-1 图

1-2　求题 1-2 图所示各电路中的 u 或 i。

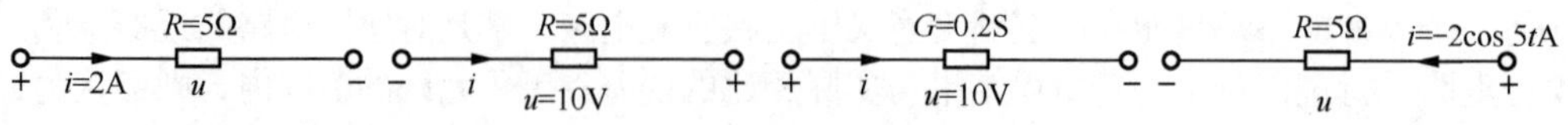

（a）　（b）　（c）　（d）

题 1-2 图

1-3　各个元件的电压、电流数值如题 1-3 图所示，试求：（1）若元件 A 吸收的功率为 10W，则 u_a 为多少？（2）若元件 B 发出的功率为 10W，则 i_b 为多少？（3）若元件 C 吸收的功率为−10W，

则 i_c 为多少？（4）若元件 D 发出的功率为−10W，则 i_d 为多少？

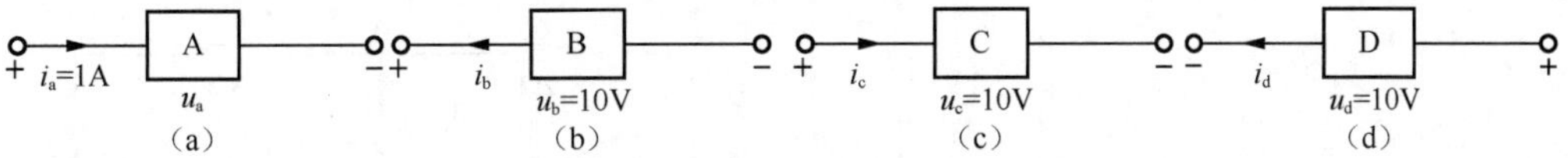

题 1-3 图

1-4　电路如题 1-4 图所示，求电流 I 和电压 U。

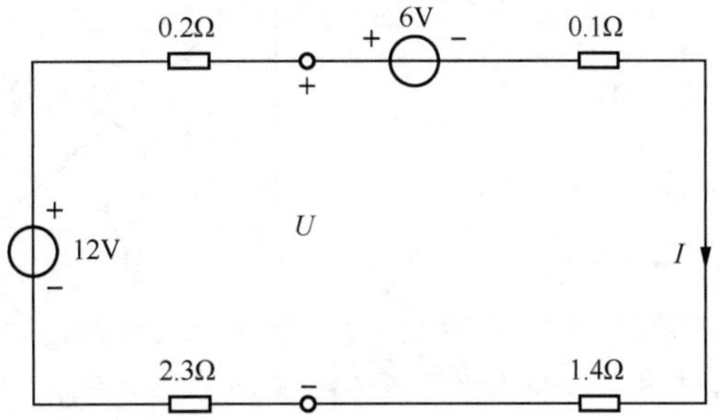

题 1-4 图

1-5　题 1-5 图所示电路中，已知 $i_1 = 1\text{A}$、$i_4 = 2\text{A}$、$i_5 = 3\text{A}$，试求其余各支路的电流。

1-6　题 1-6 图所示为某一电路的局部电路，求 I_1、I_2、U、U_R 和 R。

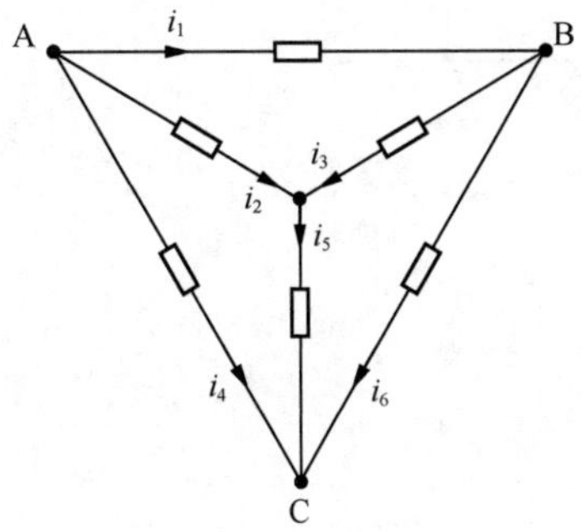

题 1-5 图

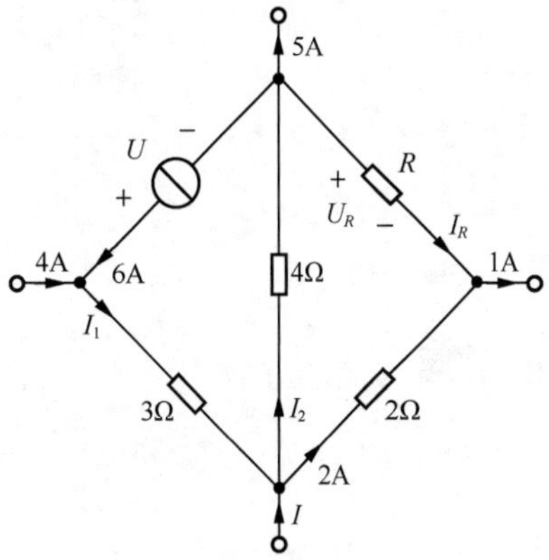

题 1-6 图

1-7　利用元件约束和拓扑约束求题 1-7 图所示电路中的电压 u。

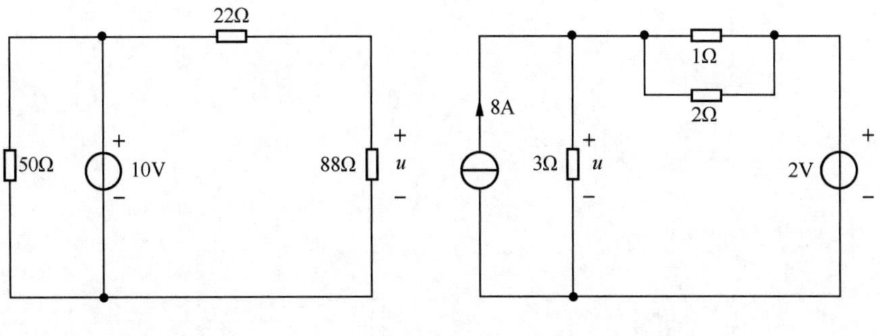

（a）电路一　　（b）电路二

题 1-7 图

1-8　题 1-8 图所示为某一电路的局部电路，求电流 I_1、I_2 和 I_3。

1-9　电路如题 1-9 图所示，试计算U。

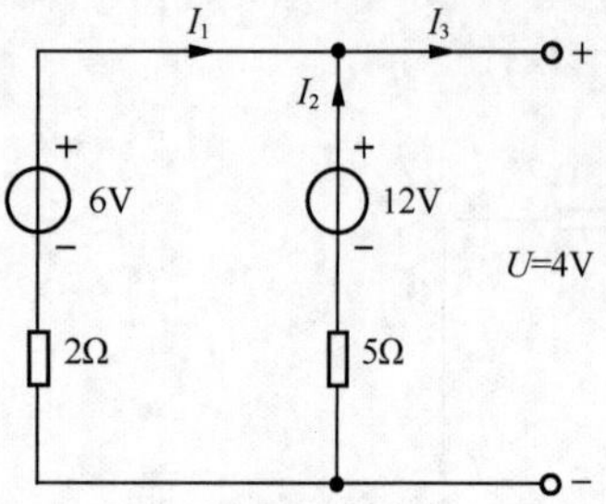

题 1-8 图

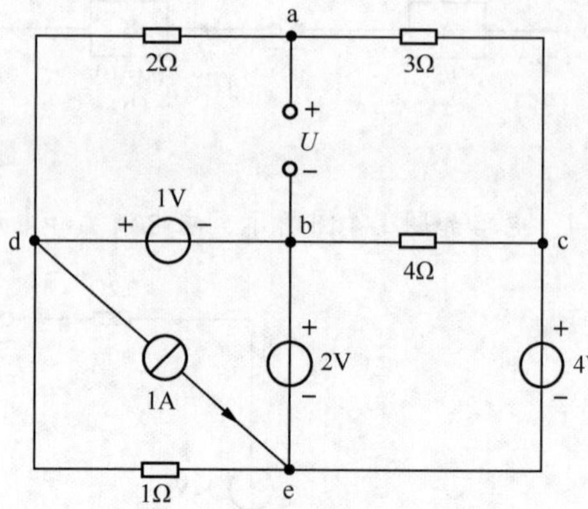

题 1-9 图

1-10　电路如题 1-10 图所示，已知图中电流$I=1\text{A}$，求电压U_{ab}、U及电流源I_S的功率。

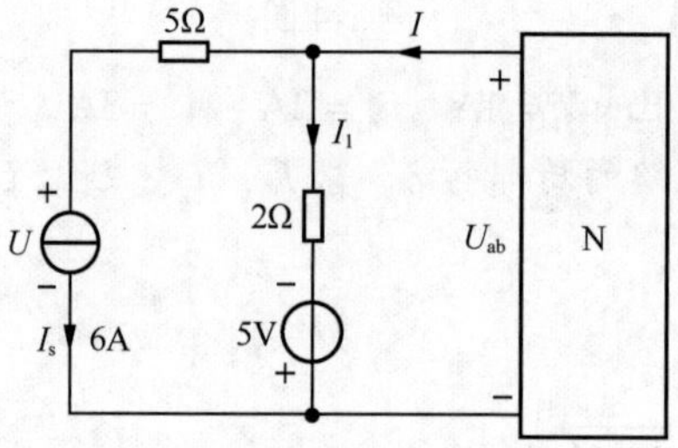

题 1-10 图

第 2 章 电路的基本分析方法与定理

【本章简介】

本章介绍电路的等效变换和电路的一般分析方法等内容，它们是电路理论中的基础和核心内容。本章具体内容为等效变换、电路的一般分析方法、电路定理、对偶原理。

2.1 等效变换

2.1.1 等效变换的概念

一个电路中的两个端子，若其中一个端子上流入的电流始终等于另一个端子上流出的电流，则这两个端子合称为端口。

据 KCL 可知，二端电路的两个端子自然满足端口的定义，所以二端电路自然为一端口电路。有两个端口的电路称为二端口电路。二端口电路有四个端子，一定是四端电路，但四端电路不一定是二端口电路。

电路端口上的电压电流关系，称为端口特性。

不同的电路具有不同的结构，结构不同但端口特性相同的电路互称为等效电路。对于图 2-1（a）、图 2-1（b）所示的两个具有不同结构的二端电路 N_1 和 N_2，若它们在端口处的电压电流约束关系 $u = f(i)$ 相同，则两者互称为等效电路。

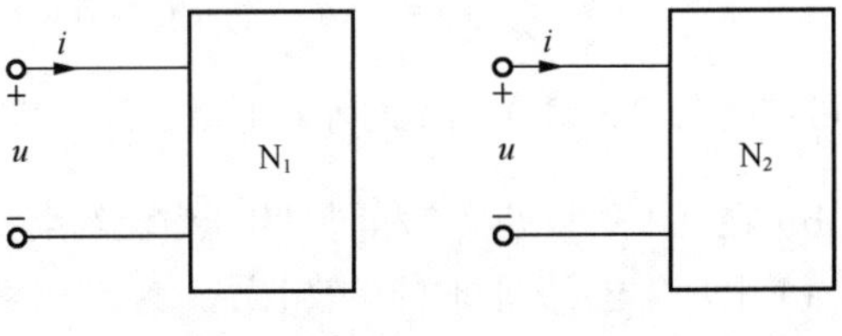

（a）二端电路一　　（b）二端电路二

图 2-1　两个不同结构的二端电路

把电路 N_1 变化为电路 N_2，或把电路 N_2 变化为电路 N_1，称为等效变换。

假设电路 N_1 由多个电阻连接构成，电路 N_2 仅由一个电阻 R 构成，当电路 N_1 与电路 N_2 具有相同的特性时，R 就被称为等效电阻。

各种场合下的等效变换通常是将一个结构复杂的电路转换为一个结构简单的电路，因此，等效变换的方法也常被称为电路化简的方法。

2.1.2 电阻的串联

若各元件流过的是同一电流，则它们的连接方式被称为串联连接，简称串联。串联的根本特征是各元件通过同一电流。图 2-2（a）所示为由 n 个电阻 R_1、R_2、⋯、R_n 串联而成的电路，根据 KVL 有

$$u = u_1 + u_2 + \cdots + u_n \tag{2-1}$$

根据电阻的元件约束有$u_1 = R_1 i$，$u_2 = R_2 i$，…，$u_n = R_n i$。将这些元件约束代入式（2-1）中可得

$$u = R_1 i + R_2 i + \cdots + R_n i = (R_1 + R_2 + \cdots + R_n) i \tag{2-2}$$

可构造图 2-2（b）所示的等效电路，并令其中的电阻$R = R_1 + R_2 + \cdots + R_n = \sum_{k=1}^{n} R_k$，此种情况下，图 2-2（a）所示的电路与图 2-2（b）所示的电路在 1-1′端口处具有相同的 VCR（电压电流约束关系），故两电路互称为等效电路。等效变换通常是把图 2-2（a）所示电路转化为图 2-2（b）所示电路，图 2-2（b）中的R便是图 2-2（a）中的n个电阻串联时的等效电阻。

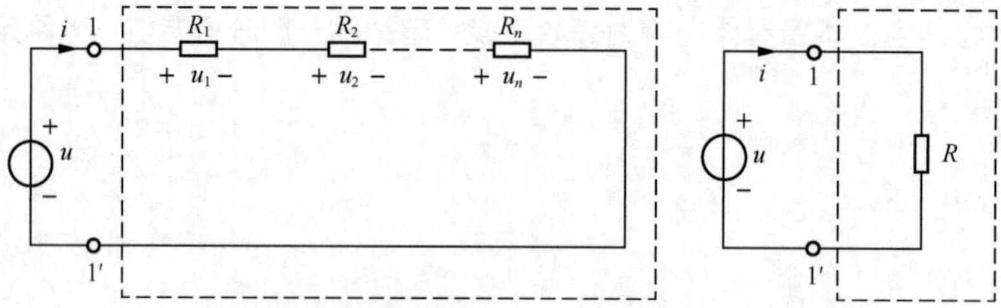

（a）n个电阻的串联电路　　（b）等效电路

图 2-2　n个电阻的串联及其等效电路

电阻串联时，各个电阻上的电压为

$$u_k = R_k i = R_k \cdot \frac{u}{R} = \frac{R_k}{R_1 + R_2 + \cdots + R_n} u \qquad (k = 1, 2, \cdots, n) \tag{2-3}$$

可见，串联电阻的电压与其电阻值成正比，式（2-3）称为分压公式。

2.1.3 电阻的并联

若各二端元件两端所加的是同一电压，则它们的连接方式被称为并联连接，简称并联。并联的根本特征是各元件所加电压为同一电压。图 2-3（a）所示为由n个电导G_1、G_2、…、G_n并联而成的电路。根据 KCL 和电阻的元件约束可得

$$i = i_1 + i_2 + \cdots + i_n = G_1 u + G_2 u + \cdots + G_n u = (G_1 + G_2 + \cdots + G_n) u \tag{2-4}$$

可构造图 2-3（b）所示的等效电路，其中的电导$G = G_1 + G_2 + \cdots + G_n = \sum_{k=1}^{n} G_k$。图 2-3（a）与图 2-3（b）在 1-1′端口处具有相同的电压电流约束关系，它们互称为等效电路，图 2-3（b）中的G是图 2-3（a）中n个电导并联时的等效电导。

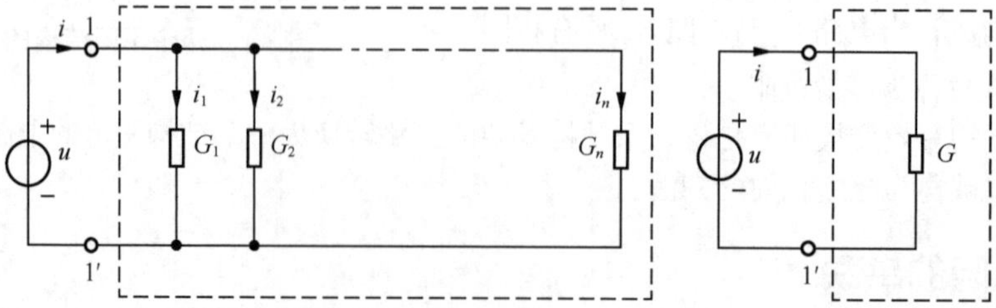

（a）n个电阻的并联电路　　（b）等效电路

图 2-3　n个电阻的并联及其等效电路

电导并联时，各电导中的电流为

$$i_k = G_k u = G_k \cdot \frac{i}{G} = \frac{G_k}{G_1 + G_2 + \cdots + G_n} i \qquad (k = 1, 2, \cdots, n) \tag{2-5}$$

可见，并联电导中的电流与各自的电导成正比，式（2-5）是并联电导的分流公式。

例 2-1　图 2-4 所示电路中，$I_S = 33\text{mA}$，$R_1 = 40\text{k}\Omega$，$R_2 = 10\text{k}\Omega$，$R_3 = 25\text{k}\Omega$，求 I_1、I_2 和 I_3。

解：由题给条件，可知

$$G_1 = \frac{1}{R_1} = \frac{1}{40 \times 10^3} = 2.5 \times 10^{-5}\ \text{S}$$

$$G_2 = \frac{1}{R_2} = \frac{1}{10 \times 10^3} = 1.0 \times 10^{-4}\ \text{S}$$

$$G_3 = \frac{1}{R_3} = \frac{1}{25 \times 10^3} = 4.0 \times 10^{-5}\ \text{S}$$

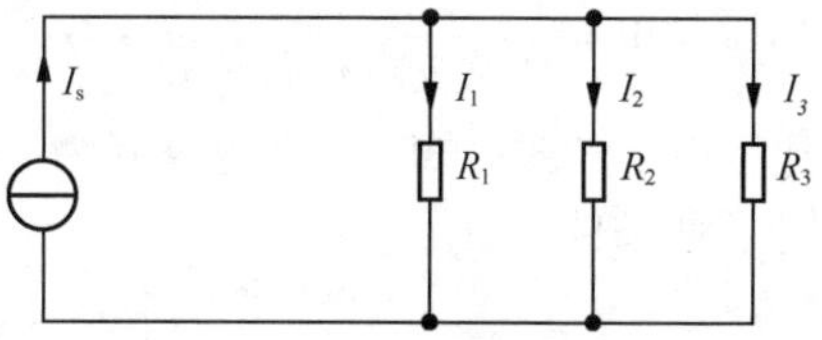

图 2-4　例 2-1 电路

根据分电流公式，可得

$$I_1 = \frac{G_1}{G_1 + G_2 + G_3} \times I_S = \frac{2.5 \times 10^{-5} \times 33}{2.5 \times 10^{-5} + 1.0 \times 10^{-4} + 4.0 \times 10^{-5}} \approx 5\text{mA}$$

$$I_2 = \frac{G_2}{G_1 + G_2 + G_3} \times I_S = \frac{1.0 \times 10^{-4} \times 33}{2.5 \times 10^{-5} + 1.0 \times 10^{-4} + 4.0 \times 10^{-5}} \approx 20\text{mA}$$

$$I_3 = \frac{G_3}{G_1 + G_2 + G_3} \times I_S = \frac{4.0 \times 10^{-5} \times 33}{2.5 \times 10^{-5} + 1.0 \times 10^{-4} + 4.0 \times 10^{-5}} \approx 8\text{mA}$$

2.1.4 电阻的混联

仅由电阻构成的二端电路中，当其中的电阻既有串联，又有并联时，称为电阻的混合连接，简称混联。从端口特性来看，此二端电路可用一个电阻来等效，等效的过程是先将电路中的局部串联电路和局部并联电路用等效电阻表示，再根据得到的新电路中电阻之间的连接关系继续用电阻串联和并联的规律做等效简化，直到简化为一个等效电阻为止。

例 2-2　图 2-5 所示电路为混联电路，试求其等效电阻。

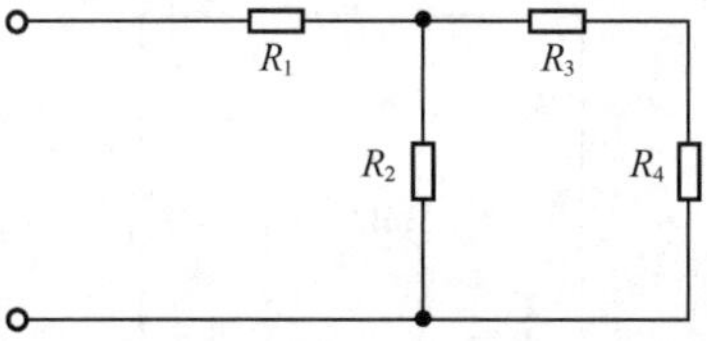

图 2-5　例 2-2 电路

解：在图 2-5 中，R_3 与 R_4 串联后与 R_2 并联，再与 R_1 串联，则其等效电阻为

$$R = R_1 + \frac{R_2(R_3 + R_4)}{R_2 + (R_3 + R_4)}$$

为简化起见，可将并联关系用符号“//”表示，故上式也可写为

$$R = R_1 + R_2 // (R_3 + R_4)$$

2.1.5 实际电源的两种模型及其等效变换

实际电源的功能是对外提供电能，这一属性可用理想电压源或理想电流源表征，实际电源工作时自身还消耗能量，这一属性可用电阻或电导表征，由此就可得到实际电源的两种常用模型电路，如图 2-6（a）和（b）所示，分别是电压源电阻串联模型和电流源电导并联模型，其中的 R（或 G）称为电源的等效内电阻（或等效内电导），简称为内阻（或内导）。当这两个电路端口处的电压电流关系相同时，就互为等效电路。下面推导这两个电路等效的条件。

实际电源的两种模型及其等效变换

图 2-6（a）所示电路端口 1-1′ 处电压 u 与电流 i 的关系为

$$u = u_S - Ri \quad 或 \quad i = \frac{1}{R}u_S - \frac{1}{R}u \tag{2-6}$$

图 2-6（b）所示电路端口 1-1′ 处电压 u 与电流 i 的关系为

$$u = \frac{1}{G}i_S - \frac{1}{G}i \quad 或 \quad i = i_S - Gu \tag{2-7}$$

比较以上两式可知，若两电路互为等效电路，须满足下列条件

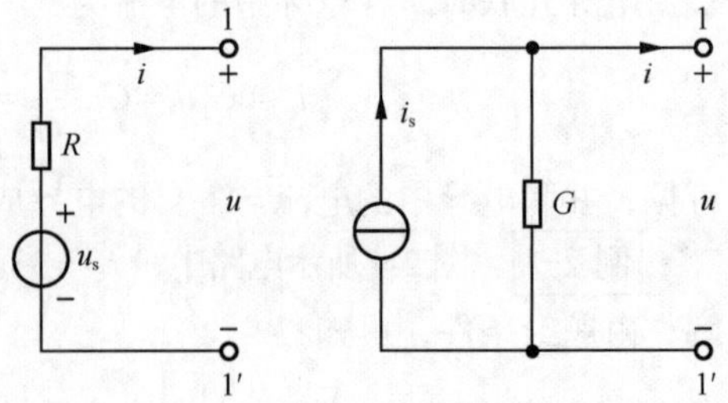

（a）电压源电阻串联模型　（b）电流源电导并联模型

图 2-6　实际电压源和实际电流源的模型

$$\begin{cases} u_S = \dfrac{1}{G}i_S \\ R = \dfrac{1}{G} \end{cases} \quad 或 \quad \begin{cases} i_S = \dfrac{1}{R}u_S \\ G = \dfrac{1}{R} \end{cases} \tag{2-8}$$

式（2-8）中，前面的式子给出了将电流源模型转化为电压源模型的方法，后面的式子给出了将电压源模型转化为电流源模型的方法。

例 2-3　应用等效变换的方法，求图 2-7（a）所示电路中的电流 i。

解：不断对电路做等效变换，可有如下过程：图 2-7（a）→图 2-7（b）→图 2-7（c）→图 2-7（d）→图 2-7（e）或图 2-7（f）。由图 2-7（e）得

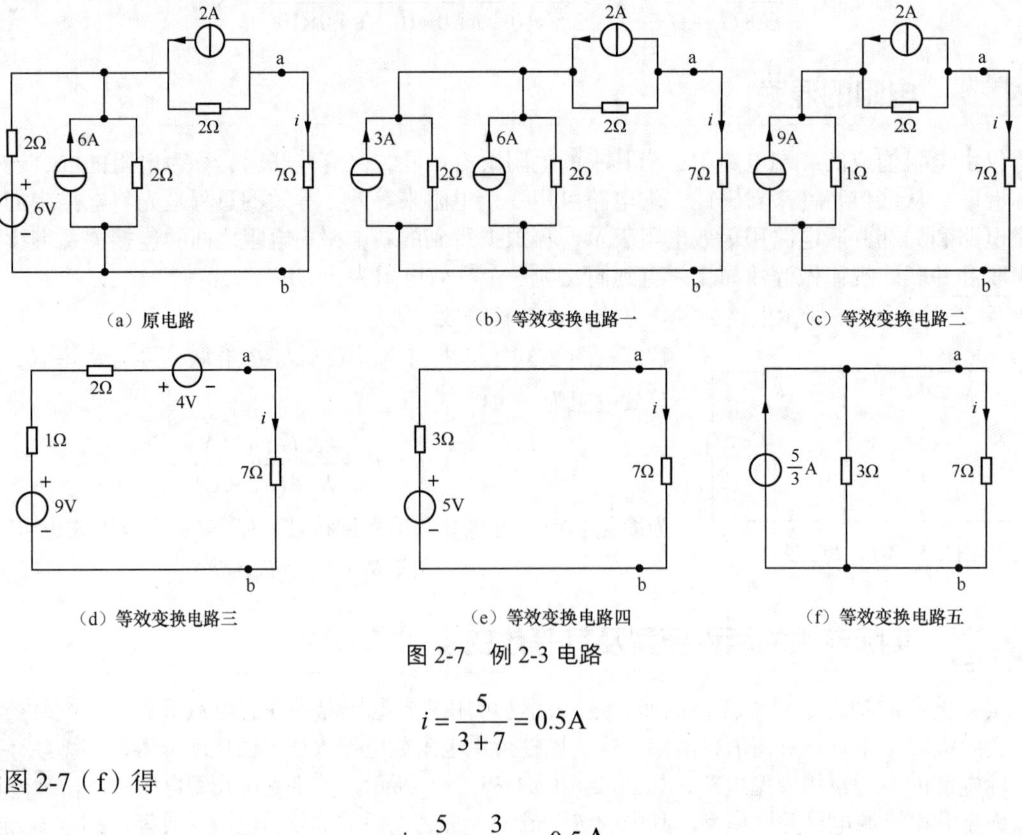

（a）原电路　（b）等效变换电路一　（c）等效变换电路二

（d）等效变换电路三　（e）等效变换电路四　（f）等效变换电路五

图 2-7　例 2-3 电路

$$i = \frac{5}{3+7} = 0.5\text{A}$$

或由图 2-7（f）得

$$i = \frac{5}{3} \times \frac{3}{3+7} = 0.5\text{A}$$

对比图 2-7（a）、图 2-7（e）可知，含有多个线性电阻元件和独立电源的二端局部电路，最终可

用电压源和电阻的串联组合即实际电压源的模型表示，这也是后面将要论述的戴维南定理的内容。对比图 2-7（a）、图 2-7（f）可知，含有多个线性电阻元件和独立电源的二端局部电路，最终可用电流源和电阻的并联组合即实际电流源的模型表示，这也是后面将要论述的诺顿定理的内容。

2.2 电路的一般分析方法

2.2.1 电路的支路约束和方程的独立性

1．常见的三种支路形式及其约束

电路分析的主要内容：对已知（即给定）结构和元件参数的电路，求解出其中各元件（支路）的电流、电压或功率。

求解电流、电压须建立描述电路的数学方程，方程建立的依据是拓扑约束和支路（或元件）约束。下面介绍如图 2-8 所示的常见的三种支路形式及其约束关系。

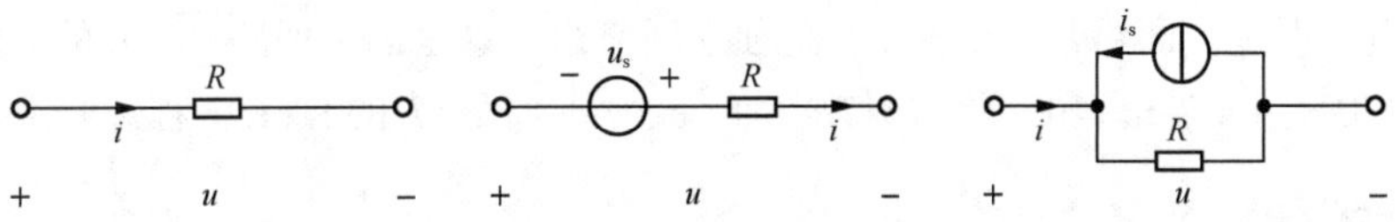

（a）纯电阻支路　（b）电压源与电阻串联支路　（c）电流源与电阻并联支路

图 2-8　常见的三种支路形式及其约束关系

对图 2-8（a）所示的纯电阻支路，其电压电流的约束关系为

$$u = Ri \quad 或 \quad i = \frac{u}{R} \tag{2-9}$$

对图 2-8（b）所示的电压源与电阻串联支路，其电压电流的约束关系为

$$u = -u_S + Ri \quad 或 \quad i = (u + u_S) / R \tag{2-10}$$

对图 2-8（c）所示的电流源与电阻并联支路，其电压电流的约束关系为

$$u = R(i + i_S) \quad 或 \quad i = u / R - i_S \tag{2-11}$$

由式（2-9）、式（2-10）、式（2-11）给出的约束关系可知，对于图 2-8 所示的三种支路，若知道其电流，则电压就已知，反之亦然。

2．独立拓扑约束

电路的方程是根据电路的支路（或元件）约束和拓扑约束列写出来的，但并非每一个节点的 KCL 方程和每一个回路的 KVL 方程均对电路求解有作用，起作用的是独立方程。

独立方程指不可能由其他同类方程通过组合的方式得到的方程。独立 KCL 方程或独立 KVL 方程中一定存在其他方程中所不包含的电流或电压。可以证明，对于具有 n 个节点、b 条支路的电路，其独立的 KCL 方程数为 $n-1$、独立的 KVL 方程数为 $b-(n-1)$。能够列写出独立 KCL 方程的节点称为独立节点，能够列写出独立 KVL 方程的回路称为独立回路。由此可知，电路的独立节点数比电路的全部节点数少 1，独立回路数为电路的全部支路数减去独立节点数。

独立节点的确定比较容易，去掉电路中的任意一个节点，剩下的 $n-1$ 个节点即为独立节点。独立回路的确定要复杂一些，具体方法有三种：其一是以电路中出现的自然孔即网孔作为独立回路；其二是通过观察选定独立回路，须保证每个回路中均包含有其他回路所不包含的支路；其三是系统法，本书不作详细介绍。

图 2-9 所示电路的节点数 $n = 4$，支路数 $b = 6$，故电路的独立节点数为 $n-1 = 3$，独立回路数为 $b-(n-1) = 3$。

对图 2-9 所示电路，去掉节点④，剩余的节点①、②、③为一组独立节点；去掉节点①，剩余的节点②、③、④为一组独立节点。该电路的独立节点组合总共有 4 种。

图 2-9 所示电路共有 7 个回路，分别是回路 l_1：包含支路 2、3、1（支路编号与支路电流的下标一致）；回路 l_2：包含支路 4、5、3；回路 l_3：包含支路 6、4、2；回路 l_4：包含支路 6、5、1；回路 l_5：包含支路 6、4、3、1；回路 l_6：包含支路 6、5、3、2；回路 l_7：包含支路 2、4、5、1。在 7 个回路当中，回路 l_1、l_2、l_3 是网孔。

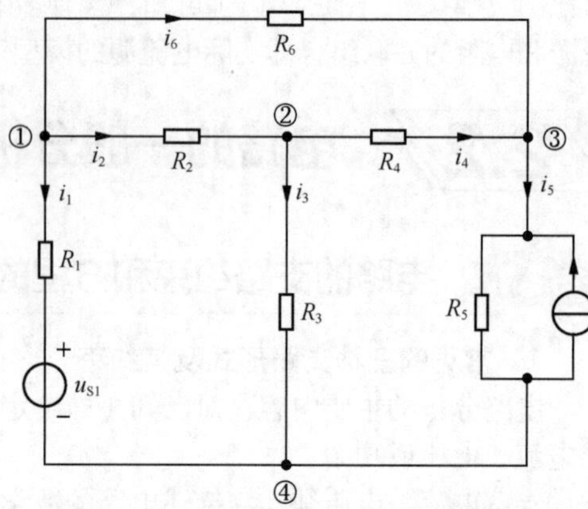

图 2-9 说明独立节点和独立回路的电路

图 2-9 所示电路有很多独立回路组，例如，三个网孔 l_1、l_2、l_3 是独立回路组，回路 l_1、l_2、l_4 是独立回路组，回路 l_1、l_4、l_7 也是独立回路组，还有其他的独立回路组。但是，回路 l_1、l_2、l_7 不是独立回路组，这是因为回路 l_1、l_2 的 KVL 方程分别为 $u_1+u_2+u_3=0$ 和 $-u_3+u_4+u_5=0$，将这两者相加，就得到了回路 l_7 的 KVL 方程 $u_1+u_2+u_4+u_5=0$。

2.2.2 支路法

1．2*b* 法

对于一个具有 *b* 条支路、*n* 个节点的电路，当支路电流和支路电压均为待求量时，未知量总计 2*b* 个，求解过程需要建立 2*b* 个方程，这就是 2*b* 法名称的由来。

2*b* 法

根据前面的论述可知，对于一个具有 *b* 条支路、*n* 个节点的电路，可列出的独立方程计有：$n-1$ 个独立的 KCL 方程、$b-(n-1)$ 个独立的 KVL 方程、*b* 个支路的电压电流约束方程，由此即给出了 2*b* 法方程。

对图 2-9 所示电路，选节点④为参考节点，对节点①、②、③建立 KCL 方程有

$$\begin{cases}-i_1+i_2+i_6=0\\-i_2+i_3+i_4=0\\-i_4+i_5-i_6=0\end{cases} \tag{2-12}$$

由图 2-9 可见，各支路电压的参考方向与各支路电流一致，为关联方向。以网孔为回路并令回路绕行方向为顺时针，列 KVL 方程，有

$$\begin{cases}u_1+u_2+u_3=0\\-u_3+u_4+u_5=0\\-u_2-u_4+u_6=0\end{cases} \tag{2-13}$$

各支路的电压电流约束关系为

$$\begin{cases}u_1=-u_{S1}+R_1i_1\\u_2=R_2i_2\\u_3=R_3i_3\\u_4=R_4i_4\\u_5=R_5i_5+R_5i_{S5}\\u_6=R_6i_6\end{cases} \text{或} \begin{cases}-R_1i_1+u_1=-u_{S1}\\-R_2i_2+u_2=0\\-R_3i_3+u_3=0\\-R_4i_4+u_4=0\\-R_5i_5+u_5=R_5i_{S5}\\-R_6i_6+u_6=0\end{cases} \text{或} \begin{cases}i_1=(u_{S1}+u_1)/R_1\\i_2=u_2/R_2\\i_3=u_3/R_3\\i_4=u_4/R_4\\i_5=u_5/R_5-i_{S5}\\i_6=u_6/R_6\end{cases} \tag{2-14}$$

将式（2-12）、式（2-13）、式（2-14）的第二种形式合并，共 12 个方程，此即 2*b* 法方程，写成矩

阵形式如式（2-15）所示，求解可得各支路电压和支路电流。

$$\begin{bmatrix} -1 & 1 & 0 & 0 & 0 & 1 & 0 & 0 & 0 & 0 & 0 & 0 \\ 0 & -1 & 1 & 1 & 0 & 0 & 0 & 0 & 0 & 0 & 0 & 0 \\ 0 & 0 & 0 & -1 & 1 & -1 & 0 & 0 & 0 & 0 & 0 & 0 \\ 0 & 0 & 0 & 0 & 0 & 0 & 1 & 1 & 1 & 0 & 0 & 0 \\ 0 & 0 & 0 & 0 & 0 & 0 & 0 & 0 & -1 & 1 & 1 & 0 \\ 0 & 0 & 0 & 0 & 0 & 0 & 0 & -1 & 0 & -1 & 0 & 1 \\ -R_1 & 0 & 0 & 0 & 0 & 0 & 1 & 0 & 0 & 0 & 0 & 0 \\ 0 & -R_2 & 0 & 0 & 0 & 0 & 0 & 1 & 0 & 0 & 0 & 0 \\ 0 & 0 & -R_3 & 0 & 0 & 0 & 0 & 0 & 1 & 0 & 0 & 0 \\ 0 & 0 & 0 & -R_4 & 0 & 0 & 0 & 0 & 0 & 1 & 0 & 0 \\ 0 & 0 & 0 & 0 & -R_5 & 0 & 0 & 0 & 0 & 0 & 1 & 0 \\ 0 & 0 & 0 & 0 & 0 & -R_6 & 0 & 0 & 0 & 0 & 0 & 1 \end{bmatrix} \begin{bmatrix} i_1 \\ i_2 \\ i_3 \\ i_4 \\ i_5 \\ i_6 \\ u_1 \\ u_2 \\ u_3 \\ u_4 \\ u_5 \\ u_6 \end{bmatrix} = \begin{bmatrix} 0 \\ 0 \\ 0 \\ 0 \\ 0 \\ 0 \\ -u_{S1} \\ 0 \\ 0 \\ 0 \\ R_5 i_{S5} \\ 0 \end{bmatrix} \quad (2\text{-}15)$$

2*b* 法的突出优点是方程列写简单，并直观地给出了这样一个道理：理想电路分析方法本质上建立在全部独立拓扑约束和全部元件约束（可不包括虚元件）基础上。

虚元件是指电路中对所要分析的电路问题不起作用的元件。例如，电阻与电流源串联时，或电阻与电压源并联时，对外电路而言，电阻就是虚元件，因为无论电阻存在与否或参数是否变化，对外电路均无影响。

列写电路方程时，一定要将全部独立拓扑约束和全部元件约束反映出来，如果有独立拓扑约束或元件约束未在方程中反映出来，便不可能得到电路的解。从信息论的角度看问题，方程若能解，所列方程一定反映了电路的全部信息；反之，若没有把电路的全部信息反映出来，就无法得到电路的解。

2*b* 法因方程数量多，求解比较麻烦，故在手工运算中很少被采用。但从电路理论的角度看，2*b* 法是最有价值的方法，因为其他的各种分析方法实质上都是由 2*b* 法演化而来。

2．支路电流法

支路电流法是以支路电流作为待求量建立方程、求解电路的方法。此方法的方程数量为 b，由 $n-1$ 个独立的 KCL 方程、$b-(n-1)$ 个独立的 KVL 方程构成，b 个支路（元件）约束在 KVL 方程中隐含体现。

下面仍以图 2-9 所示电路为例加以说明。把式（2-14）的第一种形式带入式（2-13）所示的 KVL 方程中，可得

$$\begin{cases} -u_{S1} + R_1 i_1 + R_2 i_2 + R_3 i_3 = 0 \\ -R_3 i_3 + R_4 i_4 + R_5 i_5 + R_5 i_{S5} = 0 \\ -R_2 i_2 - R_4 i_4 + R_6 i_6 = 0 \end{cases} \quad (2\text{-}16)$$

整理式（2-16），然后将其与式（2-12）结合，此即支路电流法方程，结合后的方程共计 6 个。求解这 6 个方程，即可得到各支路电流，然后通过式（2-14）的第一种形式，就可求出各支路电压。

用支路电流法列方程时，为简化列写步骤，式（2-16）可直接列出。

例 2-4　列出图 2-10 所示电路的支路电流法方程。

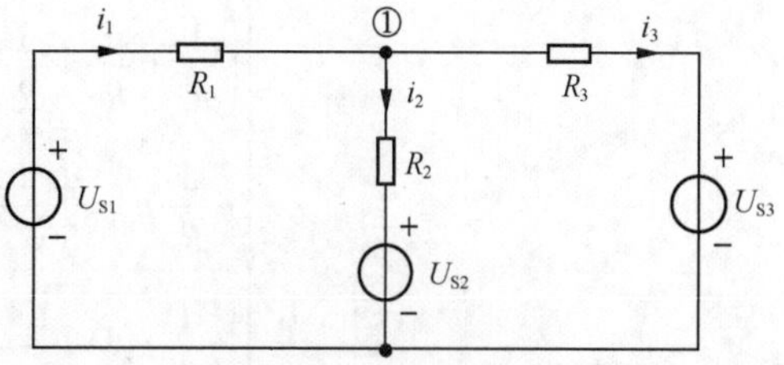

图 2-10　例 2-4 电路

解：图 2-10 所示电路共有 2 个节点，独立节点数为 $2-1=1$。按流出节点的支路电流前面取“+”、

流入节点的支路电流前面取“−”的方法对节点①列 KCL 方程，可得

$$-i_1+i_2+i_3=0$$

图 2-10 所示电路有两个网孔，按顺时针方向对两个网孔列 KVL 方程（列方程时将元件约束带入），可得

$$-U_{S1}+R_1i_1+R_2i_2+U_{S2}=0$$
$$-U_{S2}-R_2i_2+R_3i_3+U_{S3}=0$$

整理后有

$$R_1i_1+R_2i_2=U_{S1}-U_{S2}$$
$$-R_2i_2+R_3i_3=U_{S2}-U_{S3}$$

将 KCL 方程与整理后的 KVL 方程结合，即得支路电流法方程。

节点电压法

2.2.3 节点电压法

对具有 n 个节点的电路，选一个节点为参考节点，其余的 $n-1$ 个节点即为独立节点，独立节点对参考节点的电压称为节点电压。参考节点的电位往往被设为零，此时节点电压就等于节点电位，故节点电压往往也被称为节点电位。

全部节点电压是一组独立完备的电路变量。独立是指这些变量之间不能相互表示；完备是指这些变量能提供解决问题的充分信息。

节点电压法是以节点电压为待求量建立方程、求解电路的方法，简称为节点法。求得节点电压后，利用支路电压与节点电压的关系，可得到各支路电压；再利用支路电压与支路电流的关系，就可得到各支路电流。

仍以图 2-9 为例，设节点④为参考节点，节点①、节点②、节点③的电压分别为 u_{n1}、u_{n2}、u_{n3}。

由图 2-9 可见，支路 1、支路 3、支路 5（支路编号与支路电流的下标一致）的电压与节点电压的关系为 $u_1=-u_{n1}$、$u_3=u_{n2}$、$u_5=u_{n3}$，根据三个网孔的 KVL 方程，可知支路 2、支路 4、支路 6 的电压与节点电压的关系为 $u_2=-u_1-u_3=u_{n1}-u_{n2}$、$u_4=u_3-u_5=u_{n2}-u_{n3}$、$u_6=-u_1-u_5=u_{n1}-u_{n3}$。可见，支路电压与节点电压的关系中隐含体现了 KVL。

对节点①、节点②、节点③建立 KCL 方程并用节点电压表示支路电压有

$$\begin{cases}-i_1+i_2+i_6=-\dfrac{u_1+u_{S1}}{R_1}+\dfrac{u_2}{R_2}+\dfrac{u_6}{R_6}=-\dfrac{-u_{n1}+u_{S1}}{R_1}+\dfrac{u_{n1}-u_{n2}}{R_2}+\dfrac{u_{n1}-u_{n3}}{R_6}=0\\ -i_2+i_3+i_4=-\dfrac{u_2}{R_2}+\dfrac{u_3}{R_3}+\dfrac{u_4}{R_4}=-\dfrac{u_{n1}-u_{n2}}{R_2}+\dfrac{u_{n2}}{R_3}+\dfrac{u_{n2}-u_{n3}}{R_4}=0\\ -i_4+i_5-i_6=-\dfrac{u_4}{R_4}+\left(\dfrac{u_5}{R_5}-i_{S5}\right)-\dfrac{u_6}{R_6}=-\dfrac{u_{n2}-u_{n3}}{R_4}+\left(\dfrac{u_{n3}}{R_5}-i_{S5}\right)-\dfrac{u_{n1}-u_{n3}}{R_6}=0\end{cases}\tag{2-17}$$

整理式（2-17）中包含节点电压内容的等式，可得

$$\begin{cases}\left(\dfrac{1}{R_1}+\dfrac{1}{R_2}+\dfrac{1}{R_6}\right)u_{n1}-\dfrac{1}{R_2}u_{n2}-\dfrac{1}{R_6}u_{n3}=\dfrac{u_{S1}}{R_1}\\ -\dfrac{1}{R_2}u_{n1}+\left(\dfrac{1}{R_2}+\dfrac{1}{R_3}+\dfrac{1}{R_4}\right)u_{n2}-\dfrac{1}{R_4}u_{n3}=0\\ -\dfrac{1}{R_6}u_{n1}-\dfrac{1}{R_4}u_{n2}+\left(\dfrac{1}{R_4}+\dfrac{1}{R_5}+\dfrac{1}{R_6}\right)u_{n3}=i_{S5}\end{cases}\tag{2-18}$$

此即标准形式的节点电压方程。

将式（2-18）中所有电阻的倒数用电导表示，则方程变为

$$\begin{cases}(G_1+G_2+G_6)u_{n1}-G_2u_{n2}-G_6U_{n3}=G_1u_{S1}\\-G_2u_{n1}+(G_2+G_3+G_4)u_{n2}-G_4u_{n3}=0\\-G_6u_{n1}-G_4u_{n2}+(G_4+G_5+G_6)u_{n3}=i_{S5}\end{cases} \quad (2\text{-}19)$$

可将式（2-19）写成如下形式

$$\begin{cases}G_{11}u_{n1}+G_{12}u_{n2}+G_{13}u_{n3}=i_{S11}\\G_{21}u_{n1}+G_{22}u_{n2}+G_{23}u_{n3}=i_{S22}\\G_{31}u_{n1}+G_{32}u_{n2}+G_{33}u_{n3}=i_{S33}\end{cases} \quad (2\text{-}20)$$

式（2-20）中，$G_{11}=G_1+G_2+G_6$、$G_{22}=G_2+G_3+G_4$、$G_{33}=G_4+G_5+G_6$，它们分别是节点①、节点②、节点③相连的所有电导之和，称为自电导，简称自导。$G_{ij}\,(i\neq j)$ 是节点 i 与节点 j 之间相连的所有电导之和的负值，称为互电导，简称互导；并且 $G_{12}=G_{21}=-G_2$、$G_{13}=G_{31}=-G_6$、$G_{23}=G_{32}=-G_4$。i_{S11}、i_{S22}、i_{S33} 分别是节点①、节点②、节点③所连的所有电流源电流的代数和，并有 $i_{S11}=G_1u_{S1}$、$i_{S22}=0$、$i_{S33}=i_{S5}$。

可将式（2-20）推广到一般情况。即对于具有 k 个节点的电路，节点电压法方程的一般形式为

$$\begin{cases}G_{11}u_{n1}+G_{12}u_{n2}+G_{13}u_{n3}+\cdots+G_{1(k-1)}u_{n(k-1)}=i_{S11}\\G_{21}u_{n1}+G_{22}u_{n2}+G_{23}u_{n3}+\cdots+G_{2(k-1)}u_{n(k-1)}=i_{S22}\\\cdots\\G_{(k-1)1}u_{n1}+G_{(k-1)2}u_{n2}+G_{(k-1)3}u_{n3}+\cdots+G_{(k-1)(k-1)}u_{n(k-1)}=i_{S(k-1)(k-1)}\end{cases} \quad (2\text{-}21)$$

式（2-21）中，$G_{ii}\,(i=1,2,\cdots,k-1)$ 为自电导，它由与节点 i 相连的所有电导相加构成，总为正；$G_{ij}\,(i\neq j)$ 为互电导，它由节点 i 与节点 j 之间相连的所有电导相加并取负构成，总为负，对一般电路存在 $G_{ij}=G_{ji}$ 的关系；i_{Sii} 为与节点 i 相连的所有电流源（包括由电压源与电阻串联支路等效变换成电流源与电阻并联支路中的电流源）电流的代数和，求和时，若某一电流源电流的参考方向指向节点，该电流源前面取“+”，否则取“−”。

例 2-5 列出图 2-11 所示电路的节点电压方程。

解：选取节点④为参考点，对独立节点列 KCL 方程有

$$\left(I_{S4}+\frac{U_{n1}}{R_4}\right)+\frac{U_{n1}-U_{n2}}{R_2}+\frac{U_{n1}-U_{n3}}{R_1}=0$$

$$\frac{U_{n2}-U_{n1}}{R_2}+\frac{U_{n2}-U_{S5}}{R_5}+\frac{U_{n2}-U_{n3}}{R_3}=0$$

$$\frac{U_{n3}-U_{n1}}{R_1}+\frac{U_{n3}-U_{n2}}{R_3}+\left(\frac{U_{n3}}{R_6}-I_{S6}\right)=0$$

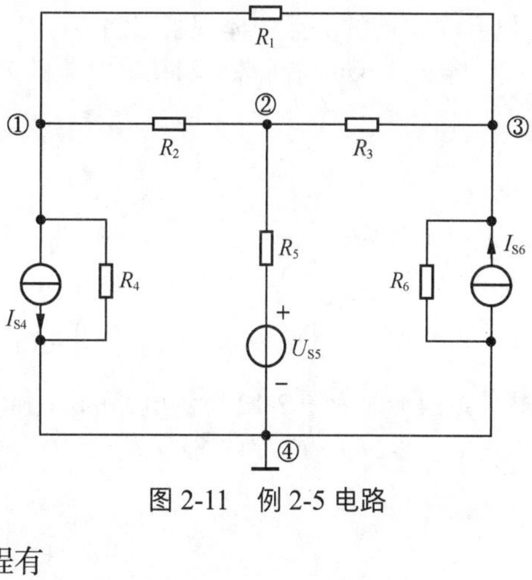

图 2-11 例 2-5 电路

整理以上方程，或直接按式（2-21）所示的标准形式列方程有

$$\left(\frac{1}{R_1}+\frac{1}{R_2}+\frac{1}{R_4}\right)U_{n1}-\frac{1}{R_2}\times U_{n2}-\frac{1}{R_1}\times U_{n3}=-I_{S4}$$

$$-\frac{1}{R_2}\times U_{n1}+\left(\frac{1}{R_2}+\frac{1}{R_3}+\frac{1}{R_5}\right)U_{n2}-\frac{1}{R_3}\times U_{n3}=\frac{U_{S5}}{R_5}$$

$$-\frac{1}{R_1}\times U_{n1}-\frac{1}{R_3}\times U_{n2}+\left(\frac{1}{R_1}+\frac{1}{R_3}+\frac{1}{R_6}\right)U_{n3}=I_{S6}$$

先对独立节点列出 KCL 方程，然后对其进行整理得到标准形式的节点电压方程，这种做法便于检查，不易出错，对初学者比较适用。

2.2.4 回路电流法

回路电流是一种假想的沿着回路流动的电流。以回路电流作为待求量建立方程、求解电路的方法，被称为回路电流法，简称为回路法。回路电流法由支路电流法演化而来，方程数量为 $b-(n-1)$，较支路电流法方程数量少。

当选网孔作为独立回路时，回路电流法就可被称为网孔电流法，简称网孔法。

全部独立回路（网孔）电流是一组独立完备的电路变量。所谓独立，是指这些变量之间不能相互表示；所谓完备，是指这些变量能提供解决问题的充分信息。

求得回路（网孔）电流后，利用支路电流与回路（网孔）电流的关系，可得到各支路电流；再利用支路电压与支路电流的关系，就可得到各支路电压。

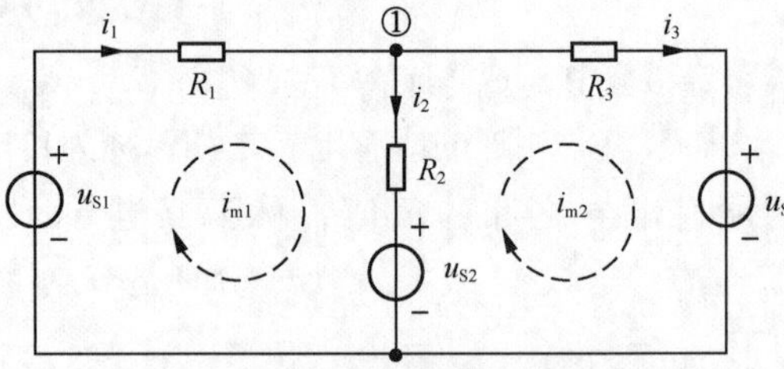

图 2-12　说明回路电流法的电路

对图 2-12 所示电路，可列出支路电流法方程

$$\begin{cases}-u_{S1}+R_1i_1+R_2i_2+u_{S2}=0\\-u_{S2}-R_2i_2+R_3i_3+u_{S3}=0\\-i_1+i_2+i_3=0\end{cases}\qquad(2\text{-}22)$$

对图 2-12 所示电路，独立回路选为网孔。设回路（网孔）电流为 i_{m1}、i_{m2}，参考方向均为顺时针，因 R_1 与 u_{S1} 串联支路中只有回路（网孔）电流 i_{m1} 流过，且 i_{m1} 与支路电流 i_1 方向一致，故有 $i_1=i_{m1}$，同理有 $i_3=i_{m2}$。由式（2-22）中的 KCL 方程知 $i_2=i_1-i_3=i_{m1}-i_{m2}$，可见支路电流与回路（网孔）电流的关系中体现了 KCL。

将支路电流与回路（网孔）电流的关系式带入式（2-22）中的前两式，可得

$$\begin{cases}-u_{S1}+R_1i_{m1}+R_2(i_{m1}-i_{m2})+u_{S2}=0\\-u_{S2}-R_2(i_{m1}-i_{m2})+R_3i_{m2}+u_{S3}=0\end{cases}\qquad(2\text{-}23)$$

整理以上方程有

$$\begin{cases}(R_1+R_2)i_{m1}-R_2i_{m2}=u_{S1}-u_{S2}\\-R_2i_{m1}+(R_2+R_3)i_{m2}=u_{S2}-u_{S3}\end{cases}\qquad(2\text{-}24)$$

式（2-24）即为图 2-12 所示电路的网孔电流方程。

式（2-24）可写为一般形式

$$\begin{cases}R_{11}i_{m1}+R_{12}i_{m2}=u_{S11}\\R_{21}i_{m1}+R_{22}i_{m2}=u_{S22}\end{cases}\qquad(2\text{-}25)$$

式（2-25）中，R_{11} 和 R_{22} 称为网孔的自电阻，简称自阻，分别是网孔 1 和网孔 2 中所有电阻之和，即 $R_{11}=R_1+R_2$，$R_{22}=R_2+R_3$；R_{12} 和 R_{21} 称为互电阻，简称互阻，表示网孔 1 和网孔 2 共有的电阻，有 $R_{11}=R_{21}=-R_2$，这里 R_2 前的负号是因为两个网孔电流流过该电阻时参考方向相反造成的，若相同，则为正号；u_{S11}、u_{S22} 分别是网孔 1 和网孔 2 中所有电压源电压的代数和，电压源方向与网孔绕行方向一致时前面加“−”号，否则加“+”号，故有 $u_{S11}=u_{S1}-u_{S2}$，$u_{S22}=u_{S2}-u_{S3}$。

对具有 k 个回路的平面电路，回路电流方程的一般形式可由式（2-25）推广而得，即

$$\begin{cases} R_{11}i_{m1} + R_{12}i_{m2} + R_{13}i_{m3} + \cdots + R_{1k}i_{mk} = u_{S11} \\ R_{21}i_{m1} + R_{22}i_{m2} + R_{23}i_{m3} + \cdots + R_{2k}i_{mk} = u_{S22} \\ \vdots \\ R_{k1}i_{m1} + R_{k2}i_{m2} + R_{k3}i_{m3} + \cdots + R_{kk}i_{mk} = u_{Skk} \end{cases} \tag{2-26}$$

式（2-26）中，下标相同的自电阻 $R_{ii}(i=1,2,...,k)$ 由回路 i 中存在的全部电阻直接相加得到；下标不同的互电阻 $R_{ij}(i \neq j)$ 由回路 i 与回路 j 共有的电阻组成，其值可以是负值（两回路电流流过共有电阻时参考方向相反），也可以是正值（两回路电流流过共有电阻时参考方向相同），或是零（两回路之间没有共有电阻或共有支路），对一般电路存在 $R_{ij}=R_{ji}$ 的关系；u_{Sii} 是回路 i 内所有电压源（包括由电流源与电阻并联支路等效变换成电压源与电阻串联支路中的电压源）电压的代数和，求和时，当一个电压源参考方向与回路绕行方向一致时该电压源前面加“−”号，否则加“+”号。

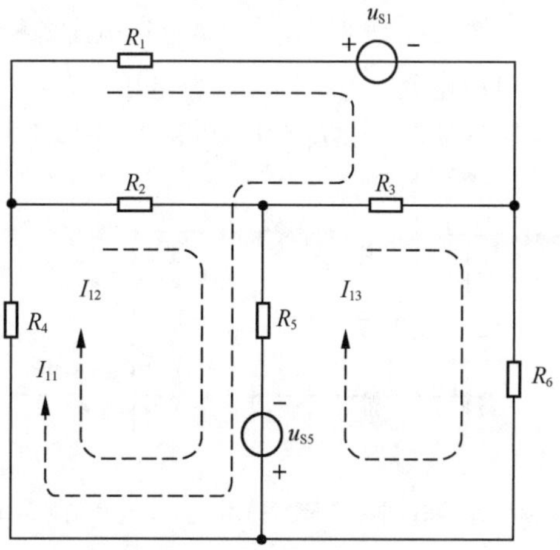

图 2-13 例 2-6 电路

例 2-6 对图 2-13 所示电路，根据选定的独立回路列出对应的回路电流方程。

解：对选定的独立回路直接列 KVL 方程有

$$R_1I_{11} + u_{S1} + R_3(I_{11} - I_{13}) + R_5(I_{11} + I_{12} - I_{13}) - u_{S5} + R_4(I_{11} + I_{12}) = 0$$
$$R_2I_{12} + R_5(I_{11} + I_{12} - I_{13}) - u_{S5} + R_4(I_{11} + I_{12}) = 0$$
$$R_3(I_{13} - I_{11}) + R_6I_{13} + u_{S5} + R_5(I_{13} - I_{11} - I_{12}) = 0$$

整理以上方程，或直接按式（2-26）所示的标准形式列方程有

$$(R_1 + R_3 + R_5 + R_4)I_{11} + (R_5 + R_4)I_{12} - (R_3 + R_5)I_{13} = -u_{S1} + u_{S5}$$
$$(R_5 + R_4)I_{11} + (R_2 + R_5 + R_4)I_{12} - R_5I_{13} = u_{S5}$$
$$-(R_3 + R_5)I_{11} - R_5I_{12} + (R_3 + R_6 + R_5)I_{13} = -u_{S5}$$

先对独立回路直接列 KVL 方程，然后再将其整理成一般形式，这种做法便于检查，不易出错，比较适合初学者。

2.3 电路定理

叠加定理

2.3.1 叠加定理与齐性定理

除电源以外，若电路中的其他元件均为线性元件，则这样的电路称为线性电路；若其他元件中包含非线性元件，则这样的电路称为非线性电路。

线性电路最基本的性质是叠加性，叠加定理是对这一性质的概括与体现。该定理的内容可表述为：任何一个具有唯一解的线性电路，在含有多个独立源的情况下，电路中任何支路上的电压或电流等于各个独立源单独作用时在该支路中产生的电压或电流的代数和。

叠加定理的证明从略。叠加定理的内容中为何有具有唯一解的要求？因为定理的证明需要这一前提。

如图 2-14 所示电路，求电流i_1和i_2时，就不可应用叠加定理，因为虽然$i_1+i_2=2/2=1\text{A}$，但i_1和i_2具体为何值无法确定，电路不具有唯一解。后面涉及叠加定理时，讨论的线性电路均指具有唯一解的线性电路。

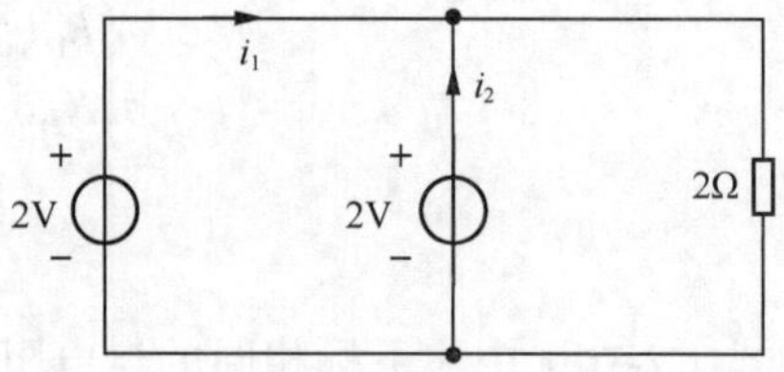

图 2-14 不具有唯一解的电路

应用叠加定理涉及独立源单独作用，此时，须将其他独立源置零。将电压源置零，即令$U_S=0$，做法是将其短路；将电流源置零，即令$I_S=0$，做法是将其断路。这可通过图 2-15 加以说明。

图 2-15（a）所示的是直流电压源的伏安特性曲线，令$U_S=0$，可得图 2-15（b），对应于短路的电压电流关系；因此，将电压源置零，对应于将其短路。图 2-15（c）所示的是直流电流源的伏安特性曲线，令$I_S=0$，可得图 2-15（d），对应于断路的电压电流关系；因此，将电流源置零，对应于将其断路。

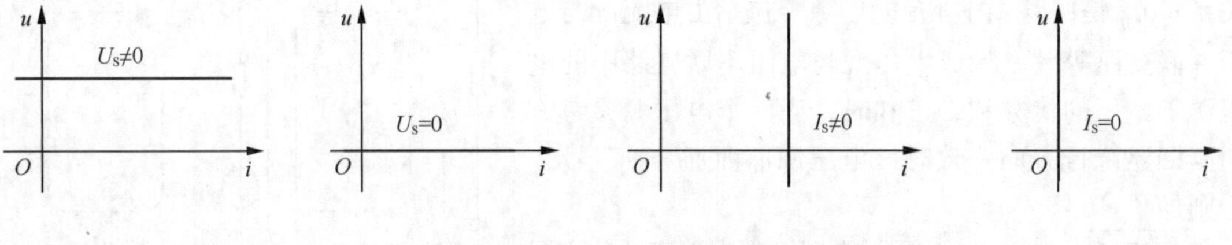

（a）直流电压源的伏安特性曲线（b）U_S=0时的直流电压源（c）直流电流源的伏安特性曲线（d）I_S=0时的直流电压源

图 2-15 独立电源置零时对应的情况

应用叠加定理时要注意以下三点：第一，不能将其用于非线性电路；第二，其只适用于计算线性电路的电压、电流，不适用于计算功率；第三，受控源不能单独作用，即独立源单独作用时，受控源应保留在电路中。

叠加定理可分组应用。若电路中存在多个独立源，可将独立源分组，分别计算每一组独立源产生的电压、电流，然后将各组结果叠加，可得最终结果。

例 2-7 在图 2-16（a）所示电路中，$U_S=5\text{V}$、$I_S=6\text{A}$、$R_1=2\Omega$、$R_2=3\Omega$、$R_3=1\Omega$、$R_4=4\Omega$，用叠加定理求R_4所在支路的电压U。

解：（1）当 5V 电压源单独作用时，将电流源开路，如图 2-16（b）所示。此时 4Ω 电阻上的电压用U'表示。应用分压公式可求得

$$U'=\frac{R_4}{R_3+R_4}\times U_S=\frac{4}{1+4}\times5=4\text{V}$$

（2）当 6A 电流源单独作用时，将电压源短路，如图 2-16（c）所示。这时4Ω 电阻上的电压U''可利用1Ω 电阻与4Ω 电阻的分流关系求得，即

$$U''=R_4\times\frac{R_3}{R_3+R_4}\times I_S=4\times\frac{1}{1+4}\times6=4.8\text{V}$$

（3）当5V 电压源与 6A 电流源共同作用时，则

$$U=U'+U''=4+4.8=8.8\text{V}$$

可见，应用叠加定理，可以把复杂电路转换成相对简单的电路，并通过串联、并联和分流、分压的方式来进行处理。

与叠加定理密切相关的是齐性定理，其内容是：线性电路中，当所有独立源都同时增大或缩小K倍时，各支路上的电压和电流也将同样增大或缩小K倍；若电路中只有一个独立源，则各支路电压和电流与该独立源成正比。

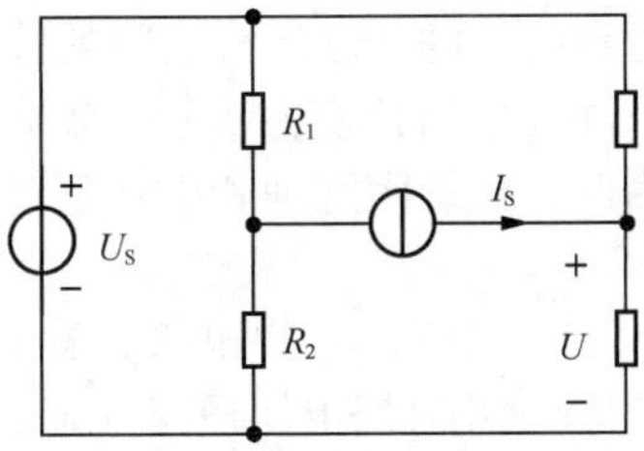

（a）原电路

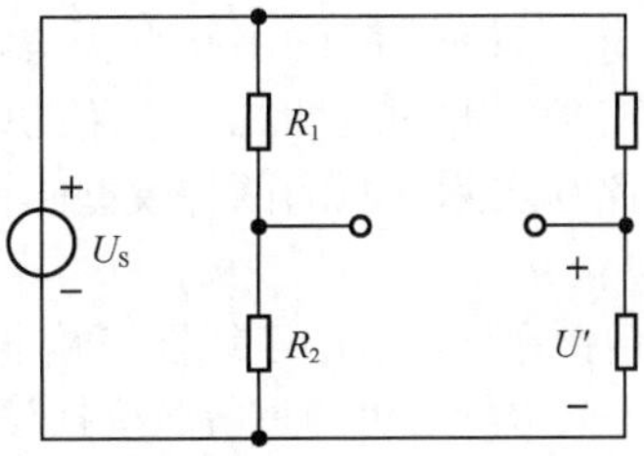

（b）电压源单独作用电路

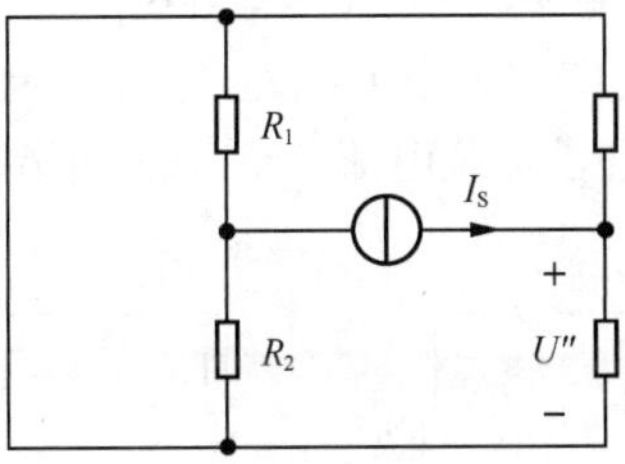

（c）电流源单独作用电路

图 2-16　例 2-7 电路

戴维南定理

2.3.2　戴维南定理和诺顿定理

戴维南定理的内容是：任何一个含有独立源的线性二端电路 N_S，如图 2-17（a）所示，对外部电路而言，通常可以用一个理想电压源和电阻的串联组合来等效替代，如图 2-17（b）所示。该串联组合中理想电压源的电压等于原二端电路的开路电压 u_{oc}，如图 2-17（c）所示，电阻等于将原二端电路内所有独立源置零后得到的无独立源二端电路 N_0 的等效电阻 R_{eq}，如图 2-17（d）所示。

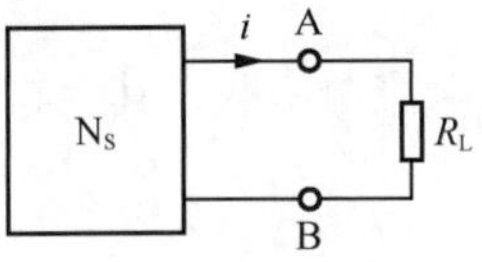

（a）原电路

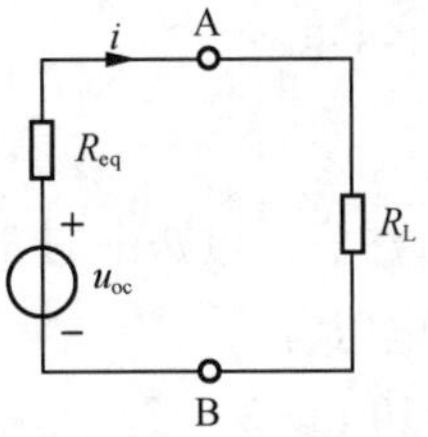

（b）N_S被等效替代后的电路

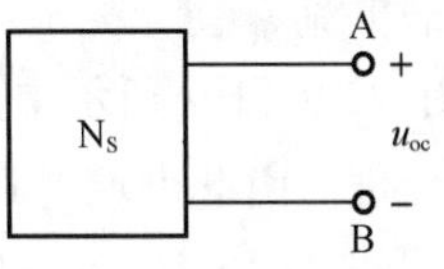

（c）求开路电压的电路

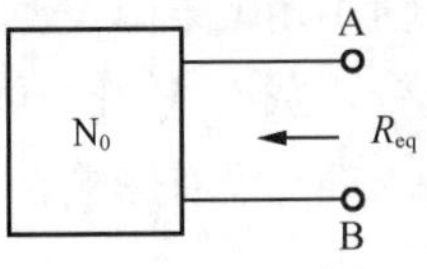

（d）求等效电阻的电路

图 2-17　说明戴维南定理的电路

诺顿定理的内容是：任何一个含有独立源的线性二端电路 N_S，如图 2-18（a）所示，对外部电路而言，通常可以用一个理想电流源和电导的并联组合来等效代替，如图 2-18（b）所示。该并联组合中理想电流源的电流等于原二端电路的短路电流 i_{sc}，如图 2-18（c）所示，电导等于原二端电路内所有独立源置零后得到的无独立源二端电路 N_0 的等效电导 G_{eq}，如图 2-18（d）所示。

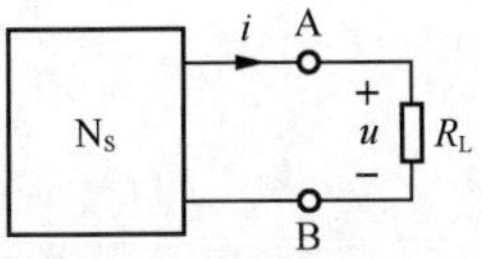

（a）原电路

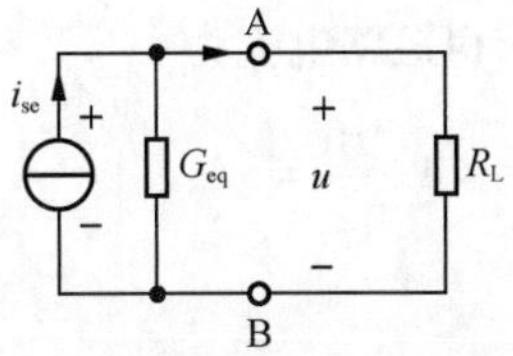

（b）N_S被等效替代后的电路

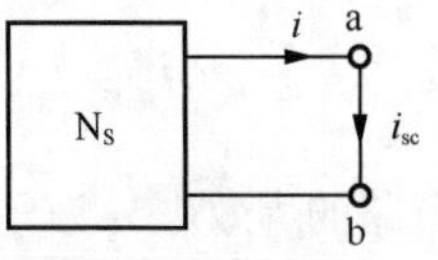

（c）求短路电流的电路

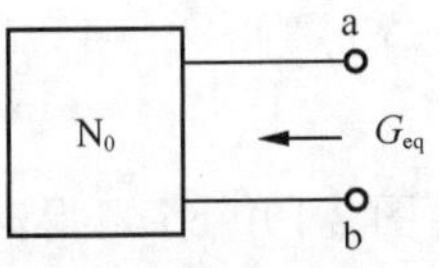

（d）求等效电导的电路

图 2-18　说明诺顿定理的电路

前面已讨论过电压源和电阻的串联组合与电流源和电导的并联组合之间的等效变换关系。应用该关系，可将含有独立源的线性二端电路的戴维南等效电路转换为诺顿等效电路。戴维南等效电路和诺顿等效电路与实际电源的两种模型相同，因此，戴维南定理和诺顿定理也被合称为等效电源定理。

戴维南定理和诺顿定理只适用于线性二端电路，不能适用于非线性电路。戴维南定理和诺顿定理中的等效电阻（等效电导）可通过等效变换法求得，或利用开路电压短路电流法等方法求得。

所谓开路电压短路电流法就是按图 2-17（c）所示的电路求得开路电压 u_{oc} 以后，再由图 2-18（c）所示电路求得短路电流 i_{sc}，由此求得二端电路的等效电阻 $R_{eq}=u_{oc}/i_{sc}$ 或等效电导 $G_{eq}=i_{sc}/u_{oc}$。

例 2-8 在图 2-19（a）所示电路中，电流源 $I_{S1}=1A$，电压源 $U_{S2}=10V$，$R_1=R_2=2\Omega$，负载电阻 $R_L=20\Omega$。（1）用戴维南定理求负载电流 I_L，（2）用诺顿定理求负载电流 I_L。

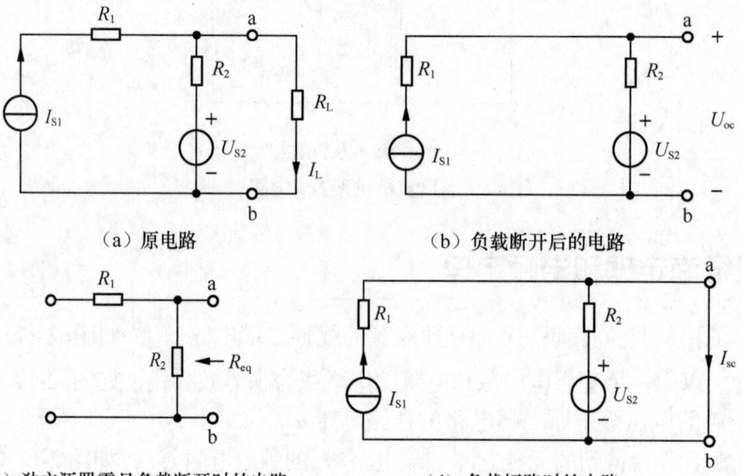

（a）原电路　（b）负载断开后的电路

（c）独立源置零且负载断开时的电路　（d）负载短路时的电路

图 2-19　例 2-8 电路

解：（1）用戴维南定理求负载电流 I_L。

令负载 R_L 断开，可得图 2-19（b）所示电路。注意，电路中的 R_1 与电流源串联，其存在与否对所求问题没有影响，为虚元件。由此可求得开路电压为

$$U_{oc}=U_{S2}+I_{S1}R_2=10+1\times2=12V$$

将图 2-19（b）电路中的独立源置零，可得图 2-19（c）电路，由此可得戴维南等效电阻为

$$R_{eq}=R_2=2\Omega$$

由戴维南等效电路可求得负载电流为

$$I_L=\frac{U_{oc}}{R_{eq}+R_L}=\frac{12}{2+20}\approx0.545A$$

（2）用诺顿定理求负载电流 I_L。

令负载 R_L 短路，可得图 2-19（d），由此可求得短路电流为

$$I_{sc}=I_{S1}+\frac{U_{S2}}{R_2}=1+\frac{10}{2}=6A$$

由图 2-19（c）可得诺顿电路的等效电导为

$$G_{eq}=\frac{1}{R_{eq}}=\frac{1}{R_2}=\frac{1}{2}=0.5S$$

利用分流公式，由诺顿等效电路可求得负载电流为

$$I_L = \frac{\frac{1}{G_{eq}}}{R_L + \frac{1}{G_{eq}}} I_{sc} = \frac{1}{R_L G_{eq} + 1} I_{sc} = \frac{1}{20 \times \frac{1}{2} + 1} \times 6 \approx 0.545\text{A}$$

可见，用诺顿定理和戴维南定理求得的结果是一致的。

例 2-9　求图 2-20（a）所示电路的最简等效电路。

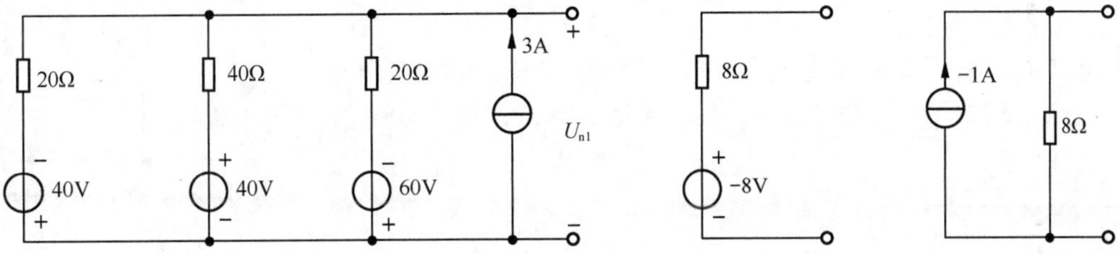

（a）原电路　（b）戴维南等效电路　（c）诺顿等效电路

图 2-20　例 2-9 电路

解：对图 2-20（a）所示电路建立节点电压方程有

$$\left(\frac{1}{20} + \frac{1}{40} - \frac{1}{20}\right) U_{n1} = -\frac{40}{20} + \frac{40}{40} - \frac{60}{20} + 3$$

解得 $U_{n1} = -8\text{V}$，所以开路电压为

$$U_{oc} = U_{n1} = -8\text{V}$$

将此电路内部所有独立源置零，所得电路为三个电阻并联，可求得等效电阻为

$$R_{eq} = 20 // 40 // 20 = 8\Omega$$

于是，可得戴维南等效电路如图 2-20（b）所示。设端口处短路电流 I_{sc} 的参考方向由上至下，可得短路电流为

$$I_{sc} = \frac{U_{oc}}{R_{eq}} = \frac{-8}{8} = -1\text{A}$$

所以，可得诺顿等效电路如图 2-20（c）所示。

2.3.3 最大功率传输定理

工程中经常要讨论当一个可变负载接入电路中时，在什么条件下负载能够获得最大功率的问题。

设负载 R_L 接入后的电路如图 2-21 所示，则负载功率为

$$P_L = i^2 R_L = \left(\frac{u_S}{R_S + R_L}\right)^2 R_L \tag{2-27}$$

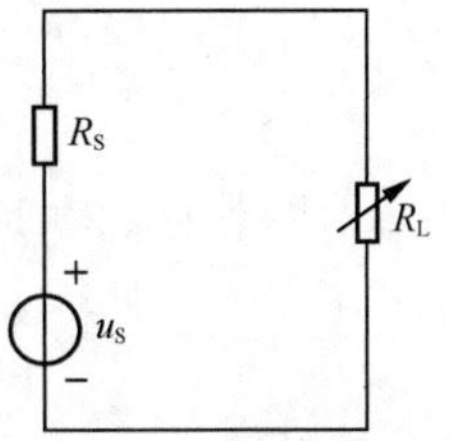

图 2-21　负载接入电路

R_L 若发生变化，则 P_L 随 R_L 而变，当 $\frac{dP_L}{dR_L} = 0$ 时，P_L 对应有最大值，即

$$\frac{dP_L}{dR_L} = \frac{(R_S + R_L)^2 - 2(R_S + R_L)R_L}{(R_S + R_L)^4} u_S{}^2 = \frac{R_S - R_L}{(R_S + R_L)^3} u_S{}^2 = 0 \tag{2-28}$$

因此，当 $R_L = R_S$ 时，P_L 取得最大值。由式（2-27）可知，P_L 的极大值为

$$P_{\mathrm{Lmax}}=\frac{u_{\mathrm{S}}^{2}}{4R_{\mathrm{S}}} \tag{2-29}$$

总结以上内容，可得最大功率传输定理为：含独立源的线性二端电路，若其开路电压为u_{oc}、戴维南等效电阻为R_{eq}，则当负载电阻R_{L}与戴维南等效电阻R_{eq}相等时，负载电阻可获得最大功率，且该最大功率为$P_{\mathrm{Lmax}}=\frac{u_{\mathrm{oc}}^{2}}{4R_{\mathrm{eq}}}$。

例 2-10 电路如图 2-22 所示，问R_{L}为何值时可获得最大功率，并求此最大功率。

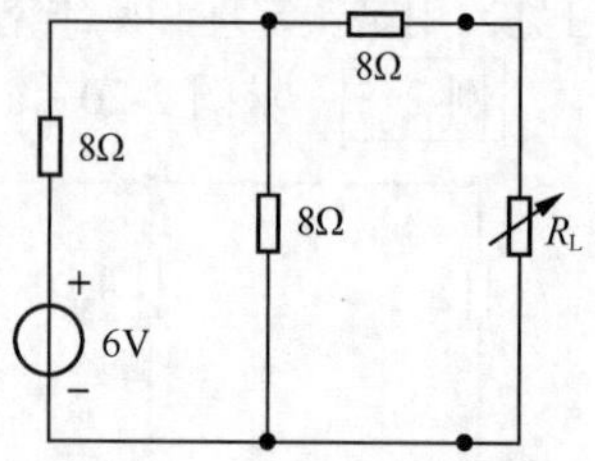

图 2-22 例 2-10 电路

解：由电路可得R_{L}移走后电路的开路电压为$u_{\mathrm{oc}}=3\mathrm{V}$，等效电阻为$R_{\mathrm{eq}}=12\ \Omega$，所以当$R_{\mathrm{L}}=12\ \Omega$时可获得最大功率，该最大功率为$P_{\mathrm{Lmax}}=\frac{u_{\mathrm{oc}}^{2}}{4R_{\mathrm{eq}}}=\frac{3^2}{4\times12}=0.1875\mathrm{W}$。

2.4 对偶原理

对电路进行分析的过程中，可以发现许多成对出现的相似内容，对偶原理是对这些内容的集中体现，反映了电路中存在的对偶性。

对偶原理可表述为：电路中若存在某一内容（包括结构、定律、定理、元件、变量等），则另有其对偶内容存在。

支路电压u与支路电流i是对偶变量，电阻R与电导G是对偶元件（参数），KCL 与 KVL 是对偶定律。把一个关系式中的各元件和变量用对偶元件和变量代换后，就可得到对偶关系式。例如，在关联参考方向下，电阻的约束关系为$u=Ri$或$i=Gu$，这两个式子是对偶关系式，从数学角度分析，这两个式子没有任何区别。把$u=Ri$中各元件和变量用对偶元件和变量代换，就可得$i=Gu$。

电路中的串联连接和并联连接是对偶连接关系。如图 2-23（a）为n个电阻组成的串联电路，图 2-23（b）为n个电导组成的并联电路。

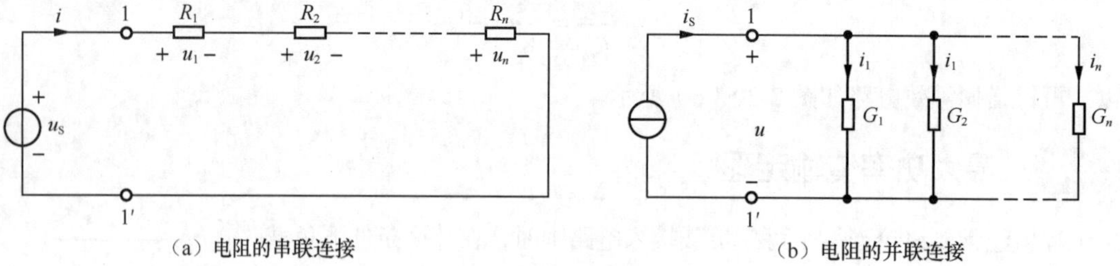

图 2-23 电阻的串联连接和并联连接

对图 2-23（a）所示电路有

$$\begin{cases} R=\sum\limits_{k=1}^{n}R_k \\ i=\dfrac{u_{\mathrm{S}}}{R} \\ u_k=\dfrac{R_k}{R}u_{\mathrm{S}} \end{cases} \tag{2-30}$$

把式（2-30）中各元件和变量用对偶元件和变量代换，可得

$$\begin{cases} G = \sum_{k=1}^{n} G_k \\ u = \dfrac{i_S}{G} \\ i_k = \dfrac{G_k}{G} i_S \end{cases} \tag{2-31}$$

以上关系式就是图 2-23（b）所示电路具有的关系式，所以图 2-23（a）和图 2-23（b）是对偶电路。

电路的对偶内容十分丰富，表现形式多种多样，表 2-1 给出了前面已接触到的一些对偶内容。

表 2-1　电路中的对偶内容

对偶内容		对偶内容	
电压	电流	串联	并联
电荷	磁通	分压（公式）	分流（公式）
电阻	电导	电压源与电阻串联	电流源与电导并联
开路（断路）	短路	节点（电压）	网孔（电流）
电压源	电流源	自电阻	自电导
电容	电感	互电阻	互电导
KCL	KVL	戴维南定理	诺顿定理

利用对偶原理，已知某一电路的方程式和解，可直接写出其对偶电路的方程式和解。可见，掌握了对偶原理，就具有了“举一反二”的能力。也就是说，根据电路的对偶性，全部的电路问题只须研究一半就行了。

对偶原理为电路分析提供了新的途径，并具有帮助记忆相关内容的作用。后续章节中，还有许多对偶内容，大家应注意观察和总结。

《习　题》

2-1　题 2-1 图所示电路中，已知 $R_1 = 10\text{k}\Omega$、$R_2 = 5\text{k}\Omega$、$R_3 = 2\text{k}\Omega$、$R_4 = 1\text{k}\Omega$、$U = 6\text{V}$，求通过 R_3 的电流 I。

2-2　题 2-2 图所示电路中，已知 $G_1 = G_2 = 1\text{S}$、$R_3 = R_4 = 2\Omega$，求等效电阻 R_{ab}。

2-3　求题 2-3 图所示二端网络的等效电阻 R_{ab}。

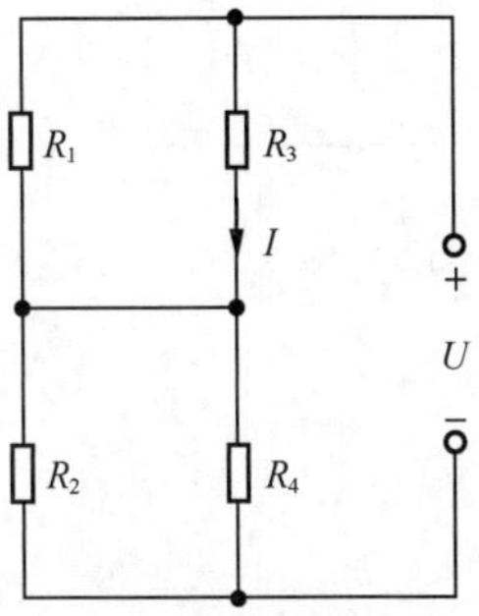

题 2-1 图

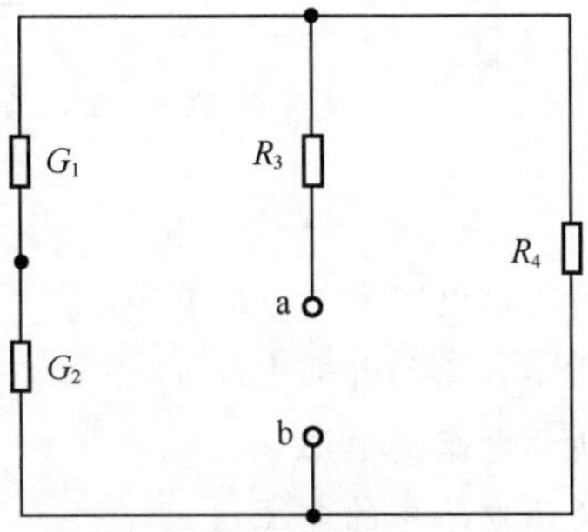

题 2-2 图

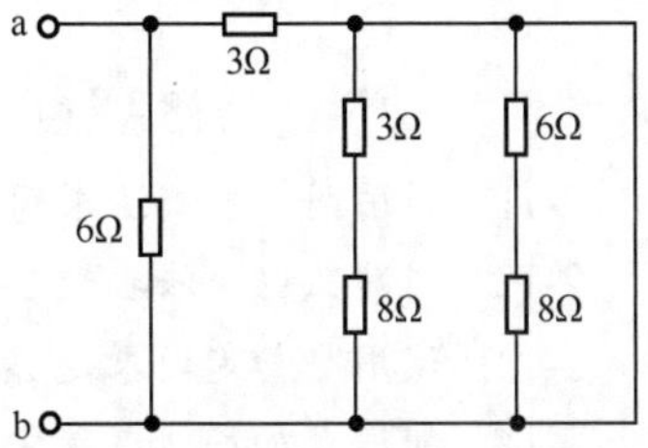

题 2-3 图

2-4　题 2-4 图所示电路中，下面各点为接地点，实际是相连的。已知 $I_{S1}=I_{S2}=I_{S3}=\cdots=I_{Sn}=I_S$，求负载中的电流 I_L。

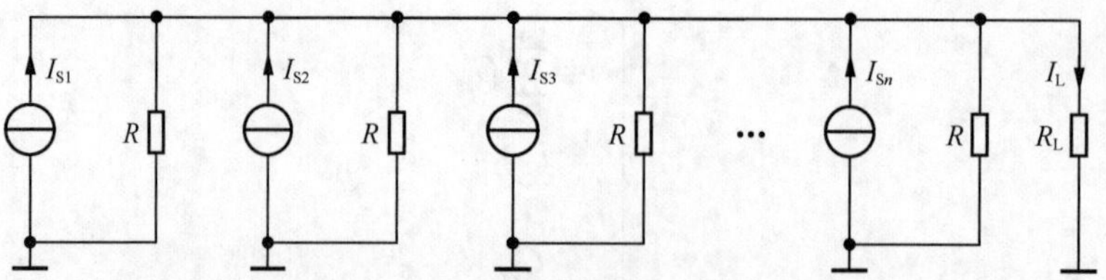

题 2-4 图

2-5　利用电源的等效变换，求题 2-5 图所示电路中的电流 i 。

2-6　用 $2b$ 法列写题 2-6 与题 2-7 图所示电路的方程，并求各支路电流 I_1 、I_2 、I_3 。

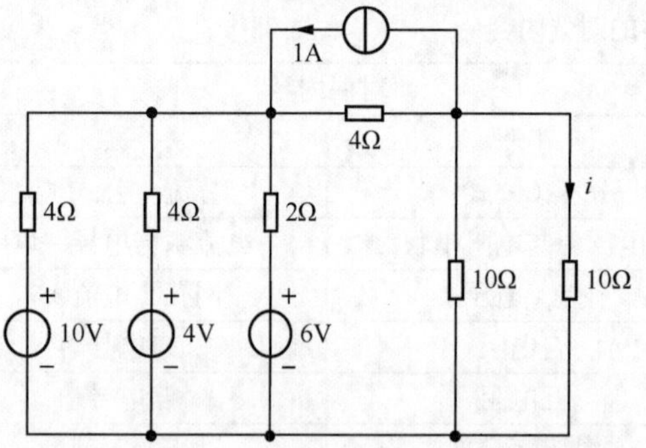

题 2-5 图

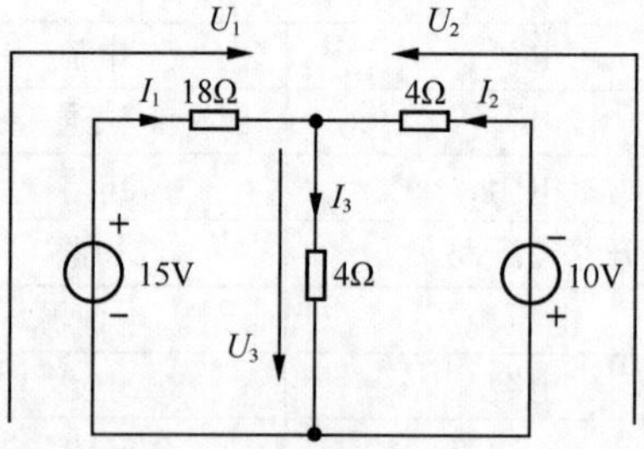

题 2-6 与题 2-7 图

2-7　用支路电流法列写题 2-6 与题 2-7 图所示电路的方程。

2-8　题 2-8 图所示电路中，已知 $R_1 = 10\Omega$ 、$R_2 = 3\Omega$ 、$R_3 = 12\Omega$ 、$R_S = 2\Omega$ 、$u_{S1} = 12V$ 、$u_{S2} = 5V$ ，用支路电流法求解各支路电流 i_1 、i_2 、i_3 ，并通过功率平衡法检验计算结果的正确性。

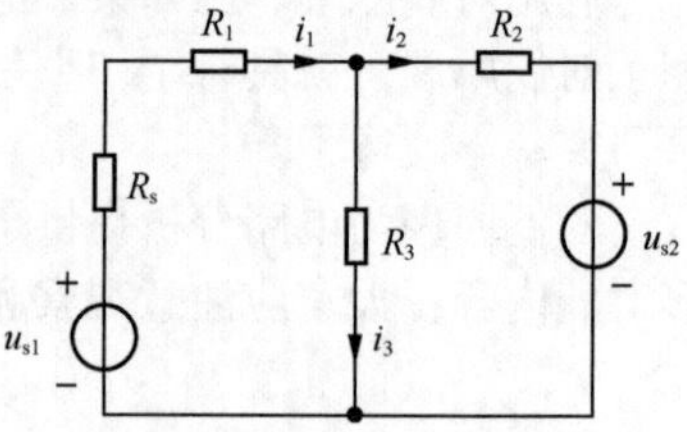

题 2-8 图

2-9　列出题 2-9 图所示电路的节点电压方程。

2-10　列出题 2-10 图所示电路的节点电压方程。

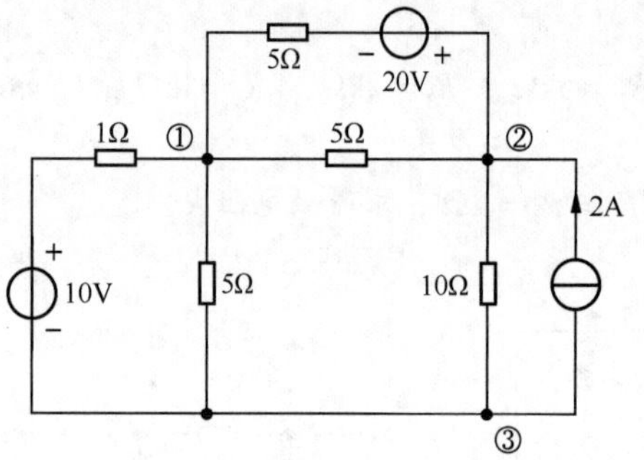

题 2-9 图

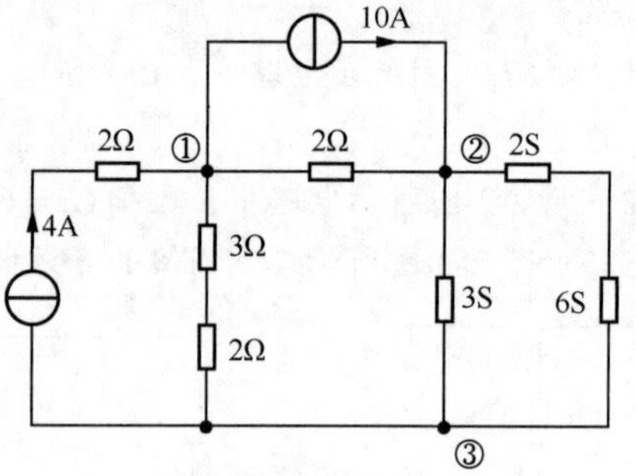

题 2-10 图

2-11　利用网孔电流法求题 2-11 图所示电路中的电流 i_1 和 i_2 。

2-12　用网孔电流法求题 2-12 图所示电路的开路电压 u_{oc} 。

2-13　试用叠加定理求题 2-13 图所示电路的电压 u 。

2-14　利用叠加定理求题 2-14 图所示电路中的电压 u 。

2-15　求题 2-15 图所示电路的戴维南和诺顿等效电路。

2-16　电路如题 2-16 图所示，其中电阻 R_L 可调，试问 R_L 为何值时能获得最大功率？最大功率 $P_{L\max}$ 为多少？

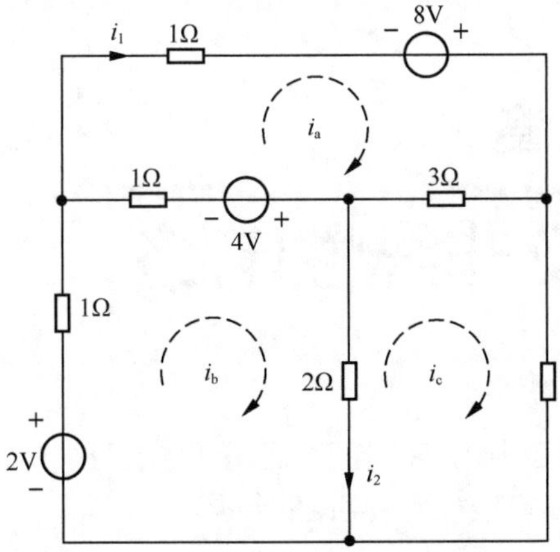

题 2-11 图

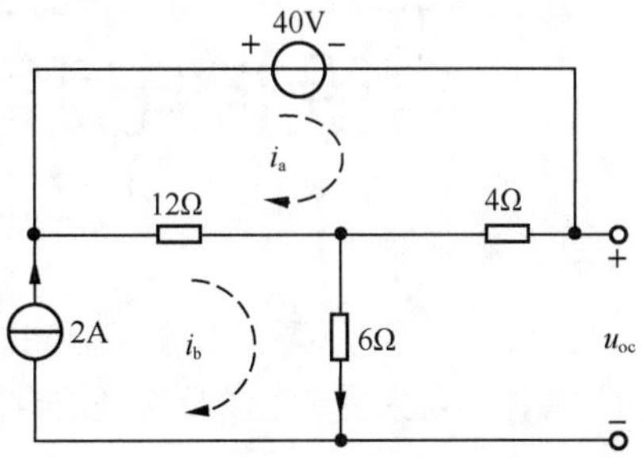

题 2-12 图

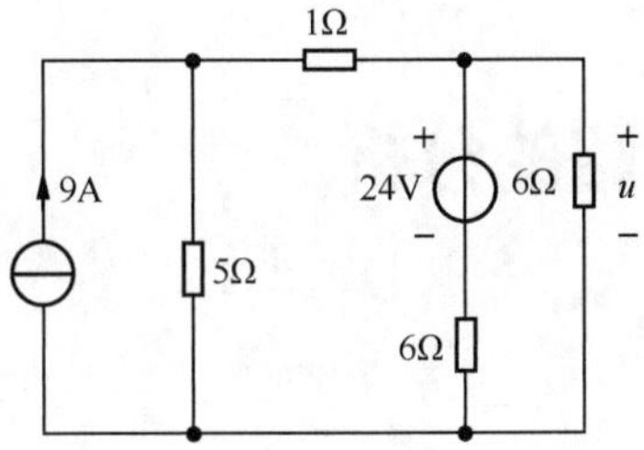

题 2-13 图

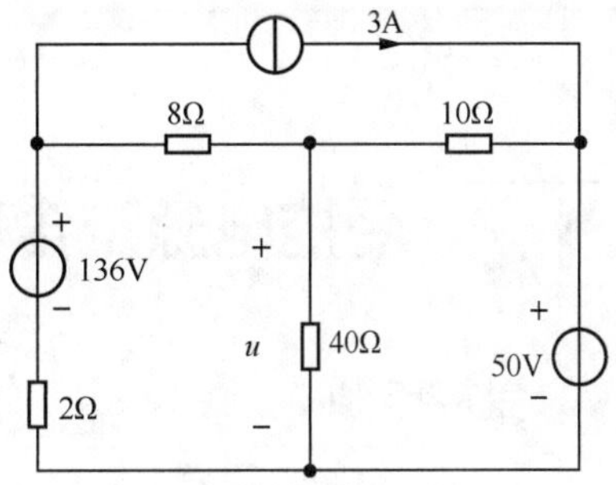

题 2-14 图

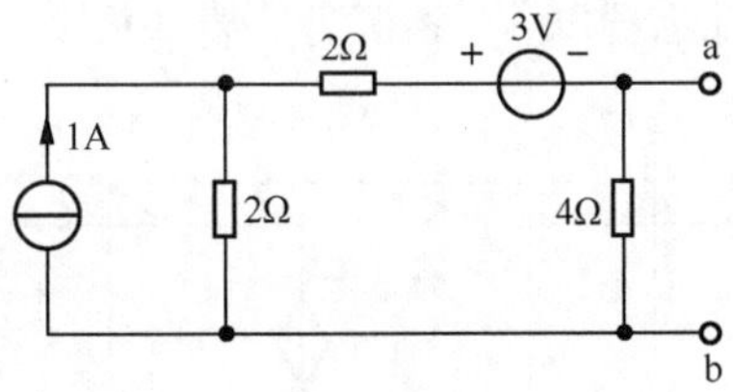

题 2-15 图

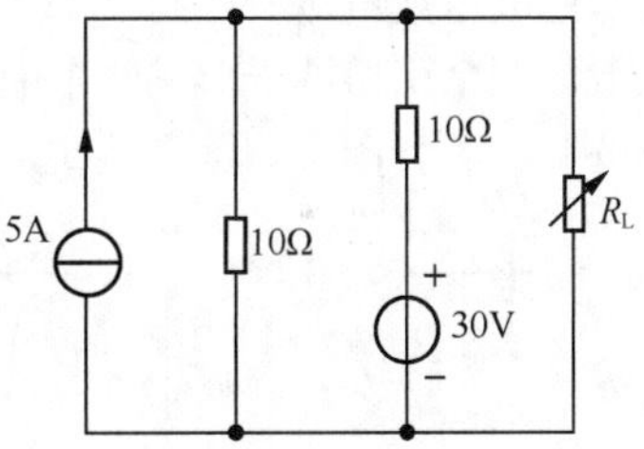

题 2-16 图

2-17　题 2-17 图所示电路中，R_L 为可变电阻，问 R_L 为何值时才能从电路中吸收最大的功率？并求此最大功率 $P_{L\max}$。

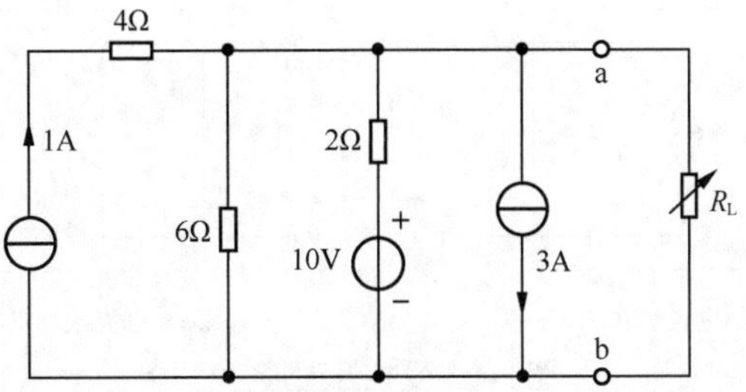

题 2-17 图

第 3 章 含受控电源电路及非线性电路

【本章简介】

本章介绍含受控电源电路及非线性电路，该部分内容是电子电路分析的基础。本章具体内容为受控电源及含受控电源电路的分析、非线性电阻电路的分析。

3.1 受控电源及含受控电源电路的分析

3.1.1 受控电源

受控电源简称为受控源，也被称为非独立源，其输出的电压或电流不由自身决定，而是由电路中其他部分的电压或电流所控制。

受控源的四个引出端子形成两个端口：输入端口、输出端口。受控源为二端口元件，分两类四种，如图 3-1（a）～图 3-1（d）所示。

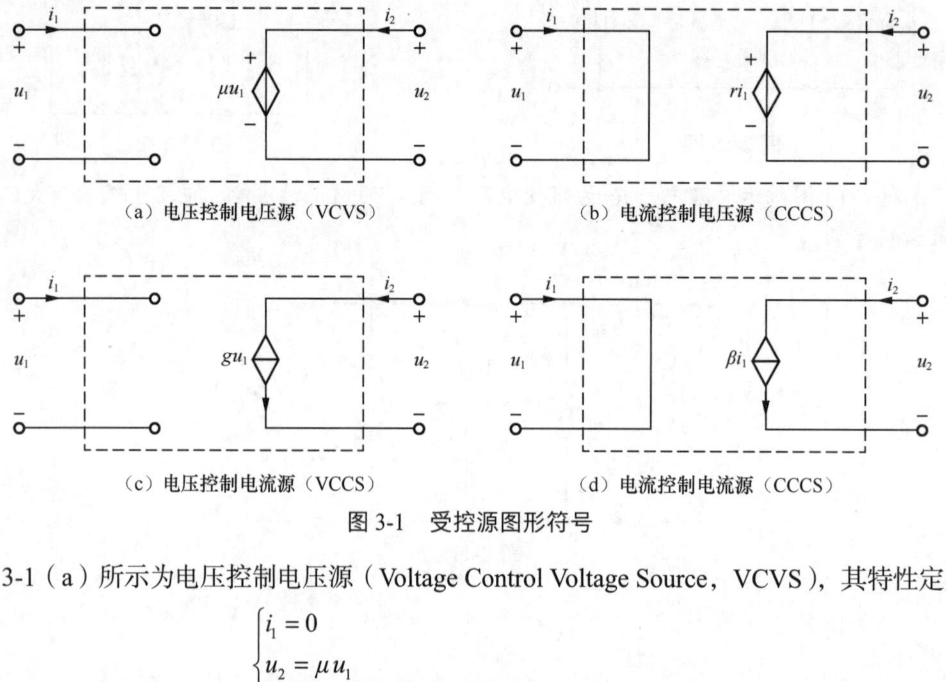

（a）电压控制电压源（VCVS）（b）电流控制电压源（CCCS）

（c）电压控制电流源（VCCS）（d）电流控制电流源（CCCS）

图 3-1　受控源图形符号

图 3-1（a）所示为电压控制电压源（Voltage Control Voltage Source，VCVS），其特性定义为

$$\begin{cases} i_1 = 0 \\ u_2 = \mu u_1 \\ i_2 \text{ 由外电路决定，值域为}（-\infty, +\infty） \end{cases} \quad (3\text{-}1)$$

图 3-1（b）所示为电流控制电压源（Current Control Voltage Source，CCVS），其特性定义为

$$\begin{cases} u_1 = 0 \\ u_2 = r i_1 \\ i_2 \text{由外电路决定，值域为}(-\infty,+\infty) \end{cases} \tag{3-2}$$

图 3-1（c）所示为电压控制电流源（Voltage Control Current Source，VCCS），其特性定义为

$$\begin{cases} i_1 = 0 \\ i_2 = g u_1 \\ u_2 \text{ 由外电路决定，值域为}(-\infty,+\infty) \end{cases} \tag{3-3}$$

图 3-1（d）所示为电流控制电流源（Current Control Current Source，CCCS），其特性定义为

$$\begin{cases} u_1 = 0 \\ i_2 = \beta i_1 \\ u_2 \text{ 由外电路决定，值域为}(-\infty,+\infty) \end{cases} \tag{3-4}$$

受控源接入电路时应表示为图 3-2（a）、图 3-2（b）所示的形式，但实际上往往用图 3-2（c）、图 3-2（d）所示的形式表示。

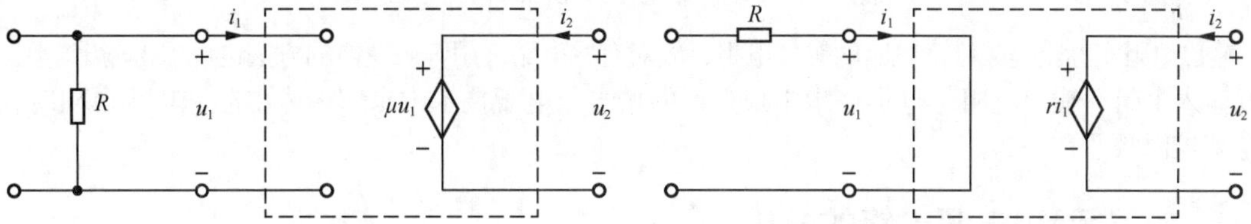

（a）含电压控制电压源的电路　　（b）含电流控制电压源的电路

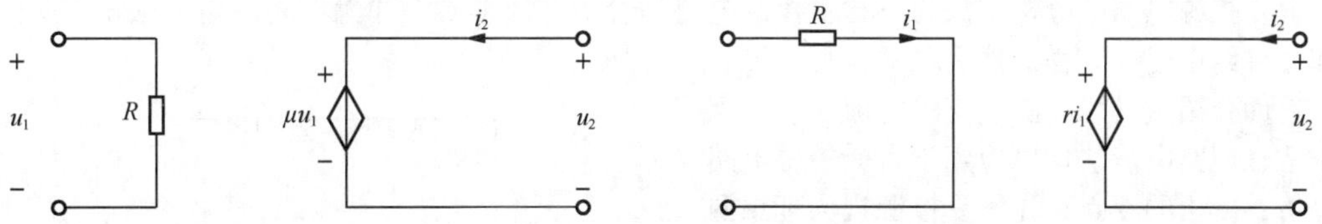

（c）常用电压控制电压源的表示　　（d）常用电流控制电压源的表示

图 3-2　受控源在电路中的表示形式

由于受控源的输入端口接入电路并不改变电路原有结构，所以该端口在电路中可以不用专门表现出来，如图 3-2（c）、图 3-2（d）所示，此时，可将受控源看成一个二端元件。由于受控源的输入端口既不吸收能量，也不发出能量，从能量吸收和发出的角度看，受控源是一个二端元件。

受控源与独立源的不同之处：受控源的电压或电流受其他支路电压或电流控制，而独立源的电压或电流是独立存在的。

受控源与独立源的相同之处：都可以发出能量，也都可以吸收能量；电压源的输出电流由外电路决定，电流源的输出电压由外电路决定。

3.1.2　输入电阻与输出电阻

在传送或处理信号的电路中，输入电阻与输出电阻是两个经常要用到的术语。当两个电路前后相连时，前一级电路作为信号的输出电路，会用到“输出电阻”一词；后一级电路作为信号的接收（输入）电路，会用到“输入电阻”一词。

对于一个不含独立源（可以含有受控源）的二端电路 N_0，设端口电压 u 和端口电流 i 取关联

参考方向，如图 3-3（a）所示，则该二端电路的输入电阻定义为

$$R_i = \frac{u}{i} \tag{3-5}$$

输入电阻与等效电阻定义方式不同，概念上存在差异，但数值相同，故两者名称可混用，求解方法也可通用。

对于一个含有独立电源的二端电路 N_S，设端口开路时电压为 u_{oc}，端口短路时电流为 i_{sc}，如图 3-3（b）所示，则该二端电路的输出电阻定义为

$$R_o = \frac{u_{oc}}{i_{sc}} \tag{3-6}$$

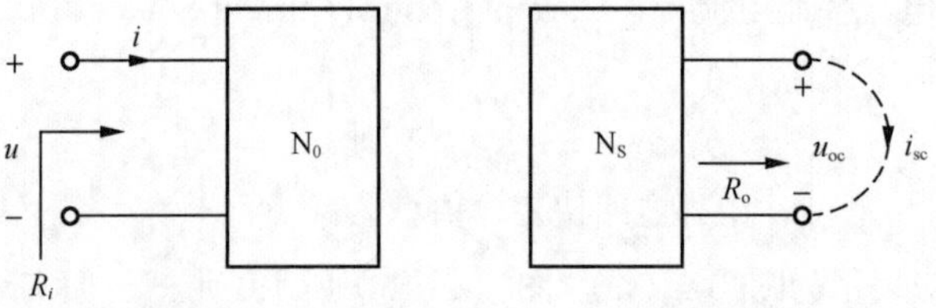

（a）输入电阻　　（b）输出电阻

图 3-3　二端电路的输入电阻和输出电阻

输出电阻实际也是戴维南电路的等效电阻，故对有些电路，用等效变换的方法也可求得输出电阻。

输入电阻和输出电阻是电子技术中很重要的概念，电子技术中求解输入电阻和输出电阻时，通常与受控源联系在一起。

3.1.3 含受控电源电路的分析

含受控源电路的分析方法与不含受控源电路的分析方法本质上并无不同，均须首先依据拓扑约束和元件约束建立方程，然后求解方程。

前面介绍过的 2*b* 法、支路电流法、节点电压法、回路电流法均可应用于含受控源电路的分析，分析的要点是先将受控源视为理想源列方程，然后补充控制量与待求量关系的方程，接下来整理并求解方程。下面通过例题介绍相关内容。

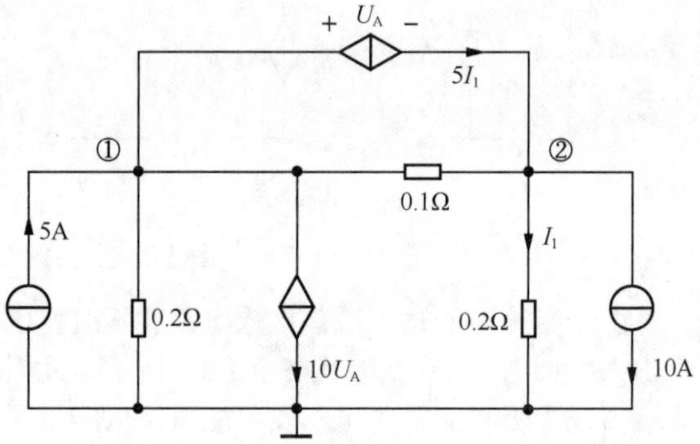

图 3-4　例 3-1 电路

例 3-1　在图 3-4 所示电路中，各电阻和各电流源以及受控电流源均为已知，试列写此电路的节点方程，并求出节点电压。

解：将受控源看成独立源，列 KCL 方程或标准形式节点法方程可得

$$-5+\frac{U_{n1}}{0.2}+10U_A+\frac{U_{n1}-U_{n2}}{0.1}+5I_1=0$$
$$-5I_1+\frac{U_{n2}-U_{n1}}{0.1}+\frac{U_{n2}}{0.2}+10=0$$

或

$$\left(\frac{1}{0.2}+\frac{1}{0.1}\right)U_{n1}-\frac{1}{0.1}U_{n2}=5-10U_A-5I_1$$
$$-\frac{1}{0.1}U_{n1}+\left(\frac{1}{0.2}+\frac{1}{0.1}\right)U_{n2}=-10+5I_1$$

补充控制量与节点电压关系的方程有

$$I_1=\frac{U_{n2}}{0.2}$$
$$U_A=U_{n1}-U_{n2}$$

联立求解上述方程，可得$U_{n1}=0$, $U_{n2}=1V$ 。

例 3-2　在图 3-5 所示电路中，各电阻和各电源均为已知，试列写电路的网孔电流方程，并求出网孔电流。

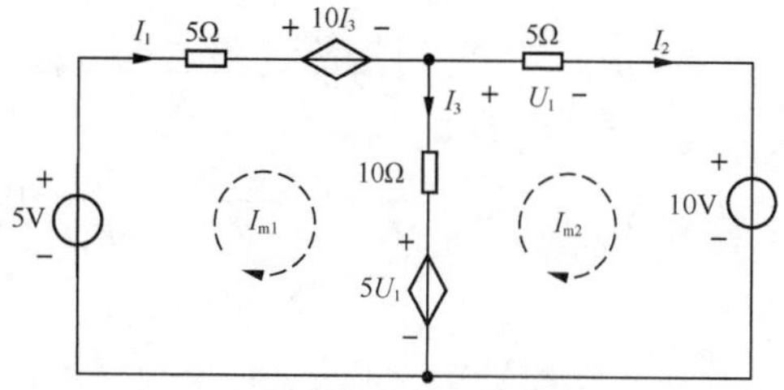

图 3-5　例 3-2 电路

解：选网孔电流I_{m1}、I_{m2}及其参考方向如图 3-4 所示，将受控源看成独立源，列 KVL 方程或标准形式网孔电流方程可得

$$\begin{aligned}&-5+5I_{m1}+10I_3+10(I_{m1}-I_{m2})+5U_1=0\\&-5U_1+10(I_{m2}-I_{m1})+5I_{m2}+10=0\end{aligned}\quad \text{或}\quad \begin{aligned}&(5+10)I_{m1}-10I_{m2}=5-10I_3-5U_1\\&-10I_{m1}+(5+10)I_{m2}=5U_1-10\end{aligned}$$

补充控制量与网孔电流关系的方程有

$$I_3=I_{m1}-I_{m2}$$
$$U_1=5I_2=5I_{m2}$$

把控制量与网孔电流关系方程带入网孔电流方程中，消去控制量，可得

$$5I_{m1}+I_{m2}=1$$
$$2I_{m1}+2I_{m2}=2$$

写成矩阵形式有

$$\begin{bmatrix}5&1\\2&2\end{bmatrix}\begin{bmatrix}I_{m1}\\I_{m2}\end{bmatrix}=\begin{bmatrix}1\\2\end{bmatrix}$$

可见$R_{12}\neq R_{21}$，说明网孔电流方程系数矩阵不是对称矩阵。求解以上方程可得$I_{m1}=0$、$I_{m2}=1A$ 。

例 3-3　如图 3-6（a）所示的二端电路，求其输入电阻。

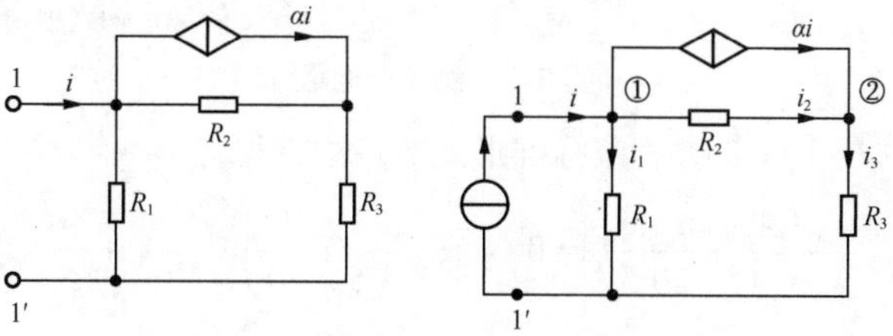

（a）原电路　　（b）输入端口加电流源

图 3-6　例 3-3 电路

解：在该电路端口 1-1′处加入电流源，如图 3-6（b）所示。

（1）支路电流法求解。对图 3-6（b）所示电路，可列出如下方程

$$-i+i_1+i_2+\alpha i=0$$
$$-\alpha i-i_2+i_3=0$$
$$-R_1i_1+R_2i_2+R_3i_3=0$$

可解出

$$i_1=\frac{R_3+(1-\alpha)R_2}{R_1+R_2+R_3}\times i$$

所以，该网络端口输入电阻为

$$R_i=\frac{R_1i_1}{i}=\frac{R_1R_3+(1-\alpha)R_1R_2}{R_1+R_2+R_3}$$

（2）节点法求解。列 KCL 方程或标准形式节点法方程有

$$-i+\frac{u_{n1}}{R_1}+\frac{u_{n1}-u_{n2}}{R_2}+\alpha i=0 \quad 或 \quad \left(\frac{1}{R_1}+\frac{1}{R_2}\right)u_{n1}-\frac{1}{R_2}u_{n2}=i-\alpha i$$

$$-\alpha i+\frac{u_{n2}-u_{n1}}{R_2}+\frac{u_{n2}}{R_3}=0 \quad\quad -\frac{1}{R_2}u_{n1}+\left(\frac{1}{R_2}+\frac{1}{R_3}\right)u_{n2}=\alpha i$$

解得

$$u_{n1}=\frac{R_1R_3+(1-\alpha)R_1R_2}{R_1+R_2+R_3}\times i$$

所以，该网络端口输入电阻为

$$R_i=\frac{u_{n1}}{i}=\frac{R_1R_3+(1-\alpha)R_1R_2}{R_1+R_2+R_3}$$

另外，根据本题求出的 R_i 的表达式可见，在一定的参数条件下，R_i 的值有可能大于零、等于零或者小于零。例如，当 $R_1=R_2=1\,\Omega$、$R_3=2\,\Omega$、$\alpha=5$ 时，$R_i=-0.5\,\Omega$。此种情况下，该二端电路对外提供能量，这一能量来源于二端电路中的受控源。受控源提供的能量比该二端电路对外提供的能量要大，因为有一部分能量被电阻 R_1、R_2、R_3 消耗掉了。

例 3-4 在图 3-7（a）所示的二端电路中，有一电流控制电流源 $i_c=0.75i_1$，求该电路的输出电阻。

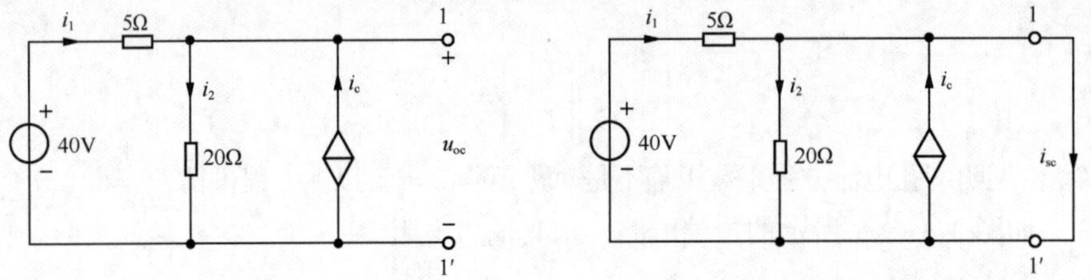

（a）原电路　　（b）输出端口短路时的电路

图 3-7 例 3-4 电路

解：（1）求开路电压 u_{oc}。列 KCL 方程或标准形式节点法方程有

$$\frac{u_{oc}-40}{5}+\frac{u_{oc}}{20}-i_c=0 \quad 或 \quad \left(\frac{1}{5}+\frac{1}{20}\right)u_{oc}=i_c+\frac{40}{5}$$

$$i_c=0.75i_1=0.75\times\frac{40-u_{oc}}{5}$$

解得 $u_{oc}=35\text{V}$。

（2）求短路电流。当端口 $1-1'$ 短路时，如图 3-7（b）所示，此时 20Ω 电阻两端电压为零，故有 $i_2=0$。由 KCL 方程有

$$i_{sc}=i_1+i_c=i_1+0.75i_1=1.75i_1=1.75\times\frac{40}{5}=14\text{A}$$

可得该二端电路的输出电阻 $R_o=\dfrac{u_{oc}}{i_{sc}}=\dfrac{35}{14}=2.5\Omega$

3.2 非线性电阻电路的分析

3.2.1 非线性电路的概念

任何一个实际器件，从本质上来说，其 $u-i$ 关系（或 $u-q$ 关系、$\Phi-i$ 关系）都是非线性的，

但若在人们关心的实际器件特性范围内，器件的非线性程度较轻以致可以忽略时，就可将实际器件用线性元件建模。但许多实际电路的非线性特征不容忽略，否则就会出现理论计算结果与实际观测结果相差太大而无意义的情况，这时就涉及非线性电路的分析问题。

分析非线性电路的方法很多，有解析法、图解法、分段线性法、小信号分析法等，这里只对解析法和图解法做简单介绍，对于分段线性法和小信号分析法在后面的章节中再介绍。

3.2.2 非线性电阻元件

线性电阻元件其特性是 $u-i$ 平面上过原点的一条直线，即线性电阻元件的电压与电流满足线性函数关系。但对非线性电阻元件来说，其电压与电流却是非线性关系，对应的伏安特性曲线一般不是一条直线。

非线性电阻元件

图 3-8（a）所示为非线性电阻元件的符号，其电压、电流关系可表示为

$$u = f(i) \tag{3-7}$$

或

$$i = g(u) \tag{3-8}$$

若某一非线性电阻元件特性只能用式（3-7）表示，则说明该元件的电压是电流的单值函数，而同一电压值，可能对应着多个电流值，称这种类型的非线性电阻为电流控制型非线性电阻。充气二极管是一种电流控制型非线性电阻，其伏安特性曲线如图 3-8（b）所示。

若某一非线性电阻元件特性只能用式（3-8）表示，则说明该元件的电流是电压的单值函数，而同一电流值，可能对应着多个电压值，称这种类型的非线性电阻为电压控制型非线性电阻。隧道二极管是一种电压控制型非线性电阻，其伏安特性曲线如图 3-8（c）所示。

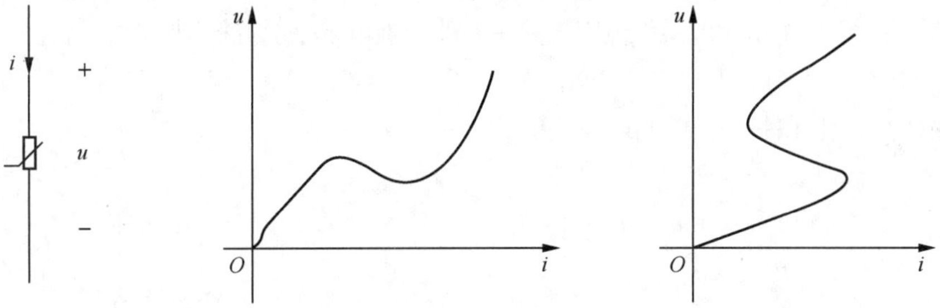

（a）电路符号　（b）充气二极管伏安特性曲线　（c）隧道二极管伏安特性曲线

图 3-8　非线性电阻的电路符号及其伏安特性曲线

若某一非线性电阻元件特性既能用式（3-7）表示，也能用式（3-8）表示，则说明该元件的伏安特性是严格单调变化的。这种元件既属于电流控制型，也属于电压控制型，半导体二极管就属于这种类型。图 3-9（a）所示为二极管电路符号，其伏安特性如图 3-9（b）所示。

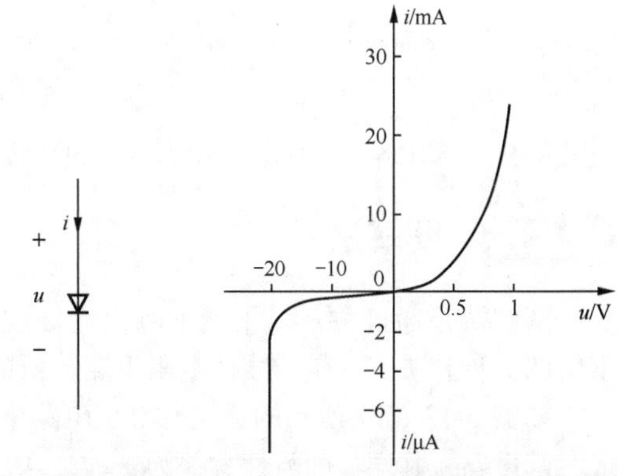

（a）二极管电路符号　（b）二极管伏安特性曲线

图 3-9　二极管电路符号及其伏安特性曲线

与线性元件不同，非线性元件存在静态参数和动态参数两种参数。静态参数是针对不变的电压电流而提出的一个概念，动态参数是针对变化的电压电流而提出的一个概念。非线性元件的静态参数和动态参数随工作点的不同而不同。对非线性电阻元件而言，在伏安特性曲线上某一点

P 处的静态电阻 R 和动态电阻 R_d 分别定义为

$$R=\frac{u}{i}\Big|_P \tag{3-9}$$

$$R_d=\frac{du}{di}\Big|_P \tag{3-10}$$

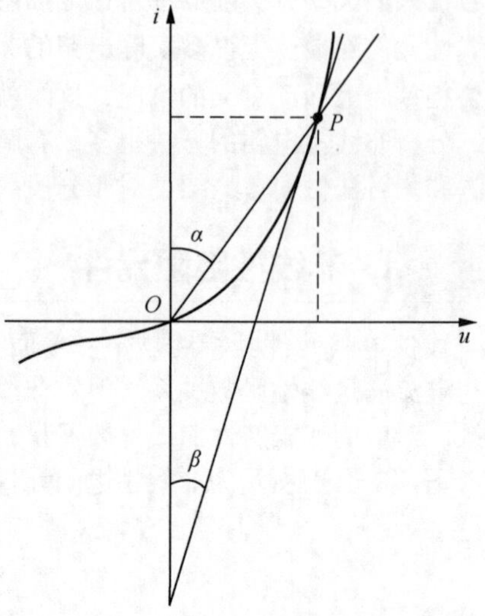

图 3-10　非线性电阻的静态电阻与动态电阻

由图 3-10 可以看出，P 点的静态电阻 R 正比于 $\tan\alpha$，动态电阻 R_d 正比于 $\tan\beta$。一般情况下，$R \neq R_d$。实际非线性电阻的静态电阻均为正值，但动态电阻随工作点不同可能为正也可能为负。由式（3-10）可见，在伏安特性曲线斜率为负的区域，动态电阻将为负值，表现为负电阻性质（仅对工作点处小范围变化的电压电流而言）。

与动态电阻定义类似，P 处的动态电导定义为

$$G_d=\frac{di}{du}\Big|_P \tag{3-11}$$

3.2.3 解析法

用解析法对非线性电路做分析需要建立描述电路的方程，方程建立的依据是拓扑约束和元件约束。非线性电路的拓扑约束依然是 KCL、KVL，但元件约束中有非线性的关系。下面给出一个用解析法求解非线性电路的例子。

解析法

例 3-5　在图 3-11 所示非线性电阻电路中，非线性电阻是电流控制型的，特性方程为 $u_3=f(i_3)=2i_3^{\ 2}+1$，其中 $R_1=2\Omega$，$R_2=6\Omega$，$i_S=2\text{A}$，$u_S=7\text{V}$。试求 R_1 两端的电压 u_1。

解：根据拓扑约束和元件约束可列出如下方程

$$i_3=i_S-i_1=2-i_1$$
$$u_1=u_2+u_3+u_S=u_2+u_3+7$$
$$u_1=R_1i_1=2i_1$$
$$u_2=R_2i_3=6i_3$$
$$u_3=2i_3^{\ 2}+1$$

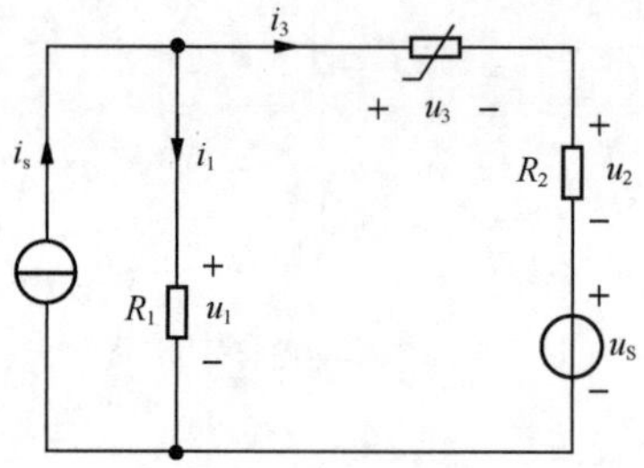

图 3-11　例 3-5 电路

以上方程实际是用 $2b$ 法列出的，默认 i_3 流过 R_2，故少一个 KCL 方程。化简可得

$$u_1^{\ 2}-16u_1+56=0$$

由此解得 $u_1\approx 10.828\text{V}$ 或 $u_1\approx 5.172\text{V}$，可见，非线性电路的解有时不是唯一的。

3.2.4 图解法

图解法是通过在 $u-i$ 平面上画出元件或局部电路的伏安特性曲线，并在此基础上对电路进行求解的一种方法。它是非线性电阻电路分析的重要方法，通常只适用于简单电路的分析。

如图 3-12（a）所示的非线性电阻电路中，U_S 为直流电压源，R_S 为线性电阻。U_S 与 R_S 串联构成二端电路，其端口的特性方程为 $u=U_S-R_Si$，如图 3-12（b）中的直线所示，非线性电阻 R 的特性如图 3-12（b）中的曲线所示。由于直线与曲线的交点 Q 既满足直线约束又满足曲线约束，因此

该交点的坐标即为电路的解。这种作图求解电路的方法称为图解法，也称为曲线相交法。

图 3-12（b）中的交点Q是在电源为直流情况下得到的，交点不会发生变化，故称其为静态工作点。在某些情况下，电路的静态工作点可能有多个，如当图 3-12（b）中的非线性电阻不是单调型时，就可能会出现有多个静态工作点的情况，如图 3-13 所示。实际电路在某一具体时间内其静态工作点只能有一个，若用曲线相交法得出多个静态工作点时，可根据实际电路开始工作时的情况分析出具体的工作点。

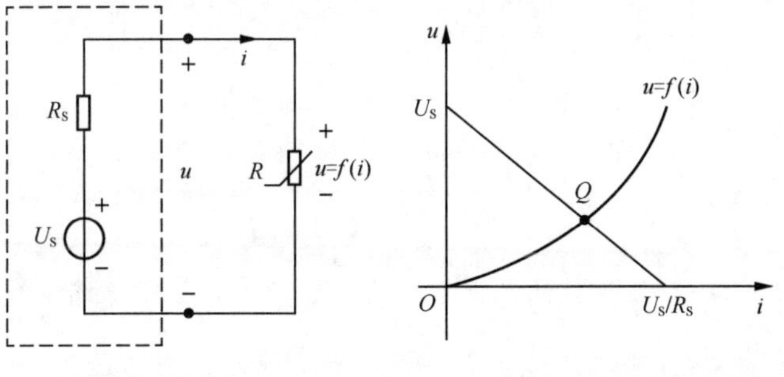

（a）非线性电阻电路　　（b）求解非线性电阻电路的图解法

图 3-12　非线性电阻电路曲线相交法求解示图

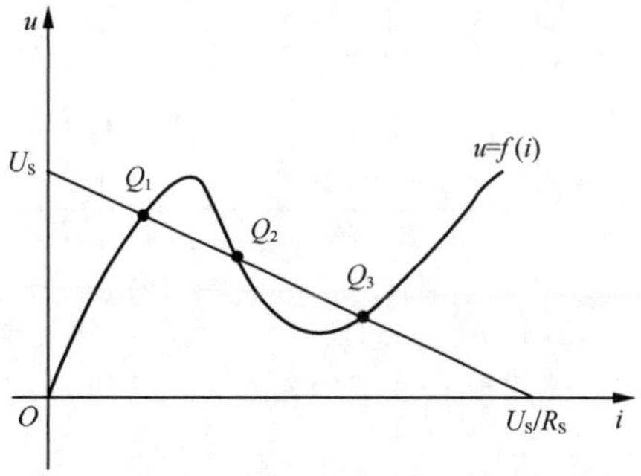

图 3-13　多个静态工作点的情况

《习　题》

3-1　求题 3-1 图所示电路的输入电阻 R_i。

3-2　求题 3-2 图所示电路的输出电阻 R_o。

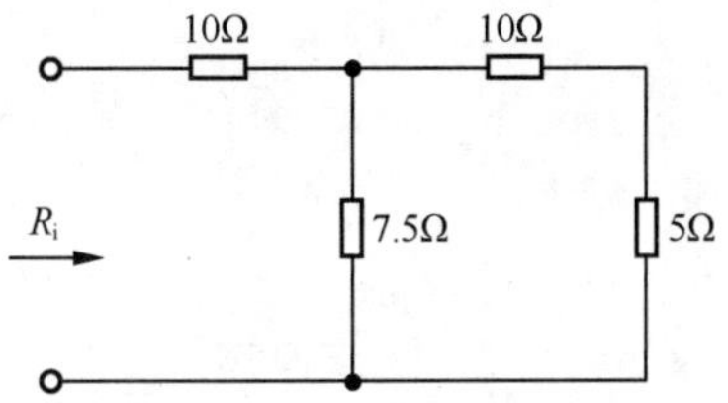

题 3-1 图

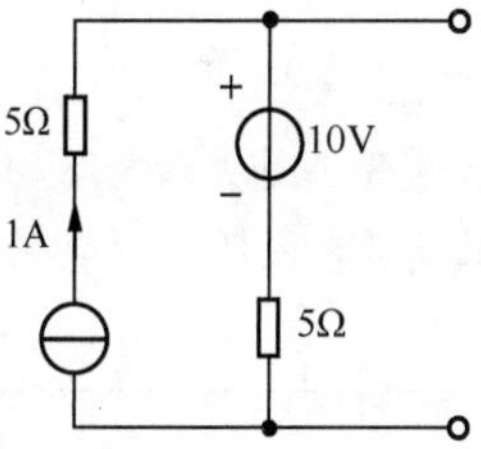

题 3-2 图

3-3　求题 3-3 图所示电路的输出电阻 R_o。

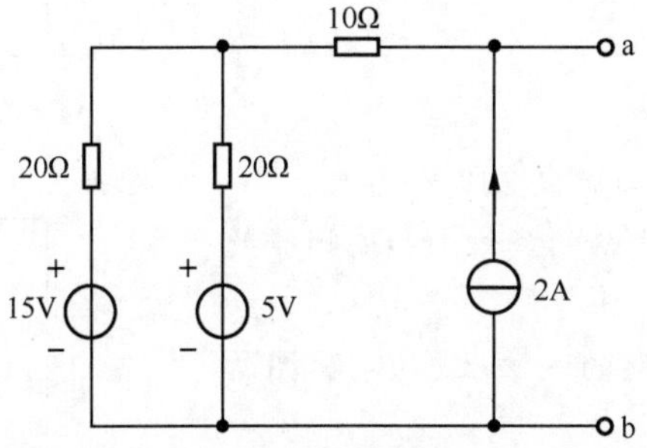

题 3-3 图

3-4　题 3-4 图所示电路中，已知 $u_{S1}=3\text{V}$、$R_1=1\Omega$、$i_{S2}=1\text{A}$、$\alpha=2$、$R_2=2\Omega$、$R_3=3\Omega$、

$u_{S3} = 2\text{V}$、$R_4 = 4\Omega$、$R_5 = 5\Omega$。用回路（网孔）电流法求u_{S1}的功率。

3-5　求题 3-5 图所示电路中的I_1和U_0。

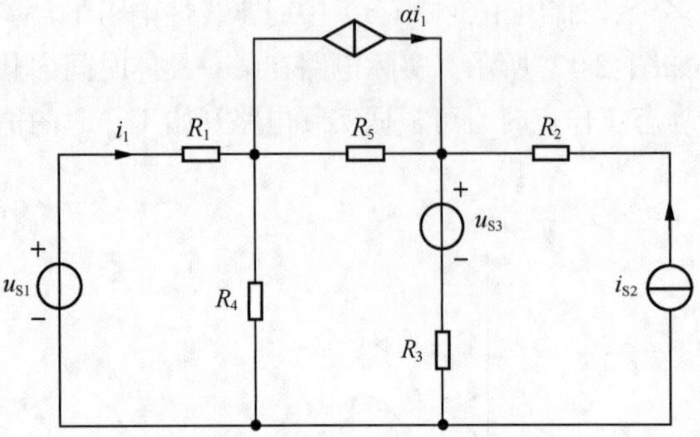

题 3-4 图

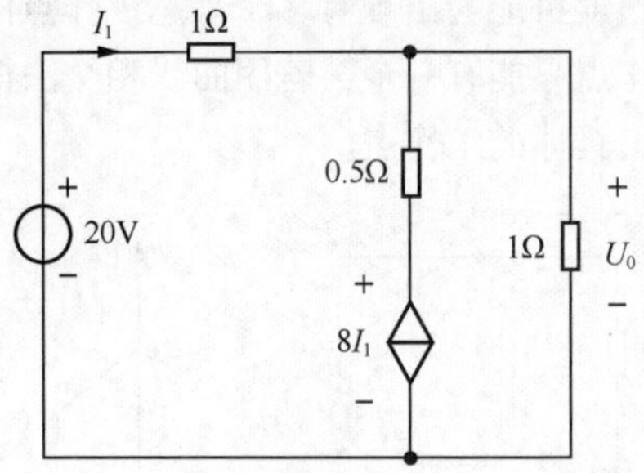

题 3-5 图

3-6　题 3-6 图（a）所示电路是电路图的一种简便画法，也可画为如题 3-6（b）图所示的电路，试用节点法求输出端对参考节点的电压u_o。

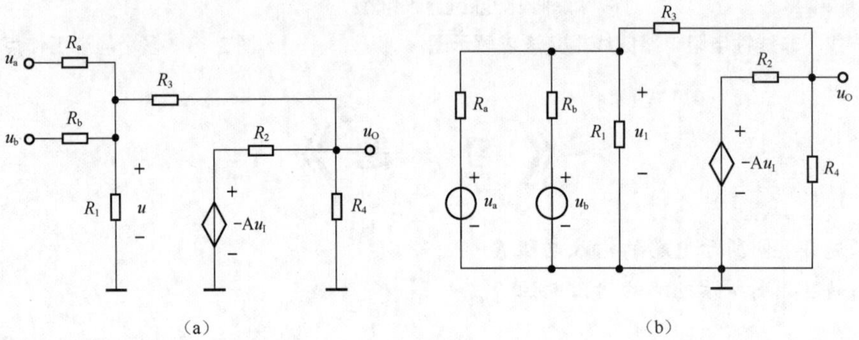

题 3-6 图

3-7　求题 3-7 图所示电路的输入电阻R_i。

3-8　求题 3-8 图所示电路的输出电阻R_o。

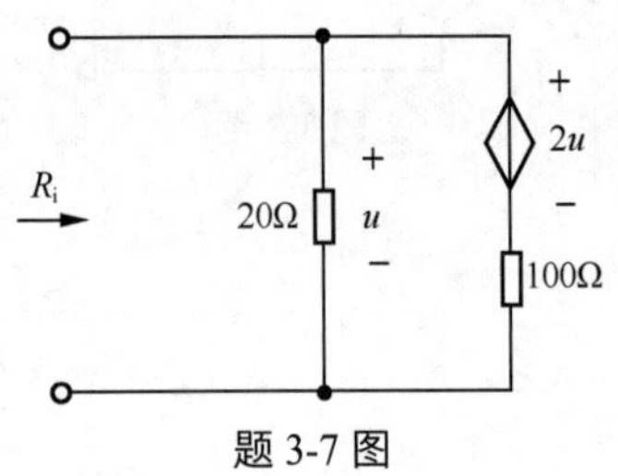

题 3-7 图

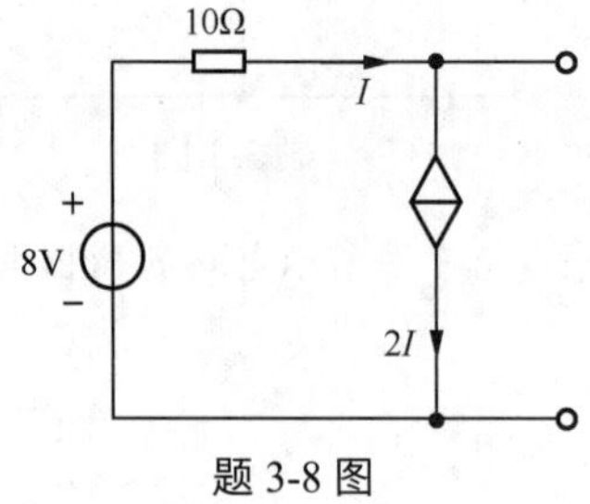

题 3-8 图

3-9　求题 3-9 图所示电路的输出电阻R_o。

3-10　求题 3-10 图所示电路的戴维南和诺顿等效电路。

3-11　用求戴维南等效电路的方法求题 3-11 图所示电路中$R = 1\Omega$时的电流I。

3-12　试确定题 3-12 图所示电路中非线性电阻的静态工作点。

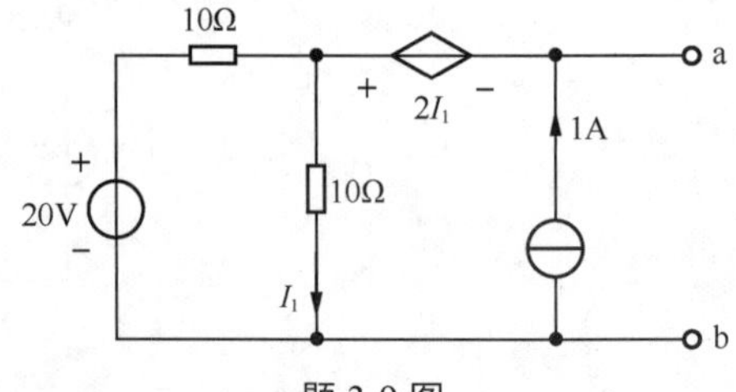

题 3-9 图

3-13　题 3-13 图所示电路中，已知$U = I^2 + 2I$，试求电压 U。

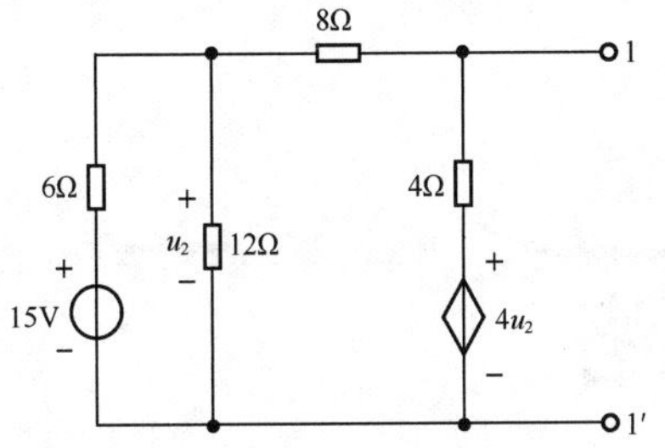

题 3-10 图

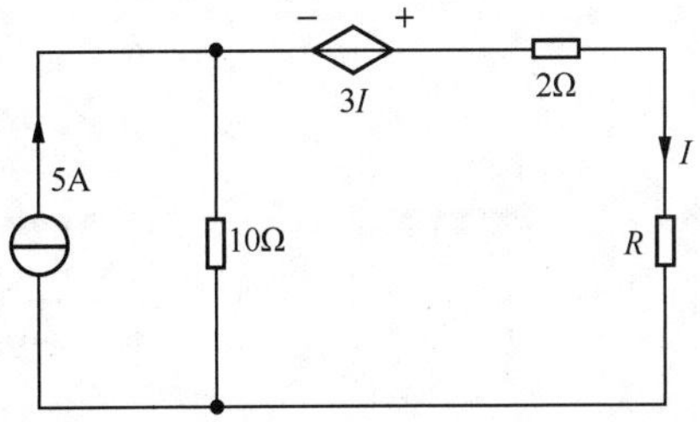

题 3-11 图

3-14　题 3-14 图所示电路中，非线性电阻的伏安特性为 $U=\begin{cases}0\ , & I\leqslant 0\\ I^2+1, & I>0\end{cases}$，求 I 和 U 。

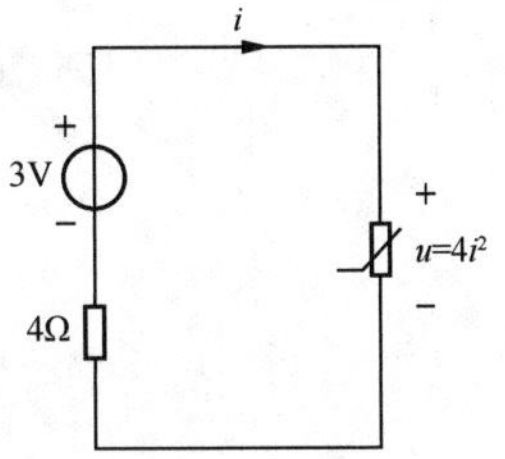

题 3-12 图

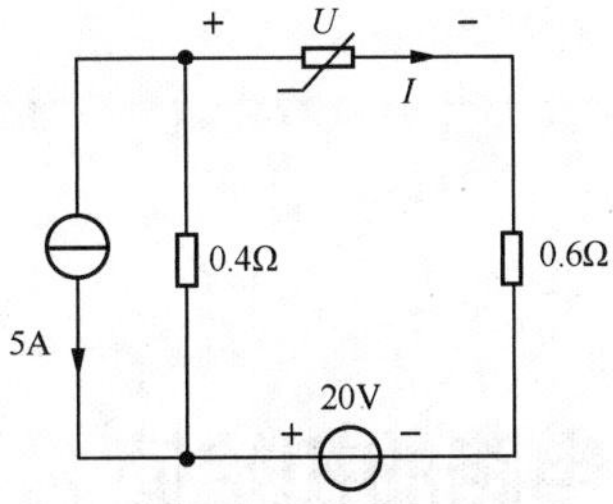

题 3-13 图

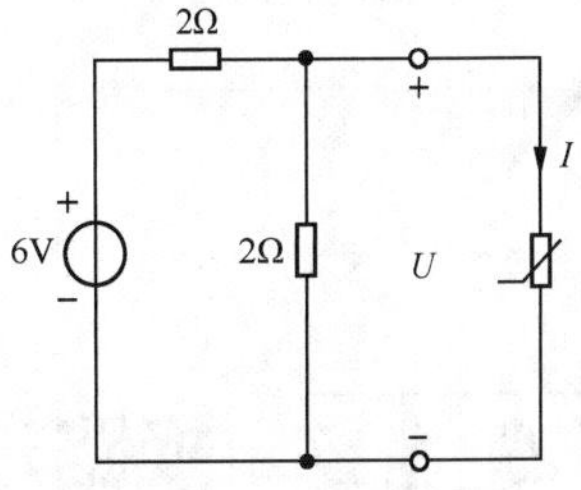

题 3-14 图

3-15　题 3-15（a）图所示电路中，已知 $U_S=16V$ 、$R_1=R_2=2\Omega$ 、$R_3=1\Omega$ ，非线性电阻的伏安特性如题 3-15（b）图所示。试计算各支路的电压、电流。

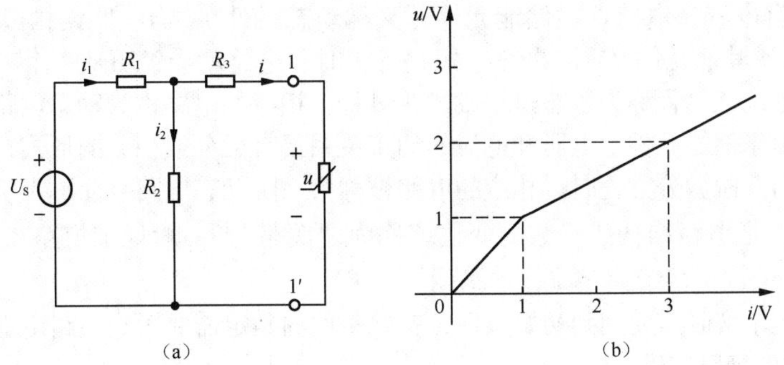

题 3-15 图

3-16　题 3-16（a）图所示电路中，已知 $U_S=6V$ 、$I_S=2A$ 、$R_1=1\Omega$ ，R_2、R_3 为非线性电阻，其伏安特性如题 3-16（b）图曲线所示，求电流 I_2、I_3。

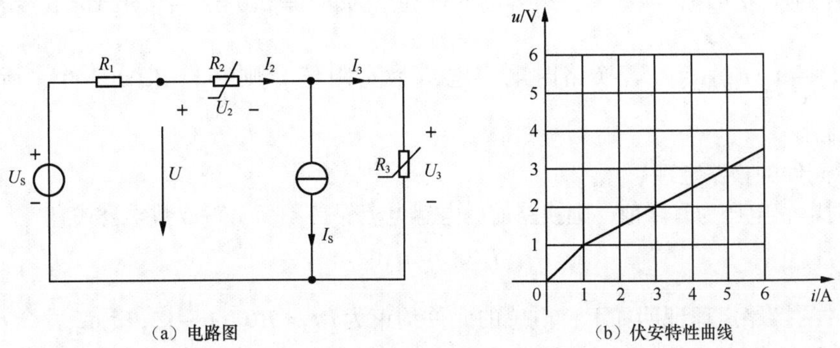

题 3-16 图

第 4 章

动态电路

【本章简介】

动态电路是一类重要的电路。本章主要介绍一阶动态电路的相关概念和响应的求解方法，具体内容为换路定理及电路的初始值、RC 电路、RL 电路、一阶电路响应求解的三要素法。

4.1 换路定理及电路的初始值

4.1.1 换路定理

若电路中含有电容、电感这类储能元件（又称动态元件），当电路结构或元件参数发生变化（如电路中的电源或其他元件接入、断开、短路等）时，电路就会经历从一个工作状态转变为另一个工作状态的过程，该过程称为暂态过程或过渡过程，相应的电路称为动态电路。

动态电路中由于储能元件上电压和电流的约束关系具有微分或积分的形式，故列出的方程是微分方程。当方程为一阶微分方程时，相应的电路被称为一阶动态电路，简称一阶电路。

电路理论中，把电路结构或参数的变化统称为“换路”。一般规定换路在 $t=0$ 的瞬间进行，$t=0_-$ 时换路还未进行，$t=0_+$ 时换路已经结束。

动态电路方程求解时需要用到初始条件，初始条件的确定需要用到换路定理。

1．电容元件的换路定理

若换路时电容电流为有限值，则换路前后电容电压保持不变。写成表达式有

$$u_C(0_+)=u_C(0_-) \tag{4-1}$$

电容元件的换路定理证明如下：电容的元件约束为 $u(t)=u(0_-)+\dfrac{1}{C}\int_{0_-}^{t}i(\xi)\mathrm{d}\xi$，令 $t=0_+$，则有 $u(0_+)=u(0_-)+\dfrac{1}{C}\int_{0_-}^{0_+}i(\xi)\mathrm{d}\xi$。若换路时电容电流为有限值，则 $\dfrac{1}{C}\int_{0_-}^{0_+}i(\xi)\mathrm{d}\xi=0$，所以 $u_C(0_+)=u_C(0_-)$，得证。

2．电感元件的换路定理

若换路时电感电压为有限值，则换路前后电感电流保持不变。写成数学公式有

$$i_L(0_+)=i_L(0_-) \tag{4-2}$$

电感元件的换路定理证明如下：电感的元件约束为 $i(t)=i(0_-)+\dfrac{1}{L}\int_{0_-}^{t}u(\xi)\mathrm{d}\xi$，令 $t=0_+$，则有

$i(0_+)=i(0_-)+\frac{1}{L}\int_{0_-}^{0_+}u(\xi)\mathrm{d}\xi$。若换路时电感电压为有限值，则 $\int_{0_-}^{0_+}u(\xi)\mathrm{d}\xi=0$，所以 $i_L(0_+)=i_L(0_-)$，得证。

需要注意，上述换路定理的成立有前提条件，即换路时电容电流和电感电压为有限值，若不满足这一前提，换路定理就不能成立。例如，将一个初始值 $u_C(0_-)=0$ 的电容元件在 $t=0$ 时与理想电压源 U_S 接通，依据 KVL 则有 $u_C(0_+)=U_S$，此种情况下前述电容元件的换路定理不再成立，原因是电路中出现了数值为无限大的电流。对电感元件也有类似情况。

4.1.2 电路的初始值

电路换路后在 $t=0_+$ 时的电压、电流值称为电路的初始值（即电路微分方程的初始条件），其中，电容电压的初始值 $u_C(0_+)$ 和电感电流的初始值 $i_L(0_+)$ 被称为初始状态。根据换路定理 $u_C(0_+)=u_C(0_-)$ 和 $i_L(0_+)=i_L(0_-)$ 知，初始状态的确定只需知道 $u_C(0_-)$ 和 $i_L(0_-)$ 即可。通过 $t=0_-$ 时的等效电路，即由换路前已达到稳定工作状态的电路可确定 $u_C(0_-)$ 和 $i_L(0_-)$。

电路中的其他变量如 i_C、u_L、i_R、u_R 的初始值 $i_C(0_+)$、$u_L(0_+)$、$i_R(0_+)$、$u_R(0_+)$，需通过 $t=0_+$ 时的等效电路确定。$t=0_+$ 时等效电路的构成方法：将电容用值为 $u_C(0_+)$ 的电压源表示，将电感用值为 $i_L(0_+)$ 的电流源表示，电源取 $t=0_+$ 时的值，电路的其他部分不发生变化，此时对应的是一个仅含电阻和电源的直流电路。

例 4-1 在图 4-1 所示电路中，电路已处于稳定状态，直流电压源电压为 U_0。在 $t=0$ 时打开开关 K，试求初始值 $u_C(0_+)$、$i_L(0_+)$、$i_C(0_+)$、$u_L(0_+)$ 和 $u_{R_2}(0_+)$。

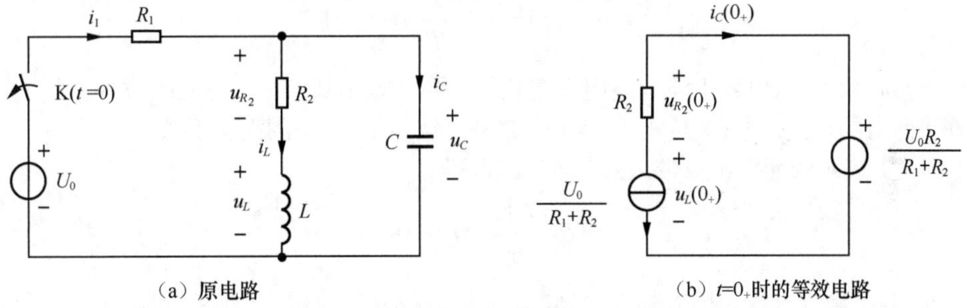

图 4-1　例 4-1 电路

解：开关打开前电路已处于稳定状态，电容电压和电感电流不变，电容相当于断开，电感相当于短路，故得

$$u_C(0_-)=\frac{R_2U_0}{R_1+R_2},\qquad i_L(0_-)=\frac{U_0}{R_1+R_2}$$

当开关打开后，由换路定理得

$$u_C(0_+)=u_C(0_-)=\frac{U_0R_2}{R_1+R_2}$$

$$i_L(0_+)=i_L(0_-)=\frac{U_0}{R_1+R_2}$$

构造 $t=0_+$ 时的等效电路如图 4-1（b）所示，由此可求得

$$i_C(0_+)=-\frac{U_0}{R_1+R_2}$$

$$u_{R_2}(0_+) = -R_2 i_C(0_+) = \frac{U_0 R_2}{R_1 + R_2}$$

$$u_L(0_+) = -u_{R_2}(0_+) + \frac{U_0 R_2}{R_1 + R_2} = 0$$

4.2 RC电路

4.2.1 RC电路的零输入响应

零输入响应是动态电路在没有外加激励（无独立源）时，由电路中储能元件的初始储能释放而引起的响应。

图 4-2 所示为RC元件串联（也可视为并联）构成的电路，$t=0$时开关 K 闭合。电容C在开关闭合前已被充电，其电压为$u_C(0_-)=U_0$。开关闭合后，电容C储存的电能通过电阻R释放出来，下面对放电过程进行分析。

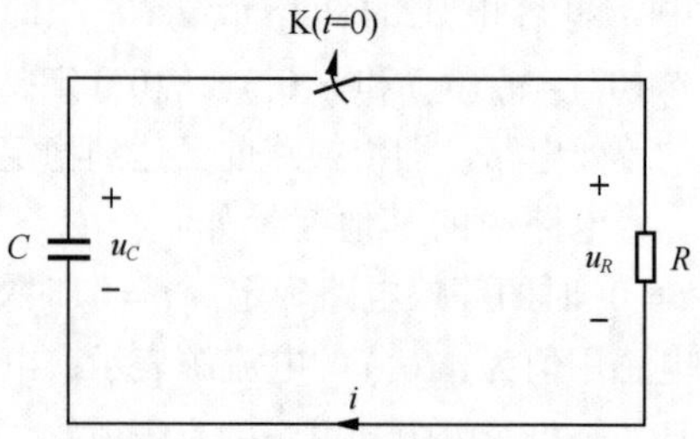

图 4-2　RC 电路的零输入响应

$t \geqslant 0_+$时电路的 KVL 方程为

$$u_C - u_R = 0 \tag{4-3}$$

元件约束为

$$\begin{cases} u_R = Ri \\ i = -C\dfrac{\mathrm{d}u_C}{\mathrm{d}t} \end{cases} \tag{4-4}$$

以上方程列写时默认电容电流与电阻电流相等，隐含着用到了一个 KCL 方程，故上述方程实质是用 $2b$ 法列出的。式（4-3）与式（4-4）合起来可认为是 $2b$ 法的简化形式。

把式（4-4）表示的元件约束带入式（4-3），可得

$$RC\frac{\mathrm{d}u_C}{\mathrm{d}t} + u_C = 0 \tag{4-5}$$

这是一个一阶齐次微分方程，因方程在$t \geqslant 0_+$时成立，故方程的初始条件应为$u_C(0_+)$。令方程的通解为$u_C = A\mathrm{e}^{pt}$，代入式（4-5）后可得

$$(RCp+1)A\mathrm{e}^{pt} = 0 \tag{4-6}$$

相应的特征方程为

$$RCp + 1 = 0 \tag{4-7}$$

特征根为

$$p = -\frac{1}{RC} \tag{4-8}$$

由换路定理可得$u_C(0_+) = u_C(0_-) = U_0$，代入$u_C = A\mathrm{e}^{pt}$，可求得$A = u_C(0_+) = U_0$。于是满足初始条件的微分方程解为

$$u_C = u_C(0_+)\mathrm{e}^{-\frac{1}{RC}t} = U_0\mathrm{e}^{-\frac{1}{RC}t}，\ t \geqslant 0_+ \tag{4-9}$$

这就是电容放电过程中电压u_C的表达式。

电路中的电流i为

$$i=-C\frac{\mathrm{d}u_C}{\mathrm{d}t}=\frac{U_0}{R}\mathrm{e}^{-\frac{1}{RC}t}\text{，}\quad t\geqslant 0_+ \tag{4-10}$$

电阻上的电压为

$$u_R=u_C=U_0\mathrm{e}^{-\frac{1}{RC}t}\text{，}\quad t\geqslant 0_+ \tag{4-11}$$

由上述三个表达式可以看出，RC 电路的零输入响应 u_C 、i 及 u_R 都按同样指数规律随时间衰减，衰减的快慢取决于 RC 的大小。令

$$\tau=RC \tag{4-12}$$

式（4-12）中，电阻 R 的单位为欧姆（Ω），电容 C 的单位为法拉（F），乘积 RC 的单位为秒（s），表明 τ 具有时间的量纲，故称 τ 为一阶电路的时间常数。τ 越大，u_C 和 i 随时间衰减得越慢，过渡过程相对就长。τ 越小，u_C 和 i 随时间衰减得越快，过渡过程相对就短。引入时间常数 τ 后，u_C 和 i 可分别表示为

$$u_C=U_0\mathrm{e}^{-\frac{t}{\tau}}\text{，}\quad t\geqslant 0_+ \tag{4-13}$$

$$i=\frac{U_0}{R}\mathrm{e}^{-\frac{t}{\tau}}\text{，}\quad t\geqslant 0_+ \tag{4-14}$$

以电容电压为例，计算可得：$t=0_+$ 时，$u_C(0_+)=U_0$；$t=\tau$ 时，$u_C(\tau)=U_0\mathrm{e}^{-1}\approx 0.368U_0$；$t=3\tau$ 时，$u_C(3\tau)=U_0\mathrm{e}^{-3}\approx 0.05U_0$；$t=5\tau$ 时，$u_C(5\tau)=U_0\mathrm{e}^{-5}\approx 0.0067U_0$。

理论上讲，经过无限长的时间，电容电压才会衰减到零，过渡过程才会结束。但由于换路后经过 $3\tau\sim 5\tau$ 时间后，电容电压已大大降低，电容的储能已很小，可以忽略，故在工程上，一般认为经过 $3\tau\sim 5\tau$ 时间后过渡过程结束。图 4-3 给出了 u_C 和 i 随时间变化的曲线。

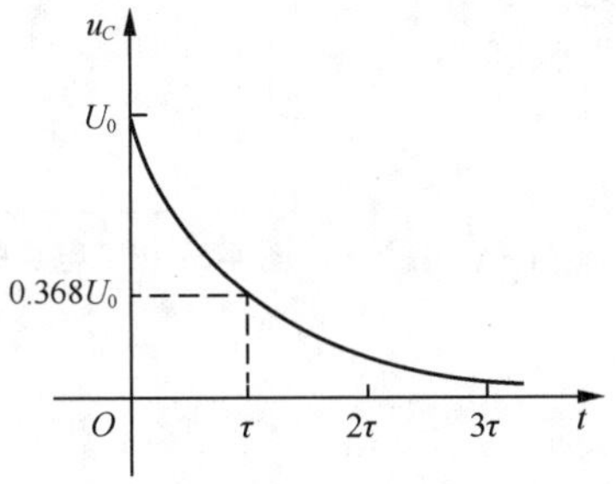

（a）电容电压随时间变化的曲线

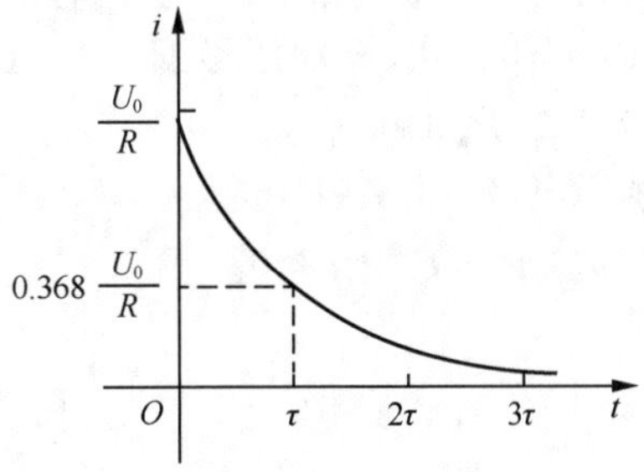

（b）放电电流随时间变化的曲线

图 4-3　RC 电路零输入响应波形

在 RC 电路的放电过程中，电容的储能不断被电阻所消耗。最终，电容储能全部被电阻消耗掉，即

$$W_R=\int_0^{\infty}i^2(t)R\mathrm{d}t=\int_0^{\infty}\left(\frac{U_0}{R}\mathrm{e}^{-\frac{1}{RC}t}\right)^2R\mathrm{d}t=\frac{U_0^2}{R}\int_0^{\infty}\mathrm{e}^{-\frac{2t}{RC}}\mathrm{d}t=\frac{1}{2}CU_0^2=W_C \tag{4-15}$$

例 4-2　电路如图 4-4（a）所示，开关 K 在 $t=0$ 时闭合。开关闭合前电路已达稳态，试求 $t\geqslant 0_+$ 时的电流 i。

解：开关闭合前电路已达稳态，电容相当于断开。换路前电容电压为

$$u_C(0_-)=\frac{2}{6+2+2}\times 10=2\ \mathrm{V}$$

换路后求电流 i 的电路如图 4-4（b）所示。由换路定理可得

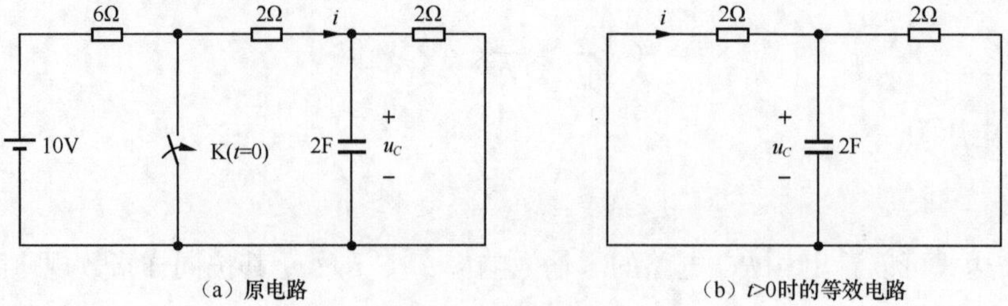

图 4-4　例 4-2 电路

$$u_C(0_+)=u_C(0_-)=2\text{ V}$$

电容两端等效电阻 R_{eq} 为两个 2Ω 电阻的并联，故电路的时间常数为

$$\tau=R_{\text{eq}}C=(2//2)\times2=2\text{s}$$

套用式（4-9）可得

$$u_C(t)=u_C(0_+)\text{e}^{-\frac{t}{\tau}}=2\text{e}^{-\frac{t}{2}}\ \text{V},\ t\geqslant0_+$$

所以

$$i(t)=-\frac{u_C}{2}=-\text{e}^{-\frac{t}{2}}=-\text{e}^{-0.5t}\ \text{A},\ t\geqslant0_+$$

RC 电路的零状态响应

4.2.2 RC 电路的零状态响应

若电路中储能元件的初始状态为零，则仅由外施激励（独立源）引起的响应称为零状态响应。

图 4-5 所示的 RC 串联电路中，开关闭合前电路处于零初始状态，即 $u_C(0_-)=0$，在 $t=0$ 时开关闭合，直流电压源接入电路，电路响应为零状态响应。

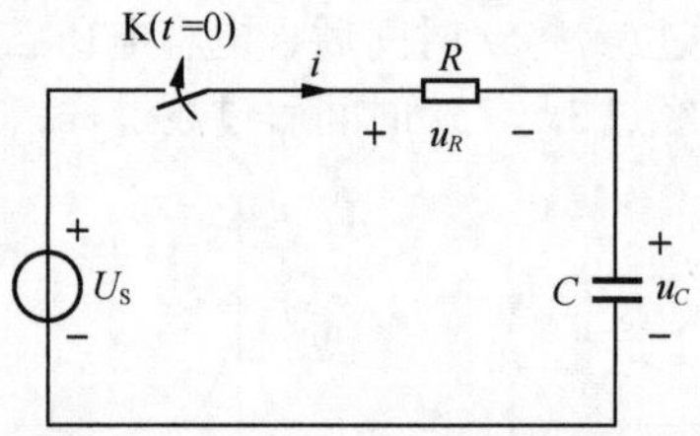

图 4-5　RC 电路的零状态响应

对图 4-5 所示电路，由 KVL 可得

$$u_R+u_C=U_\text{S},\ t\geqslant0_+ \tag{4-16}$$

由元件约束可得

$$\begin{cases}u_R=Ri\\ i=C\dfrac{\text{d}u_C}{\text{d}t}\end{cases} \tag{4-17}$$

将式（4-17）带入式（4-16）可得

$$RC\frac{\text{d}u_C}{\text{d}t}+u_C=U_\text{S},\ t\geqslant0_+ \tag{4-18}$$

此方程是常系数一阶线性非齐次微分方程。方程的解 u_C 由特解 u_p 和对应的齐次方程的通解 u_h 两部分组成，即

$$u_C=u_\text{p}+u_\text{h} \tag{4-19}$$

式（4-19）中，u_p、u_h 分别满足以下方程

$$\begin{cases}RC\dfrac{\text{d}u_\text{p}}{\text{d}t}+u_\text{p}=U_\text{S}\\ RC\dfrac{\text{d}u_\text{h}}{\text{d}t}+u_\text{h}=0\end{cases} \tag{4-20}$$

可解得$u_{\rm p}=U_{\rm S}$，$u_{\rm h}=A{\rm e}^{-\frac{t}{\tau}}$，其中$\tau=RC$。因此

$$u_C=U_{\rm S}+A{\rm e}^{-\frac{t}{\tau}}，\ t\geqslant 0_+ \tag{4-21}$$

利用$u_C(0_+)=u_C(0_-)=0$，可以求得

$$A=-U_{\rm S} \tag{4-22}$$

将$A=-U_{\rm S}$代入微分方程的解式（4-21）中，即得

$$u_C=U_{\rm S}-U_{\rm S}{\rm e}^{-\frac{t}{\tau}}=U_{\rm S}\left(1-{\rm e}^{-\frac{t}{\tau}}\right)，\ t\geqslant 0_+ \tag{4-23}$$

于是

$$i=C\frac{{\rm d}u_C}{{\rm d}t}=\frac{U_{\rm S}}{R}{\rm e}^{-\frac{t}{\tau}}，\ t\geqslant 0_+ \tag{4-24}$$

u_C和i以及u_C的两个分量$u_{\rm p}$、$u_{\rm h}$随时间变化的曲线如图 4-6 所示。从图中可见，u_C最终趋于稳定值$U_{\rm S}$，i最终趋于稳定值 0。理论上，换路后电路进入稳态需要无穷的时间，但工程上通常认为经过$3\tau\sim5\tau$后电路进入稳态。

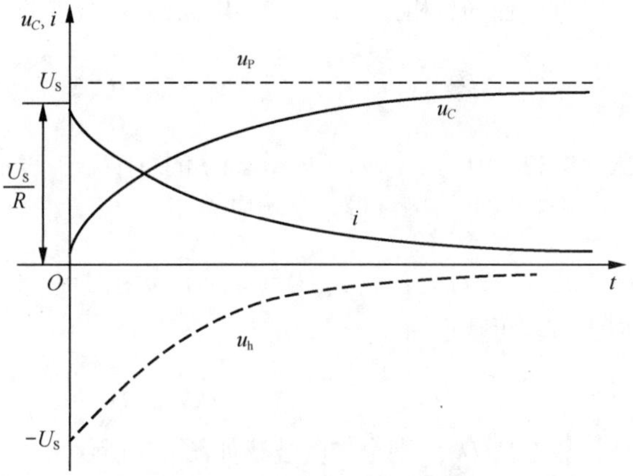

图 4-6　RC 电路零状态响应波形

由式（4-20）可以看出，特解$u_{\rm p}(=U_{\rm S})$由外加激励决定，故称为强制分量；通解$u_{\rm h}\left(=A{\rm e}^{-\frac{t}{RC}}\right)$的变化规律与外加激励无关，仅由电路自身的结构和参数决定，故称为自由分量。因此，可以得到

$$\text{零状态响应=强制分量+自由分量} \tag{4-25}$$

强制分量按直流规律变化，因其规律保持不变，也称为稳态分量；自由分量按指数规律衰减，最终趋于零（工程上认为$3\tau\sim5\tau$时间后该分量消失），也称为暂态分量。因此，有

$$\text{零状态响应=稳态分量+暂态分量} \tag{4-26}$$

以上是对电压u_C分析得到的结果，对电流i有类似结果。

从能量角度看，图 4-5 所示电路中的电容电压被充电到$u_C=U_S$时，其储能为

$$W_C=\frac{1}{2}Cu_C^2=\frac{1}{2}CU_{\rm S}^2 \tag{4-27}$$

在充电过程中，电阻消耗的总能量为

$$W_R=\int_0^\infty Ri^2{\rm d}t=\int_0^\infty\frac{U_{\rm S}^2}{R}{\rm e}^{-\frac{2t}{RC}}{\rm d}t=\frac{U_{\rm S}^2}{R}\left(-\frac{RC}{2}\right){\rm e}^{-\frac{2t}{RC}}\Big|_0^\infty=\frac{1}{2}CU_{\rm S}^2 \tag{4-28}$$

所以，在充电过程中电阻消耗的总能量与电容最终存储的能量相等，电源在充电过程中提供的总能量为

$$W_S=W_C+W_R=CU_{\rm S}^2 \tag{4-29}$$

以上分析结果说明，用直流电源对电容进行充电，充电效率只有 50%。

4.2.3 RC 电路的全响应

初始状态不为零的动态电路在外加激励作用下的响应称为全响应。如图 4-7 所示 RC 电路，设电容初始状态为 $u_C(0_-)=U_0\neq 0$，$t=0$ 时开关闭合，独立电压源 U_S 接入电路，则 $t\geqslant 0_+$ 时电路的响应为全响应。

对图 4-7 所示电路，保留独立电压源 U_S 不变而将初始状态 $u_C(0_-)$ 置为零，响应为零状态响应；保留电容初始状态 $u_C(0_-)=U_0$ 不变而将独立电压源 U_S 置为零，响应为零输入响应。根据叠加定理可知，以下关系成立，即

$$全响应=零输入响应+零状态响应 \tag{4-30}$$

据前面的分析结果知，RC 电路由 $u_C(0_-)=U_0$ 产生的零输入响应为

$$u_{Czi}(t)=U_0\mathrm{e}^{-\frac{1}{RC}t}，\ t\geqslant 0_+ \tag{4-31}$$

式（4-31）中，下标 zi（zero-input 的首字母）表示零输入响应。

据前面的分析结果知，RC 电路由 U_S 产生的零状态响应为

$$u_{Czs}(t)=U_S-U_S\mathrm{e}^{-\frac{t}{RC}}=U_S\left(1-\mathrm{e}^{-\frac{t}{RC}}\right)，\ t\geqslant 0_+ \tag{4-32}$$

式（4-32）中，下标 zs（zero-state 的首字母）表示零状态响应。

根据以上结果可得，全响应为

$$u_C(t)=u_{Czi}(t)+u_{Czs}(t)=U_0\mathrm{e}^{-\frac{t}{RC}}+(U_S-U_S\mathrm{e}^{-\frac{t}{RC}})，\ t\geqslant 0_+ \tag{4-33}$$

以上方程可整理为

$$u_C(t)=U_S+(U_0-U_S)\mathrm{e}^{-\frac{t}{RC}}，\ t\geqslant 0_+ \tag{4-34}$$

设 $U_0>U_S$，则全响应波形如图 4-8 所示。

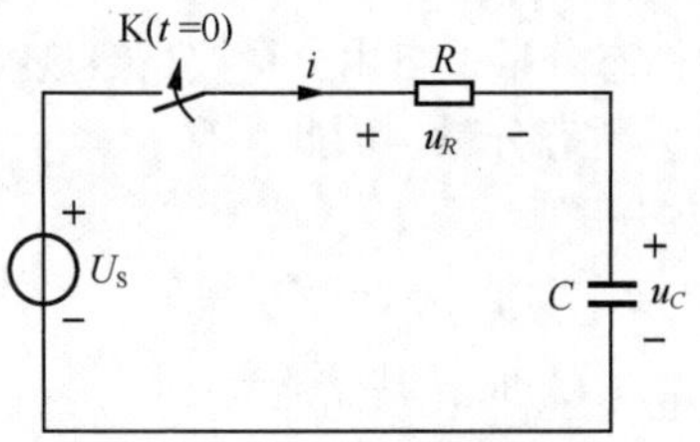

图 4-7　RC 电路的全响应

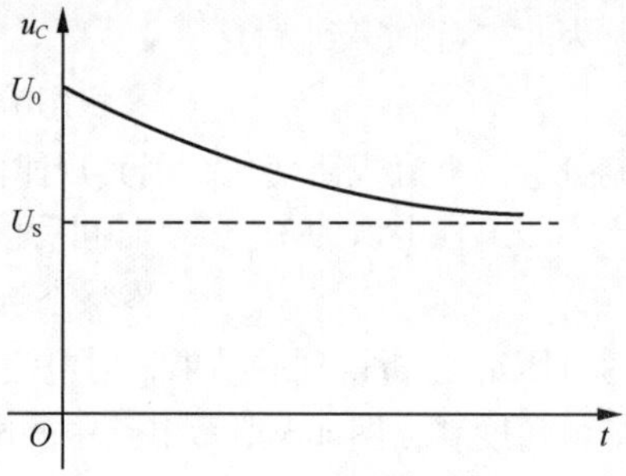

图 4-8　RC 电路全响应波形

式（4-34）也可通过列方程求解的方法得到。由图 4-8 所示电路有

$$\begin{cases} RC\dfrac{\mathrm{d}u_C}{\mathrm{d}t}+u_C=U_S，\ t\geqslant 0_+ \\ u_C(0_+)=u_C(0_-)=U_0 \end{cases} \tag{4-35}$$

求解可得特解 $u_p=U_S$、齐次微分方程的通解 $u_h=(U_0-U_S)\mathrm{e}^{-\frac{t}{RC}}$，将特解与通解相加，结果与式（4-34）一致。

式（4-34）中，等式右边的第一项 U_S 既是强制分量，也是稳态分量；等式右边的第二项

$(U_0 - U_S)e^{-\frac{t}{RC}}$ 既是自由分量，也是暂态分量。

无论是把全响应分解为零输入响应与零状态响应之和，还是分解为强制分量与自由分量之和，或是分解为稳态分量与暂态分量之和，都是人们为了求解方便或深入分析问题所作的分解，电路中直接显现出来的只能是全响应。

4.3 RL 电路

4.3.1 RL 电路的零输入响应

图 4-9（a）所示电路在开关 K 闭合之前已处于稳态，电感电流 $i_L(0_-) = I_0$，$t = 0$ 时开关闭合，得图 4-9（b）所示电路，在 $t \geqslant 0_+$ 时电路的响应为零输入响应。

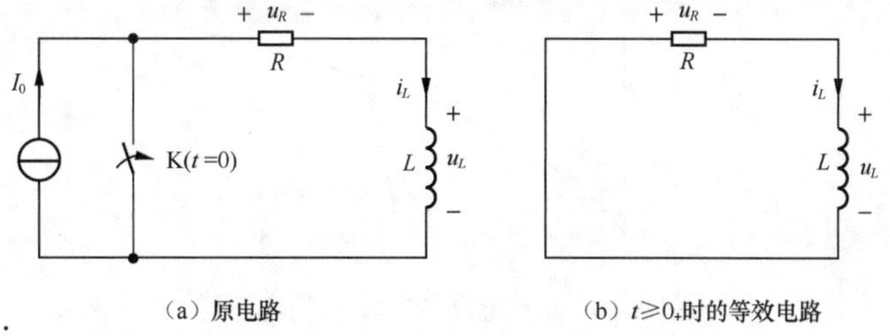

图 4-9　RL 电路的零输入响应

对图 4-9（b）所示电路，根据拓扑约束和元件约束可得如下方程

$$\begin{cases} u_R + u_L = 0 \\ u_R = Ri_L \\ u_L = L\dfrac{di_L}{dt} \end{cases} \tag{4-36}$$

设 i_L 为待求量，将以上方程中的元件约束带入拓扑约束中可得

$$\frac{L}{R}\frac{di_L}{dt} + i_L = 0\,,\quad t \geqslant 0_+ \tag{4-37}$$

令方程的通解为 $i_L = Ae^{pt}$，代入式（4-37）后可得

$$\left(\frac{L}{R}p + 1\right)Ae^{pt} = 0 \tag{4-38}$$

特征方程为

$$\frac{L}{R}p + 1 = 0 \tag{4-39}$$

特征根为

$$p = -\frac{R}{L} \tag{4-40}$$

将初始条件 $i_L(0_+) = i_L(0_-) = I_0$ 代入 $i_L = Ae^{pt}$ 中，即可求得积分常数 $A = i_L(0_+) = I_0$。于是满足初始条件的微分方程的解为

$$i_L(t) = I_0 e^{-\frac{R}{L}t} = I_0 e^{-\frac{t}{\tau}}\,,\quad t \geqslant 0_+ \tag{4-41}$$

式（4-41）中，$\tau=\dfrac{L}{R}=GL$ 为 RL 电路的时间常数。可得电阻和电感上的电压分别为

$$u_R(t)=Ri(t)=RI_0\mathrm{e}^{-\frac{t}{\tau}},\quad t\geqslant 0_+ \tag{4-42}$$

$$u_L(t)=L\frac{\mathrm{d}i(t)}{\mathrm{d}t}=-RI_0\mathrm{e}^{-\frac{R}{L}t},\quad t\geqslant 0_+ \tag{4-43}$$

$i_L(t)$、$u_R(t)$、$u_L(t)$ 随时间变化的规律如图 4-10 所示。

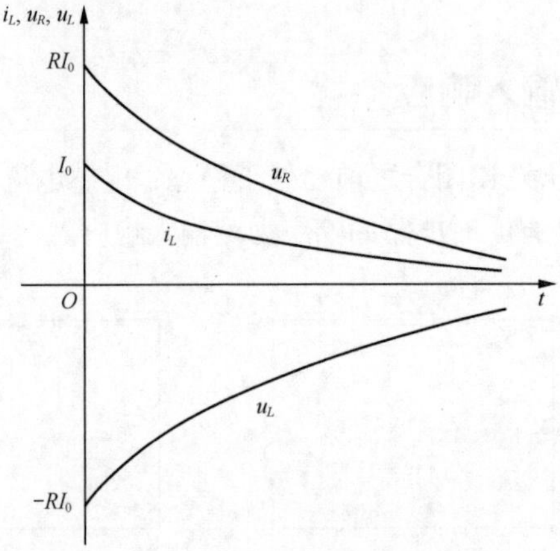

图 4-10　RL 电路的零输入响应波形

4.3.2 RL 电路的零状态响应

图 4-11 所示 RL 串联电路中，直流电压源的电压为 U_S，开关 K 闭合前电感 L 中的电流为零，$t=0$ 时开关闭合，则 $t\geqslant 0_+$ 时电路的响应为零状态响应。

以电感电流 i_L 为待求量，对图 4-11 电路可列出如下方程

$$\begin{cases}L\dfrac{\mathrm{d}i_L}{\mathrm{d}t}+Ri_L=U_S,\quad t\geqslant 0_+\\ i_L(0_+)=i_L(0_-)=0\end{cases} \tag{4-44}$$

根据微分方程求解理论可求得

$$i_L(t)=\frac{U_S}{R}\left(1-\mathrm{e}^{-\frac{R}{L}t}\right),\quad t\geqslant 0_+ \tag{4-45}$$

所以

$$u_L(t)=L\frac{\mathrm{d}i_L}{\mathrm{d}t}=U_S\mathrm{e}^{-\frac{R}{L}t},\quad t\geqslant 0_+ \tag{4-46}$$

i_L 和 u_L 随时间的变化曲线如图 4-12 所示。

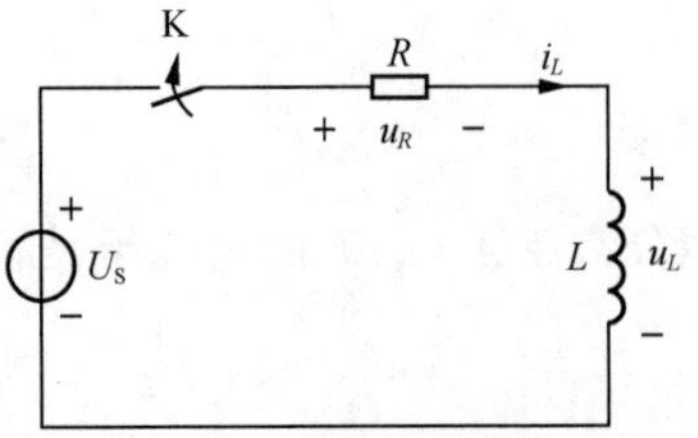

图 4-11　RL 电路的零状态响应

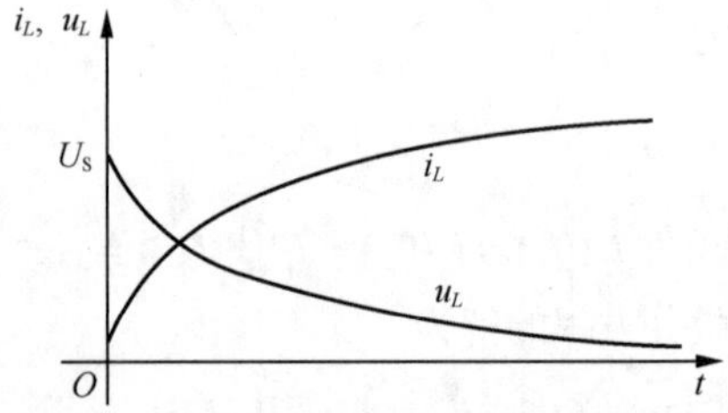

图 4-12　RL 电路零状态响应波形

4.3.3　*RL* 电路的全响应

图 4-13 所示电路中，开关 K 闭合前电感 L 中的电流不为零，$t=0$ 时开关闭合后，电路中依然存在独立源，故 $t \geqslant 0_+$ 时电路中的响应为全响应。

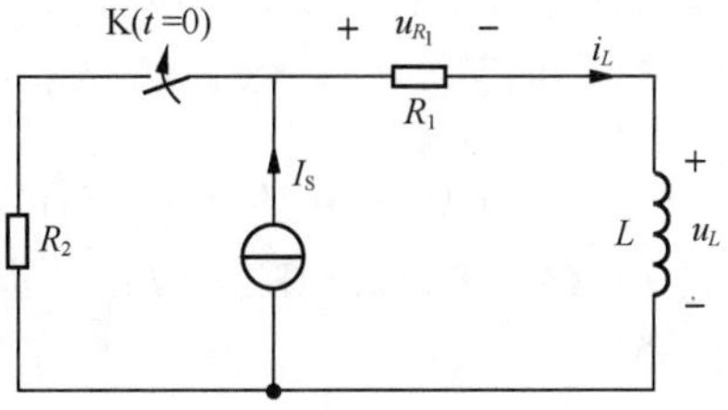

图 4-13　*RL* 电路的全响应

对图 4-14 所示电路，可通过建立方程并求解的方法得到电路的解，也可将零输入响应与零状态响应叠加得到全响应，这里不作进一步分析。后面将用三要素法对该电路进行分析。

4.4　一阶电路响应求解的三要素法

4.4.1　三要素法公式的导出

常系数一阶微分方程的解有固定形式，根据这一固定形式直接得到电路解的方法称为一阶电路的三要素法。下面以图 4-14 所示电路为例，给出三要素法公式的导出过程。

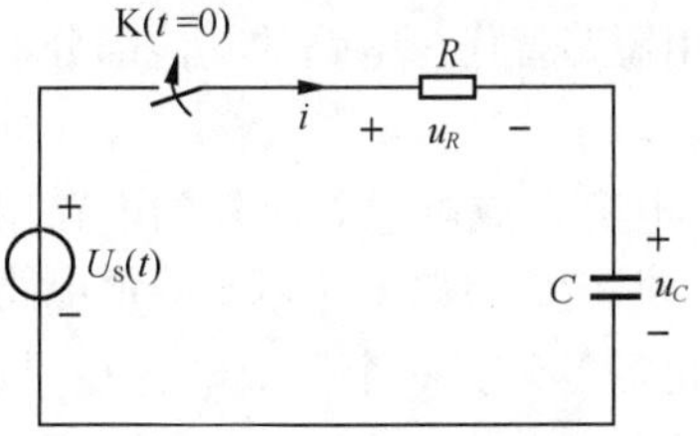

图 4-14　一阶 *RC* 电路

对图 4-14 所示电路，以 u_C 作为待求量，可得如下方程

$$RC\frac{\mathrm{d}u_C}{\mathrm{d}t}+u_C=u_S(t)\,,\quad t \geqslant 0_+ \tag{4-47}$$

参照式（4-18）～式（4-21）可知，式（4-47）的解为

$$u_C(t)=u_p(t)+A\mathrm{e}^{-\frac{t}{\tau}}\,,\quad t \geqslant 0_+ \tag{4-48}$$

其中 $\tau=RC$，$u_p(t)$ 为方程的特解，由 $u_S(t)$ 决定。令 $t=0_+$，有

$$u_C(0_+)=u_p(0_+)+A \tag{4-49}$$

因此 $A=u_C(0_+)-u_p(0_+)$。所以，方程的解为

$$u_C(t)=u_p(t)+\left[u_C(0_+)-u_p(0_+)\right]\mathrm{e}^{-\frac{t}{\tau}}\,,\quad t \geqslant 0_+ \tag{4-50}$$

式（4-50）中，$u_p(t)$、$u_C(0_+)$、τ 为求解电路所需的三个要素。

由式（4-50）可总结出求解一阶电路响应的三要素法通式为

$$f(t)=f_p(t)+\left[f(0_+)-f_p(0_+)\right]\mathrm{e}^{-\frac{t}{\tau}} \tag{4-51}$$

这里，$f(t)$ 可以是电路中任意的电压或电流，如图 4-14 所示电路中的 i 和 u_R。

4.4.2　直流激励时的三要素法公式

若图 4-14 所示电路中的激励源为直流，即 $u_S(t)=U_S$，则特解为 $u_p(t)=U_S$，$t=0_+$ 时有 $u_p(0_+)=U_S$，此时式（4-50）转化为

$$u_C(t)=U_S+[u_C(0_+)-U_S]\mathrm{e}^{-\frac{t}{\tau}}\,,\quad t \geqslant 0_+ \tag{4-52}$$

三要素法

因 $t\to\infty$ 时有 $u_C(\infty)=U_S$，因此，式（4-52）可转化为

$$u_C(t)=u_C(\infty)+[u_C(0_+)-u_C(\infty)]\mathrm{e}^{-\frac{t}{\tau}}\,,\quad t \geqslant 0_+ \tag{4-53}$$

式（4-53）中，$u_C(0_+)$、$u_C(\infty)$、$\tau=RC$ 为求解电路所需的三个要素。

图 4-15 所示电路为图 4-14 所示电路的对偶电路，电感电流 i_L 与电容电压 u_C 为对偶量。根据对偶原理，由式（4-53）可得

$$i_L(t)=i_L(\infty)+[i_L(0_+)-i_L(\infty)]e^{-\frac{t}{\tau}},\ t\geqslant 0_+ \quad (4\text{-}54)$$

式（4-54）中，$\tau=GL=L/R$，也依对偶原理由 $\tau=RC$ 导出。

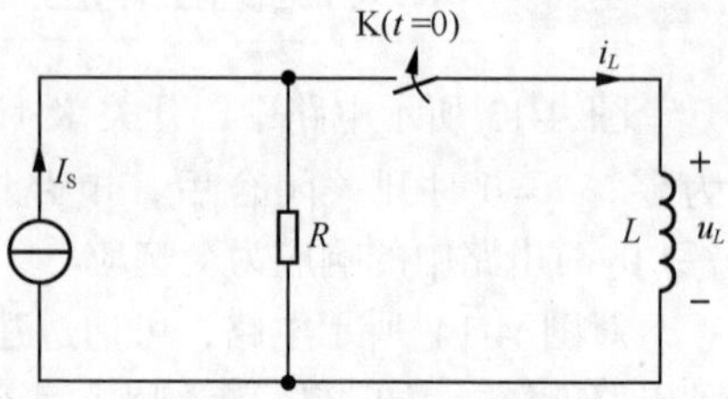

图 4-15　*RL* 并联电路

直流激励时一阶电路三要素法通式为

$$f(t)=f(\infty)+[f(0_+)-f(\infty)]e^{-\frac{t}{\tau}},\ t\geqslant 0_+ \quad (4\text{-}55)$$

式（4-55）中，$f(0_+)$、$f(\infty)$、τ 为三要素，它们通常均需通过专门构造出的 $t=0_+$ 时、t 趋于 ∞ 时和求 τ 的三个等值电路求出。

在 4.1 节中已对 $t=0_+$ 时等值电路的构成方法进行了介绍，即将电容用值为 $u_C(0_+)$ 的电压源表示，将电感用值为 $i_L(0_+)$ 的电流源表示，电路的其他部分不变。由 $t=0_+$ 时的等值电路可求得 $f(0_+)$，例 4-1 即为一个很好的证明。

t 趋于 ∞ 时等值电路的构成方法是将电容用断路替代，将电感用短路替代，电路的其他部分不变。由 t 趋于 ∞ 时等值电路求解可得 $f(\infty)$。

求 τ 等值电路的构成方法是将电路中所有独立电源置为零，将电容 C 或电感 L 以外的电路用等效电阻 R_{eq} 置换。对于 *RC* 电路，由求 τ 等值电路可得 $\tau=R_{eq}C$；对于 *RL* 电路，由求 τ 等值电路可得 $\tau=L/R_{eq}$。若电路中存在多个电容或电感，多个电容或电感也需等效为一个等效电容 C_{eq} 或等效电感 L_{eq}。求 τ 等值电路是一个 *RC* 或 *RL* 串联（也可认为是并联）电路。

当待求量 $f(t)$ 为电容电压 $u_C(t)$ 或电感电流 $i_L(t)$ 时，$u_C(0_+)$、$i_L(0_+)$ 可通过换路定理由 $u_C(0_-)$ 和 $i_L(0_-)$ 直接得到，这样就可避免构造和求解 $t=0_+$ 时的等值电路，比较方便。故一阶电路无论待求量为何，求解时一般从求 $u_C(t)$ 或 $i_L(t)$ 入手，这样，三要素法公式就可明确为式（4-53）和式（4-54）。

三要素法不仅可用于全响应的求解，还可用于零输入响应、零状态响应的求解。下面给出用三要素法求解的若干例题，它们均基于式（4-53）和式（4-54）。

例 4-3　用三要素法重新求解例 4-2。

解：这是一个零输入响应求解问题。与例 4-2 中给出的求解过程相同，可得 $u_C(0_+)=u_C(0_-)=2\text{ V}$，$\tau=RC=2\times1=2\text{ s}$。

开关 K 在 $t=0$ 时闭合后，电路如图 4-4（b）所示，经过无穷时间后，电容储能释放完毕，故有 $u_C(\infty)=0\text{ V}$。由三要素法公式可得

$$u_C(t)=u_C(\infty)+[u_C(0_+)-u_C(\infty)]e^{-\frac{t}{RC}}=0+(2-0)e^{-\frac{t}{2}}=2e^{-\frac{t}{2}}\ \text{V},\ t\geqslant 0_+$$

所以

$$i(t)=-\frac{u_C}{2}=-e^{-\frac{t}{2}}=-e^{-0.5t}\ \text{A},\ t\geqslant 0_+$$

例 4-4　用三要素法求解图 4-11 所示电路中的电感电流 i_L。

解：这是一个零状态响应求解问题。由图 4-11 所示电路可知，$i_L(0_+)=i_L(0_-)=0$；$t=\infty$ 时电感相当于短路，故有 $i_L(\infty)=\frac{U_S}{R}$；将电路中电压源置零后，为一 *RL* 串联（或并联）电路，可得

$\tau = \frac{L}{R}$。由三要素法公式可得

$$i_L(t) = i_L(\infty) + [i_L(0_+) - i_L(\infty)]e^{-\frac{R}{L}t} = \frac{U_S}{R} + \left[0 - \frac{U_S}{R}\right]e^{-\frac{R}{L}t} = \frac{U_S}{R}(1 - e^{-\frac{R}{L}t}) \qquad t \geqslant 0_+$$

例 4-5 图 4-16（a）所示电路中，开关 K 在“1”时电路已处于稳态。在 $t = 0$ 时，开关从“1”接到“2”，试求 $t \geqslant 0_+$ 时的 i_C 和 i_R。

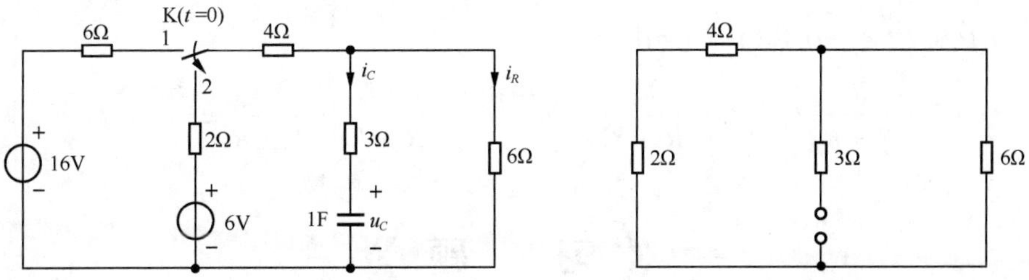

（a）原电路　　（b）求τ等值电路

图 4-16　例 4-5 电路

解：这是一个全响应求解问题，可以从求 $u_C(t)$ 入手。

（1）求 $u_C(0_+)$。电路在 $t = 0_-$ 时已处于稳态，电容相当于开路，电容电压即为电路中右端 6Ω 电阻上电压，由分压公式可得 $u_C(0_-) = \frac{6}{6+4+6} \times 16 = 6\text{ V}$，所以 $u_C(0_+) = u_C(0_-) = 6\text{ V}$。

（2）求 $u_C(\infty)$。电路在 $t = \infty$ 时已处于稳态，电容相当于开路，电容电压即为电路中右端 6Ω 电阻上电压。由分压公式可得 $u_C(\infty) = \frac{6}{2+4+6} \times 6 = 3\text{ V}$。

（3）求 τ。当 $t \geqslant 0_+$ 时，电容 C 以外部分电路如图 4-16（b）所示。由此可求得等效电阻为 $R_{eq} = 3 + \frac{(2+4)\times 6}{(2+4)+6} = 6\Omega$，则时间常数为 $\tau = R_{eq}C = 6 \times 1 = 6\text{s}$。

（4）求 $u_C(t)$。由三要素法公式可得

$$u_C(t) = u_C(\infty) + [u_C(0_+) - u_C(\infty)]e^{-\frac{t}{RC}} = 3 + (6-3)e^{-\frac{t}{2}} = 3 + 3e^{-\frac{t}{6}}\text{V}, \quad t \geqslant 0_+$$

（5）求 i_C 和 i_R。由 $t \geqslant 0_+$ 时电路，根据拓扑约束和元件约束可得

$$i_C = C\frac{du_C}{dt} = -\frac{1}{2}e^{-\frac{t}{6}}\text{A}, \quad t \geqslant 0_+$$

$$i_R = \frac{u_C + 3i_C}{6} = \frac{1}{2} + \frac{1}{4}e^{-\frac{t}{6}}\text{A}, \quad t \geqslant 0_+$$

例 4-6 图 4-13 所示电路重画如图 4-17（a）所示，试求 $t \geqslant 0_+$ 时的 i_L。

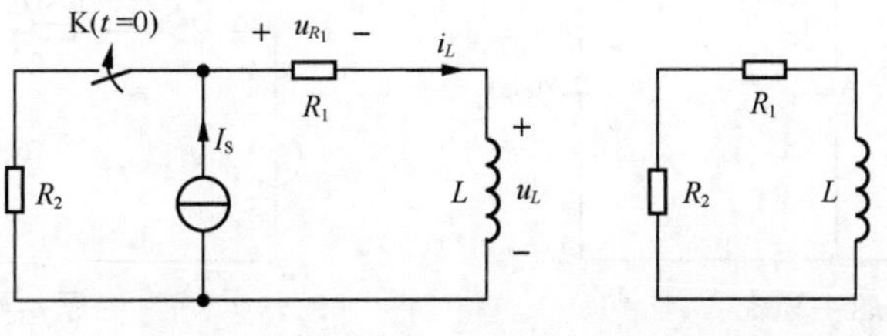

（a）原电路　　（b）求τ值的等效电路

图 4-17　RL 电路的全响应

解：（1）求 $i_L(0_+)$。由图 4-17（a）所示电路知 $i_L(0_-)=I_S$，所以 $i_L(0_+)=i_L(0_-)=I_S$。

（2）求 $i_L(\infty)$。开关闭合后经过无穷时间电感相当于短路，由分流公式可得 $i_L(\infty)=\dfrac{R_2}{R_1+R_2}I_S$。

（3）求 τ。将电流源置为零可得图 4-17（b）所示电路，由此可得 $\tau=\dfrac{L}{R_1+R_2}$。

（4）求 i_L。由三要素法公式可得

$$i_L(t)=i_L(\infty)+[i_L(0_+)-i_L(\infty)]e^{-\frac{t}{\tau}}$$
$$=\frac{R_2}{R_1+R_2}I_S+\left[I_S-\frac{R_2}{R_1+R_2}I_S\right]e^{-\frac{R_1+R_2}{L}t}=\frac{R_2I_S}{R_1+R_2}+\frac{R_1I_S}{R_1+R_2}e^{-\frac{R_1+R_2}{L}t},t\geqslant 0_+$$

《习　题》

4-1　题 4-1 图所示电路，换路前已达稳定。当 $t=0$ 时将开关 K 闭合，求换路后的 $u_C(0_+)$ 和 $i_C(0_+)$。

4-2　题 4-2 图所示电路中，$u_C(0_-)=0$，开关 K 原为断开，电路已处于稳态。$t=0$ 时将开关 K 闭合。试求 $i_1(0_+)$、$i_2(0_+)$、$u_L(0_+)$ 和 $\left.\dfrac{du_C}{dt}\right|_{t=0_+}$。

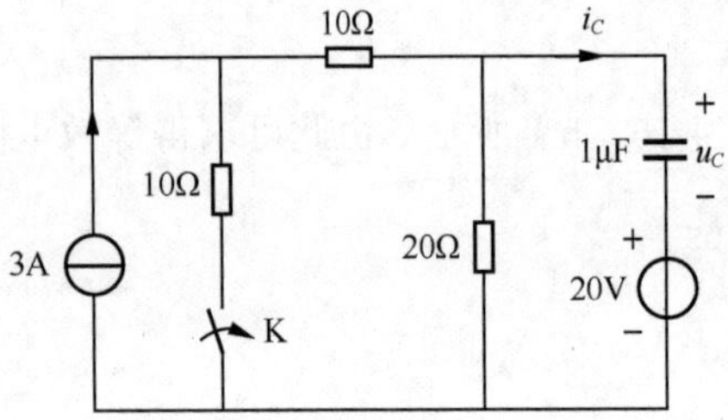

题 4-1 图

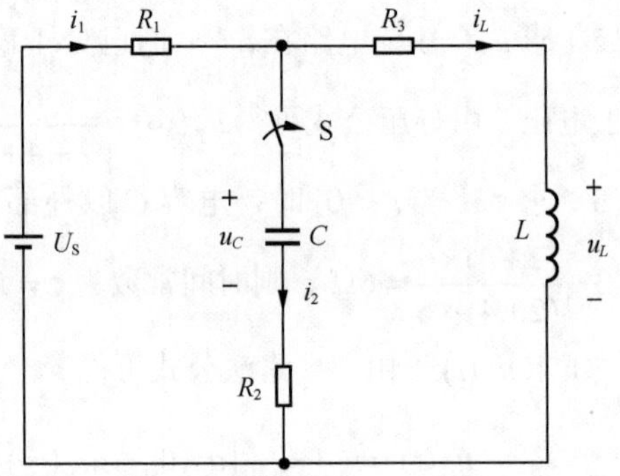

题 4-2 图

4-3　题 4-3 图所示电路在 $t=0$ 时开关 K 闭合，求 $t>0$ 时的 $u_C(t)$。

4-4　题 4-4 图所示电路中，开关 K 闭合之前电容电压 $u_C(0_-)$ 为零。在 $t=0$ 时开关 K 闭合，求 $t>0$ 时的 $u_C(t)$ 和 $i_C(t)$。

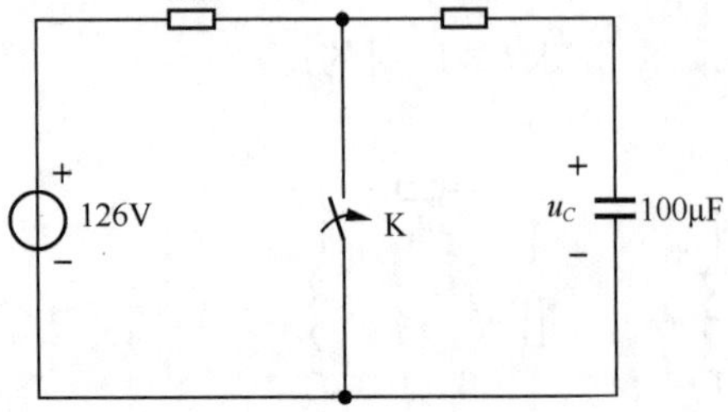

题 4-3 图

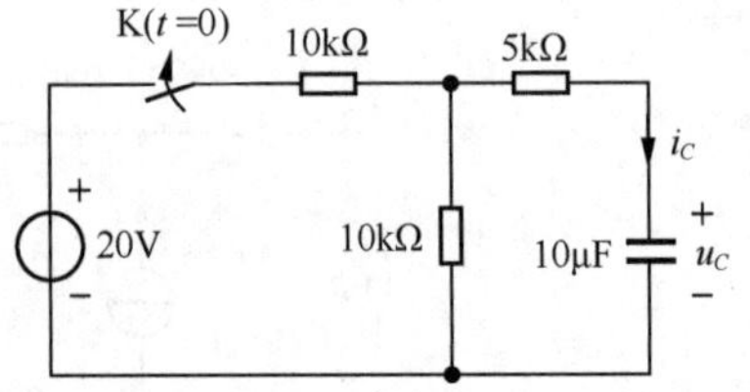

题 4-4 图

4-5　题 4-5 图所示电路中，$t<0$ 时开关 K 闭合，$t=0$ 时将开关 K 打开。试求：（1）$u_C(t)$ 的

零输入响应和零状态响应；（2）$u_C(t)$ 的全响应；（3）$u_C(t)$ 的自由分量和强制分量。

4-6　题 4-6 图所示电路原已处于稳态，$t=0$ 时开关由位置 1 合向 2，求换路后的 $i(t)$ 和 $u_L(t)$。

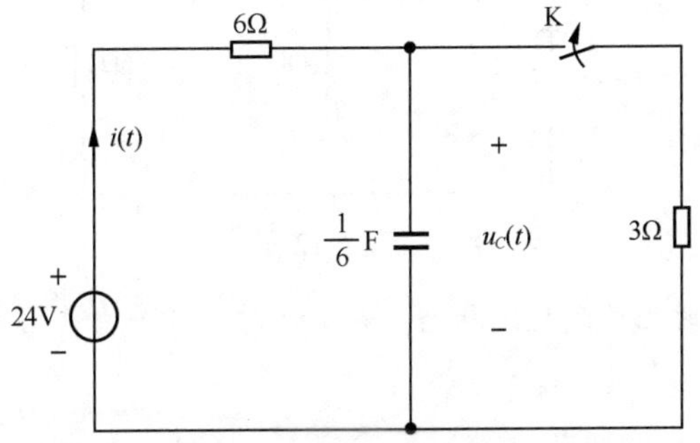

题 4-5 图

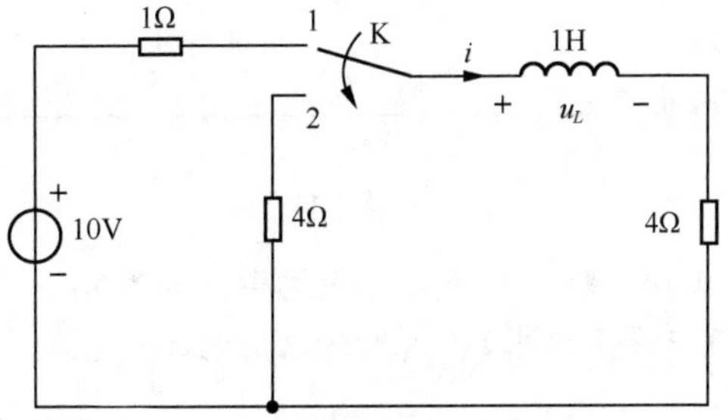

题 4-6 图

4-7　题 4-7 图所示电路原已处于稳态，$t=0$ 时开关 K 闭合，求换路后的零状态响应 $i_L(t)$。

4-8　题 4-8 图所示电路中，开关 K 原在位置 1 已久，$t=0$ 时将开关 K 合向位置 2，用三要素法求 $t>0$ 时的 $u_C(t)$ 和 $i(t)$。

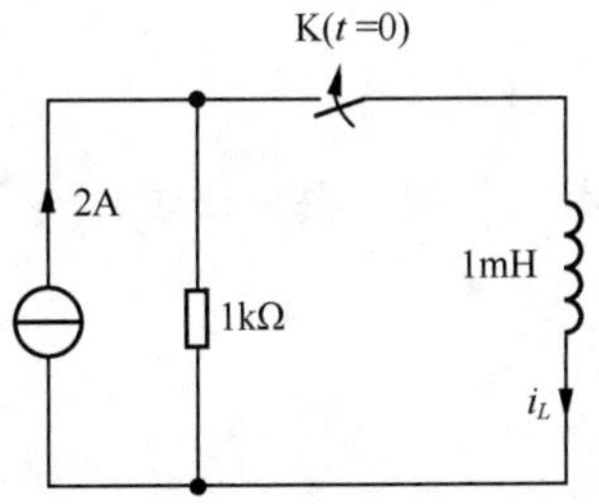

题 4-7 图

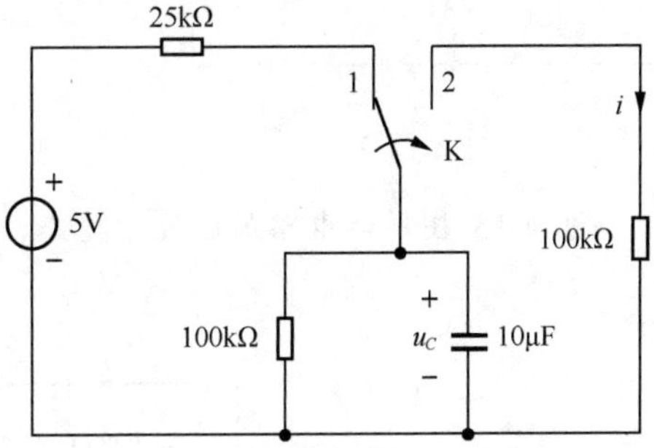

题 4-8 图

4-9　题 4-9 图所示电路原已处于稳态，$t=0$ 时将开关 K 闭合。用三要素法求 $t>0$ 时的 $u_C(t)$ 和 $i(t)$。

4-10　题 4-10 图所示电路原已处于稳态，$t=0$ 时将开关 K 闭合。用三要素法求 $t>0$ 时的 $u_C(t)$ 和 $i(t)$。

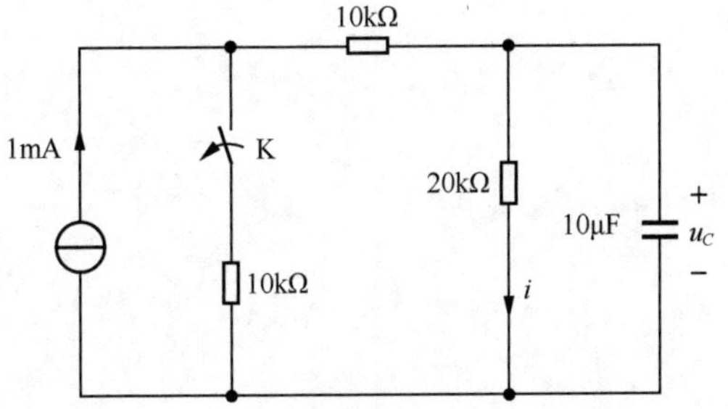

题 4-9 图

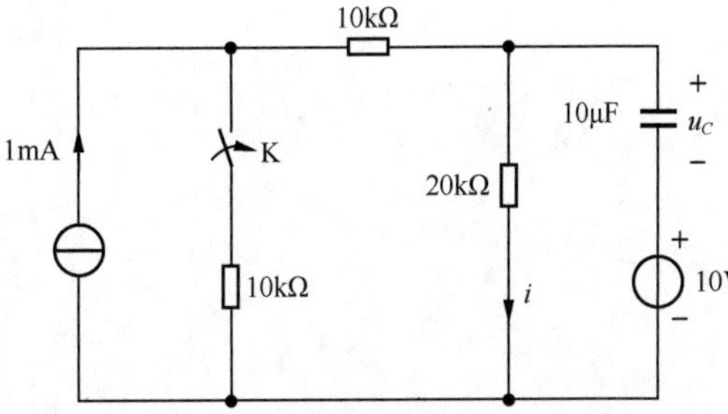

题 4-10 图

4-11　题 4-11 图所示电路中，开关 K 合在 1 时电路已处于稳态。在 $t=0$ 时，开关从 1 接到 2，用三要素法求 $t \geqslant 0_+$ 时的电感电流 i_L 和电感电压 u_L。

4-12　题 4-12 图所示电路已达稳态，$t=0$ 时合上开关，用三要素法求换路后的电流 $i_L(t)$。

4-13　题 4-13 图所示电路已达稳态，$t=0$ 时合上开关，用三要素法求换路后的电流 $i_L(t)$。

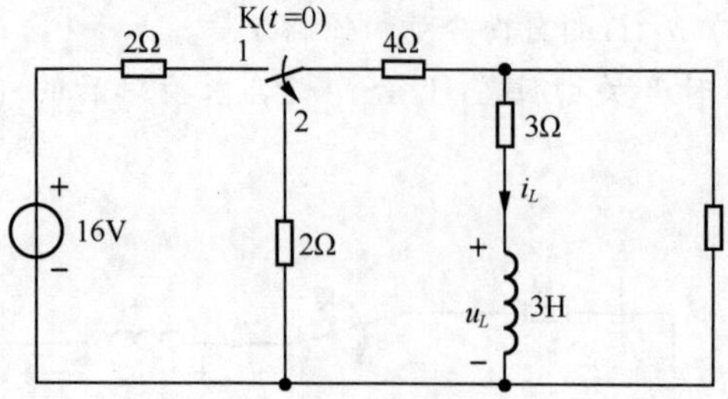

题 4-11 图

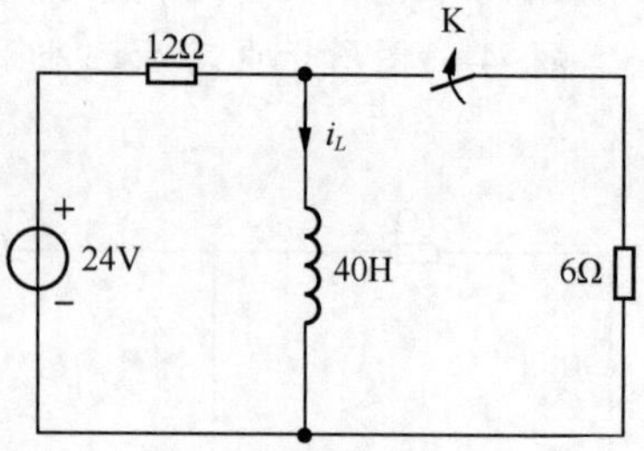

题 4-12 图

4-14　题 4-14 图所示电路中，开关 K 闭合在 1 时已达到稳定状态。在 t=0 时，开关由 1 合向 2，用三要素法求 $t \geqslant 0_+$ 时的电感电压 u_L。

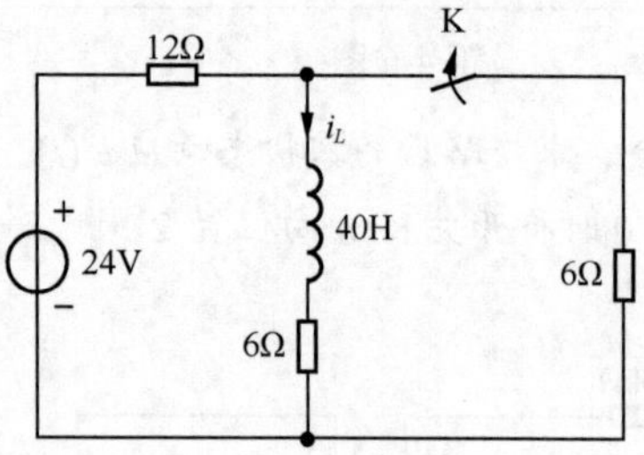

题 4-13 图

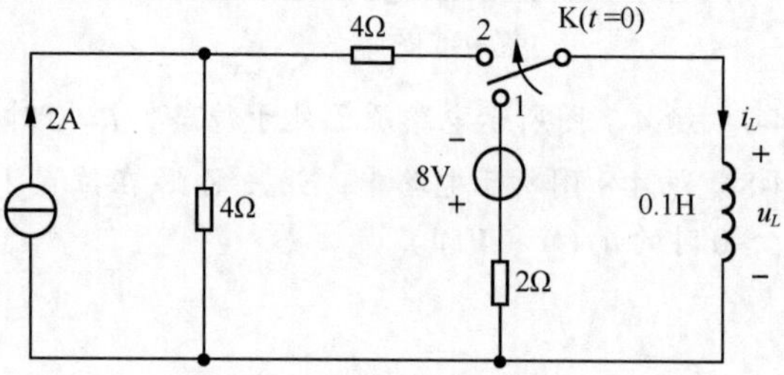

题 4-14 图

4-15　题 4-15 图所示电路原已处于稳态，$t=0$ 时开关 K 打开，用三要素法求 $i_L(t)$、$i_1(t)$、$i_2(t)$。

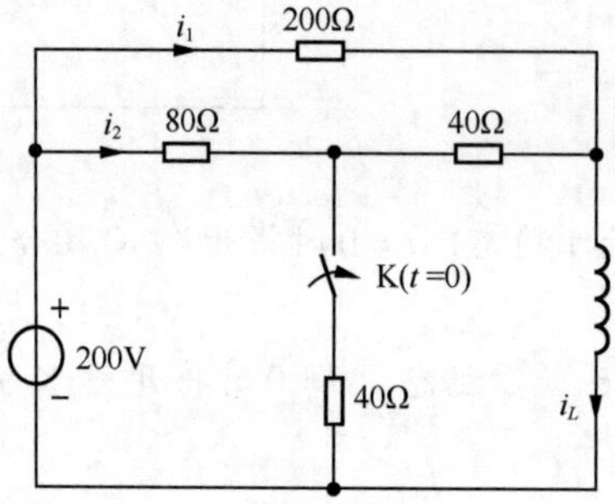

题 4-15 图

第 5 章 交流电路

【本章简介】

本章介绍交流电路的相关概念和分析方法，该类电路是在工业和日常生活中应用最广的电路。本章具体内容为正弦交流电路的基本概念、相量、两类约束的相量形式、阻抗（导纳）及其串并联、正弦交流电路的相量分析法、正弦交流电路的功率、非正弦交流电路、谐振电路。

5.1 正弦交流电路的基本概念

5.1.1 正弦交流电路的定义

线性电路中，当激励（电压源或电流源）按某一正弦规律变化，响应（电压、电流）也为同频率的正弦量时，这种工作状态称为正弦稳态，此时的电路称为正弦交流电路或正弦稳态电路。

对正弦量的描述可采用正弦函数或余弦函数的方式，本书采用余弦函数。

5.1.2 正弦量的三要素

以正弦电流为例来介绍正弦量的三要素。在指定的参考方向下，正弦电流可表示为

$$i = I_{\mathrm{m}}\cos(\omega t + \varphi_i) \tag{5-1}$$

式（5-1）中，I_{m} 为正弦量的振幅或幅值（最大值），（$\omega t + \varphi_i$）称为正弦量的相位或相角。ω 称为正弦量的角频率，它是正弦量的相位随时间变换的角速度，即

$$\omega = \frac{\mathrm{d}}{\mathrm{d}t}(\omega t + \varphi_i)$$

其单位为 $\mathrm{rad \cdot s^{-1}}$。

φ_i 为正弦量的初相位（角），它是正弦量在 t=0 时刻的相位，简称初相，即

$$(\omega t + \varphi_i)\big|_{t=0} = \varphi_i$$

初相的单位用弧度或度表示，通常在主值范围内取值，即 $|\varphi_i| \leqslant 180°$。

从上面的讨论可以看出，一个正弦量的瞬时值由其幅值、角频率和初相位决定，所以幅值、角频率和初相角被称为正弦量的三要素。它们是正弦量之间进行比较和区分的依据。

正弦量的角频率 ω 与周期 T 和频率 f 之间存在确定关系。设正弦量的周期为 T（单位为秒），由于时间每变化一个周期，正弦量的相角相应地变化 2π 弧度，故

$$\omega = \frac{2\pi}{T}$$

则频率为

$$f = \frac{1}{T}$$

显然，f 与 ω 的关系为

$$\omega = 2\pi f$$

频率 f 的单位为赫兹（Hz）。我国工业和居民用电的频率为 50Hz。工程技术中常用频率来区分电路，如音频电路、高频电路、甚高频电路等。

图 5-1 是正弦电流 i 的波形图 $(\varphi_i > 0)$。图中横轴可用时间 t 表示，也可以用 ωt 表示。

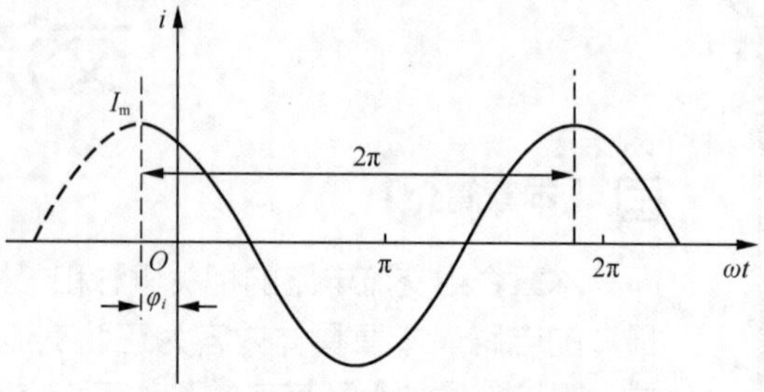

图 5-1　初相位 $\varphi_i > 0$ 时的正弦波

5.1.3 正弦信号的有效值

正弦信号的瞬时值随时间每时每刻都在变化，直接应用很不方便，因此引入了有效值的概念。有效值是指与正弦信号具有相同做功能力的直流量的数值。

假设有一个正弦电流 $i(t) = I_{\mathrm{m}} \cos(\omega t + \varphi_i)$ 通过电阻 R，该电流在一个周期 T 内所做的功为

$$\int_0^T i^2 R \mathrm{d}t$$

而在同样长的时间 T 内，直流电流 I 通过电阻 R 所做的功为

$$I^2 RT$$

若两者相等，即

$$I^2 RT = \int_0^T i^2 R \mathrm{d}t$$

则得

$$I = \sqrt{\frac{1}{T}\int_0^T i^2 \mathrm{d}t} \tag{5-2}$$

此时直流电流 I 就是正弦电流 i 的有效值，也称为方均根值。

同理可得正弦电压 u 有效值的定义

$$U = \sqrt{\frac{1}{T}\int_0^T u^2 \mathrm{d}t} \tag{5-3}$$

将 $i(t) = I_{\mathrm{m}} \cos(\omega t + \varphi_i)$ 带入式（5-2），则有

$$I = \sqrt{\frac{1}{T}\int_0^T I_{\mathrm{m}}^2 \cos^2(\omega t + \varphi_i) \mathrm{d}t} = \sqrt{\frac{1}{T}\int_0^T I_{\mathrm{m}}^2 \frac{1+\cos[2(\omega t + \varphi_i)]}{2} \mathrm{d}t} == \frac{1}{\sqrt{2}} I_{\mathrm{m}} = 0.707 I_{\mathrm{m}} \tag{5-4}$$

同理，若正弦电压为 $u(t) = U_{\mathrm{m}} \cos(\omega t + \varphi_u)$，则有效值为

$$U = \frac{1}{\sqrt{2}} U_{\mathrm{m}} = 0.707 U_{\mathrm{m}} \tag{5-5}$$

可见正弦信号的振幅与有效值之间存在有 $\sqrt{2}$ 的关系，因此可将正弦信号改写成如下形式，即

$$i = \sqrt{2} I \cos(\omega t + \varphi_i) \tag{5-6}$$

$$u = \sqrt{2} U \cos(\omega t + \varphi_u) \tag{5-7}$$

实际中所说的正弦电压、正弦电流的大小一般都是指有效值的大小。例如，照明电压的 220V 就是指有效值。各种交流电气设备的额定电流、额定电压均是指有效值。

5.1.4 同频率正弦量的相位差

在正弦交流电路中，常常要比较两个同频率正弦量之间的相位关系。例如，同频率的正弦电流 i_1 和正弦电压 u_2 分别为

$$i_1 = \sqrt{2}I_1\cos\left(\omega t + \varphi_{i_1}\right)$$
$$u_2 = \sqrt{2}U_2\cos\left(\omega t + \varphi_{u_2}\right)$$

它们的相位角之差，称为相位差。如果用 φ_{12} 表示电流 i_1 与电压 u_2 之间的相位差，则

$$\varphi_{12} = \left(\omega t + \varphi_{i_1}\right) - \left(\omega t + \varphi_{u_2}\right) = \varphi_{i_1} - \varphi_{u_2} \tag{5-8}$$

上述结果表明，同频率正弦量的相位差等于它们的初相位之差，是一个与时间无关的常数。电路中通常用“超前”和“滞后”来描述两个同频率正弦量相位的比较结果。当 $\varphi_{12} > 0$ 时，称 i_1 超前于 u_2；当 $\varphi_{12} < 0$ 时，称 i_1 滞后于 u_2；当 φ_{12} =0 时，称 i_1 与 u_2 同相；当 $|\varphi_{12}| = \frac{\pi}{2}$ 时，称 i_1 与 u_2 正交；当 $|\varphi_{12}| = \pi$ 时，称 i_1 与 u_2 反相。

应注意，只有同频率的正弦量，才能比较相位差，不同频率的正弦量之间是不能比较相位差的。

例 5-1 已知 $u = 310\cos(314t)\text{V}$，$i = -10\sqrt{2}\cos\left(628 - \frac{\pi}{2}\right)\text{A}$。求电压 u 的最大值、有效值、角频率、频率、周期和初相位，并比较电压与电流之间的相位差。

解：电压 u 的最大值 $U_\text{m} = 310\text{V}$

电压 u 的有效值 $U = \frac{U_\text{m}}{\sqrt{2}} = \frac{310}{\sqrt{2}} = 220\text{V}$

电压 u 的角频率 $\omega = 314\text{rad}\cdot\text{s}^{-1}$

电压 u 的频率 $f = \frac{\omega}{2\pi} = \frac{314}{2\pi} = 50\text{Hz}$

电压 u 的周期 $T = \frac{1}{f} = \frac{1}{50} = 0.02\text{s}$

电压 u 的初相位 $\varphi_u = 0°$

电流 $i = -10\sqrt{2}\cos\left(628 - \frac{\pi}{2}\right) = 10\sqrt{2}\cos\left(628 + \frac{\pi}{2}\right)\text{A}$，故电流 i 的初相位 $\varphi_i = \frac{\pi}{2}$，所以电压 u 超前于电流 i 的角度为 $\varphi = \varphi_u - \varphi_i = 0 - \frac{\pi}{2} = -\frac{\pi}{2}\text{ rad}$，即实际上是电流超前于电压 $\frac{\pi}{2}\text{ rad}$，或电压滞后于电流 $\frac{\pi}{2}\text{ rad}$。

5.2 相量

5.2.1 复数的表示及运算

在正弦交流电路的计算中，广泛采用以复数为基础的相量法。应用这种方法不仅大大简化了交流电路的计算过程，还能使交流电路和直流电路的计算方法统一。两者的主要差别在于直

流电路的计算中采用实数，正弦交流电路的计算中采用复数。下面首先对复数知识作一个简要的介绍。

复数有多种表示形式，表示形式之一的代数形式为

$$F=a+\mathrm{j}b \tag{5-9}$$

式（5-9）中，$\mathrm{j}=\sqrt{-1}$ 为单位虚数。j 的基本性质是 $\mathrm{j}^2=-1$，$\mathrm{j}^3=-\mathrm{j}$，$\mathrm{j}^4=1$。a 为复数 F 的实部，b 为复数 F 的虚部。取复数 F 的实部和虚部分别用下列符号表示

$$\mathrm{Re}[F]=a,\quad \mathrm{Im}[F]=b$$

即用 $\mathrm{Re}[F]$ 表示取方括号中复数的实部，用 $\mathrm{Im}[F]$ 表示取方括号中复数的虚部。

任何复数都可用复平面上的点来表示，复平面的横轴为实轴，纵轴为虚轴。例如，复数 $F=a+\mathrm{j}b$ 可用图 5-2 所示复平面上的点 F 来表示。

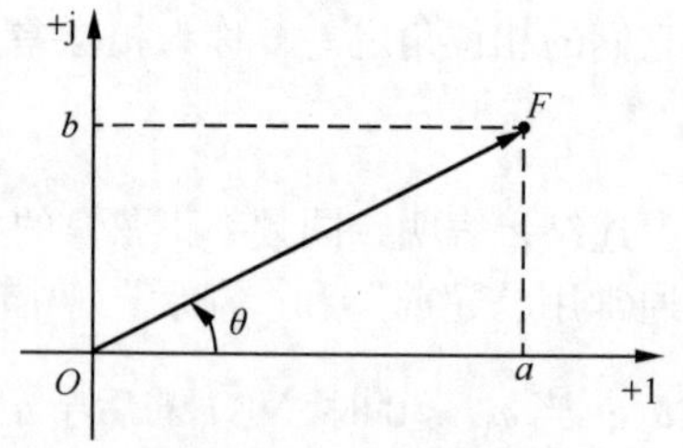

图 5-2　复平面

如果从坐标原点 O 向点 F 画一段带箭头的有向线段，形成一个矢量 $\overline{OF}$，简写为 $\boldsymbol{F}$，这样复数 F 就与矢量 $\boldsymbol{F}$ 对应了。换句话说，把一个矢量放在复平面上，则一定会有一个复数（用矢量端点所表示）与之对应，从而可用复数来代表这个矢量。因此，在复平面上，复数可用矢量来表示，矢量也可用复数来表示。设矢量 $\boldsymbol{F}$ 的长度（模）为 $|\boldsymbol{F}|$，矢量与实轴的夹角（或称为辐角）为 θ，则矢量 $\boldsymbol{F}$ 与复数 F 是对应的。

矢量的模为

$$|\boldsymbol{F}|=\sqrt{a^2+b^2}$$

矢量的辐角为

$$\theta=\arctan\left(\frac{b}{a}\right)$$

根据图 5-2 可得复数 F 的三角函数形式为

$$F=|F|(\cos\theta+\mathrm{j}\sin\theta)$$

显然

$$a=|F|\cos\theta, b=|F|\sin\theta$$

根据欧拉公式

$$\mathrm{e}^{\mathrm{j}\theta}=\cos\theta+\mathrm{j}\sin\theta$$

复数 F 的三角函数形式可写成指数形式，即

$$F=|F|\mathrm{e}^{\mathrm{j}\theta} \tag{5-10}$$

所以复数 F 是其模 $|F|$ 与 $\mathrm{e}^{\mathrm{j}\theta}$ 相乘的结果。复数的极坐标形式为

$$F=|F|\angle\theta \tag{5-11}$$

式（5-11）中，$|F|$ 就是复数 F 的模，θ 是复数 F 的辐角。

综合以上分析可得以下关系式

$$F=a+\mathrm{j}b=|F|(\cos\theta+\mathrm{j}\sin\theta)=|F|\mathrm{e}^{\mathrm{j}\theta}=|F|\angle\theta \tag{5-12}$$

从式（5-12）可以看出，$\mathrm{e}^{\mathrm{j}\theta}=1\angle\theta$ 是一个模为 1、辐角为 θ 的复数，任何一个复数 F 乘以 $\mathrm{e}^{\mathrm{j}\theta}$ 相当于把复数 F 逆时针旋转一个角度 θ，所以 $\mathrm{e}^{\mathrm{j}\theta}$ 被称为旋转因子。

根据欧拉公式，不难得出 $e^{j\frac{\pi}{2}}=j$，$e^{-j\frac{\pi}{2}}=-j$，$e^{j\pi}=-1$。因此“±j”和“−1”都可以被看作旋转因子。例如，复数 F 乘以 j，等于把该复数逆时针旋转 $\frac{\pi}{2}$；复数 F 除以 j，等于把复数 F 乘以“−j”，也等于把复数 F 顺时针旋转 $\frac{\pi}{2}$。

进行复数运算时，加、减运算通常采用代数形式，乘、除运算通常采用极坐标形式。

例 5-2 设 $F_1=3-j4$，$F_2=10\angle 135^\circ$。试求 F_1+F_2 和 $\frac{F_1}{F_2}$。

解：复数的求和适合用代数形式，故把 F_2 从极坐标形式转化为代数形式，有

$$F_2=10\angle 135^\circ=10(\cos 135^\circ+j\sin 135^\circ)=-7.07+j7.07$$

则

$$F_1+F_2=(3-j4)+(-7.07+j7.07)=-4.07+j3.07$$

把结果用极坐标形式表示，则有

$$\arg(F_1+F_2)=\arctan\left(\frac{3.07}{-4.07}\right)=143^\circ$$

$$|F_1+F_2|=\sqrt{(4.07)^2+(3.07)^2}=5.1$$

也即

$$F_1+F_2=5.1\angle 143^\circ$$

复数的相除适合采用极坐标形式，故把 F_1 从代数形式转化为极坐标形式，有

$$F=3-j4=5\angle-53.1^\circ$$

所以

$$\frac{F_1}{F_2}=\frac{3-j4}{10\angle 135^\circ}=\frac{5\angle-53.1^\circ}{10\angle 135^\circ}=0.5\angle-188.1^\circ=0.5\angle 171.9^\circ$$

上式中将复数的辐角进行变化，是为了满足主值区间的要求。

5.2.2 正弦量的相量表示

如果有一个复数 $F=|F|e^{j\theta}$，它的辐角 $\theta=\omega t+\varphi$ 随时间而变化，则该复数被称为复指数函数。根据欧拉公式可将 $F=|F|e^{j\theta}$ 表示为

$$F=|F|e^{j(\omega t+\varphi)}=|F|\cos(\omega t+\varphi)+j|F|\sin(\omega t+\varphi) \tag{5-13}$$

取其实部有

$$\mathrm{Re}[F]=|F|\cos(\omega t+\varphi)$$

因此，如果将正弦量取为复指数函数的实部，则正弦量可以与复指数函数对应。例如，以正弦电流为例，设 i 为

$$i=\sqrt{2}I\cos(\omega t+\varphi_i)$$

则有

$$i=\mathrm{Re}\left[\sqrt{2}Ie^{j(\omega t+\varphi_i)}\right]=\mathrm{Re}\left[\sqrt{2}Ie^{j\varphi_i}e^{j\omega t}\right]$$

由上式可以看出，复指数函数中的 $Ie^{j\varphi_i}$ 是以正弦量的有效值为模、以初相角为辐角的一个复常数，这个复常数定义为正弦量的相量，用符号 $\dot{I}$ 表示，即

$$\dot{I} = Ie^{j\varphi_i} = I\angle\varphi_i \quad (5\text{-}14)$$

同理，当电压为正弦量时，其对应的相量为

$$\dot{U} = Ue^{j\varphi_u} = U\angle\varphi_u \quad (5\text{-}15)$$

按正弦量有效值定义的相量称为有效值相量，也可以用正弦量的幅值来定义相量，称为最大值相量，实际工作中一般采用有效值相量。

相量具有复数的形式，但它与一般的复数不一样，它是对应于正弦函数的。在相量的极坐标形式中，相量的模为正弦量的有效值（或幅值），相量的辐角为正弦量的初相角。相量在复平面上的几何表示称为相量图，如图 5-3 所示即是电流相量的相量图。

可以证明，若某个正弦量 $i=\sqrt{2}I\cos(\omega t+\varphi_i)$ 对应的相量为 $\dot{I}$，则 $\dfrac{\mathrm{d}i}{\mathrm{d}t}$ 对应的相量为 $\mathrm{j}\omega\dot{I}$，$\int i\mathrm{d}t$ 对应的相量为 $\dfrac{1}{\mathrm{j}\omega}\dot{I}$。

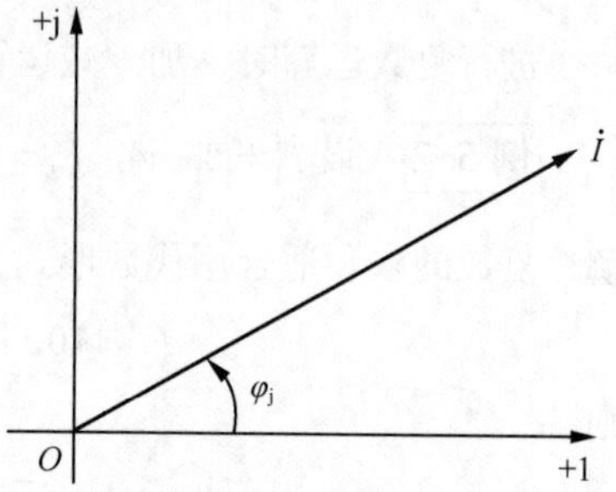

图 5-3　电流相量的相量图

把正弦量表示为相量后，时域中同频率正弦量的加、减运算就可转化为对应复数的加、减运算，时域中正弦量的微分、积分运算就可转化为复数的乘、除运算，这样就给正弦量的运算带来了方便。

例 5-3　已知两个同频率正弦量分别为 $i_1 = 10\sqrt{2}\cos(314t+60^\circ)$，$i_2 = 22\sqrt{2}\cos(314t-150^\circ)$，试求:（1）$i_1+i_2$；（2）$\dfrac{\mathrm{d}i_1}{\mathrm{d}t}$。

解:（1）设 i 对应的相量为 $\dot{I}=I\angle\varphi_i$，可有

$$\begin{aligned}\dot{I} &= \dot{I}_1+\dot{I}_2 = 10\angle60^\circ + 22\angle-150^\circ\\ &= (5+\mathrm{j}8.66)+(-19.05-\mathrm{j}11)\\ &= (-14.05-\mathrm{j}2.34) = 14.24\angle-170.54^\circ\mathrm{A}\end{aligned}$$

则

$$i_1+i_2 = 14.24\sqrt{2}\cos(314-170.54^\circ)\mathrm{A}$$

（2）设 i_1 对应的相量为 $\dot{I}_1 = I_1\angle60^\circ$，则 $\dfrac{\mathrm{d}i_1}{\mathrm{d}t}$ 对应的相量为 $\mathrm{j}\omega\dot{I}_1 = \omega I_1\angle60^\circ+90^\circ = \omega I_1\angle150^\circ$，所以

$$\frac{\mathrm{d}i_1}{\mathrm{d}t} = 314\times10\sqrt{2}\cos(314t+150^\circ) = 3140\sqrt{2}\cos(314t+150^\circ)$$

5.3 两类约束的相量形式

5.3.1 元件约束的相量形式

1. 电阻元件 VCR 的相量形式

对于电阻元件 R，如图 5-4（a）所示，则时域电压电流关系为 $u=Ri$。当有正弦交流电流 $i=\sqrt{2}I\cos(\omega t+\varphi_i)$ 通过电阻 R 时，在其两端将产生一个同频率的正弦交流电压 $u=\sqrt{2}U\cos(\omega t+\varphi_u)$。将瞬时值表达式代入 $u=Ri$ 中有

$$\sqrt{2}U\cos(\omega t+\varphi_u) = \sqrt{2}IR\cos(\omega t+\varphi_i)$$

转化成相量形式有

$$U\angle\varphi_u = IR\angle\varphi_i$$

也即

$$\dot{U} = R\dot{I} \tag{5-16}$$

可见，电阻元件电压与电流的大小关系为$U = RI$ 或$I = GU\left(G = \dfrac{1}{R}\right)$，而电压与电流的相位相同，即$\varphi_u = \varphi_i$。图 5-4（b）是电阻$R$ 的相量模型；图 5-4（c）是电阻中正弦电流和正弦电压的相量图。

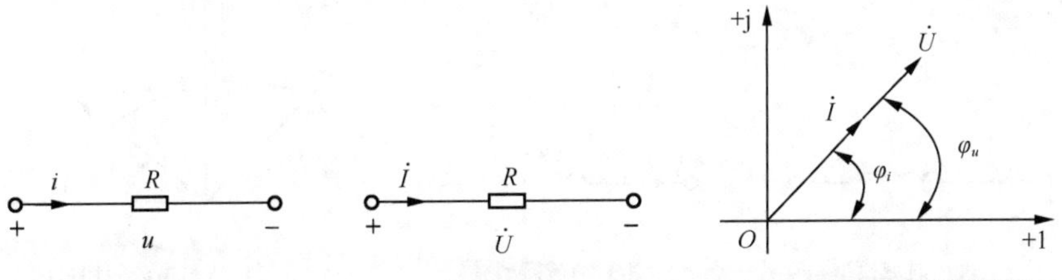

（a）时域模型　（b）频域模型　（c）电压与电流的相量图

图 5-4　电阻元件的模型和相量图

2．电感元件 VCR 的相量形式

设电感元件如图 5-5（a）所示，则时域电压与电流的关系为$u = L\dfrac{\mathrm{d}i}{\mathrm{d}t}$。当正弦电流通过电感元件时，其两端将产生同频率的正弦电压，设正弦电流和正弦电压分别为

$$i = \sqrt{2}I\cos(\omega t + \varphi_i)$$

$$u = \sqrt{2}U\cos(\omega t + \varphi_u)$$

将它们代入时域形式的电压与电流关系式，则有

$$\sqrt{2}U\cos(\omega t + \varphi_u) = L\frac{d}{\mathrm{d}t}\left[\sqrt{2}I\cos(\omega t + \varphi_i)\right]$$

将上式右边求导并整理，得

$$\sqrt{2}U\cos(\omega t + \varphi_u) = \sqrt{2}\omega LI\cos\left(\omega t + \varphi_i + \frac{\pi}{2}\right)$$

写成相量形式有

$$U\angle\varphi_u = \omega LI\angle\varphi_i + \frac{\pi}{2}$$

因为$1\angle\dfrac{\pi}{2} = \mathrm{j}$，所以其电压、电流的相量关系为

$$\dot{U} = \mathrm{j}\omega L\dot{I} \tag{5-17}$$

或

$$\dot{I} = \frac{\dot{U}}{\mathrm{j}\omega L} \tag{5-18}$$

可见，电感元件电压和电流有效值的关系为

$$U = \omega LI \text{ 或 } I = \frac{U}{\omega L}$$

而电压和电流相位的关系为

$$\varphi_u = \varphi_i + \frac{\pi}{2} \tag{5-19}$$

或

$$\varphi_u - \varphi_i = \frac{\pi}{2} \tag{5-20}$$

即电感的正弦电压比对应的正弦电流的相位超前$\frac{\pi}{2}$。

图 5-5（b）是电感L的相量模型，图 5-5（c）是电感L中正弦电压和正弦电流的相量图。

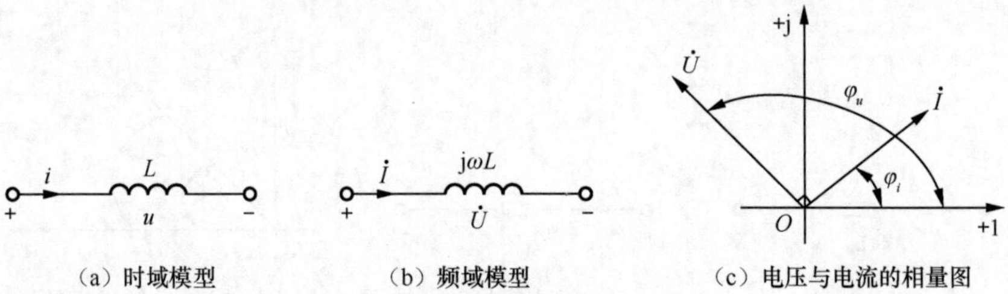

图 5-5　电感元件的模型和相量图

下面讨论ωL的含义。由$I=\frac{U}{\omega L}$可知，当U一定时，ωL越大，I就越小。可见ωL反映了电感对正弦电流的阻碍作用，因此称之为电感电抗，简称感抗。用X_L表示，即

$$X_L = \omega L = 2\pi f L$$

感抗X_L的单位是欧姆（Ω）。感抗的倒数称为感纳，用B_L表示，即

$$B_L = \frac{1}{X_L}$$

感纳的单位为西门子（S）。有了感抗和感纳的概念，电感电压和电流的相量关系可以表述为

$$\dot{I} = -\mathrm{j}B_L\dot{U},\ \dot{U} = \mathrm{j}X_L\dot{I}$$

3．电容元件 VCR 的相量形式

设电容元件电压电流取关联参考方向，如图 5-6（a）所示，则时域形式的电压与电流的关系式为$i=C\frac{\mathrm{d}u}{\mathrm{d}t}$。当电容元件两端施加一个正弦电压时，该元件中产生同频率的正弦电流。设正弦电压和正弦电流分别为

$$u = \sqrt{2}U\cos(\omega t + \varphi_u)$$
$$i = \sqrt{2}I\cos(\omega t + \varphi_i)$$

将以上两式代入电容时域形式的电压与电流的关系式，则有

$$\sqrt{2}I\cos(\omega t + \varphi_i) = C\frac{\mathrm{d}}{\mathrm{d}t}\left[\sqrt{2}U\cos(\omega t + \varphi_u)\right]$$

所以

$$\sqrt{2}I\cos(\omega t + \varphi_i) = \sqrt{2}\omega CU\cos\left(\omega t + \varphi_u + \frac{\pi}{2}\right)$$

转化为相量形式表示，有

$$I\angle\varphi_i = \omega CU\angle\varphi_u + \frac{\pi}{2}$$

因为$1\angle\frac{\pi}{2}=\mathrm{j}$，所以电容元件电压电流的相量关系为

$$\dot{I} = \mathrm{j}\omega C\dot{U} = \frac{\dot{U}}{\dfrac{1}{\mathrm{j}\omega C}} \tag{5-21}$$

或

$$\dot{U} = \frac{1}{\mathrm{j}\omega C}\dot{I} = -\mathrm{j}\frac{1}{\omega C}\dot{I} \tag{5-22}$$

可见，电容元件电压电流的大小关系为

$$U = \frac{1}{\omega C}I$$

而两者的相位关系为

$$\varphi_i = \varphi_u + \frac{\pi}{2} \quad 或 \quad \varphi_u - \varphi_i = -\frac{\pi}{2} \tag{5-23}$$

即电容上的正弦电压比其上的正弦电流滞后 $\frac{\pi}{2}$。

图 5-6（b）是电容 C 的频域模型，图 5-6（c）是电容电压和电流的相量图。

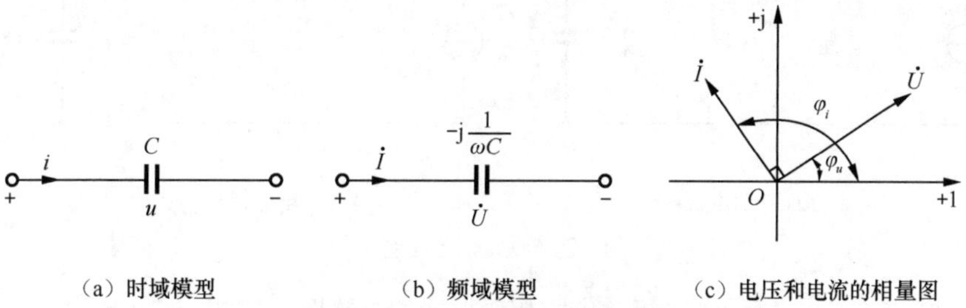

图 5-6 电容元件的模型和相量图

下面讨论 $\frac{1}{\omega C}$ 的含义。$\frac{1}{\omega C}$ 具有与电阻相同的量纲，由 $U = \frac{1}{\omega C}I$ 可知，当 U 一定时，$\frac{1}{\omega C}$ 越大，I 就越小。可见 $\frac{1}{\omega C}$ 反映了电容对正弦电流的阻碍作用，因此将其称为电容的电抗，简称容抗，用 X_C 表示，即

$$X_C = \frac{1}{\omega C} = \frac{1}{2\pi fC} \tag{5-24}$$

容抗 X_C 的单位是欧姆（Ω）。容抗的倒数称为容纳，用 B_C 表示，即

$$B_C = \frac{1}{X_C} \tag{5-25}$$

容纳的单位是西门子（S）。显然，容纳表示电容对正弦电流的导通能力。

有了容抗和容纳的概念，电容的电压和电流的相量关系可以表示为

$$\dot{U} = -\mathrm{j}X_C\dot{I}, \quad \dot{I} = \mathrm{j}B_C\dot{U} \tag{5-26}$$

5.3.2 拓扑约束的相量形式

在正弦交流电路中，各支路的电流和电压都是同频率的正弦量，所以可以用相量法将 KCL 和 KVL 转换成相量形式。

对于电路中任何一个节点或闭合面，由 KCL 有

$$\sum \pm i = 0$$

由于所有支路电流都是同频率的正弦量，故 KCL 的相量形式为

$$\sum \pm \dot{I} = 0 \tag{5-27}$$

同理，对于电路中任何一个回路，由 KVL 有

$$\sum \pm u = 0$$

因为所有支路电压都是同频率的正弦量，所以 KVL 的相量形式为

$$\sum \pm \dot{U} = 0 \tag{5-28}$$

从以上介绍的 R、L、C 元件 VCR 的相量形式以及 KCL 和 KVL 的相量形式可以看出，在表现形式上，它们与直流电路的有关公式完全相似。

例 5-4 在图 5-7（a）中所示的 RLC 串联电路中，已知 R=3Ω，L=1H，$C=1\mu F$，正弦电流源的电流为 i_S，其有效值 I_S=5A，角频率 $\omega = 10^3 \text{rad}\cdot\text{s}^{-1}$，试求电压 u_{ad} 和 u_{bd}。

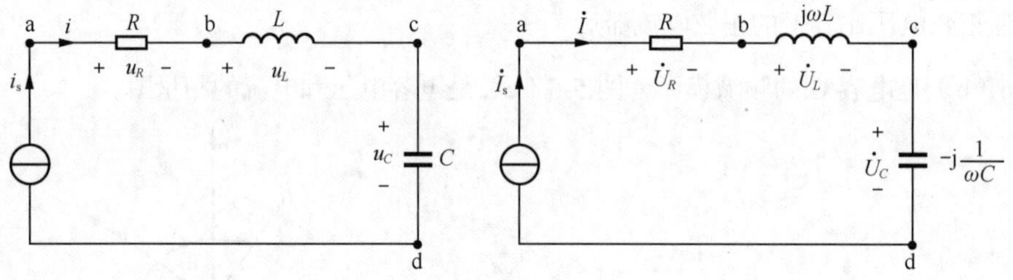

图 5-7 例 5-4 图

解：先画出与图 5-7（a）所示电路相对应的相量形式的电路图，如图 5-7（b）所示。因为在串联电路中，通过各元件的电流 i_S 是共同的，故设电流相量为参考相量，即令 $\dot{I} = \dot{I}_S = 5\angle 0^\circ$ A。根据各元件的 VCR 有

$$\dot{U}_R = R\dot{I} = 3 \times 5\angle 0^\circ = 15\angle 0^\circ \text{ V}$$

$$\dot{U}_L = \text{j}\omega L\dot{I} = 5000\angle 90^\circ \text{ V}$$

$$\dot{U}_C = -\text{j}\frac{1}{\omega C}\dot{I} = 5000\angle -90^\circ \text{ V}$$

根据相量形式的 KVL 有

$$\dot{U}_{bd} = \dot{U}_L + \dot{U}_C = 0$$

$$\dot{U}_{ad} = \dot{U}_R + \dot{U}_{bd} = 15\angle 0^\circ \text{ V}$$

所以

$$u_{bd} = 0$$

$$u_{ad} = 15\sqrt{2}\cos(10^3 t) \text{ V}$$

5.4 阻抗（导纳）及其串并联

5.4.1 阻抗（导纳）

在正弦稳态电路的分析中，广泛采用阻抗和导纳的概念，下面对这两个概念进行讨论。图 5-8

(a)所示为一个含有线性电阻、线性电感和线性电容等元件但不含独立源的二端网络，当它在角频率为 ω 的正弦信号激励下处于稳定状态时，其端口的电压（或电流）也是同频率的正弦量。定义端口的电压相量 $\dot{U}=U\angle\varphi_u$ 与电流相量 $\dot{I}=I\angle\varphi_i$ 的比值为该二端网络的阻抗 Z，即

$$Z=\frac{\dot{U}}{\dot{I}}=\frac{U}{I}\angle\varphi_u-\varphi_i=|Z|\angle\varphi_Z \tag{5-29}$$

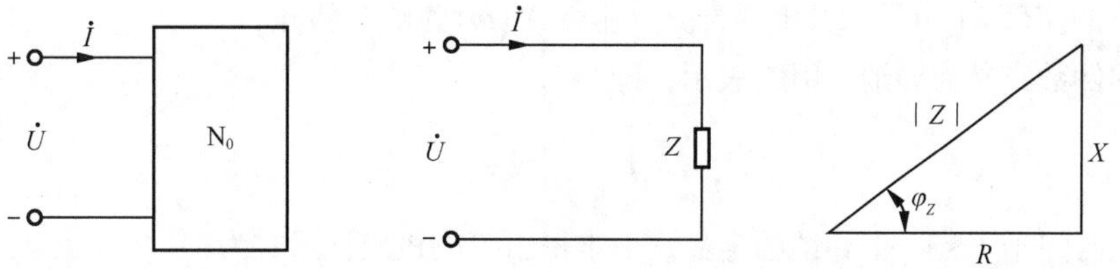

(a) 一端口网络　　(b) 复阻抗　　(c) 阻抗三角形

图 5-8　二端网络的阻抗

阻抗 Z 的单位为欧姆（Ω）。由于 Z 是复数，所以又称为复阻抗，其图形符号见图 5-8（b）。Z 的模 $|Z|$ 称为阻抗模，其辐角 φ_Z 称为阻抗角。

阻抗 Z 也可以用代数形式表示，即

$$Z=R+\mathrm{j}X \tag{5-30}$$

其实部 $\mathrm{Re}[Z]=|Z|\cos\varphi_Z=R$ 称为阻抗的电阻部分，简称电阻；虚部 $\mathrm{Im}[Z]=|Z|\sin\varphi_Z=X$ 称为阻抗的电抗分量，简称电抗。它们的单位都是欧姆（Ω）。阻抗的实部 R、虚部 X 和模 $|Z|$ 构成阻抗三角形，如图 5-8（c）所示。

如果二端网络内部仅含单个元件 R、L 或 C，则对应的阻抗分别为

$$Z_R=R,\quad Z_L=\mathrm{j}\omega L=\mathrm{j}X_L,\quad Z_C=-\mathrm{j}\frac{1}{\omega C}=-\mathrm{j}X_C$$

如果二端网络内部为 RLC 串联电路，由 KVL 可得其阻抗 Z 为

$$Z=\frac{\dot{U}}{\dot{I}}=R+\mathrm{j}\omega L+\left(-\mathrm{j}\frac{1}{\omega C}\right)=R+\mathrm{j}\left(\omega L-\frac{1}{\omega C}\right)=R+\mathrm{j}X=|Z|\angle\varphi_Z$$

显然，Z 的实部就是电阻 R，而虚部即电抗 X 为

$$X=X_L+X_C=\omega L-\frac{1}{\omega C}$$

此时 Z 的模和辐角分别为

$$\left.\begin{aligned}|Z|&=\sqrt{R^2+X^2}\\ \varphi_Z&=\arctan\left(\frac{X}{R}\right)\end{aligned}\right\} \tag{5-31}$$

而

$$\left.\begin{aligned}R&=|Z|\cos\varphi_Z\\ X&=|Z|\sin\varphi_Z\end{aligned}\right\} \tag{5-32}$$

当 $X>0$，即 $\omega L>\dfrac{1}{\omega C}$ 时，称 Z 呈感性，相应的电路为感性电路；当 $X<0$，即 $\omega L<\dfrac{1}{\omega C}$ 时，称 Z 呈容性，相应的电路为容性电路；当 $X=0$，即 $\omega L=\dfrac{1}{\omega C}$ 时，称 Z 呈电阻性，相应的电路为电阻

性电路或谐振电路。

在一般情况下，按式 $Z=\frac{\dot{U}}{\dot{I}}$ 定义的阻抗称为二端网络的输入阻抗或驱动点阻抗，也可称为等效阻抗。它的实部和虚部都是外施激励正弦量角频率 ω 的函数，此时 Z 可写为

$$Z(\mathrm{j}\omega)=R(\omega)+\mathrm{j}X(\omega)$$

其中，$Z(\mathrm{j}\omega)$ 的实部 $R(\omega)$ 即为其电阻部分，虚部 $X(\omega)$ 为电抗部分。

阻抗 Z 的倒数定义为导纳，用 Y 表示，即

$$Y=\frac{1}{Z}=\frac{\dot{I}}{\dot{U}} \tag{5-33}$$

导纳的单位是西门子（S）。由导纳的定义式不难得出 Y 的极坐标形式为

$$Y=|Y|\angle\varphi_Y=\frac{\dot{I}}{\dot{U}}=\frac{I}{U}\angle\varphi_i-\varphi_u$$

即

$$|Y|\angle\varphi_Y=\frac{I}{U}\angle\varphi_i-\varphi_u \tag{5-34}$$

Y 的模 $|Y|$ 称为导纳模，其辐角称为导纳角。显然有

$$|Y|=\frac{I}{U}，\ \angle\varphi_Y=\angle\varphi_i-\varphi_u$$

导纳 Y 也可以用代数形式表示，即

$$Y=G+\mathrm{j}B \tag{5-35}$$

Y 的实部 $\mathrm{Re}[Y]=|Y|\cos\varphi_Y=G$ 称为电导；虚部 $\mathrm{Im}[Y]=|Y|\sin\varphi_Y=B$ 称为电纳。它们的单位都是西门子（S）。导纳的实部 G、虚部 B 和模 $|Y|$ 构成导纳三角形。

在一般情况下，按式 $Y=\frac{\dot{I}}{\dot{U}}$ 定义的二端网络 N_0 的导纳称为输入导纳或等效导纳，其实部和虚部都是外施激励正弦量角频率 ω 的函数。此时 Y 可写

$$Y(\mathrm{j}\omega)=G(\omega)+\mathrm{j}B(\omega) \tag{5-36}$$

式（5-36）中，$Y(\mathrm{j}\omega)$ 的实部 $G(\omega)$ 即为它的电导分量，虚部 $B(\omega)$ 称为其电纳分量。

阻抗和导纳可以等效互换，其条件为

$$Z(\mathrm{j}\omega)Y(\mathrm{j}\omega)=1 \tag{5-37}$$

即

$$\begin{cases}|Z(\mathrm{j}\omega)||Y(\mathrm{j}\omega)|=1\\ \varphi_Z+\varphi_Y=0\end{cases} \tag{5-38}$$

用代数形式表示有

$$G(\omega)+\mathrm{j}B(\omega)=\frac{1}{R(\omega)+\mathrm{j}X(\omega)}=\frac{R(\omega)}{|Z(\mathrm{j}\omega)|^2}-\mathrm{j}\frac{X(\omega)}{|Z(\mathrm{j}\omega)|^2} \tag{5-39}$$

所以有

$$G(\omega)=\frac{R(\omega)}{|Z(\mathrm{j}\omega)|^2}，\ B(\omega)=-\mathrm{j}\frac{X(\omega)}{|Z(\mathrm{j}\omega)|^2}$$

或者

$$R(\omega)=\frac{G(\omega)}{\left|Y(\mathrm{j}\omega)\right|^2}\text{，}\ X(\omega)=-\frac{B(\omega)}{\left|Y(\mathrm{j}\omega)\right|^2}$$

现以 RLC 串联电路为例，由前面的讨论可直接写出其阻抗，即

$$Z=R+\mathrm{j}\left(\omega L-\frac{1}{\omega C}\right)=R+\mathrm{j}X \tag{5-40}$$

而其等效导纳则为

$$Y=\frac{R}{R^2+X^2}-\mathrm{j}\frac{X}{R^2+X^2} \tag{5-41}$$

可以看出 Y 的实部和虚部都是 ω 的函数，而且比较复杂。同理，对于 RLC 并联电路，其导纳也可直接写出，即

$$Y=\frac{1}{R}+\mathrm{j}\left(\omega C-\frac{1}{\omega L}\right)=G+\mathrm{j}B \tag{5-42}$$

则其等效阻抗为

$$Z=\frac{G}{G^2+B^2}-\mathrm{j}\frac{B}{G^2+B^2} \tag{5-43}$$

当二端网络 N_0 中含有受控源时，可能会出现 $\mathrm{Re}[Z(\mathrm{j}\omega)]<0$ 或 $|\varphi_Z|>\frac{\pi}{2}$ 的情况。如果电路仅限于 R、L、C 元件的组合且元件参数均为正值，则一定有 $\mathrm{Re}[Z(\mathrm{j}\omega)]\geqslant 0$ 或 $|\varphi_Z|\leqslant\frac{\pi}{2}$。

5.4.2 阻抗（导纳）的串联和并联

阻抗的串联和并联电路的计算，在形式上与直流电路中的电阻的串联和并联的计算相似。对于由 n 个阻抗串联而成的电路，其等效阻抗为

$$Z=Z_1+Z_2+\cdots+Z_n \tag{5-44}$$

各个阻抗的电压分配为

$$\dot{U}_k=\frac{Z_k}{Z}\dot{U}\text{，}k=1,2,\cdots,n \tag{5-45}$$

式（5-45）中，$\dot{U}$ 为总电压，$\dot{U}_k$ 为第 k 个阻抗上的电压。同理，对于 n 个导纳并联而成的电路，其等效导纳为

$$Y=Y_1+Y_2+\cdots+Y_n \tag{5-46}$$

各个导纳的电流分配为

$$\dot{I}_k=\frac{Y_k}{Y}\dot{I}\text{，}k=1,2,\cdots,n \tag{5-47}$$

式（5-47）中，$\dot{I}$ 为总电流，$\dot{I}_k$ 为通过导纳 Y_k 的电流。

5.5 正弦交流电路的相量分析法

正弦交流电路的相量分析法

由前面的讨论我们知道，对于电阻电路，其拓扑约束和元件约束为

$$\sum\pm i=0\text{，}\sum\pm u=0\text{，}u=\pm Ri\text{，}i=\pm Gu$$

对于正弦交流电路，其拓扑约束和元件约束为

$$\sum \pm \dot{I}=0\ ,\ \sum \pm \dot{U}=0\ ,\ \dot{U}=\pm Z\dot{I}\ ,\ \dot{I}=\pm Y\dot{U}$$

比较上述两组式子，它们在形式上是完全相同的。因此，线性电阻电路的各种分析方法和电路定理（如串并联等效变换、Y-Δ 等效变换、实际电压源模型和电流源模型的等效变换、支路法、节点法以及叠加定理和戴维南定理等）都可以直接被应用于正弦稳态电路的分析中。所不同的是线性电阻电路的方程为实系数方程，而正弦稳态电路的方程为复系数方程。

例 5-5 在图 5-9 所示电路中，各独立源都是同频率的正弦量。试列写该电路的节点电压方程。

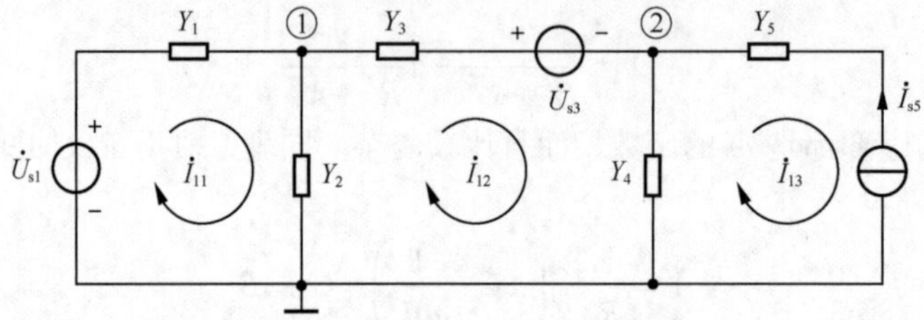

图 5-9 例 5-5 图

解：设接地点为参考节点，节点①和节点②的节点电压分别为 $\dot{U}_{n1}$ 和 $\dot{U}_{n2}$，由于 Y_5 为虚元件，根据节点法可列写该电路的节点方程为

$$\begin{aligned}&Y_1(\dot{U}_{n1}-\dot{U}_{s1})+Y_2\dot{U}_{n1}+Y_3(\dot{U}_{n1}-\dot{U}_{s3}-\dot{U}_{n2})=0\\&Y_3(\dot{U}_{n2}+\dot{U}_{s3}-\dot{U}_{n1})+Y_4\dot{U}_{n2}-\dot{I}_{s5}=0\end{aligned} \quad \text{或} \quad \begin{aligned}&(Y_1+Y_2+Y_3)\dot{U}_{n1}-Y_3\dot{U}_{n2}=Y_1\dot{U}_{s1}+Y_3\dot{U}_{s3}\\&-Y_3\dot{U}_{n1}+(Y_3+Y_4)\dot{U}_{n2}=-Y_3\dot{U}_{s3}+\dot{I}_{s5}\end{aligned}$$

例 5-6 *RLC* 串联电路中，已知电阻 R=15Ω，电感 L=25mH，电容 C=5μF，端电压 $u=100\sqrt{2}\cos(5000)t$ V，它的相量模型如图 5-10（a）所示，试求电路中的电流和各元件上电压的瞬时值表达式，并判断电路的性质。

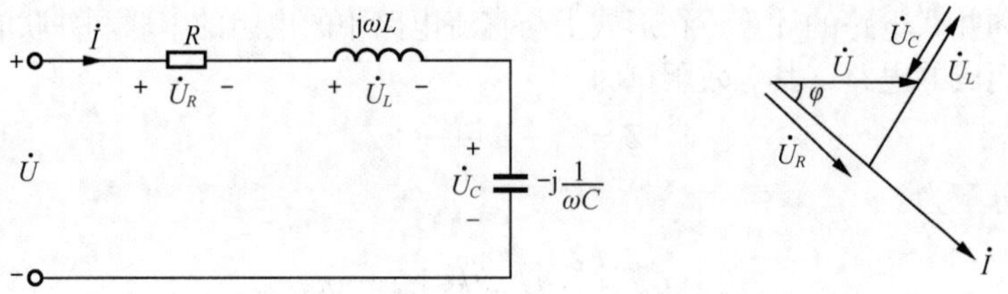

（a）电路 （b）相量图

图 5-10 例 5-6 图

解：可用相量法求解，有

$$Z_R=15\Omega$$

$$Z_L=\mathrm{j}\omega L=\mathrm{j}5000\times25\times10^{-3}=\mathrm{j}125\Omega$$

$$Z_C=-\mathrm{j}\frac{1}{\omega C}=-\mathrm{j}\frac{1}{5000\times5\times10^{-6}}=-\mathrm{j}40\Omega$$

所以

$$Z=Z_R+Z_L+Z_C=15+\mathrm{j}85=86.31\angle79.99^\circ\Omega$$

端电压的相量为

$$\dot{U}=100\angle0^\circ\ \mathrm{V}$$

则电路的电流相量为

$$\dot{I}=\frac{\dot{U}}{Z}=\frac{100\angle0^\circ}{86.31\angle79.99^\circ}=1.16\angle-79.99^\circ\ \mathrm{A}$$

各元件上的电压相量分别为

$$\dot{U}_R=R\dot{I}=15\times1.16\angle-79.99^\circ=17.38\angle79.99^\circ\ \mathrm{V}$$

$$\dot{U}_L = \mathrm{j}\omega L\dot{I} = \mathrm{j}125\times1.16\angle-79.99^\circ = 145\angle10.01^\circ\ \mathrm{V}$$

$$\dot{U}_C = -\mathrm{j}\frac{1}{\omega C}\dot{I} = -\mathrm{j}40\times1.16\angle-79.99^\circ = 46.4\angle-169.99^\circ\ \mathrm{V}$$

图 5-10（b）是该电路的相量图。电流和各元件上电压的瞬时值表达式分别为

$$i = 1.16\sqrt{2}\cos(5000t-79.99^\circ)\ \mathrm{A}$$

$$u_R = 17.38\sqrt{2}\cos(5000t-79.99^\circ)\ \mathrm{V}$$

$$u_L = 145\sqrt{2}\cos(5000t+10.01^\circ)\ \mathrm{V}$$

$$u_C = 46.4\sqrt{2}\cos(5000t-169.99^\circ)\ \mathrm{V}$$

结果表明，本例中电感电压高于电路的端电压。

电路的性质可用阻抗角 φ 来判断，也可由阻抗的虚部 X（电抗）来判断，还可直接用电路总电压与总电流的相位差 $\varphi_u-\varphi_i$ 来判断。在本例中，阻抗角 $\varphi=79.99^\circ>0$，而 $\mathrm{Im}[Z]=85\Omega>0$，$\varphi_u-\varphi_i=0^\circ-(-79.99^\circ)=79.99^\circ>0$，这些计算结果都说明该电路为感性电路。

例 5-7　在图 5-11（a）所示的电路中，已知 $R_1=10\Omega$，$R_2=5\Omega$，$R_3=10\Omega$，$R_4=7\Omega$，$L_1=2\mathrm{H}$，$C_2=0.025\mathrm{F}$，$u_s=100\sqrt{2}\cos10t\mathrm{V}$，$i_s=2\sqrt{2}\cos\left(10t+\frac{\pi}{2}\right)\mathrm{A}$。求流过电阻 R_4 上的电流 i。

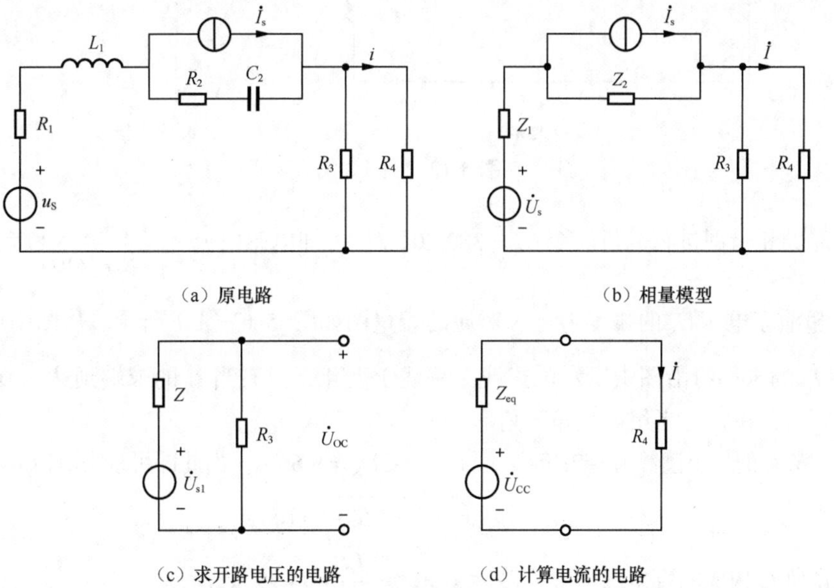

图 5-11　例 5-7 图

解：首先计算各阻抗值，并画出电路的相量模型，如图 5-11（b）所示。其中

$$Z_1 = R_1+\mathrm{j}\omega L_1 = 10+\mathrm{j}10\times2 = (10+\mathrm{j}20)\ \Omega$$

$$Z_2 = R_2-\mathrm{j}\frac{1}{\omega C} = 5-\mathrm{j}\frac{1}{10\times0.025} = (5-\mathrm{j}4)\ \Omega$$

将图 5-11（b）的 R_4 支路断开，可得如图 5-11（c）所示的等效电路，其中

$$\dot{U}_{s1} = \dot{U}_s + Z_2\dot{I}_s,\quad Z = Z_1+Z_2$$

将 $\dot{U}_s=100\angle0^\circ\mathrm{V}$，$\dot{I}_s=2\angle0.5\pi\ \mathrm{A}$，以及 Z_1、Z_2 代入上式整理后即得

$$\dot{U}_{s1} = (108+\mathrm{j}10)\ \mathrm{V},\quad Z = (15+\mathrm{j}16)\ \Omega$$

图 5-11（c）所示电路的戴维南等效电路参数为

$$\dot{U}_{\text{oc}}=\frac{R_3}{R_3+Z}\dot{U}_{\text{s1}}=\frac{10}{10+15+\text{j}16}\times(108+\text{j}10)=36.54\angle-27.33^\circ\ \text{V}$$

$$Z_{\text{eq}}=\frac{R_3Z}{R_3+Z}=\frac{10(15+\text{j}16)}{10+15+\text{j}16}=7.39\angle14.23^\circ=(7.16+\text{j}1.82)\ \Omega$$

由图 5-11（d）可得

$$\dot{I}=\frac{\dot{U}_{\text{oc}}}{Z_{\text{eq}}+R_4}=\frac{36.54\angle-27.33^\circ}{7.16+\text{j}1.82+7}=2.56\angle-34.65^\circ\text{A}$$

$$i=2.56\sqrt{2}\cos(10t-34.65^\circ)\text{A}$$

例 5-8 在图 5-12（a）所示的电路中，正弦电压 U_S=380V，频率 f=50Hz。电容为可调电容，当 C=80.95μF 时，交流电流表 A 的读数最小，其值为 2.59A。试求图中交流电流表 A_1 的读数以及参数 R 和 L。

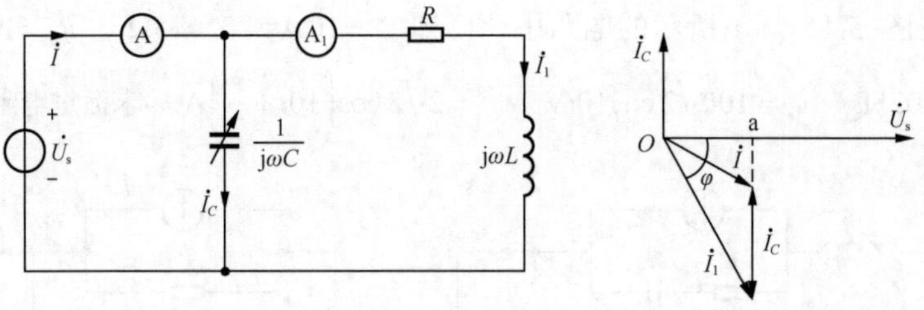

（a）电路　　　　（b）相量图

图 5-12　例 5-8 图

解：本题可借助相量图进行分析。令 $\dot{U}_S=380\angle0^\circ$ V，可知电感电流 $\dot{I}_1=\frac{\dot{U}_S}{R+\text{j}\omega L}$ 滞后于电压 $\dot{U}_S$，$\dot{I}_C=\text{j}\omega C\dot{U}_S$ 超前于电压 $\dot{U}_S$ 的弧度为 $\frac{\pi}{2}$，对应的相量图如图 5-12（b）所示。从图中可见，当电容 C 变化时，$\dot{I}_C$ 的末端将沿图中所示的虚线（垂线）变化，只有当 $\dot{I}_C$ 的末端到达 a 点时，$\dot{I}$ 为最小，此时，$\dot{I}$、$\dot{I}_1$ 和 $\dot{I}_C$ 三者组成直角三角形。

交流电流表 A 的最小读数为 I=2.59A，而 $I_C=\omega CU_S=9.66$ A，由此即可求得电流表 A_1 的读数为

$$I_1=\sqrt{(9.66)^2+(2.59)^2}=10\ \text{A}$$

由 $\dot{I}$、$\dot{I}_1$ 和 $\dot{I}_C$ 构成的直角三角形可得 $|\varphi|=\arctan\frac{I_C}{I}=74.99^\circ$，所以

$$R+\text{j}\omega L=\frac{\dot{U}_S}{\dot{I}_1}=\frac{U_S}{I_1}(\cos|\varphi|+\text{j}\sin|\varphi|)=\frac{380}{10}(0.259+\text{j}0.966)=(9.84+\text{j}36.7)\Omega$$

由此可得 $R=9.48\ \Omega$，$L=\frac{36.7}{2\pi f}=\frac{36.7}{2\times3.14\times50}=0.117$ H。

5.6 正弦交流电路的功率

5.6.1 瞬时功率

对图 5-13（a）所示无源单口网络 N，在正弦稳态情况下，设 u、i 分别为

$$u=\sqrt{2}U\cos(\omega t+\varphi_u)\ ,\quad i=\sqrt{2}I\cos(\omega t+\varphi_i)$$

则该网络吸收的瞬时功率为

$$p=ui=2UI\cos(\omega t+\varphi_u)\cos(\omega t+\varphi_i) \tag{5-48}$$

令 $\varphi=\varphi_u-\varphi_i$ ，φ 为正弦电压与正弦电流的相位差，则

$$p=UI\cos\varphi+UI\cos(2\omega t+\varphi_u+\varphi_i) \tag{5-49}$$

从式（5-49）可以看出，瞬时功率由两部分组成，一部分为 $UI\cos\varphi$ ，是与时间无关的恒定分量；另一部分为 $UI\cos(2\omega t+\varphi_u+\varphi_i)$ ，是随时间按角频率 2ω 变化的正弦量。瞬时功率的波形图如图 5-13（b）所示，瞬时功率的单位为 W（瓦特）。

上述瞬时功率还可以写为

$$\begin{aligned} p&=UI\cos\varphi+UI\cos(2\omega t+2\varphi_u-\varphi)\\ &=UI\cos\varphi+UI\cos\varphi\cos(2\omega t+2\varphi_u)+UI\sin\varphi\sin(2\omega t+2\varphi_u)\\ &=UI\cos\varphi\{1+\cos[(2\omega t+\varphi_u)]\}+UI\sin\varphi\sin[(2\omega t+\varphi_u)] \end{aligned} \tag{5-50}$$

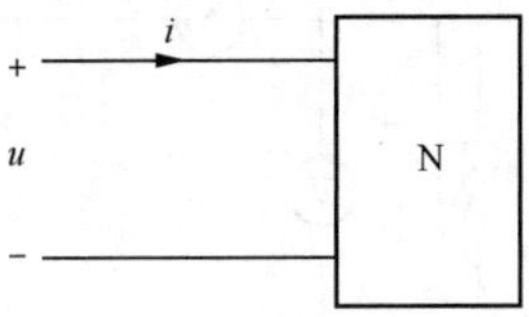

（a）无源电路

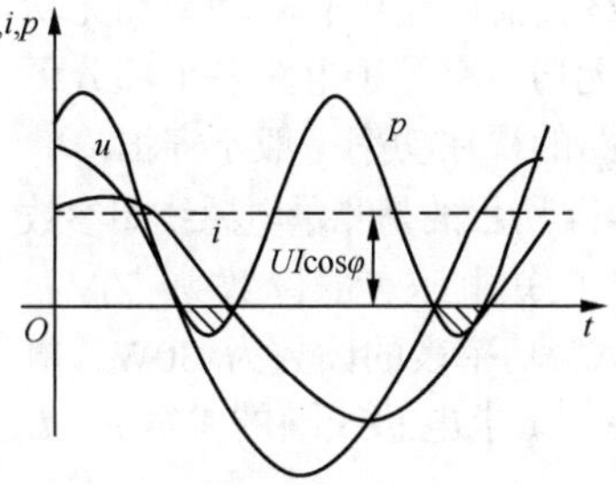

（b）瞬时功率的变化规律

图 5-13　无源单口网络的功率

由于 $\varphi\leqslant\dfrac{\pi}{2}$ ，所以 $\cos\varphi\geqslant0$ 。因此，式（5-50）中的第一项始终大于或等于零，该项是瞬时功率中的不可逆部分；第二项是瞬时功率中的可逆部分，以 2ω 的频率按正弦规律变化，反映了外接电源与单口无源网络之间能量交换的情况。

在电工技术中，瞬时功率的实际意义不大，经常用下面将要讨论的平均功率、无功功率、视在功率反映相关情况。

5.6.2　平均功率

平均功率是瞬时功率在一个周期内的平均值，用大写字母 P 表示，即

$$P=\frac{1}{T}\int_0^T p\mathrm{d}t=\frac{1}{T}\int_0^T UI[\cos\varphi+\cos(2\omega t+\varphi_u+\varphi_i)]\,\mathrm{d}t=UI\cos\varphi \tag{5-51}$$

平均功率也称为有功功率，用来表示无源单口网络实际消耗功率的情况，为式（5-49）中的恒定分量，单位为瓦特（W）。由式（5-51）可以看出，平均功率不仅与网络端口电压 U 与端口电流 I 的有效值有关，还与它们之间的相位差 $\varphi=\varphi_u-\varphi_i$ 有关。式（5-51）中 $\cos\varphi$ 称为功率因数，用符号 λ 表示，即

$$\lambda=\cos\varphi \tag{5-52}$$

式（5-52）表明，功率因数的大小由网络端口电压 U 与端口电流 I 的相位差 φ 决定，φ 越小，$\cos\varphi$ 越大。当 $\varphi=0$ 时，为纯电阻电路，功率因数 $\cos\varphi=1$ ；当 $\varphi=\pm\dfrac{\pi}{2}$ 时，为纯电抗电路，功率因数 $\cos\varphi=0$ ，表明电路不消耗能量。

5.6.3 无功功率

无功功率用大写字母 Q 表示，其定义为

$$Q = UI\sin\varphi \tag{5-53}$$

从式（5-50）可见它是瞬时功率中的可逆分量的最大值，表明了电源与单口网络之间能量交换的最大速率。无功功率的单位用乏（Var）表示。

5.6.4 视在功率

电力设备正常工作时的额定电压与额定电流的乘积称为视在功率，用大写字母 S 表示，即

$$S = UI \tag{5-54}$$

它反映了电力设备可能输出的最大功率。实际设备工作时输出的功率为视在功率与功率因数的乘积，即 $P = S\cos\varphi = UI\cos\varphi$。视在功率的单位用伏安（VA）表示。

可以证明，正弦交流电路中有功功率和无功功率均守恒，即总的有功功率等于电路各个部分有功功率之和，总的无功功率等于电路各个部分无功功率之和，但电路的视在功率一般不守恒。

例 5-9 图 5-14 所示的是测量电感线圈参数 R、L 的实验电路。已知电压表的读数为 50V，电流表的读数为 1A，功率表的读数为 30W，电源的频率 $f = 50\,\text{Hz}$，试求电感线圈的参数 R、L 的值。

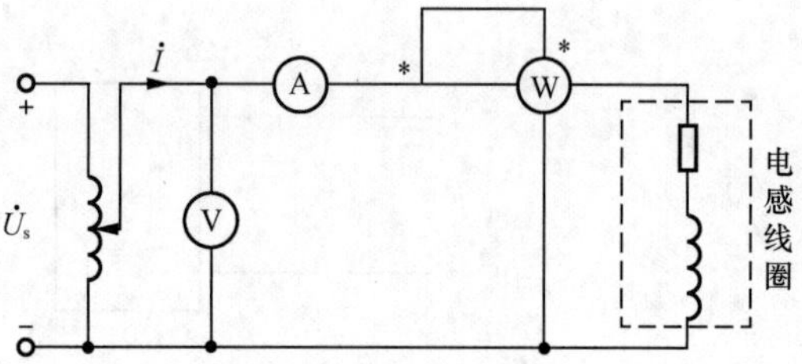

图 5-14 例 5-9 图

解：设阻抗为 $Z = |Z|\angle\varphi = R + \mathrm{j}\omega L$，根据电压表和电流表的读数，可以求得阻抗的模为 $|Z| = \dfrac{U}{I} = \dfrac{50}{1} = 50\Omega$。功率表的读数为线圈吸收的功率，因此有

$$UI\cos\varphi = 30\text{W}$$

则

$$\varphi = \arccos\left(\frac{30}{UI}\right) = \arccos\left(\frac{30}{50\times1}\right) = 53.13^\circ$$

由此得线圈的阻抗为

$$Z = R + \mathrm{j}\omega L = |Z|\angle\varphi = 50\angle53.13^\circ = (30 + \mathrm{j}40)\Omega$$

所以

$$R = 30\Omega$$
$$\omega L = 40\Omega$$

所以

$$L = \frac{40}{\omega} = \frac{40}{2\pi f} = \frac{40}{2\pi\times50} = 127\text{mH}$$

对于该题，也可先利用 $P = I^2R$ 求出 R，然后利用 $\sqrt{|Z|^2 - R^2} = \omega L$ 求出 ωL。

功率因数的提高

5.6.5 功率因数的提高

在电能的传输过程中，电力系统（发电机）在发出有功功率的同时也输出无功功率。当负载要求输送的有功功率 P 一定时，$\cos\varphi$ 越小（φ 越大），则无功功率 Q 越大。较大的无功功率在电路上来回

传输，一方面会形成的较大的电压损失，造成负载端电压降低，使得用电设备不能正常工作；另一方面，也会使输电线路产生较大的能量损耗，使电力系统的经济效益减少，因此必须尽量提高功率因数。提高功率因数的方法很多，对于用户来讲大多采用并联补偿电容器的方法。现举例加以说明。

例 5-10 在图 5-15（a）所示的电路中，所加正弦电压为 380V，其频率为 50Hz。感性负载吸收的功率为 $P_1 = 20\text{kW}$，功率因数 $\cos\varphi_1 = 0.6$。如需将电路的功率因数提高到 $\cos\varphi = 0.9$，试求并联在负载两端电容器的电容值（图中虚线所示）。

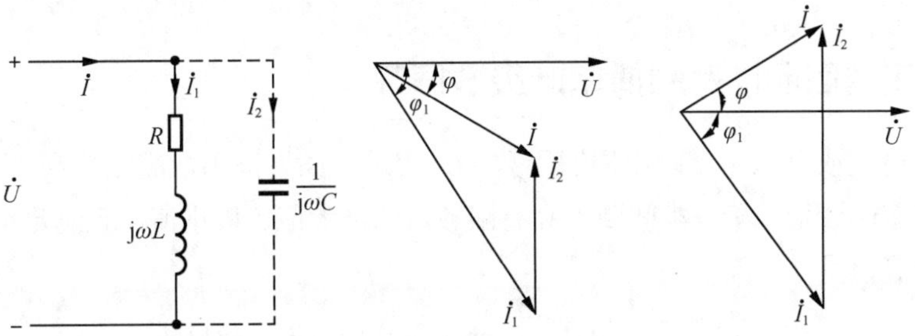

（a）电路 （b）相量图一 （c）相量图二

图 5-15 例 5-10 图

解：电容器的模型用理想电容表示。因并联电容后不会改变原负载的工作状况，所以也不会改变电路的有功功率，只是通过改变电路的无功功率，从而使电路的功率因数提高。

令 $\dot{U} = 380\angle 0°$，可画出并联电容后电路的相量图，如图 5-15（b）所示。图 5-15（b）中，因 $\varphi_1 < 0$，$\varphi < 0$，所以有

$$I_2 = I_1 \sin|\varphi_1| - I\sin|\varphi|$$

因为 $U = 380\ \text{V}$，$\cos\varphi_1 = 0.6$，$P = UI_1\cos\varphi_1 = 20\ \text{kW}$，由此可求得

$$I_1 = \frac{P}{U\cos\varphi_1} = \frac{20\times10^3}{380\times0.6} = 87.72\text{A}$$

若已将功率因数提高到了 $\cos\varphi = 0.9$，因负载的工作状态没有发生变化，故负载吸收的有功功率不变，由此可求得

$$I = \frac{P}{U\cos\varphi} = \frac{20\times10^3}{380\times0.9} = 58.48\text{A}$$

由 $\cos\varphi_1 = 0.6$ 可得 $\sin|\varphi_1| = \sqrt{1-(\cos\varphi_1)^2} = \sqrt{1-0.6^2} = 0.8$，由 $\cos\varphi = 0.9$ 可得 $\sin|\varphi| = \sqrt{1-(\cos\varphi)^2} = \sqrt{1-0.9^2} = 0.436$，所以有

$$I_2 = I_1\sin|\varphi_1| - I\sin|\varphi| = 87.72\times0.8 - 58.48\times0.436 = 44.69\ \text{A}$$

故有

$$C = \frac{I_2}{\omega U} = \frac{44.69}{2\pi\times50\times380} = 3.75\times10^{-4}\ \text{F} = 375\ \mu\text{F}$$

并联电容后电路的另一个相量图如图 5-15（c）所示，因 $\varphi_1 < 0$，$\varphi > 0$，所以有

$$I_2 = I_1\sin|\varphi_1| + I\sin\varphi = 87.72\times0.8 + 58.48\times0.436 = 95.67\ \text{A}$$

故有

$$C = \frac{I_2}{\omega U} = \frac{95.67}{2\pi\times50\times380} = 8.02\times10^{-4}\ \text{F} = 802\ \mu\text{F}$$

电容取 375 μF 或 802 μF 均是满足题目要求的解。结合工程实际和经济性的要求，可知电容取值应

为375 μF。

通过上述例子可以看出提高功率因数的经济意义。并联电容补偿无功功率后减少了线路电流，从而减少了输电线路的损耗；或者在不降低线路电流的情况下能使同一条线路带更多的负荷，从而提高了电源设备的利用率。

5.7 非正弦交流电路

5.7.1 非正弦周期信号的傅里叶级数展开

周期信号（电流或电压）可以用周期函数 $f(t)$ 表示，如果该函数满足狄利克雷条件（函数在一个周期内只有有限数量的第一类间断点和有限数量的极大值、极小值，且满足绝对可积），那么它就能展开成级数，即

$$f(t)=a_0+\sum_{k=1}^{\infty}\left[a_k\cos(k\omega t)+b_k\sin(k\omega t)\right] \tag{5-55}$$

式（5-55）中，第一项 a_0 称为周期函数 $f(t)$ 的恒定分量（或直流分量），$a_k\cos(k\omega)$ 为 $f(t)$ 的余弦项，$b_k\sin(k\omega)$ 为 $f(t)$ 的正弦项。a_0、a_k、b_k 为傅里叶系数，计算公式如下

$$a_0=\frac{1}{T}\int_0^T f(t)\mathrm{d}t=\frac{1}{T}\int_{-\frac{T}{2}}^{\frac{T}{2}} f(t)\mathrm{d}t$$

$$\begin{aligned}a_k&=\frac{2}{T}\int_0^T f(t)\cos(k\omega t)\mathrm{d}t=\frac{2}{T}\int_{-\frac{T}{2}}^{\frac{T}{2}} f(t)\cos(k\omega t)\mathrm{d}t\\&=\frac{1}{\pi}\int_0^{2\pi} f(t)\cos(k\omega t)\mathrm{d}(\omega t)=\frac{1}{\pi}\int_{-\pi}^{\pi} f(t)\cos(k\omega t)\mathrm{d}(\omega t)\end{aligned}$$

$$\begin{aligned}\mathrm{b}_k&=\frac{2}{T}\int_0^T f(t)\sin(k\omega t)\mathrm{d}t=\frac{2}{T}\int_{-\frac{T}{2}}^{\frac{T}{2}} f(t)\sin(k\omega t)\mathrm{d}t\\&=\frac{1}{\pi}\int_0^{2\pi} f(t)\sin(k\omega t)\mathrm{d}(\omega t)=\frac{1}{\pi}\int_{-\pi}^{\pi} f(t)\sin(k\omega t)\mathrm{d}(\omega t)\end{aligned}$$

以上各式中，k=1,2,3,……；T 为周期信号的周期，$\omega=\dfrac{2\pi}{T}$ 为基波频率。

利用三角函数的知识，把式（5-55）中同频率的正弦项和余弦项合并，则可得到周期函数 $f(t)$ 傅里叶级数的另一种表达式，即

$$f(t)=A_0+\sum_{k=1}^{\infty}A_{km}\cos(k\omega t+\varphi_k) \tag{5-56}$$

式（5-56）中，A_0，A_{km} 为傅里叶系数。

不难得出式（5-55）和式（5-57）两表达式的傅里叶系数之间有如下关系，即

$$\begin{cases}A_0=a_0\\A_{km}=\sqrt{a_k^{\ 2}+b_k^{\ 2}}\\a_k=A_{km}\cos\varphi_k\\b_k=-A_{km}\sin\varphi_k\\\varphi_k=\arctan\left(-\dfrac{b_k}{a_k}\right)\end{cases} \tag{5-57}$$

式（5-56）中，第一项 A_0 为函数 $f(t)$ 的直流分量，它是 $f(t)$ 在一个周期内的平均值。第二项 $A_{1m}\cos(\omega t+\varphi_1)$ 称为一次谐波（或基波分量），其周期或频率与原周期函数 $f(t)$ 的周期或频率相同。A_{km} 的其他各项分别称为二次谐波、三次谐波、四次谐波等，统称为高次谐波。A_{km} 及 φ_k 为第 k 次谐波分量的振幅及初相位。

对常见的非正弦周期函数 $f(t)$，通常可通过查表的方法，得出其相应的傅里叶级数展开式。

傅里叶级数是一个无穷级数，因此把一个非正弦周期函数 $f(t)$ 展开成傅里叶级数后，理论上讲必须取无穷多项才能准确地代表原有函数 $f(t)$。但是，由于傅里叶级数通常收敛很快，往往只取级数的前面若干项就能满足工程上准确度的要求。

5.7.2 非正弦周期信号的有效值和平均功率

若一个非正弦周期电流 i 可以展开为傅里叶级数，即

$$i=I_0+\sum_{k=1}^{\infty}I_{km}\cos(k\omega t+\varphi_k)$$

可以求得它的有效值为

$$I=\sqrt{\frac{1}{T}\int_0^T i^2\mathrm{d}t}=\sqrt{I_0^2+I_1^2+I_2^2+I_3^2+\cdots}=\sqrt{I_0^2+\sum_{k=1}^{\infty}I_k^2} \tag{5-58}$$

对电压可得类似公式。

若假定一个二端网络端口的电压、电流的取关联参考方向，且表达式分别为

$$u=U_0+\sum_{k=1}^{\infty}U_{km}\cos(k\omega t+\varphi_{uk})$$

$$i=I_0+\sum_{k=1}^{\infty}I_{km}\cos(k\omega t+\varphi_{ik})$$

则该二端网络吸收的瞬时功率为

$$\left[U_0+\sum_{k=1}^{\infty}U_{km}\cos(k\omega t+\varphi_{ik})\right]\times\left[I_0+\sum_{k=1}^{\infty}I_{km}\cos(k\omega t+\varphi_{ik})\right]$$

按平均功率的定义

$$P=\frac{1}{T}\int_0^T P\mathrm{d}t=\frac{1}{T}\int_0^T ui\mathrm{d}t$$

即可求得

$$P=U_0I_0+U_1I_1\cos\varphi_1+U_2I_2\cos\varphi_2+\cdots+U_kI_k\cos\varphi_k+\cdots \tag{5-59}$$

式（5-59）中，$U_k=\dfrac{U_{km}}{\sqrt{2}}$、$I_k=\dfrac{I_{km}}{\sqrt{2}}$、$\varphi_k=\varphi_{uk}-\varphi_{ik}$、$k=1,2,\cdots$，即非正弦周期电流电路的平均功率等于直流分量功率 U_0I_0 与各次谐波分量平均功率的代数和。

如果非正弦周期电流流过电阻 R，其平均功率为

$$P=I_0^2R+I_1^2R+I_2^2R+\cdots+I_k^2R+\cdots=I^2R \tag{5-60}$$

5.7.3 非正弦交流电路的分析

对于非正弦周期电压（或电流）激励下的线性电路，其分析和计算的理论基础是傅里叶级数和叠加原理。分析计算的具体步骤如下。

（1）将给定的非正弦周期信号展开成傅里叶级数（通常可通过查表完成），并根据所需要的准确度确定高次谐波取到哪一项为止。

（2）分别求出直流分量以及各次谐波分量单独作用于电路时的响应。求解直流分量$(\omega=0)$响应时，电容被视为开路，电感被视为短路；对各次谐波分量的响应可以用相量法求解，求解时要注意电容、电感对不同谐波的阻抗值不同，即

$$X_{Lk}=k\omega L$$

$$X_{Ck}=\frac{1}{k\omega C}$$

（3）把步骤（2）中计算出的直流分量响应和各次谐波分量响应用瞬时值表示，根据线性电路的叠加原理，把响应分量进行叠加。这样，所求得的响应是一个含有直流分量和各次谐波分量的非正弦瞬时值表达式。

例 5-11 图 5-16（a）所示电路中，已知 $R_1=5\Omega$，$R_2=10\Omega$，基波感抗 $X_{L(1)}=\omega L=2\Omega$，基波容抗 $X_{C(1)}=\dfrac{1}{\omega C}=15\Omega$，电源电压 $u=10+141.14\cos(\omega t)+70.7\cos(3\omega t+30^\circ)$，试求各支路电流 i、i_1、i_2 及电源输出的平均功率。

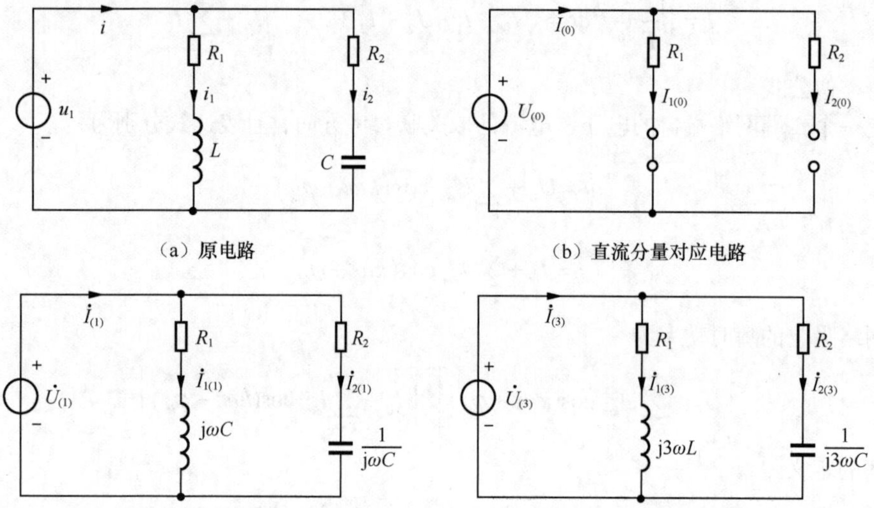

（a）原电路　（b）直流分量对应电路

（c）基波分量对应的模型电路　（d）三次谐波分量对应的模型电路

图 5-16　例 5-11 图

解：由于所给出的电源电压就是傅里叶级数展开式的形式，所以直接从上述计算步骤（2）求电流的各分量。

（1）直流分量单独作用时的电路如图 5-16（b）所示。此时电感 L 相当于短路，电容 C 相当于开路。各支路电流分别为

$$I_{1(0)}=\frac{U_{(0)}}{R_1}=\frac{10}{5}=2\text{A}$$

$$I_{2(0)}=0$$

$$I_{(0)}=I_{1(0)}+I_{2(0)}=2\text{A}$$

（2）基波分量单独作用时的模型电路如图 5-16（c）所示。此时可用相量法计算各支路的电流分别为

$$\dot{I}_{1(1)}=\frac{\dot{U}_{(1)}}{R_1+\mathrm{j}\omega L}=\frac{\left(\frac{141.4}{\sqrt{2}}\right)\angle 0^\circ}{5+\mathrm{j}2}=18.61\angle -21.8^\circ\mathrm{A}$$

$$\dot{I}_{2(1)}=\frac{\dot{U}_{(1)}}{R_2-\mathrm{j}\frac{1}{\omega C}}=\frac{\left(\frac{141.4}{\sqrt{2}}\right)\angle 0^\circ}{10-\mathrm{j}15}=5.55\angle 56.3^\circ\mathrm{A}$$

$$\dot{I}_{(1)}=\dot{I}_{1(1)}+\dot{I}_{2(1)}=18.61\angle -21.8^\circ+5.55\angle 56.3^\circ=20.5\angle -6.4^\circ\mathrm{A}$$

（3）三次谐波单独作用时的模型电路如图 5-16（d）所示，可计算出各支路电流相量为

$$\dot{I}_{1(3)}=\frac{\dot{U}_{(3)}}{R_1+\mathrm{j}3\omega L}=\frac{\left(\frac{70.7}{\sqrt{2}}\right)\angle 30^\circ}{5+\mathrm{j}3\times 2}=6.4\angle -20.2^\circ\mathrm{A}$$

$$\dot{I}_{2(3)}=\frac{\dot{U}_{(3)}}{R_2-\mathrm{j}\frac{1}{3\omega C}}=\frac{\left(\frac{70.7}{\sqrt{2}}\right)\angle 30^\circ}{10-\mathrm{j}\frac{1}{3}\times 15}=4.47\angle 56.6^\circ\mathrm{A}$$

$$\dot{I}_{(3)}=\dot{I}_{1(3)}+\dot{I}_{2(3)}=6.4\angle -20.2+4.47\angle 56.6^\circ=8.62\angle 10.17^\circ\mathrm{A}$$

（4）将上述直流分量及各次谐波分量的响应化为瞬时值相叠加，得出各支路电流为

$$i=i_{1(0)}+i_{1(1)}+i_{1(3)}=2+18.6\sqrt{2}\cos(\omega t-21.8^\circ)+6.4\sqrt{2}\cos(3\omega t-20.2^\circ)\mathrm{A}$$

$$i_2=i_{2(0)}+i_{2(1)}+i_{2(3)}=5.55\sqrt{2}\cos(\omega t+56.3^\circ)+4.47\sqrt{2}\cos(3\omega t+56.6^\circ)\mathrm{A}$$

$$i=i_{(0)}+i_{(1)}+i_{(3)}=2+20.5\sqrt{2}\cos(\omega t-6.4^\circ)+8.62\sqrt{2}\cos(3\omega t+10.17^\circ)\mathrm{A}$$

电源输出的平均功率为

$$\begin{aligned}P&=U_{(0)}I_{(0)}+U_{(1)}I_{(1)}\cos\varphi_{(1)}+U_{(3)}I_{(3)}\cos\varphi_{(3)}\\&=10\times 2+\frac{141.4}{\sqrt{2}}\times 20.5\cos 6.4^\circ+\frac{70.7}{\sqrt{2}}\times 8.62\cos(30^\circ-10.17^\circ)\\&=2462.84\mathrm{W}\end{aligned}$$

5.8 谐振电路

5.8.1 谐振的定义

在含有电感和电容的正弦稳态电路中，二端电路端口电压和电流的相位一般是不同的，如果出现了电压与电流同相位的情况，则称电路发生了谐振。

谐振分串联谐振和并联谐振两种。

5.8.2 串联谐振

在图 5-17 所示的 *RLC* 串联电路中，其输入阻抗为

$$Z=\frac{\dot{U}}{\dot{I}}=R+\mathrm{j}(\omega L-\frac{1}{\omega C})=|Z|\angle\varphi \tag{5-61}$$

当满足下列条件时，即

$$\omega L=\frac{1}{\omega C} \tag{5-62}$$

阻抗角 φ=0，电流与电压同相位，电路出现谐振现象，称之为串联谐振。

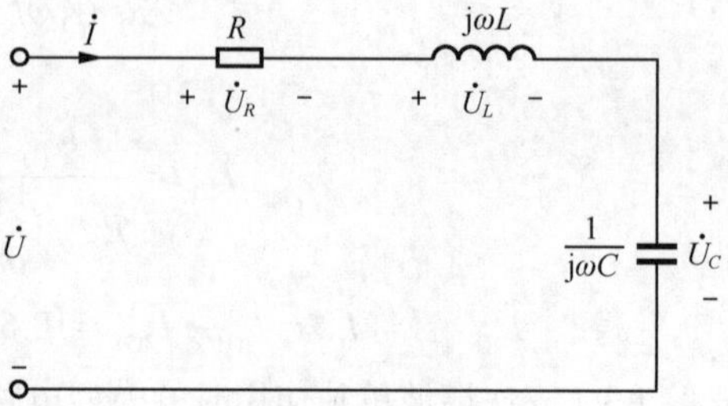

图 5-17 *RLC* 串联电路

式（5-62）是产生串联谐振的充要条件。要满足这一条件，可以通过改变电路参数 L 或 C，或调节外加电源的角频率来实现。而对于 L、C 已经固定的电路，由 $\omega L=\frac{1}{\omega C}$ 可知，发生谐振时外加电源的频率必定满足

$$\omega_0 L=\frac{1}{\omega_0 C}$$

即

$$\omega_0=\frac{1}{\sqrt{LC}} \tag{5-63}$$

或

$$f_0=\frac{1}{2\pi\sqrt{LC}} \tag{5-64}$$

式（5-64）中，f_0 由电路本身的参数 L、C 决定，称为电路的固有频率。当电路参数 L 或 C 改变时，电路谐振频率随之改变。例如，无线电收音机中，就利用改变可调电容器达到谐振的办法来选择所要接收的信号。

RLC 串联电路达到谐振时，电路的感抗与容抗相等，即 $X_L=X_C$，其值为

$$\omega_0 L=\frac{1}{\omega_0 C}=\sqrt{\frac{L}{C}}=\rho \tag{5-65}$$

式（5-65）中，ρ 是一个仅与电路参数有关而与频率无关的量，称为电路的特性阻抗。

由上述讨论可以看出发生串联谐振时有以下现象。

（1）谐振时电压与电流同相位，电路呈电阻性。

（2）谐振时 LC 串联部分相当于短路，电路的阻抗为纯电阻，即 $Z=\sqrt{R^2+(X_L-X_C)^2}=R$，此时阻抗最小 $Z=R$。因此在端口电压有效值保持不变的前提下，谐振时电流最大，即 $I_0=\frac{U}{R}$。

（3）谐振时电感电压 $U_L=\omega_0 LI_0$ 与电容电压 $U_C=\frac{1}{\omega_0 C}I_0$ 大小相等，相位相反，二者相互抵消，这时电源电压全部施加在电阻 R 上，即 $U=U_R=RI_0$，所以串联谐振又称电压谐振。

如果谐振时感抗 $\omega_0 L$ 与容抗 $\frac{1}{\omega_0 C}$ 远大于电阻 R，则电感电压和电容电压的有效值会远大于电源电压的有效值，即

$$\omega_0 L>>R\text{，}U_L>>U\text{；}\frac{1}{\omega_0 C}>>R\text{，}U_C>>U$$

在电子技术和无线电工程等弱电系统中，常利用串联谐振的方法得到比激励电压高若干倍的响应电压。然而在电力工程等强电系统中，串联谐振产生的高压会造成设备和器件的损坏，因此要尽

量避免谐振或接近谐振的情况出现。

串联谐振时，电感电压或电容电压与外施激励电压的比值用 Q 表示，即

$$Q=\frac{U_L}{U}=\frac{U_C}{U}=\frac{\omega_0 L}{R}=\frac{1}{\omega_0 CR}=\frac{\rho}{R} \tag{5-66}$$

Q 是一个无量纲的纯数，称为谐振电路的品质因数，简称 Q 值。

在实际中，通常用电感线圈和电容器串联组成串联谐振电路。电感线圈工作时的电抗与电阻之比称为线圈的品质因数，用 Q_L 表示，即

$$Q_L=\frac{\omega L}{R}$$

由于实际电容损耗较小，电阻效应可忽略不计，所以该谐振电路的电阻即是电感线圈的电阻，因此谐振电路的品质因数 Q 也就是在谐振频率下电感线圈的品质因数。收音机中的线圈，其品质因数可达 200～300。

由于谐振时电路呈电阻性，阻抗角 $\varphi=0$，所以电路中总的无功功率为零。即在谐振状态下电容与电感的无功功率相互抵消，说明电路与电源无能量交换，电源供出的能量全部被电阻消耗掉。

需要注意，串联电阻 R 的大小虽然不影响串联谐振电路的固有频率，但是它却能控制和调节谐振时电流和电压的幅度。

5.8.3 并联谐振

图 5-18 为典型的 RLC 并联谐振电路，其分析方法和 RLC 串联谐振电路相同。

对于 RLC 并联电路，从端口看其输入导纳为

$$Y=G+\mathrm{j}\left(\omega C-\frac{1}{\omega L}\right)=Y\angle\varphi_Y \tag{5-67}$$

式中，$\varphi_Y=\arctan\dfrac{B_C-B_L}{G}=\arctan\left(\dfrac{\omega C-\dfrac{1}{\omega L}}{\dfrac{1}{R}}\right)$。

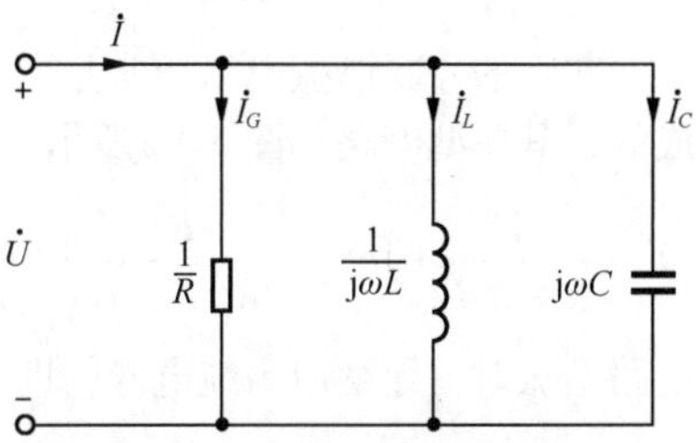

图 5-18　RLC 并联谐振电路

当 $B_L=B_C$ 时，$\varphi_Y=0$，电流和电压同相位，电路发生谐振。由于谐振时必须满足

$$\frac{1}{\omega_0 L}=\omega_0 C \tag{5-68}$$

由此可得电路谐振时的角频率和频率分别为

$$\omega_0=\frac{1}{\sqrt{LC}}，\quad f_0=\frac{1}{2\pi\sqrt{LC}}$$

并联谐振有以下特点。

（1）导纳角 $\varphi_Y=0$，电流与电压同相位，电路为电阻性。

（2）谐振时电路的输入导纳最小，即

$$Y=\sqrt{G^2+\left(B_C-B_L\right)^2}=G=\frac{1}{R}$$

LC 并联组合部分相当于开路。当电源电压 U 和电路的电导 G 固定时，谐振电路的电流最小，并等于电导 G 中的电流，即

$$I_0=I_G=GU$$

（3）谐振时电感支路电流 $\dot{I}_L$ 与电容支路电流 $\dot{I}_C$ 大小相等，相位相反，二者相互抵消，即

$$\dot{I}_L + \dot{I}_C = 0$$

其中

$$\dot{I}_L(\omega_0) = -\mathrm{j}\frac{1}{\omega_0 L}\dot{U} = -\mathrm{j}\frac{1}{\omega_0 LG}\dot{I} = -\mathrm{j}Q\dot{I}$$

$$\dot{I}_C(\omega_0) = \mathrm{j}\omega_0 C\dot{U} = \mathrm{j}\frac{\omega_0 C}{G}\dot{I} = \mathrm{j}Q\dot{I}$$

其中，Q 称为并联谐振电路的品质因数

$$Q = \frac{I_L(\omega_0)}{I} = \frac{I_C(\omega_0)}{I} = \frac{1}{\omega_0 LG} = \frac{\omega_0 C}{G} = \frac{1}{G}\sqrt{\frac{C}{L}}$$

谐振时外施激励电流 I 全部电流经电导 G，所以并联谐振又称为电流谐振。当 $B_L = B_C > G$ 时，I_L 和 I_C 将大于总电流 I。

（4）由于谐振时电路呈电阻性，阻抗角 $\varphi = 0$，则电路中总的无功功率 $UI_{\mathrm{s}} = \sin\varphi = I^2X_L - I^2X_C = 0$，即在谐振状态下电容与电感的无功功率相互抵消，表明谐振时电路中仅有电场能与磁场能相互转换，而与激励电源无能量互换，电源提供出的能量全被电阻所消耗。电路中电磁场储能的总和为常数，即

$$W(\omega_0) = W_L + W_C = \frac{1}{2}LI_{L\mathrm{m}}^2 = \frac{1}{2}CU_{\mathrm{m}}^2 = CU^2$$

实际的并联谐振电路通常是由电感线圈与电容器并联构成的，其模型电路如图 5-19 所示。该电路的输入导纳为

$$Y = \frac{1}{R + \mathrm{j}\omega L} + \mathrm{j}\omega C = \frac{R^2}{R^2 + \omega^2L^2} - \mathrm{j}\frac{\omega L}{R^2 + \omega^2L^2} + \mathrm{j}\omega C \quad (5\text{-}69)$$

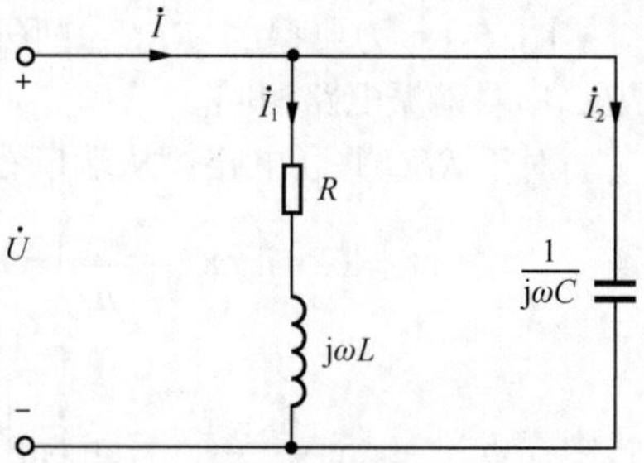

图 5-19 实际并联谐振模型电路

电路谐振时，导纳应为纯电导，即 Y 的虚部为零，则

$$\frac{\omega L}{R^2 + \omega^2L^2} - \omega C = 0$$

由此解得谐振角频率与电路参数的关系为

$$\omega = \omega_0 = \sqrt{\frac{1}{LC} - \frac{R^2}{L^2}} = \frac{1}{\sqrt{LC}}\sqrt{1 - \frac{CR^2}{L}} \quad (5\text{-}70)$$

谐振频率为

$$f_0 = \frac{1}{2\pi\sqrt{LC}}\sqrt{1 - \frac{CR^2}{L}} \quad (5\text{-}71)$$

显然只有 $1 - \frac{CR^2}{L} > 0$，即当 $R < \sqrt{\frac{L}{C}}$ 时，ω_0（或 f_0）才是实数，电路才可能发生谐振。如果 $R > \sqrt{\frac{L}{C}}$，电路不可能发生谐振。

例 5-12 图 5-20（a）所示为一实际的选频电路的示意图，相当于 RLC 串联谐振电路，电路模型如图 5-20（b）所示。已知 $R = 2\Omega$，$L = 5\mu\mathrm{H}$，C 为可调电容器。该电路欲接收载波频率为 $10\,\mathrm{MHz}$，$U = 0.15\mathrm{mV}$ 的短路波电台信号，试求：（1）可调电容的值，电路的 Q 值、电流 I、电容电压 U_C；（2）当载波频率增加 10%，而激励源电压不变时，电路 I 及电容电压 U_C 变为多少？

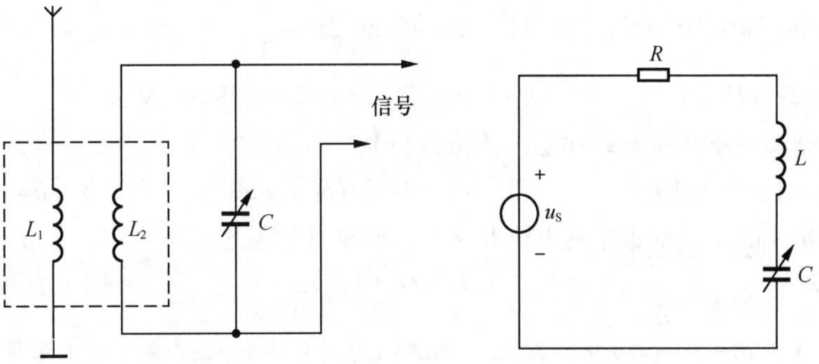

（a）调谐电路　　（b）电路模型

图 5-20　例 5-12 图

解:（1）设电路发生谐振时可调电容值为C_0，故有

$$C_0=\frac{1}{\omega_0^{\ 2}L}=\frac{1}{\left(2\pi\times10\times10^6\right)^2\times5\times10^{-6}}=50.7\,\text{pF}$$

$$Q=\frac{\rho}{R}=\frac{1}{R}\sqrt{\frac{L}{C}}=\frac{1}{2}\sqrt{\frac{5\times10^{-6}}{50.7\times10^{-12}}}=157$$

$$I=\frac{U}{R}=\frac{0.15\times10^{-3}}{2}=0.075\text{ mA}=75\mu\text{A}$$

$$U_{\text{c}}=QU=157\times0.15=23.55\text{mV}$$

（2）载波频率增加 10%时，有 $f=(1+10\%)f_0=(1+10\%)\times10=11\text{MHz}$，故

$$X_C=\frac{1}{2\pi fC_0}=\frac{1}{2\pi\times11\times10^6\times50.7\times10^{-12}}=285.5\,\Omega$$

$$X_L=2\pi fL=2\pi\times11\times10^6\times5\times10^{-6}=345.4\Omega$$

$$|Z|=\sqrt{R^2+\left(X_L-X_C\right)^2}=\sqrt{2^2+\left(345.4-285.5\right)^2}=59.93\,\Omega$$

$$I=\frac{U}{|Z|}=\frac{0.5\times10^{-3}}{59.93}=2.5\,\mu\text{A}$$

$$U_C=IX_C=2.5\times10^{-6}\times285.5=0.714\text{ mV}$$

计算结果表明，相对于f_0而言，较小的频率偏移量就会使得电路的电容电压以及电路的电流急剧减少，说明上述接收电路的选择性较好。

《习　题》

5-1　求正弦量$120\cos(4\pi t+30°)$的角频率、周期、频率、初相、振幅、有效值。

5-2　角频率为ω，写出下列电压、电流相量所对应的正弦电压和电流。

（1）$\dot{U}_{\text{m}}=10\angle-10°\text{ V}$　　（2）$\dot{U}=(-6-\text{j}8)\text{V}$

（3）$\dot{I}_{\text{m}}=(1-\text{j}1)\text{V}$　　（4）$\dot{I}=-30\text{A}$

5-3　如果$i=2.5\cos(2\pi t-30°)\text{A}$，求当$u$为下列表达式时，$u$与$i$的相位差，二者超前或滞后的关系如何？

（1）$u=120\cos(2\pi t+10^{\circ})\text{V}$　　（2）$u=40\sin\left(2\pi t-\dfrac{\pi}{3}\right)\text{V}$

（3）$u=-10\cos 2\pi t\text{V}$　　（4）$u=-33.8\sin(2\pi t-28.6^{\circ})\text{V}$

5-4　写出下列每一个正弦量的相量，并画出相量图。

（1）$u_1=50\cos(600t-110^{\circ})$　　（2）$u_2=30\sin(600t+30^{\circ})$　　（3）$u=u_1+u_2$

5-5　设$\omega=200\text{rad/s}$，给出下列电流相量对应的瞬时值表达式。

（1）$\dot{I}_1=\text{j}10\text{A}$　　（2）$\dot{I}_2=(4+\text{j}2)\text{A}$　　（3）$\dot{I}=(\dot{I}_1+\dot{I}_2)\text{A}$

5-6　已知方程式$Ri+L\dfrac{\text{d}i}{\text{d}t}=u$中，电压、电流均为同频率的正弦量，设正弦量的角频率为ω，试给出该式对应的相量形式。

5-7　题 5-7 图示电路中，已知$u_{\text{S}}=480\sqrt{2}\cos(800t-30^{\circ})\text{V}$，试给出该电路的频域模型（相量模型）。

5-8　题 5-8 图所示电路中，$\dot{I}_{\text{S}}=10\angle30^{\circ}\text{A}$，$\dot{U}_{\text{S}}=100\angle-60^{\circ}\text{V}$，$\omega L=20\Omega$，$\dfrac{1}{\omega C}=20\Omega$，$R=4\Omega$。已知$\omega=100\text{rad/s}$，试给出该相量模型对应的时域模型。

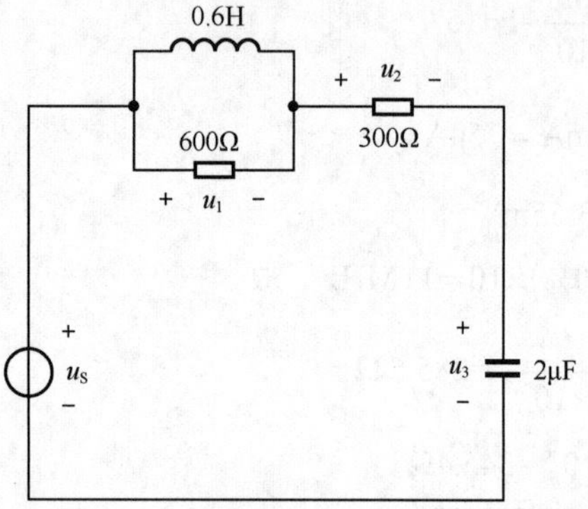

题 5-7 图

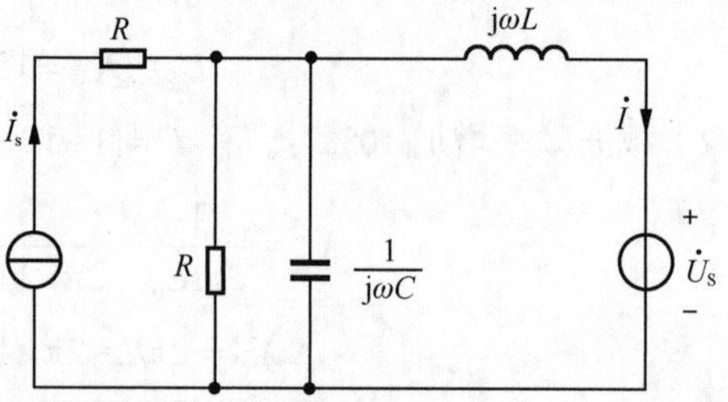

题 5-8 图

5-9　二端网络如题 5-9 图所示，求其输入阻抗Z_{in}及输入导纳Y_{in}。

5-10　求题 5-10 图所示电路中的电压$\dot{U}_{\text{ab}}$。

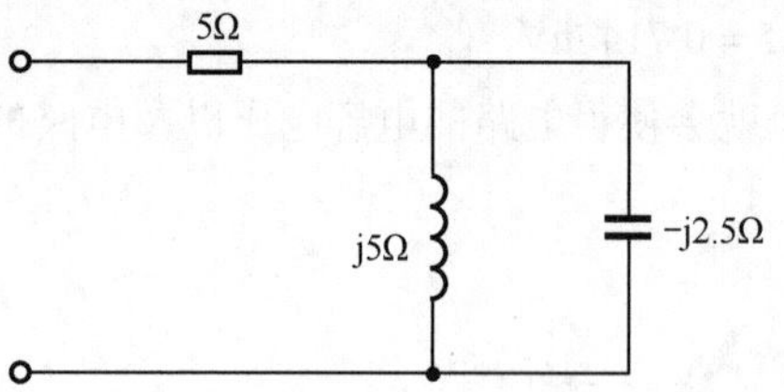

题 5-9 图

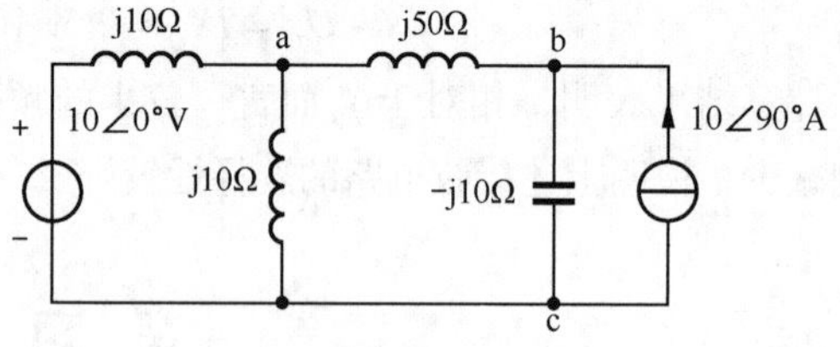

题 5-10 图

5-11　题 5-11 图所示电路中，已知$\dot{I}_L=4\angle28^{\circ}\text{A}$。求$\dot{I}_{\text{S}}$、$\dot{U}_{\text{S}}$及$\dot{U}_R$。

5-12　题 5-12 图所示电路中，已知$u=220\sqrt{2}\cos(250t+20^{\circ})\text{V}$、$R=110\Omega$、$C_1=20\mu\text{F}$、$C_2=80\mu\text{F}$、$L=1\text{H}$。求电路中各电流表的读数和电路的输入阻抗。

5-13　求题 5-13 图所示电路的戴维南等效电路和诺顿等效电路。

5-14　题 5-14 图所示正弦稳态电路中，已知$\dot{I}_{\text{S}}=10\angle30^{\circ}\text{A}$、$\dot{U}_{\text{S}}=100\angle-60^{\circ}\text{V}$、$\omega L=20\Omega$、$\dfrac{1}{\omega C}=20\Omega$、$R=4\Omega$。试求出各个电源供给电路的有功功率和无功功率。

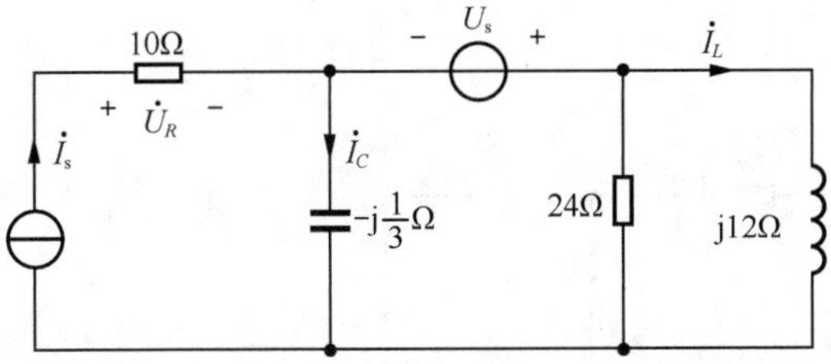

题 5-11 图

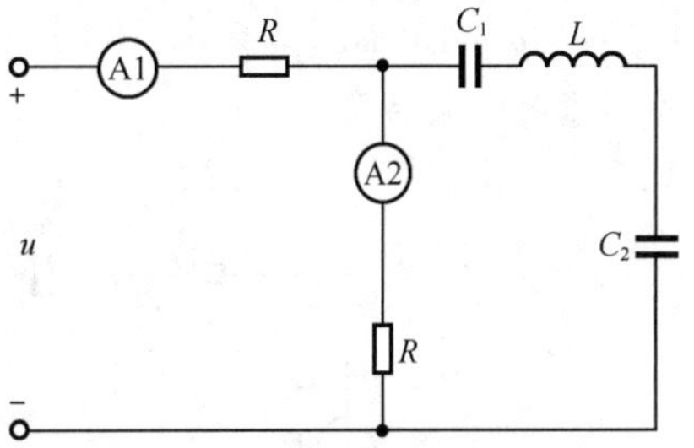

题 5-12 图

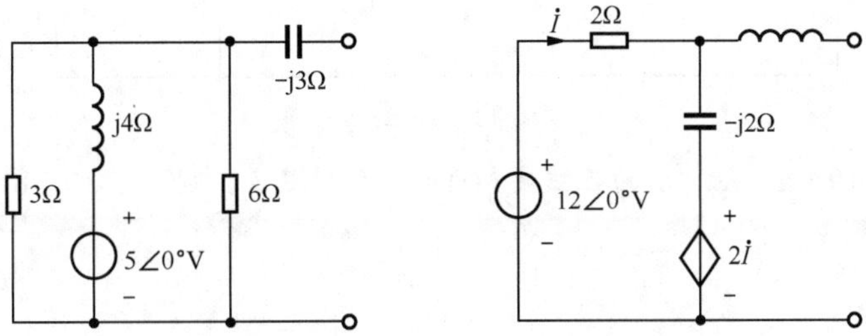

（a） （b）

题 5-13 图

5-15 题 5-15 图所示电路中，已知 Z_1 消耗的平均功率为 80W，功率因数为 0.8（感性）；Z_2 消耗的平均功率为 30W，功率因数为 0.6（容性）。求电路的功率因数。

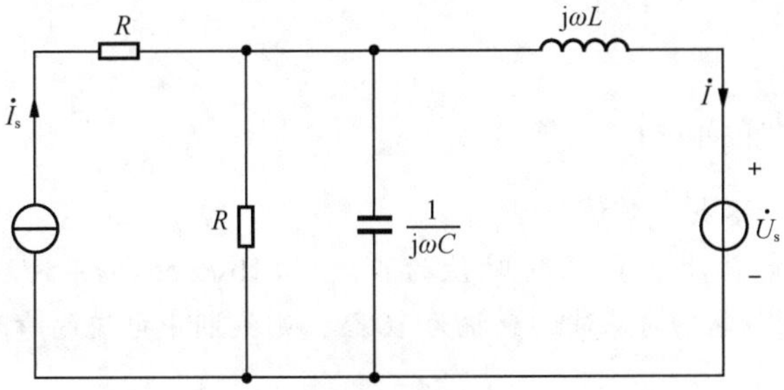

题 5-14 图

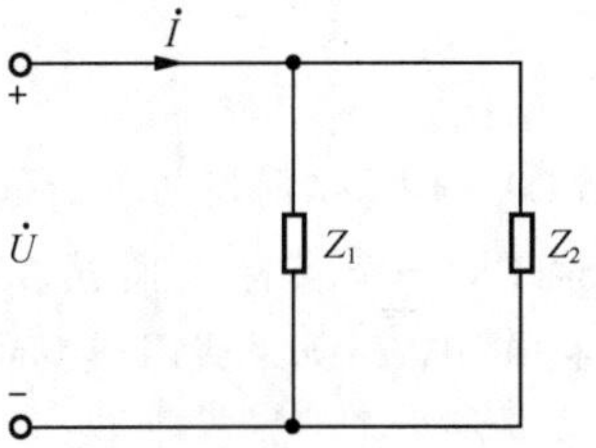

题 5-15 图

5-16 电路如题 5-16 图所示，已知感性负载接在电压 $U = 220V$ 、频率 $f = 50Hz$ 的交流电源上，其平均功率 $P = 1.1kW$ ，功率因数 $\cos\varphi=0.5$ （滞后）。现欲并联电容使功率因数提高到 0.8（滞后），求需接多大电容 C？

5-17 电路如题 5-17 图所示。试求：（1）Z_L 断开时的戴维南等效电路；（2）为使负载获得最大功率，负载阻抗 Z_L 应为多少？并求最大功率。

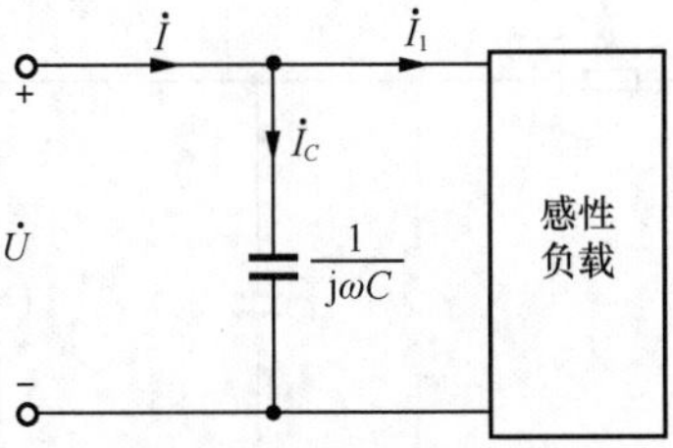

题 5-16 图

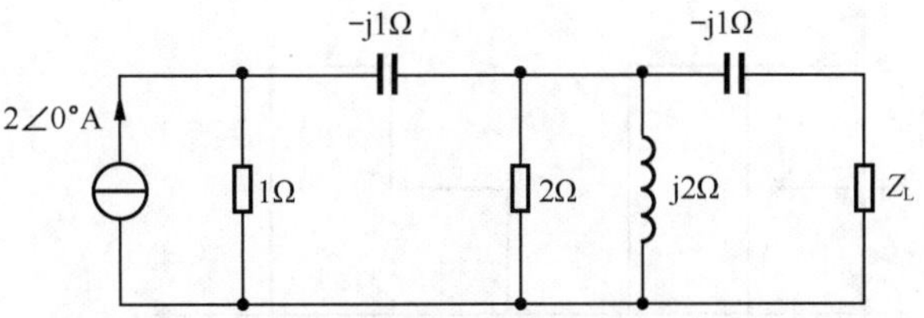

题 5-17 图

5-18 题 5-18 图所示电路中，已知 $R_1 = 1\Omega$ 、 $C_1 = 10^3\mu F$ 、 $L_1 = 0.4mH$ 、 $R_2 = 2\Omega$ 、 $\dot{U}_S = 10$

$\angle -45^\circ$ V、$\omega = 10^3$ rad/s。试求：（1）Z_L 断开时的戴维南等效电路；（2）Z_L 为何值时能获得的最大功率？求此最大功率。

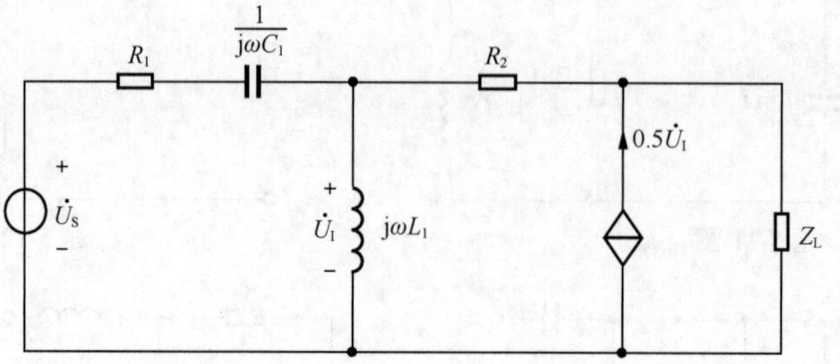

题 5-18 图

5-19　已知题 5-19（a）图所示的正弦波 $i_1(t)$ 的有效值是 I，则题 5-19（b）图所示的半波整流波 $i_2(t)$ 的有效值是多少？

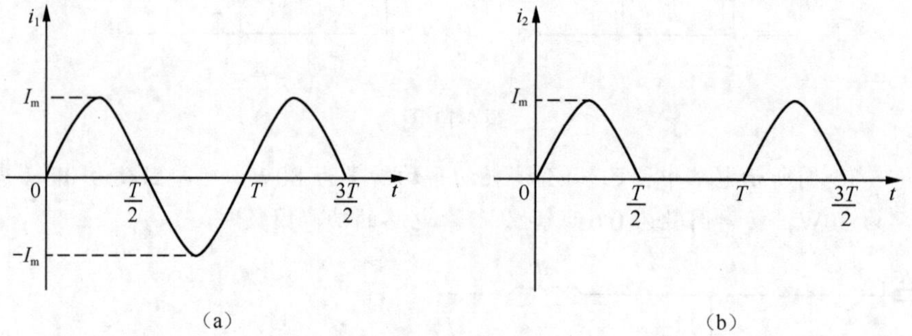

题 5-19 图

5-20　非正弦周期电压如题 5-20 图所示，求其有效值 U。

5-21　一个实际线圈接在非正弦周期电压上，电压瞬时值为 $u = [10 + 10\sqrt{2}\cos\omega t + 5\sqrt{2}\cos(3\omega t + 30^\circ)]$V，如果线圈模型的电阻为 $10\,\Omega$，电感对基波的感抗为 $10\,\Omega$，则线圈中电流的瞬时值应为多少？

5-22　在 RLC 串联电路中，外加电压 $u = (100 + 60\cos\omega t + 40\cos 2\omega t)$ V，已知 $R = 30\Omega$、$\omega L = 40\Omega$、$\frac{1}{\omega C} = 80\Omega$，试写出电路中电流 i 的瞬时表达式。

5-23　题 5-23 图所示电路中，已知 $u = (200 + 100\cos 3\omega t)$ V、$R = 50\Omega$、$\omega L = 5\Omega$、$\frac{1}{\omega C} = 45\Omega$，试求电压表和电流表的读数。

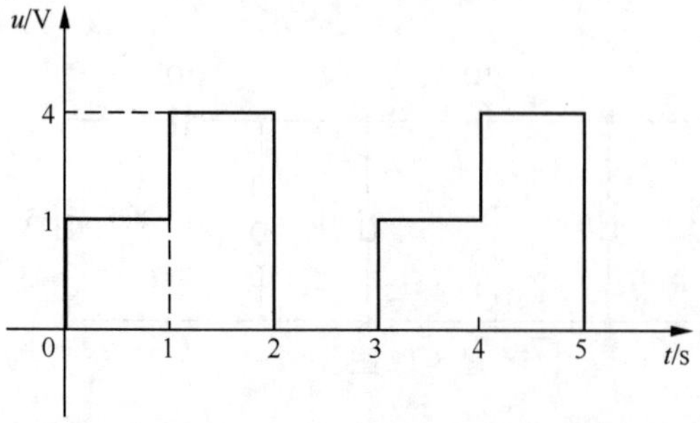

题 5-20 图

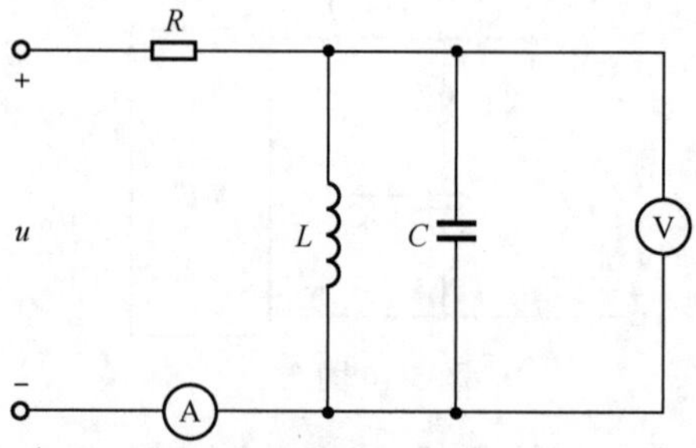

题 5-23 图

5-24　题 5-24 图中 N 为无独立源二端电路，已知$u=100+400\sqrt{2}\cos 314t+200\sqrt{2}\cos\ 942t\text{ V}$，$i=0.5+2.5\sqrt{2}\cos(314t-30°)\text{A}$，试求：（1）端口电压、电流的有效值；（2）该电路消耗的功率。

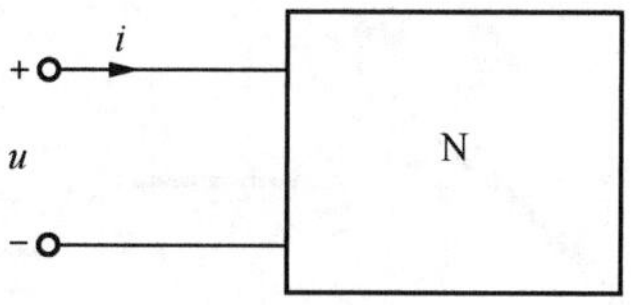

题 5-24 图

5-25　电路如题 5-25 图所示，电源电压为$u_S(t)=[50+100\sin 314t-40\cos 628t+10\sin(942t+20°)]\text{V}$，试求：（1）电流$i(t)$和电源发出的功率；（2）电源电压$u_S(t)$和电流$i(t)$的有效值。

5-26　题 5-26 图示电路中，$u_S=\left[1.5+5\sqrt{2}\sin(2t+90°)\right]\text{V}$，$i_S=2\sin 1.5t\text{ A}$。求$u_R$及$u_S$发出的功率。

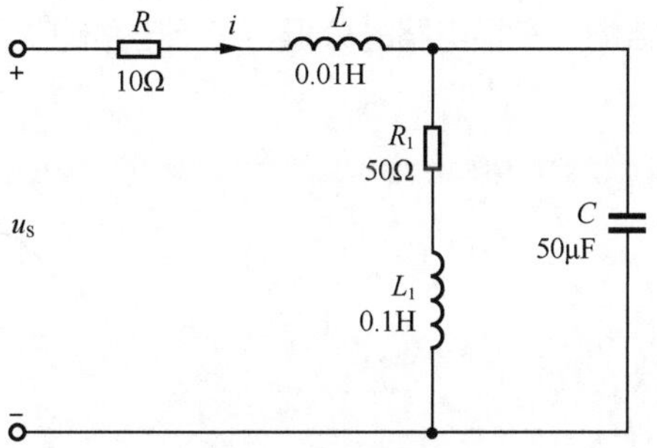

题 5-25 图

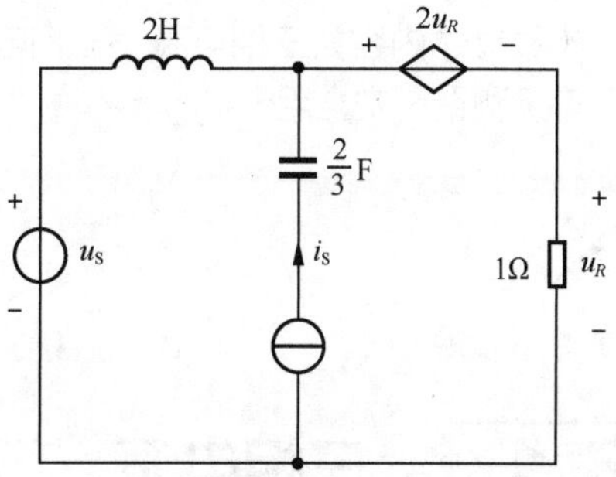

题 5-26 图

5-27　RLC 串联电路中，已知$R=150\Omega$、$L=8.78\mu\text{H}$、$C=2000\text{pF}$，试求电路电流滞后于外加电压 45°的频率和电路电流超前外加电压 45°的频率。

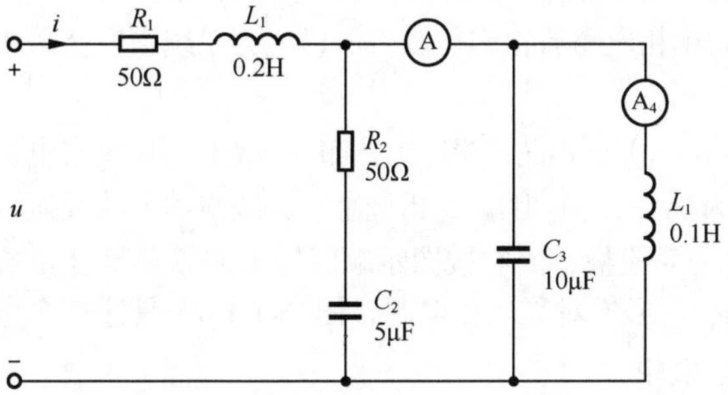

题 5-28 图

5-28　题 5-28 图所示正弦稳态电路中，已知电流表 A 的读数为零，端电压u的有效值 U=200V。求电流表 A_4 的读数（电流表读数为有效值）。

5-29　题 5-29 图所示为滤波电路，要求负载中不含基波分量，但$4\omega_1$的谐波分量能全部传送至负载。如$\omega_1=1000\text{rad/s}$、$C=1\mu\text{F}$，求$L_1$和$L_2$。

5-30　题 5-30 图所示滤波器能够阻止电流的基波通至负载，同时能使九次谐波顺利地通至负载。设$C=0.04\mu\text{F}$、基波频率$f=50\text{Hz}$，求电感L_1和L_2。

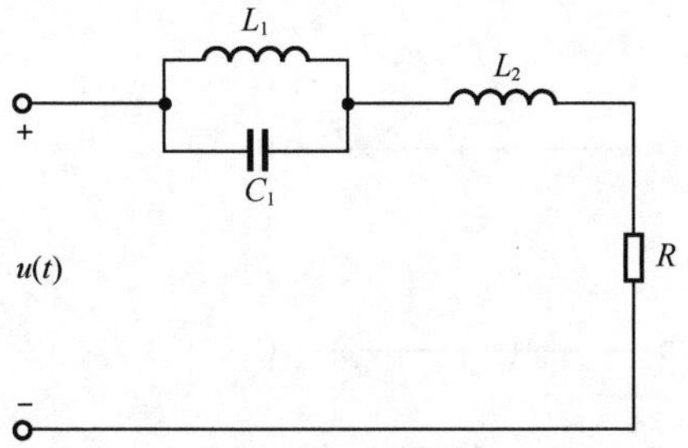

题 5-29 图

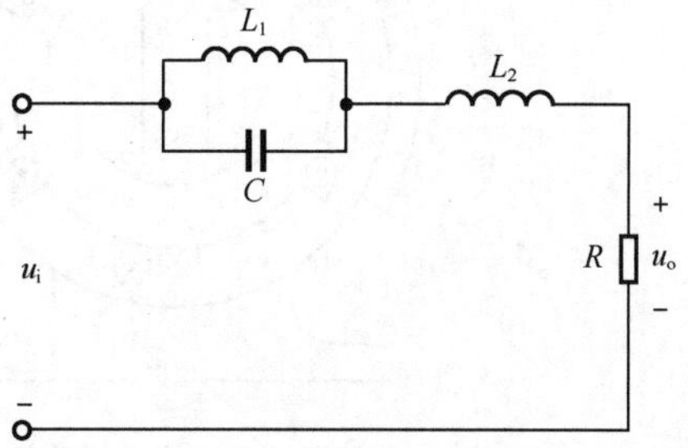

题 5-30 图

第 6 章 三相电路与安全用电

【本章简介】

本章介绍三相电路的基本概念和分析方法，并对安全用电的要点进行简要介绍。本章具体内容为三相电源、三相电路的连接与结构、三相电路的分析、三相电路的功率及测量、安全用电。

6.1 三相电源

若有三个正弦电压源的电压u_A、u_B、u_C，它们的最大值相等、频率相等、相位依次相差120°，则称之为对称三相电压源，简称为三相电源。由三相电源供电的电路称为三相电路。由于三相电路在发电、输电等方面相比仅有一个电源的单相电路有很多优点，所以电力系统中广泛采用这种电路。

三相电源是由三相交流发电机产生的，图 6-1（a）所示为三相发电机的示意图，其中发电机定子上所嵌的三个绕组 AX、BY 和 CZ，分别称为 A 相、B 相和 C 相绕组。各绕组的形状及匝数相同，在定子上彼此相隔120°。发电机的转子是一对磁极，当它按图示顺时针方向以角速度ω旋转时，能在各个绕组中感应出正弦电压u_A、u_B、u_C，形成对称三相电源，图 6-1（b）是这三个电源的电路符号，每一个电源依次称为 A 相、B 相、C 相。

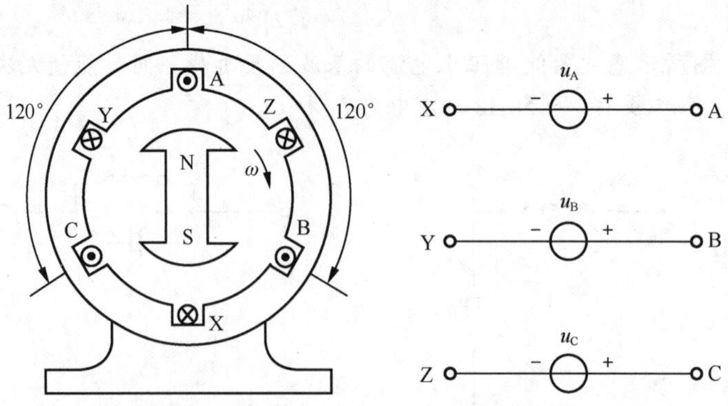

（a）三相发电机　　（b）三相电源

图 6-1　三相发电机与三相电源示意图

若选u_A为参考正弦量，设其初相为零，则对称三相电源瞬时值的表达式为

$$\begin{cases} u_A = \sqrt{2}U\cos(\omega t) \\ u_B = \sqrt{2}U\cos(\omega t - 120°) \\ u_C = \sqrt{2}U\cos(\omega t + 120°) \end{cases} \tag{6-1}$$

其对应的相量表达式为

$$\begin{cases} \dot{U}_A = U\angle 0° \\ \dot{U}_B = U\angle -120° = \alpha^2 \dot{U}_A \\ \dot{U}_C = U\angle +120° = \alpha \dot{U}_A \end{cases} \tag{6-2}$$

式（6-2）中，$\alpha = 1\angle 120° = -\frac{1}{2} + j\frac{\sqrt{3}}{2}$，它是工程上为了表示方便而引入的单位相量算子。对称三相电源各相的电压波形和相量图如图 6-2（a）、图 6-2（b）所示。

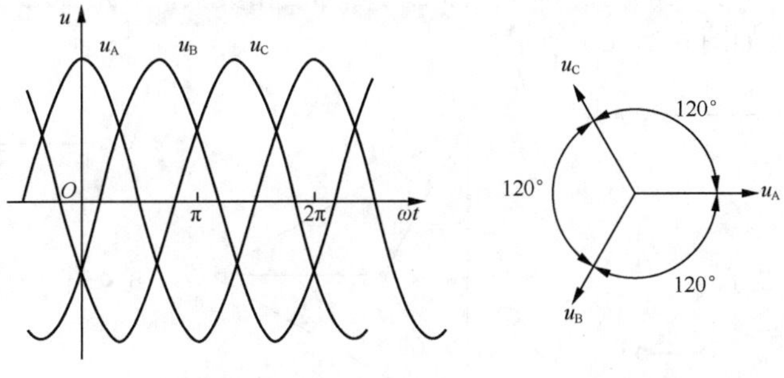

（a）对称三相电源各相的电压波形　（b）对称三相电源的相量图

图 6-2　对称三相电源各相的电压波形和相量图

由式（6-1）和式（6-2），以及$1+\alpha+\alpha^2=0$，可以证明对称三相电压满足

$$u_A + u_B + u_C = 0 \tag{6-3}$$

或

$$\dot{U}_A + \dot{U}_B + \dot{U}_C = 0 \tag{6-4}$$

三相电压源相位的次序称为相序。u_A 超前于 u_B 120°、u_B 超前于 u_C 120°，这样的相序称为正序或顺序。若 u_B 超前于 u_A 120°、u_C 超前于 u_B 120°，则这样的相序称为负序或反序。u_A、u_B、u_C 三者相位相同称为零序。电力系统中一般采用正序，本章主要讨论这种情况。

6.2 三相电路的连接与结构

6.2.1 星形（Y）连接的三相电源和三相负载

星形连接的三相电源如图 6-3（a）所示。三个电压源的负极性端子 X、Y、Z 连接在一起形成的一个节点称为中性点，用 N 表示；从三个电压源的正极性端子 A、B、C 向外引出的三条输电线，称为端线（俗称火线）。

在星形连接的三相电源中，端子 A、B、C 与中性点之间的电压称为相电压。由图 6-3（a）可知

$$\begin{cases} \dot{U}_{AN} = \dot{U}_A \\ \dot{U}_{BN} = \dot{U}_B \\ \dot{U}_{CN} = \dot{U}_C \end{cases} \tag{6-5}$$

对称三相电源电压的有效值通常用U_P表示。

端子 A、B、C 之间的电压称为线电压，分别记为$\dot{U}_{AB}$、$\dot{U}_{BC}$、$\dot{U}_{CA}$。对称三相线电压的有效值通常用U_L表示。由图 6-3（a）可知，星形连接的三相电源的线电压与相电压的关系为

$$\begin{cases}\dot{U}_{AB}=\dot{U}_A-\dot{U}_B=U\angle 0^\circ-U\angle -120^\circ=\sqrt{3}\dot{U}_A\angle 30^\circ\\ \dot{U}_{BC}=\dot{U}_B-\dot{U}_C=U\angle -120^\circ-U\angle 120^\circ=\sqrt{3}\dot{U}_B\angle 30^\circ\\ \dot{U}_{CA}=\dot{U}_C-\dot{U}_A=U\angle 120^\circ-U\angle 0^\circ=\sqrt{3}\dot{U}_C\angle 30^\circ\end{cases} \tag{6-6}$$

式（6-6）表明，对称三相电源星形连接时，线电压的有效值为相电压的$\sqrt{3}$倍，且相位超前于对应相电压30°。这里线电压与相电压的对应关系是指 AB 线之间的电压$\dot{U}_{AB}$与 A 相电源的电压$\dot{U}_A$对应，BC线之间的电压$\dot{U}_{BC}$与B相电源的电压$\dot{U}_B$对应，CA线之间的电压$\dot{U}_{CA}$与C相电源的电压$\dot{U}_C$对应。

对称星形连接的三相电源线电压与相电压之间的关系，可用图 6-3（b）所示的相量图表示。

当三相电路中的三个负载阻抗相等时，称之为对称三相负载，否则称之为不对称三相负载。星形连接的对称三相负载如图 6-3（c）所示。

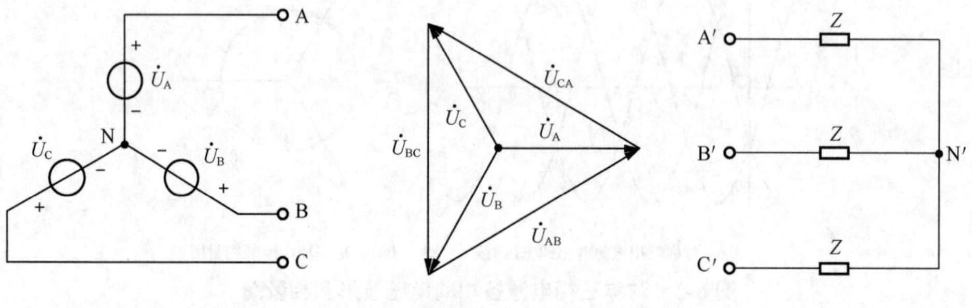

（a）星形连接的三相电源　（b）星形连接线电压与相电压的关系　（c）星形连接的对称三相负载

图 6-3　星形连接的三相电源和三相负载

若各相负载上的电压对称，设为

$$\begin{cases}\dot{U}_{A'N'}=U\angle 0^\circ\\ \dot{U}_{B'N'}=U\angle -120^\circ\\ \dot{U}_{C'N'}=U\angle 120^\circ\end{cases} \tag{6-7}$$

则负载端线电压与负载端的相电压的关系为

$$\begin{cases}\dot{U}_{A'B'}=\dot{U}_{A'N'}-\dot{U}_{B'N'}=U\angle 0^\circ-U\angle -120^\circ=\sqrt{3}\dot{U}_{A'N'}\angle 30^\circ\\ \dot{U}_{B'C'}=\dot{U}_{B'N'}-\dot{U}_{C'N'}=U\angle -120^\circ-U\angle 120^\circ=\sqrt{3}\dot{U}_{B'N'}\angle 30^\circ\\ \dot{U}_{C'A'}=\dot{U}_{C'N'}-\dot{U}_{A'N'}=U\angle 120^\circ-U\angle 0^\circ=\sqrt{3}\dot{U}_{C'N'}\angle 30^\circ\end{cases} \tag{6-8}$$

可见负载端的线电压也是对称的，线电压的有效值为相电压的$\sqrt{3}$倍，且相位超前于对应相电压30°。

6.2.2 三角形（△）连接的三相电源和三相负载

将三相电压源依次首尾相连接成一个回路，即 X 与 B 连接在一起，Y 与 C 连接在一起，Z 与 A 连接在一起，再从端子 A、B、C 引出三条端线，即构成三角形连接的三相电源，如图 6-4（a）所示。

由图 6-4（a）可以得出，三角形连接的三相电源的线电压和相电压之间的关系为

$$\begin{cases}\dot{U}_{AB}=\dot{U}_{A}\\ \dot{U}_{BC}=\dot{U}_{B}\\ \dot{U}_{CA}=\dot{U}_{C}\end{cases}\tag{6-9}$$

由式（6-9）可知，三角形连接的三相电源的线电压和对应的相电压有效值相等，即$U_L=U_P$，且相位相同。

应该指出，当对称三角形连接的三相电源连接正确时，$\dot{U}_A+\dot{U}_B+\dot{U}_C=0$，所以三相电源构成的回路中不会产生环绕电流，但如果出现连接错误，将实际三相电源中的某一相电源接反，由 KVL 可知回路中三个电源的电压之和将不为零。而实际电源回路中的阻抗很小，所以在回路中将形成很大的环流，产生高温，烧毁电源。因此，实际的大容量的三相交流发电机中很少采用三角形连接方式。

图 6-4（b）所示为三角形连接的三相负载。负载的相电流分别是$\dot{I}_{A'B'}$、$\dot{I}_{B'C'}$、$\dot{I}_{C'A'}$。由图 6-4（b）所示电路可以看出，负载端的线电压和相电压相等，线电流和相电流存在如下 KCL 关系

$$\begin{cases}\dot{I}_{A}=\dot{I}_{A'B'}-\dot{I}_{C'A'}\\ \dot{I}_{B}=\dot{I}_{B'C'}-\dot{I}_{A'B'}\\ \dot{I}_{C}=\dot{I}_{C'A'}-\dot{I}_{B'C'}\end{cases}\tag{6-10}$$

如果三个相电流对称，设为

$$\begin{cases}\dot{I}_{A'B'}=I_P\angle 0^\circ\\ \dot{I}_{B'C'}=I_P\angle -120^\circ\\ \dot{I}_{C'A'}=I_P\angle 120^\circ\end{cases}\tag{6-11}$$

则有

$$\begin{cases}\dot{I}_{A}=I_P\angle 0^\circ-I_P\angle 120^\circ=\sqrt{3}\dot{I}_{A'B'}\angle -30^\circ\\ \dot{I}_{B}=I_P\angle -120^\circ-I_P\angle 0^\circ=\sqrt{3}\dot{I}_{B'C'}\angle -30^\circ\\ \dot{I}_{C}=I_P\angle 120^\circ-I_P\angle -120^\circ=\sqrt{3}\dot{I}_{C'A'}\angle -30^\circ\end{cases}\tag{6-12}$$

式（6-12）表明，对称三相负载三角形连接时，线电流的有效值为相电流的$\sqrt{3}$倍，且相位滞后于对应相电流 30°。图 6-4（c）所示的相量图表示了这一关系。

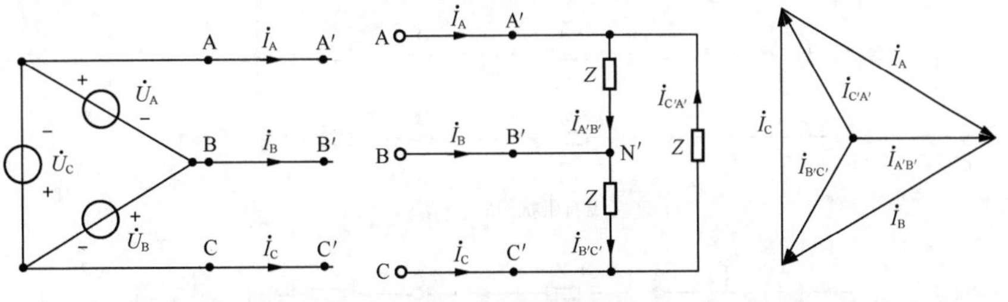

（a）三角形连接的三相电源　（b）三角形连接的三相负载　（c）三角形连接线电流与相电流的关系

图 6-4　三角形连接的三相电源和三相负载

对图 6-4（a）所示的三相电源的三角形连接电路，若规定电源的相电流与相电压之间为非关联参考方向，此时，由 KCL 可以求出线电流的有效值为相电流的$\sqrt{3}$倍，且相位滞后于对应相电流30°，即有

$$\begin{cases}\dot{I}_{A}=\dot{I}_{BA}-\dot{I}_{AC}=\sqrt{3}\dot{I}_{BA}\angle -30^\circ\\ \dot{I}_{B}=\dot{I}_{CB}-\dot{I}_{BA}=\sqrt{3}\dot{I}_{CB}\angle -30^\circ\\ \dot{I}_{C}=\dot{I}_{AC}-\dot{I}_{CB}=\sqrt{3}\dot{I}_{AC}\angle -30^\circ\end{cases}\tag{6-13}$$

6.2.3 三相电路的四种结构

三相电路是由三相电源和三相负载通过连接线连接构成的。三相电源和三相负载均有星形（Y）连接和三角形（△）连接两种结构，因而两者的组合共有四种可能，所以三相电路的结构有四种。如果不考虑连接线的阻抗，则四种结构分别是如图 6-5（a）所示的 Y—Y 结构、如图 6-5（b）所示的 Y—△结构、如图 6-5（c）所示的△—△结构和如图 6-5（d）所示的△—Y 结构。考虑连接线阻抗 Z_L 的 Y—Y 结构如图 6-5（e）所示，在 Y—Y 结构下可派生出三相四线制结构，如图 6-5（f）所示。图 6-5（f）中，星形连接的三相电源的中性点 N 与负载的中性点 N′之间的连接线称为中性线，简称中线或零线，Z_N 为中线上的阻抗。由 KCL 可知，三相四线制结构中的中线上的电流为

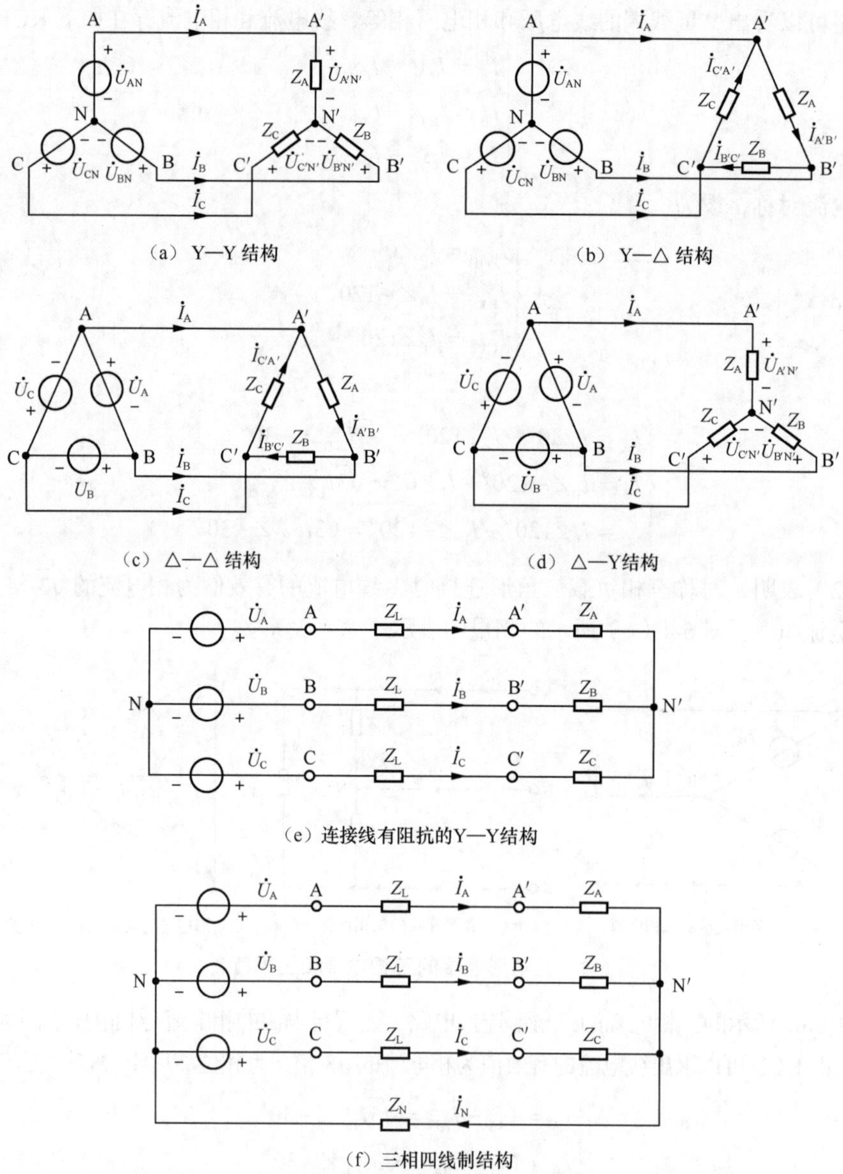

图 6-5 三相电路的各种结构

$$\dot{I}_N = \dot{I}_A + \dot{I}_B + \dot{I}_C \tag{6-14}$$

三相四线制结构仍属于 Y—Y 结构，该结构在低压配电系统中得到了广泛应用。如果三相四线制结构中的三相电流 $\dot{I}_A$、$\dot{I}_B$、$\dot{I}_C$ 对称，则中线电流 $\dot{I}_N = 0$。

6.3 三相电路的分析

6.3.1 阻抗的星形（Y）连接与三角形（△）连接的等效变换

为简便起见，此处用电阻代替阻抗在时域中讨论相关问题。

若三个电阻元件连接成图 6-6（a）所示的形式，则称之为电阻的星形连接（或 Y 形连接），该电路也称为星形电路；若三个电阻元件连接成图 6-6（b）所示的形式，则称之为电阻的三角形连接（或△连接），该电路也称为三角形电路。

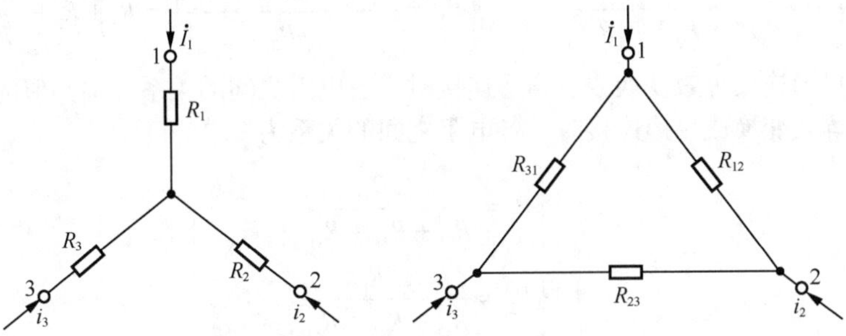

（a）电阻的星形连接　　（b）电阻的三角形连接

图 6-6　电阻的星形连接和三角形连接

分析电路时，往往需要将星形电路和三角形电路相互作等效变换。这里，电路等效的含义是：两电路的三个端子之间的电压 u_{12}、u_{23}、u_{31} 分别对应相等时，两电路三个端子上的电流 i_1、i_2、i_3 也分别对应相等。下面推导两电路互为等效电路的条件。

对图 6-6（a）所示星形电路，根据拓扑约束和元件约束，可得以下方程

$$\begin{cases} i_1 + i_2 + i_3 = 0 \\ R_1 i_1 - R_2 i_2 = u_{12} \\ R_2 i_2 - R_3 i_3 = u_{23} \end{cases} \tag{6-15}$$

设 u_{12}、u_{23} 为已知量，i_1、i_2、i_3 为未知量，通过一定的数学运算，并利用 $u_{12} + u_{23} + u_{31} = 0$ 的关系，可以求解出

$$\begin{cases} i_1 = \dfrac{R_3 u_{12}}{R_1R_2 + R_2R_3 + R_3R_1} - \dfrac{R_2 u_{31}}{R_1R_2 + R_2R_3 + R_3R_1} \\ i_2 = \dfrac{R_1 u_{23}}{R_1R_2 + R_2R_3 + R_3R_1} - \dfrac{R_3 u_{12}}{R_1R_2 + R_2R_3 + R_3R_1} \\ i_3 = \dfrac{R_2 u_{31}}{R_1R_2 + R_2R_3 + R_3R_1} - \dfrac{R_1 u_{23}}{R_1R_2 + R_2R_3 + R_3R_1} \end{cases} \tag{6-16}$$

对图 6-6（b）所示三角形电路，根据拓扑约束和元件约束，可得出以下方程

$$\begin{cases} i_1 = \dfrac{u_{12}}{R_{12}} - \dfrac{u_{31}}{R_{31}} \\ i_2 = \dfrac{u_{23}}{R_{23}} - \dfrac{u_{12}}{R_{12}} \\ i_3 = \dfrac{u_{31}}{R_{31}} - \dfrac{u_{23}}{R_{23}} \end{cases} \tag{6-17}$$

若星形电路和三角形电路是等效电路，根据等效电路的定义知，必然会有式（6-16）与式（6-17）完全相同的情况，由此可得

$$\begin{cases} \dfrac{1}{R_{12}} = \dfrac{R_3}{R_1R_2 + R_2R_3 + R_3R_1} \\ \dfrac{1}{R_{23}} = \dfrac{R_1}{R_1R_2 + R_2R_3 + R_3R_1} \\ \dfrac{1}{R_{31}} = \dfrac{R_2}{R_1R_2 + R_2R_3 + R_3R_1} \end{cases} \text{或} \begin{cases} R_{12} = \dfrac{R_1R_2 + R_2R_3 + R_3R_1}{R_3} = R_1 + R_2 + \dfrac{R_1R_2}{R_3} \\ R_{23} = \dfrac{R_1R_2 + R_2R_3 + R_3R_1}{R_1} = R_2 + R_3 + \dfrac{R_2R_3}{R_1} \\ R_{31} = \dfrac{R_1R_2 + R_2R_3 + R_3R_1}{R_2} = R_3 + R_1 + \dfrac{R_3R_1}{R_2} \end{cases} \tag{6-18}$$

以上即为电阻的星形连接等效变换成三角形连接时，各电阻之间的关系。用类似的方法，可推出电阻的三角形连接等效变换成星形连接时，各电阻之间的关系为

$$\begin{cases} R_1 = \dfrac{R_{12}R_{31}}{R_{12} + R_{23} + R_{31}} \\ R_2 = \dfrac{R_{23}R_{12}}{R_{12} + R_{23} + R_{31}} \\ R_3 = \dfrac{R_{31}R_{23}}{R_{12} + R_{23} + R_{31}} \end{cases} \tag{6-19}$$

如果电路对称，即 $R_1 = R_2 = R_3 = R_Y$，$R_{12} = R_{23} = R_{31} = R_\triangle$，则星形电路和三角形电路之间的变换关系为

$$R_\triangle = 3R_Y \tag{6-20}$$

$$R_Y = \frac{1}{3}R_\triangle \tag{6-21}$$

例 6-1 图 6-7（a）所示为一桥式电路，已知 R_1=50Ω，R_2=40Ω，R_3=15Ω，R_4=26Ω，R_5=10Ω，试求此桥式电路的等效电阻。

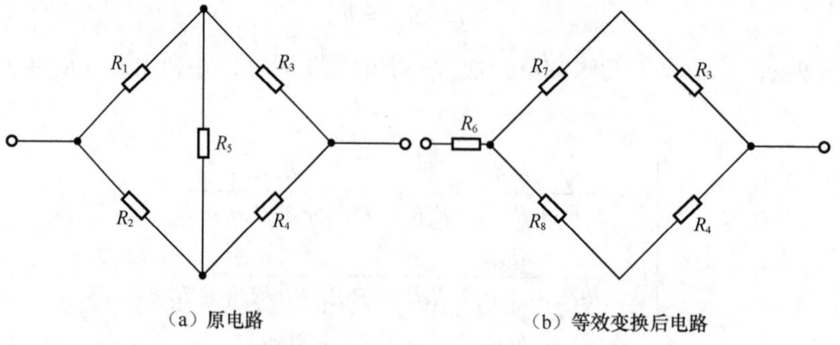

图 6-7　例 6-1 电路

解：将 R_1、R_2、R_5 组成的三角形连接变换成由 R_6、R_7、R_8 组成的星形连接，如图 6-7（b）所示，由变换公式可得

$$R_6=\frac{R_1R_2}{R_1+R_5+R_2}=\frac{50\times40}{50+10+40}=20\Omega$$

$$R_7=\frac{R_5R_1}{R_1+R_5+R_2}=\frac{10\times50}{50+10+40}=5\Omega$$

$$R_8=\frac{R_2R_5}{R_1+R_5+R_2}=\frac{40\times10}{50+10+40}=4\,\Omega$$

应用电阻串并联公式，可求得整个电路的等效电阻为

$$R=R_6+(R_7+R_3)//(R_8+R_4)=20+(5+15)//(4+26)=32\,\Omega$$

对称三相电路的分析

6.3.2 对称三相电路的分析

对称三相电路（三相电源对称、三相负载相同、电源与负载间的三根连接线上的阻抗相等）是一种特殊类型的正弦交流电路，其特殊性在于电路的相电压、相电流、线电压、线电流都具有对称性，利用这一特点可总结出一种简便的分析方法，即三相化一相的分析方法。

以图 6-5（e）所示的 Y—Y 结构的电路为例讨论对称三相电路的简化计算方法。设N为参考节点，利用节点法可列出N′点的节点电压方程为

$$\left(\frac{1}{Z_A+Z_L}+\frac{1}{Z_B+Z_L}+\frac{1}{Z_C+Z_L}\right)\dot{U}_{N'N}=\frac{\dot{U}_A}{Z_A+Z_L}+\frac{\dot{U}_B}{Z_B+Z_L}+\frac{\dot{U}_C}{Z_C+Z_L} \tag{6-22}$$

设电路为对称三相电路，即三相负载相同（$Z_A=Z_B=Z_C=Z$），三相电源对称，此时有

$$\left(\frac{3}{Z+Z_L}\right)\dot{U}_{N'N}=\frac{1}{Z+Z_L}(\dot{U}_A+\dot{U}_B+\dot{U}_C)=0 \tag{6-23}$$

可得$\dot{U}_{N'N}=0$，即N′点与N点等电位，所以各相连接线上的电流（也为电源与负载的相电流）分别为

$$\begin{cases}\dot{I}_A=\dfrac{\dot{U}_A-\dot{U}_{N'N}}{Z+Z_L}=\dfrac{\dot{U}_A}{Z+Z_L}\\[2ex]\dot{I}_B=\dfrac{\dot{U}_B-\dot{U}_{N'N}}{Z+Z_L}=\dfrac{\dot{U}_B}{Z+Z_L}=a^2\dot{I}_A\\[2ex]\dot{I}_C=\dfrac{\dot{U}_C-\dot{U}_{N'N}}{Z+Z_L}=\dfrac{\dot{U}_C}{Z+Z_L}=a\dot{I}_A\end{cases} \tag{6-24}$$

由式（6-24）可以看出，由于$\dot{U}_{N'N}=0$，使得各相连接线上的电流彼此独立，且构成对称组。因此，只要分析计算三相电路中的任一相，其他两相的线（相）电压、电流就可按对称关系直接写出，这就是分析对称三相电路的三相化一相方法，该法是分析对称三相电路的特有方法，也是简便方法。图 6-8 所示即为计算 A 相连接线电流$\dot{I}_A$的等效电路，它可由式（6-17）中的第一个等式得到。该电路也可根据$\dot{U}_{N'N}=0$，利用电位相等的两点可以短接的方法，将图6-5（e）中的N′、N点短接后得到。

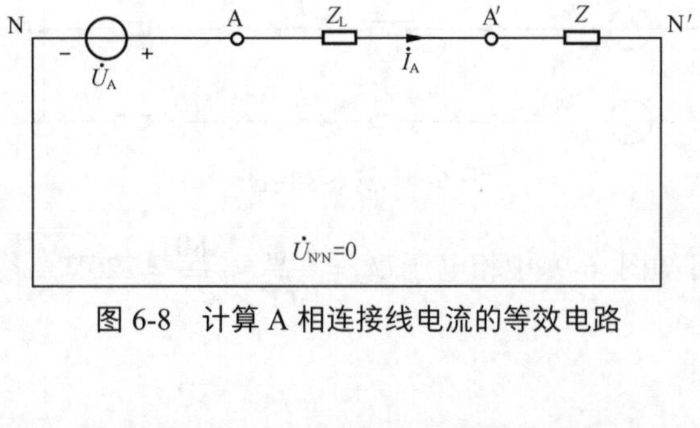

图 6-8　计算 A 相连接线电流的等效电路

得到电流 $\dot{I}_A$ 后，各物理量均可据此求出。负载端的相电压为

$$\begin{cases}\dot{U}_{A'N'} = Z\dot{I}_A \\ \dot{U}_{B'N'} = Z\dot{I}_B = a^2\dot{U}_{A'N'} \\ \dot{U}_{C'N'} = Z\dot{I}_C = a\dot{U}_{A'N'}\end{cases} \tag{6-25}$$

负载端的线电压为

$$\begin{cases}\dot{U}_{A'B'} = \dot{U}_{A'N'} - \dot{U}_{B'N'} = \sqrt{3}\dot{U}_{A'N'}\angle 30^\circ \\ \dot{U}_{B'C'} = \dot{U}_{B'N'} - \dot{U}_{C'N'} = \sqrt{3}\dot{U}_{B'N'}\angle 30^\circ \\ \dot{U}_{C'A'} = \dot{U}_{C'N'} - \dot{U}_{A'N'} = \sqrt{3}\dot{U}_{C'N'}\angle 30^\circ\end{cases} \tag{6-26}$$

它们也构成对称组。

若不考虑电源与负载之间连接线上的阻抗，对于图 6-5（a）、图 6-5（b）、图 6-5（c）、图 6-5（d）所示的电路，不必对电路做任何变化，可直接得到负载上的电压。

若考虑电源与负载之间连接线上的阻抗，对非 Y—Y 结构，可先将电路转化为 Y—Y 结构，在此基础上再将电路归结为一相电路进行计算。

例 6-2 对称三相 Y—Y 电路中，已知连接线的阻抗为 $Z_L = (1+j2)\Omega$，负载的阻抗为 $Z = (5+j6)\Omega$，线电压 $u_{AB} = 380\sqrt{2}\cos(\omega t + 30^\circ)$ V，试求负载中各电流相量。

解：计算 A 相电流 $\dot{I}_A$ 的等效电路如图 6-8 所示，利用星形连接的线电压与相电压的关系，可知

$$\dot{U}_A = \frac{\dot{U}_{AB}}{\sqrt{3}\angle 30^\circ} = \frac{380\angle 30^\circ}{\sqrt{3}\angle 30^\circ} = 220\angle 0^\circ \text{ V}$$

因此

$$\dot{I}_A = \frac{\dot{U}_A}{Z + Z_L} = \frac{220\angle 0^\circ}{6+j8} = \frac{220\angle 0^\circ}{10\angle 53.1^\circ} = 22\angle -53.1^\circ \text{ A}$$

根据对称性可知

$$\dot{I}_B = \alpha^2 \dot{I}_A = 22\angle -173.1^\circ \text{A}$$
$$\dot{I}_C = \alpha \dot{I}_A = 22\angle 66.9^\circ \text{A}$$

例 6-3 已知对称△—△三相电路中，每一相负载的阻抗为 $Z = (19.2 + j14.4)\Omega$，电源与负载之间连接线上的阻抗为 $Z_L = (3+j4)\Omega$，对称线电压 $U_{AB} = 380$ V。试求负载端的线电压和线电流。

解：将电路等效变换为对称 Y—Y 三相电路，如图 6-9 所示。由阻抗的△-Y 等效变换关系可求得图 6-9 中的 Z' 为

$$Z' = \frac{Z}{3} = \frac{19.2 + j14.4}{3} = (6.4 + j4.8)\Omega = 8\angle 36.9\ \Omega$$

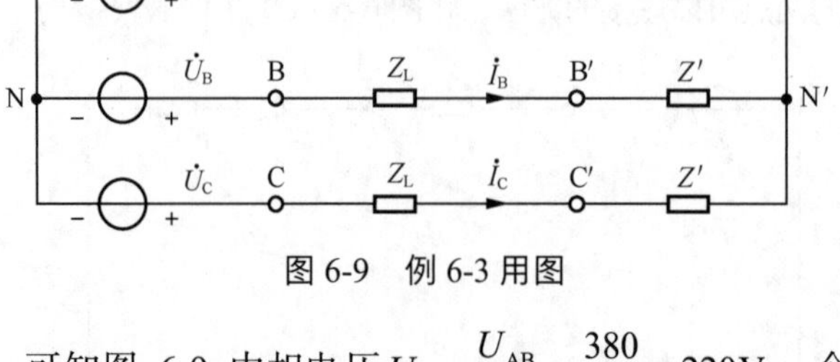

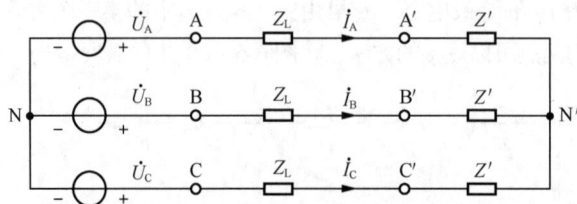

图 6-9 例 6-3 用图

由线电压 $U_{AB} = 380$ V，可知图 6-9 中相电压 $U_A = \frac{U_{AB}}{\sqrt{3}} = \frac{380}{\sqrt{3}} = 220$V。令 $\dot{U}_A = 220\angle 0^\circ$ V，根据

图 6-9 所示的单相计算电路有

$$\dot{I}_{\rm A}=\frac{\dot{U}_{A}}{Z'+Z_{\rm L}}=\frac{220\angle 0^{\circ}}{9.4+{\rm j}8.8}=17.1\angle -43.2^{\circ}{\rm A}$$

由对称性可知

$$\dot{I}_{\rm B}=a^{2}\dot{I}_{A}=17.1\angle -163.2^{\circ}{\rm A}$$

$$\dot{I}_{\rm C}=a\,\dot{I}_{\rm A}=17.1\angle 76.8^{\circ}{\rm A}$$

以上电流即为流过星形连接的电路负载的电流，也是原△—△电路中电源与负载之间连接线上的线电流。利用三角形连接时线电流与相电流的关系，可得原电路负载上的相电流为

$$\dot{I}_{\rm A'B'}=\frac{\dot{I}_{\rm A}}{\sqrt{3}}\angle 30^{\circ}=\frac{17.1\angle -43.2^{\circ}}{\sqrt{3}}\angle 30^{\circ}=9.9\angle -13.2^{\circ}{\rm A}$$

$$\dot{I}_{\rm B'C'}=a^{2}\dot{I}_{\rm A'B'}=9.9\angle -133.2^{\circ}{\rm A}$$

$$\dot{I}_{\rm C'A'}=a\,\dot{I}_{\rm A'B'}=9.9\angle -106.8^{\circ}{\rm A}$$

也可换一种方法求负载中的相电流。求出图 6-9 中 A 相负载的相电压 $\dot{U}_{\rm AN'}$ 为

$$\dot{U}_{\rm A'N'}=\dot{I}_{\rm A}Z'=17.1\angle -43.2^{\circ}\times 8\angle 36.9^{\circ}=136.8\angle -6.3^{\circ}\ {\rm V}$$

利用星形连接时线电压与相电压的关系可求出负载端线电压为

$$\dot{U}_{\rm A'B'}=\sqrt{3}\,\dot{U}_{\rm A'N'}\angle 30^{\circ}=236.9\angle 23.7^{\circ}\ {\rm V}$$

该电压也是原电路中三角形连接的电路负载上的电压，可求得原电路中三角形负载上的相电流为

$$\dot{I}_{\rm A'B'}=\frac{\dot{U}_{\rm A'B'}}{Z}=\frac{236.9\angle 23.7^{\circ}}{19.2+{\rm j}14.4}=\frac{236.9\angle 23.7^{\circ}}{24\angle 36.9^{\circ}}=9.9\angle -13.2^{\circ}{\rm A}$$

$$\dot{I}_{\rm B'C'}=a^{2}\dot{I}_{\rm A'B'}=9.9\angle -133.2^{\circ}{\rm A}$$

$$\dot{I}_{C'A'}=a\,\dot{I}_{\rm A'B'}=9.9\angle -106.8^{\circ}{\rm A}$$

6.3.3 不对称三相电路的分析

在三相电路中，只要三相电源、三相负载和三条连接线的阻抗中有任何一部分不对称，该电路就是不对称三相电路。实际的低压配电系统中的三相电路大多数是不对称的，通常是三相负载不对称，因此不对称三相电路的计算有着重要的实际意义。

下面以图 6-5（a）所示的 Y—Y 连接不对称三相电路为例来讨论不对称三相电路的特点及分析方法。

假设电路中三相电源是对称的，但负载不对称，即 $Z_{\rm A}\neq Z_{\rm B}\neq Z_{\rm C}$。根据节点电压法可求得两个中性点间的电压为

$$\dot{U}_{\rm N'N}=\frac{\dot{U}_{\rm A}Y_{\rm A}+\dot{U}_{\rm B}Y_{\rm B}+\dot{U}_{\rm C}Y_{\rm C}}{Y_{\rm A}+Y_{\rm B}+Y_{\rm C}}\tag{6-27}$$

由于负载不对称，则 $\dot{U}_{\rm N'N}\neq 0$，这种现象称为中性点位移。此时，各相负载电压为

$$\begin{cases}\dot{U}_{\rm AN'}=\dot{U}_{\rm A}-\dot{U}_{\rm N'N}\\ \dot{U}_{\rm BN'}=\dot{U}_{\rm B}-\dot{U}_{\rm N'N}\\ \dot{U}_{\rm CN'}=\dot{U}_{\rm C}-\dot{U}_{\rm N'N}\end{cases}\tag{6-28}$$

假设 $\dot{U}_{\rm N'N}$ 超前于 $\dot{U}_{\rm A}$，可定性画出该电路的电压相量图如图 6-10（a）所示。从相量图中可以看出，在电源对称的情况下，中性点位移越大，负载端的相电压的不对称情况越严重，从而造成负载不能正常工作，甚至损坏电气设备的情况。

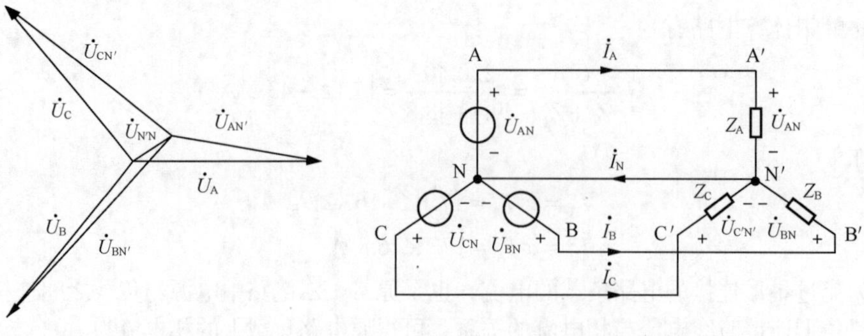

（a）不对称电路的相量图　（b）加中线的不对称电路

图 6-10　Y—Y 连接不对称电路的相量图和加中线的电路

为了使负载上的电压对称，须使$\dot{U}_{N'N}=0$，可用导线将 N 与 N′ 点相连，这样就构成了三相四线制结构，如图 6-8（b）所示。这样能使各相电路的工作相互独立，各相可以分别独立计算，如果某相负载发生变化，不会对其他两相产生影响。应注意，由于负载不对称，所以各相电流也不对称，因此中线电流不为零，即

$$\dot{I}_N=\dot{I}_A+\dot{I}_B+\dot{I}_C\neq 0 \tag{6-29}$$

三相四线制结构中的中线非常重要，不允许断开，一旦断开，就会产生不良后果。

不对称三相电路是一种复杂的交流电路，三相化为一相的计算方法不能用于这种电路的计算。对于不对称三相电路，可用节点法、回路法等方法对其进行分析计算。

例 6-4　相序指示器是用于测量三相电路相序的装置，由一个电容器和两个相同的灯泡（用电阻 R 表示）组成，如图 6-11 中的测相序电路所示，其中电容的容抗等于灯泡的电阻，即$\dfrac{1}{\omega C}=R$。试说明在电源电压对称的情况下，根据两个灯泡的亮度来确定电源相序的方法。

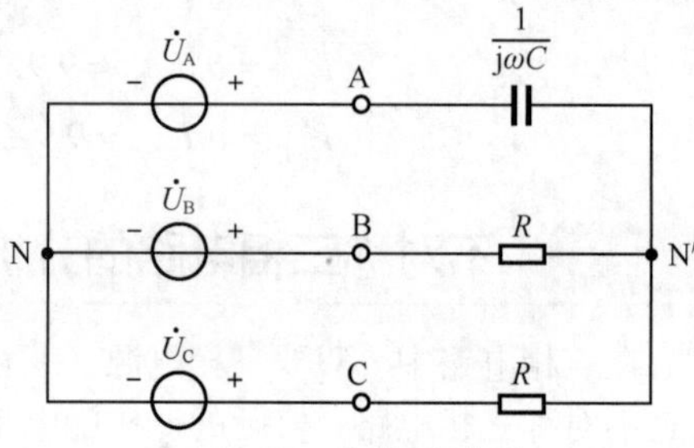

图 6-11　测相序电路

解：设电容所接电源为 A 相，并设$\dot{U}_A=U\angle 0^\circ$ V，则$\dot{U}_B=U\angle-120^\circ$ V，$\dot{U}_C=U\angle 120^\circ$ V。令 N 点为参考节点，由节点电压法可得负载的中性点与电源中性点间的电压为

$$\dot{U}_{N'N}=\frac{j\omega C\dot{U}_A+\frac{1}{R}(\dot{U}_B+\dot{U}_C)}{j\omega C+\frac{1}{R}+\frac{1}{R}}$$

因$\dfrac{1}{\omega C}=R$，故有

$$\begin{aligned}\dot{U}_{N'N}&=\frac{jU\angle 0^\circ+U\angle-120^\circ+U\angle 120^\circ}{j+2}\\&=(-0.2+j0.6)U=0.63U\angle 108.4^\circ\end{aligned}$$

由 KVL 可得 B 相灯泡所承受的电压为

$$\begin{aligned}\dot{U}_{BN'}&=\dot{U}_B-\dot{U}_{N'N}=U\angle-120^\circ-(-0.2+j0.6)U\\&=(-0.3-j1.466)U=1.496U\angle-101.6^\circ\end{aligned}$$

即

$$U_{BN'}=1.496U$$

由 KVL 可得 C 相灯泡所承受的电压为

$$\dot{U}_{CN'}=\dot{U}_C-\dot{U}_{N'N}=U\angle-120^\circ-(-0.2+j0.6)U$$
$$=(-0.3-j0.266)U=0.401U\angle138.4^\circ$$

即

$$U_{CN'}=0.401U$$

可见 $U_{BN'}>U_{CN'}$。若电容所在的那一相为 A 相，则灯泡较亮的那一相就为 B 相，灯泡较暗的那一相就为 C 相，这样就把三相电源的相序测量出来了。

6.4 三相电路的功率及测量

6.4.1 瞬时功率

三相电路负载的瞬时功率为各相负载瞬时功率之和，对图 6-12 所示电路，三相电路负载的瞬时功率为

$$p=p_A+p_B+p_C=u_{AN'}i_A+u_{BN'}i_B+u_{CN'}i_C \tag{6-30}$$

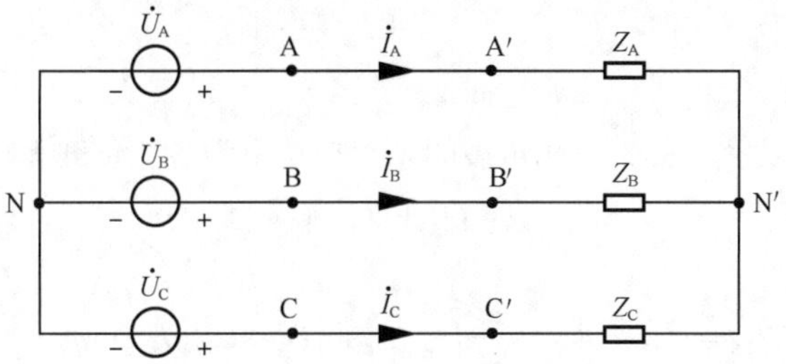

图 6-12　Y—Y 结构电路

设

$$\begin{cases}u_{AN'}=\sqrt{2}U_{AN'}\cos\omega t\\ i_A=\sqrt{2}I_A\cos(\omega t-\varphi)\end{cases} \tag{6-31}$$

当电路对称时，有

$$\begin{cases}u_{BN'}=\sqrt{2}U_{AN'}\cos(\omega t-120^\circ)\\ i_B=\sqrt{2}I_A\cos(\omega t-\varphi-120^\circ)\\ u_{CN'}=\sqrt{2}U_{AN'}\cos(\omega t+120^\circ)\\ i_C=\sqrt{2}I_A\cos(\omega t-\varphi+120^\circ)\end{cases} \tag{6-32}$$

经过推导可得

$$p=p_A+p_B+p_C=3U_{AN'}I_A\cos\varphi=3U_PI_P\cos\varphi \tag{6-33}$$

式（6-33）表明，对称三相电路中，三相负载的总瞬时功率不随时间变化，为一恒定值。瞬时功率恒定，可使三相旋转电动机受到恒定的转矩驱动，从而平稳运行，这是三相电路的一个突出优点。

6.4.2 有功功率

三相负载吸收的总有功功率等于各相有功功率之和，即

$$P = P_A + P_B + P_C \tag{6-34}$$

对于图 6-12 所示的三相电路，负载吸收的总有功功率为

$$P = U_{AN'} I_A \cos\varphi_A + U_{BN'} I_B \cos\varphi_B + U_{CN'} I_C \cos\varphi_C \tag{6-35}$$

式（6-35）中，φ_A、φ_B、φ_C 分别为 A、B、C 三相负载的阻抗角。

在对称三相电路中，因 $P_A = P_B = P_C = P_P$，所以三相负载吸收的总有功功率为

$$P = 3P_A = 3P_P \tag{6-36}$$

即

$$P = 3U_P I_P \cos\varphi_P \tag{6-37}$$

式（6-37）中，U_P 为相电压，φ_P 为相电压与相电流的相位差，即负载的阻抗角。

在对称三相电路中，无论负载为星形连接还是三角形连接，总有以下关系成立，即

$$3U_P I_P = \sqrt{3} U_L I_L \tag{6-38}$$

故三相负载吸收的总有功功率也可表示为

$$P = \sqrt{3} U_L I_L \cos\varphi \tag{6-39}$$

注意，式（6-39）中 $\varphi = \varphi_P$ 为负载的阻抗角，该角度也是负载端的相电压与相电流的相位差，不是线电压与线电流的相位差。

6.4.3 无功功率

与三相负载的总有功功率一样，三相负载的总无功功率为各相负载无功功率之和，即

$$Q = Q_A + Q_B + Q_C \tag{6-40}$$

对于图 6-12 所示电路，有

$$Q = U_{AN'} I_A \sin\varphi_A + U_{BN'} I_B \sin\varphi_B + U_{CN'} I_C \sin\varphi_C \tag{6-41}$$

在对称三相电路中，负载的总无功功率为

$$Q = 3Q_P = 3U_P I_P \sin\varphi_P = \sqrt{3} U_L I_L \sin\varphi \tag{6-42}$$

式（6-42）中，$\varphi = \varphi_P$。

6.4.4 视在功率

三相负载的总视在功率为

$$S = \sqrt{P^2 + Q^2} \tag{6-43}$$

在对称三相电路中

$$S = 3U_P I_P = \sqrt{3} U_L I_L \tag{6-44}$$

三相负载总的功率因数定义为

$$\lambda = \frac{P}{S} \tag{6-45}$$

在对称三相电路中，三相负载的总功率因数与每一相负载的功率因数相等，即 $\lambda = \cos\varphi$，其中 φ 为每一相负载的阻抗角。

6.4.5 功率测量

在三相三线制电路中，不论电路是否对称及采用何种连接方式，都可以用两个功率表来测量负

载的总功率，称为二瓦计法。二瓦计法测功率的电路如图 6-13 所示，两个功率表的电流线圈分别接入两连接线（图示为 A、B 两连接线）中，两个功率表电压线圈的非电源端（无*号端）共同接到非电流线圈所在的第 3 条连接线上（图示为 C 连接线）。可以看出，这种测量方法中功率表的接线只触及电源与负载的连接线，与负载和电源的连接方式无关。

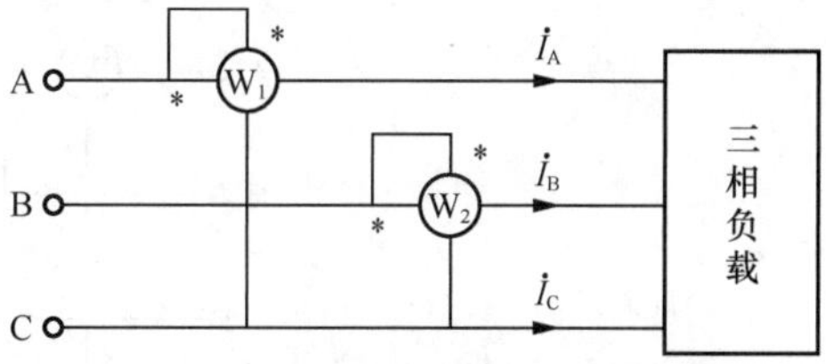

图 6-13　两个功率表测三相电路功率示图

根据功率表的工作原理，可知两个功率表的读数分别为

$$\begin{cases} P_1 = \mathrm{Re}\left[\dot{U}_{AC}I_A^*\right] = U_{AC}I_A\cos(\varphi_{u_{AC}} - \varphi_{i_A}) \\ P_2 = \mathrm{Re}\left[\dot{U}_{BC}I_B^*\right] = U_{BC}I_B\cos(\varphi_{u_{BC}} - \varphi_{i_B}) \end{cases} \tag{6-46}$$

两个功率表的读数之和为

$$P_1 + P_2 = \mathrm{Re}\left[\dot{U}_{AC}I_A^*\right] + \mathrm{Re}\left[\dot{U}_{BC}I_B^*\right] = \mathrm{Re}\left[\dot{U}_{AC}I_A^* + \dot{U}_{BC}I_B^*\right] \tag{6-47}$$

因为 $\dot{U}_{AC} = \dot{U}_A - \dot{U}_C$，$\dot{U}_{BC} = \dot{U}_B - \dot{U}_C$，$I_A^* + I_B^* = -I_C^*$，带入式（6-47）有

$$P_1 + P_2 = \mathrm{Re}\left[\dot{U}_A I_A^* + \dot{U}_B I_B^* + \dot{U}_C I_C^*\right] = \mathrm{Re}\left[\overline{S}_A + \overline{S}_B + \overline{S}_C\right] = \mathrm{Re}\left[\overline{S}\right] \tag{6-48}$$

可见，两个功率表读数之和为三相三线制电路中负载吸收的平均功率。

若电路为对称三相电路，令 $\dot{U}_A = U_P\angle 0°$，$\dot{I}_A = I_P\angle -\varphi$，故 $\dot{U}_{AC} = \sqrt{3}U_P\angle -30°$，$\dot{U}_{BC} = \sqrt{3}U_P\angle -90°$，$\dot{I}_B = I_P\angle(-120° - \varphi)$，则有

$$\begin{cases} P_1 = \mathrm{Re}\left[\dot{U}_{AC}I_A^*\right] = U_{AC}I_A\cos(-30° + \varphi) = U_L I_L\cos(\varphi - 30°) \\ P_2 = \mathrm{Re}\left[\dot{U}_{BC}I_B^*\right] = U_{BC}I_B\cos(-90° + 120° + \varphi) = U_L I_L\cos(\varphi + 30°) \end{cases} \tag{6-49}$$

式（6-49）中，U_L 为线电压，I_L 为线电流，φ 为负载的阻抗角。

应该指出的是，在某些情况下，如 $\varphi > 60°$ 时，一个功率表的读数会为负值，这种情况下用两个表读数之和求负载总功率时，一个功率表的读数要用负值带入。用二瓦计法测功率，单独一个功率表的读数没有意义。

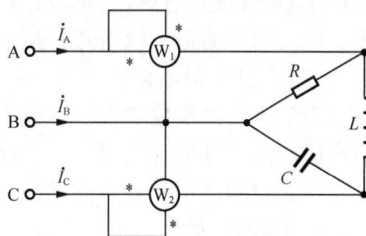

例 6-5　在图 6-14 所示的电路中，已知 $R = \omega L = 1/\omega C = 200\Omega$，不对称三相负载接于线电压为 380V 的对称三相电源，试求功率表 W_1 和 W_2 的读数。

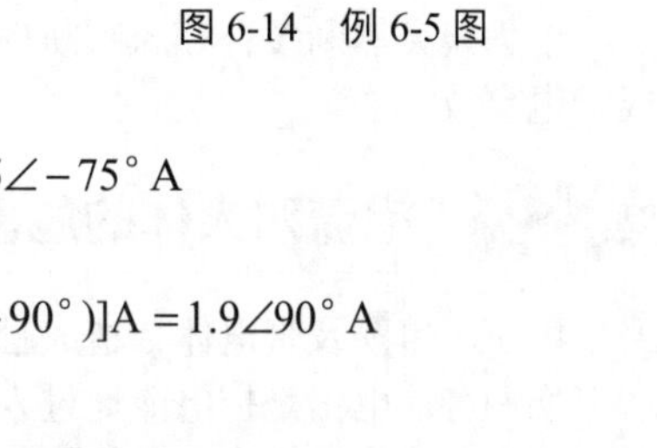

图 6-14　例 6-5 图

解：设 $\dot{U}_{AB} = 380\angle 0°\ \mathrm{V}$，则 $\dot{U}_{BC} = 380\angle -120°\ \mathrm{V}$、$\dot{U}_{CA} = 380\angle 120°\ \mathrm{V}$，所以 $\dot{U}_{CB} = 380\angle 60°\ \mathrm{V}$、$\dot{U}_{AC} = 380\angle -60°\ \mathrm{V}$。由图 6-14 可知

$$\dot{I}_A = \frac{\dot{U}_{AB}}{R} + \frac{\dot{U}_{AC}}{\mathrm{j}\omega L} = \frac{380}{200}[1 + 1\angle(-60° - 90°)]\mathrm{A} = 0.9835\angle -75°\ \mathrm{A}$$

$$\dot{I}_C = \frac{\dot{U}_{CA}}{\mathrm{j}\omega L} + \mathrm{j}\omega C\dot{U}_{CB} = \frac{380}{200}[1\angle(120° - 90°) + 1\angle(60° + 90°)]\mathrm{A} = 1.9\angle 90°\ \mathrm{A}$$

则功率表 W_1 和 W_2 的读数分别为

$$P_1 = \mathrm{Re}[\dot{U}_{AB}\dot{I}_A^*] = \mathrm{Re}(380 \times 0.9835\angle 75°) = 97\mathrm{W}$$

$$P_2 = \mathrm{Re}[\dot{U}_{CB}\dot{I}_C^*] = \mathrm{Re}(380\angle 60° \times 1.9\angle -90°) = 625\mathrm{W}$$

三相四线制电路三相总功率的测量要用三瓦计法，具体测量电路如图 6-15 所示，每一个功率表的读数即为对应相负载的功率，三个功率表的读数之和为三相负载的总功率。但对称情况下，三

相四线制电路也可用一个功率表测出一相功率，然后将结果乘以 3 得到总功率。

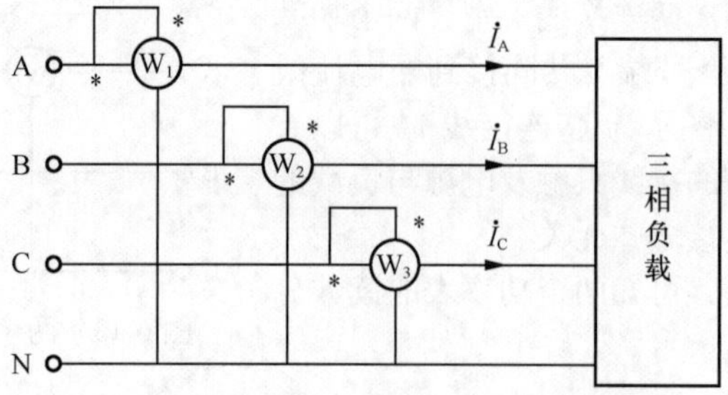

图 6-15　三相四线制电路功率的测量电路

6.5 安全用电

6.5.1 触电事故

在日常生活和工作中，人们经常要接触各式各样的电气设备，严格执行有关规定，养成良好的操作习惯，是避免和预防触电事故的重要措施。下面介绍一些触电事故的主要原因。

1．违章操作

违反《停电检修安全工作制度》，因误合闸造成维修人员触电；违反《带电检修安全操作规程》，使操作人员触及电器的带电部分；带电移动电气设备；用水冲洗或用湿布擦拭电气设备；违章救护他人触电，使自己与救护者一起触电；对有高压电容的线路检修时未进行放电处理导致触电。

2．施工不规范

误将电源保护接地与零线相接，且插座火线、零线位置接反使机壳带电；插头接线位置不合理，造成电源线外露，导致触电；家庭电路的中线接触不良，造成中线断开、家电损坏；家庭电路铺设不合规范造成搭接物带电；随意更改保险丝的规格，使保险丝失去短路保护作用，导致电器损坏；施工时未对电气设备进行接地保护处理。

3．产品质量不合格

电气设备缺少保护设施造成电器在正常情况下损坏和触电；带电作业时，使用不合理的工具或绝缘设施造成维修人员触电；产品使用劣质材料，使绝缘等级、抗老化能力降低，容易造成触电；生产工艺粗制滥造；电热器具使用塑料电源线。

4．偶然条件

电力线突然断裂；狂风吹断树枝将电线砸断；雨水进入家用电器使机壳漏电等偶然事件均会造成触电事故。

6.5.2 电流对人体的危害

由于不慎触及带电体，造成触电事故，人体会受到各种不同的伤害。根据伤害性质可分为电击和电伤两种。电击是指电流通过人体，影响呼吸系统、心脏和神经系统，造成人体内部组织的破坏乃至死亡。电伤是指在电弧作用下或熔丝熔断时，对人体外部造成的伤害，如烧伤、金属溅伤等。

调查表明，绝大部分的触电事故都是由电击造成的。电击伤害的程度取决于通过人体电流的大小、持续时间、电流的频率以及电流通过人体的途径等。

1．人体电阻的大小

人体的电阻越大，通入的电流越小，造成伤害的程度也就越轻。根据研究结果显示，当皮肤有完好的角质外层并且很干燥时，人体的电阻大约为 $10^4 \sim 10^5\Omega$；当皮肤角质外层被破坏时，人体电阻可降到 800～1000Ω。

2．电流通过时间的长短

电流通过人体的时间越长，则其造成的伤害越严重。

3．电流的大小

如果通过人体的电流在 5mA 以上时，人就有生命危险。一般来说，接触 36V 以下的电压时，通过人体的电流不致超过 5mA，故把 36V 的电压作为安全电压。如果在潮湿的场所，安全电压还要规定得低一些，通常是 24V 或 12V。

4．电流的频率

直流电和频率为 50Hz 左右的交流电对人体的伤害最大，而频率在 20kHz 以上的交流电对人体无危害，高频电流还可以治疗某种疾病。

此外，电击后的伤害程度还与电流通过人体的路径以及人体与带电体接触的面积有关。

6.5.3 触电方式

1．接触正常带电体

电源中性点接地的单相触电，如图 6-16 所示。如果这种情况下人体处于相电压之下，则危险性较大。如果人体与地面的绝缘较好，则危险性可以大大减小。

电源中性点不接地的单相触电，如图 6-17 所示。这种触电也有危险。表面看来，似乎电源中性点不接地时，不能构成电流通过人体的回路。其实不然，要考虑到导线与地面间的绝缘可能是不良（对地绝缘电阻为 R）的，甚至有一相接地，在这种情况下人体中仍可能有电流通过。

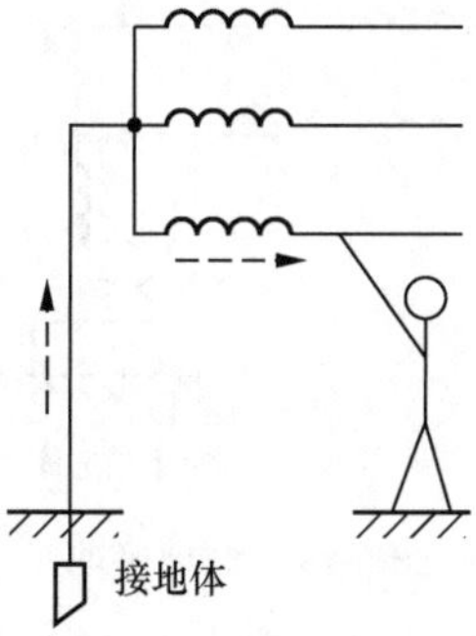

图 6-16　电源中性点接地的单相触电

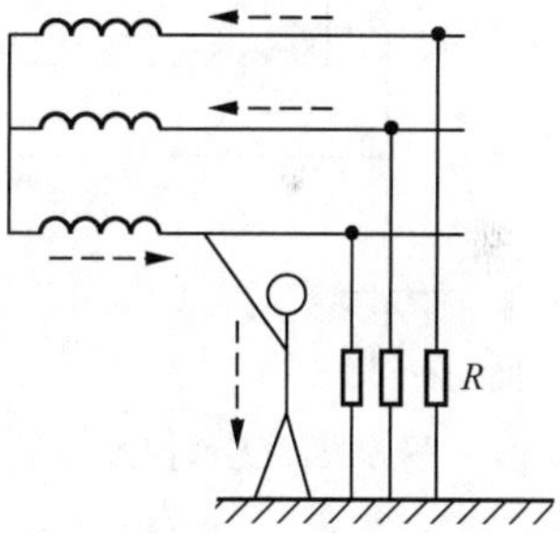

图 6-17　电源中性点不接地的单相触电

在交流的情况下，导线与地面间存在的电容也可构成电流的通路。两相触电最为危险，因为人体处于线电压之下，但这种情况不常见。

2．接触正常不带电的金属体

触电的另一种情形是接触正常不带电的部分。例如，发电机的外壳本来是不带电的，由于绕组绝缘损坏而与外壳相接触，使它也带电。人手触及带电的发电机（或其他电气设备）外壳，相当于单相触电。大多数触电事故属于这一种。为了防止这种触电事故，对电气设备常采用保护接地和保护接零（接中性线）的保护装置。

6.5.4 接地和接零

出于人身安全的考虑和电力系统工作的需要，要求电气设备采取接地措施。接地可以分为工作接地、保护接地和保护接零三种。接地的方法是将金属导体导线埋入地中，并直接与大地接触。

1. 工作接地

电力系统由于运行和安全的需要，常将中性点接地，如图 6-18 所示，这种接地方式称为工作接地。工作接地有以下目的。

第一，降低触电电压。在中性点不接地的系统中，当一相接地而人体触及另外两相之一时，触电电压将为相电压的 $\sqrt{3}$ 倍，即为线电压。而在中性点接地的系统中，则在上述情况下触电电压会降低到等于或接近相电压。

第二，迅速切断故障设备。在中性点不接地的系统中，当一相接地时，接地电流很小（因为导线和地面之间存在电容和绝缘电阻，也可以构成电流的通路），不足以使保护装置动作而切断电源，接地故障不易被发现并将长时间持续下去。而在中性点接地的系统中，一相接地后的接地电流比较大（接近单相短路），保护装置会迅速动作，断开故障点。

第三，降低电气设备对地的绝缘水平。在中性点不接地的系统中，一相接地时将使另外两相的对地电压升高到线电压。而在中性点接地的系统中，则这一对地电压接近于相电压，故可降低电气设备和输电线的绝缘水平，节省投资。

但是，中性点不接地仅一相接地也有好处。第一，一相接地往往是瞬时的，能自动消除，在中性点不接地的系统中，就不会跳闸和发生停电事故；第二，一相接地可以允许故障短时存在，这样便于寻找故障和修复电力系统。

2. 保护接地

保护接地如图 6-19 所示，是为了防止电气设备正常运行时，不带电的金属外壳或框架因漏电使人体接触时发生触电事故而进行的接地。尤其适用于中性点不接地的三相三线制低压电网。

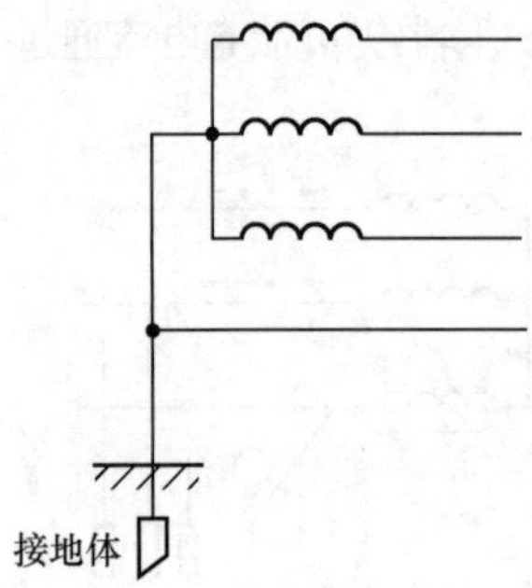

图 6-18 工作接地

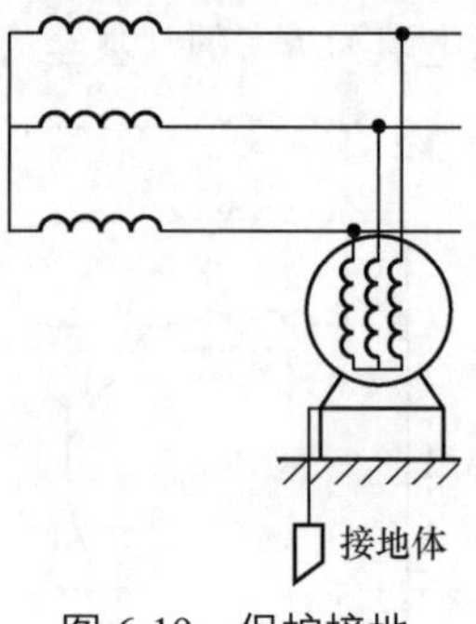

图 6-19 保护接地

3. 保护接零

在中性点接地的电网中，由于单相对地电流较大，保护接地就不能完全避免人体触电的危险，而要采用保护接零。图 6-20 中将电气设备的金属外壳或构架与电网的零线相连接的保护方式叫保护接零，适用于中性点接地的三相四线制低压电网。

4. 保护接零与重复接地

在中性点接地系统中，除采用保护接零外，还要采用重复接地，就是将零线相隔一定距离并进行多处接地，如图 6-21 所示。这样，在图中当零线在“×”处断开而电动机一相碰壳时：如无重复接地，人体触及外壳，相当于单相触电，是有危险的；如有重复接地，由于多处重复接地的接地电阻并联，使外壳对地电压大大降低，减小了危险程度。

为了确保安全，零干线必须连接牢固，开关和熔断器不允许装在零干线上。但引入住宅和办公场所的一根相线和一根零线上一般都装有双极开关，并都装有熔断器。

5. 工作零线与保护零线

在三相四线制结构中，由于负载往往不对称，零线中有电流，因而零线对地电压不为零，距电源越远，电压越高，但一般在安全值以下，无危险性。为了确保设备外壳对地电压为零，可设保护零线，如图 6-22 所示。工作零线在进建筑物入口处要接地，进户后再另设一保护零线，这样就成为三相五线制。所有的接零设备都要通过三孔插座（L, N, E）接到保护零线上。在系统正常工作时，工作零线中有电流，保护零线中不应有电流。

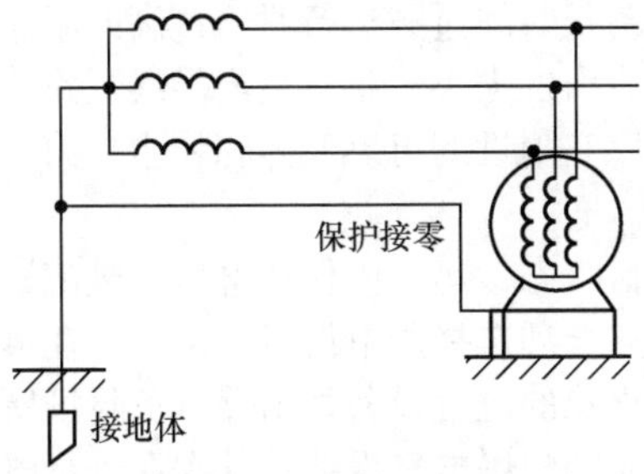

图 6-20　保护接零

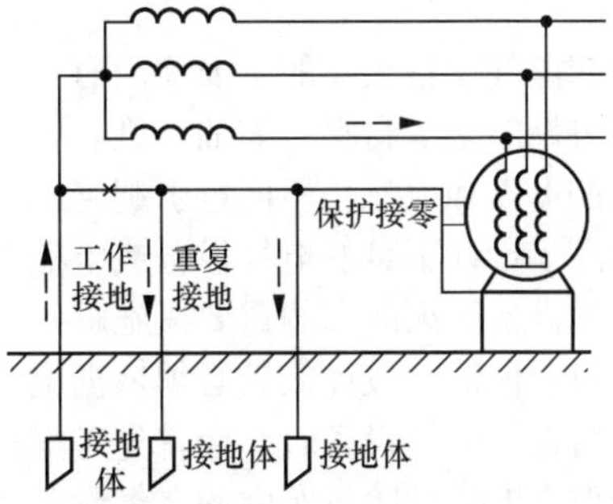

图 6-21　工作接地、保护接零和重复接地

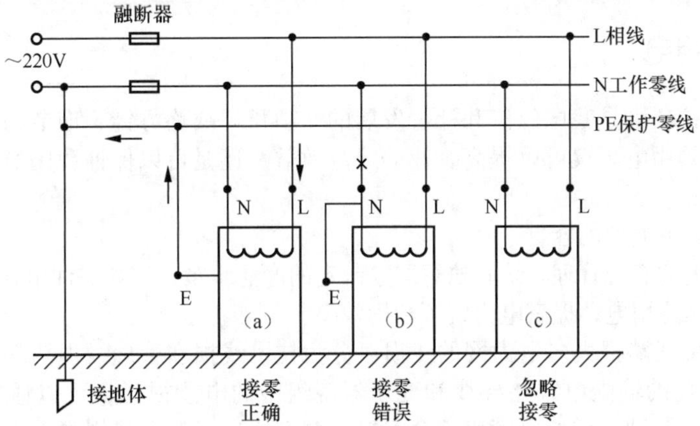

图 6-22　工作零线与保护零线

图 6-22（a）是正确连接。当外壳带电时，短路电流经过保护零线，将熔断器熔断，切断电源，消除触电事故。图 6-22（b）是错误连接，因为如果在“×”处断开，绝缘损坏后外壳便带电，就容易发生触电事故。使用手持电钻、电冰箱、洗衣机、台式电扇等时，忽视外壳的接零保护，如图 6-22（c）所示，也是十分危险的；一旦绝缘损坏，外壳就很危险。

图 6-22 所示的工作零线 N 和保护零线 PE 从靠近用户的某点处之前到电源中性点处之间是合一的，在靠近用户的某点处两者才分开，这种保护接零方式称为 TN-C-S 系统。工作零线 N 和保护零线 PE 在电源中性点处就已分为两条但共同接地，此后两根线之间不再有任何的电气设备直接连接，这种保护接零方式称为 TN-S 系统。

6.5.5　静电防护和电气防火防爆

摩擦能产生静电。这是由于两种物质紧密接触后再分离时，一种物质把电子传给另一种物质而带正电，另一种物质得到电子而带负电，这样就产生了静电。由此可见，所有物质，不论是非金属体或金属体，也不论是固体、液体或气体，在一定条件下，都可能产生静电。在生产过程中，当设备在移动或物体在管道中流动时，因摩擦产生的静电，会聚集在管道、容器、储罐或加工设备上，形成高电位，当发生静电放电时，会产生危险的放电火花，从而引起火灾。在有爆炸性混合物的场所，还引起爆炸。

因此在容易出现静电火灾的场合，如生产中使用的原料或产品为易燃的低导电性物质、有起电的生产工艺过程、有聚积静电荷的条件，为防止可能产生或聚集静电荷，对用金属或其他导电性良好的材料制造的设备给予接地，称为静电接地，这是消除静电最重要的措施。

对于电气设备的防火防爆工作，首先要从思想上引起重视，因为电气设备火灾，除极少数是设备本身存在的缺陷外，绝大多数是由于人们的麻痹大意；其次，还必须要有综合性的技术措施。

引起电气设备火灾的主要原因有三个：第一是当电气设备长时间过载运行时，过高的温度就有可能使可燃的绝缘材料，如油、纸、树脂、塑料、橡胶等燃烧引发火灾；第二是当导线短路或断裂时产生的电弧和火花，不但可引起绝缘材料燃烧，还可能引燃它附近的可燃气体和粉尘；第三是错误地使用了设计不良的电气设备或电热器。

电气设备防火防爆的重要措施就是杜绝设备的不正常运行状态，运行中保持电压、电流、温度等不超过允许值。设计人员必须依据电气设备工作场所的特点合理选择用电设备，例如，在爆炸性危险场所选用电气设备时，应首先考虑把正常运行时能发生火花的电气设备移出爆炸危险场所，对于必须放在爆炸危险场所内的电气设备，应选用具有防爆功能的防爆电气设备；其次在进行电气设备安装时，必须设置足够的安全防火间距，在有爆炸物的危险场所必须安装良好的通风装置。

6.5.6 节约用电

节约能源、保护环境是我国经济和社会发展的一项长远战略方针，而节约用电是节能工作重要的组成部分。节约用电不仅可以提高企业的经济效益，还是可以保证我国经济持续、快速、健康发展。

节约用电涉及以下关键内容。

（1）加强对节电的宏观管理。认真执行国家制定的产业政策，密切关注电耗大的企业的发展。引导用户转移电网高峰用电，提高电力资源利用效率。

（2）降低电力网线路损失。电力网的线损可分为技术线损和管理线损两部分。技术线损主要是与电流平方成正比的输配电线路导线和变压器绕组中的电能损耗，可以通过技术措施降低损耗。管理线损主要是各种各样的电度表综合误差及窃电所造成的电量损失，可以通过组织管理措施予以避免。

（3）采用无功补偿技术。在变电站、用户端增装无功补偿装置可以解决电网的无功容量不足的问题。提高网络的功率因数，对电网的降损节电、安全可靠运行有着极为重要的意义。

（4）技术革新。为实现节约用电，应大力推进节电技术和产品的开发、应用。重点推广的节电措施包括高效节能灯，风机、泵类机器节电技术，电动机节电技术，电炉节电技术，电加热节电技术等。

《习 题》

6-1 已知某星形连接的三相电源的 B 相电压为 $u_{BN}=240\cos(\omega t-165^\circ)$ V，求其他两相的电压及线电压的瞬时值表达式，并作相量图。

6-2 用△—Y 等效变换方法求题 6-2 图所示电路中的电流 i。

6-3 用△—Y 等效变换方法求题 6-3 图所示电路中的电压 U。

6-4 已知对称三相电路的星形负载阻抗 $Z=(165+\mathrm{j}84)\Omega$、端线阻抗 $Z_L=(2+\mathrm{j}1)\Omega$、线电压 $U_L=380\mathrm{V}$。求负载端的电流和线电压，并作电路的相量图。

6-5 已知三角形连接的对称三相负载 $Z=(10+\mathrm{j}10)\Omega$，其对称线电压 $\dot{U}_{A'B'}=450\angle 30$ V，求相电流、线电流，并作相量图。

6-6 已知电源端对称三相线电压 $U_L=380\mathrm{V}$、三角形负载阻抗 $Z=(4.5+\mathrm{j}14)\Omega$、端线阻抗

$Z_l=(1.5+\mathrm{j}2)\Omega$。求线电流和负载的相电流，并作相量图。

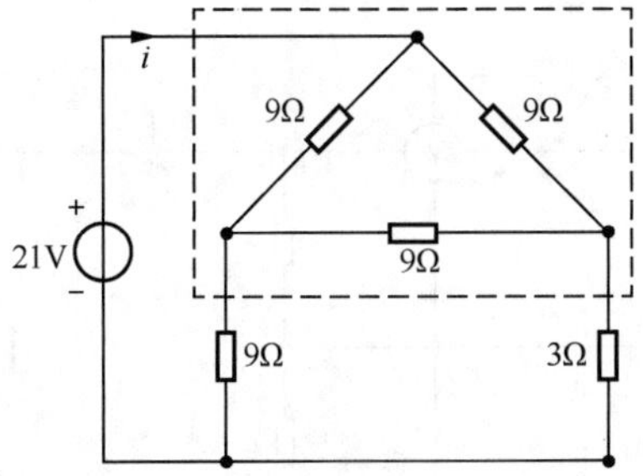

题 6-2 图

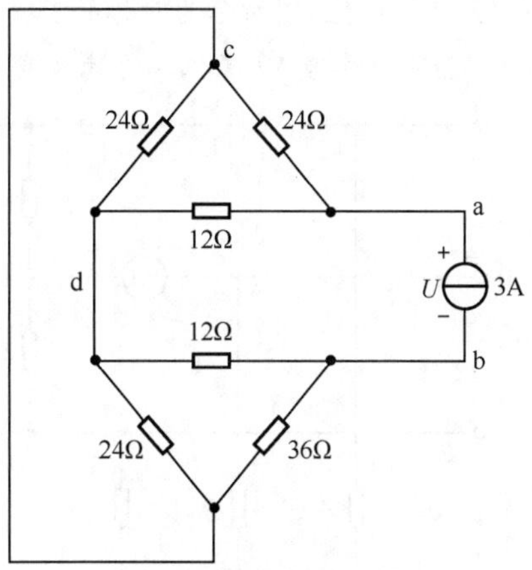

题 6-3 图

6-7　题 6-7 图所示电路，三相电源对称，已知$U_{AB}=380\text{V}$、$Z=(6-\mathrm{j}8)\Omega$、$Z_1=38\angle-83.1^\circ\ \Omega$，求$\dot{I}_A$。

6-8　题 6-8 图所示对称三相电路中，当开关 K 闭合时，各电流表的读数均为 10A。开关断开后，各电流表的读数会发生变化，求各电流表的读数。

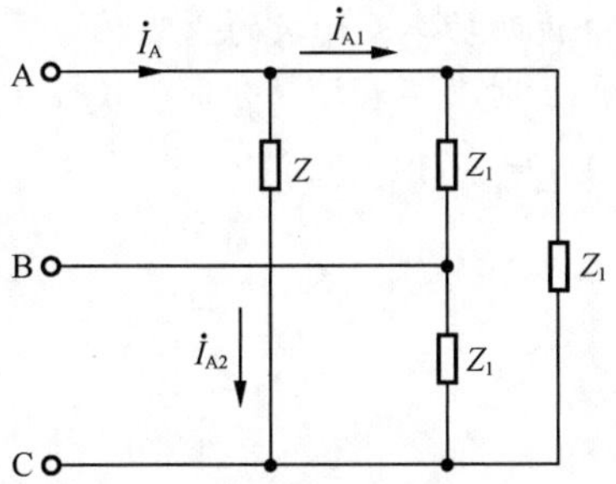

题 6-7 图

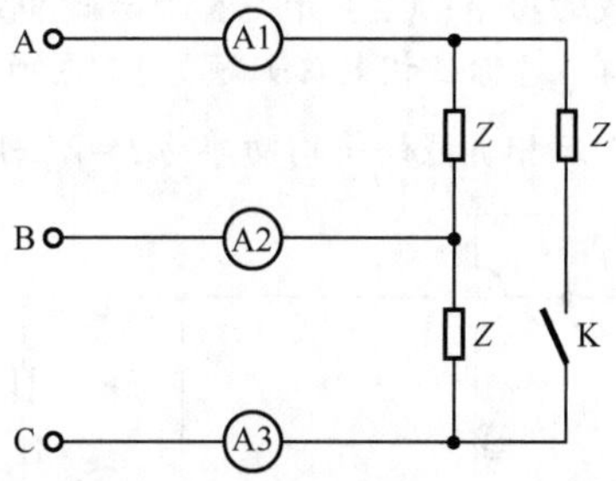

题 6-8 图

6-9　题 6-9 图所示对称三相电路中，负载阻抗$Z=(150+\mathrm{j}150)\Omega$，端线阻抗$Z_L=(2+\mathrm{j}2)\Omega$，负载端线电压为 380V，求电源端线电压。

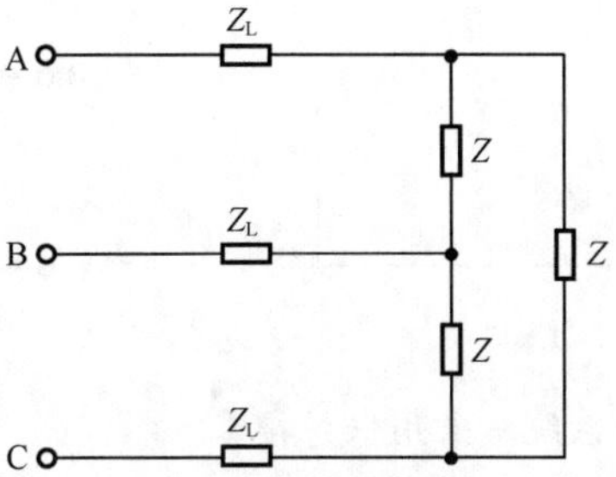

题 6-9 图

6-10　对称三相电路的线电压$U_L=230\text{ V}$，负载阻抗$Z=(12+\mathrm{j}16)\Omega$。试求：（1）负载星形连接时的线电流和吸收的总功率；（2）负载三角形连接时的线电流、相电流和吸收的总功率；（3）比较（1）和（2）的结果能得到什么结论？

6-11　对称三相电路如题 6-11 图所示，已知线电压$U_L=380\text{ V}$、负载阻抗$Z_1=-\mathrm{j}12\Omega$、

$Z_2 = 3 + j4\Omega$，求题 6-11 图示两个电流表的读数及全部三相负载吸收的平均功率和无功功率。

6-12 题 6-12 图所示为对称的 Y—△连接三相电路，$U_{AB} = 380V$，$Z = (27.5 + j47.64)\Omega$，试求：（1）图中功率表 W_1 和 W_2 的读数及其代数和；（2）若开关 K 打开，再求（1）。

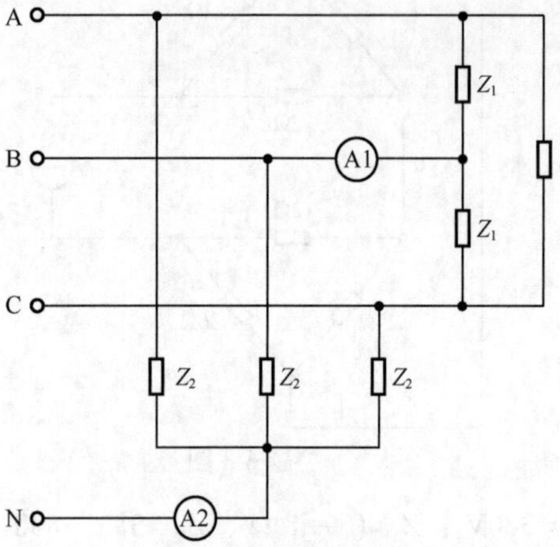

题 6-11 图

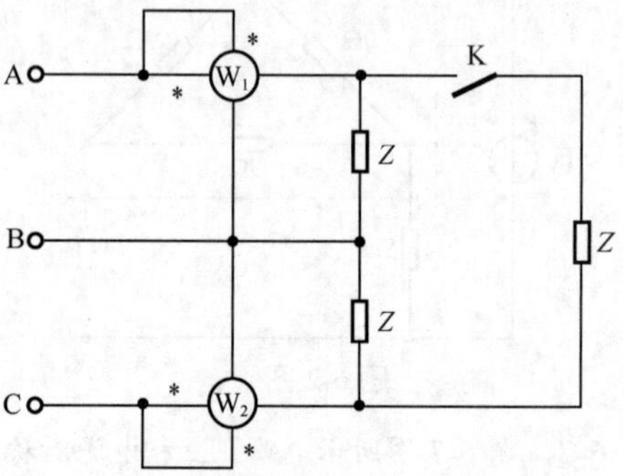

题 6-12 图

6-13 题 6-13 图所示三相电路中，已知 $Z_1 = -j10\Omega$、$Z_2 = (5 + j12)\Omega$，对称三相电源的线电压为 380V，K 闭合时电阻 R 吸收的功率为 24200W，试求：（1）开关 K 闭合时电路中各表的读数和全部负载的功率；（2）开关 K 打开时电路中各表的读数，并说明功率表读数的意义。

6-14 对称三相电路如题 6-14 图所示，开关 K 置 1 和 2 时功率表读数分别为 W_1 和 W_2。试证明：（1）三相负载的平均功率为 $P=W_1+W_2$；（2）无功功率为 $Q=\sqrt{3}(W_1-W_2)$。

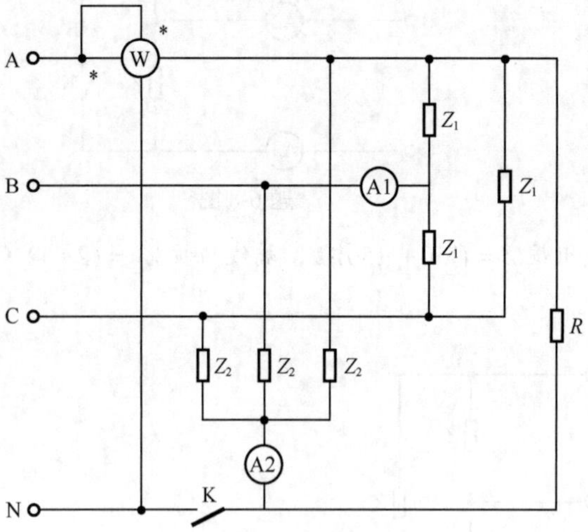

题 6-13 图

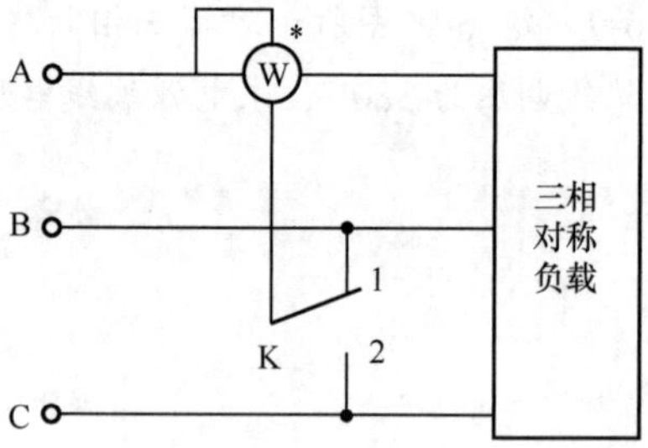

题 6-14 图

6-15 为什么中性点不接地的系统不采用保护接零？

6-16 试说明工作接地、保护接地和保护接零的原理与区别。

6-17 为什么中性点接地系统中，除采用保护接零外，还要采用重复接地？

第7章 电机及其控制

【本章简介】

电机在国民经济和日常生活中有着非常重要的作用。本章介绍电机及其控制，具体内容为电机概述、磁场及磁路、变压器、三相异步电动机的结构和工作原理、三相异步电动机的铭牌数据和控制、低压电器及可编程控制器。

7.1 电机概述

电机是依据电磁感应定律和电磁力定律，由电路和磁路构成的能实现能量转换或信号传递与转换的装置。按照不同角度，电机可以分为不同类型。

（1）从能量转换的角度电机可分为发电机（机械能→电能）、电动机（电能→机械能）、变压器（一种形式的电能→另一种形式的电能）。

（2）从工作原理的角度电机可分为变压器、直流电机、交流电机（异步电机、同步电机）。

（3）从运行情况的角度电机可分为旋转电机、直线电机、静止电机（变压器）。

本章仅对变压器和三相异步电动机的相关情况作简单介绍。

7.2 磁场及磁路

7.2.1 磁场及其基本物理量

电机的制造涉及导电材料、导磁材料、结构材料和绝缘材料。

导电材料是构成电路的重要材料，常用的有铝线、铜线等。导磁材料是构成磁路的主要材料，常用的有硅钢片、铁氧体、镍铁合金等。结构材料用来承受力，常用的有铸铁、铸钢和钢板。绝缘材料常用的有聚酯漆、环氧树脂、玻璃丝带等。

导磁材料周围存在磁力作用的空间，称为磁场。互不接触的磁体之间具有的相互作用力，就是通过磁场来传递的。常用磁力线来形象地描述磁场。磁力线又称为磁感应线，如图 7-1 所示。这些线条就显示出条形磁体的磁力线在空间的某一平面的分布情况。这些磁力线是互不交叉的闭合曲线；磁力线上每一点的切线方向表示该点的磁感应强度方向；磁力线的疏密程度反映了磁场的强弱；磁力线在磁体内部形成闭合环路。

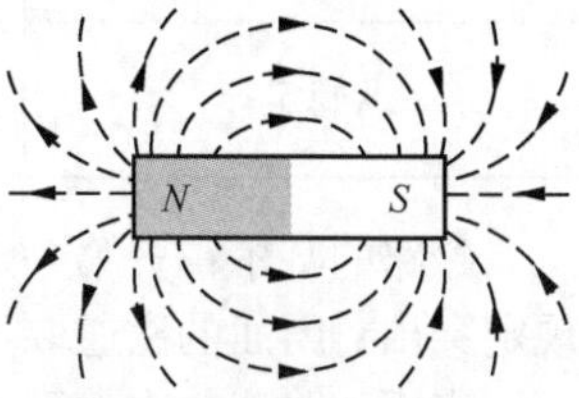

图 7-1　条形磁体的磁力线

磁场的基本物理量有磁感应强度、磁通、磁导率和磁场强度等。

磁感应强度在物理学中用于表示磁场的强弱与方向，常用符号 $\boldsymbol{B}$ 表示。国际单位是特[斯拉]（T）。磁感应强度也被称为磁通量密度或磁通密度。通用单位特[斯拉]也就是韦[伯]每平方米（Wb/m^2）。

磁通用于表示磁场对于某个面的发散量，也就是磁场的通量。其大小为穿过任一垂直于磁场方向的面积矢量 $\boldsymbol{S}$ 的 $\boldsymbol{B}$ 的通量，用 Φ 表示。磁通的国际单位是伏・秒（V・s），通常称为韦[伯]（Wb）。在均匀磁场中有

$$\Phi = \boldsymbol{BS} \tag{7-1}$$

如果考虑到线圈的匝数，磁通应由磁链来代替

$$\Phi = n\Phi \tag{7-2}$$

磁场中的物质称为磁媒质。在外磁场的作用下，媒质在磁场中会被磁化，为了表示媒质被磁化程度的强弱，引入磁导率这个物理量。μ_0 是真空中的磁导率，其数值为 $4\pi\times10^{-7}$ 亨/米（H/m）。μ_r 为磁媒质的相对磁导率。令 $\mu=\mu_r\mu_0$，称 μ 为磁媒质的磁导率。

因媒质被磁化后，会对外在磁场产生影响，为了把这种影响考虑进去，在不同的媒质中都可以方便地表示磁场的强弱，因此引入磁场强度 $\boldsymbol{H}$ 这个物理量。磁场强度的单位是安[培]每米（A/m）。磁场强度的大小与磁感应强度 $\boldsymbol{B}$ 有关，在大多数磁媒质中，我们可以将其表示为

$$\boldsymbol{B} = \mu\boldsymbol{H} \tag{7-3}$$

7.2.2 磁路及其基本定律

为了使较小的电流产生较大的磁感应强度，在电机、变压器及各种铁磁元件中常用磁性材料做成一定形状的铁芯。铁芯的磁导率比周围空气或其他物质的磁导率高得多，磁通的绝大部分经过铁芯形成闭合路径，磁通的闭合路径称为磁路。

对于磁路的计算通常涉及四个物理量，即磁感应强度、磁通、磁场强度、磁导率。在计算中常会使用如式（7-4）所示的安培环路定理。

$$I = \oint_l \boldsymbol{H}\cdot \mathrm{d}\boldsymbol{l} \tag{7-4}$$

对于均匀多匝线圈，有

$$NI = Hl \tag{7-5}$$

$$NI = H_1l_1 + H_2l_2 + \cdots + H_nl_n \tag{7-6}$$

同电路一样，磁路也有基尔霍夫定律和欧姆定律，具体如表 7-1 所示。

表 7-1　磁路的基本定律

磁路定律	公式	内容
基尔霍夫第一定律	$\sum\Phi = 0$	磁路任一点节点所连接的各分支磁通的代数和等于零
基尔霍夫第二定律	$\sum Hl = \sum IN$	沿磁路中的任一闭合路径的总磁压等于磁路的总磁动势
欧姆定律	$\Phi = \dfrac{F_m}{R_m}$	一段磁路的磁压等于磁阻与磁通的乘积

磁路的基尔霍夫第一定律，在形式上与电路的 KCL 相似。应用该式时，采用右手螺旋的方式规定穿出封闭面的磁通取正号，穿入封闭面的磁通取负号。

应用磁路基尔霍夫第二定律时，往往选择磁路的中心线作为计算总磁压的路径，并沿此路径选择一个绕行方向，当某段磁路的 $\boldsymbol{H}$ 方向与绕行方向相同时，该段磁路的磁压取正号，反之取负号；而磁动势的正负号取决于各励磁电流的方向与回路的绕行方向，凡是与该绕行方向符合右手螺旋关系的电流取正号，否则取负号。

从形式上来看，$\Phi=\dfrac{F_m}{R_m}$ 相似于 $I=\dfrac{U}{R}$，故称为磁路的欧姆定律，其中 $F_m=NI$，称为磁动势，$R_m=\dfrac{l}{\mu s}$，称为磁阻。对于气隙磁路来说，由于磁导率 μ_0 为常数，故磁阻有确定的值。由于铁磁性物质的磁导率 μ 不是常数，其磁阻是非线性的，因此，在一般情况下，不能应用磁路的欧姆定律对磁路进行定量计算，只用它来对磁路进行定性分析。

磁路中的相关物理量和基本定律与电路中的有许多相似之处，如表 7-2 所示。

表 7-2　磁路与电路的比较

电路	磁路
电动势 E	磁动势 $F_m=NI$
电流 I	磁通 ϕ
电阻 $R=\rho\dfrac{l}{S}$	磁阻 $R_m=\dfrac{l}{\mu s}$
电压 $U=IR$	磁压 $U_m=Hl$
电路的基尔霍夫第一定律 $\sum I=0$	磁路的基尔霍夫第一定律 $\sum\Phi=0$
电路的基尔霍夫第二定律 $\sum(IR)=\sum E$	磁路的基尔霍夫第二定律 $\sum(Hl)=\sum(IN)$
电路的欧姆定律 $I\dfrac{U}{R}$	磁路的欧姆定律 $\Phi=\dfrac{F_m}{R_m}$

磁路和电路有本质的区别，如电路中有电动势但电流可为零，而磁路中有磁动势就必有磁通。电流代表某种质点的运动，电路中只要有电流，实际上总有能量损耗。磁通并不代表某种质点的运动，在维持恒定磁通的磁路中，磁阻不消耗能量。

7.3 变压器

7.3.1 变压器的基本结构

各种变压器尽管用途不同，但基本结构相同，其主体都是由绕组、铁芯、绝缘材料及散热材料组成，如图 7-2 所示。绕组是变压器的电路部分，通常采用铝或铜导线绕制而成。铁芯是变压器的磁路部分，为提高磁路的导磁能力，铁芯采用高导磁软磁材料。小容量的干式变压器通常采用环氧树脂作为绝缘与散热材料；大容量的电力变压器通常为油浸式，通过变压器油实现绝缘与散热。

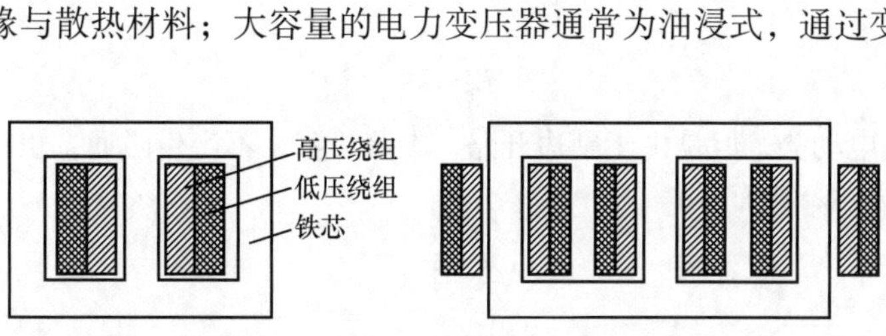

（a）壳式　　（b）心式

图 7-2　变压器的基本结构

变压器的工作原理

7.3.2 变压器的工作原理

变压器有高压绕组和低压绕组，与电源相连的一边为原边绕组，匝数为 N_1；与负载相连的一边为副边绕组，匝数为 N_2。原、副边绕组没有电的联系，只是通过铁芯的磁耦合联系起来。

1．变压器的空载状态

变压器原边绕组接正弦交流电源，副边绕组开路时，叫作变压器的空载，如图 7-3 所示。此时原边绕组中电流称作空载电流。副边绕组中电流为 0，负载不消耗功率，变压器处于空载状态。

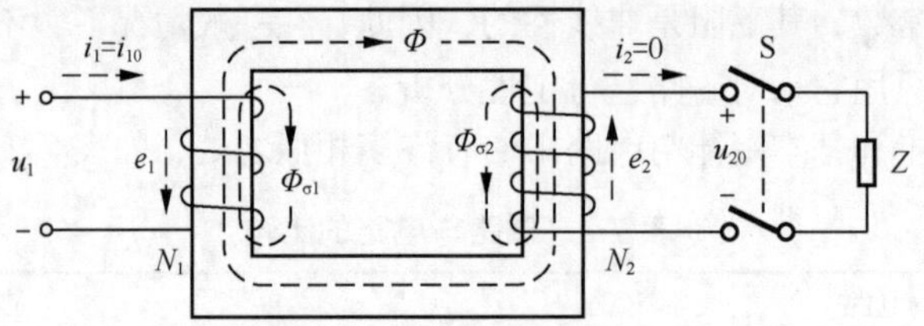

图 7-3　变压器的空载状态

（1）电磁关系

由于铁芯具有很强的导磁能力，磁阻很小，绕组外面是空气，磁阻很大，因此，原绕组产生的磁力线绝大部分通过铁芯而闭合。把原、副边绕组耦合起来，这部分磁通叫作主磁通，用 Φ 表示。只有少数磁力线经过绕组附近空气而闭合，不参与原、副边绕组的耦合，这一小部分磁通不是工作磁通，叫作漏磁通，用 $\Phi_{\sigma1}$ 表示。

一般情况下，磁通的强弱正比于绕组电流与匝数的乘积。因此，可认为主磁通与漏磁通是由 $i_{10}N_1$ 产生的，我们把它叫作磁通势。由于漏磁通比主磁通小得多，因此可以忽略漏磁通的影响。

变压器空载时，副边绕组电流为零，无功率输出，此时原边绕组电流的作用只是用来产生磁通 Φ，因此电流 i_{10} 叫作变压器的励磁电流，其数值很小，约为额定电流的 3%～8%。根据电磁感应原理，原、副边绕组将分别产生感应电动势，有

$$e_1 = -N_1 \frac{\mathrm{d}\Phi}{\mathrm{d}t}$$
$$e_2 = -N_2 \frac{\mathrm{d}\Phi}{\mathrm{d}t} \qquad (7\text{-}7)$$

（2）电压变换

若忽略原边绕组漏磁通的影响和绕组电阻的压降，原边回路电压方程为

$$u_1 + e_1 = 0$$

用相量表示

$$\dot{E}_1 = -\dot{U}_1 \qquad (7\text{-}8)$$

有效值

$$E_1 = U_1 \qquad (7\text{-}9)$$

副边绕组有感应电动势，但是由于副边开路，电流为零，不产生磁通，也没有电压降。副边绕组的开路电压用 u_{20} 表示，则有

$$u_{20} = e_2 \qquad (7\text{-}10)$$

用相量表示

$$\dot{U}_{20} = \dot{E}_2 \qquad (7\text{-}11)$$

有效值

$$U_{20} = E_2 \qquad (7\text{-}12)$$

原、副边绕组的电压变换作用是通过主磁通实现的。主磁通按正弦规律变化，即

$$\Phi = \Phi_{\mathrm{m}} \sin \omega t \qquad (7\text{-}13)$$

式（7-13）中，Φ_m 为主磁通最大值，ω 为电源角频率。由式（7-7）可知，原边绕组的感应电动势

$$\begin{aligned} e_1 &= -N_1 \frac{d\Phi}{dt} = -N_1 \frac{d(\Phi_m \sin \omega t)}{dt} = -\omega N_1 \Phi_m \cos \omega t \\ &= \omega N_1 \Phi_m \sin(\omega t - 90^\circ) = E_{1m} \sin(\omega t - 90^\circ) \end{aligned} \tag{7-14}$$

式（7-14）中

$$E_{1m} = \omega N_1 \Phi_m = 2\pi f N_1 \Phi_m \tag{7-15}$$

e_1 的有效值为

$$E_1 = \frac{E_{1m}}{\sqrt{2}} = 4.44 f N_1 \Phi_m \tag{7-16}$$

同理，由式（7-7）可得到副边绕组的感应电动势的有效值

$$E_2 = 4.44 f N_2 \Phi_m \tag{7-17}$$

于是我们可以得到原、副边绕组电压的变换关系。

因为

$$U_1 = E_1 \tag{7-18}$$

$$U_{20} = E_2 \tag{7-19}$$

所以

$$\frac{U_1}{U_{20}} = \frac{E_1}{E_2} = \frac{4.44 f N_1 \Phi_m}{4.44 f N_2 \Phi_m} = \frac{N_1}{N_2} = k \tag{7-20}$$

式（7-20）中，k 为原、副边绕组的匝数比，称为变压器的变比。一般变比是个常数，匝数多的绕组电压高，匝数少的绕组电压低。如果电源电压 U_1 一定，只要改变匝数比，就可得到不同的输出电压 U_{20}。

例 7-1　一台变压器，原边绕组匝数为 825 匝，接在 10000V 高压输电线上，副边绕组开路电压为 400V。试求变压器的变比和副边绕组的匝数。

解：变压器的变比

$$k = \frac{U_1}{U_{20}} = \frac{10000}{400} = 25$$

副边绕组的匝数

$$N_2 = \frac{N_1}{k} = \frac{825}{25} = 33\text{匝}$$

2．变压器的有载状态

变压器副边绕组接入负载，产生副边电流 i_2，其参考方向如图 7-4 所示。此时变压器向负载输送电能，变压器处于有载状态。

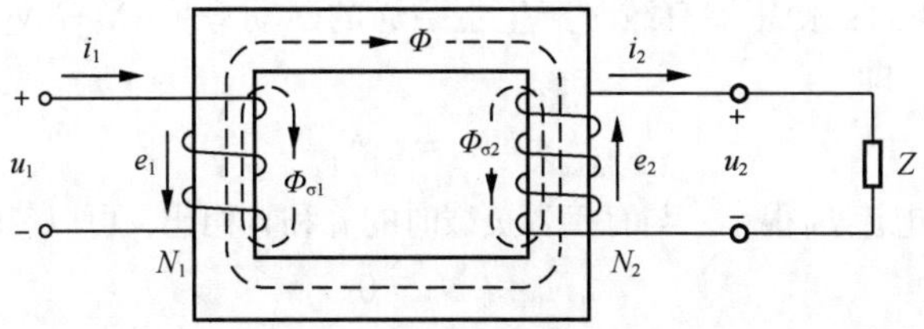

图 7-4　变压器的有载状态

（1）电磁关系

变压器有载时，原、副边绕组都有电流通过，i_1N_1 与 i_2N_2 分别为原、副边绕组的磁动势。此时

的主磁通 Φ 由磁动势 i_1N_1 与 i_2N_2 共同作用产生，即由原、副边绕组共同产生。

主磁通穿过原、副边绕组，在原、副边绕组中产生感应电动势 e_1 和 e_2。漏磁通很小，仍忽略不计。

变压器有载时的电磁关系简单表示如下

$$\begin{aligned} e_1 &= -N_1\frac{\mathrm{d}\Phi}{\mathrm{d}t} \\ e_2 &= -N_2\frac{\mathrm{d}\Phi}{\mathrm{d}t} \end{aligned} \tag{7-21}$$

（2）电压变换

对于原边，忽略漏磁通和原边绕组电阻上的电压降，有

$$u_1 + e_1 = 0 \tag{7-22}$$

$$\dot{E}_1 = -\dot{U}_1 \tag{7-23}$$

$$E_1 = U_1 \tag{7-24}$$

对于副边，忽略漏磁通和绕组电阻上的电压降，有

$$u_2 = e_2 \tag{7-25}$$

$$\dot{U}_2 = \dot{E}_2 \tag{7-26}$$

$$U_2 = E_2 \tag{7-27}$$

原、副边绕组的电压有效值之比为

$$\frac{U_1}{U_2} = \frac{E_1}{E_2} \tag{7-28}$$

$$\frac{U_1}{U_2} = \frac{N_1}{N_2} = k \tag{7-29}$$

式（7-29）表明，变压器有载时与空载时一样，原、副边绕组电压有效值之比等于原、副边绕组匝数之比。当变比 $k>1$ 时，是降压变压器；当变比 $k<1$ 时，是升压变压器。

（3）电流关系

变压器空载和有载时，原边电压都有如下关系

$$U_1 = E_1 = 4.44 fN_1\Phi_{\mathrm{m}} \tag{7-30}$$

所以

$$\Phi_{\mathrm{m}} = \frac{U_1}{4.44 fN_1} \tag{7-31}$$

由式（7-31）可以看出，当电源电压和频率不变时，Φ_{m} 是个常数。无论负载怎么变化，铁芯中主磁通的最大值保持不变。

根据这个结论可以认为：变压器有载时产生主磁通的磁动势（$i_1N_1+i_2N_2$）与空载时产生主磁通的磁动势 $i_{10}N_1$ 是相等的。即

$$i_1N_1 + i_2N_2 = i_{10}N_1 \tag{7-32}$$

变压器空载时的励磁电流 i_{10} 很小，与有接入负载时的 i_1 和 i_2 相比，可以忽略。因而式（7-32）有

$$i_1N_1 + i_2N_2 = 0 \tag{7-33}$$

$$i_1N_1 = -i_2N_2 \tag{7-34}$$

用相量表示

$$\dot{I}_1N_1 = -\dot{I}_2N_2 \tag{7-35}$$

式（7-35）中的负号说明，变压器原、副边绕组的磁动势在相位上接近于反相。也就是说，变压器带负载后，副边绕组对原边绕组有去磁作用。

原、副边绕组电流有效值之比

$$\frac{I_1}{I_2}=\frac{N_2}{N_1}=\frac{1}{k} \quad (7\text{-}36)$$

即原、副边绕组电流有效值之比等于原、副边绕组匝数的反比。

变压器有载时，电流随负荷有如下变化。

当负载增加时，副边绕组电流和磁动势随之增大，对原边绕组磁动势的去磁作用增强。此时，原边绕组电流和磁动势也会因补偿副边绕组的去磁作用而增大，从而维持主磁通不变。

实际上，变压器有载时，无论负载怎样变动，电流总是自动适应负载电流的变化。变压器就是在副边的去磁作用与原边的补偿作用的动态平衡过程中完成了电能的输送任务。

例 7-2 一台额定容量为 S_N=1000VA、额定电压为 380/24V 的变压器供给临时建筑工地照明用电。试求：（1）变压器的变压比；（2）原、副边绕组的额定电流；（3）副边绕组能接入多少只规格为 60W、24V 的白炽灯？

解：（1）变压比 $k=\frac{380}{24}\approx 15.83$

（2）原、副边绕组额定电流

$$I_{1N}=\frac{S_N}{U_{1N}}=\frac{1000}{380}\approx 2.63\text{A}$$

$$I_{2N}=\frac{S_N}{U_{2N}}=\frac{1000}{24}\approx 41.67\text{A}$$

（3）副边绕组能接入的灯数为

$$\frac{I_{2N}}{\frac{60}{24}}=\frac{41.67}{2.5}\approx 17\text{只}$$

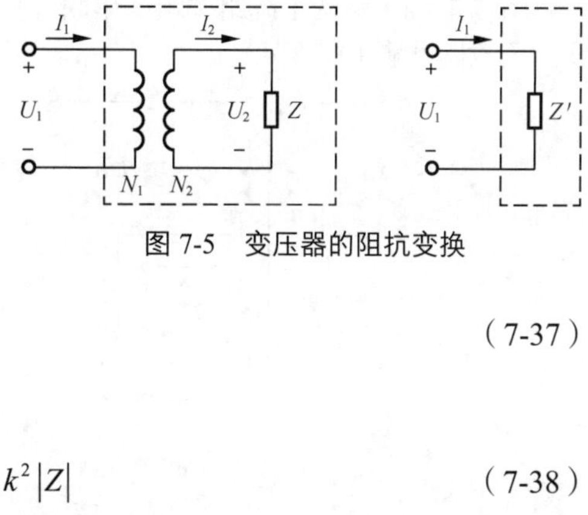

图 7-5 变压器的阻抗变换

（4）阻抗变换

把一个阻抗为 Z 的负载接到变压器的副边，如图 7-5 所示，负载阻抗可以表示为

$$|Z|=\frac{U_2}{I_2} \quad (7\text{-}37)$$

从原边来看，原先的负载阻抗就变为

$$|Z'|=\frac{U_1}{I_1}=\frac{kU_2}{\frac{1}{k}I_2}=k^2|Z| \quad (7\text{-}38)$$

这说明，对于一个阻抗为 Z 的负载，可以用变压器将它的阻抗增大 k^2 倍。这就是变压器的阻抗变换作用。

在电子技术中，常需要将负载阻抗值变换为放大器所需要的数值，以获得最大的功率，这称为阻抗匹配。实现这种作用的变压器叫作匹配变压器。

例 7-3 一只 8Ω 的扬声器接到变比为 6 的变压器的副边，试问反映到原边的电阻是多少？

解：反映到原边的电阻为

$$R'=k^2\cdot R=6^2\times 8=288\Omega$$

（5）变压器的功率损耗

变压器在输送能量过程中，本身存在功率损耗。损耗有铜损 ΔP_{Cu} 和铁损 ΔP_{Fe} 两部分。

① 铜损。产生于绕组中的损耗叫作铜损。变压器工作时，原、副边绕组电阻所消耗的功率就是铜损。即

$$\Delta P_{Cu}=I_1^2 r_1+I_2^2 r_2 \tag{7-39}$$

② 铁损。产生于铁芯中的损耗就是铁损。铁损包括磁滞损耗 ΔP_h 和涡流损耗 ΔP_e。

变压器的损耗会导致变压器发热，温度过高时会加速绝缘材料的老化，缩短使用寿命。因此要减小变压器的损耗。实际中，变压器的损耗可以控制在很小范围内，效率通常在 90%以上。

7.3.3 变压器绕组的极性及其连接

1．绕组极性的判别

已经制成的变压器，由于经过浸漆、装箱或其他处理，从外观上无法辨认绕组的绕向。通常采用直流法和交流法进行测定。

直流法测定绕组极性的电路如图 7-6 所示。在开关闭合瞬间，电路中出现变化的电流 i_1，其实际方向如图所示。i_1 产生的磁通在两个绕组中产生感应电动势 e_1 和 e_2。由楞次定律可知，e_1 实际方向如图所示。e_2 的实际方向可以从电流表的指针偏转方向推知。若指针正向偏转，说明 e_2 的实际方向如图所示，因而 1 和 3 是同名端。若指针反向偏转，则 e_2 的实际方向与图示相反，1 与 4 是同名端。

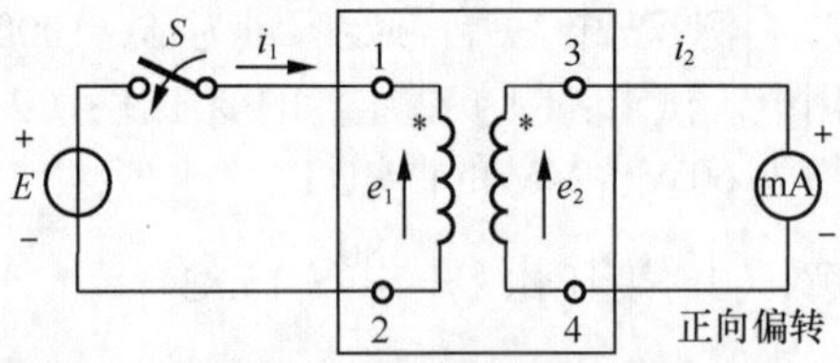

图 7-6　直流法测定绕组的极性

2．绕组的连接

绕组的极性确定以后，即可根据实际需要将绕组连接起来。绕组串联可以提高电压，绕组并联可以增大电流。但是，只有额定电流相同的绕组才能串联，额定电压相同的绕组才能并联。

图 7-7（a）将两个绕组按顺序串联，负载侧可输出 24V/2A；图 7-7（b）将两个绕组按顺序并联，负载侧可输出 12V/4A。

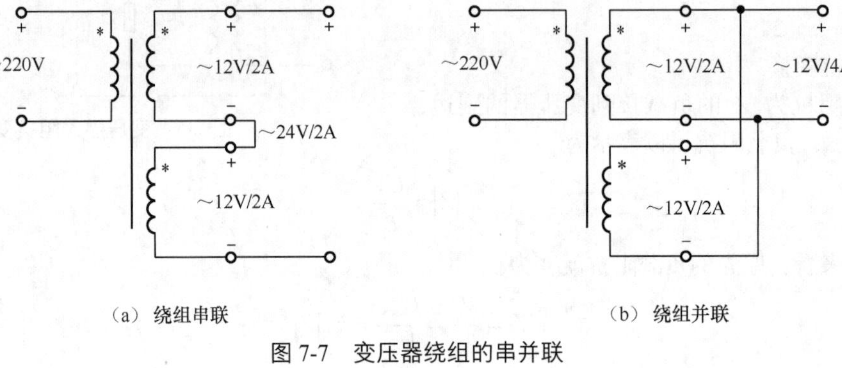

图 7-7　变压器绕组的串并联

7.3.4 特殊变压器

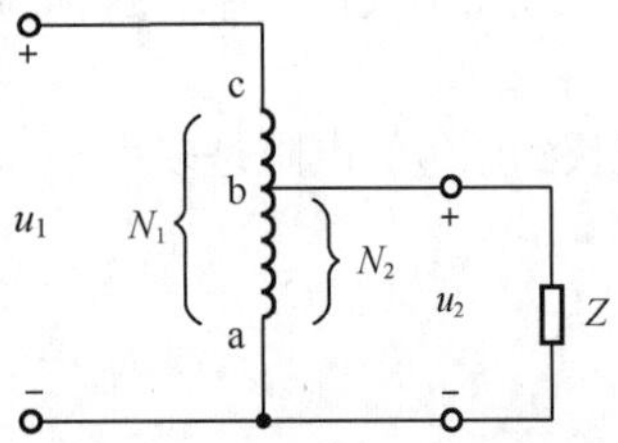

图 7-8　自耦变压器的原理电路

特殊用途的变压器种类很多，自耦变压器就是其中的一种。

自耦变压器一般除有高、中压自耦绕组外，还有低压非自耦绕组，可能出现高低压绕组运行、中压开路和中低压绕组运行、高压开路的运行方式。

图 7-8 是自耦变压器的原理电路，主要特点是副边由 a、b 两点引出，副边绕组是原边绕组的一部分。原、副边绕组的电压关系和电流关系仍然是

$$\frac{U_1}{U_2}=\frac{N_1}{N_2}=k \tag{7-40}$$

$$\frac{I_1}{I_2}=\frac{N_2}{N_1}=\frac{1}{k} \tag{7-41}$$

自耦变压器分为可调式和不可调式两种。可调式自耦变压器的 b 点可沿绕组上下滑动，以改变匝数比的方式，获得可调的输出电压，十分方便。注意为了防止自耦变压器在遭受过雷电波侵入的情况下损坏，会加装避雷器进行保护。

7.4 三相异步电动机的结构和工作原理

电动机有直流电动机和交流电动机两大类，在生产上主要使用的是交流电动机。

三相异步电动机是交流电动机，被广泛应用于机床、起重机、鼓风机、水泵、皮带运输机等设备中。本节以三相鼠笼式异步电动机为例介绍异步电动机的结构和工作原理。

7.4.1 三相异步电动机的构造

三相异步电动机的构造如图 7-9 所示。它由定子（包括机座）、转子、端盖等组成，其中定子和转子是能量传递的主要部分。

三相异步电动机的结构和工作原理

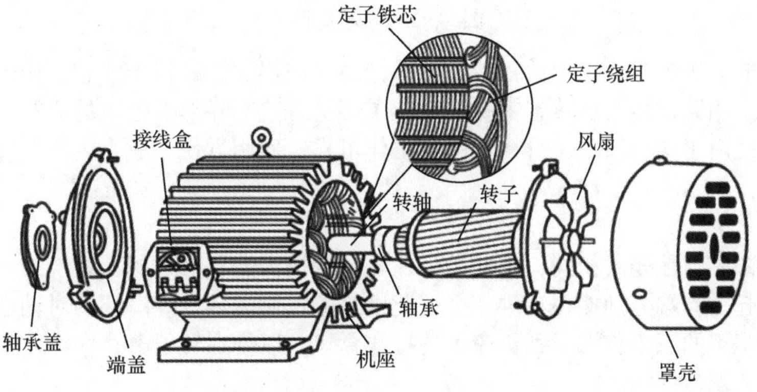

图 7-9　三相异步电动机的构造

1．定子

定子是电动机的不动部分，它主要由定子铁芯、定子绕组和机座组成。定子铁芯是电动机磁路的一部分，为了减少铁损，定子铁芯由表面绝缘的硅钢片叠压而成。硅钢片内表面留有槽孔，用以嵌置定子绕组。定子绕组是定子中的电路部分，中、小型电动机一般采用漆包线绕制，其三相对称绕组共有六个出线端，每相绕组的首端分别用 U_1、V_1、W_1 标记，末端用 U_2、V_2、W_2 标记，可以根据电源电压和电动机的额定电压把三相绕组接成星形或三角形，如图 7-10 所示。

2．转子

转子是电动机的旋转部分，由转轴、转子铁芯、转子绕组和风扇等组成。转子铁芯是一个圆柱体，也由硅钢片叠压而成，其外表面留有槽孔，以便嵌置转子绕组。转子绕组根据其构造分为两种形式：鼠笼式和绕线式。

（1）鼠笼式

鼠笼式转子是在转子铁芯的槽内压进铜条，铜条的两端分别被焊接在两个铜环上。因其形状类似鼠笼而得名。如图 7-11 所示。

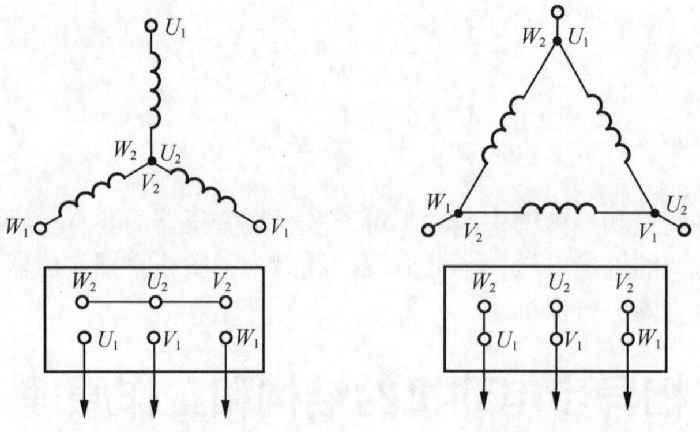

（a）星形连接　　（b）三角形连接

图 7-10　定子绕组的星形与三角形连接

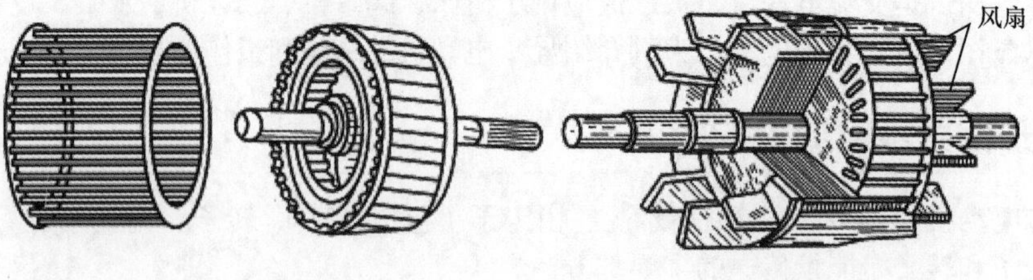

（a）铜条转子　　（b）铸铝转子

图 7-11　鼠笼式转子

现在中小型电动机更多地采用铸铝转子，即把熔化的铝浇铸在转子铁芯的槽内，两端的圆环及风扇也一并铸成。用铸铝转子可节省铜材，简化了制造工艺，降低了电机的成本。

鼠笼式电动机由于构造简单，价格低廉，工作可靠，使用方便，成为生产上应用最广泛的一种电动机。

（2）绕线式

绕线式转子铁芯与鼠笼式相同，不同的是在转子的槽内嵌置对称的三相绕组。三相绕组接成星形，末端接在一起，首端分别接在转轴三个彼此绝缘的铜制滑环上。滑环的对轴也是绝缘的，滑环通过电刷将转子绕组的三个首端引到机座上的接线盒里，以便在转子电路中串入附加电阻，用来改善电动机的起动和调速性能。

绕线式电动机结构比较复杂，成本比鼠笼式电动机高，但它有较好的性能，一般只在特殊的场合使用。其结构如图 7-12 所示。

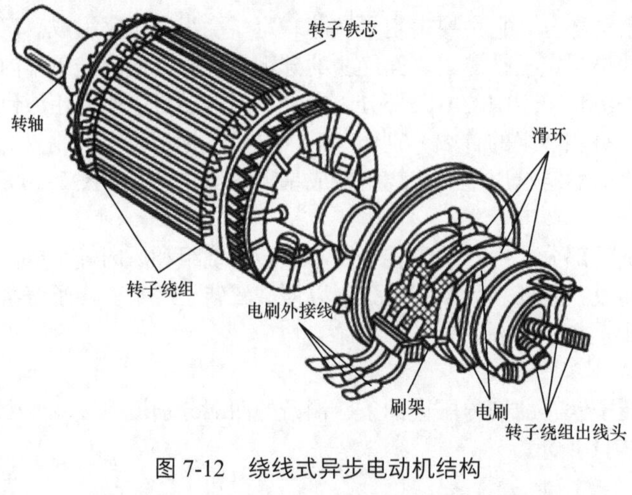

图 7-12　绕线式异步电动机结构

鼠笼式电动机与绕线式电动机只是在转子的构造上不同，它们的工作原理是一样的。

7.4.2 三相异步电动机的工作原理

异步电动机是利用载流导体在磁场中产生电磁力的原理而制成的。

给三相异步电动机的三相定子绕组通入三相交流电，便产生旋转磁场并切割转子导体，在转子电路中产生感应电流，载流转子在磁场中受力产生电磁转矩，从而使转子旋转。因此我们先讨论在异步电动机定子绕组中通以三相交流电所产生的旋转磁场。

1．旋转磁场

（1）旋转磁场的产生。图 7-13 为三相异步电动机定子绕组星形连接的接线图和示意图。三相对称绕组 U_1U_2、V_1V_2、W_1W_2 在空间互差 120°，将其星形连接，即 U_2、V_2、W_2 连接在一起，U_1、V_1、W_1 分别接到三相电源上，便有对称的三相交变电流通入相应的定子绕组，电流波形如图 7-14 所示。

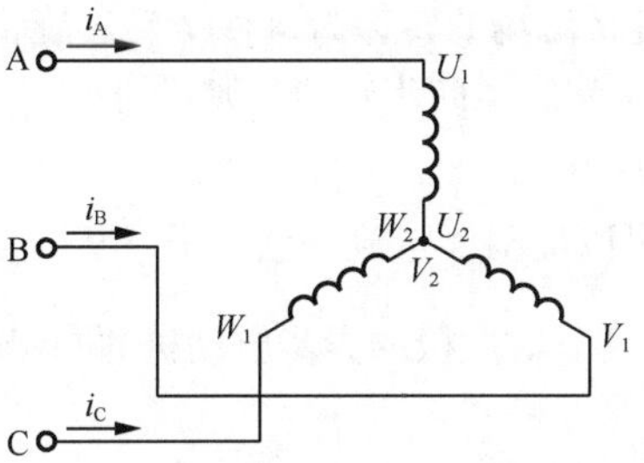

（a）绕组星形连接的接线图

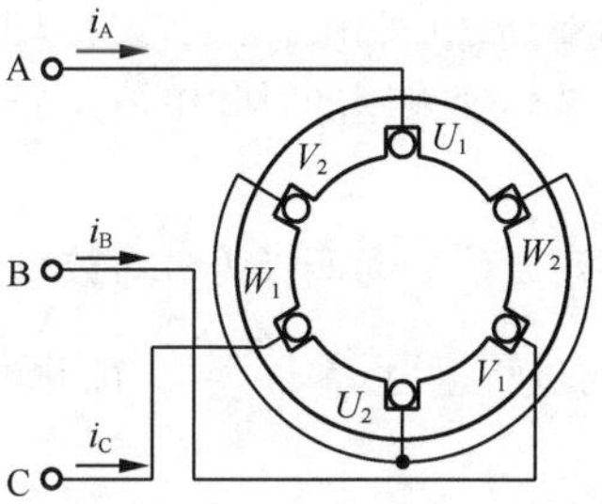

（b）星形定子绕组分布的示意图

图 7-13 定子绕组

三相电流的瞬时表达式分别为

$$
\begin{aligned}
i_A &= I_m \sin \omega t \\
i_B &= I_m \sin(\omega t - 120°) \qquad (7\text{-}42) \\
i_C &= I_m \sin(\omega t + 120°)
\end{aligned}
$$

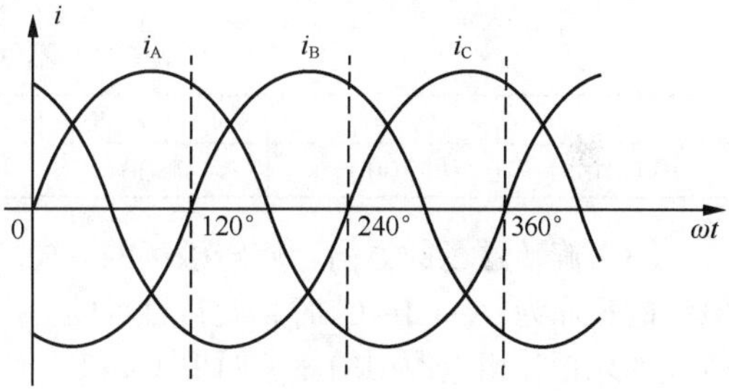

图 7-14 三相对称电流波形

规定电流的正方向是从绕组首端流入，末端流出。三相绕组通入三相电流后，共同产生了一个随电流的交变而在空间不断旋转的合成磁场，这就是旋转磁场，如图 7-15 所示。为了便于分析，在图 7-15 中取 $\omega t = 0°$、$\omega t = 120°$、$\omega t = 240°$、$\omega t = 360°$ 四个时刻进行分析。

$\omega t = 0°$ 时，i_A 为 0，U_1U_2 绕组没有电流；i_B 为负，电流从末端 V_2 流入（⊗表示流入定子绕组），从首端 V_1 流出（⊙表示流出定子绕组）；i_C 为正，电流从首端 W_1 流入，从末端 W_2 流出。

根据右螺旋定则，其合成磁场如图 7-15（a）所示。对定子而言，磁力线方向是自上而下的，因此，定子上方是 N 极，下方是 S 极。因是两极磁场，故称其为一对磁极，用 p 表示磁极对数，则 p=1。

$\omega t = 120°$ 时，i_B 为 0，V_1V_2 绕组没有电流；i_C 为负，电流从末端 W_2 流入，从首端 W_1 流出；i_A 为正，电流从首端 U_1 流入，从末端 U_2 流出。合成磁场如图 7-15（b）所示，显然，与图（a）相比，磁场在空间中沿顺时针方向旋转了 120°。

同理，在 $\omega t = 240°$ 和 $\omega t = 360°$ 时，可分别画出对应的合成磁场如图 7-15（c）和图 7-15（d）所示。

由上述分析可以看出，当三相对称分布的定子绕组通入对称的三相交流电时，将在电机中产生旋转磁场。且电流变化一个周期时，合成磁场在空间旋转 360°。

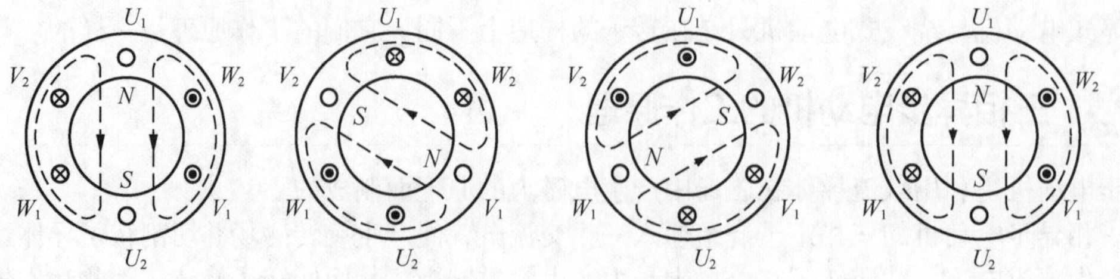

（a）$\omega t=0°$　（b）$\omega t=120°$　（c）$\omega t=240°$　（d）$\omega t=360°$

图 7-15　旋转磁场的形成（$p=1$）

旋转磁场的磁极对数 p 与定子绕组的安排有关。通过适当的安排，也可以产生两对、三对或更多磁极对数的旋转磁场。

（2）旋转磁场的转速。根据上面的分析，电流在时间上变化一个周期，两极磁场在空间旋转一周，若电流的频率为 f，即电流每秒变化 f 周，则旋转磁场的转速为每秒 f 转。旋转磁场的转速也称同步转速，通常转速采用的时间单位是分钟，若以 n_0 表示同步转速，则可得

$$n_0 = 60f \tag{7-43}$$

如果设法使定子磁场为四极（极对数 $p=2$），可以证明，电流变化一个周期，合成磁场在空间旋转 180°，其同步转速为 $n_0 = \dfrac{60f}{2}$。由此可以推广到 p 对磁极的异步电动机的同步转速为

$$n_0 = \frac{60f}{p} \tag{7-44}$$

同步转速 n_0 取决于电源频率和电动机的磁极对数 p。我国的电源频率为 50Hz，不同磁极对数所对应的同步转速如表 7-3 所示。

表 7-3　不同磁极对数的同步转速

p	1	2	3	4	5	6
n_0/(r/min)	3000	1500	1000	750	600	500

（3）旋转磁场的方向。旋转磁场的方向取决于三相电流的相序。从图 7-13 可以看出，当三相电流的相序为 A→B→C 时，旋转磁场的方向沿绕组首端 $U_1 \to V_1 \to W_1$ 方向旋转，与电流的相序一致。如果把三相电源中的任意两根（如 B、C）对调，此时，W 绕组通入 B 相电流，V 绕组通入 C 相电流，可以发现，此时旋转磁场的方向为 $U_1 \to W_1 \to V_1$，与原转向相反。

2．转子转动原理

图 7-16 是两极三相异步电动机转动原理示意图。设磁场以同步转速 n_0 顺时针方向旋转，转子与磁场之间有相对运动。即相当于磁场不动，转子导体以逆时针方向切割磁力线，在导体中产生感应电动势，其方向由右手定则确定。由于转子导体的两端由端环连通，形成闭合的转子电路，在转子电路中就产生了感应电流。载流的转子导体在磁场中受电磁力 F 的作用（电磁力的方向可用左手定则决定）形成电磁转矩，在此转矩的作用下，转子就沿旋转磁场的方向转动起来，其转速用 n 表示。但 n 总是要小于旋转磁场的同步转速 n_0，否则，两者之间没有相对运动，就不会产生感应电动势及感应电流，电磁转矩也无法形成，电动机不可能旋转。这就是异步电动机名称的由来。又因转子中的电流是感应产生的，故又称之感应电动机。

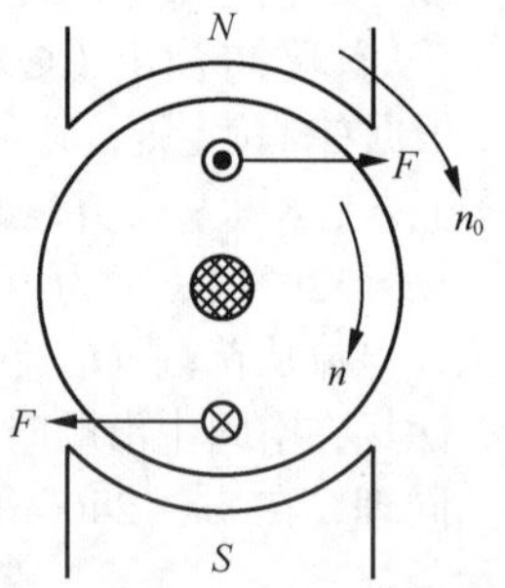

图 7-16　电动机转动的原理图

通常，我们把同步转速 n_0 与转子转速 n 的差值与 n_0 的比值称为异步电动机的转差率，用 s 表

示，即

$$s=\frac{n_0-n}{n_0}\quad \text{或}\quad s=\frac{n_0-n}{n_0}\times 100\% \tag{7-45}$$

转差率 s 是描述异步电动机运行状况的一个重要物理量。在电动机启动瞬间，$n=0$，$s=1$，转差率最大。空载运行时，转子转速最高，转差率最小，s 约为 0.5%。额定负载运行时，转子转速较空载要低，s 为 1%～9%。

7.5 三相异步电动机的铭牌数据和控制

三相异步电动机铭牌上包含了各种物理及电气参数，正确使用三相异步电动机需要看懂铭牌上的这些数据的意义。

7.5.1 三相异步电动机的铭牌数据

如图 7-17 所示，以 Y112M-6 型三相异步电动机为例，来说明铭牌上各个数据的含义。

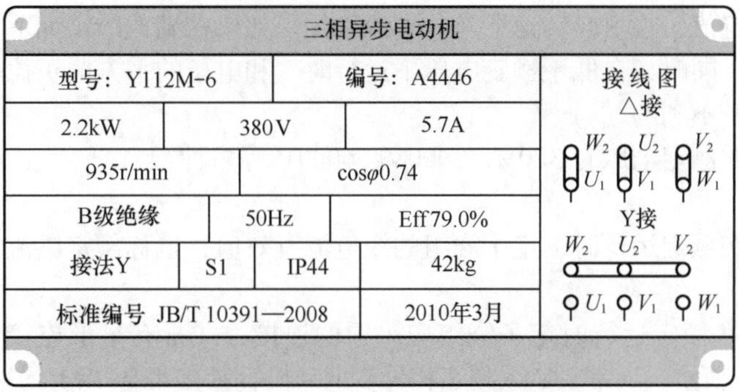

图 7-17　三相异步电动机的铭牌

1．型号

电动机的型号是表示电动机的类型、用途和技术特征的代号，由大写拼音字母和阿拉伯数字组成，各有一定的含义。型号参数的含义如图 7-18 所示。

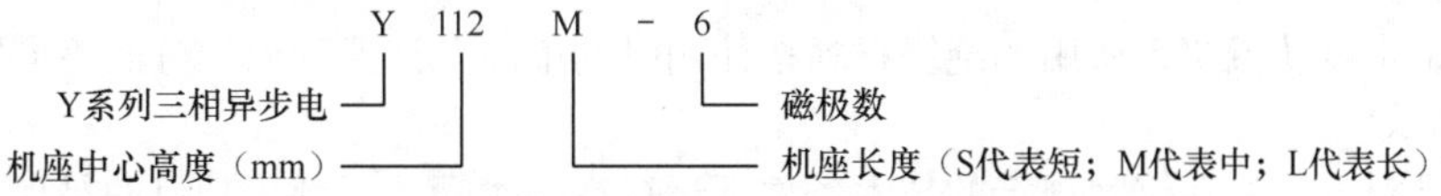

图 7-18　三相异步电动机型号参数

常用三相异步电动机产品名称代号及其汉字意义如表 7-4 所示。

表 7-4　常用三相异步电动机产品名称代号

产品名称	新代号	汉字意义	旧代号
鼠笼式异步电动机	Y，Y-L	异	J，JO
绕线式异步电动机	YR	异绕	JR，JRO
防爆型异步电动机	YB	异爆	JB，JBS
防爆安全型异步电动机	YA	异安	JA
高启动转矩异步电动机	YQ	异起	JQ，JQO

表 7-4 中，Y、Y-L 系列是新产品。Y 系列定子绕组是铜线，Y-L 系列定子绕组是铝线。

2．功率、效率、功率因数

额定功率是电动机在额定运行状态下，其轴上输出的机械功率，用 P_{2N} 表示。输出功率 P_{2N} 与电动机从电源输入的功率 P_{1N} 不相等。其差值（$P_{1N}-P_{2N}$）为电动机的损耗；其比值 P_{2N}/P_{1N} 为电动机的效率，即 $\eta_N=\dfrac{P_{2N}}{P_{1N}}\times 100\%$。电动机为三相对称负载，从电源输入的功率为 $P_{1N}=\sqrt{3}U_N I_N\cos\varphi$。其中，$\cos\varphi$ 是电动机的功率因数。

鼠笼式异步电动机在额定负载运行时，效率约为 72%～93%，功率因数为 0.7～0.9。

3．频率

频率是指定子绕组上的电源频率，我国工业用电的标准频率为 50Hz。

4．电压

电压是指额定运行时，定子绕组上应加的电源线电压值，称为额定电压 U_N。一般规定异步电动机的电压不应高于或低于额定值的 5%。当电压高于额定值时，磁通将增大（因 $U=4.44fN\Phi$），磁通的增大又将引起励磁电流的增大（由于磁路饱和，可能产生很大的励磁电流）。这不仅使铁损增加，铁芯发热，还会使绕组产生过热现象。

但若电压低于额定值，将引起转速下降，电流增加。如果在满载的情况下，电流的增加将超过额定值，使绕组过热；同时，在低于额定电压下运行时，和电压的平方成正比的最大转矩会显著下降，对电动机的运行是不利的。

三相异步电动机的额定电压有 380V、3000V、6000V 等多种。

5．电流

电流是指电动机在额定运行时，定子绕组的线电流有效值，也称额定电流 I_N。

6．接法

接法是指电动机在额定运行时定子绕组应采取的连接方式。有星形连接（Y）和三角形连接（△）两种，如图 7-17 所示。通常，Y 系列三相异步电动机容量在 4kW 以上均采用三角形连接法。

7．转速

转速是指电源为额定电压、频率为额定频率和电动机输出额定功率时，电动机的转速，称为额定转速 n_N。额定转速与同步转速的关系是 $n_N=(1-s)n_0$。由于额定状态下 s 很小，故 n_N 和 n_0 相差很小，由 n_N 可以判断出电动机的磁极对数。例如，$n_N=935\text{r/min}$，其磁极对数 $p=3$。

8．绝缘等级

绝缘等级是指电动机绕组所用的绝缘材料按使用时的最高允许温度而划分的不同等级。

9．工作方式

工作方式是对电动机在铭牌规定的技术条件下运行持续时间的限制。其目的是保证电动机的温度不超过允许值。电动机的工作方式可分为以下三种。

（1）连续工作：指在额定状态下可长期连续工作。如机床、水泵、通风机等设备所用的异步电动机。

（2）短时工作：指在额定状态下，持续运行时间不允许超过规定的时限（分钟），有 15、30、60、90 等四种。否则，会使电机过热。

（3）断续工作：指可按一系列相同的工作周期，以间歇方式运行。如吊车、起重机等。

7.5.2 三相异步电动机的起动

电动机接通电源后开始转动，转速不断上升，直至达到稳定转速．这一过程称为启动。在电动机接通电源的瞬间，转子尚未转动，即 $n=0$，$s=1$。旋转磁场以同步转速 n_0 切割转子导体，在转子导体中产生很大的感应电动势和感应电流，转子电流增大，定子电流也相应地增大，一般是电动机额定电流的 5～7 倍，这就是电动机的启动电流 I_{st}。启动电流虽然很大，但启动时间短（一般为 1～3s），而且随着电动机转速的上升，启动电流会迅速减小，故对于容量不大，且启动不频繁的电动机影响不大。如果连续频繁地启动电动机，则由于热量的积累，可能使电动机过热，故在使用时应特别注意。

电动机的启动电流对线路是有影响的。过大的启动电流会在输电线路上产生较大的电压降，影响接在同一线路上的其他负载的正常工作。例如，电灯瞬间变暗，运行中的电动机转速下降，甚至停转。

根据异步电动机的机械特性，电动机的启动转矩 T_{st} 不大，启动系数只有 1.0～2.2。这是由于启动时，转子感抗大（$X_2 = sX_{20}$），转子功率因数低，故启动转矩较小。而启动转矩小，则会使电动机不能在满载情况下启动，或者启动时间过长。

异步电动机常有如下启动方法。

1．直接启动

利用闸刀开关、交流接触器、空气自动开关等电器将电动机直接接入电源启动，称为直接启动或全压启动。其优点是设备简单，操作方便，启动迅速，但是启动电流大。

一台异步电动机能否直接启动，各地电业部门对此都有规定。

（1）容量在 10kW 及以下的异步电动机允许直接启动。

（2）启动时，电动机的启动电流在供电线路上引起的电压降不超过正常电压的 15%，如果没有独立变压器（与照明共用），则该数值不应超过 5%。

（3）用户有独立的变压器供电时，频繁启动的电动机容量小于变压器容量的 20%时允许直接启动；不频繁启动的电动机容量小于变压器容量的 30%时允许直接启动。

2．降压启动

电动机的容量较大，电源容量不能满足直接启动要求时，为了减小它的启动电流，常采用降压启动的方式。降压启动是利用启动设备，在启动时降低加在定子绕组上的电压，当电动机的转速接近额定转速时，再加全电压（额定电压）运行。由于降低了启动电压，启动电流也就降低了。但因启动转矩正比于启动电压的平方，所以启动转矩显著减小。因此，降压启动只适用于启动时负载转矩不大的情况，如轻载或空载启动。

常用的降压启动方法有以下两种。

（1）星形—三角形（Y—△）换接启动。这种方法只适用于正常运行时定子绕组接成三角形的电动机。图 7-19 是 Y—△换接启动电路图。启动时，将转换开关 Q_{S2} 扳到“启动”位置，使定子绕组接成星形，待电动机的转速接近额定转速时，再迅速将转换开关 Q_{S2} 扳到“运行”位置，定子绕组换接成三角形。

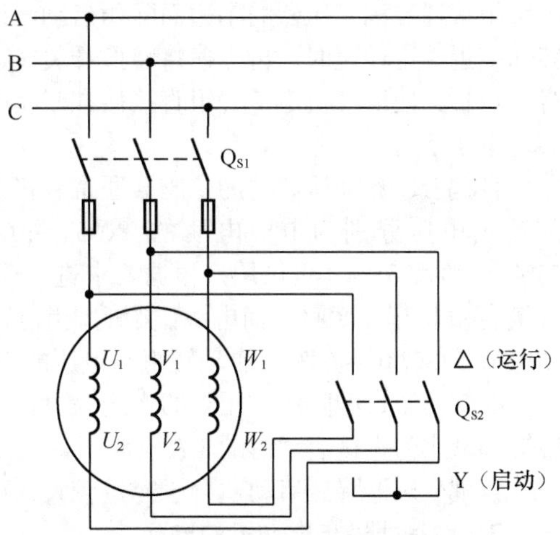

图 7-19　Y—△换接启动电路

如图 7-20（a）所示，设电源的线电压为 U_L，定子绕组启动时的每相阻抗为 Z，当定子绕组 Y 连接降压启动时，线电流 I_{LY} 等于相电流 I_{PY}，即

$$I_{LY} = I_{PY} = \frac{U_L/\sqrt{3}}{|Z|} = \frac{U_L}{\sqrt{3}|Z|} \tag{7-46}$$

当定子绕组△连接直接启动时，如图 7-20（b）所示，其线电流为

$$I_{L\Delta} = \sqrt{3}I_{P\Delta} = \sqrt{3}\frac{U_L}{|Z|} \tag{7-47}$$

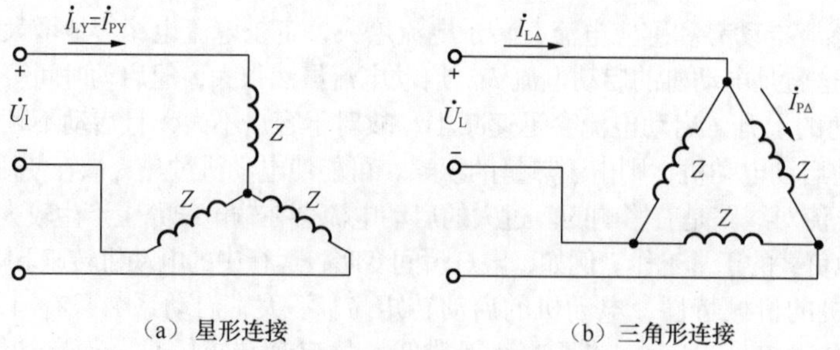

图 7-20　定子绕组星形连接和三角形连接的启动电流

比较以上两式可得：

$$\frac{I_{LY}}{I_{L\Delta}}=\frac{1}{3} \tag{7-48}$$

即采用 Y—△启动时，启动电流只是直接启动时的 1/3。但是，由于启动转矩正比于启动时每相定子绕组电压的平方，故 Y—△启动时，启动转矩也降为全电压启动的 1/3。

Y—△启动具有设备简单、体积小、寿命长、动作可靠等优点，加之现在 Y 系列中小型三相异步电动机（4～100kW）都已被设计为 380V、三角形连接，因此，Y—△启动得到了广泛的应用。

（2）自耦变压器降压启动。图 7-21 是自耦变压器降压启动电路图。启动时，先合上电源开关 Q_{s1}，然后把启动器上的手柄开关扳到“启动”位置，使电动机定子绕组接通自耦变压器的副边而降压启动。待电动机的转速接近额定转速时，再迅速将转换开关 Q_{s2} 扳到“运行”位置，使电动机定子绕组直接接在三相电源上，在额定电压下运行。

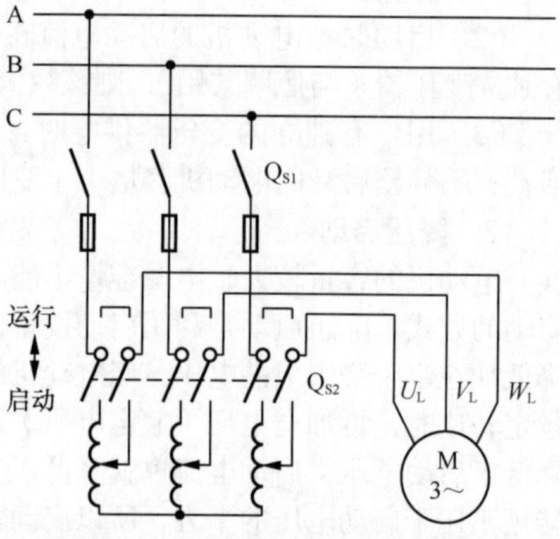

图 7-21　自耦变压器降压启动电路

自耦变压器降压启动的变压器通常有多个抽头，使其输出电压分别为电源电压的 80%、60%、40%或 73%、64%、55%，可供用户根据要求进行选择。如选用 80%抽头启动时，电动机的启动电流只有直接启动电流的 80%。而电源供给的线电流（即自耦变压器的一次电流 I_L）$I_L=0.8I_2$，只有直接启动电流的$(80\%)^2=64\%$。启动转矩与电压的平方成正比，也只有直接启动时的 64%。

故知，若自耦降压变压器的变比为 $K(K>1)$，则启动时的启动电流（变压器原边电流）和启动转矩均减小为直接启动时的 $1/K^2$。

自耦变压器降压启动适合于容量较大或正常运行时 Y 连接的鼠笼式异步电动机。

3．绕线式异步电动机的启动

绕线式异步电动机由于它的转子电路可以经过滑环和电刷与外电路接通，故可采用在转子电路中串接电阻的方法来改善它的启动性能。启动时转子电路中接入适当的电阻 R_{st}，使转子电流减小，定子电流也相应减小，达到减小启动电流的目的。同时，转子电路中串入电阻后，还可提高转子电路的功率因数 $\cos\varphi_2$，即可提高启动转矩，如图 7-22 所示。

启动时，先将全部电阻串入转子电路，再合上电源开关，电动机开始转动。随着电动机转速的逐渐升高，逐级减小启动电阻，当转速升高到额定值时，启动电阻全部切除，并将转子绕组短接，使电动机正常运行。

绕线式异步电动机可以重载启动，对于启动频繁且要求启动转矩较大的机械，如吊车等都是合适的。

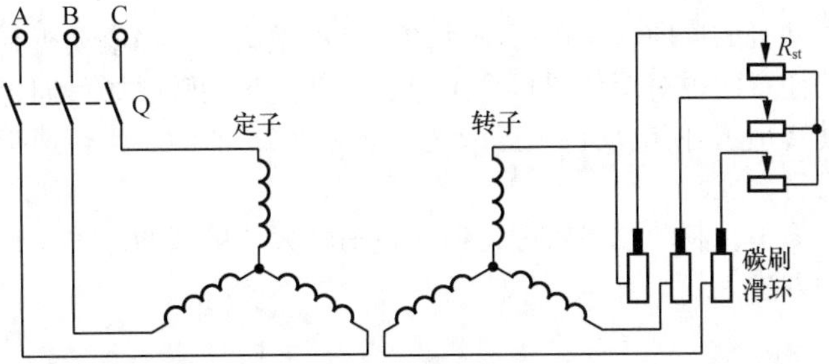

图 7-22　绕线式异步电动机启动时的接线图

7.5.3　三相异步电动机的调速和正反转

所谓调速是指负载不变时，根据需要人为地改变电动机的转速，根据式（7-45）可得

$$n=(1-s)n_0=(1-s)\frac{60f_1}{p} \tag{7-49}$$

由此式可以看出，异步电动机可通过改变电源频率 f_1 或极对数 p 实现调速。在绕线式异步电动机中也可用改变转子电阻的方法调速。

1．变频调速

变频就是改变异步电动机供电电源的频率。图 7-23 所示为变频调速装置的方框图。整流器先将 50Hz 的交流电变换成直流电，再由逆变器将直流电逆变为频率和电压连续可调的三相交流电，从而实现了三相异步电动机的无级调速。

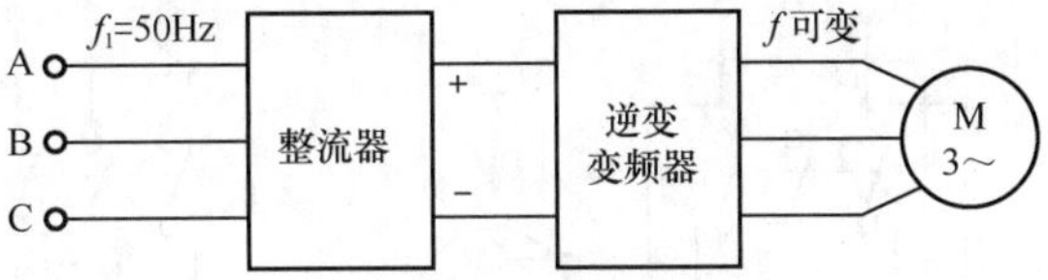

图 7-23　变频调速装置

2．变极调速

对于三相异步电动机来说，可通过改变其定子绕组的接法实现改变旋转磁场的极对数 p，从而达到改变电动机转速的目的，这种方法称为变极调速，这种电动机称为多速电动机。然而，这种调速是有级的，不能平滑调速。

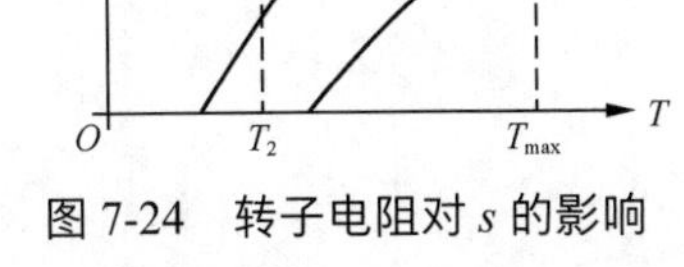

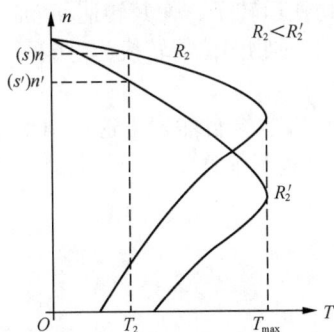

图 7-24　转子电阻对 s 的影响

3．电阻调速

绕线式异步电动机的调速是通过改变串接在转子电路中的电阻而进行的。在图 7-24 中，转子电阻从 R_2 增加到 R_2' 时，若负载转矩 T_2 不变，则转差率由 s 增大到 s'，相应的转速也从 n 下降到 n'，由于转速变化时，s 随之而变，故这种方法又称为改变转差率调速。

三相异步电动机的转向取决于旋转磁场的转向，所以要使电动机反转，只需要将定子绕组上的三根电源线中的任意两根对调，改变接入电动机电源的相序，使旋转磁场反转即可。

7.5.4　三相异步电动机的制动

制动又称刹车。当切断电动机的电源后，由于转子的惯性作用，电动机将继续转动一段时间才能停下来。在生产中，为了提高生产率，保证产品质量及安全，常要求电动机能迅速地停止转动，这时就需要对电动机进行制动。

制动的方法有机械的方法和电气的方法及机电结合的方法。下面介绍常用的电气制动方法。

1．反接制动

反接制动是利用电动机的反向转矩进行制动的。具体做法为，当电动机制动时，在切断电源后将电源的三根导线中的任意两根对调位置再合上电源，使同步旋转磁场反向，产生与转子旋转方向相反的电磁转矩（制动转矩），使电动机迅速减速，如图 7-25 所示。当转速接近零时，必须立即切断电源，否则，电动机将会反转。

反接制动的特点是简单，制动效果较好，但能量消耗大，机械冲击大。有些中小型车床和机床主轴的制动多采用这种方法。

2．能耗制动

能耗制动是在电动机断电后，立即在定子绕组通入直流电流，产生一个固定的磁场，由于转子仍继续朝原方向惯性运行，转子导体切割这个固定磁场的磁力线，产生感应电动势和感应电流。根据右手定则和左手定则不难确定，这时的转子电流与固定磁场相互作用产生的转子转矩的方向与电动机转动的方向相反，因而起到制动作用。制动转矩的大小与直流电流的大小有关。直流电流的大小约为电动机额定电流的 0.5～1 倍。图 7-26 是能耗制动的原理图。这种方法是消耗转子动能（转换成电能）来进行制动的，故称为能耗制动。其特点是制动平稳准确，能耗小，但需另加直流电源。

3．发电反馈制动

当转子转速 n 超过旋转磁场的转速 n_0 时，这时的转矩也是制动的，如图 7-27 所示。

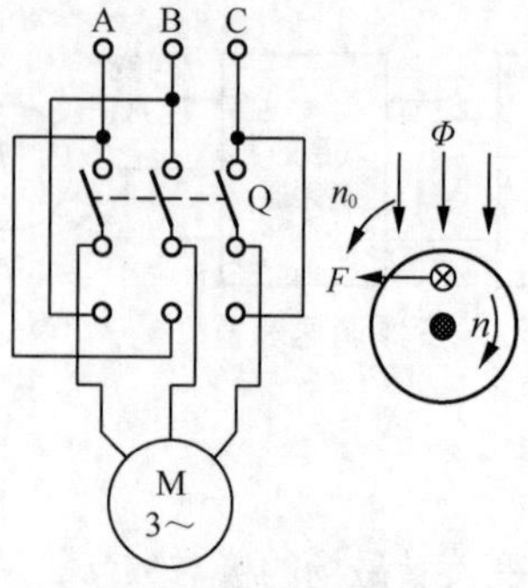

图 7-25　反接制动

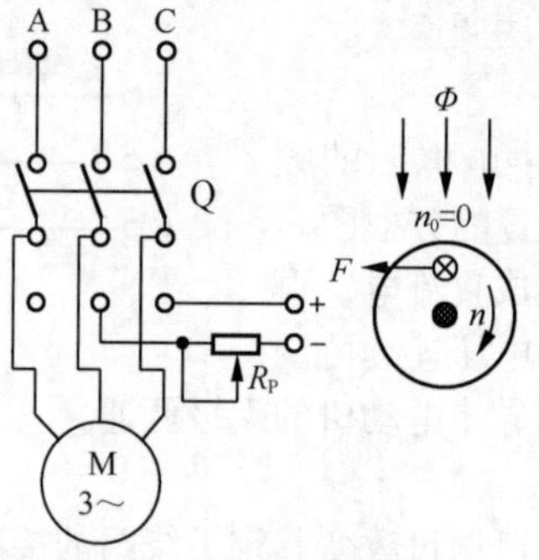

图 7-26　能耗制动

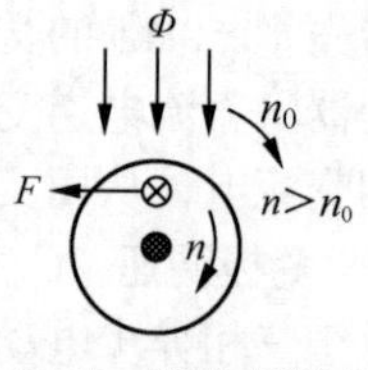

图 7-27　发电反馈制动

例如，当起重机快速下放重物时，就会发生这种情况。这时重物托运转子，使其转速 $n>n_0$，重物受到制动而等速下降。同时，电动机已经转入发电机运行状态，将重物的位能转换为电能而反馈到电网中，故称为发电反馈制动。

另外，当通过改变极对数的多速电动机从高速调到低速的过程中，也会自然发生这种制动过程。因为在极对数 p 加倍时，磁场转速立即减半，但由于惯性，转子转速只能逐步下降，因此就出现 $n>n_0$ 的情况。

7.6 低压电器及可编程控制器

7.6.1 常用低压电器

低压电器是指额定电压低于 1kV、具有控制和保护功能的电气设备，是控制系统中最常用的电气设备。电动机或其他电气设备的接通或断开均需使用低压电器。

工业企业中常用的控制电器有闸刀开关、组合开关、按钮、接触器、继电器等；保护电器有熔断器、自动空气开关、热继电器等。它们大都具有接通或断开电路的作用，也就是说，可将它们看成不同性质用途的开关。

低压电器按动作性质又可分为手动控制电器和自动控制电器两类。手动控制电器是由工作人员手动操作的，如闸刀开关、组合开关、按钮等；而自动控制电器则按照指令、信号或某个物理量的变化而自动动作，如各种继电器、接触器和行程开关等。读者可查阅相关资料了解详细情况。

7.6.2 可编程控制器

可编程控制器（Programmable Logic Controller，PLC 或 PC）是一种带有指令存储器、数字的或模拟的输入 / 输出接口，以位运算为主，能完成逻辑、顺序、定时、计数和算术运算等功能，用于控制机器或生产过程的自动控制装置。

PLC 是将 3C 技术，即微型计算机技术、控制技术及通信技术融为一体，应用到工业控制领域的一种高可靠性控制器，是当代工业生产自动化的重要支柱。它是专为工业环境下应用而设计的工业控制计算机。

PLC 的硬件结构主要包括中央处理器、存储器、输入输出单元（I/O）接口、电源及外围编程设备等部分。其结构框图如图 7-28 所示。

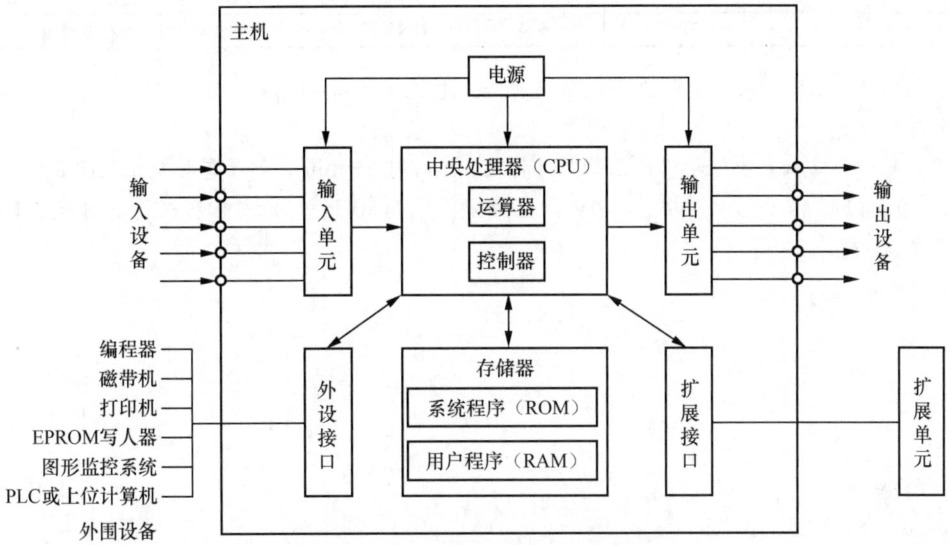

图 7-28　PLC 的硬件系统结构框图

PLC 是一种专用的工业控制计算机，其工作原理建立在计算机控制系统工作原理的基础上。为了可靠地应用在工业环境下，便于现场电气技术人员的使用和维护，它有大量的接口器件、特定的监控软件、专用的编程器件。所以，不但其外观不像计算机，其操作使用方法、编程语言以及工作过程与计算机控制系统也是有区别的。详细的情况读者可查阅相关资料了解详细情况。

《习　题》

7-1　变压器的结构有哪些主要部件？各部件的作用是什么？

7-2　变压器在电路有哪些功能？

7-3　自耦变压器与变通变压器有什么不同？

7-4　如题 7-4 图所示电路中，已知 $N_1 = 200$ 、$N_2 = 100$ 、$R_s = 100\Omega$ 、$U_s = 20V$ 。求 R_L 为何值时可获得最大功率并求此最大功率 P_{max} 。

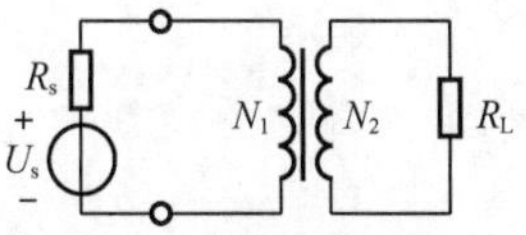

题 7-4 图

7-5　简述三相异步电动机的主要结构。

7-6 转子绕线式异步电动机与鼠笼式异步电动机的转子有什么不同？

7-7 三相异步电动机的转速为什么与同步转速不一致？

7-8 转差率与转速在同一坐标系中的关系是怎样的？

7-9 查阅网上有关三相异步动机的铭牌数据，并说明各参数的含义。

7-10 三相异步电动常用起动方式有几种？各有什么特点？

7-11 什么叫反接制动和能耗制动？各有什么特点？

7-12 异步电动机有哪些调速方式？各有什么特点？

7-13 某三相异步电动机的额定转速为 720r/min，确定其的同步转速，磁极对数，并计算它的转差率。

7-14 已知某三相异步电动机的参数如题 7-14 表所示。

题 7-14 表

功率	转速	电压	效率	功率因数	I_{st}/I_N	T_{st}/T_N	T_{max}/T_N
5.5kW	1410r/min	380V	85.5%	0.85	7	2	2.2

电源频率为 50Hz。求额定状态下的转差率 s、电流 I_N 和转矩 T_N，以及起动电流 I_{st}、起动转矩 T_{st}、最大转矩 T_{max}。

7-15 有一台三相异步电动机，已知额定转速 $n_N = 1410\text{r}/\text{min}$、转子每相绕组电阻 $R_2 = 0.04\Omega$、感抗 $X_{20} = 0.04\Omega$、转子电动势 $E_{20} = 10\text{V}$、电源频率 $f_1 = 50\text{Hz}$。求该电动机起动时及在额定转速时的转子电流 I_2。

第 8 章

半导体及二极管电路

【本章简介】

本章介绍半导体及二极管电路，具体内容为半导体基础知识、二极管、二极管应用电路分析、特殊二极管。

8.1 半导体基础知识

自然界的各种物质，按导电性能的不同，可分为导体、绝缘体和半导体三类。金属如银、铜、铝等因为其内部存在可自由移动的带电粒子，所以都是良好的导体。塑料、橡胶、陶瓷等物体因为其内部几乎没有带电粒子，即使外加很高的电压也基本无电流通过，所以都是绝缘体。而导电能力介于导体和绝缘体之间的物质，如硅（Si）、锗（Ge）等就称为半导体。

8.1.1 半导体的特性

目前用来制造电子器件的材料主要是硅（Si）、锗（Ge）和砷化镓（GaAs）等，它们的导电能力会随温度、光照或掺入某些杂质而发生显著变化。

当半导体的温度升高时，它的导电性能就会随着温度的升高而增强，这种特性称为热敏性。利用半导体的热敏性可制成热敏元件，如热敏电阻。

当半导体受到光的照射时，它的导电性能会随光照的增强而增强，这种特性称为光敏性。利用半导体的光敏性可制成光敏元件，如光敏电阻、光敏二极管等。

有目的地往纯净半导体中掺入微量杂质，可使其导电能力增加几十万甚至几百万倍，这种特性称为掺杂特性。利用这一特性可以制成晶体二极管、晶体三极管等半导体器件。

8.1.2 本征半导体

将锗、硅等半导体材料提纯后形成的具有晶体结构的半导体称为本征半导体。

硅和锗都是四价元素，其原子结构中最外层轨道上有四个价电子，其简化模型如图 8-1 所示。图中圆圈内的数字表示原子核具有的正电荷数；虚线上的黑点表示电子。

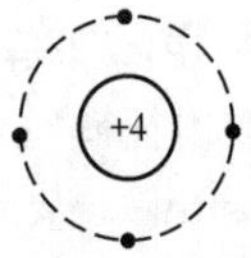

图 8-1 原子的简化模型

在本征硅和锗的单晶中，原子按一定间隔排列成有规律的空间点阵（称为晶格）。由于原子间相距很近，电子不仅受到自身原子核的约束，还受到相邻原子核的吸引，使得每个电子为相邻原子所共有，从而形成共价键。这样，四个价电子与相邻的四个原子中的价电子分别组成四对共价键，依靠共价键使晶体中的原子紧密地结合在一起。图 8-2 是单晶硅或锗的共价键结构，图中表示的是晶体的二维结构，实际结构是三维的。共价键中的电子，受原子核的吸引，不能自由移动，是束缚电子，不能参与导电。

在绝对零度下，所有价电子都被束缚在共价键内，晶体中没有自由电子，半导体不能导电。当温度升高时，电子因热激发而获得能量，部分价电子挣脱共价键的束缚离开原子而成为自由电子，同时在共价键内留下了空位，如图 8-3 所示。由于空位处没有电子，使得该处所属原子核多出了一个未被抵消的正电荷，相邻共价键内的电子在正电荷的吸引下会填补这个空位，因而空位又会移到别处。因此，空位便可在晶体内自由移动。空位相当于带有一个电子电量的正电荷，能在电场作用下作定向运动。因此，可把空位视为一种带正电荷的粒子，称为空穴。

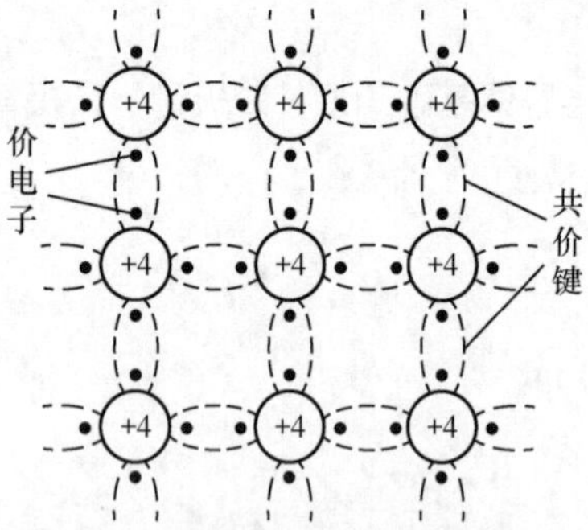

图 8-2 单晶硅和锗的共价键结构

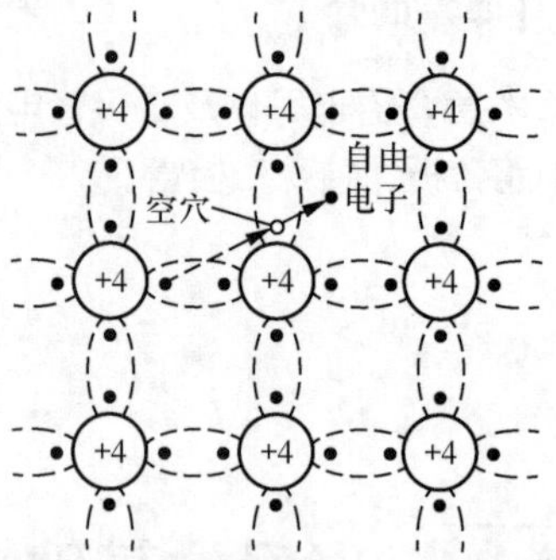

图 8-3 本征激发产生电子和空穴

本征半导体受外界能量（热能、电能和光能等）激发，同时产生电子、空穴对的过程，称为本征激发。

本征半导体中本征载流子（电子、空穴）的浓度随温度升高近似按指数规律增大，所以其导电性能对温度的变化非常敏感。

8.1.3 杂质半导体

在本征半导体中，有选择地掺入少量其他元素，会使其导电性能发生显著变化。这些少量元素被称为杂质。根据掺入的杂质不同，有 N 型半导体和 P 型半导体两种。

1. N 型半导体

硅（或锗）为四价元素，在本征硅（或锗）中掺入少量的五价元素，如磷、砷、锑等，就得到 N 型半导体，N 来自英文 Negative。这时，杂质原子替代了晶格中的某些硅原子，它的四个价电子和周围四个硅原子组成共价键，而多出的一个价电子只能位于共价键之外，成为自由电子。

杂质原子失去一个价电子后，便成为正离子。由于杂质离子被束缚在晶格中，不能自由移动，所以不能参与导电。

在 N 型半导体中，本征激发照旧进行，产生电子、空穴对。但由于掺杂后的电子数目大大增加，使得空穴与电子复合的机会也相应增多，从而使空穴浓度值远低于它的本征浓度值。因此，在这类半导体中，电子浓度远大于空穴浓度。由于电子占多数，故称之为多数载流子，简称多子；而空穴占少数，故称之为少数载流子，简称少子。N 型半导体主要靠电子导电。

在 N 型半导体中，整个半导体是电中性的。

2. P 型半导体

在本征硅（或锗）中掺入少量的三价元素，如硼、铝、铟等，就得到 P 型半导体，P 来自英文 Positive。杂质原子替代晶格中的某些硅原子，其三个价电子和相邻的四个硅原子组成共价键时会出现一个空位，形成空穴。这类半导体中，空穴远大于电子浓度，为多数载流子，导电主要靠空穴。

在 P 型半导体中，整个半导体也是电中性的。

8.1.4 半导体中的电流

了解了载流子的情况后，现在来讨论半导体中的两种电流。

1．漂移电流

在电场作用下，半导体中的载流子作定向漂移运动形成的电流，称为漂移电流。它类似于金属导体中的传导电流。

半导体中有两种载流子——电子和空穴，当外加电场时，自由电子逆电场方向作定向运动，形成电子电流 I_N，而空穴顺着电场方向作定向运动（实际是由电子逆电场方向依次与旧的空穴结合进而产生新的空穴），形成空穴电流 I_P。由于 I_N 和 I_P 的方向一致，因此，半导体中的总电流为两者之和，即 $I=I_N+I_P$。

漂移电流的大小由半导体中载流子浓度、迁移速度及外加电场的强度等因素决定。

2．扩散电流

在半导体中，因某种原因使载流子的浓度分布不均匀时，载流子会从浓度大的区域向浓度小的区域作扩散运动，从而形成扩散电流。

半导体中某处的扩散电流主要取决于该处载流子的浓度差（即浓度梯度）。浓度差越大，扩散电流也就越大，与该处的浓度值并无关系。

PN 结及其特性

8.1.5 PN 结及其特性

通过掺杂工艺，把本征硅（或锗）片的一边做成 P 型半导体，另一边做成 N 型半导体，这样在它们的交界面处会形成一个很薄的特殊物理层，称为 PN 结。PN 结是构造半导体器件的基本单元。其中，最简单的晶体二极管就由一个 PN 结构成。因此，讨论 PN 结的特性实际上就是讨论晶体二极管的特性。

1．PN 结的形成

P 型半导体和 N 型半导体有机地结合在一起时，因为 P 区一侧空穴多，N 区一侧电子多，所以在它们的界面处存在空穴和电子的浓度差。于是 P 区中的空穴会向 N 区扩散，并在 N 区被电子复合。而 N 区中的电子也会向 P 区扩散，并在 P 区被空穴复合。这样在 P 区和 N 区分别留下了不能移动的受主负离子和施主正离子。上述过程如图 8-4（a）所示。结果在界面的两侧形成了由等量正、负离子组成的空间电荷区，如图 8-4（b）所示。

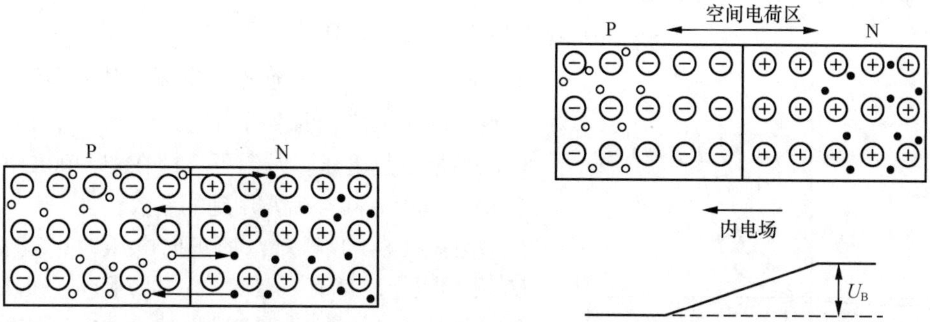

（a）空穴和电子的扩散　　（b）平衡时的PN结

图 8-4　PN 结的形成

由于空间电荷区的出现，在界面处产生了电位差 U_B，形成了一个方向由 N 区指向 P 区的内电场。该电场一方面会阻止多子的扩散，另一方面会引起少子的漂移，即 P 区中的电子向 N 区漂移，N 区中的空穴向 P 区漂移。少子漂移的结果是使界面两侧的正、负离子成对减少。因此，在界面处发生着多子扩散和少子漂移两种对立的运动趋向。

开始时，扩散运动占优势，随着扩散运动的不断进行，界面两侧显露出的正、负离子逐渐增多，空间电荷区展宽，使内电场不断增强，于是漂移运动随之增强，而扩散运动相对减弱。最后，因浓度差而产生的扩散力被电场力所抵消，使扩散和漂移运动达到动态平衡。这时，虽然扩散和漂移仍在不断进行，但通过界面的净载流子数为零。平衡时，空间电荷区的宽度一定，U_B 也保持一定，如图 8-4（b）所示。

由于空间电荷区内没有载流子，所以空间电荷区也称为耗尽区（层）。又因为空间电荷区的内电场对扩散有阻挡作用，好像壁垒一样，所以又称它为阻挡区或势垒区。

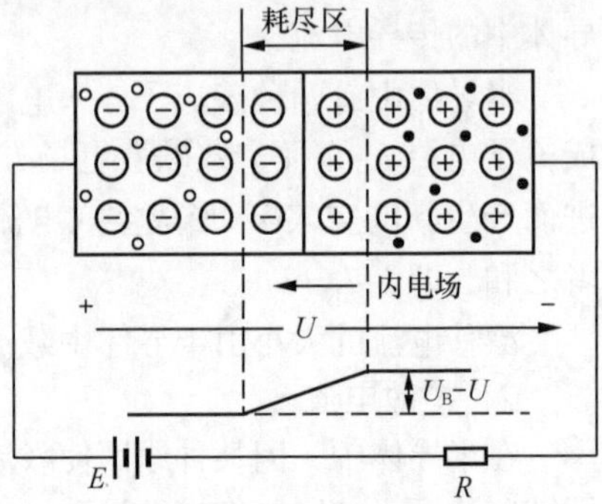

图 8-5 正向偏置的 PN 结

2．PN 结的单向导电特性

（1）PN 结加正向电压

使 P 区电位高于 N 区电位的接法，称 PN 结加正向电压或正向偏置（简称正偏），如图 8-5 所示。由于耗尽层相对 P 区和 N 区为高阻区，所以外加电压绝大部分都降在耗尽区。在外加电压作用下，多子被强行推向耗尽区中和部分正、负离子，使耗尽区变窄，内电场变弱。这样就破坏了原来扩散与漂移的平衡，从而有利于多子的扩散。此时，多子源源不断地扩散到对向区域，并通过外回路形成正向电流。正偏后，耗尽区两端的电位差变为 $U_B - U$，但因为 U_B 较小，一般只有零点几伏，所以不大的正向电压就可使内电场有明显的削弱，产生很大的正向电流。而当正向电压有微小变化时，也会引起正向电流较大的变化。

（2）PN 结加反向电压

使 P 区电位低于 N 区电位的接法，称 PN 结加反向电压或反向偏置（简称反偏）。由于反向电压与 U_B 的极性一致，因而耗尽区两端的电位差变为 $U_B + U$。此时，外电场强行将多子推离耗尽区，让更多的正、负离子显露出来，使耗尽区变宽，内电场增强。结果多子的扩散很难进行，而有助于少子的漂移。越过界面的少子，通过外回路形成反向（漂移）电流。反向电流很小，而且几乎不随外加电压的增大而增大。

综上所述，PN 结加正向电压时，电流很大，并随外加电压变化有显著变化；而加反向电压时，电流极小，且不随外加电压变化。因此，PN 结具有单向导电的特性。

（3）PN 结电流方程

研究表明，流过 PN 结的电流 i 与外加电压 u 之间的关系为

$$i = I_S(e^{qu/kT} - 1) = I_S(e^{u/U_T} - 1) \tag{8-1}$$

式（8-1）中，I_S 为反向饱和电流，其大小与 PN 结的材料、制作工艺、温度等有关；$U_T = kT/q$，称为温度的电压当量或热电压。常温下，即在 T=300K 时，U_T = 26mV，这是一个今后常用到的参数。

由式（8-1）可知，加正向电压时，只要 u 大于 U_T 几倍以上，就有 $i \approx I_S e^{u/U_T}$，即 i 随 u 呈指数规律变化；加反向电压时，只要 $|u|$ 大于 U_T 几倍以上，则 $i \approx -I_S$（负号表示与正向参考电流方向相反）。由式（8-1）可画出 PN 结的伏安特性曲线，如图 8-6 所示。图中还画出了反向电压达到一定值时，反向电流突然增大的情况。

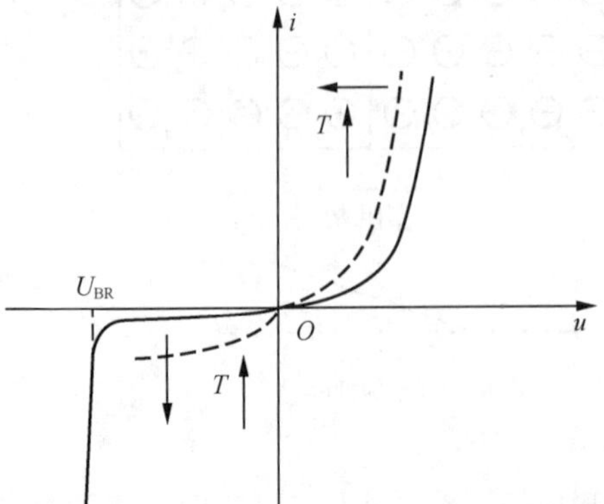

图 8-6 PN 结的伏安特性

3．PN 结的击穿特性

由图 8-6 看出，当反向电压超过 U_{BR} 后稍有增加时，反向电流会急剧增大，这种现象称为 PN 结击穿，U_{BR} 定义为 PN 结的击穿电压。PN 结发生反向击穿的情况可以分为雪崩击穿和齐纳击穿两种，具体情况可参见其他资料，这里不作进一步介绍。

4．PN 结的温度特性

PN 结的伏安特性对温度变化敏感，温度升高，正向特性左移，反向特性下移，如图 8-6 中的虚线所示。

为保证 PN 结的存在，必须对最高工作温度有一个限制，硅材料的最高工作温度约为 150℃，锗材料的最高工作温度约为 75℃。

8.2 二极管

8.2.1 二极管的结构

晶体二极管由 PN 结加上电极引线和管壳构成，其结构示意图和电路符号分别如图 8-7（a）、（b）所示。符号中，接到 P 区的引线称为正极（或阳极），接到 N 区的引线称为负极（或阴极）。

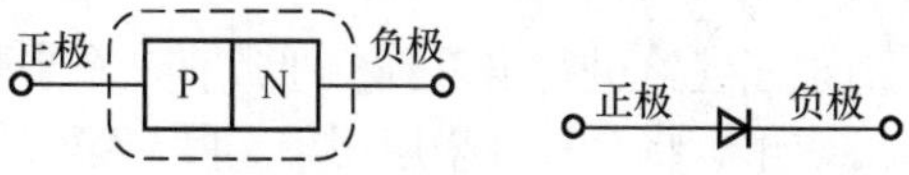

（a）结构示意图 （b）电路符号

图 8-7 晶体二极管的结构示意图及电路符号

利用 PN 结的特性，可以制造出多种不同功能的晶体二极管，如普通二极管、稳压二极管、发光二极管、光电二极管等。其中，具有单向导电特性的普通二极管应用最广。

8.2.2 二极管的伏安特性曲线

普通二极管的典型伏安特性曲线如图 8-8 所示。

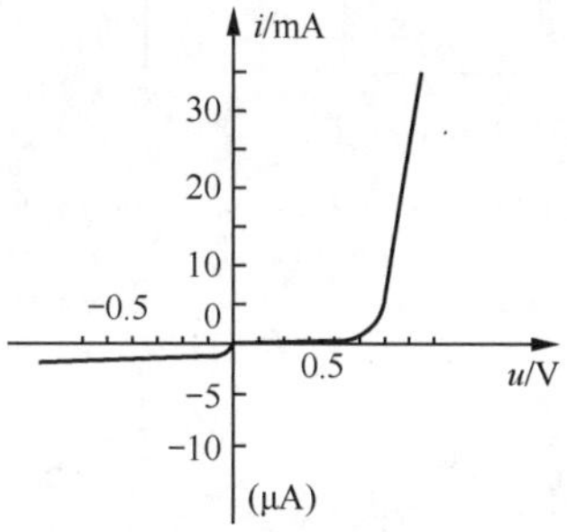

图 8-8 二极管的典型伏安特性曲线

实际二极管由于引线的接触电阻、P 区和 N 区的体电阻以及表面漏电流等影响，其伏安特性与 PN 结的伏安特性略有差异。由图 8-8 可以看出，实际二极管的伏安特性有如下特点。

1．正向特性

正向电压只有超过某一数值时，才有明显的正向电流。这一电压称为导通电压或死区电压，用 $U_{D(on)}$ 表示。室温下，硅管的 $U_{D(on)}=(0.5\sim0.6)V$，锗管的 $U_{D(on)}=(0.1\sim0.2)V$。

正向特性在小电流时，按指数规律变化，电流较大以后近似按直线上升。这是因为大电流时，P 区、N 区的体电阻和引线接触电阻的作用明显了，能使电压、电流呈近似的线性关系。

2．反向特性

由于表面漏电流的影响，二极管的反向电流要比 PN 结的 I_S 大得多。而且反向电压加大时，反向电流也略有增大。尽管如此，对于小功率二极管，其反向电流仍很小，硅管一般小于 1μA，锗管一般为几十微安。

8.2.3 二极管的主要参数

除了用伏安特性曲线表示二极管的特性外，还可用参数表征二极管的特性。

1．最大整流电流 I_{FM}

I_{FM} 是指二极管长期使用时，允许流过二极管的最大正向平均电流。当电流超过允许值时，PN 结会过热从而导致二极管损坏。

2．反向工作峰值电压 U_{RM}

U_{RM} 是指保证二极管不被击穿所能承受的最高反向电压峰值。为了确保二极管安全工作，相关手册中给出的 U_{RM} 一般是反向击穿电压的一半或三分之二，实际应用时要注意保证二极管所承受的最大反向电压不得超过 U_{RM}。

3．反向峰值电流 I_{RM}

I_{RM} 是指室温条件下二极管加上最高反向电压时的反向电流。其值越大，说明二极管的单向导电性越差。反向电流由价电子获得热能挣脱共价键的束缚而产生，受温度影响较大，温度越高反向电流越大。

8.3 二极管应用电路分析

8.3.1 二极管的模型电路

对电子线路进行定量分析通常有三个步骤：通过模型化过程构建出模型电路，对模型电路列写方程并求解，将计算结果应用于实际。第 1 章中的图 1-2 已说明了这一情况。

图 1-2 中，模型化为关键环节。只有构建出正确的模型电路，才可能得到正确的分析结果。一个具体的实际电路，其模型化结果可有多种，分析时采用何种模型需根据实际电路的工作状况及分析的精度要求来确定。

二极管是一种非线性电阻（导）元件，在大信号工作时，其非线性主要表现为单向导电性，而导通后所呈现的非线性往往是次要的，此时实际二极管的伏安特性曲线可用图 8-9（a）表示，对应的模型电路如图 8-9（b）所示。

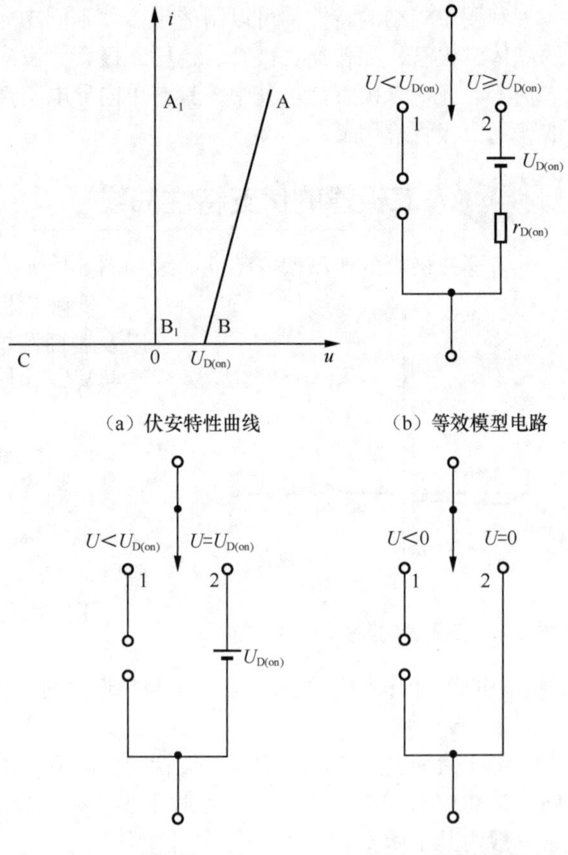

（a）伏安特性曲线　（b）等效模型电路

（c）简化模型电路　（d）理想二极管的模型电路

图 8-9　二极管折线近似特性曲线及其三种模型电路

图 8-9（a）中，AB 段表示二极管导通，BC 段表示二极管截止，而交点 B 处所对应的电压 $U_{D(on)}$为导通与截止的分界点电压。图 8-9（b）表明，二极管截止（$u<U_{D(on)}$）时等效为开路，导通（$u\geqslant U_{D(on)}$）时等效为 $U_{D(on)}$和 $r_{D(on)}$的串联。其中 $U_{D(on)}$为二极管导通时的管压降，通常硅管取 0.7V，锗管取 0.3V；$r_{D(on)}$为二极管的导通电阻（对应直线 AB 的斜率），一般为几十欧姆。

从另外一个角度看，图 8-9（b）所示的电路模型相当于是一个开关。二极管截止时相当于开关打开，导通时相当于开关闭合。而 $U_{D(on)}$和 $r_{D(on)}$则分别是该二极管开关在闭合时的损耗电压和损耗电阻。当损耗电阻 $r_{D(on)}$与电路中其他电阻相比可忽略时，模型电路又可以近似为图 8-9（c），即简化模型电路。而当损耗电压 $U_{D(on)}$也能忽略时，模型电路就变为理想开关，如图 8-9（d）所示。这时，二极管的特性曲线相当于图 8-9（a）中的折线 A_1B_1C，具有这种特性的二极管称为理想二极管。

图 8-9 中的三种模型电路，模拟了大信号作用下二极管的特性，实际中，图 8-9（c）、图 8-9（d）所示的两种模型是最常用的。

由于大信号工作时的二极管相当于开关，所以在分析二极管电路时，必须首先判断二极管是正向导通还是反向截止，然后再根据结果确定二极管的等效模型电路，从而把二极管电路转变为特定条件下的线性电路，以方便进行理论分析和计算。

8.3.2 二极管的基本应用电路

利用二极管的单向导电特性，可实现整流、限幅及电平选择等功能。

1. 整流电路

把交流电变为直流电，称为整流。一个简单的二极管半波整流电路如图 8-10（a）所示。若二极管为理想二极管，当输入一正弦波时，由图可知：正半周时，二极管导通（相当开关闭合），$u_o=u_i$；负半周时，二极管截止（相当开关打开），$u_o=0$。输入、输出波形如图 8-10（b）所示。整流电路可用于信号检测，也是直流电源的一个组成部分。

2. 限幅电路

限幅电路是一种能把输入电压的变化范围加以限制的电路，常用于波形变换和整形。限幅电路的传输特性如图 8-11 所示，图中 U_{1H}、U_{1L} 分别称为上门限电压和下门限电压。可见，当 $u_i \geqslant U_{1L}$ 或 $u_i < U_{1H}$ 时，输出电压正比于输入电压。当 $u_i \geqslant U_{1H}$ 或 $u_i < U_{1L}$ 时，输出电压 u_o 将被限制在最大值 U_{omax} 或最小值 U_{omin} 上。换言之，电路会把输入信号中超出 U_{1H}、U_{1L} 的部分削去。由于有两个门限电压，对应于该特性的电路称为双向限幅电路。此外，还存在单向限幅电路。

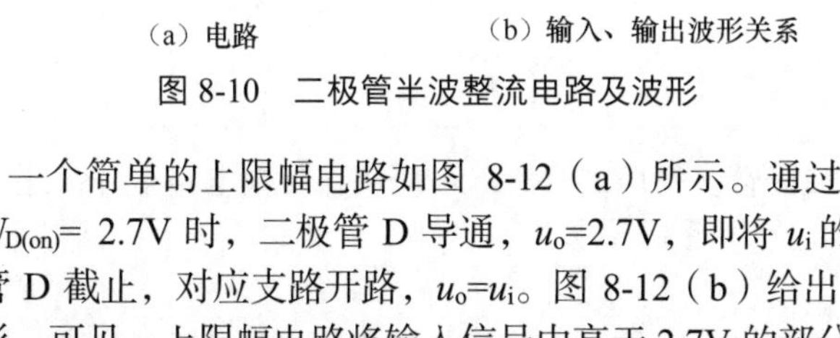

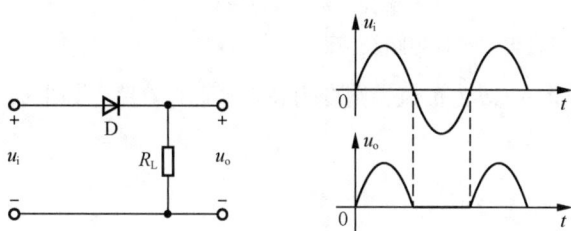

（a）电路　（b）输入、输出波形关系

图 8-10　二极管半波整流电路及波形

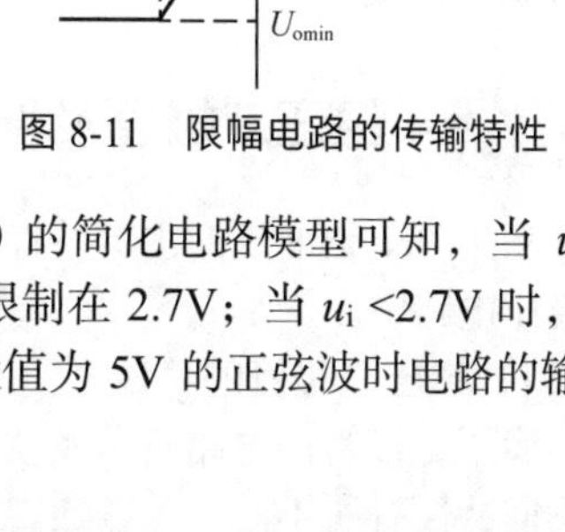

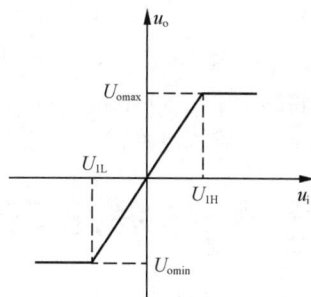

图 8-11　限幅电路的传输特性

一个简单的上限幅电路如图 8-12（a）所示。通过图 8-9（c）的简化电路模型可知，当 $u_i \geqslant E+U_{D(on)}=2.7V$ 时，二极管 D 导通，$u_o=2.7V$，即将 u_i 的最大电压限制在 2.7V；当 $u_i<2.7V$ 时，二极管 D 截止，对应支路开路，$u_o=u_i$。图 8-12（b）给出了输入最大值为 5V 的正弦波时电路的输出波形，可见，上限幅电路将输入信号中高于 2.7V 的部分削平了。

3. 电平选择电路

从多路输入信号中选出最低电平或最高电平的电路，称为电平选择电路。一种二极管低电平选择电路如图 8-13（a）所示。设两路输入信号 u_1、u_2 均小于 E。表面上看似乎 D_1、D_2 都能导通，但实际上若 $u_1 < u_2$，则 D_1 导通后将把 u_o 限制在低电平 u_1 上，使 D_2 截止。反之，若 $u_2 < u_1$，则 D_2 导通，使 D_1 截止。只有当 $u_1 = u_2$ 时，D_1、D_2 才能都导通。可见，该电路能选出任意时刻两路信号中的低电平信号。图 8-13（b）画出了当 u_1、u_2 为方波时，输出端选出的低电平波形。如果把高于 2.3V

的电平当作高电平，并作为逻辑 1，把低于 0.7V 的电平当作低电平，并作为逻辑 0，由图 8-13（b）可知，输出与输入之间是逻辑与的关系。因此，当输入为数字量时，该电路也称为与门电路。

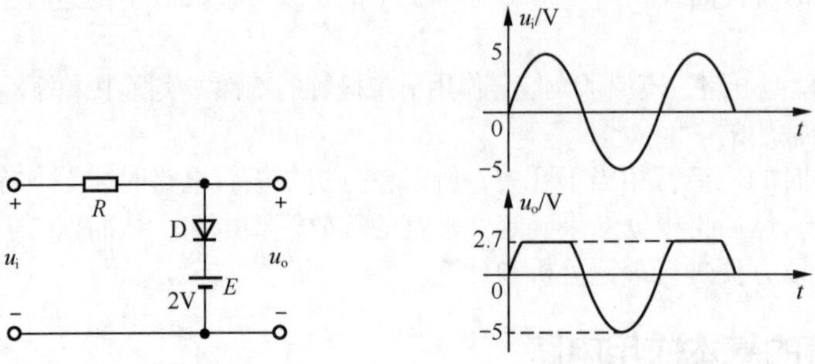

（a）电路　　（b）输入、输出波形关系

图 8-12　二极管上限幅电路及波形

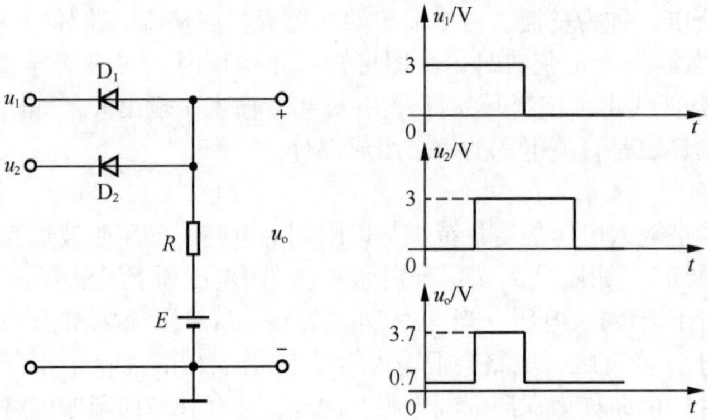

（a）电路　　（b）输入、输出波形关系

图 8-13　二极管低电平选择电路及波形

将图 8-13（a）电路中的 D_1、D_2 反接，将 E 改为负值，则变为高电平选择电路。如果输入也为数字量，则该电路就变为或门电路。

8.4 特殊二极管

8.4.1 稳压二极管及稳压电路

利用 PN 结的反向击穿特性可制成稳压二极管。稳压二极管除可应用在限幅电路中外，还可用于稳压电路中。

1. 稳压二极管的特性

稳压二极管的电路符号及伏安特性曲线如图 8-14 所示，其正向特性与一般二极管基本相同，但反向特性有所不同。与普通二极管相比，稳压管有两个显著的特点，一是其反向击穿电压即稳压值比较低，反向的伏安特性曲线比较陡；二是其反向击穿可逆，当外加电压去掉后又恢复常态，故可长期工作于反向击穿状态下。从反向的伏安特性曲线上可以看出，稳压管的反向电压达到击穿电压后，其流过的反向电流可以在很宽范围内变化，而电压几乎不变，稳压管就是利用这一特性在电路中起稳定电压作用的。稳压二极管击穿后，电流急剧增大，管耗相应增大。因此必须限制击穿电流，以保证稳压二极管的安全。

2．稳压二极管稳压电路

稳压二极管稳压电路如图 8-15 所示。图中 U_i 为有波动的单极性输入电压，并满足 $U_i > U_Z$。R 为限流电阻，R_L 为负载。只要输入电压 U_i 在超过 U_Z 的范围内变化，负载电压 U_o 就一直稳定在 U_Z 上。即当电源电压波动或其他原因造成电路各点电压变动时，稳压管可保证负载两端的电压基本不变。

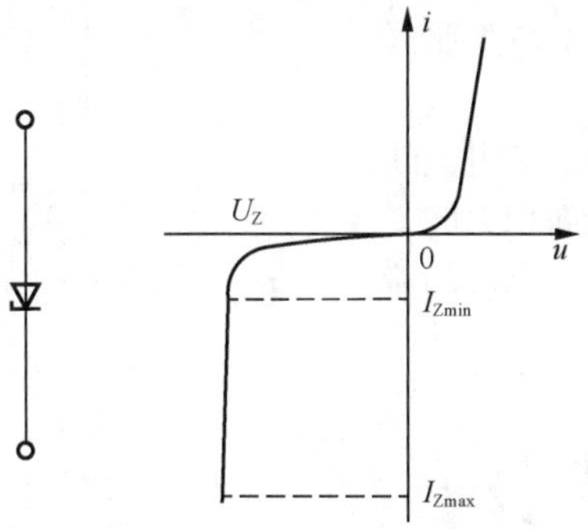

（a）电路符号　（b）伏安特性曲线

图 8-14　稳压二极管电路符号及伏安特性曲线

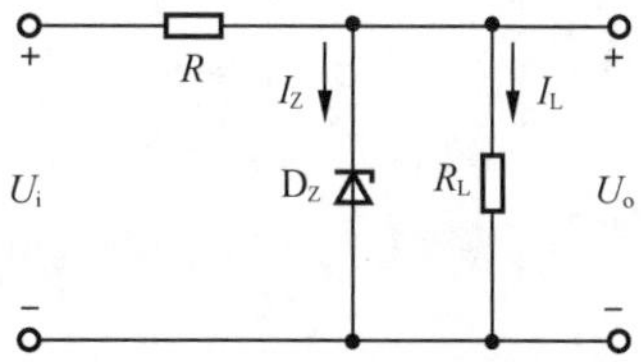

图 8-15　稳压二极管稳压电路

3．稳压二极管的主要参数

（1）稳定工作电压 U_Z

U_Z 为稳压管正常工作时稳压管两端的电压，即反向击穿电压。击穿与制造工艺、环境温度及工作电流有关，因此在相关手册中只能给出某一型号稳压管的稳压范围。

（2）稳定电流 I_Z、最小稳定电流 I_{Zmin}、最大稳定电流 I_{Zmax}

稳定电流 I_Z 是指稳压管工作在稳压状态时流过的电流。当稳压管的工作电流小于最小稳定电流 I_{Zmin} 时，没有稳压作用；当稳压管的工作电流大于最大稳定电流 I_{Zmax} 时，管子会因过流而损坏。

（3）动态电阻 r_Z

它是指稳压管进入稳压状态后，两端电压的变化量与相应的电流变化量的比值，即 $r_Z = \dfrac{\Delta U_Z}{\Delta I_Z}$。$r_Z$ 的大小反映了稳压管性能的优劣，r_Z 越小，曲线越陡，稳压性能越好。

（4）最大允许耗散功率 P_{ZM}

它是指稳压管不发生热击穿的最大功率损耗，$P_{ZM}=U_Z \cdot I_{Zmax}$。

（5）电压温度系数

它是表示稳压管温度稳定性的参数，为温度每升高 1℃时稳定电压值的相对变化量。该系数越小，则稳压管的温度稳定性越好。

8.4.2 发光二极管

发光二极管是一种将电能转换为光能的半导体器件，其电路符号如图 8-16 所示。发光二极管在正偏条件下，注入 N 区和 P 区的载流子被复合时，会发出可见光和不可见光。发光二极管的种类很多，包括普通发光二极管、红外线发光二极管、激光二极管等。

图 8-16　发光二极管电路符号

8.4.3 光电二极管

光电二极管是一种很常用的光电子器件，其结构与普通二极管相似，只是在管壳上留有一个能入射光线的窗口，其电路符号如图 8-17 所示，其中，与光照区相连的一端为前级，不与光照区相连的一端为后级。

光电二极管的 PN 结在反向偏置状态下运行，它的反向电流随光照强度的增加而上升，反向电流与照度成正比。受光面积大的光电二极管能将光能直接转换成电能从而成为一种能够提供能源的器件，即光电池。

图 8-17　光电二极管电路符号

《习　题》

8-1　设二极管的导通压降为 0.7V，写出题 8-1 图所示各电路的输出电压值。

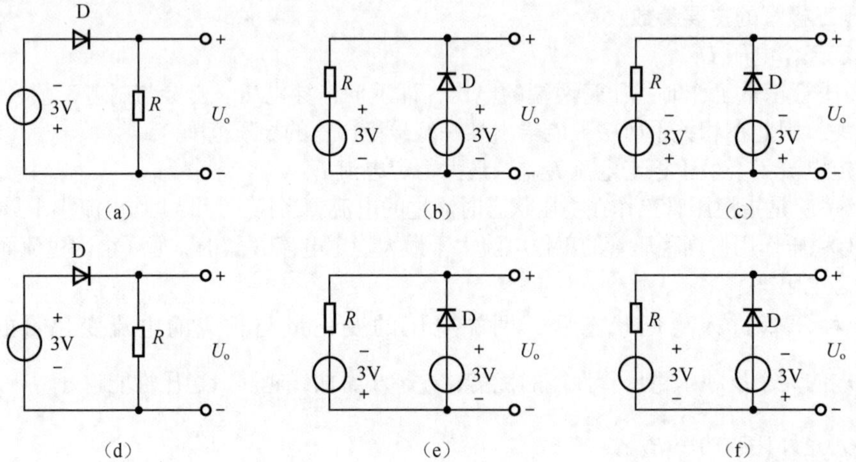

题 8-1 图

8-2　在题 8-2 图所示的各电路图中，已知 $E = 5V$、$u_i = 10\sin\omega t\ V$，二极管的正向压降可忽略不计，试分别画出输出电压 u_o 的波形。

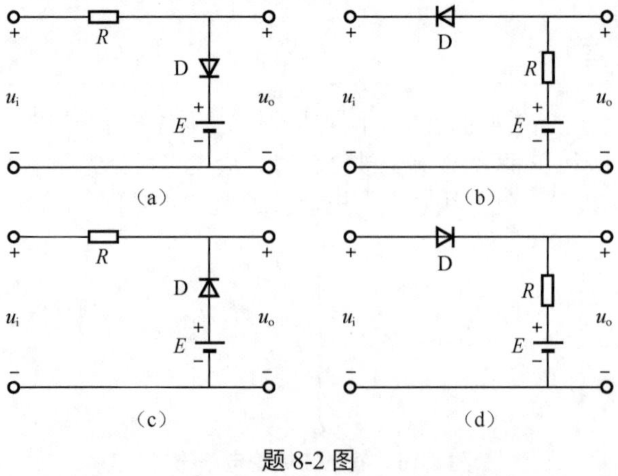

题 8-2 图

8-3　将两只稳压值分别为 5V 和 8V、正向导通压降为 0.7V 的稳压二极管串联使用，共有几种稳压值；并联使用，共有几种稳压值。

8-4　在题 8-4 图中，试求下列情况下各元件中通过的电流及输出端对地的电压 U_Y：（1）U_A=10V，U_B=0V；（2）U_A=6V，U_B=5V；（3）U_A=U_B=5V。设二极管为理想二极管。

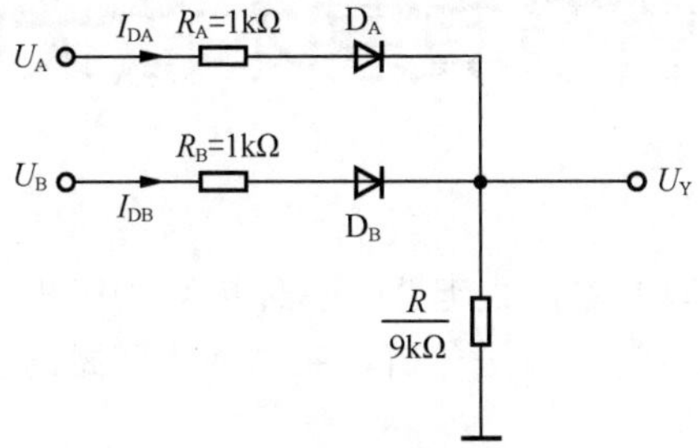

题 8-4 图

8-5　有两个稳压管 D_{Z1} 和 D_{Z2}，其稳定电压分别为 5.5V 和 8.5V，正向压降都是 0.5V。如果要得到 0.5V、3V、6V、9V 和 14V 的稳定电压，问这两个稳压管（还有限流电阻）应如何连接？画出各个电路。

第 9 章 三极管及其基本放大电路

【本章简介】

本章介绍三极管及其基本放大电路，具体内容为三极管、放大电路的概念和性能指标、共射放大电路的图解法分析、共射放大电路的模型法分析、共集放大电路。

9.1 三极管

9.1.1 三极管的结构

双极型三极管是一种由三层杂质半导体构成的器件。它有三个电极，所以又称之为半导体三极管、晶体三极管、三极管等，也常称之为晶体管。

三极管的原理结构如图 9-1（a）所示，该结构为 NPN 管。三极管的中间层称为基区，基区两侧分别称为发射区和集电区。三个区各引出一个电极，分别为基极（记为 b）、发射极（记为 e）和集电极（记为 c）。基区与发射区之间形成的 PN 结，称为发射结（简称 e 结），基区与集电区之间形成的 PN 结，称为集电结（简称 c 结）。与 NPN 管对偶的是 PNP 管，两种类型的三极管的电路符号如图 9-1（b）所示。

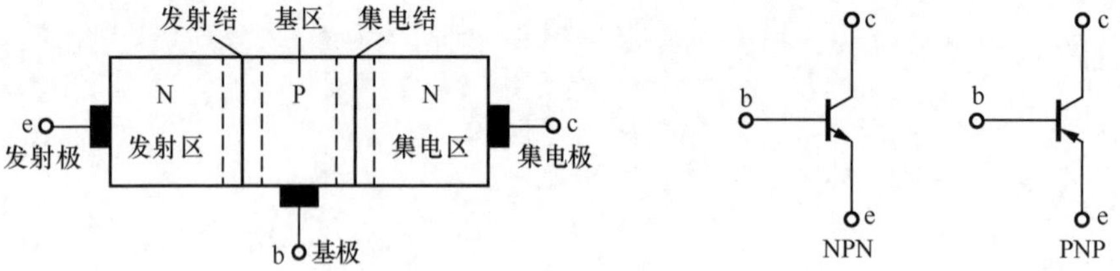

（a）NPN管的原理结构　　（b）电路符号

图 9-1　三极管的原理结构与符号

三极管的结构剖面图如图 9-2 所示，图中，衬底若用硅材料，则为硅管；若用锗材料，则为锗管。为了得到性能优良的三极管，不论采用哪种制造方法，都应保证管内结构有如下特点：发射区相对基区重掺杂（即 e 结为 PN^{+}结）；基区很薄（零点几到数微米）；集电结面积大于发射结面积。

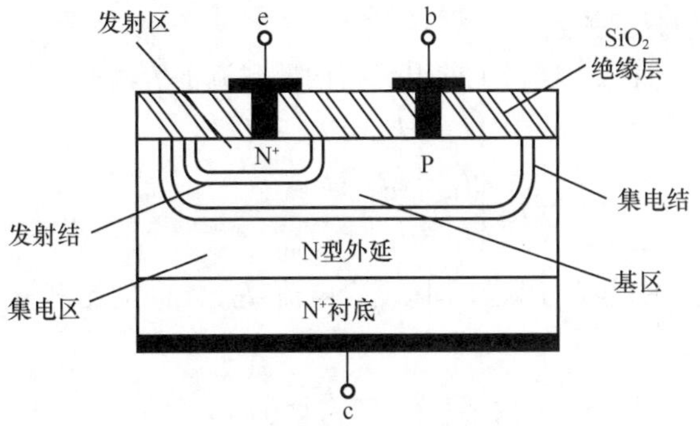

图 9-2　三极管的结构剖面图

9.1.2 三极管的放大作用

后面主要以 NPN 管为例讨论三极管的相关情况，所得结论对 PNP 管同样适用。

1．三极管实现放大的外部条件

三极管实现放大作用的外部条件是发射结正偏、集电结反偏。对于 NPN 型管，从电位的角度来看，三个电极间的电位关系为 $U_C>U_B>U_E$；而 PNP 型管，极性正好相反，即 $U_E>U_B>U_C$。

2．放大状态下三极管中载流子的传输过程

当三极管处在放大状态下，即发射结正偏、集电结反偏时，管内载流子的运动情况和各极电流如图 9-3 所示。

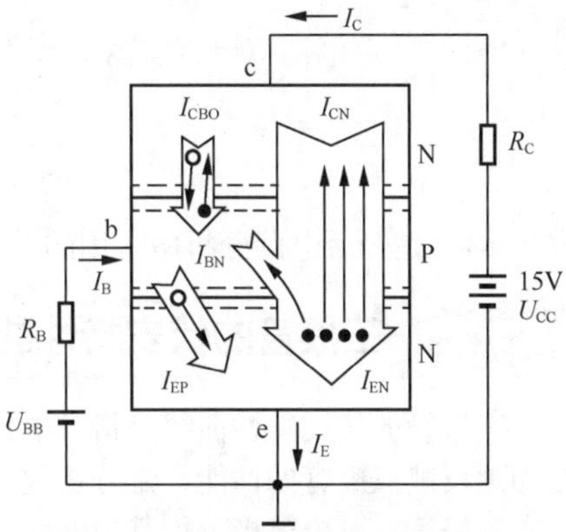

图 9-3　三极管内载流子的运动情况和各极电流

放大状态下三极管内载流子主要有以下过程。

（1）发射区向基区注入电子

由于 e 结正偏，因而 e 结两侧多子的扩散占优势，这时发射区电子源源不断地越过 e 结注入基区，形成电子注入电流 I_{EN}。与此同时，基区空穴也注入发射区，形成空穴注入电流 I_{EP}。因为发射区相对基区是重掺杂，基区空穴浓度远低于发射区的电子浓度，满足 $I_{EP} \ll I_{EN}$，所以可忽略不计。因此，发射极电流 $I_E \approx I_{EN}$，其方向与电子注入方向相反。

（2）电子在基区中边扩散边复合

注入基区的电子，成为基区中的非平衡少子，它在 e 结处浓度最大，而在 c 结处浓度最小（因 c 结反偏，电子浓度近似为零）。因此，在基区中形成了非平衡电子的浓度差。在该浓度差作用下，注入基区的电子将继续向 c 结扩散。在扩散过程中，非平衡电子会与基区中的空穴相遇，使部分电子因复合而失去。但由于基区很薄且空穴浓度又低，所以被复合的电子数极少，而绝大部分电子都能扩散到 c 结边沿。基区中与电子复合的空穴由基极电源提供，形成基区复合电流 I_{BN}，它是基极电流 I_B 的主要部分。

（3）扩散到集电结的电子被集电区收集

由于集电结反偏，在结内形成了较强的电场，因而，使扩散到 c 结边沿的电子在该电场作用下漂移到集电区，形成集电区的收集电流 I_{CN}。该电流是构成集电极电流 I_C 的主要部分。另外，集电区和基区的少子在 c 结反向电压作用下，向对方漂移形成 c 结反向饱和电流 I_{CBO}，并流过集电极和基极支路，构成 I_C、I_B 的另一部分电流。

通过以上讨论可以看出，在三极管中，薄的基区将发射结和集电结紧密地联系在一起。三极管能够通过反偏的 c 结传输绝大部分 e 结的正向电流，这是它能实现放大功能的关键所在。

3. 三个电极上电流的分配关系

由以上分析可知，三极管三个电极上的电流与内部载流子传输形成的电流之间有如下关系

$$\begin{cases} I_{\mathrm{E}} \approx I_{\mathrm{EN}} = I_{\mathrm{BN}} + I_{\mathrm{CN}} \\ I_{\mathrm{B}} = I_{\mathrm{CN}} - I_{\mathrm{CBO}} \\ I_{\mathrm{C}} = I_{\mathrm{CN}} + I_{\mathrm{CBO}} \end{cases} \tag{9-1}$$

为了反映扩散到集电区的电流 I_{CN} 与基区复合电流 I_{BN} 之间的比例关系，定义共发射极直流电流放大系数 $\overline{\beta}$ 为

$$\overline{\beta} = \frac{I_{\mathrm{CN}}}{I_{\mathrm{BN}}} = \frac{I_{\mathrm{C}} - I_{\mathrm{CBO}}}{I_{\mathrm{B}} + I_{\mathrm{CBO}}} \tag{9-2}$$

其含义是：基区每复合一个电子，则有 $\overline{\beta}$ 个电子扩散到集电区去。$\overline{\beta}$ 的值一般在 20～200。

确定了 $\overline{\beta}$ 之后，由式（9-1）、（9-2）可得

$$\begin{cases} I_{\mathrm{C}} = \overline{\beta} I_{\mathrm{B}} + (1+\overline{\beta}) I_{\mathrm{CBO}} = \overline{\beta} I_{\mathrm{B}} + I_{\mathrm{CEO}} \\ I_{\mathrm{E}} = (1+\overline{\beta}) I_{\mathrm{B}} + (1+\overline{\beta}) I_{\mathrm{CBO}} = (1+\overline{\beta}) I_{\mathrm{B}} + I_{\mathrm{CEO}} \\ I_{\mathrm{B}} = I_{\mathrm{E}} - I_{\mathrm{C}} \end{cases} \tag{9-3}$$

式（9-3）中，$I_{\mathrm{CEO}} = (1+\overline{\beta}) I_{\mathrm{CBO}}$ 被称为穿透电流。因 I_{CBO} 很小，在忽略其影响时，则有

$$\begin{cases} I_{\mathrm{C}} \approx \overline{\beta} I_{\mathrm{B}} \\ I_{\mathrm{E}} \approx (1+\overline{\beta}) I_{\mathrm{B}} \end{cases} \tag{9-4}$$

三极管的伏安特性曲线

式（9-4）是今后电路分析中常用的关系式。

9.1.3 三极管的伏安特性曲线

三极管的伏安特性曲线是指各电极间电压和电流之间的关系曲线，也称为特性曲线，它能直观全面地反映三极管的性能，是分析放大电路的基础。

三极管有三个电极，用其中的两个作为输入端和输出端，第三个作为公共端，这样就构成了输入和输出两个回路。具体接法有三种：共发射极（简称共射极）、共集电极、共基极，即分别把发射极、集电极、基极作为输入和输出的公共端，如图 9-4 所示。但无论哪种接法，要使三极管有放大作用，都要保证发射结正偏、集电结反偏的条件。

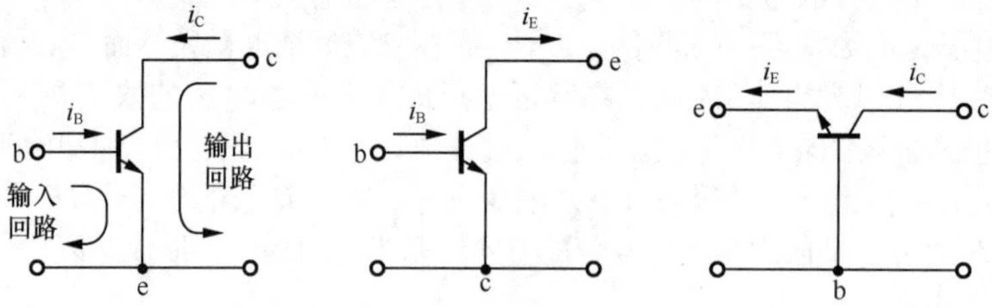

（a）共发射极　（b）共集电极　（c）共基极

图 9-4　三极管的三种连接方式

三极管在不同连接方式下具有不同的端电压和电流，共射与共集的特性曲线是相似的。下面以 NPN 管为例，讨论采用常用的共射极接法时的特性曲线。

因为有两个回路，所以三极管特性曲线包括输入和输出两组特性曲线。这两组曲线可以通过图 9-5 所示的电路采用逐点测量的方式绘出，也可以通过三极管特性图示仪得到。

1．共射极输入特性曲线

共射极输入特性曲线是以 u_{CE} 为参变量时，i_B 与 u_{BE} 间的关系曲线，即

$$i_B = f(u_{BE})\big|_{u_{CE}=\text{常数}} \tag{9-5}$$

典型的共射极输入特性曲线如图 9-6 所示。

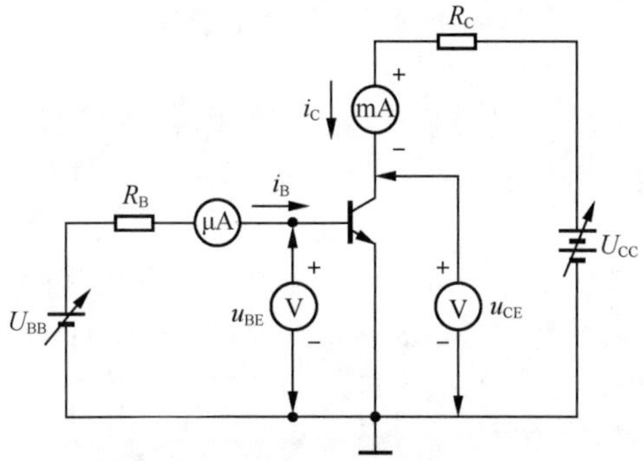

图 9-5　共射极特性曲线测量电路

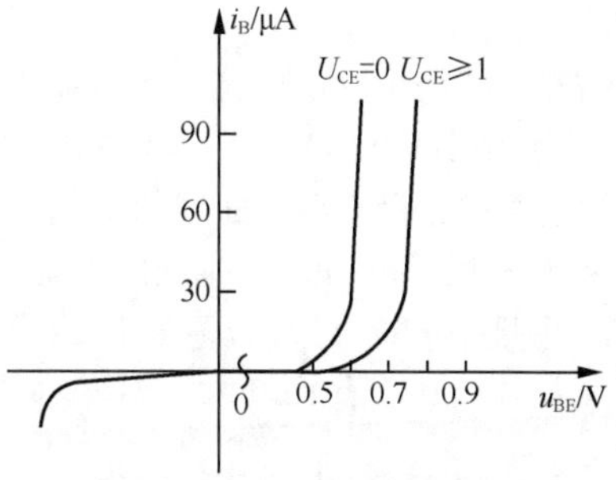

图 9-6　共射极输入特性曲线

特性曲线有如下特点：

（1）在 $u_{CE}\geqslant 1V$ 的条件下，当 $u_{BE}<U_{BE(on)}$时，$i_B\approx 0$。$U_{BE(on)}$为三极管的导通电压或死区电压，硅管约为 0.5～0.6V，锗管约为 0.1V。当 $u_{BE} > U_{BE(on)}$时，随着 u_{BE} 的增大，i_B 开始按指数规律增加，而后近似按直线上升。

（2）当 u_{CE}=0 时，三极管相当于两个并联的二极管，所以 b、e 间加正向电压时，i_B 很大，对应的曲线明显左移。

（3）当 u_{CE} 在 0～1V 时，随着 u_{CE} 的增加，曲线右移。特别是在 $0< u_{CE}\leqslant U_{CE(sat)}$的范围内，即工作在饱和区时，移动量会更大些。

（4）当 $u_{BE}<0$ 时，三极管截止，i_B 为反向电流。若反向电压超过某一值时，e 结也会发生反向击穿。

2．共射极输出特性曲线

共射极输出特性曲线是以 i_B 为参变量时，i_C 与 u_{CE} 之间的关系曲线，即

$$i_C = f(u_{CE})\big|_{i_B=\text{常数}} \tag{9-6}$$

典型的共射极输出特性曲线如图 9-7 所示。

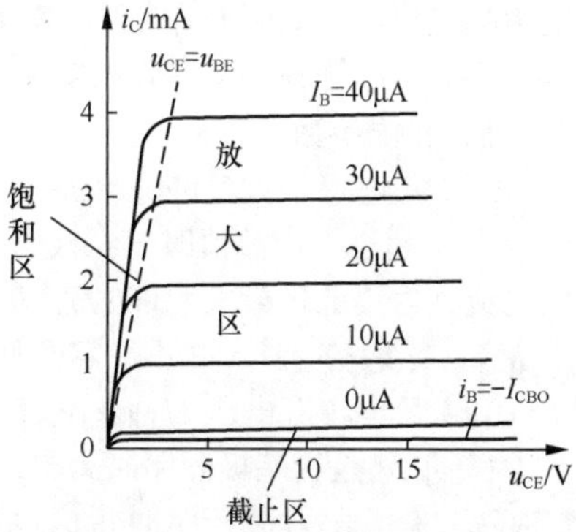

图 9-7　共射极输出特性曲线

由图 9-7 可见，输出特性可以划分为三个区域，对应于三种工作状态。现分别讨论如下。

（1）放大区

e 结正偏而 c 结反偏的区域为放大区。由图 9-7 可以看出，放大区有以下两个特点。

① 基极电流 i_B 对集电极电流 i_C 有很强的控制作用，即 i_B 有很小的变化量 Δi_B 时，i_C 就会有很大的变化量 Δi_C。用共射极交流电流放大系数 β 表示这种控制能力，其定义为

$$\beta = \frac{\Delta i_C}{\Delta i_B}\bigg|_{u_{CE}=\text{常数}} \tag{9-7}$$

反映在特性曲线上，为两条不同 i_B 曲线的间隔。

② u_{CE} 变化对 i_C 的影响很小。因为 u_{CE} 增大，c 结反向电压增大，使 c 结展宽，所以有效基区宽度变窄，这样基区中电子与空穴复合的机会减少，即 i_B 要减小。而要保持 i_B 不变，所以 i_C 将略

有增大，但变化很微弱，因此，i_B一定时，集电极电流具有恒流特性。

（2）饱和区

e 结和 c 结均处于正偏的区域为饱和区。通常把 $u_{CE}=u_{BE}$（即 c 结零偏）的情况称为临界饱和，对应点的轨迹为临界饱和线。当 $u_{CE}<u_{BE}$ 时，三极管进入饱和区。在饱和区，i_C 不受 i_B 的控制。在特性上表现为，不同 i_B 对应的曲线在饱和区汇集。三极管饱和时，c 结和 e 结之间的电压称为饱和压降，记作 $U_{CE(sat)}$。深度饱和时，$U_{CE(sat)}$很小，对小功率硅管来说约为 0.3V。

（3）截止区

e 结和 c 结均为反偏，且 $i_B \leqslant -I_{CBO}$ 的区域为截止区。三极管截止时，三个电极上的电流均为反向电流，相当极间开路，这时各极的电位主要由外电路确定。

3．温度对三极管特性曲线的影响

温度对三极管的 u_{BE}、I_{CBO} 和 β 有不容忽视的影响。其中，u_{BE}、I_{CBO} 随温度变化的规律与 PN 结相同，温度每升高 1℃，u_{BE} 减小 2～2.5mV；温度每升高 10℃，I_{CBO} 增大一倍。温度对 β 的影响表现为 β 随温度的升高而增大，温度每升高 1℃，β 的值增大 0.5%～1%。

9.1.4 三极管的主要参数

三极管的参数很多，这里介绍一些主要的参数。

1．电流放大系数

电流放大系数是表征三极管电流放大能力的参数，当三极管为共射极接法时，可用静态（直流）电流放大系数 $\overline{\beta}$ 和动态（交流）电流放大系数 β 来表示。

$\overline{\beta}$ 和 β 分别由式（9-2）、式（9-7）定义，其数值可以根据输出特性曲线求出。在常用工作范围内，$\beta \approx \overline{\beta}$ 并且基本不变。

2．极间反向电流

（1）集电极-基极反向饱和电流 I_{CBO}

I_{CBO} 指当发射极开路时，集电结在反向电压作用下形成的反向饱和电流。它受温度影响较大，其大小反映了三极管的热稳定性，其值越小表示稳定性越好。硅管的热稳定性比锗管好，在温度变化范围较大的工作环境中，应尽可能地选用硅管。

（2）集电极-发射极反向饱和电流 I_{CEO}

I_{CEO} 指当三极管基极开路、集电结反偏和发射结正偏时的集电极电流，也叫穿透电流。它受温度影响也很大，温度上升，I_{CEO} 增大。I_{CEO} 也是衡量三极管质量的重要参数，硅管的 I_{CEO} 比锗管的小。小功率硅管的 I_{CEO} 在几微安以下，锗管的 I_{CEO} 在几十微安以下。

3．极限参数

（1）集电极最大允许电流 I_{CM}

当 i_C 超过一定数值时，三极管电流放大系数 β 值下降，β 下降到正常值的 2/3 时所对应的集电极电流称为集电极最大允许电流 I_{CM}。实际使用时为保证三极管正常工作，流过集电极的电流要小于 I_{CM}。当 $i_C>I_{CM}$ 时，并不一定会使三极管损坏，但会降低 β 值。

（2）反向击穿电压 $U_{(BR)CEO}$、$U_{(BR)CBO}$、$U_{(BR)EBO}$

$U_{(BR)CEO}$ 是指基极开路时集电结不致被击穿而施加在集电极-发射极之间允许的最高反向电压。$U_{(BR)CBO}$ 是指发射极开路时集电结不致被击穿而施加在集电极-基极之间允许的最高反向电压。$U_{(BR)EBO}$ 是指集电极开路时发射结不致被击穿而施加在发射极-基极之间允许的最高反向电压。

（3）集电极最大允许耗散功率 P_{CM}

集电极最大允许耗散功率是指三极管正常工作时集电结上最大允许损耗的功率。三极管损耗的功率会转化为热量，使集电结温度升高，引起三极管参数的变化，使三极管性能变差甚至损坏。

由 $P_{CM}=i_C \cdot u_{CE}$ 可知，P_{CM} 限定了 i_C 和 u_{CE} 乘积的大小。由极限参数 I_{CM}、$U_{(BR)CEO}$ 和 P_{CM} 所限定的区域称为三极管的安全工作区，如图 9-8 所示，使用时不应超出这个区域。

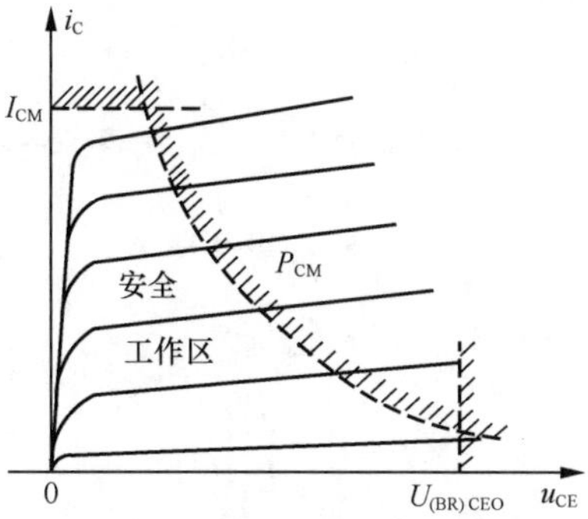

图 9-8　三极管的安全工作区

9.2 放大电路的概念和性能指标

9.2.1 放大电路的概念

放大电路也被称为放大器，功能包括电压放大、电流放大、功率放大等。按工作频率，其可分为低频放大、高频放大和超高频放大等电路。而低频放大电路又可分为音频放大、宽带放大、直流放大等电路。还可按工作状态对放大电路进行分类。

放大电路有两个基本要求：一是要有足够的放大倍数；二是输出信号的波形失真要尽可能小。描述放大电路性能优劣的指标有多项。

9.2.2 电压、电流符号说明

对放大电路进行分析涉及三种形式的电路：第一种是放大电路本身，称为原电路，既包含直流偏置电源，又包含信号输入；第二种是直流通路，只包含直流偏置电源；第三种是交流通路，只包含信号输入。三种电路中使用的电压、电流符号有所不同，具体如下。

（1）纯直流用大写符号、大写下标表示，如 U_{CC}、I_B、I_C、U_{CE} 等。当大写下标中增加了 Q 符号时，表达的是工作点，如 I_{CQ}、U_{BEQ} 等。

（2）正弦或变化分量用小写符号、小写下标表示，如 u_s、u_i、u_o、i_b、i_c、u_{ce} 等。正弦情况也可用相量表示，如 $\dot{U}_i$、$\dot{U}_o$、$\dot{I}_i$、$\dot{I}_o$ 等。

（3）既包含直流成分又包含正弦或变化分量成分的用小写符号、大写下标表示，如 u_B、u_{CE}、i_B、i_C 等。

在静态工作点基础上表示微小变化量这一概念时，需用增量表示，如 Δu_B、Δu_{CE} 等。对线性电路而言，存在关系式 $\Delta u_B=u_b$、$\Delta u_{CE}=u_{ce}$。

9.2.3 放大电路的主要性能指标

放大电路有两个端口，一个为输入端口，另一个为输出端口。设输入信号为正弦，端口电压、电流的参考方向均按照二端口网络的约定标出，并用相量表示，可得图 9-9。

1. 放大倍数 A

放大倍数又称增益，定义为放大电路的输出量与输入量的比值。根据电路输入量和输出量的不同，放大倍数有如下四种。

（1）电压放大倍数

$$A_u = \frac{\dot{U}_o}{\dot{U}_i} \tag{9-8}$$

（2）电流放大倍数

$$A_i = \frac{\dot{I}_o}{\dot{I}_i} \tag{9-9}$$

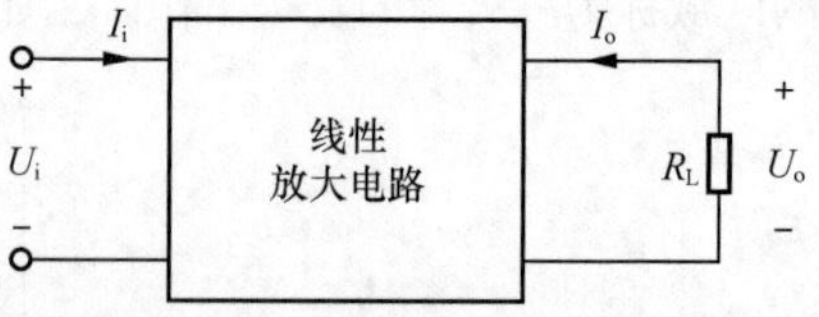

图 9-9　放大电路的二端口框图

（3）互导放大倍数

$$A_g = \frac{\dot{I}_o}{\dot{U}_i} \tag{9-10}$$

（4）互阻放大倍数

$$A_r = \frac{\dot{U}_o}{\dot{I}_i} \tag{9-11}$$

其中，A_u 和 A_i 为无量纲的数，而 A_g 的单位为西门子（S），A_r 的单位为欧姆（Ω）。A_u 和 A_i 的单位有时会用分贝（dB）表示，即 $A_u = 20\lg\left|\frac{\dot{U}_o}{\dot{U}_i}\right|$ dB，$A_i = 20\lg\left|\frac{\dot{I}_o}{\dot{I}_i}\right|$ dB。

2．输入电阻 R_i

从放大电路输入端口看进去的电阻称为输入电阻，定义为

$$R_i = \frac{\dot{U}_i}{\dot{I}_i} \tag{9-12}$$

在图 9-9 的框图中，对信号源来说，放大电路相当于是它的负载，R_i 用于表征该负载从信号源获取信号的能力。

式（9-12）也是输入阻抗的定义式，由于在正常工作频率范围内可把三极管放大电路视为电阻性电路，故可将输入阻抗用输入电阻表示。

3．输出电阻 R_o

从放大电路输出端口看进去的电阻称为输出电阻。在图 9-9 的框图中，对负载 R_L 来说，放大电路相当于是它的信号源，而输出电阻 R_o 则是该信号源的内阻。根据戴维南定理，设二端口输出端开路电压为 $\dot{U}_{OC}$（方向与 $\dot{U}_O$ 相同），端口短路电流为 $\dot{I}_{SC}$（方向与 $\dot{I}_O$ 相反），则该二端网络的输出电阻定义为

$$R_o = \frac{\dot{U}_{OC}}{\dot{I}_{SC}} \tag{9-13}$$

R_o 是一个表征放大电路带负载能力的参数。

式（9-13）实际是输出电阻的定义式，对电阻性电路表示为输出电阻。

4．频率特性

在输入为正弦信号的情况下，输出随输入信号频率变化的特性称为放大电路的频率特性，包括幅频特性和相频特性。

5．非线性失真

由于放大电路器件的非线性特性，放大电路的输出波形不可避免地会产生非线性失真。具体表现为，当输入某一频率的正弦信号时，其输出电流波形中除基波成分之外，还包含有一定数量的谐波。为此，定义放大电路的非线性失真系数为

$$\mathrm{THD}=\frac{\sqrt{\sum_{n=2}^{\infty} I_{n\mathrm{m}}^{2}}}{I_{1\mathrm{m}}} \tag{9-14}$$

式（9-14）中，I_{1m} 为输出电流的基波幅值，I_{nm}（n=2,3,⋯）为二次及以上各谐波分量的幅值。由于小信号放大时非线性失真很小，所以只有在大信号工作时才考虑 THD 指标。

根据放大电路输入和输出信号的不同，利用放大倍数、输入电阻、输出电阻这三个指标，由图 9-9 所示的框图可导出四种二端口网络模型，如图 9-10 所示。图中，A_{uo}、A_{ro} 分别表示负载开路时的电压、互阻放大倍数，而 A_{is}、A_{gs} 则分别表示负载短路时的电流、互导放大倍数。

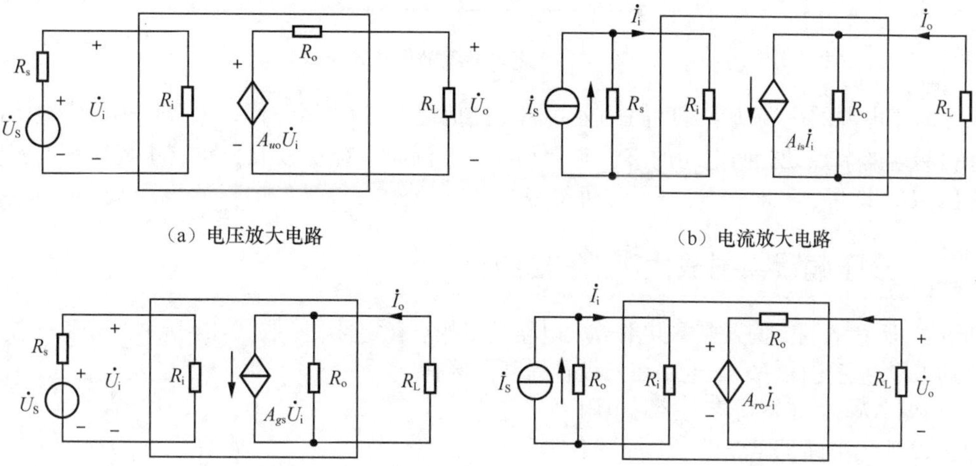

（a）电压放大电路　（b）电流放大电路

（c）互导放大电路　（d）互阻放大电路

图 9-10　放大电路的二端口网络模型

9.3 共射放大电路的图解法分析

9.3.1 基本共射放大电路的组成

用三极管组成放大电路时应该遵循如下原则。

（1）将三极管设置在放大状态，并使其具有合适的工作点。当输入为双极性信号（如正弦波）时，工作点应选在放大区的中间区域；在放大单极性信号（如脉冲波）时，工作点可适当靠向截止区或饱和区。

（2）输入信号加在基极-发射极回路。由于在正偏的发射结中，i_E 与 u_{BE} 的关系满足式（9-15），即

$$i_{\mathrm{E}}=I_{\mathrm{S}}(\mathrm{e}^{\frac{u_{\mathrm{BE}}}{U_{\mathrm{T}}}}-1)\approx I_{\mathrm{S}}\mathrm{e}^{\frac{u_{\mathrm{BE}}}{U_{\mathrm{T}}}} \tag{9-15}$$

而 $i_C \approx i_E$。所以，u_{BE} 对 i_C 有极为灵敏的控制作用。

（3）设置合理的信号通路。当信号源和负载与放大电路相接时，一方面不能破坏已设定好的静态工作点，另一方面应尽可能地减小信号通路中的损耗。

基本共射放大电路如图 9-11 所示。图 9-11 中采用固定偏置方式将三极管设定在放大状态，其中虚线支路的 U_{CC} 为直流电源，R_B 为基极偏置电阻，R_C 为集电极电阻。输入信号通过电容 C_1 输入基极输入端，放大后的信号经电容 C_2 由集电极输出给负载 R_L，电容旁的“+”号用来表明电解电容的正极。电容 C_1、C_2 称为隔直电容或耦合电容，其作用是阻隔直流而导通交流。这种放大电路称为阻容耦合放大电路。实际电路中当输入信号的频率在几百赫兹时，采用阻容耦合是最佳的方式。

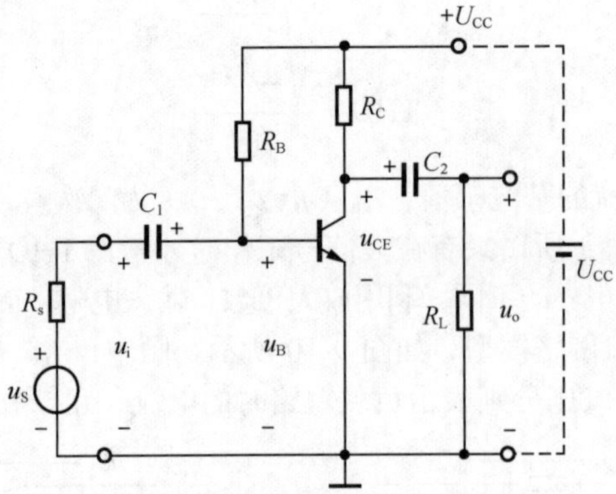

图 9-11 基本共射放大电路

由于直流电源的一端通常是电路的公共端（接地端），为表示方便，电源可不必完整画出，只须在非接地端的节点处标明电源的极性和大小即可。例如，对图 9-11，可将虚线所示电源移走，上端标出 $+U_{CC}$ 即可，有时符号“+”也可忽略。

9.3.2 分压偏置共射放大电路的组成

图 9-11 所示的固定偏置基本共射放大电路的工作点稳定性差，图 9-12 所示的分压偏置共射放大电路的工作点稳定性好，该电路在三极管的基极接有两个电阻 R_{B1}、R_{B2}，在发射极还接有电阻 R_E。

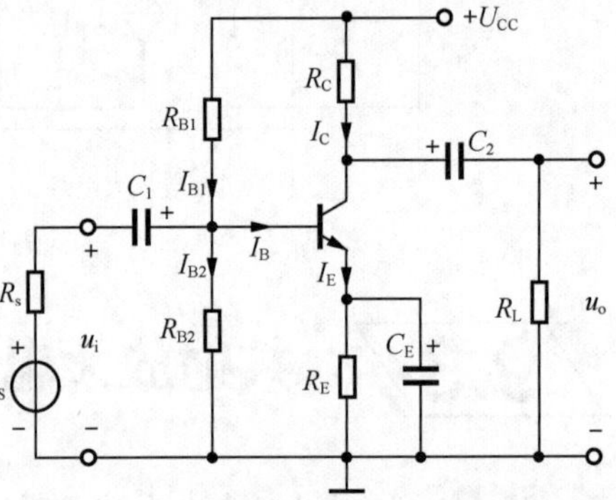

图 9-12 分压偏置共射放大电路

图 9-12 所示电路工作点稳定的原因有两个。

（1）增加了电阻 R_{B2}，可基本固定基极电位 U_B（$\approx \dfrac{R_{B2}}{R_{B1}+R_{B2}}U_{CC}$），这样由 I_C 引起的 U_E 变化就是 U_{BE}($=U_B-U_E$)的变化，因而增强了对 I_{CQ} 的自动调节作用。

为使 U_B 固定，应保证流过 R_{B1}、R_{B2} 的静态电流 I_{B1}、I_{B2} 远大于三极管基极静态电流 I_B，这就要求 R_{B1}、R_{B2} 的取值越小越好。但是 R_{B1}、R_{B2} 过小，将增大电源 U_{CC} 的无谓损耗，因此要二者兼顾。通常选取

$$I_{B2}=\begin{cases}(5\sim10)I_{BQ}(\text{硅管})\\(10\sim20)I_{BQ}(\text{锗管})\end{cases}$$

还因要兼顾 R_E 和工作点电压 U_{CEQ} 而取

$$U_B=\left(\frac{1}{5}\sim\frac{1}{3}\right)U_{CC}$$

依据以上两式，可确定 R_{B1}、R_{B2}、R_E 的阻值。

此外，还应要求 R_{B1}、R_{B2} 具有相同的温度系数，这样温度的变化就不会影响 U_B，从而有利于工作点的稳定。

（2）在电路中引入了自动调节机制，用静态电流 I_B 的反向变化去自动抑制静态电流 I_C 的变化，从而使工作点电流 I_{CQ} 稳定。这种机制通常称为负反馈。由图 9-12 可知，如果 I_C 增大，电路会产生如下自动调节过程：

$$I_C\uparrow\rightarrow I_E\uparrow\rightarrow U_E\ (=I_ER_E)\uparrow\rightarrow U_{BE}\ (=U_B-U_E)\downarrow\rightarrow I_B\downarrow\rightarrow I_C\downarrow$$

结果，I_B 的减小抑制了 I_C 的增大，这样，就能使 I_{CQ} 稳定；反之亦然。可见，通过 R_E 对 I_C 的取样和调节，实现了工作点的稳定。显然，R_E 的阻值越大则调节作用越强，工作点越稳定。但 R_E 过大

时，因 U_{CE} 过小会使 Q 点靠近饱和区。因此，要二者兼顾，合理选择 R_E 的阻值。

9.3.3 直流通路和交流通路

对放大电路进行定量分析包含两个内容：一是静态工作点分析，即在没有信号输入时，估算三极管的各个极上的直流电流和极间的直流电压；二是交流（动态）性能分析，即在输入信号的作用下，确定三极管在工作点处各极的电流和极间电压的变化量，进而计算放大电路的各项交流指标。

进行直流分析，需要确定直流通路，其确定方法为：将原电路中的电容开路，电感短路，直流电压源保留，交流电压源短路。

进行交流分析，需要确定交流通路，其确定方法为：将直流电压源短路，交流电压源保留；根据输入信号的频率，将电抗极小的大电容和小电感短路，将电抗极大的小电容、大电感开路。

以图 9-11 所示的基本共射放大电路为例，按照上述方法，将电路中的耦合电容 C_1、C_2 开路，便可得直流通路，如图 9-13（a）所示；将 C_1、C_2 短路，直流电源 U_{CC} 对地短路，便可得交流通路，如图 9-13（b）所示。

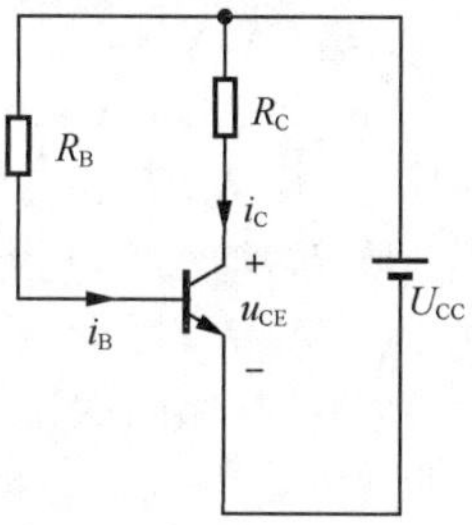

（a）直流通路

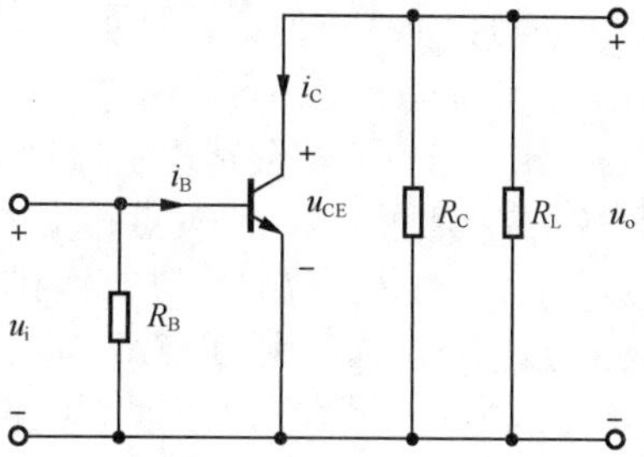

（b）交流通路

图 9-13　共射放大电路的交、直流通路

共射放大电路的静态分析

9.3.4 直流图解分析

直流图解分析是在三极管特性曲线上，用作图的方法确定出静态工作点，求出 I_{BQ}、U_{BEQ} 和 I_{CQ}、U_{CEQ}。

对于 9-13（a）所示的共射放大电路的直流通路，在集电极输出回路，输出特性方程为

$$i_C = f(u_{CE})\Big|_{i_B=I_{BQ}} \tag{9-16}$$

直流负载线方程为

$$u_{CE} = U_{CC} - i_C R_C \tag{9-17}$$

式（9-16）是由三极管内部特性决定的 i_C 与 u_{CE} 之间的关系式，反映在输出特性曲线上，是一条对应于 $i_B=I_{BQ}$ 的曲线，如图 9-14（a）所示。式（9-17）是由三极管外部电路确定的 i_C 与 u_{CE} 关系式，画在图上是一条直线，称为直流负载线。该负载线可以通过两个特殊点画出，即当 $u_{CE}=0$ 时，$i_C=U_{CC}/R_C$ 为纵坐标上的 M 点，当 $i_C=0$ 时，$u_{CE}=U_{CC}$ 为横坐标上的 N 点。连接以上两点，即得直流负载线 MN，其斜率为$-1/R_C$，如图 9-14（a）所示。图中，直流负载线 MN 与 $i_B=I_{BQ}$ 的输出特性曲线相交于 Q 点，则该点就是满足式（9-16）和式（9-17）的解（即静态工作点）。因而，可得工作点 Q 的纵坐标 I_{CQ}、横坐标 U_{CEQ}。

例 9-1　在图 9-11（a）电路中，若 $R_B=560\text{k}\Omega$，$R_C=3\text{k}\Omega$，$U_{CC}=12\text{V}$，三极管的输出特性曲线如图 9-14（b）所示，试用图解法确定静态工作点。

解：取 $U_{BEQ}=0.7\text{V}$，用估算的方式可得

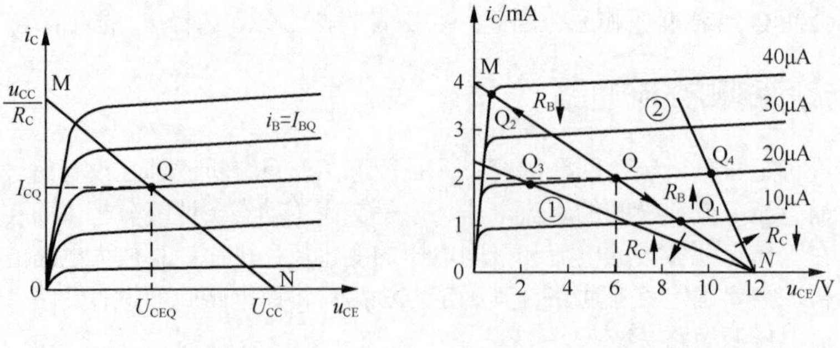

（a）直流负载线与Q点　　（b）Q点与R_B、R_C的关系

图 9-14　放大电路的直流图解分析

$$I_{BQ}=\frac{U_{CC}-U_{BEQ}}{R_B}=\frac{12-0.7}{560}=0.02\text{mA}=20\mu\text{A}$$

在输出特性曲线上找两个特殊点：当 u_{CE}=0 时，$i_C=U_{CC}/R_C$=12/3=4mA，得 M 点；当 i_C =0 时，$u_{CE}=U_{CC}$=12V，得 N 点。连接以上两点便得到图 9-14（b）中的直流负载线 MN，它与 I_B=20μA 的这条特性曲线相交于 Q 点，此即静态工作点。由 Q 点的坐标可得：I_{CQ}=2mA，U_{CEQ}=6V。

图 9-14（b）还示出了 R_B 和 R_C 分别改变时 Q 点的变化规律。当 R_B 增大时，I_{BQ} 减小，Q 点将沿着直流负载线下移，靠向截止区，见 Q_1 点；反之，R_B 减小，则 I_{BQ} 增大，Q 点上移，当 I_{BQ} 大到某一值（图中约为 40μA）时，三极管将进入饱和区，见 Q_2 点。当 R_C 增大时，因斜率$|-1/R_C|$减小，负载线将围绕 N 点向下转动，则 Q 点沿 $I_B=I_{BQ}$ 的特性曲线左移，靠向饱和区，见图中负载线①及 Q_3 点；反之，R_C 减小，负载线向上转动，Q 点则沿特性曲线左移，见负载线②及 Q_4 点。

9.3.5 交流图解分析

共射放大电路的动态分析

交流图解分析是在输入信号作用下，通过作图来确定放大管各极电流和极间电压的变化量。此时，放大电路的交流通路如图 9-13（b）所示。由图可知，由于输入电压连同 U_{BEQ} 一起直接加在发射结上，因此，瞬时工作点将围绕 Q 点沿输入特性曲线上下移动，从而使 i_B 变化，如图 9-15（a）所示。为了确定因 i_B 引起的 i_C 和 u_{CE} 的变化，必须先在输出特性上画出 i_B 变化时瞬时工作点移动的轨迹，即交流负载线。由于工作点移动时，一方面，当输入电压过零时必然通过静态工作点 Q；另一方面，由图 9-13（b）可知，集电极输出回路中的 i_C 和 u_{CE} 满足关系式 $u_{CE}=-i_C R_C'$，若用增量表示，则为 $\Delta u_{CE}=-\Delta i_C R_C'$，其中 $R_C'=R_C//R_L$。因而，瞬时工作点移动的斜率为

$$k=\frac{\Delta i_C}{\Delta u_{CE}}=-\frac{1}{R_C'}$$

由此可见，交流负载线是一条过 Q 点且斜率为 $-1/R_C'$ 的直线。具体作法为：令 $\Delta i_C=I_{CQ}$，在横坐标上从 U_{CEQ} 点处向右量取一段数值为 $I_{CQ}R_L'$ 的电压，得 A 点，则连接 AQ 的直线即为交流负载线，如图 9-15（b）所示。

画出交流负载线之后，根据电流 i_B 的变化规律，可画出对应的 i_C 和 u_{CE} 的波形。在图 9-15（b）中，当输入正弦电压使 i_B 围绕 I_{BQ} 按图示的正弦规律变化时，在一个周期内 Q 点沿交流负载线在 Q_1 到 Q_2 之间上下移动，从而引起 i_C 和 u_{CE} 分别围绕 I_{CQ} 和 U_{CEQ} 作相应的正弦变化。由图可以看出，两者的变化正好相反，即 i_C 增大，u_{CE} 减小；反之，i_C 减小，则 u_{CE} 增大。

根据上述交流图解分析，可以画出输入为正弦电压时三极管各极电流和极间电压的波形，如图 9-16 所示。

观察图 9-16 所示波形，可得出以下结论。

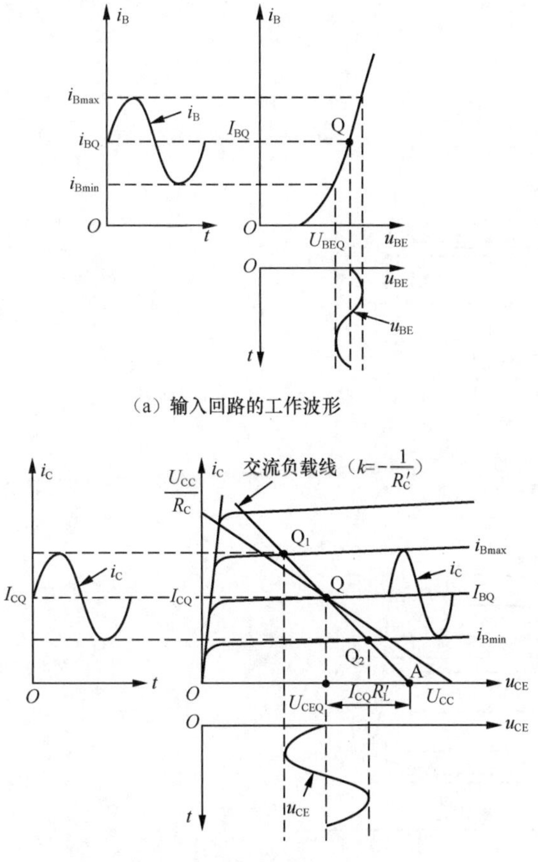

（a）输入回路的工作波形

（b）输出回路的工作波形

图 9-15　放大电路的交流图解分析

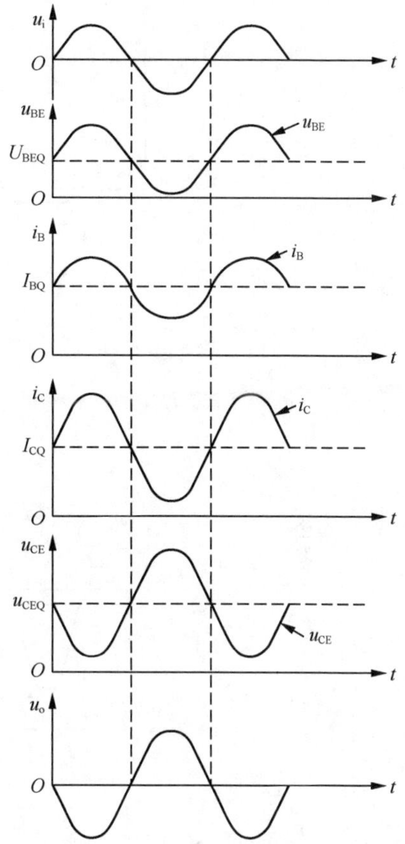

图 9-16　共射放大电路的电压、电流波形

（1）放大电路输入交变电压时，三极管各极电流的方向和极间电压的极性始终不变，只是围绕各自的静态值，按输入信号规律近似呈线性变化。

（2）三极管的电流和电压的瞬时波形中，只有交流分量才能反映输入信号的变化，因此，放大电路输出的应该是交流量。

（3）将输出与输入的波形对照，可知两者的变化规律正好相反，通常称这种波形关系为反相或倒相。

9.3.6　静态工作点与非线性失真

静态工作点的位置如果设置不当，会使放大电路输出波形产生明显的非线性失真。在图 9-17（a）中，Q 点设置过低，在输入电压负半周的时间范围内，动态工作点进入截止区，使 i_B、i_C 不能跟随输入变化而恒为零，从而引起 i_B、i_C 和 u_{CE} 的波形发生失真，这种失真称为截止失真。由图可知，对于 NPN 管的共射放大电路，当发生截止失真时，其输出电压波形的顶部被限幅在某一数值上。

若 Q 点设置过高，如图 9-17（b）所示，则在输入电压正半周的时间范围内，动态工作点进入饱和区。此时，当 i_B 增大时，i_C 不能随之增大，因而也将引起 i_C 和 u_{CE} 波形的失真，这种失真称为饱和失真。由图可见，当发生饱和失真时，其输出电压波形的底部将被限幅在某一数值上。

通过以上分析可知，由于受三极管截止和饱和的限制，放大电路的不失真输出电压有一个范围，其最大值称为放大电路输出动态范围。由图 9-17 可知，因受截止失真限制，其最大不失真输

出电压的幅度为

$$U_{om} = I_{CQ}R'_L \tag{9-18}$$

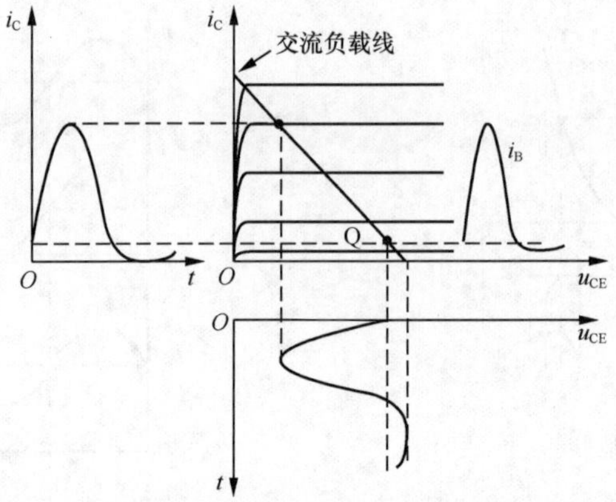

（a）截止失真

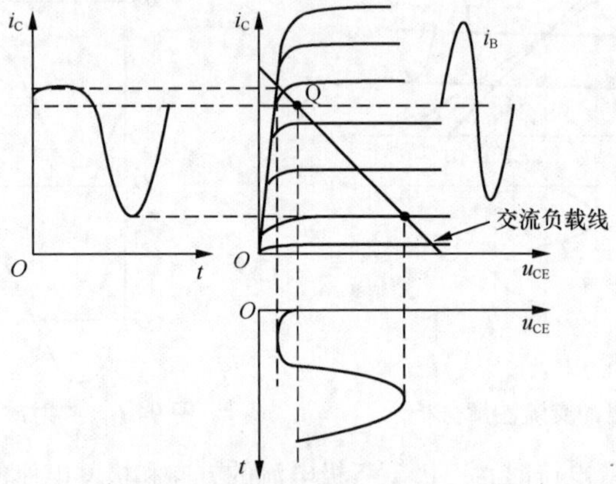

（b）饱和失真

图 9-17　Q 点不合适产生的非线性失真

而因饱和失真的限制，最大不失真输出电压的幅度则为

$$U_{om} = U_{CEQ} - U_{CES} \tag{9-19}$$

式（9-19）中，U_{CES} 表示三极管的临界饱和压降，一般取为 1V。比较以上两式所确定的数值，其中较小的即为放大电路最大不失真输出电压的幅度，而输出动态范围 U_{opp} 则为该幅度的两倍，即

$$U_{opp}=2U_{om} \tag{9-20}$$

显然，为了充分利用三极管的放大区，使输出动态范围最大，静态工作点应设定在交流负载线的中点处。

9.4 共射放大电路的模型法分析

9.4.1 三极管三种状态的直流模型

三极管有三种截然不同的工作状态，即放大、截止和饱和，对应有三种直流模型，如图 9-18

所示。图中，$U_{BE(on)}$ 为三极管导通电压，硅管 $U_{BE(on)} = 0.7V$，锗管 $U_{BE(on)} = 0.3V$；$U_{CE(sat)}$ 为集射极间饱和电压，硅管 $U_{CE(sat)} = 0.3V$，锗管 $U_{CE(sat)} = 0.1V$。

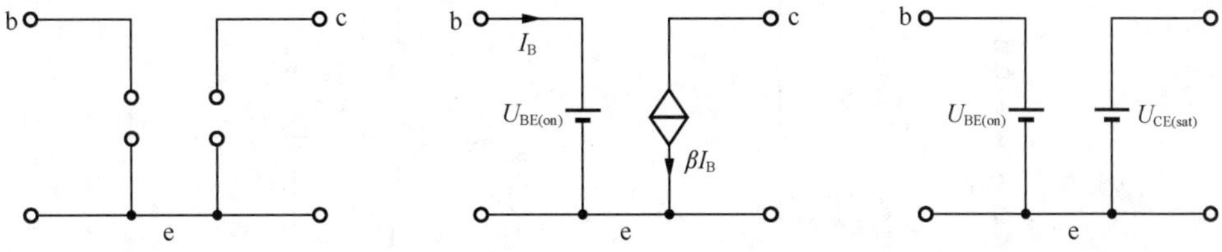

（a）截止状态模型　（b）放大状态模型　（c）饱和状态模型

图 9-18　三极管三种状态的直流模型

为了明确三极管电路的分析过程中使用何种模型，关键是要先进行判断，方法是先假定电路处于某种状态，得出结果，然后再把结果回代到电路中，看是否符合假定情况。符合则假定正确，不符合则改变假定状态后再重新处理。

例 9-2　电路如图 9-19（a）所示，三极管为硅管，β=100，计算三极管的 I_{BQ}、I_{CQ} 和 U_{CEQ}，判断电路的工作状态。

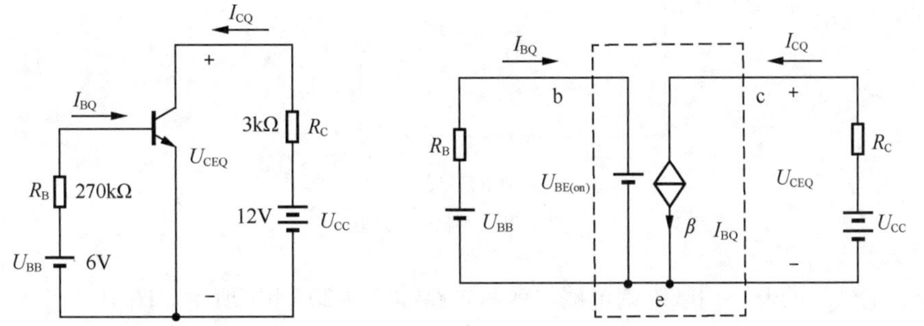

（a）电路　（b）直流等效电路

图 9-19　例 9-2 电路及直流等效电路

解：根据电路可知，U_{BB} 使 e 结正偏，U_{CC} 和 U_{BB} 使 c 结反偏，所以三极管既可能工作在放大状态，也可能工作在饱和状态。假定三极管工作在放大状态，用图 9-19（b）所示的模型代替三极管，便得到图 9-20（b）所示的直流等效电路。由图可知

$$U_{BB} = I_{BQ}R_B + U_{BE(on)}$$

硅管取 $U_{BE(on)} = 0.7V$，故有

$$I_{BQ} = \frac{U_{BB} - U_{BE(on)}}{R_B} = \frac{6-0.7}{270} \approx 0.02mA$$

$$I_{CQ} = \beta I_{BQ} = 100 \times 0.02 = 2mA$$

$$U_{CEQ} = U_{CC} - I_{CQ}R_C = 12 - 2\times 3 = 6V$$

由于 $U_{CEQ} = 6V$ 远大于硅管饱和电压 $U_{CE(sat)} = 0.3V$，可知电路确实工作于放大状态。

9.4.2 电路的静态分析

对已经明确为放大状态下的三极管电路，可将三极管用放大状态模型表示，再通过列方程的方法求出静态工作点。

例 9-3　电路如图 9-20（a）所示，三极管工作在放大状态。已知 β=100，U_{CC}=12V，

R_{B1}=39kΩ，R_{B2}=25kΩ，R_C=R_E=2kΩ，试计算工作点 I_{CQ} 和 U_{CEQ}。

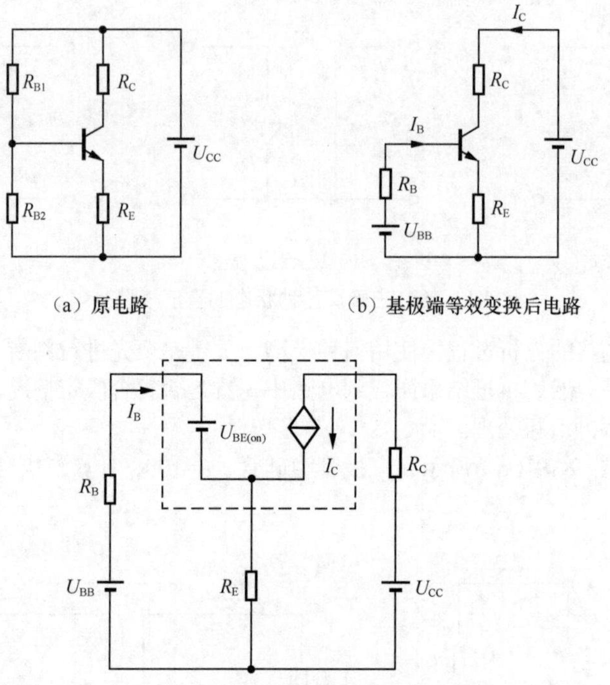

（a）原电路　　（b）基极端等效变换后电路

（c）直流等效电路

图 9-20　例 9-3 电路

解：将三极管基极端的电路用戴维南电路等效后电路如图 9-20（b）所示。图中

$$U_{BB} = \frac{R_{B2}}{R_{B1}+R_{B2}}U_{CC} = \frac{25}{39+25}\times 12 = 4.7\text{V}$$

$$R_B = R_{B1}//R_{B2} = R_{B1}//R_{B2} = 39//25 = 15\text{k}\Omega$$

三极管用放大状态模型带入后电路如图 9-21（c）所示。对输入回路列 KVL 方程可得

$$-U_{BB} + R_B I_B + U_{BE(on)} + R_E(I_B + I_C) = 0$$

将上式与式（9-4）$I_C = \beta I_B$ 结合，带入相关参数，有 $I_B = 0.019$ mA，$I_C = 1.9$ mA。

对输出回路列 KVL 方程有

$$-U_{CC} + R_C I_C + U_{CE} + R_E(I_B + I_C) = 0$$

将相关参数和求得的 I_B、I_C 带入，解得 $U_{CE} = 4.4\text{V}$。所以，工作点为 $I_{CQ} = 1.9$ mA，$U_{CEQ} = 4.4\text{V}$。

9.4.3 三极管的低频小信号模型

用计算的方法分析放大电路的动态性能，有以下三个步骤：一是根据直流通路计算静态工作点；二是确定放大电路的交流通路，并将其中的三极管用交流小信号模型电路表示；三是根据交流通路计算放大电路的各项交流指标。

低频时，三极管常用的交流小信号模型电路是 h 参数模型，该模型是将三极管视为二端口网络后根据其端口的电压、电流关系导出的。

1．h 参数模型的导出

对于图 9-21 所示的共射极三极管，在低频小信号的工作条件下，视其为一个双端口网络，若

取 i_B 和 u_{CE} 为自变量，则有

$$\begin{cases} u_{BE} = f_1(i_B, u_{CE}) \\ i_C = f_2(i_B, u_{CE}) \end{cases} \quad (9\text{-}21)$$

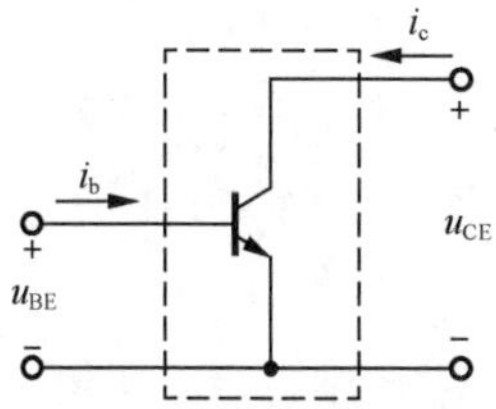

图 9-21　共射极三极管

在工作点处，对式（9-21）取全微分，得

$$\begin{cases} \mathrm{d}u_{BE} = \dfrac{\partial u_{BE}}{\partial i_B}\Big|_Q \cdot \mathrm{d}i_B + \dfrac{\partial u_{BE}}{\partial u_{CE}}\Big|_Q \cdot \mathrm{d}u_{CE} \\ \mathrm{d}i_C = \dfrac{\partial i_C}{\partial i_B}\Big|_Q \cdot \mathrm{d}i_B + \dfrac{\partial i_C}{\partial u_{CE}}\Big|_Q \cdot \mathrm{d}u_{CE} \end{cases} \quad (9\text{-}22)$$

式（9-22）中，$\mathrm{d}u_{BE}$ 表示 u_{BE} 中的变化量，若输入为低频小幅值的正弦信号，则 $\mathrm{d}u_{BE}$ 可用 u_{be} 表示，同理，$\mathrm{d}i_B$、$\mathrm{d}u_{CE}$、$\mathrm{d}i_C$ 可分别用 i_b、u_{ce}、i_c 表示，于是，式（9-22）可写为下列形式

$$\begin{cases} i_{be} = h_{ie} i_b + h_{re} u_{ce} \\ i_c = h_{fe} i_b + h_{ce} u_{ce} \end{cases} \quad (9\text{-}23)$$

式（9-23）中，$h_{ie} = \dfrac{\partial u_{BE}}{\partial i_B}\Big|_Q$ 为输出端口交流短路时的输入电阻，$h_{re} = \dfrac{\partial u_{BE}}{\partial u_{CE}}\Big|_Q$ 为输入端口交流开路时的反向电压传输系数，$h_{ie} = \dfrac{\partial i_C}{\partial i_B}\Big|_Q$ 为输出端口交流短路时的电流放大系数，$h_{oe} = \dfrac{\partial i_C}{\partial u_{CE}}\Big|_Q$ 为输入端口交流开路时的输出电导。可见，四个参数具有不同的量纲，而且是在输入开路或输出短路的条件下求得的。

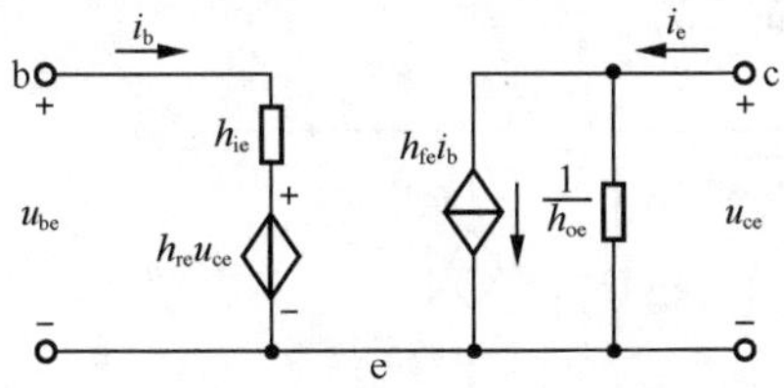

图 9-22　三极管 h 参数模型电路

由式（9-23）并根据四个参数的意义，可得出低频小信号 h 参数等效模型电路如图 9-22 所示。

2．h 参数的求取

由于共射极的输入、输出特性曲线本身就是描述三极管端口特性的一种方式，因此，可在特性曲线上通过图解的方式求出模型电路中的每一参数值，方法是用工作点附近微小变化量的比值来近似偏导数，即令 $h_{ie} = \dfrac{\partial u_{BE}}{\partial i_B}\Big|_Q \approx \dfrac{\Delta u_{BE}}{\Delta i_B}\Big|_Q$、$h_{re} = \dfrac{\partial u_{BE}}{\partial u_{CE}}\Big|_Q \approx \dfrac{\Delta u_{BE}}{\Delta u_{CE}}\Big|_Q$、$h_{fe} = \dfrac{\partial i_C}{\partial i_B}\Big|_Q \approx \dfrac{\Delta i_C}{\Delta i_B}\Big|_Q$、$h_{oe} = \dfrac{\partial i_C}{\partial u_{CE}}\Big|_Q \approx \dfrac{\Delta i_C}{\Delta u_{CE}}\Big|_Q$，如图 9-23（a）～（d）所示。

3．简化 h 参数模型

由于 h_{re} 很小，故可将 $h_{re}u_{ce}$ 忽略，这时三极管的输入回路就等效为一个动态电阻 h_{ie}，用 r_{be} 表示。另外，将 h_{fe} 用 β 表示，将 $\dfrac{1}{h_{oe}}$ 用 r_{ce} 表示，则图 9-22 可简化为图 9-24，这就是三极管的 h 三参数模型（β、r_{be}、r_{ce} 模型）。

对图 9-24 所示模型，因 h_{oe} 很小（r_{ce} 很大），为进一步简化分析，还可将 r_{ce} 断开，这时得到的是三极管的 h 两参数模型（β、r_{be} 模型），如图 9-25 所示。

对图 9-25 和图 9-26 中的 r_{be}，除了可利用输入特性曲线和公式 $r_{be} = h_{ie} = \dfrac{\Delta u_{BE}}{\Delta i_B}\Big|_Q$ 求解外，还可用式（9-24）估算

$$r_{be} = r_{bb'} + \beta \times \frac{26(\mathrm{mV})}{I_{CQ}(\mathrm{mA})} \quad (9\text{-}24)$$

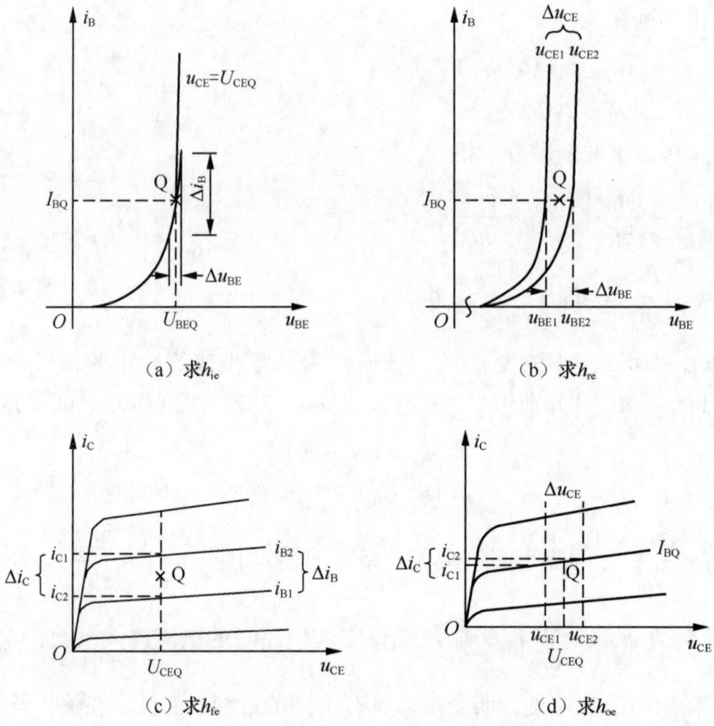

图 9-23　在特性曲线上求 h 参数的方法

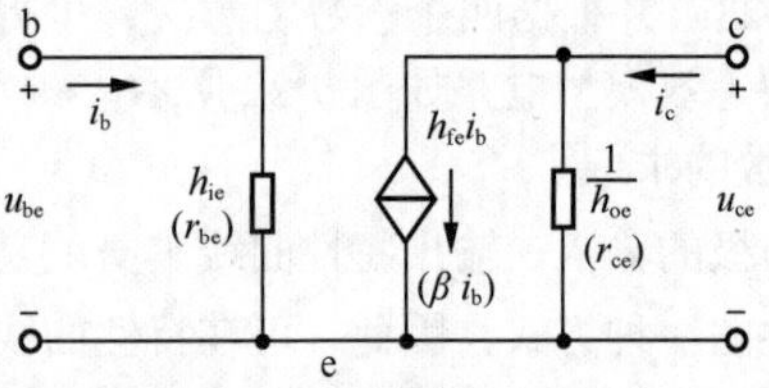

图 9-24　h 三参数模型电路

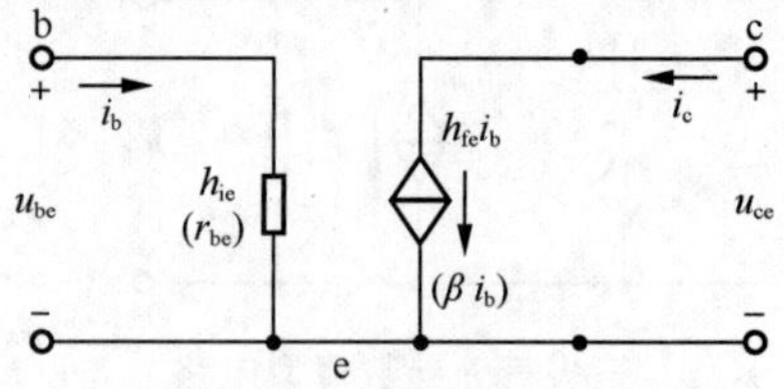

图 9-25　h 两参数模型电路

通常，小功率管的 $r_{bb'}$ 为 100～300Ω，大功率管的 $r_{bb'}$ 为十几至几十欧姆。

9.4.4 电路的动态分析

这里对图 9-12 所示的分压偏置共射放大电路的动态特性进行分析。由于旁路电容 C_E 将 R_E 交流短路，故发射极交流接地。当电路工作于放大状态时，可画出交流等效电路，如图 9-26 所示。图中虚线框包围的部分就是三极管简化 h 参数模型。

根据图 9-26 所示电路，可对共射放大电路各个指标进行分析。

1．电压放大倍数 A_u

由图 9-26 可知，输入交流电压可表示为

$$u_i = i_b r_{be}$$

输出交流电压为

$$u_o = -i_c (R_C // R_L) = -\beta i_b (R_C // R_L)$$

故得电压放大倍数

$$A_u = \frac{u_o}{u_i} = -\frac{\beta (R_C // R_L)}{r_{be}} = -\frac{\beta R_L'}{r_{be}} \tag{9-25}$$

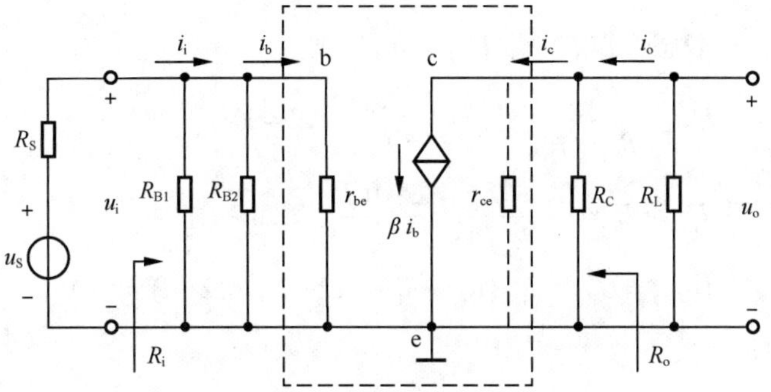

图 9-26　共射放大电路交流等效电路

2．电流放大倍数 A_i

由图 9-26 可以看出，流过 R_L 的电流 i_o 为

$$i_o = i_c \frac{R_C}{R_C + R_L} = \beta i_b \frac{R_C}{R_C + R_L}$$

而

$$i_i = i_b \frac{R_B + r_{be}}{R_B}$$

其中，$R_B = R_{B1} // R_{B2}$。由此可得

$$A_i = \frac{i_o}{i_i} = \beta \frac{R_B}{R_B + r_{be}} \cdot \frac{R_C}{R_C + R_L} \tag{9-26}$$

若满足 $R_B >> r_{be}$，$R_L << R_C$，则

$$A_i \approx \beta \tag{9-27}$$

3．输入电阻

由图 9-26，易见

$$R_i = \frac{u_i}{i_i} = R_{B1} // R_{B2} // r_{be} \tag{9-28}$$

若 $R_{B1} // R_{B2} >> r_{be}$，则

$$R_i \approx r_{be} \tag{9-29}$$

4．输出电阻

按照 R_o 的定义，将图 9-26 电路中的 u_s 短路，在输出端加一电压 u_o，可知 $i_b = 0$，则受控源 $\beta i_b = 0$。这时，从输出端看进去的电阻为 R_C，因此

$$R_o = \frac{u_o}{i_o}\bigg|_{u_s=0} = R_C \tag{9-30}$$

5．源电压放大倍数 A_{us}

A_{us} 定义为输出电压 u_o 与信号源电压 u_s 的比值，即

$$A_{us} = \frac{u_o}{u_s} = \frac{u_i}{u_s} \cdot \frac{u_o}{u_i} = \frac{R_i}{R_s + R_i} A_u \tag{9-31}$$

可见，$|A_{us}| < |A_u|$。若满足 $R_i >> R_s$，则 $A_{us} \approx A_u$。

例 9-4　在图 9-12 电路中，若 R_{B1}=75kΩ，R_{B2}=25kΩ，R_C=R_L=2kΩ，R_E=1kΩ，U_{CC}=12V，三极管采用 3DG6 管，β=80，$r_{bb'}$=100Ω，R_S=0.6kΩ，试求该放大电路的静态工作点 I_{CQ}、U_{CEQ} 及 A_u、

R_i、R_o和A_{us}等项指标。

解：（1）采用估算法计算静态工作点。取$U_{BE}=0.7V$则

$$U_B \approx \frac{R_{B2}}{R_{B1}+R_{B2}}U_{CC}=\frac{25}{75+25}\times 12=3V$$

$$I_{CQ}\approx I_E=\frac{U_B-U_{BE}}{R_E}=\frac{3-0.7}{1}=2.3mA$$

$$U_{CEQ}=U_{CC}-I_{CQ}(R_C+R_E)=12-2.3\times(2+1)=5.1V$$

（2）计算交流指标。

因为

$$r_{be}=r_{bb'}+\beta\times\frac{26}{I_{CQ}}=100+80\times\frac{26}{2.3}=1k\Omega$$

$$R_L'=R_C//R_L=2//2=1k\Omega$$

根据图 9-26 的相关分析结果，可得

$$A_u=\frac{u_o}{u_i}=-\frac{\beta R_L'}{r_{be}}=-\frac{80\times 1}{1}=-80$$

$$R_i=R_{B1}//R_{B2}//r_{be}=75//15//1\approx 1k\Omega$$

$$R_o=R_C=2k\Omega$$

$$A_{us}=\frac{u_o}{u_s}=\frac{R_i}{R_s+R_i}A_u=\frac{1}{0.6+1}\times(-80)=-50$$

如果去掉图 9-12 中的旁路电容 C_E，会有什么情况呢？这时，发射极通过电阻 R_E 接地，交流等效电路如图 9-27 所示。由图可知

$$u_i=i_b r_{be}+(1+\beta)i_b R_E$$

而 u_o 仍为 $-\beta i_b R_L'$，则电压放大倍数变为

$$A_u=\frac{u_o}{u_i}=-\frac{\beta R_L'}{r_{be}+(1+\beta)R_E}$$

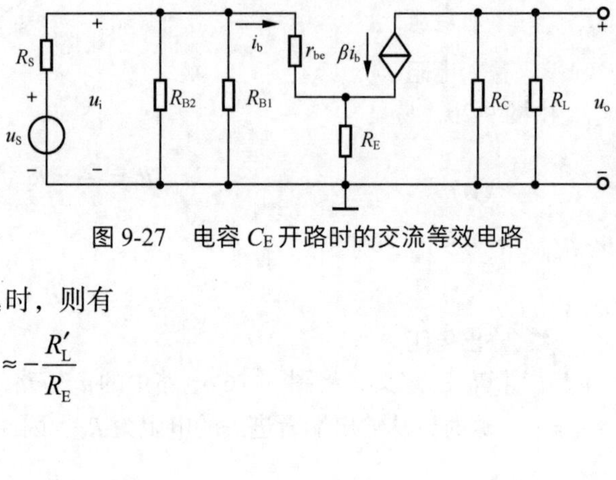

图 9-27　电容 C_E 开路时的交流等效电路

可见放大倍数减小了。这是因为 R_E 的自动调节（负反馈）作用，使得输出随输入的变化受到抑制，从而导致 A_u 减小。当$(1+\beta)R_E>>r_{be}$时，则有

$$A_u\approx -\frac{R_L'}{R_E}$$

与此同时，从 b 极看进去的输入电阻 R_i' 变为

$$R_i'=\frac{u_i}{i_b}=r_{be}+(1+\beta)R_E$$

即射极电阻 R_E 折合到基极支路应扩大（$1+\beta$）倍。因此，放大电路的输入电阻为

$$R_i=R_{B1}//R_{B2}//R_i'$$

显然，与接有旁路电容 C_E 相比，输入电阻明显增大了。但输出电阻不变，仍为 R_C，即 $R_o=R_C$。

例 9-5　将例 9-4 中 R_E 变为两个电阻 R_{E1} 和 R_{E2} 串联，且 $R_{E1}=100\Omega$，$R_{E2}=900\Omega$，而旁路电容 C_E 接在 R_{E2} 两端，其他条件不变，试求此时的交流指标。

解：由于 $R_E=R_{E1}+R_{E2}=1k\Omega$，所以静态工作点不变。对于交流通路，发射极通过 R_{E1} 接地。因而，交流等效电路如图 9-27 所示电路，只是图中 $R_E=R_{E1}=100\Omega$。此时，各项指标分别为

$$A_u=\frac{u_o}{u_i}=-\frac{\beta R_L'}{r_{be}+(1+\beta)R_{E1}}=-\frac{80\times1}{1+81\times0.1}=-8.8$$

$$R_i=R_{B1}//R_{B2}//[r_{be}+(1+\beta)R_{E1}]=75//25//[1+81\times0.1]=6\text{k}\Omega$$

$$R_o=R_C=2\text{k}\Omega$$

$$A_{us}=\frac{u_o}{u_s}=\frac{R_i}{R_s+R_i}A_u=\frac{6}{0.6+6}\times(-8.8)=-8$$

可见，R_{E1}的接入，使得 A_u 从 −80 变为 −8.8，减小为原来的九分之一左右。但是，由于输入电阻的增大，使得 A_{us} 与 A_u 的差异明显减小了。

9.5 共集放大电路

9.5.1 电路组成

共集放大电路如图 9-28 所示。图中采用分压式偏置电路使三极管工作在放大状态。基极为信号输入端，接内阻为 R_s 的信号源 u_s，发射极为信号输出端，集电极为输入、输出的公共端，交流接地。由于信号从发射极输出，所以该电路又称为射极输出器。

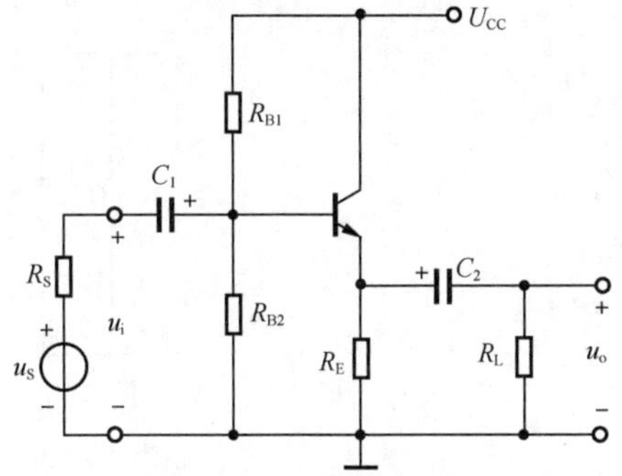

图 9-28　共集放大电路

9.5.2 电路分析

根据图 9-28 所示的共集放大电路，可得该电路的交流等效电路如图 9-29 所示。

根据图 9-29 所示等效电路，可对共集放大电路各个指标进行分析。

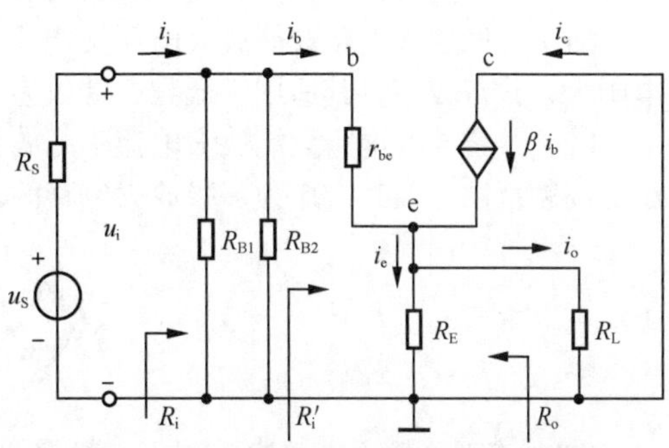

图 9-29　共集放大电路的交流等效电路

1．电压放大倍数 A_u

由图 9-29 可得

$$u_o=i_e(R_E//R_L)=(1+\beta)i_bR_L'$$

$$u_i=i_br_{be}+u_o=i_br_{be}+(1+\beta)i_bR_L'$$

因而

$$A_u=\frac{u_o}{u_i}=\frac{(1+\beta)R_L'}{r_{be}+(1+\beta)R_L'} \tag{9-32}$$

式（9-32）中，

$$R_L'=R_E//R_L$$

式（9-32）表明，A_u 恒小于 1，但因一般情况下有 $(1+\beta)R'\gg r_{be}$，因而又接近于 1，且输出电压与输入电压同相。换句话说，输出电压几乎跟随输入电压变化。因此，共集放大电路又称为射极跟随器。

2．电流放大倍数 A_i

在图 9-29 中，流过 R_L 的输出电流 i_o 为

$$i_o = i_e \frac{R_E}{R_E + R_L} = (1+\beta) i_b \frac{R_E}{R_E + R_L}$$

当忽略 R_{B1}、R_{B2} 的分流作用时，有 $i_b = i_i$，则可得

$$A_i = \frac{i_o}{i_i} = \frac{i_o}{i_b} = (1+\beta)\frac{R_E}{R_E + R_L} \tag{9-33}$$

3．输入电阻 R_i

由图 9-29 可知，从基极看进去的电阻 R_i' 为

$$R_i' = r_{be} + (1+\beta)R_L'$$

所以

$$R_i = R_{B1} // R_{B2} // R_i' \tag{9-34}$$

与共射电路相比，由于 R_i' 显著增大，因而共集电路的输入电阻大大提高了。

4．输出电阻 R_o

在图 9-29 中，当输出端外加电压 u_o 而将 u_s 短路并保留内阻 R_s 时，可得图 9-30 所示电路。

由图 9-30 可知

$$i_o' = -i_e = -(1+\beta)i_b$$

$$R_s' = R_s // R_{B1} // R_{B2}$$

$$u_o = -i_b(r_{be} + R_s')$$

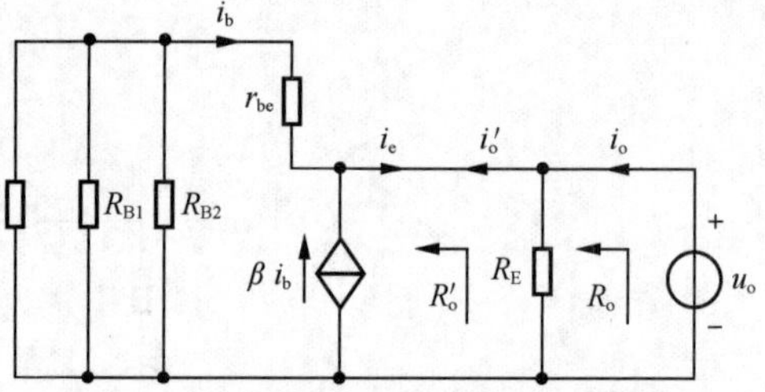

图 9-30　求共集放大电路的等效电路

则由 e 极看进去的电阻 R_o' 为

$$R_o' = \frac{u_o}{i_o'} = \frac{r_{be} + R_s'}{1+\beta}$$

所以，输出电阻为

$$R_o = \frac{u_o}{i_b}\bigg|_{u_s=0} = R_E // R_o' = R_E // \frac{r_{be} + R_s'}{1+\beta} \tag{9-35}$$

9.5.3 共射放大电路与共集放大电路的比较

根据前面的分析，将共射放大电路与共集放大电路进行比较，两者的主要特点可归纳如下。

（1）共射放大电路既能放大电压又能放大电流，输出电压与输入电压反相；输入电阻小，输出电阻大，频带较窄。其适用于低频，常作为多级放大电路的中间级。

（2）共集放大电路只能放大电流不能放大电压，具有电压跟随的特点；输入电阻大，输出电阻小，高频特性好。其常作为多级放大电路的输入级、输出级或者起隔离作用的缓冲级。

《习　题》

9-1　在两个放大电路中，测得三极管各极电流分别如题 9-1（a）、（b）图所示，求另一个电极的电流，并在图中标出其实际方向及各电极 e、b、c。试分别判断它们是 NPN 管还是 PNP 管。

9-2　在某放大电路中，晶体管三个电极的电流如题 9-2 图所示，试确定晶体管各电极的名称；说明它是 NPN 型，还是 PNP 型；计算晶体管的共射电流放大系数 β。

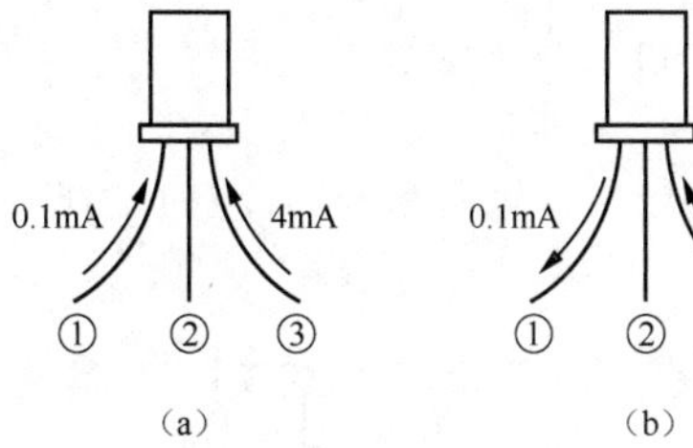

题 9-1 图

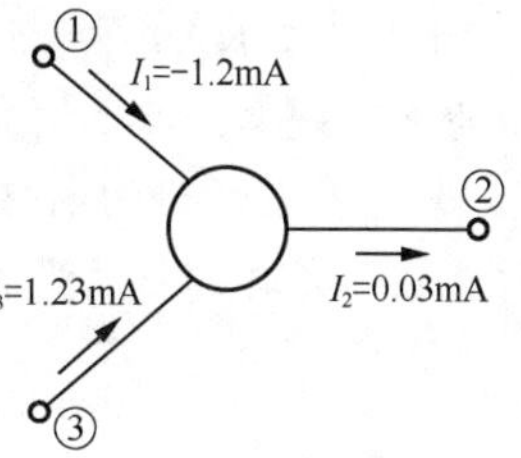

题 9-2 图

9-3　用万用表直流电压挡测得电路中晶体管各极对地电压如题 9-3 图所示，试判断晶体管分别处于哪种工作状态（饱和、截止、放大）？

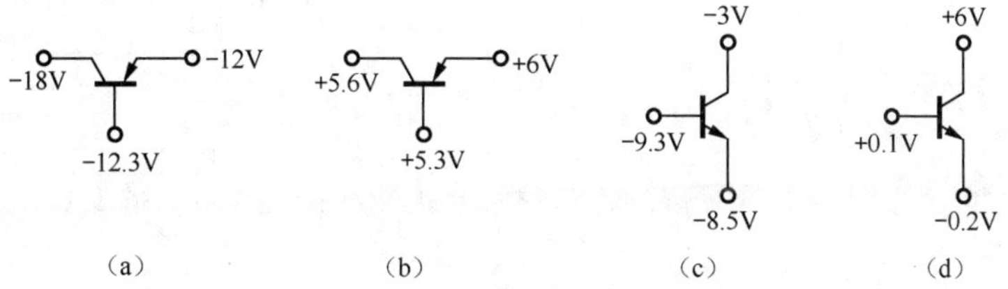

题 9-3 图

9-4　分别画出题 9-4 图所示各电路的直流通路与交流通路。

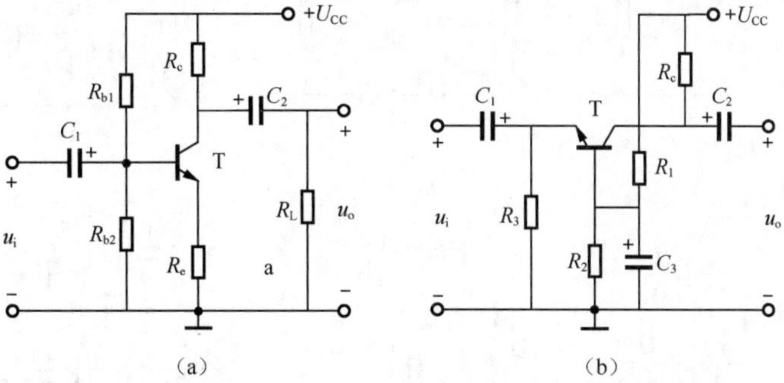

题 9-4 图

9-5　分析题 9-5 图所示电路对正弦交流信号有无放大作用。图中各电容对交流可视为短路。

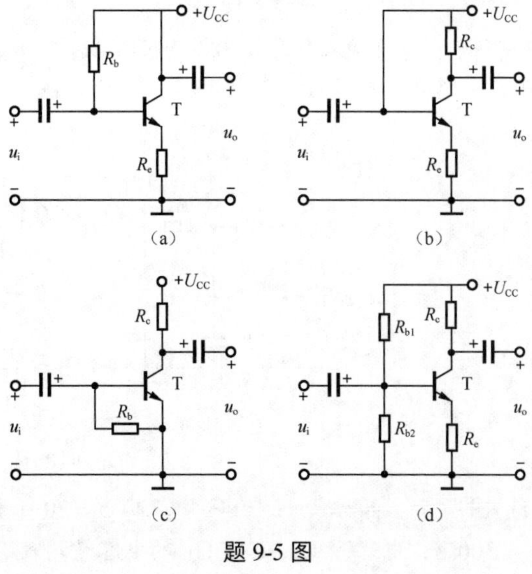

题 9-5 图

9-6　对共射极 NPN 单管放大电路，当输入交流信号时，出现如题 9-6 图所示输出波形图，试判断图示为何种失真，产生该失真的原因是什么？如何才能使其不失真？

9-7　题 9-7 图所示的电路，在输入正弦波信号的激励下，输出信号的波形如图所示，试说明该电路所产生的失真，并说明消除失真的办法。

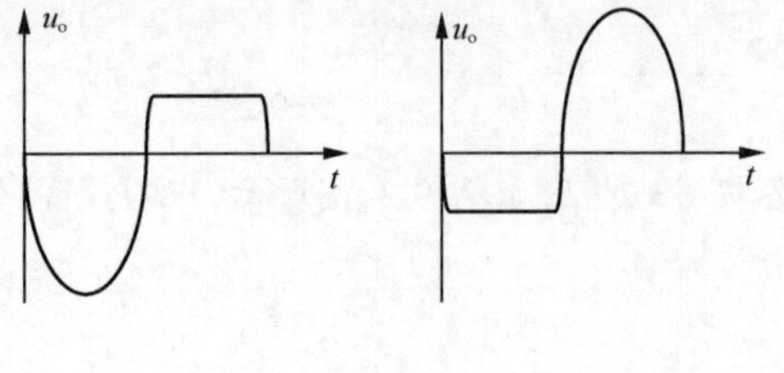

（a）　（b）

题 9-6 图

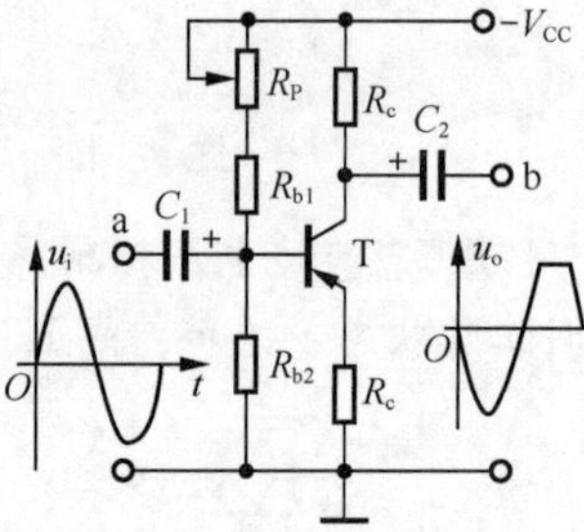

题 9-7 图

9-8　判断如题 9-8 图所示电路对输入的正弦信号是否有放大作用。若没有，请改正。

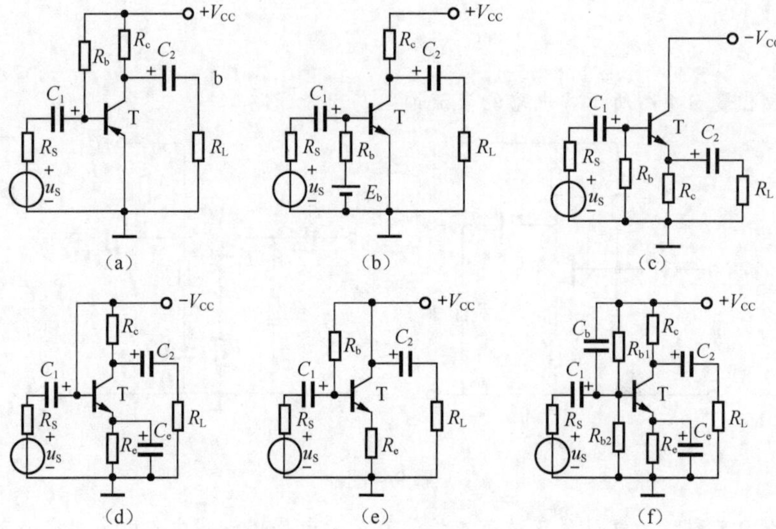

题 9-8 图

9-9　分析估算如题 9-9 图所示电路在输入信号 u_i=0V 或 u_i=5V 时三极管的工作状态和输出电压。

9-10　画出题 9-10 图所示电路的微变等效电路，并注意标出电压、电流的参考方向。

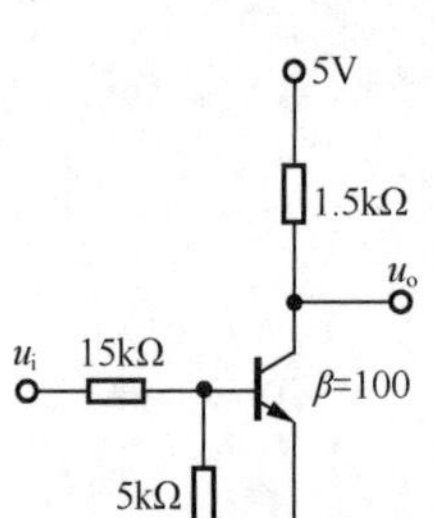

题 9-9 图

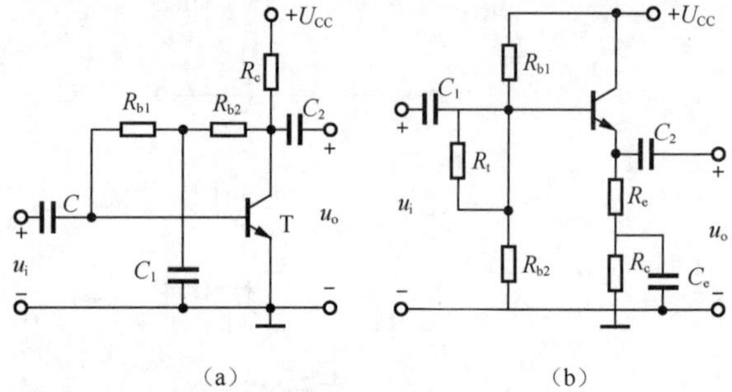

题 9-10 图

9-11　某电路如题 9-11 图所示。晶体管 T 为硅管，其 $\beta=20$。电路中的 U_{CC}=24V、R_B = 96kΩ、R_C =R_E=2.4kΩ、$r_{bb'}=300\Omega$，电容器 C_1、C_2、C_3 的电容量均足够大，正弦波输入信号的电

压有效值 u_i=1V。试求：（1）输出电压 u_{o1}、u_{o2} 的有效值；（2）用内阻为 10kΩ 的交流电压表分别测量 u_{o1}、u_{o2} 时，交流电压表的读数各为多少？

9-12　电路如题 9-12 图所示，元件参数已给出，$U_{CC}=12V$、晶体管的 $\beta=50$、U_{BEQ}=0.7V，$r_{bb'}=300\Omega$，求：（1）静态工作点；（2）中频电压放大倍 A_u；（3）求放大电路的输入电阻 R_i；（4）求放大电路的输出电阻 R_o。

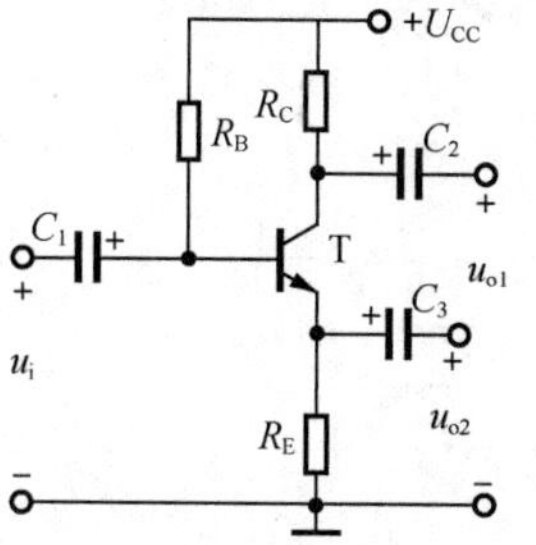

题 9-11 图

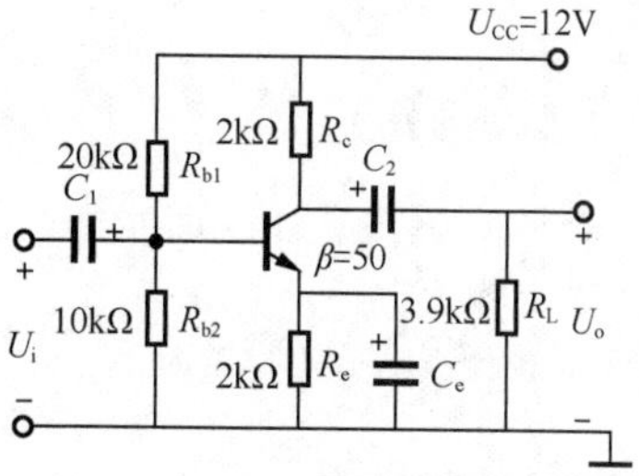

题 9-12 图

9-13　电路如题 9-13 图所示，设 $U_{CC}=15V$，R_{b1}=60 kΩ、R_{b2}=20 kΩ、R_c=3 kΩ、R_e=2 kΩ、R_s=600 Ω，电容 C_1、C_2 和 C_e 都足够大，$\beta=60$，$r_{bb'}=300\Omega$，U_{BE}=0.7V，R_L=3 kΩ。试计算：（1）电路的静态工作点 I_{BQ}、I_{CQ}、U_{CEQ}；（2）电路的中频电压放大倍数 A_u，输入电阻 R_i 和输出电阻 R_o；（3）若信号源具有 $R_s=600\,\Omega$ 的内阻，求源电压放大倍数 A_{us}。

9-14　题 9-14 图所示电路中，已知晶体管的 $\beta=100$，$U_{BEQ}=0.6V$，$r_{bb'}=100\,\Omega$。耦合电容的容量足够大。试求：（1）静态工作点；（2）画中频微变等效电路；（3）R_i 和 R_o；（4）A_u 和 A_{us}。

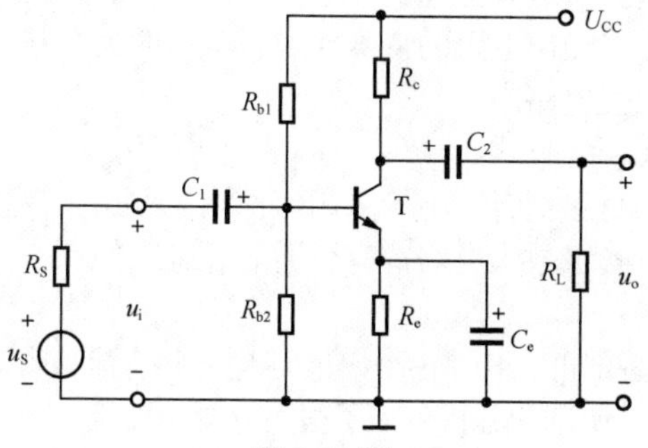

题 9-13 图

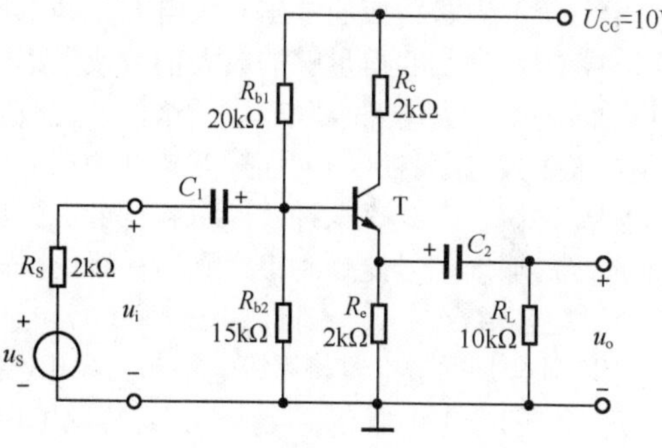

题 9-14 图

第10章 三极管的其他类型放大电路

【本章简介】

本章介绍三极管的其他类型放大电路，具体内容为多级放大电路、差动放大电路、功率放大电路。

10.1 多级放大电路

多级放大电路

10.1.1 级间耦合方式

由一个三极管组成的基本放大电路，其电压放大倍数一般只能达到几十倍，往往不能满足实际应用的要求。为了获得足够的放大倍数或考虑输入电阻、输出电阻的特殊要求，实用放大电路通常由若干级基本放大电路级联而成，这样就构成了多级放大电路。

多级放大电路各级间的连接方式称为放大电路级间耦合方式。

常见的耦合方式有三种，即阻容耦合、变压耦合和直接耦合。不管采用何种耦合方式，都必须保证前级的输出信号能顺利传递到后一级的输入端，且各级放大电路都有合适的静态工作点。

1．阻容耦合

阻容耦合是通过电容将后级电路与前级相连接，其框图如图 10-1 所示。由于电容隔直流通交流，所以每一级的静态工作点相互独立，这样就给电路设计、调试和分析带来了很大方便。而且，只要耦合电容选得足够大，频率较低的信号就能由前级几乎不衰减地被传输到后级，实现逐级放大。

2．变压耦合

变压耦合利用变压器做耦合元件，其连接方式如图 10-2 所示。

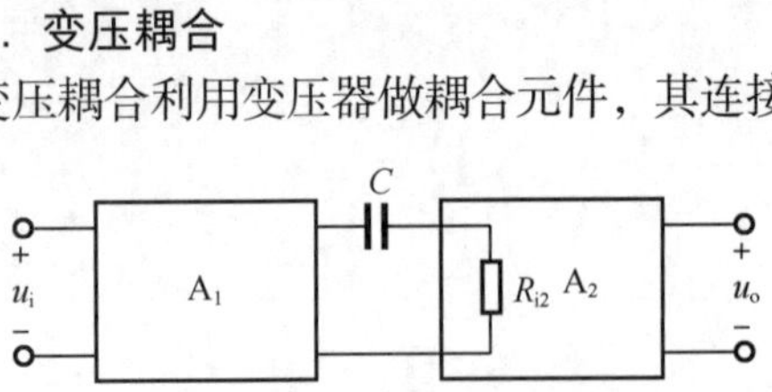

图 10-1　阻容耦合框图

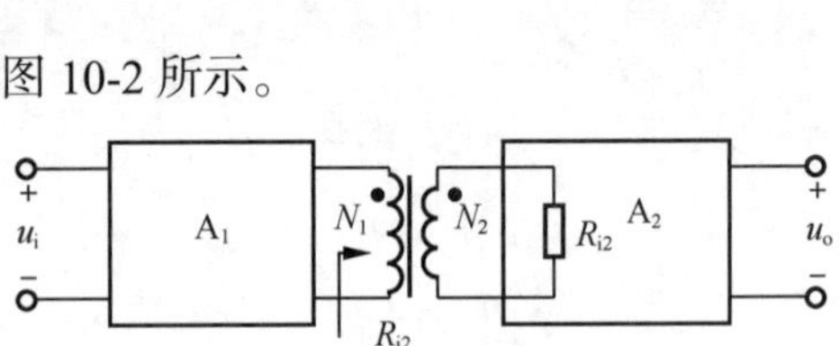

图 10-2　变压器耦合框图

变压器耦合的优点是各级静态工作点相互独立且原、副边交流可不共地，还有阻抗变换作用；其缺点是低频应用时变压器比较笨重，不利于小型化，更无法实现集成化。

3．直接耦合

直接耦合是把前级的输出端直接或通过恒压器件接到下级的输入端。直接耦合方式的优点是既能放大交流信号，也能放大缓慢变化的单极性信号，更重要的是，便于集成化。实际运算放大器内部，一般都采用直接耦合方式连接前后级放大电路。但是直接耦合使前后级之间的直流相互连通，造成各级静态工作点不能独立而互相影响。因此，必须考虑各级间直流电平的配置问题，以使每一级电路都有合适的工作点。图 10-3 给出了四种电平配置的具体做法。

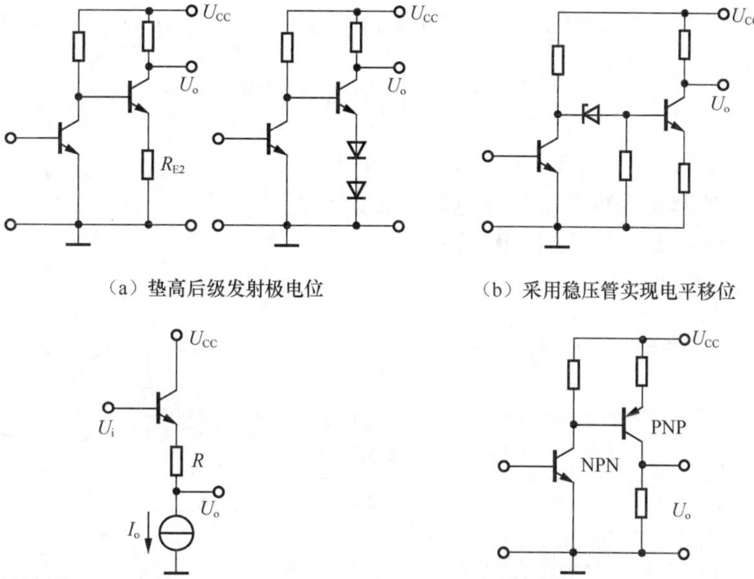

（a）垫高后级发射极电位　（b）采用稳压管实现电平移位

（c）电阻和恒流源电平移位　（d）NPN、PNP 管级联

图 10-3　直接耦合电平配置方式实例

图 10-3（a）电路分别采用 R_{E2} 和二极管来垫高后级发射极的电位，从而抬高了前级集电极的电位。图 10-3（b）电路是采用稳压管实现电平移动，使后级电位比前级低一个稳定电压值 U_Z。图 10-3（c）电路采用了电阻和恒流源串接实现电平移位。图 10-4（d）电路是采用 NPN 管和 PNP 管交替连接的方式。由于 PNP 管的集电极电位比基极电位低，因此，在多级耦合时，不会造成集电极电位逐级升高。所以，这种连接方式在分立元件或者集成的直接耦合电路中都被广泛采用。

直接耦合的另一个突出问题是零点漂移。即在没有输入信号时，输出存在无规律变化。引起零点漂移的原因很多，如三极管的参数随温度变化、电源电压的波动、电路元件参数的变化等，其中温度的影响最为严重，因而零点漂移也被称为温度漂移。在多级放大电路的各级漂移中，又以第一级的漂移影响最大，因为第一级的漂移会被逐级放大到输出端，所以，第一级的漂移要着重抑制。

采用差分放大电路作为输入级是一项措施，其他措施还有引入直流负反馈以稳定静态工作点，减小零点漂移；利用温敏元件补偿放大管的零点漂移等。

10.1.2　电路分析

分析级联放大电路的性能指标，采用的一般方法是通过计算每一级的指标来分析多级指标。在级联放大电路中，由于后级电路相当于前级负载，而该负载是后级放大电路的输入电阻，所以在计算前级输出时，只要将后级的输入电阻作为其负载，则该级的输出信号就是后级的输入信号。因此，一个 n 级放大电路的总电压放大倍数 A_u 可表示为

$$A_u = \frac{u_o}{u_i} = \frac{u_{o1}}{u_i} \cdot \frac{u_{o2}}{u_{o1}} \cdots\cdots \frac{u_{on}}{u_{o(n-1)}} = A_{u1} \cdot A_{u2} \cdots A_{un} \tag{10-1}$$

可见，A_u 为各级电压放大倍数的乘积。

级联放大电路的输入电阻就是第一级的输入电阻 R_{i1}。不过在计算 R_{i1} 时应将后级的输入电阻 R_{i2} 作为其负载，即

$$R_i = R_{i1}\big|_{R_{L1}=R_{i2}} \qquad (10\text{-}2)$$

级联放大电路的输出电阻就是最末级的输出电阻 R_{on}。不过在计算 R_{on} 时应将前级的输出电阻 $R_{o(n-1)}$ 作为其信号源内阻，即

$$R_o = R_{on}\big|_{R_{sn}=R_{o(n-1)}} \qquad (10\text{-}3)$$

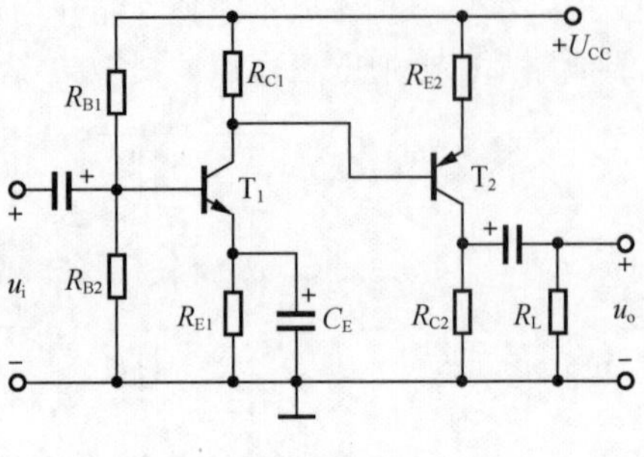

（a）电路

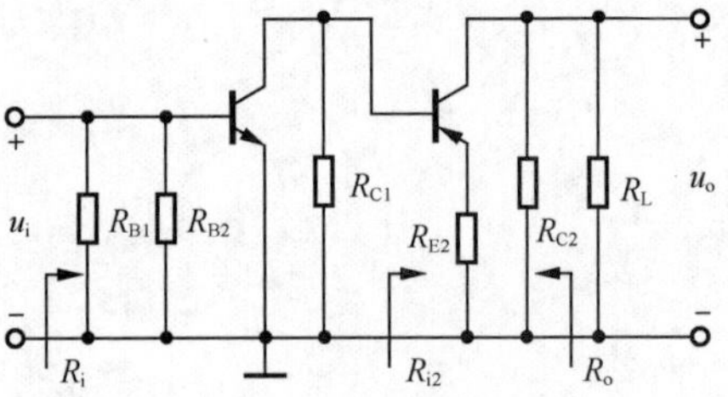

（b）交流通路

图 10-4 两级共射放大电路

例 10-1 图 10-4（a）给出了一个分别由 NPN 和 PNP 管构成的两极直接耦合的共射放大电路，其交流通路如图 10-4（b）所示，试计算该电路的交流指标。

解：（1）电压放大倍数 A_u

$$A_u = \frac{u_o}{u_i} = A_{u1}\cdot A_{u2}$$

其中，

$$A_{u1} = \frac{u_{o1}}{u_i} = -\frac{\beta_1\left(R_{C1}//R_{i2}\right)}{r_{be1}} = -\frac{\beta_1\left(R_{C1}//\left[r_{be2}+(1+\beta_2)R_{E2}\right]\right)}{r_{be1}}$$

$$A_{u2} = \frac{u_o}{u_{i2}} = -\frac{\beta_2\left(R_{C2}//R_L\right)}{r_{be2}+(1+\beta_2)R_{E2}}$$

（2）输入电阻 R_i

$$R_i = R_{i1}\big|_{R_{L1}=R_{i2}} = R_{B1}//R_{B2}//r_{be1}$$

（3）输出电阻 R_o

$$R_o = R_{o2}\big|_{R_{s2}=R_{C1}} = R_{C2}$$

例 10-2 放大电路如图 10-5 所示。已知三极管 β=100，r_{be1}=3kΩ，r_{be2}=2kΩ，r_{be3}=1.5kΩ，试求放大电路的输入电阻、输出电阻及源电压放大倍数。

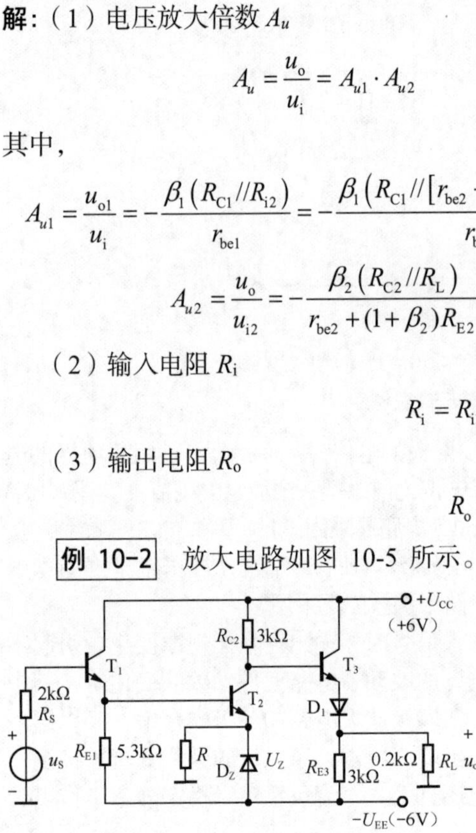

图 10-5 例 10-2 电路

解：该电路为共集、共射和共集三级直接耦合放大电路，为了保证输入和输出端的直流电位为零，电路采用了正、负电源，并且用稳压管 D_Z 和二极管 D_1 分别垫高 T_2、T_3 管的射极电位。因稳压管 D_Z 和二极管 D_1 的动态电阻很小，在交流分析时均视为短路。套用前面分析得到的一些公式，可得出各相关值。

（1）输入电阻 R_i

因第 2 级放大电路的输入电阻为 $R_{i2}=r_{be2}=2\text{k}\Omega$，故放大电路输入电阻为

$$R_i = R_{i1}\big|_{R_{L1}=R_{i2}} = r_{be1}+(1+\beta)(R_{E1}//R_{i2})$$
$$= 3+(1+100)(5.3//2)\approx 150\text{k}\Omega$$

（2）输出电阻 R_o

因第 2 级放大电路的输出电阻为 $R_{o2}=R_{C2}=3\text{k}\Omega$，故放大电路输出电阻为

$$R_o = R_{o3}\big|_{R_{s3}=R_{o2}} = R_{E3}//\frac{R_{C2}+r_{be3}}{1+\beta}$$
$$=3//\frac{3+1.5}{1+100}\approx 45\Omega$$

（3）源电压放大倍数 A_{uS}

第 1 级放大电路的放大倍数为

$$A_{u1}=\frac{u_{o1}}{u_i}=\frac{(1+\beta)(R_{E1}//R_{i2})}{r_{be1}+(1+\beta)(R_{E1}//R_{i2})}=\frac{101（5.3//2）}{3+101（5.3//2）}\approx 0.98$$

因第 3 级放大电路的输入电阻为

$$R_{i3}=r_{be3}+(1+\beta)(R_{E3}//R_L)=1.5+101（3//2）\approx 20\text{k}\Omega$$

故第 2 级放大电路的放大倍数为

$$A_{u2}=\frac{u_{o2}}{u_{i2}}=-\frac{\beta(R_{C21}//R_{i3})}{r_{be2}}=-\frac{100（3//0.2）}{2}\approx -130$$

第 3 级放大电路的放大倍数为

$$A_{u3}=\frac{u_o}{u_{i3}}=-\frac{(1+\beta)(R_{E3}//R_L)}{r_{be3}+(1+\beta)(R_{E3}//R_L)}=-\frac{101（3//0.2）}{1.5+101（3//0.2）}\approx 0.95$$

放大电路的源电压放大倍数为

$$A_{uS}=\frac{u_o}{u_S}=\frac{R_i}{R_S+R_i}\cdot A_{u1}\cdot A_{u2}\cdot A_{u3}=\frac{150}{2+150}\times 0.98\times(-130)\times 0.95\approx -120$$

10.2 差动放大电路

除了交流信号外，在工业控制中还常遇到另外一些信号，例如，用传感器测量温度，由于温度信号变化很慢，所以传感器的输出端是一个变化缓慢的小信号，这种缓慢变化的信号被输入放大电路时，不能用阻容耦合，而只能用直接耦合这种形式连接。直接耦合最大的问题就是零点漂移。

当放大电路输入信号后，这种漂移就伴随着信号共同存在于放大电路中，两者都在缓慢地变化着，一真一假，互相纠缠在一起，难以分辨。如果漂移量能够大到和信号一个量级，放大电路就难以发挥作用了，因此必须查明漂移产生的原因，并采取相应的抑制措施。其中最有效的措施就是采用差动放大电路。

差动放大电路

10.2.1 基本差动放大电路的组成

基本差动放大电路如图 10-6 所示。它由两个共射放大电路组成，两个三极管的发射极连在一起并经公共电阻 R_E 接负电源 $-U_{EE}$，所以也被称为射极耦合差动放大电路。

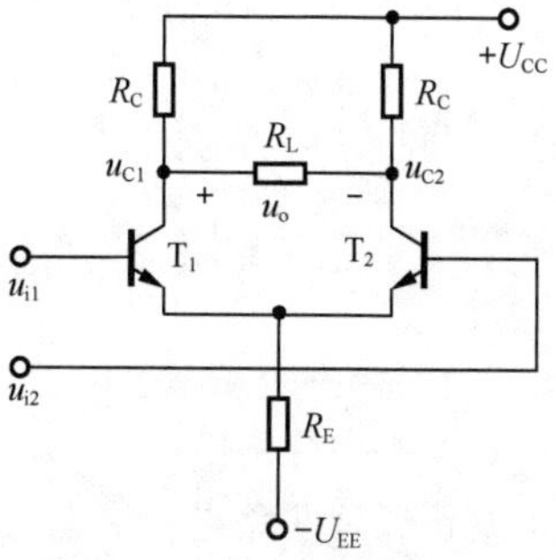

图 10-6　基本差动放大电路

1．差动放大电路特点

差动放大电路具有两个输入端，其基本特点如下。

（1）电路结构对称，三极管 T_1 和 T_2 特性参数相同，对称位置上的电阻元件参数也相同。

（2）采用正、负两个电源供电。T_1、T_2 的发射极经同一电阻 R_E 接至负电源 $-U_{EE}$，即电路是由两个完全对称的共射电路组合而成。

由于其结构上的对称性，因而它们的静态工作点也必然相同。

2．信号输入

当有信号输入时，对称差动放大电路的工作情况可按下列输入方式来分析。

（1）差模信号输入

若两个三极管的基极信号电压 u_{i1}、u_{i2} 大小相等且相位相反，即 $u_{i1}=-u_{i2}$，这两个信号合称为差模信号，此时，电路输入为

$$u_{id}=u_{i1}-u_{i2}$$

u_{id} 称为差动输入信号。当差动放大电路工作在差动输入时，T_1 管和 T_2 管的集电极电位一增一减，呈现等值相异变化，若取两个管子集电极电位差为输出，则在差模信号作用下，差动放大电路两管集电极之间的输出电压为两管各自输出电压的两倍。

（2）共模信号输入

由于温度变化、电源电压波动等引起的零点漂移折合到放大电路输入端的漂移电压，相当于在差模放大电路的两个输入端同时加上了大小和极性完全相同的输入信号，即 $u_{i1}=u_{i2}$，故这种大小和极性完全相同的信号称为"共模信号"。外界电磁干扰对放大电路的影响也相当于输入端加入了"共模信号"。

在共模信号作用下，对于完全对称的差动放大电路来说，两管集电极电位的变化呈等值同向变化，若取两管集电极电位差为输出，则输出电压为零，因而，差动放大电路对共模信号没有放大能力，亦即对共模信号放大倍数为零。

（3）比较输入

两个输入信号既非共模，也非差模，它们的大小和相对极性是任意的，这种输入常作为比较放大来运用，在控制测量系统中是常见的。

为了便于分析，可将比较信号分解为差模分量和共模分量。令 $u_d=\dfrac{u_{i1}-u_{i2}}{2}$，$u_c=\dfrac{1}{2}(u_{i1}+u_{i2})$，则有 $u_{i1}=u_c+u_d$，$u_{i2}=u_c-u_d$。因此，任意两个信号均可以分解成差模信号 u_d 和共模信号 u_c 的线性组合。

例如，两个输入信号为 $u_{i1}=-6\text{mV}$、$u_{i2}=2\text{mV}$，若将信号分解成差模信号和共模信号的组合，可得共模分量为 $u_c=\dfrac{-6+2}{2}=-2\text{mV}$，差模分量为 $u_d=\dfrac{-6-2}{2}=-4\text{mV}$，于是 $u_{i1}=u_c+u_d=(-2-4)\text{mV}$、$u_{i2}=u_c-u_d=(-2+4)\text{mV}$。

综上所述，无论差动放大电路的输入信号是何种类型，都可以认为是在差模信号和共模信号驱动下工作。

3．抑制零点漂移的原理

温度变化和电源电压波动都将使集电极电流产生变化，且变化趋势是相同的，其效果相当于在两个输入端加入了共模信号。电路完全对称时，对共模信号没有放大作用。但在实际中，完全对称的理想情况并不存在，所以不能单靠对称性来抑制零点漂移。另外，差动电路的每个三极管的集电极电位漂移并未受到抑制，如果采用单端输出（输出电压从一个三极管的集电极与"地"之间取出），漂移根本无法抑制，为此，在发射极增加了发射极电阻 R_E。

R_E 的主要作用是限制每个三极管的漂移范围，进一步减小零点漂移，稳定电路的静态工作点，这一过程类似于分压偏置共射电路的稳定过程。所以，即使电路处于单端输出方式时，仍有较强的抑制零点漂移能力。

10.2.2 基本差动放大电路的分析

1．静态分析

首先来分析图 10-6 电路的静态工作点。为了使差动放大电路输入端的直流电位为零，通常都采用正、负两路电源供电。由于 T_1、T_2 管参数相同，电路结构对称，所以两管工作点必然相同。由图可知，当 $u_{i1}=u_{i2}=0$ 时

$$U_E=-U_{BE}\approx-0.7\text{V}$$

则流过 R_E 的电流 I 为

$$I=\frac{U_E-(-U_{EE})}{R_E}=\frac{U_{EE}-0.7}{R_E} \qquad (10\text{-}4)$$

故有

$$
\begin{aligned}
I_{C1Q} &= I_{C2Q} \approx I_{E1Q} = I_{E2Q} = \frac{1}{2}I \\
U_{CE1Q} &= U_{CE2Q} \approx U_{CC} + 0.7 - I_{C1Q}R_C \\
U_{C1Q} &= U_{C2Q} = U_{CC} - I_{C1Q}R_C
\end{aligned}
\tag{10-5}
$$

可见，静态时，差动放大电路两输出端之间的直流电压为零。

2．动态分析

（1）差模放大特性

如果在图 10-6 差动电路的两个输入端加上一对大小相等、相位相反的差模信号，即 $u_{i1}=u_{id1}$，$u_{i2}=u_{id2}$，而 $u_{id1}=-u_{id2}$。由图可知，这时一个三极管的发射极电流增大，另一个三极管的发射极电流减小，且增大量和减小量相等。因此流过 R_E 的信号电流始终为零，公共射极端电位将保持不变。所以对差模输入信号而言，公共射极端可被视为差模接地，即 R_E 相当于对地短路。

通过上述分析，可得出图 10-6 电路的差模等效通路如图 10-7 所示。图中还画出了输入为差模正弦信号时，输出端波形的相位关系。利用图 10-7 等效通路，可计算差动放大电路的各项差模性能指标。

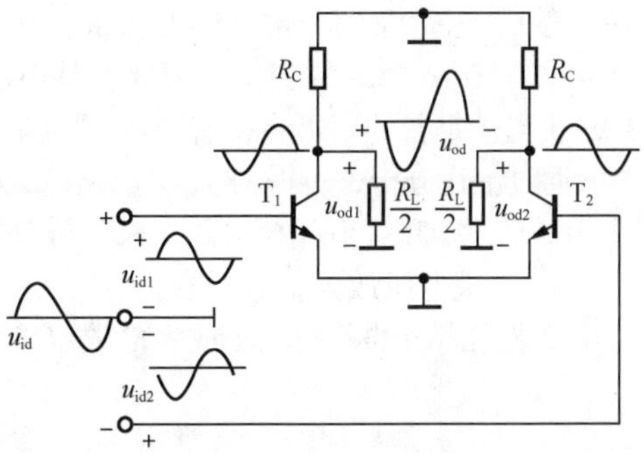

图 10-7　基本差动放大电路的差模等效通路

① 差模电压放大倍数

差模电压放大倍数定义为输出电压与输入差模电压之比。在双端输出时，输出电压为

$$u_{od} = u_{od1} - u_{od2} = 2u_{od1} = -2u_{od2}$$

输入差模电压为

$$u_{id} = u_{id1} - u_{id2} = 2u_{id1} = -2u_{id2}$$

所以

$$A_{ud} = \frac{u_{od}}{u_{id}} = \frac{u_{od1}}{u_{id1}} = \frac{u_{od2}}{u_{id2}} = -\frac{\beta R_L'}{r_{be}} \tag{10-6}$$

式（10-6）中，$R_L' = R_C // \frac{1}{2}R_L$。可见，双端输出时的差模电压放大倍数等于单个共射放大电路的电压放大倍数。

单端输出时，则

$$A_{ud（单）} = \frac{u_{od1}}{u_{id}} = \frac{u_{od1}}{2u_{id1}} = \frac{1}{2}A_{ud} \tag{10-7}$$

或

$$A_{ud（单）} = \frac{u_{od2}}{u_{id}} = \frac{-u_{od1}}{2u_{id1}} = -\frac{1}{2}A_{ud} \tag{10-8}$$

可见，这时的差模电压放大倍数为双端输出时的一半，且两输出端信号的相位相反。需要指出，若单端输出时的负载 R_L 接在一个输出端到地之间，则计算 A_{ud} 时，总负载应改为 $R_L' = R_C // R_L$。

② 差模输入电阻

差模输入电阻定义为差模输入电压与差模输入电流之比。由图 10-7 可得

$$R_{id} = \frac{u_{id}}{u_{id}} = \frac{2u_{id1}}{i_{id}} = 2r_{be} \tag{10-9}$$

③ 差模输出电阻

双端输出时为

$$R_{od}=2R_C \tag{10-10}$$

单端输出时为

$$R_{od（单）}=R_C \tag{10-11}$$

（2）共模抑制特性

如果在图 10-7 差动放大电路的两个输入端加上一对大小相等、相位相同的共模信号，即 $u_{i1}=u_{i2}=u_{ic}$，由图可知，此时两管的发射极将产生相同的变化电流 Δi_E，使得流过 R_E 的变化电流为 $2\Delta i_E$，从而引起两管射极电位有 2 R_E Δi_E 的变化。因此，从电压等效的观点看，相当于每管的射极各接有 2 R_E 的电阻。

通过上述分析，可得图 10-7 电路的共模等效通路如图 10-8 所示。现在利用该电路，来分析它的共模指标。

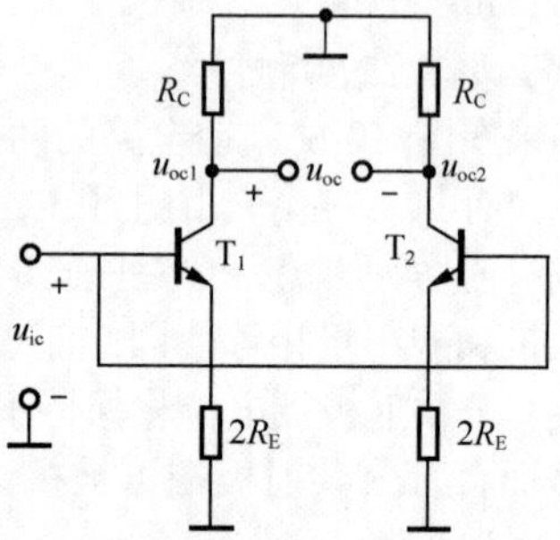

图 10-8　基本差动放大电路的共模等效通路

① 共模电压放大倍数

双端输出时的共模电压放大倍数定义为

$$A_{uc}=\frac{u_{oc}}{u_{ic}}=\frac{u_{oc1}-u_{ic2}}{u_{ic}}$$

当电路完全对称时，$u_{oc1}=u_{oc2}$，所以双端输出的共模电压放大倍数为零，即 $A_{uc}=0$。

单端输出时的共模电压放大倍数定义为

$$A_{uc（单）}=\frac{u_{oc1}}{u_{ic}} \quad 或 A_{uc（单）}=\frac{u_{oc2}}{u_{ic}}$$

由图 10-8 可得

$$A_{uc（单）}=\frac{u_{oc1}}{u_{ic}}=\frac{u_{oc2}}{u_{ic}}=-\frac{\beta R_C}{r_{be}+(1+\beta)2R_E} \tag{10-12}$$

通常满足$(1+\beta)2R_E>>r_{be}$，所以式（10-12）可简化为

$$A_{uc（单）}\approx-\frac{R_C}{2R_E} \tag{10-13}$$

可见，由于射极电阻 $2R_E$ 的自动调节（负反馈）作用，使得单端输出的共模电压放大倍数大为减小。实际电路均存在 $R_E>R_C$ 情况，故$|A_{uc}(单)|<0.5$，即差动放大电路对共模信号不是放大而是抑制。共模负反馈电阻 R_E 越大，则抑制作用越强。

② 共模输入电阻

由图 10-8 不难看出，共模输入电阻为

$$R_{ic}=\frac{u_{ic}}{i_{ic}}=\frac{u_{ic}}{2i_{ic1}}=\frac{1}{2}[r_{be}+(1+\beta)2R_E] \tag{10-14}$$

③ 共模输出电阻

单端输出时为

$$R_{oc（单）}=R_C \tag{10-15}$$

10.2.3 具有恒流源的差动放大电路

为了衡量差动放大电路对差模信号的放大和对共模信号的抑制能力，人们引入了参数共模抑制

比 K_{CMR}。它定义为差模放大倍数与共模放大倍数之比的绝对值，即

$$K_{CMR} = \left|\frac{A_{ud}}{A_{uc}}\right| \tag{10-16}$$

图 10-6 所示的基本差动放大电路，存在两个缺点：一是共模抑制比不会太高，二是不允许输入端有较大的共模电压变化。用恒流源代替图 10-6 电路中的 R_E，可以有效地克服上述缺点。

一种具有恒流源的差动放大电路如图 10-9（a）所示。图中，恒流源为单管电流源。这是分立元件电路常用的形式。而集成电路中，多采用镜像电流源、小电流电流源等。

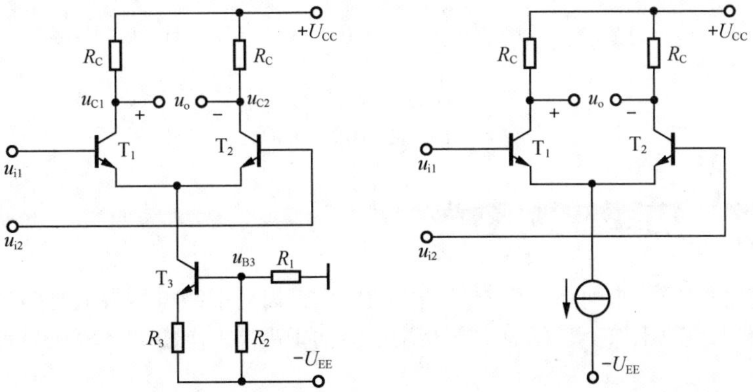

（a）用单管电流源代替 R_E 的差动电路　　（b）电路的简化表示

图 10-9　具有恒流源的差动放大电路

例 10-3　已知图 10-10 所示电路中 $+U_{CC}$=12V，$-U_{EE}$=−12V，三个三极管的电流放大倍数 β 均为 50，R_e=33kΩ，R_C=100kΩ，R=10kΩ，R_W=200Ω，R_{b2}=3kΩ，稳压管的 U_Z=6V。试估算：（1）该放大电路的静态工作点 Q；（2）差模电压放大倍数；（3）差模输入电阻和差模输出电阻。

解：（1）静态工作点的计算结果为

$$I_{CQ3} \approx I_{EQ3} = \frac{U_Z - U_{BE3}}{R_e} = \frac{6-0.7}{33} \approx 0.16\text{mA}$$

$$I_{CQ1} = I_{CQ2} = I_{CQ3}/2 \approx 0.08\text{mA}$$

$$U_{CQ1} = U_{CQ2} = U_{CC} - I_{CQ1}R_C = 12 - 0.08\times100 = 4\text{V}$$

$$I_{BQ1} = I_{BQ2} \approx I_{CQ1}/\beta = 0.08/50 = 1.6\times10^{-3}\text{mA}$$

$$U_{BQ1} = U_{BQ2} = -I_{BQ1}R = -1.6\times10^{-3}\times10 = -16\text{mV}$$

（2）当差模信号输入时，R_W 上的中点交流电位为零，其交流通路如图 10-11 所示。因为

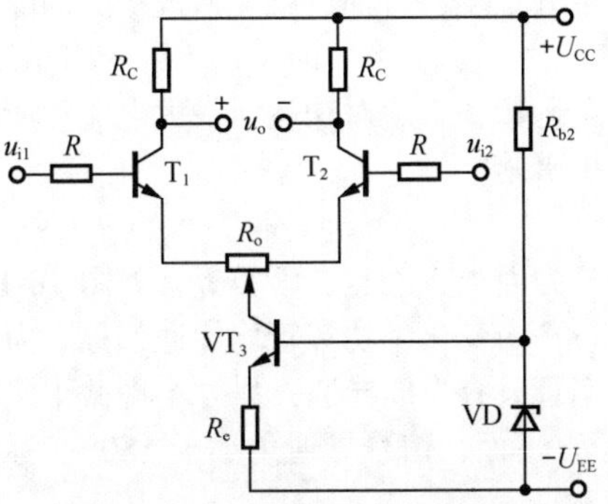

图 10-10　例 10-3 电路图

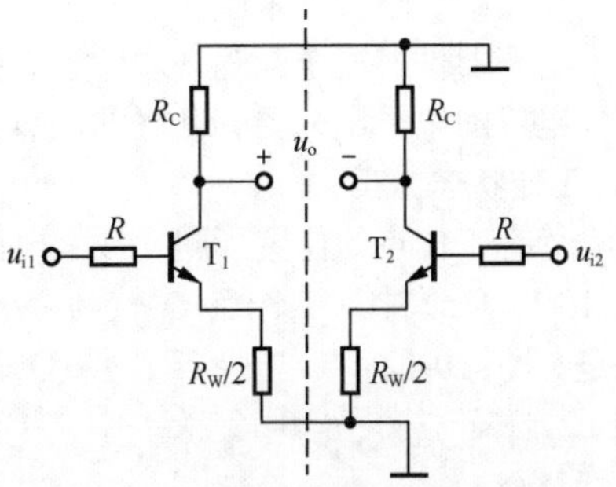

图 10-11　例 10-4 电路的交流通道

$$r_{be}=200+(1+\beta)\frac{26}{I_{EQ}}=200+51\times\frac{26}{0.08}\approx16.8\text{k}\Omega$$

可知差模电压放大倍数为

$$A_u=\frac{\beta R_C}{R+r_{be}+(1+\beta)R_W/2}=-\frac{50\times100}{10+16.8+51\times0.1}\approx-157$$

（3）由单边电路的交流分析可得差模输入、输出电阻。

差模输入电阻为

$$r_{i1}=2[R+r_{be}+(1+\beta)\frac{R_W}{2}]=2[10+16.8+51\times0.1]\approx63.8\text{k}\Omega$$

差模输出电阻为

$$r_{o1}=2R_C=2\times100=200\text{k}\Omega$$

10.3 功率放大电路

多级放大电路的末级或末前级一般都是功率放大级，以对前级电压放大电路送来的低频信号进行功率放大，去推动负载工作。功率放大电路用于驱动扬声器、电机、计算机显示器等，应用十分广泛。

对功率放大电路的要求是在效率高、非线性失真小、安全工作的前提下，向负载提供足够大的功率。

10.3.1 电路的特点及工作状态分类

1．电路的特点

功率放大电路具有以下特点。

（1）给负载提供足够大的功率。

（2）大信号工作。因为功率等于电压和电流乘积的积分平均，要求功率大，必然要使电压和电流摆幅大，而输出电压受电源电压限制，所以功率放大电路的电流都比较大，一般达到安培量级。

（3）分析方法以图解法为主。因为是在大信号背景下工作，小信号等效模型电路已不适合，所以功率放大电路的分析以图解法为主。

（4）非线性失真矛盾突出。因为是在大信号背景下工作，非线性失真较严重。如何既能减小非线性失真，又能得到大的交流功率，是重要的研究内容。

（5）提高效率成为重要的关注点。从能量转换的观点看，功率放大电路提供给负载的功率都是由直流电源的能量转换而来的。功率大，效率问题就变得十分重要，否则，就会造成极大的能源浪费，甚至还会给功率管带来威胁。

（6）功率器件的安全问题必须考虑。为保证功率管安全运行，必须对功耗、最大电流和所能承受的反向电压加以限制，要有良好的散热条件和适当的保护措施。

2．工作状态分类

根据静态工作点的位置不同，放大电路的工作状态可分为甲类、乙类、丙类等，如图 10-12 所示。图 10-12（a）中，工作点 Q 较高（I_{CQ}大），信号在 360° 内变化，功率管均导通，称之为甲类工作状态。图 10-12（b）中，工作点 Q 选在截止点，功率管只有半周导通，另外半周截止，称之为乙类工作状态。而图 10-12（c）中，工作点 Q 选在截止点下面，信号导通角小于 180°，称之为丙类工作状态。

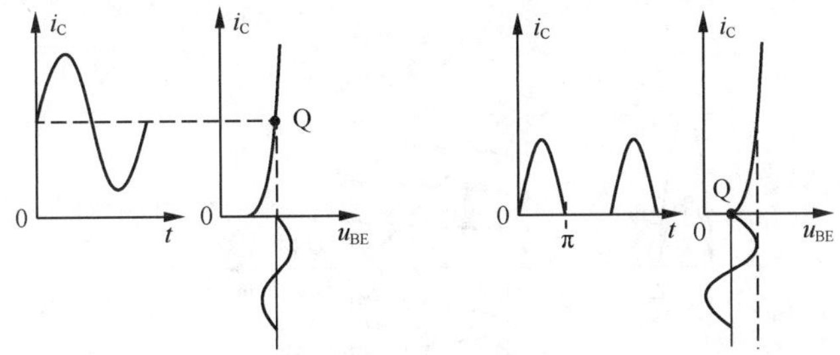

（a）甲类（导通角为360°）　　（b）乙类（导通角为180°）

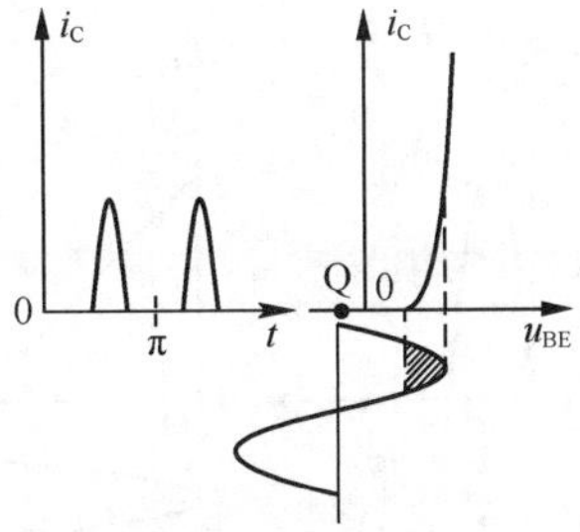

（c）丙类（导通角<180°）

图 10-12　放大电路的工作状态分类

分析表明，甲类方式虽非线性失真小，但效率低，且在没有信号时，电源仍在提供功率，而这些功率都成为无用的管耗，实际中该类方式很少被采用。乙类方式虽然存在大的非线性失真，但静态功耗小，效率高，在电路结构上采取一定措施后可基本解决非线性失真问题。所以，改进的乙类方式（实际为甲乙类方式）放大电路在实际中得到了广泛应用。

10.3.2　乙类双电源基本互补对称电路

1．电路组成

工作在乙类方式的放大电路，虽然管耗小，效率高，但存在严重的失真，使得输入信号的半个波形被削掉了。如果用两个管子，使之都工作在乙类放大状态，且一个工作在正半周，另一个工作在负半周，并使这两个输出波形都能加到负载上，从而在负载上得到一个完整的波形，这样就能解决效率与失真的矛盾。

实现上述设想的具体电路如图 10-13 所示，由一对 NPN、PNP 三极管组成，采用正、负双电源供电。该电路可实现静态时两管不导电，而有信号时 T_1 和 T_2 轮流导电，组成推挽式电路。由于两管具有互补作用，工作特性对称，所以这种电路通常被称为互补对称电路。

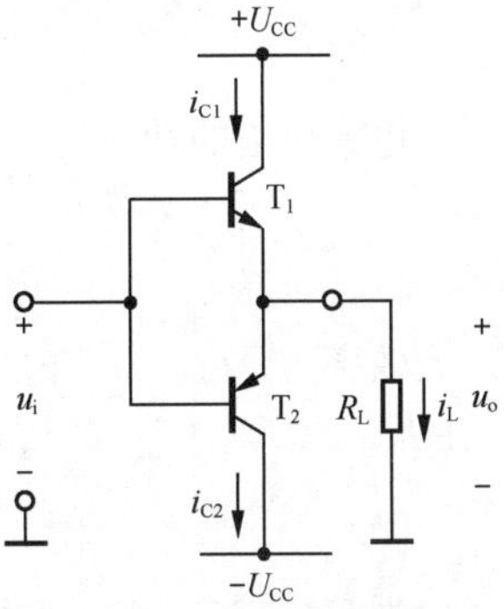

图 10-13　互补对称电路

2．电路分析

图 10-14（a）表示图 10-13 电路在 u_i 为正半周时 T_1 的工作情况。图中假定只要 $u_{BE}>0$，T_1 就导电，则在正弦信号的一个周期内 T_1 的导通时间为半个周期。图 10-13 中 T_2 管的情况与 T_1 管类似，但在信号的另一半周期内导通。为了便于分析，将 T_2 的伏安特性曲线倒置在 T_1 的下方，并令二者在 Q 点即 $u_{CE}=U_{CC}$ 处重合，形成 T_1 和 T_2 的合成曲线，如图 10-14（b）所示。这时负载线通过 U_{CC} 点形成一条斜线，其斜率为 $-1/R_L$。显然，允许的 i_C 的最大变化范围为 $2I_{CM}$，u_{CE} 的变化范围为 $2(U_{CC}-U_{CES})=2U_{CM}=2I_{CM}R_L$。如果忽略管子的饱和压降 U_{CES}，则 $U_{CM}=I_{CM}R_L\approx U_{CC}$。

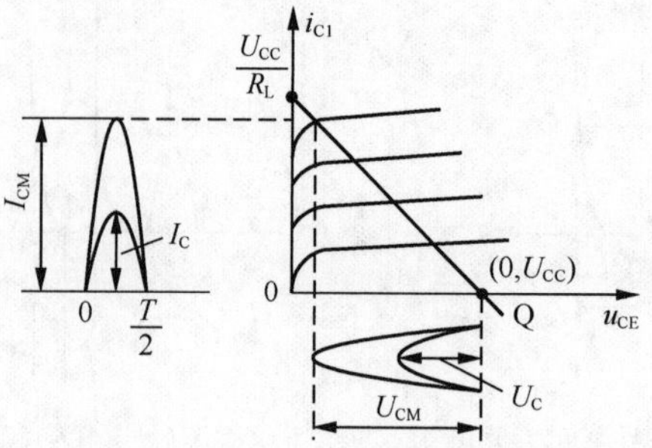

（a）单管负载线及工作点

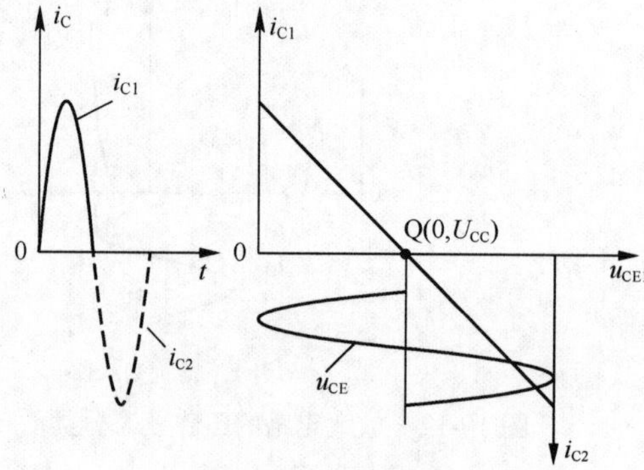

（b）双管负载线及工作点

图 10-14　互补对称乙类功放负载线及工作点

不难求出上述乙类互补对称电路的输出功率、管耗、直流电源供给的功率和效率。具体分析过程从略，具体结果如下。

最大不失真输出功率为

$$P_{omax} \approx \frac{U_{CC}^{\ 2}}{2R_L}$$

两管合计管耗为

$$P_T = \frac{2}{R_L}\left(\frac{U_{CC}U_{om}}{\pi} - \frac{U_{om}^{\ 2}}{4}\right)$$

电源供给的功率为

$$P_{Vm} = \frac{2}{\pi} \cdot \frac{U_{CC}^{\ 2}}{R_L}$$

效率为

$$\eta = \frac{P_o}{P_V} = \frac{\pi}{4} \cdot \frac{U_{om}}{U_{CC}}$$

当 $U_{om} \approx U_{CC}$ 时，效率最大，数值为 $\eta = \frac{\pi}{4} \approx 78.5\ \%$ 。

10.3.3 甲乙类互补对称功率放大电路

1．乙类方式的交越失真

图 10-13 所示的互补对称电路并不能使输出波形很好地反映输入的变化。由于没有直流偏置，

功率管的 i_B 必须在 $|u_{BE}|$ 大于某一个数值（即门限电压，NPN 硅管约为 0.6V）时才有显著变化。当输入信号 u_i 低于这个数值时，T_1 和 T_2 都截止，i_{C1} 和 i_{C2} 基本为零，负载 R_L 上几乎没有电流通过，出现一段死区，如图 10-15 所示。这种现象称为交越失真。

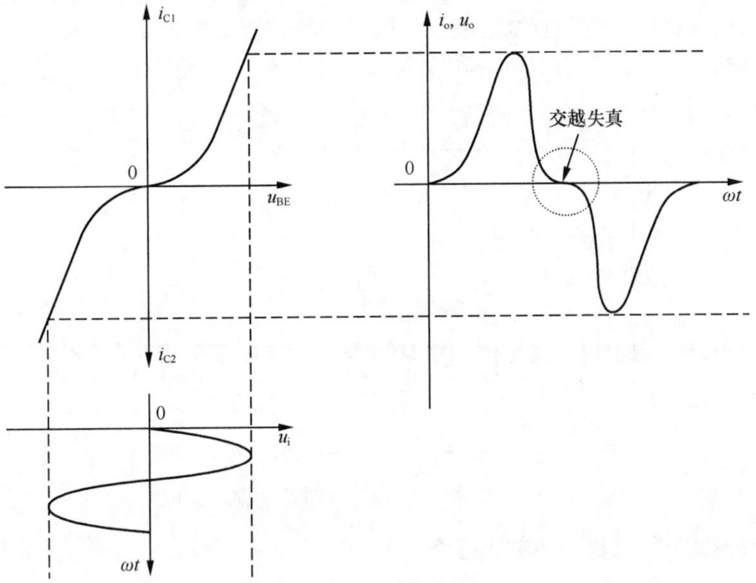

图 10-15　交越失真情况

2．甲乙类双电源互补对称功率放大电路

为了克服交越失真，可以分别给两管发射结加一正向偏压，其值等于或稍大于导通电压。因而只要有信号输入，T_1、T_2 就轮流导通，从而消除交越失真。在实际运算放大器中，常用的偏置方式如图 10-16 所示。图 10-16 所示电路的信号导通角大于 180°，所以称电路工作在甲乙类状态。

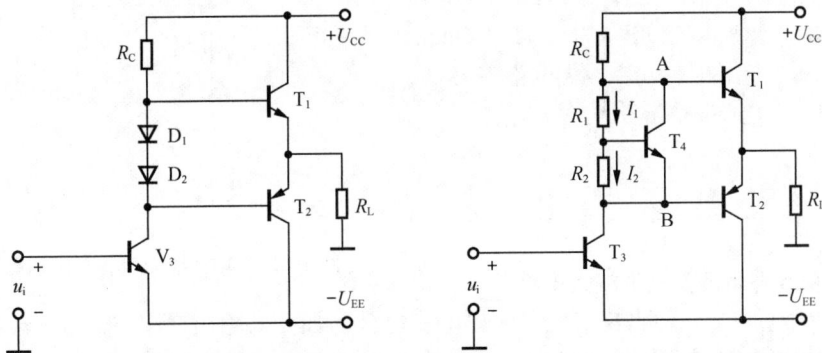

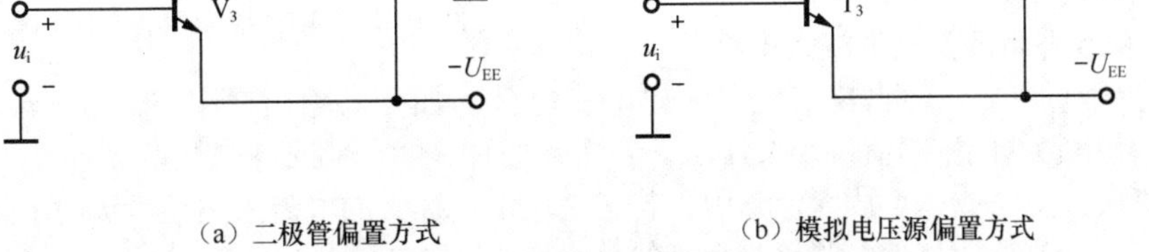

图 10-16　克服交越失真的互补电路

图 10-16（a）电路利用二极管 D_1、D_2 的正向压降为 T_1、T_2 管提供正向偏压，

图 10-16（b）电路利用 T_4、R_1 和 R_2 组成的模拟电压源产生正向偏压。由图 10-16（b）不难看出

$$U_{AB}= U_{CE4}= I_1R_1 + U_{BE4}$$

当忽略 I_{B4} 时，$I_2=I_1$，而 $U_{BE4}=I_2R_2$，故

$$U_{AB} \approx U_{BE4}\left(1+\frac{R_1}{R_2}\right)$$

可见，U_{AB} 是某一倍数的 U_{BE4}，所以该电路也称为 U_{BE} 的倍增电路。调整 R_1、R_2 的比值，可以得到所需的偏压值。由于 R_1 从集电极反接到基极，具有负反馈作用，因而使 A、B 间的动态电阻很小，近似为一个恒压源。

甲乙类双电源互补对称功率放大电路的一种具体结构如图 10-17 所示，图中的二极管用于克服交越失真，I_{CO} 为前置级放大电路有源集电极负载电流源。当负载电流 $I_L>>I_{CO}$ 时，输出管 T_1、T_2 轮流导通以给负载提供电流。由于输出信号直接加在负载上，无须经过电容耦合，所以这种电路也被称为 OCL（Output Capacitor Less）互补对称功率放大电路。

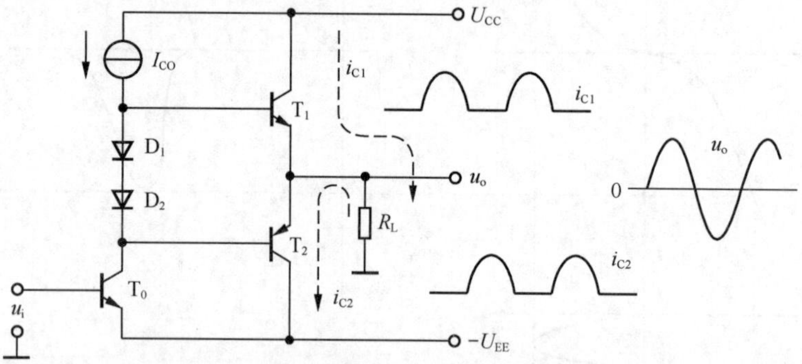

图 10-17　甲乙类双电源互补对称功率放大电路

3．甲乙类单电源互补对称功率放大电路

甲乙类单电源互补对称功率放大电路如图 10-18 所示。由图可见，静态时，a 点电位 $U_a=\frac{1}{2}U_{CC}$，那么电容 C 的直流电位也为 $U_{CC}/2$，当 T_1 导通、T_2 截止时，T_1 给负载 R_L 提供电流；而当 T_1 截止、T_2 导通时，电容 C 充当 T_2 的电源，只要 C 足够大，在信号变化一周内，电容电压可以基本保持为 $U_{CC}/2$。这种电路输出信号无须通过变压器的耦合而加在负载上，所以也被称为 OTL（Output Transformer Less）互补对称功率放大电路。

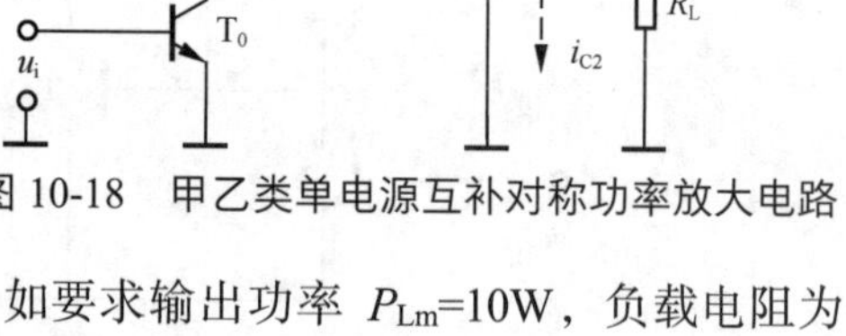

图 10-18　甲乙类单电源互补对称功率放大电路

分析可知，该电路最大输出功率 P_{Lm} 为

$$P_{Lm}=\frac{1}{2}\frac{U_{om}^2}{R_L}=\frac{1}{2}\frac{\left(\frac{U_{CC}}{2}\right)^2}{R_L}=\frac{1}{8}\frac{U_{CC}^2}{R_L}$$

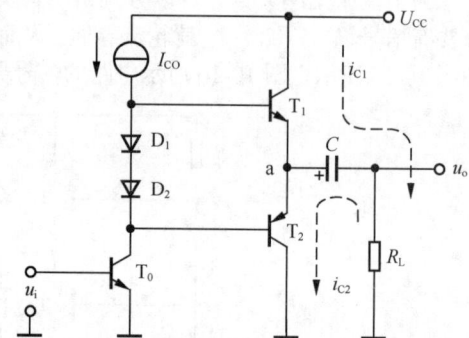

4．复合管互补甲乙类功率放大电路

在功率放大电路中，输出功率大，输出电流也大。如要求输出功率 P_{Lm}=10W，负载电阻为 10Ω，那么，功率管的电流峰值 I_{Cm}=1.414A。若功率管的 β=30，则要求基极驱动电流 I_{Bm}=41.1mA。在前级三极管放大电路或运算放大电路中，若无法输出这样大的电流来驱动后级功率管，则需要引入复合管。复合管又称达林顿电路。复合管的总 β 值为

$$\beta_{总}\approx\beta_1\cdot\beta_2$$

等效 β 值的增大，意味着前级供给的电流可以减少。复合管连接方式有四种，如图 10-19 所示。

互补甲乙类功率放大电路要求输出管 T_1（NPN）和 T_2（PNP）性能对称匹配。所以，用复合管构成 T_1 和 T_2 管时，希望输出管都用 NPN 管，因为 NPN 管的性能一般比 PNP 管好。用复合管组成的互补甲乙类功率放大电路如图 10-20 所示，其中 NPN 管采用图 10-19（a）电路，PNP 管采用图 10-19（c）电路。图中 R_1 和 R_2 是为了分流反向饱和电流而加的电阻，目的是提高功放的温度稳定性。

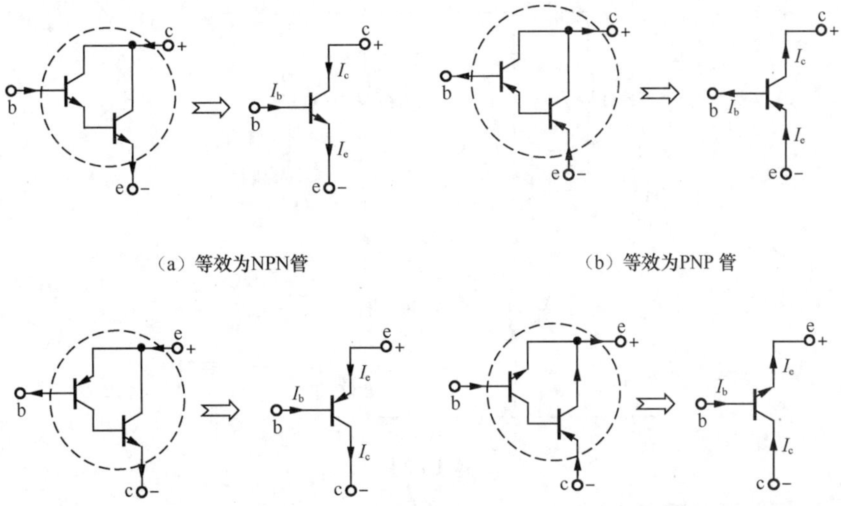

（a）等效为NPN管　　（b）等效为PNP 管

（c）等效为 PNP管　　（d）等效为 NPN 管

图 10-19　复合管连接方式

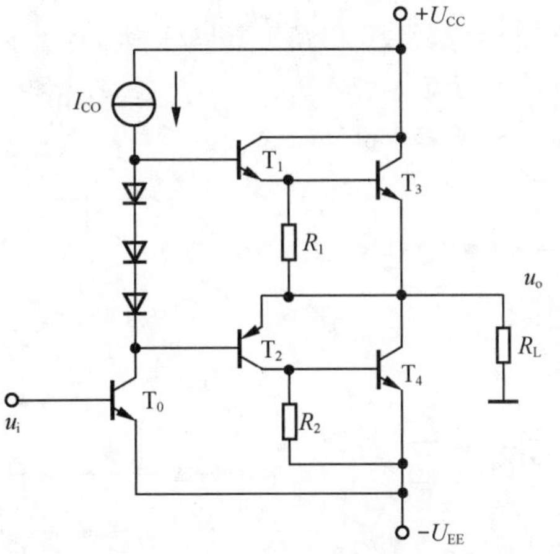

图 10-20　复合管互补甲乙类功率放大电路

《习　题》

10-1　在题 10-1 图所示的两级放大电路中，若已知 T_1 管的 β_1、r_{be1} 和 T_2 管的 β_2、r_{be2}，且电容 C_1、C_2、C_e 在交流通路中均可忽略。要求：（1）试指出每级各是什么组态的电路；（2）画出整个放大电路简化的微变等效电路（注意标出电压、电流的参考方向）；（3）求出该电路的输入电阻 R_i、输出电阻 R_o 和中频区的电压放大倍数 $\dot{A}_U = \dfrac{\dot{U}_o}{\dot{U}_i}$。

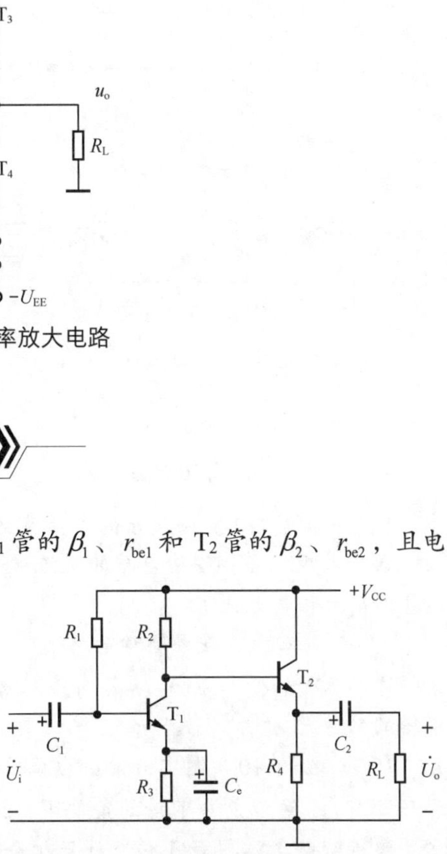

题 10-1 图

10-2　阻容耦合放大电路如题 10-2 图所示，已知 $\beta_1 = \beta_2 = 50V$、$U_{BE} = 0.7$ V，试指出每级各是什么组态的电路，并计算电路的输入电阻 R_i。

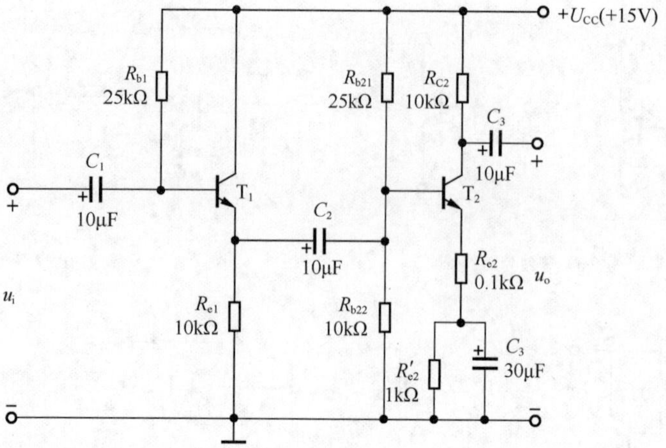

题 10-2 图

10-3 某差分放大电路如题 10-3 图所示，设对管的 β=50、$r_{bb'}$=300Ω、U_{BE}=0.7V，R_W 的影响可以忽略不计，试估算：（1）T_1、T_2 的静态工作点；（2）差模电压放大倍数 A_{ud}。

10-4 带恒流源的差动放大电路如题 10-4 图所示。已知 $U_{CC}=U_{EE}=12V$、$R_c=5k\Omega$、$R_b=1k\Omega$、$R_e=3.6k\Omega$、$R=3k\Omega$、$\beta_1=\beta_2=50$、$R_L=10k\Omega$、$r_{be1}=r_{be2}=1.5k\Omega$、$U_{BE1}=U_{BE2}=0.7V$、$U_Z=8V$。要求：（1）估算电路的静态工作点 I_{C1Q}、U_{C1Q}、I_{C2Q} 和 U_{C2Q}；（2）计算差模放大倍数 A_{ud}；（3）计算差模输入电阻 R_{id} 和差模输出电阻 R_{od}。

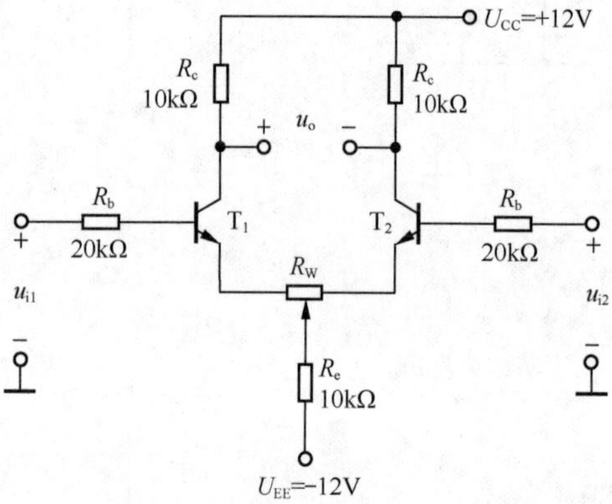

题 10-3 图

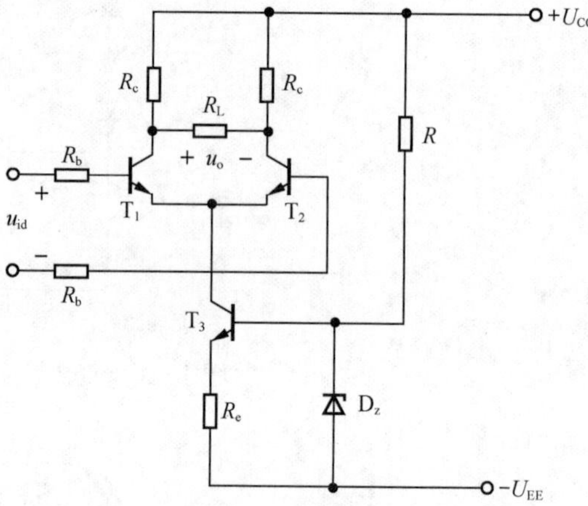

题 10-4 图

10-5 在题 10-5 图所示的差分放大电路中，已知两个对称晶体管的 β=50、r_{be}=1.2kΩ。要求：（1）画出共模、差模半边电路的交流通路；（2）求差模电压放大倍数 A_{ud}；（3）求单端输出和双端输出时的共模抑制比 K_{CMR}。

10-6 一双电源互补对称电路如题 10-6 图所示，设已知 U_{CC}=12V、R_L=8Ω，u_i 为正弦波。试求：在晶体管的饱和压降 U_{CES} 可以忽略不计的条件下，负载可能得到的最大输出功率 P_{om} 和电源供给的功率 P_V。

10-7 在题 10-6 图中，设 u_i 为正弦波，R_L=16Ω，要求最大输出功率 P_{om}=10W。在晶体管的饱和压降 U_{CES} 可以忽略不计的条件下，试求：（1）正、负电源 U_{CC} 的最小值（计算结果取整数）；（2）根据所求 U_{CC} 的最小值，计算相应的 I_{CM}、$|U_{(BR)CEO}|$ 的最小值；（3）输出功率最大时，电源供给的功率 P_V；（4）当输出功率最大时的输入电压有效值。

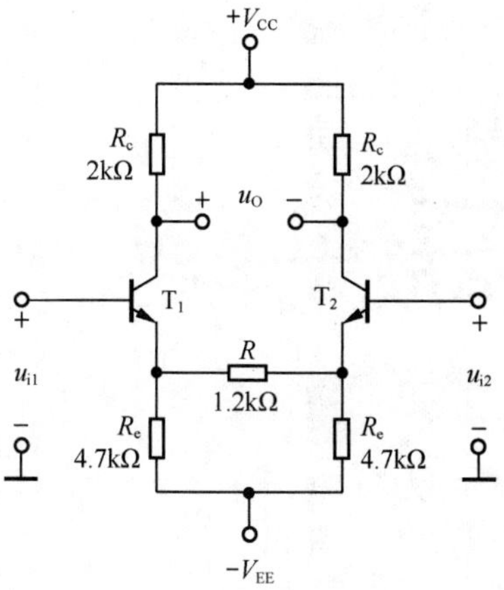

题 10-5 图

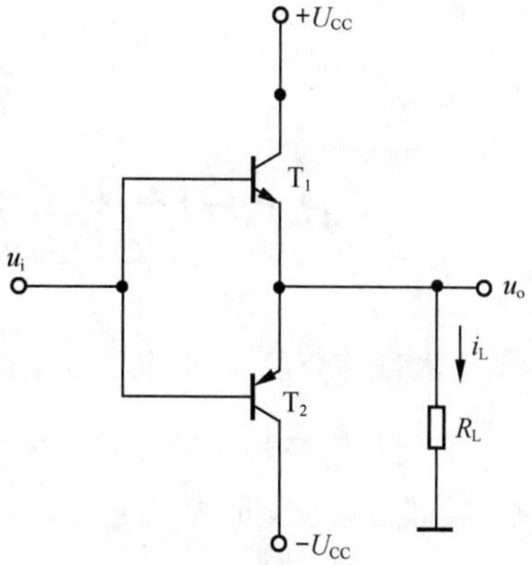

题 10-6 图

10-8　题 10-8 图所示的复合管连接方法是否正确，标出它们等效管的类型和管脚。

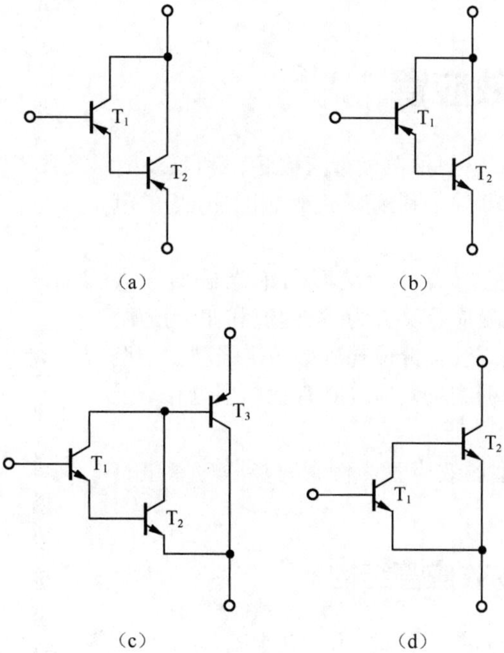

题 10-8 图

第 11 章 场效应管及其基本放大电路

【本章简介】

本章介绍场效应管及其基本放大电路，具体内容为场效应管、场效应管放大电路、场效应管及其放大电路与三极管及其放大电路的比较。

场效应管的结构与工作原理

11.1 场效应管

场效应管（又称 FET）是一种单极型三极管，和双极型三极管不同，它是一种电压控制电流型的半导体器件，利用改变外加电压产生的电场效应来控制其电流大小。

根据结构的不同，场效应管分为结型和绝缘栅型两大类。按导电沟道的不同，场效应管又分为 N 沟道和 P 沟道两种。按导电方式来分，场效应管又分成耗尽型与增强型，结型场效应管均为耗尽型，绝缘栅型场效应管既有耗尽型也有增强型。场效应管的分类如图 11-1 所示。

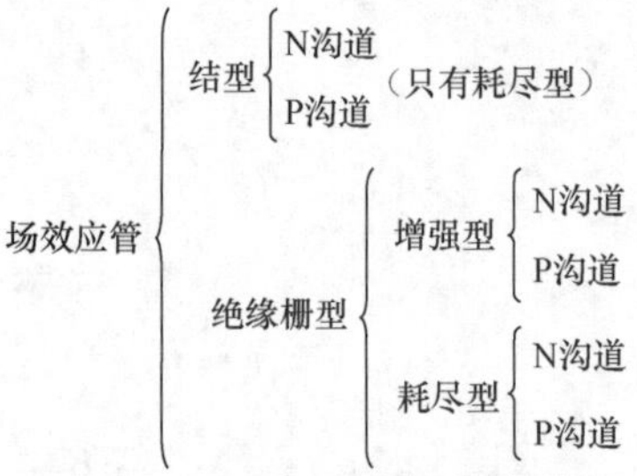

图 11-1　场效应管分类

下面，主要以绝缘栅型场效应管为例，对场效应管进行介绍。

11.1.1 绝缘栅型场效应管结构

绝缘栅型场效应管结构如图 11-2 所示，其中图 11-2（a）为立体结构示意图，图 11-2（b）为剖面结构示意图。

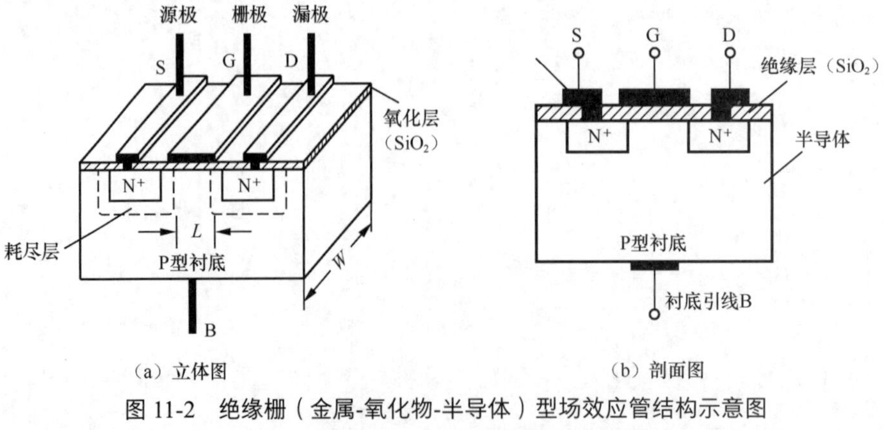

（a）立体图　　（b）剖面图

图 11-2　绝缘栅（金属-氧化物-半导体）型场效应管结构示意图

由图 11-2 可见，在一块 P 型硅半导体基片（称为衬底）上，扩散两个浓掺杂 N^+区分别作为源区和漏区，引出线为源极（S 极）和漏极（D 极），衬底引出线为 B 极。在源区和漏区之间的衬底表面覆盖一层很薄（约 0.1μm）的绝缘层（SiO_2），在此绝缘层上再覆盖一层金属薄层并引线作为栅极（G 极）。从垂直衬底的角度看，这种场效应管由金属（铝）-氧化物（SiO_2）-半导体构成，故又被称为 MOSFET。

11.1.2　N 沟道增强型 MOS 场效应管

1．导电沟道的形成及工作原理

N 沟道增强型 MOS 场效应管的沟道形成如图 11-3 所示，将其源极与衬底相连并接地，在栅极和源极之间加正压 U_{GS}，在漏极与源极之间施加正压 U_{DS}。

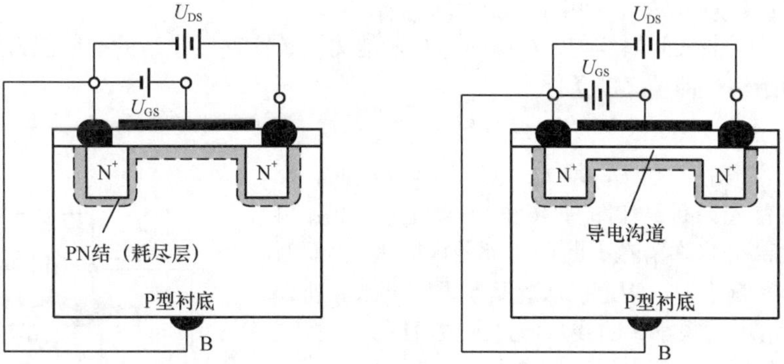

（a）$U_{GS}<U_{GSth}$，导电沟道未形成　　（b）$U_{GS}>U_{GSth}$，导电沟道已形成

图 11-3　N 沟道增强型 MOS 场效应管的沟道形成

当 $U_{GS}=0$ 时，N^+源区与漏区之间被 P 型衬底所隔开，就好像两个背靠背的 PN 结，不论 U_{DS} 为何值，电流总为零，相当于 MOSFET 处于关断状态。但当 $U_{GS}\neq0$，且为正值时，该电压就会在栅极和衬底之间产生垂直于表面的电场。这一电场使 P 型衬底表面的多子空穴受到排斥，而少子电子受到吸引。随着 U_{GS} 的增大，表面的空穴越来越少，而自由电子越来越多，当 U_{GS} 大于某一门限值（称为开启电压 U_{GSth}）时，使 P 型硅表面由原来空穴占绝对多数的 P 型表面层转变为电子占绝对多数的 N 型表面层，称之为“反型层”。正是由于反型层的出现，将源区和漏区连在一起，形成了沿表面的导电沟道。此时，若在漏极和源极之间施加正压 U_{DS}，则在表面横向电场作用下，电子将源源不断地由源极向漏极运动，形成沿表面流动的漏极电流 i_D。而栅极与沟道之间隔了绝缘层，故 $i_G=0$。又由于衬底与源极相连，源极、沟道、漏极与衬底之间的 PN 结总是反偏，所以不存在垂直于衬底的电流。显然，U_{GS} 越大，沟道越宽，沟道电阻越小，漏极电流越大。

2．转移特性

N 沟道增强型 MOSFET 的转移特性如图 11-4 所示。其主要特点如下。

（1）当 $U_{GS}<U_{GSth}$ 时，$i_D=0$。

（2）当 $U_{GS}>U_{GSth}$ 时，$i_D>0$，U_{GS} 越大，i_D 也随之增大，二者符合平方律关系，如式（11-1）所示。

$$i_D=\frac{\mu_n C_{ox}}{2}\frac{W}{L}(U_{GS}-U_{GSth})^2 \tag{11-1}$$

式（11-1）中，U_{GSth} 为开启电压（或阈值电压）；μ_n 为沟道电子运动的迁移率；C_{ox} 为单位面积栅极电容；W 为沟道宽度；L 为沟道长度，如图 11-2（a）所示；W/L 为 MOS 管的宽长比。在 MOS 集成电路设计中，宽长比是一个极为重要的参数。

3．输出特性

N 沟道增强型 MOSFET 的输出特性如图 11-5 所示。

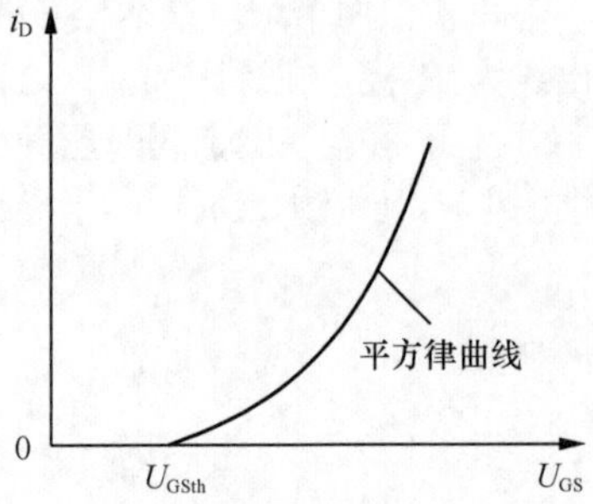

图 11-4　N 沟道增强型 MOSFET 的转移特性

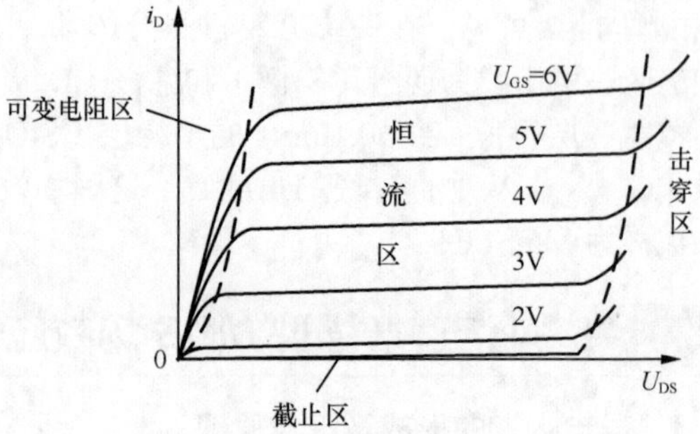

图 11-5　输出特性

MOSFET 的输出特性在截止区、可变电阻区、恒流区和击穿区有不同表现。其特点如下。

（1）截止区：$U_{GS} \leqslant U_{GSth}$，导电沟道未形成，$i_D=0$。

（2）恒流区：①曲线间隔均匀，U_{GS} 对 i_D 控制能力强；②U_{DS} 对 i_D 的控制能力弱，曲线平坦；③进入恒流区的条件，即预夹断条件为

$$U_{DS} \geqslant U_{GS} - U_{GSth} \tag{11-2}$$

因为 $U_{GD}=U_{GS}-U_{DS}$，当 U_{DS} 增大，使 $U_{GD}<U_{GSth}$ 时，靠近漏极的沟道被首先夹断，如图 11-6 所示。此后，U_{DS} 再增大，电压的大部分将降落在夹断区（此处电阻大），而对沟道的横向电场影响不大，沟道也从此基本恒定下来。所以随 U_{DS} 的增大，i_D 增大很小，曲线从此进入恒流区。

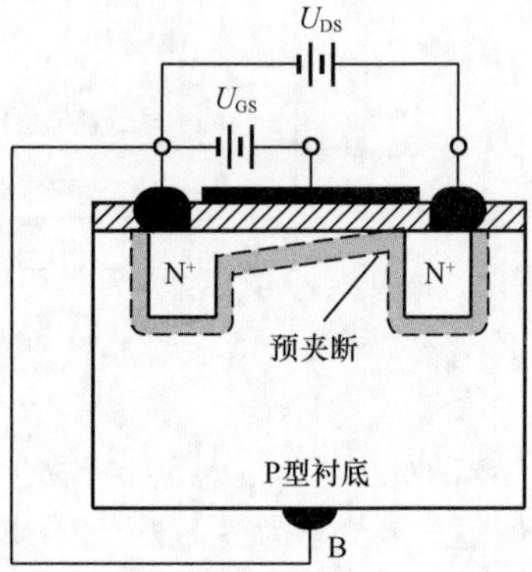

图 11-6　U_{DS} 增大，沟道被局部夹断（预夹断）情况

（3）可变电阻区：可变电阻区的电流方程为

$$i_D = \frac{\mu_n C_{ox}}{2}\frac{W}{L}[2(U_{GS}-U_{GSth})U_{DS}-U^2{}_{DS}] \tag{11-3}$$

可见，当 $U_{DS} \ll (U_{GS}-U_{GSth})$ 时（即预夹断前）

$$i_D \approx \frac{\mu_n C_{ox}}{2}\frac{W}{L}(U_{GS}-U_{GSth})U_{DS} \tag{11-4}$$

那么，可变电阻区的输出电阻 r_{DS} 为

$$r_{DS} = \frac{dU_{DS}}{di_D} = \frac{L}{\mu_n C_{ox} W}\frac{1}{U_{GS}-U_{GSth}} \tag{11-5}$$

（4）击穿区：当 U_{DS} 增大到一定程度时，漏极电流会骤然增大，场效应管将会被击穿；当 U_{GS} 增大时，击穿电压也会增大。

11.1.3　N 沟道耗尽型 MOS 场效应管

N 沟道增强型 MOS 场效应管在 $U_{GS}=0$ 时，管内没有导电沟道。而 N 沟道耗尽型 MOS 场效应管则不同，它在 $U_{GS}=0$ 时就存在导电沟道。因为这种器件在制造过程中，在栅极下面的 SiO_2 绝缘层中掺入了大量碱金属正离子（如 Na^+或 K^+），形成许多正电中心。这些正电中心的作用如同加正栅压一样，在 P 型衬底表面产生垂直于衬底的自建电场，排斥空穴，吸引电子，从而形成表面导电沟道，称为原始导电沟道。

由于 $U_{GS}=0$ 时就存在原始沟道，所以只要此时 $U_{DS}>0$，就有漏极电流。如果 $U_{GS}>0$，指向衬底的电场加强，沟道变宽，漏极电流 i_D 将会增大。反之，若 $U_{GS}<0$，则栅压产生的电场与正离子产生的自建电场方向相反，总电场减弱，沟道变窄，沟道电阻变大，i_D 减小。当 U_{GS} 继续变负，等于某一阈值电压时，沟道将全部消失，$i_D=0$，场效应管进入截止状态。

综上所述，N 沟道耗尽型 MOS 场效应管的转移特性和输出特性如图 11-7（a）、（b）所示。

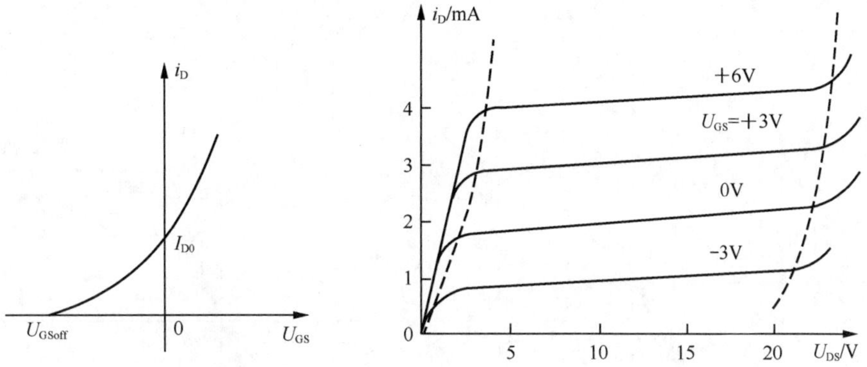

（a）转移特性　　（b）输出特性

图 11-7　N 沟道耗尽型 MOS 场效应管的特性

N 沟道耗尽型 MOS 场效应管的电流方程与增强型管是一样的，不过其中的开启电压应换成夹断电压 U_{GSoff}。经简单变换，耗尽型 MOS 场效应管的电流方程为

$$i_D = I_{D0}\left(1-\frac{U_{GS}}{U_{GSoff}}\right)^2 \tag{11-6}$$

式（11-6）中，I_{D0} 表示 $U_{GS}=0$ 时所对应的漏极电流。

11.1.4 场效应管的符号和主要参数

1．符号

图 11-8 给出了各种场效应管的符号。图 11-9 给出了各种场效应管的转移特性和输出特性。各种场效应管的输出特性形状是一样的，只是控制电压 U_{GS} 不同。

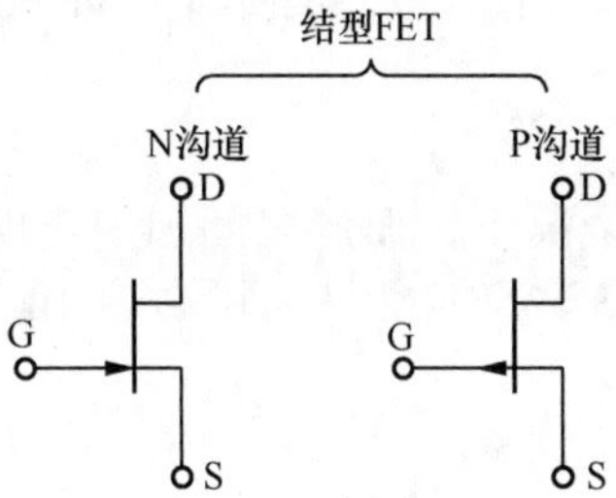

（a）结型场效应管

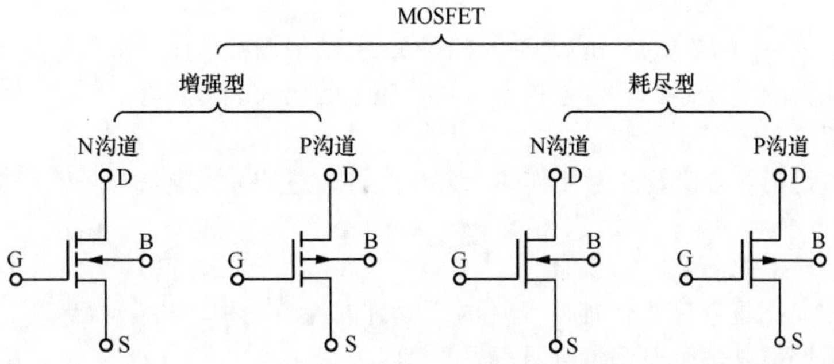

（b）MOS场效应管

图 11-8　各种场效应管的符号对比

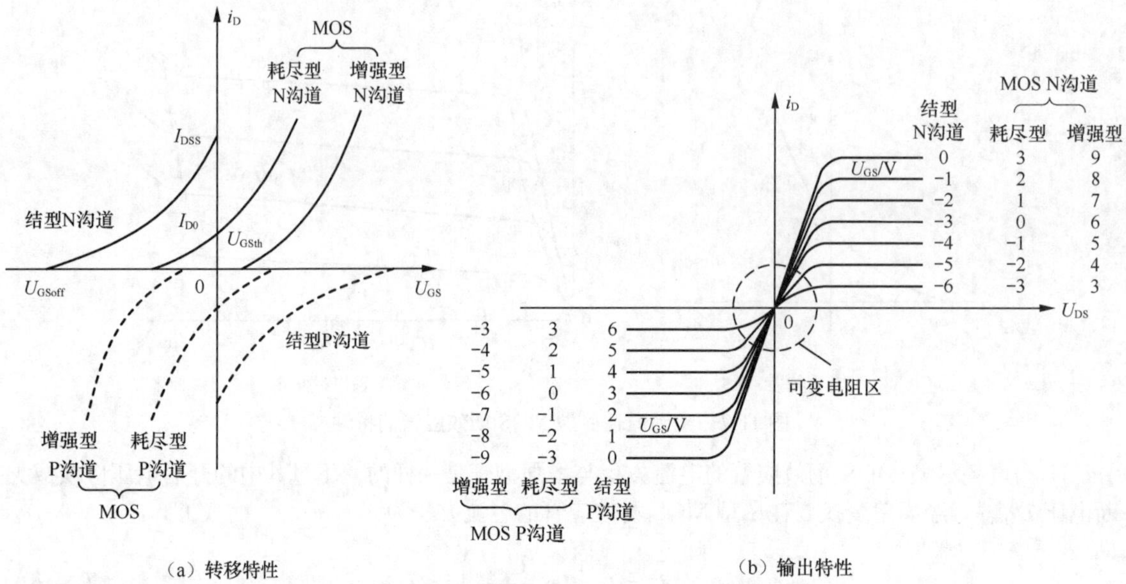

图 11-9 各种场效应管的转移特性和输出特性对比

2. 主要参数

场效应管的参数很多，包括直流参数、交流参数和极限参数，但一般使用时主要关注以下参数。

（1）开启电压和夹断电压

开启电压 U_{GSth} 是增强型 MOS 场效应管参数，是使漏源间刚导通时的栅源电压。即当 $U_{GS}>U_{GSth}$ 时，导电沟道才形成，才有 $i_D\neq 0$。

夹断电压 U_{GSoff} 是耗尽型 MOS 场效应管参数，是使漏源间刚截止时的栅源电压。当栅源电压 $U_{GS}\leqslant U_{GSoff}$ 时，$i_D=0$。

（2）直流输入电阻 R_{GS}

直流输入电阻是指漏源之间短路情况下，栅源之间加一定电压时的栅源直流电阻。场效应管 R_{GS} 的值一般都高于 10MΩ，MOS 场效应管 R_{GS} 可高达 10^{10}～10^{15}Ω。电路分析时，通常可认为 $R_{GS}\to\infty$。

（3）低频互导 g_m

低频互导是指在 U_{DS} 为常数时，漏极电流微变量与引起该变化的栅源电压的微变量之比，即

$$g_m=\frac{di_D}{dU_{GS}}\bigg|_{U_{DS}=\text{常数}} \tag{11-7}$$

式（11-7）中，互导 g_m 的单位是 mS（毫西门子），反映了栅极电压对漏极电流的控制能力，是衡量场效应管放大能力的重要参数。互导越大，场效应管的放大能力越好。

（4）最大漏极电流 I_{DM}

最大漏极电流是指场效应管正常工作时，漏极允许通过的最大电流。场效应管的工作电流不应超过 I_{DM}。

（5）最大耗散功率 P_{DM}

最大耗散功率是指场效应管性能不变坏时所允许的耗散功率，$P_{DM}=U_{DS}\cdot i_D$。使用时，场效应管实际功耗应小于 P_{DM} 并留有一定余量。

（6）最大漏源电压 $U_{(BR)DS}$

$U_{(BR)DS}$ 指发生雪崩击穿，i_D 开始急剧上升时的 U_{DS} 值。

11.2 场效应管放大电路

11.2.1 静态工作点

1．偏置电路

在场效应管放大电路中，由于结型场效应管与耗尽型 MOS 场效应管 $U_{GS}=0$ 时，$i_D\neq0$，故可采用自偏压方式，如图 11-10（a）所示。而对于增强型 MOS 场效应管，则一定要采用混合偏置方式，如图 11-10（b）所示。

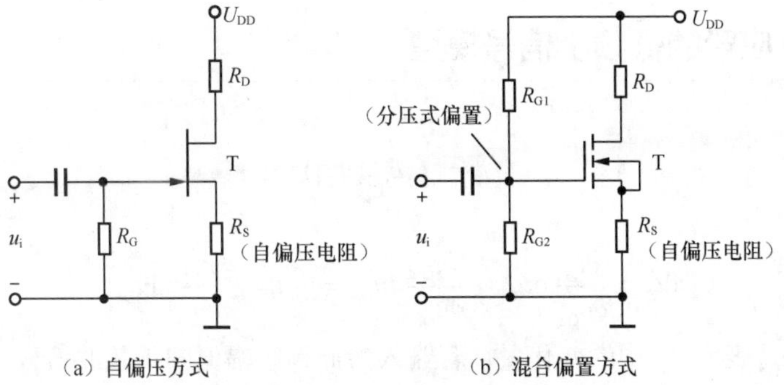

图 11-10 场效应管偏置方式

2．图解法

对图 11-10（a）所示自偏压方式电路，栅源回路直流负载线方程为

$$U_{GS}=-i_DR_S$$

在 N 沟道场效应管的转移特性曲线坐标上画出直流负载线如图 11-11（a）所示，可得 JFET 的工作点 Q_1、耗尽型 MOSFET 的工作点 Q_2 点。增强型 MOSFET 转移特性曲线与直流负载线方程无交点，所以自偏压方式不适用于增强型 MOS 场效应管。

对图 11-10（b）所示混合偏置方式电路，栅源回路直流负载线方程为

$$U_{GS}=\frac{R_{G2}}{R_{G1}+R_{G2}}U_{DD}-i_DR_S$$

在 N 沟道场效应管的转移特性坐标上画出直流负载线如图 11-11（b）所示，可得三种不同类型的场效应管的工作点分别为 Q_1'、Q_2' 及 Q_3。需注意，对 JFET 而言，R_{G2} 过大或者 R_S 过小，都会导致无合适工作点情况出现，如图 11-11（b）中虚线所示。

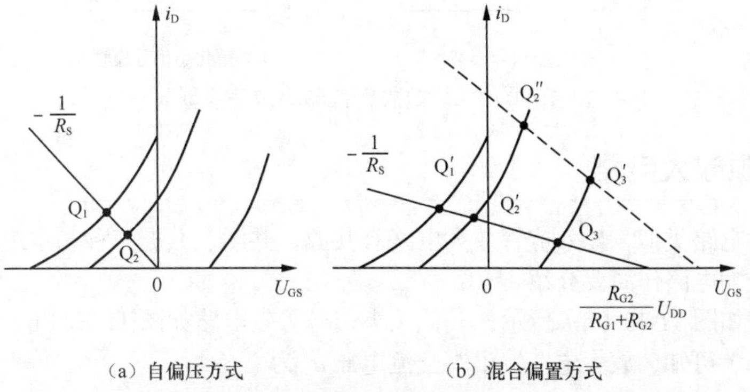

图 11-11 图解法求静态工作点

3．解析法

已知场效应管电流及栅源直流负载线方程，联立求解即可求得工作点。例如：

$$i_D = I_{DSS}\left(1-\frac{U_{GS}}{U_{GSoff}}\right)^2 \tag{11-8}$$

$$U_{GS} = -i_D R_S \tag{11-9}$$

将式（11-9）代入式（11-8），解一个 i_D 的二次方程，有两个根，舍去不合理的一个根，留下合理的一个根便得 I_{DQ}。

与三极管放大电路工作点要设在放大区相似，场效应管放大电路的工作点要设在恒流区。工作点设在可变电阻区或者截止区，都会导致不正常工作或带来严重的非线性失真。

11.2.2 场效应管的低频小信号模型

因为

$$i_D = f(u_{GS}, u_{DS}) \tag{11-10}$$

所以

$$di_D = \frac{\partial i_D}{\partial u_{GS}}du_{GS} + \frac{\partial i_D}{\partial u_{DS}}du_{DS} = g_m du_{GS} + \frac{1}{r_{ds}}du_{DS} \tag{11-11}$$

式（11-11）中，du_{GS} 表示 u_{GS} 中的变化量，若输入为低频小幅值的正弦波信号，则 du_{GS} 可用 u_{gs} 表示，同理，di_D、du_{DS} 可分别用 i_d、u_{ds} 表示，于是，当输入为低频小幅值的正弦波信号时，可将式（11-11）写成下列形式

$$i_d = g_m u_{gs} + \frac{1}{r_{ds}}u_{ds} \tag{11-12}$$

通常 r_{ds} 较大，可视为开路，则

$$i_d \approx g_m u_{gs} \tag{11-13}$$

式（11-12）和式（11-13）所对应的模型电路分别如图 11-12（a）、（b）所示，分别为小信号模型和简化小信号模型。由于栅极电流很小，可认为 $i_G=0$，并认为 $R_{GS}=\infty$，所以输入回路的等效电路往往不用画出。可见，场效应管的低频小信号模型电路比三极管的简单。

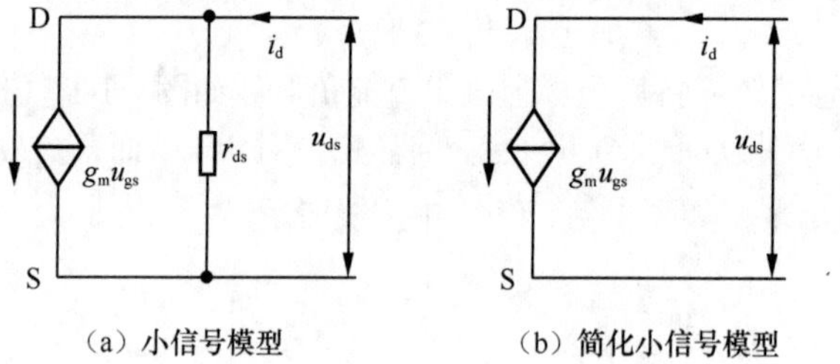

（a）小信号模型　　（b）简化小信号模型

图 11-12　场效应管低频小信号模型

11.2.3 共源放大电路

与三极管放大电路类似，场效应管放大电路有共源、共漏、共栅三种基本组态。下面针对最常用的共源和共漏放大电路作简要介绍。

共源放大电路如图 11-13（a）所示，其低频小信号等效电路如图 11-13（b）所示。

由图 11-13（b）可知，放大电路输出端交流电压 u_o 为

$$u_o = -g_m u_{gs}(r_{ds} // R_D // R_L)$$

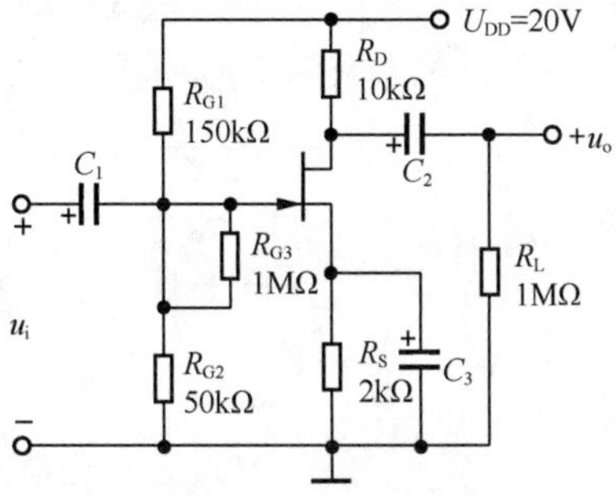

（a）共源放大电路

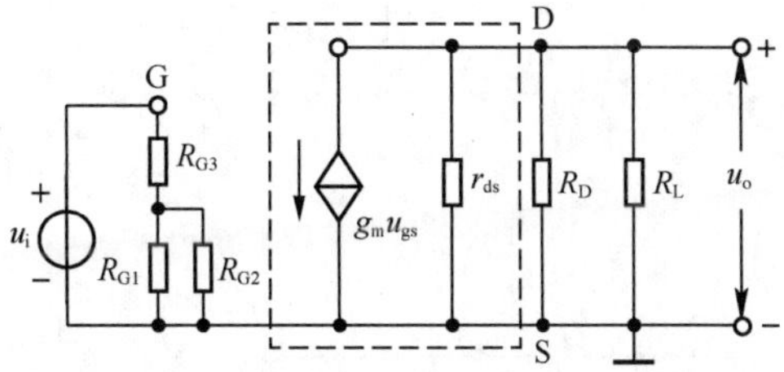

（b）低频小信号等效电路

图 11-13　共源放大电路及其低频小信号等效电路

其中，$u_{gs}=u_i$，且一般满足 $R_D//R_L<<r_{ds}$。所以，共源放大电路的电压放大倍数为

$$A_u=\frac{u_o}{u_i}\approx -g_m(R_D//R_L)$$

若 g_m=5mA/V，元件参数如图 11-13（a）所示，则 A_u=50。

输出电阻为

$$R_o=R_D//r_{ds}\approx R_D=10\text{k}\Omega$$

输入电阻为

$$R_i=R_{G3}+R_{G1}//R_{G2}=1.0375\text{M}\Omega$$

例 11-1　场效应管放大电路如图 11-14（a）所示，已知工作点的 g_m=5mA/V，试画出低频小信号等效电路，并计算增益 A_u。

解：（1）该电路的小信号等效电路如图 11-14（b）所示。

（2）因为

$$i_d=g_mU_{GS}=g_m(u_i-i_dR_{S1})$$

故

$$i_d=\frac{g_mu_i}{1+g_mR_{S1}}$$

因为

$$u_o=-i_d(R_D//R_L)=-\frac{g_mu_i}{1+g_mR_{S1}}(R_D//R_L)$$

所以

$$A_u=\frac{u_o}{u_i}=-\frac{g_m}{1+g_mR_{S1}}(R_D//R_L)=-\frac{5\times10^{-3}}{1+5\times10^{-3}\times1\times10^{3}}\times\frac{10\times10^{3}\times1\times10^{6}}{10\times10^{3}+1\times10^{6}}=-8.3$$

可见，源极电阻 R_{S1} 使等效跨导 $g'_m < g_m$，因此，放大倍数也会减少，这是 R_{S1} 的电流负反馈作用所造成的。图 11-14（c）所示的是输出端简化等效电路，$R'_L = R_D // R_L$。

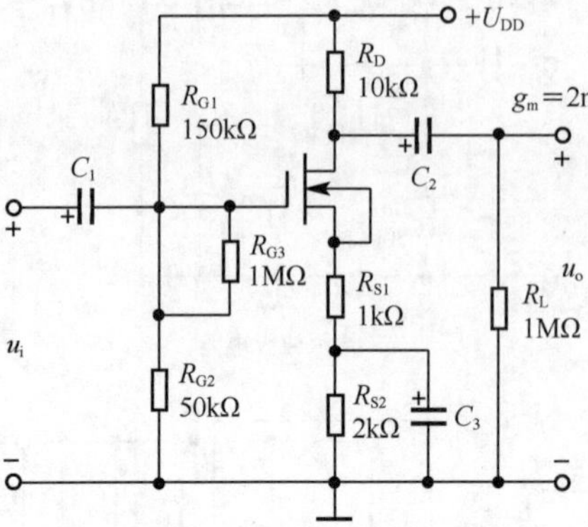

（a）电路

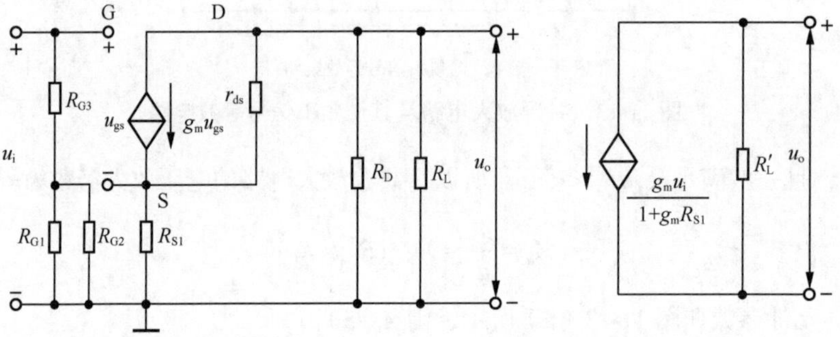

（b）等效电路　　（c）输出端简化等效电路

图 11-14　带电流负反馈的放大电路

11.2.4 共漏放大电路

共漏放大电路如图 11-15（a）所示，小信号等效电路如图 11-15（b）所示。该电路的输出电压会跟随输入电压变化，也被称为源极跟随器。

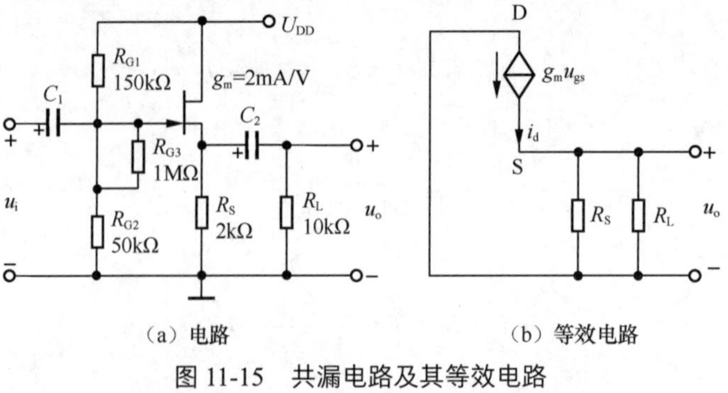

（a）电路　　（b）等效电路

图 11-15　共漏电路及其等效电路

该电路的主要参数如下。

（1）放大倍数 A_u

因为

$$u_{gs}=[u_i-i_d(R_S//R_L)]$$

$$i_d=g_m u_{gs}=g_m[u_i-i_d(R_S//R_L)]=g_m[u_i-i_d R_L']$$

故

$$i_d=\frac{g_m}{1+g_m R_L'}u_i$$

所以

$$A_u=\frac{u_o}{u_i}=\frac{i_d(R_S//R_L)}{u_i}=\frac{g_m R_L'}{1+g_m R_L'}=\frac{2\times10^{-3}\times1.67\times10^3}{1+2\times10^{-3}\times1.67\times10^3}=0.77$$

（2）输出电阻 R_o

将 R_L 开路，输入端短路，在输出端加信号 u_o，可得电路如图 11-16（a）所示。计算输出电阻 R_o 的等效电路如图 11-16（b）所示。

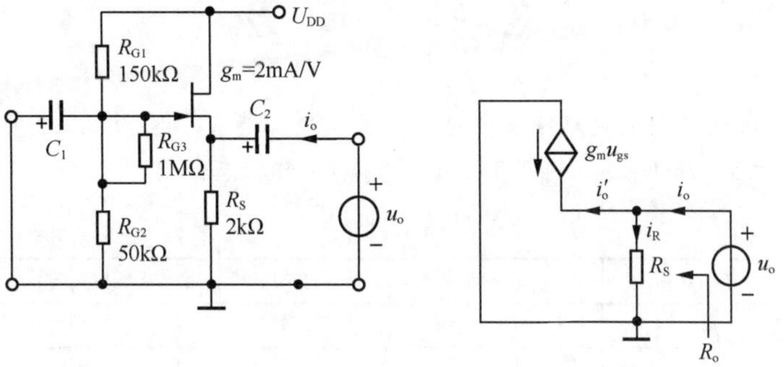

（a）电路（令 u_i=0, $R_L\to\infty$）　　（b）等效电路

图 11-16　计算共漏电路输出电阻 R_o 的等效电路

由图 11-16（b）可见，以下各项成立

$$i_o=i_R+i_o'$$

$$g_m u_{gs}=g_m(-u_o)$$

$$i_R=\frac{u_o}{R_S}$$

$$i_o'=-g_m u_{gs}=-g_m(-u_o)=g_m u_o$$

所以，输出电阻为

$$R_o=\frac{u_o}{i_o}=\frac{u_o}{\dfrac{u_o}{R_S}+g_m u_o}=\frac{1}{\dfrac{1}{R_S}+\dfrac{1}{\dfrac{1}{g_m}}}=R_S//\frac{1}{g_m}=2\times10^3//\frac{1}{2\times10^{-3}}=400\Omega$$

输入电阻为

$$R_i=R_G=R_{G3}+R_{G1}//R_{G2}=1.0375\text{M}\Omega$$

11.3 场效应管及其放大电路与三极管及其放大电路的比较

场效应管及其放大电路与三极管及其放大电路的比较总结如下。

（1）场效应管是电压控制电流型器件，由 u_{GS} 控制 i_D；三极管是电流控制电流型器件，由 i_B（或 i_E）控制 i_C。

（2）场效应管只利用多数载流子导电，称为单极型器件；三极管既有多数载流子也有少数载流子参与导电，称为双极型器件。由于少数载流子浓度受温度、辐射等因素影响较大，所以场效应管比三极管的温度稳定性好、抗辐射能力强。

（3）场效应管基本无栅极电流，而三极管工作时基极总要通入一定的电流，因此场效应管的输入电阻比三极管的输入电阻高得多。

（4）有些场效应管的源极和漏极可以互换使用，栅源电压也可正可负，灵活性比三极管好。

（5）场效应管的噪声系数很小，在低噪声放大电路的输入级及要求信噪比较高的电路中须选用场效应管。

（6）场效应管和三极管均可组成各种放大电路和开关电路，但场效应管能在很小电流和很低电压的条件下工作，而且制造工艺简单，耗电少，热稳定性好，因此场效应管在大规模和超大规模集成电路中得到了广泛的应用。

《习 题》

11-1 T_1、T_2、T_3 为某放大电路中三个 MOS 管，现测得 G、S、D 三个电极的电位如题 11-1 表所示，已知各管开启电压 U_T。试判断 T_1、T_2、T_3 的工作状态如何。

题 11-1 表

管号	U_T/V	U_S/V	U_G/V	U_D/V	工作状态
T_1	4	−5	1	3	
T_2	−4	3	3	10	
T_3	−4	6	0	5	

11-2 两个场效应管的转移特性曲线分别如题 11-2（a）、（b）图所示，分别确定这两个场效应管的类型，并求其主要参数（开启电压或夹断电压，低频跨导）。测试时电流 i_D 的参考方向为从漏极 D 到源极 S。

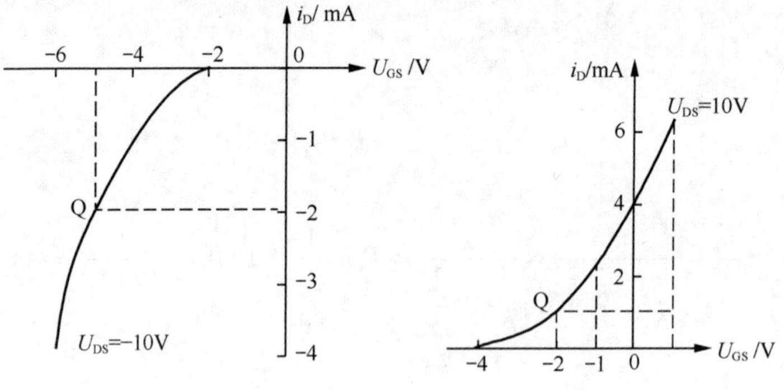

（a）　　（b）

题 11-2 图

11-3 用万用表直流电压挡测得电路中场效应管各极对地电压如题 11-3 图所示，试判断各场效应管分别处于哪种工作状态（可变电阻区、恒流区、截止区）？

11-4 题 11-4 图所示的复合管连接方法是否正确，标出它们等效管的类型和管脚。

11-5 分别画出题 11-5 图所示各电路的直流通路与交流通路。

11-6 场效应管放大电路如题 11-6 图所示，其中 R_{g1}=300 kΩ 、R_{g2}=120 kΩ 、R_{g3}=10 MΩ 、R=

R_d=10 kΩ，C_s的容量足够大，$V_{DD}=16V$，设 FET 的饱和电流$I_{DSS}=1mA$，夹断电压U_p=U_{GSoff}=−2V，求静态工作点，然后用中频微变等效电路法求电路的电压放大倍数。若 C_s 开路再求这种情况下的电压放大倍数。

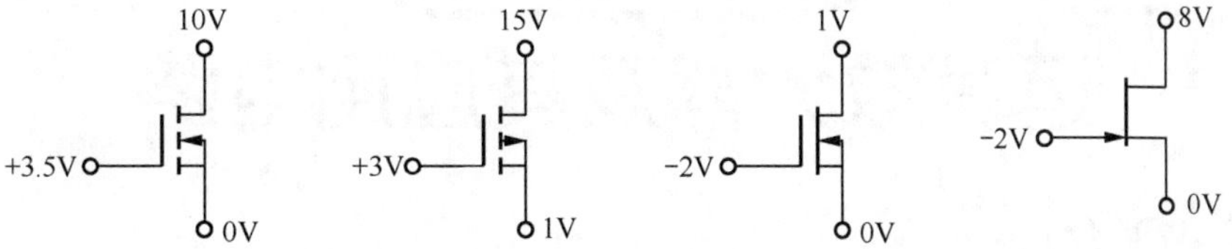

（a）U_{GSth}=2V　（b）U_{GSth}=−2V　（c）U_{GSoff}=−4V　（d）U_{GSoff}=−4V

题 11-3 图

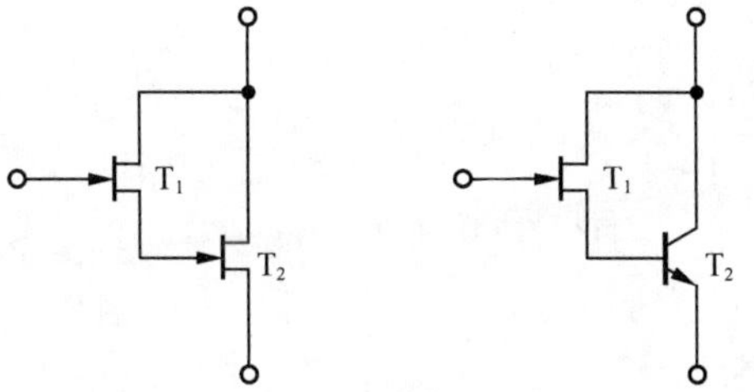

（a）　（b）

题 11-4 图

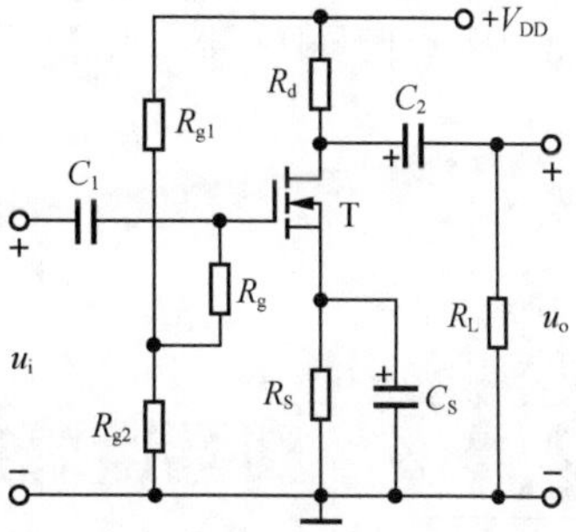

题 11-5 图

11-7　电路如题 11-7 图所示，场效应管的 r_{ds}>>R_d，要求：（1）画出该放大电路的中频微变等效电路；（2）求出 A_u、R_i和 R_o；（3）定性说明当 R_s 增大时，A_u、R_i和 R_o是否变化？如何变化？（4）若 C_s 开路，A_u、R_i和 R_o是否变化？如何变化？写出变化后的表达式。

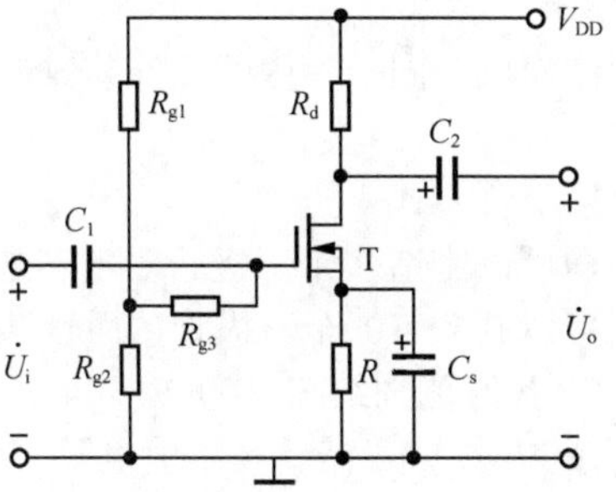

题 11-6 图

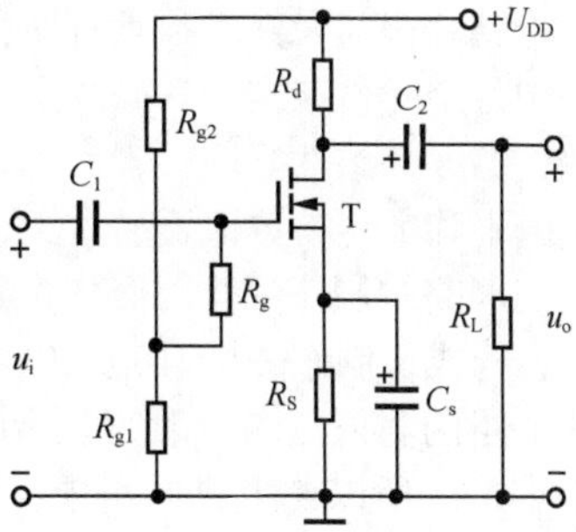

题 11-7 图

11-8　在题 11-8 图所示的电路中，已知场效应管的低频跨导为 g_m，要求：（1）写出求解电路静态工作点的方程式；（2）计算电路的电压放大倍数、输入电阻和输出电阻。

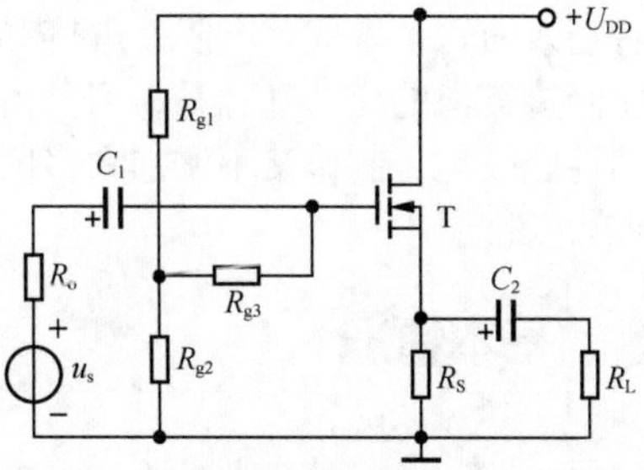

题 11-8 图

第 12 章 运算放大器及其应用电路

【本章简介】

本章主要介绍运算放大器及其应用电路，具体内容为实际运算放大器简介、实际运算放大器的理想化模型、运算放大器组成的基本运算电路、集成功率放大器、电源变换电路、电压比较器、滤波器。

12.1 实际运算放大器简介

12.1.1 模拟集成电路的特点

模拟集成电路一般由 P 型硅片制成，在它上面可以做出包含几十个或者更多的 BJT（双极型三极管）或 FET、电阻和连接线的电路。和分立元件相比，模拟集成电路有如下特点。

（1）电路结构与元件参数具有对称性

电路中各个元件在同一片硅片上，采用同样的工艺制作而成，同一片内的元件参数绝对值有同样的偏差，温度一致性好。

（2）电阻和电容参数值不易做大，电路结构上采用直接耦合方式

在集成电路中制作一个 5kΩ 的电阻所占用的硅片面积可以制造多个三极管。电容通常由 PN 结的结电容构成，制作一个 10pF 电容所占用的硅片面积可以制造 10 个三极管，而且误差较大，因此集成电路的阻值范围一般为几十欧姆到几十千欧姆，电容值范围约在 100pF 以下，电感的制作就更困难了。所以在集成电路中，级间都采用直接耦合的方式。若需要高阻值电阻，多用 BJT 或 FET 等有源器件代替，或者采用外接电阻的方法。

（3）为克服直接耦合的零点漂移，常采用差分放大电路

由于一个芯片上的元器件用统一的标准工艺流程制成，故同类元件的特性一致，常采用差分放大电路的结构，利用两个三极管的对称性来抑制零点漂移。

（4）采用半导体三极管（或者场效应管）来代替电阻、电容和二极管等元件

在集成电路中，制造三极管比制造其他的元件都容易，而且占用面积小，性能好，所以常采用三极管代替其他元件。而复合管的性能较佳，制作又不增加太多困难，因而在集成电路中多采用复合管、共射-共基、共集-共基等组合电路。

12.1.2 实际运算放大器的基本情况

1．实际运算放大器的组成

实际运算放大器是用模拟集成电路技术制作的器件，简称为运放，其内部结构一般由 4 个部分

组成，如图 12-1 所示。

差分输入级由差动放大电路组成。中间级是一个高放大倍数的放大电路，常用多级共发射极放大电路组成，放大倍数可达数千乃至数万倍。输出级常用互补对称输出电路。偏置电路向各级提供静态工作点，一般采用电流源电路组成。

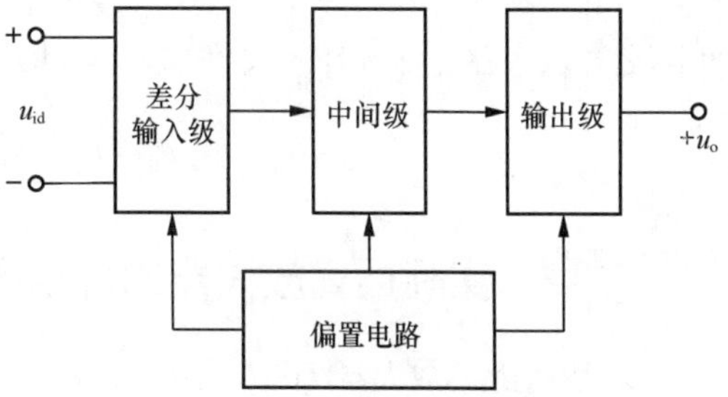

图 12-1　实际运算放大器组成框图

2．实际运算放大器的符号及基本功能

实际运算放大器常用符号如图 12-2 所示，其中（a）是中国国家标准规定的符号，（b）是国际流行符号。由图 12-2 可见，实际运算放大器有两个输入端 1、2 和一个输出端 3。u_N 所在的 1 端为反相端，电压从该端输入，输出端电压 u_o 与其极性相反，u_N 也常表示为 u_-；u_P 所在的 2 端为同相端，电压从该端输入，输出端电压 u_o 与其极性相同，u_P 也常表示为 u_+。

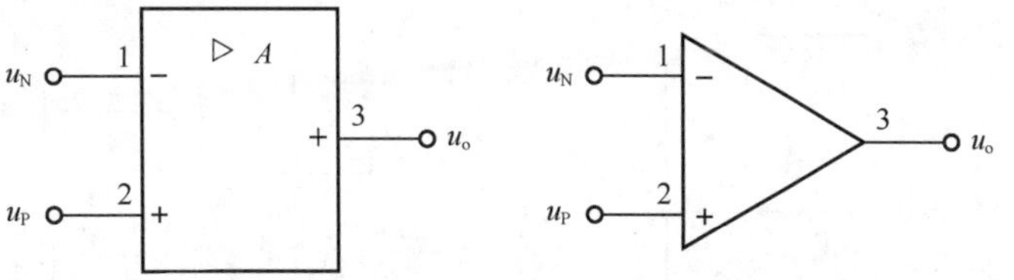

（a）中国国家标准规定的符号　　（b）国际流行符号

图 12-2　实际运算放大器常用符号

运算放大器是一个双端输入、单端输出、差模放大倍数高、输入电阻高、输出电阻低且具有抑制温度漂移能力的放大电路。

3．实际运算放大器的传输特性

实际运算放大器的输出电压 u_o 与差动输入电压 $u_d = u_P - u_N$（或 $u_d = u_+ - u_-$）之间的转移特性如图 12-3（a）所示，分段线性化处理后如图 12-3（b）所示。

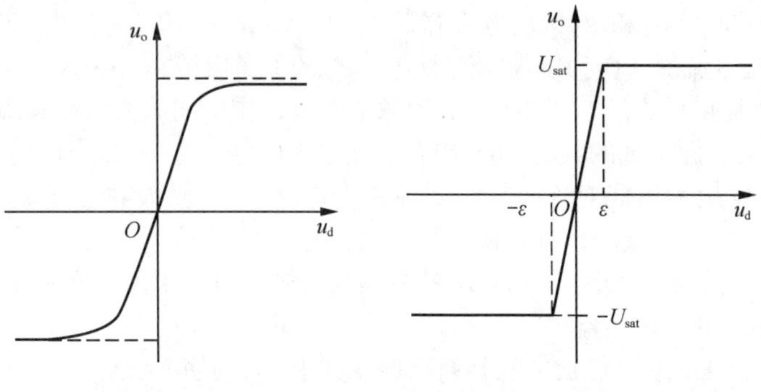

（a）实际的转移特性　　（b）分段线性化处理后的转移特性

图 12-3　实际运算放大器的传输特性

图 12-3（b）中过原点的直线段为实际运算放大器的线性工作区，此时实际运算放大器的模型如图 12-4 所示。图 12-4 中，R_i 是实际运算放大器的输入电阻，R_o 是输出电阻，A 是开环电压放大倍数。

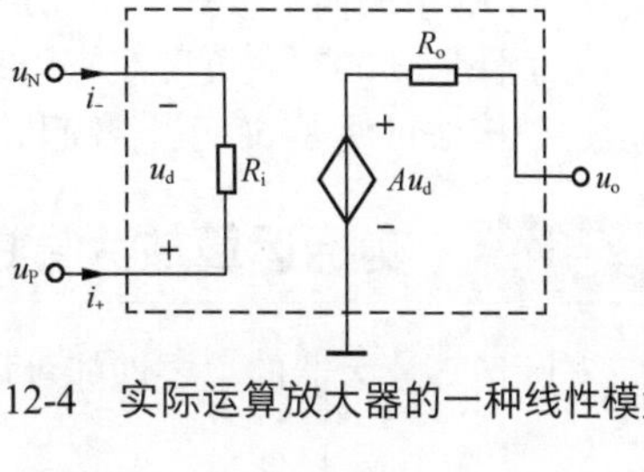

图 12-4　实际运算放大器的一种线性模型

由图 12-3（b）及图 12-4 可见，差动输入电压 u_d 满足 $-\varepsilon < u_d < \varepsilon$ 时为实际运算放大器的线性应用状态，

输出电压 u_o 随 u_d 线性增加，具体关系为 $u_o = Au_d$；当 $u_d < -\varepsilon$ 或 $u_d > \varepsilon$ 时为非线性应用状态，有 $u_o = -U_{sat}$ 或 $u_o = U_{sat}$，这里的 U_{sat} 是饱和电压值，其大小取决于实际运算放大器外接的直流电源。

实际运算放大器的线性工作区范围很小。例如，对电源电压为±10V、开环增益为 A=100000 的实际运算放大器（即开环放大倍数为 100dB 的实际运算放大器），其最大线性工作区范围约为

$$u_d = u_N - u_P = \frac{|u_o|}{A} = \frac{10}{10^5} = 0.1\text{mV}$$

12.1.3 实际运算放大器的内部简化结构

以双极型运算放大器 F007 为例。F007 由三级放大电路和电流源等组成，其简化结构如图 12-5 所示，图中各引出端所标数字为组件的管脚编号，管脚 3 为同相输入端，管脚 2 为反相输入端。

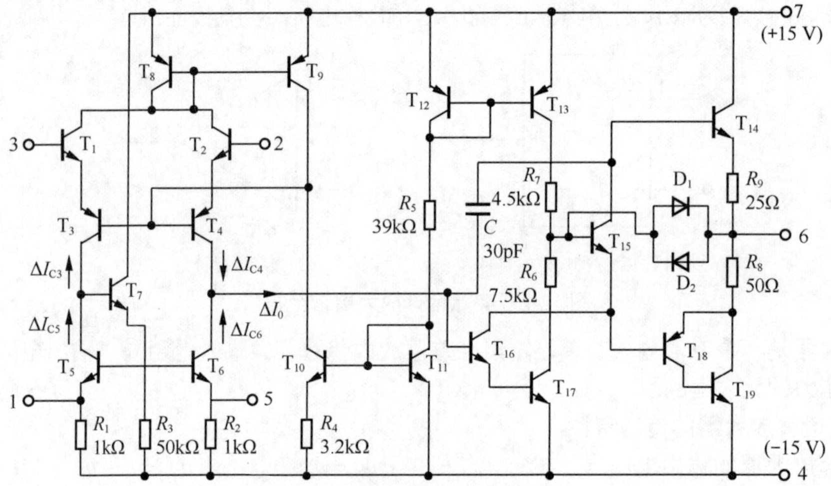

图 12-5　F007 的简化结构图

图 12-5 中，T_8～T_{13}、R_4 和 R_5 构成电流源组。其中，T_{11}、T_5 和 T_{12} 产生整个电路的基准电流。T_{10} 和 T_{11} 组成小电流电流源，作为镜像电流源 T_8、T_9 的参考电流，并为 T_3、T_4 提供基极偏流。T_8 的输出电流为输入级提供偏置。T_{12}、T_{13} 组成镜像电流源，作中间放大级的有源负载。

F007 的输入级为有源负载的共集-共基组合差动放大电路，它由 T_1～T_7 管组成。由图 12-5 可知，T_1、T_3 和 T_2、T_4 分别组成对称的共集-共基组合电路，并经 T_8 耦合构成一对差放管。T_5、T_6 和 T_7 组成系数为 1 的比例电流源，分别作组合差放管的有源负载。

T_{16}、T_{17} 复合管的共射放大电路为 F007 的中间放大级。由于采用电流源 T_{13} 为其有源负载，因而该级放大电路有很高的电压增益。

输出级是由 T_{14} 和 T_{18}、T_{19} 组成的互补射随器。其中 T_{18} 为横向 PNP 管，β 值为 1，与 T_{19} 组合构成复合 PNP 管时，其 β 值将由 T_{19} 决定。由于 T_{14}、T_{19} 均为 NPN 管，因而保证了互补输出时的对称性。T_{15}、R_6 和 R_7 组成恒压偏置电路，为互补输出管提供适当的正向偏压，以克服交越失真。D_1、D_2、R_8 和 R_9 组成输出级的过载保护电路。

为了保证 F007 在负反馈应用时能稳定工作，在 T_{16} 管基极和集电极之间还接了一个内补偿电容。这种接法可使 30pF 小电容起到一个大电容的补偿作用。

12.1.4 实际运算放大器的主要技术指标

实际运算放大器的主要性能可用一些参数表示，包括输入失调电压 U_{IO}、输入偏置电流 I_{IB}、输

入失调电流 I_{IO}、最大共模输入电压 U_{icmax}、最大输出电压 U_{OM}、开环差模电压增益 A_{od}、差模输入电阻 R_{id}、温度漂移、共模抑制比 K_{CMR}、静态功耗等。这里仅对其中的一个参数作简单说明。

开环差模电压增益 A_{od} 指在无外加反馈情况下的直流差模增益，通常用分贝表示，即

$$A_{od}=20\lg\frac{\Delta U_o}{\Delta\left(U_{i1}-U_{i2}\right)}$$

F007 的 A_{od} 为 100～106dB，高质量的实际运算放大器可达 140dB。

12.2　实际运算放大器的理想化模型

要使实际运算放大器工作在线性区，需要引入深度负反馈，这一概念将在 13 章中讨论。

当实际运算放大器工作于线性区时，为了理论分析方便，常将运算放大器的各项指标理想化，这样就引出了理想运算放大器的概念。理想运算放大器是一种定义的理想元件，是实际运算放大器的理想化模型，其参数如下：开环差模电压增益 $A_{od}\to\infty$；差模输入电阻 $R_{id}\to\infty$；输出电阻 $R_o=0$；共模抑制比 $K_{CMR}\to\infty$。

将图 12-2（a）中的 A 改为∞即为理想运算放大器符号，如图 12-6（a）所示，理想运算放大器的电压转移特性如图 12-6（b）所示。

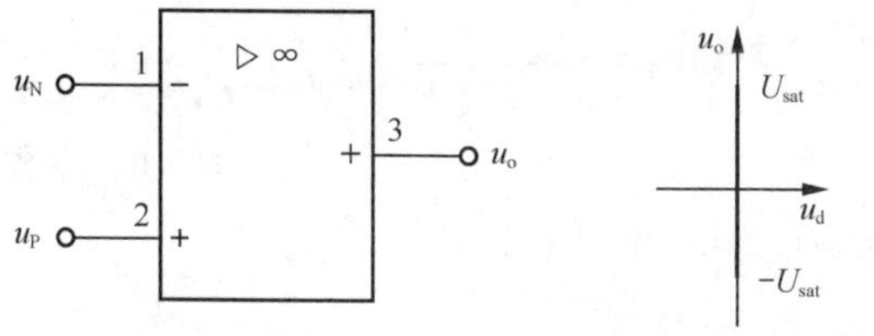

（a）符号　　（b）电压转移特性

图 12-6　理想运算放大器的符号和电压转移特性

由图 12-6（b）可见，理想运算放大器的 $u_d=u_P-u_N=0$（或 $u_d=u_+-u_-=0$），即 $u_P=u_N$（或 $u_+=u_-$）；由 $u_P=u_N$（或 $u_+=u_-$）和 $R_i\to\infty$ 知 $i_+=i_-=0$，这里的 i_+ 和 i_- 分别为正向输入端和反向输入端上的电流。可见理想运算放大器的两个输入端具有“电压为零、电流为零”特性，简称为“零电压、零电流”或“双零”。

实际运算放大器并不存在“双零”特性。引入深度负反馈后实际运算放大器工作于线性区，即图 12-3（b）中过原点的直线部分，图 12-4 为其模型电路，这时实际运算放大器的两个输入端上会出现电流极小、两个输入端间会出现电压极小的现象，对此人们常用“虚短虚断”加以描述。

须注意，“虚短虚断”是针对实际运算放大器器件线性应用情况而言的，是对两个输入端上电流极小、两个输入端间电压极小的描述用语，对应的模型电路是图 12-4。理想运算放大器具有“双零”特性，与两个输入端上电流极小、两个输入端间电压极小的情况不一致。

许多文献将用于描述实际运算放大器的“虚短虚断”用于描述理想运算放大器，这就好比将实际电阻可烧毁的特性用于理想电阻一样，混淆了实际电路与理想电路，这是存在问题的。

实际运算放大器的“虚短虚断”用“极小电压极小电流”表示更好。极小电压的数学表示为 $u_d=u_N-u_P\approx 0$（或 $u_d=u_+-u_-\approx 0$），极小电流的数学表示为 $i_+=i_-\approx 0$。这样不仅含义清楚，还不容易产生错误。

12.3　运算放大器组成的基本运算电路

实际运算放大器工作在深度负反馈条件下时，可将其建模为理想运算放大器。理想运算放大器具有“电压为零、电流为零”或“双零”特性。含理想运算放大器电路的分析一般可采用对非输出端所在节点列 KCL 方程的方法。列方程时要注意两点：一是要将运算放大器输出端电压设为待求量但不要对输出端所在节点列 KCL 方程；二是要将“双零”特性以间接方式体

现在相关方程中。

12.3.1 比例运算电路

1. 反相比例运算电路

实际的反相比例运算电路其模型电路如图 12-7 所示，其中的 $R_2 = R_1 // R_f$ 是实际电路中为了消除输入偏流产生的误差所加的直流平衡电阻。由 $i_+ = i_- = 0$ 知，R_2 上没有电流，没有电压降，所以同相端相当于接地；由 $u_P = u_N$ 知，同相端与反相端的电位相同，所以反相端相当于接地，对地电压为零。

比例运算电路

对图 12-7 电路的可列出如下方程

$i_1 = \dfrac{u_i - u_N}{R_1} = \dfrac{u_i}{R_1}$ （电阻的 VCR 方程，含 KVL，间接体现了“零电压”特性）

$i_f = \dfrac{u_N - u_o}{R_f} = -\dfrac{u_o}{R_f}$ （电阻的 VCR 方程，含 KVL，间接体现了“零电压”特性）

$i_1 = i_f$ （节点的 KCL 方程，间接体现了“零电流”特性）

求解上式可得输出电压为

$$u_o = -\frac{R_f}{R_1} u_i$$

输入电阻为

$$R_i = \frac{u_i}{i_1} = R_1$$

实际运算放大器有很高的输入电阻，但由于图 12-7 对应的实际电路中存在并联反馈，使输入电阻减低了。

2. 同相比例运算电路

实际同相比例运算电路其模型电路如图 12-8 所示，其中的 $R_f // R_1 // R_2 // R_3$ 是实际电路中为了消除偏流误差所加的直流平衡电阻。

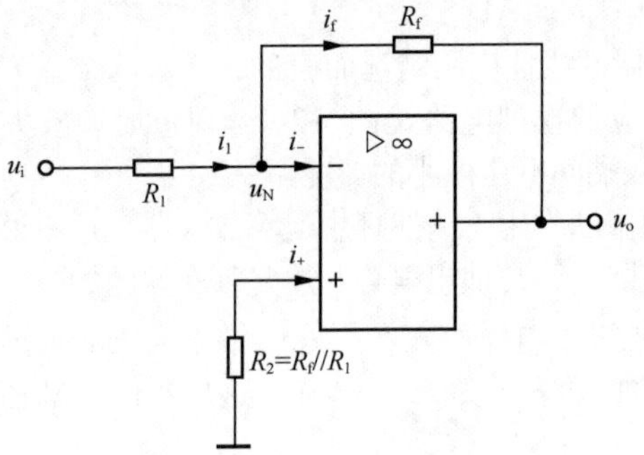

图 12-7　反相比例运算电路

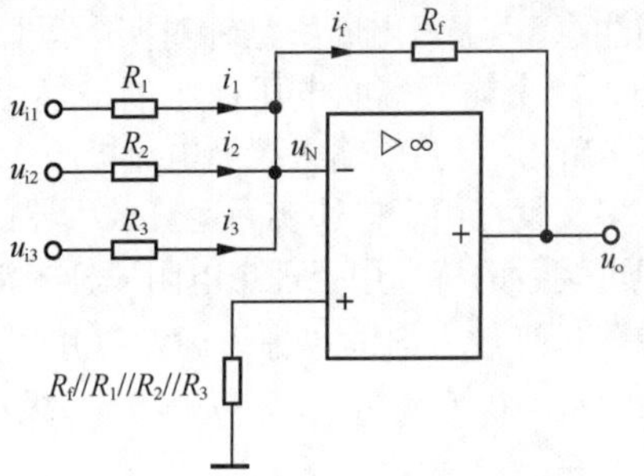

图 12-8　同相比例运算电路

对图 12-8 所示电路可列出如下方程

$i_1 = -\dfrac{u_N}{R_1} = -\dfrac{u_i}{R_1}$ （电阻的 VCR 方程，间接体现了“零电压”特性）

$i_f = \dfrac{u_N - u_o}{R_f} = \dfrac{u_i - u_o}{R_f}$ （电阻的 VCR 方程，含 KVL，间接体现了“零电压”特性）

$i_1 = i_f$ （节点的 KCL 方程，间接体现了“零电流”特性）

求解可得输出电压为

$$u_o = \left(1+\frac{R_f}{R_1}\right)u_i$$

输入电阻为

$$R_i = \frac{u_i}{i_1} = \frac{u_i}{i_+} \to \infty$$

图 12-8 所示为理想电路，其输出电压与输入电压同相位，且输入电阻为无穷大。实际的同相比例运算电路会有很大的输入电阻。

若将图 12-8 中的 R_1 去掉、R_f 短路，可得图 12-9 所示电路，该电路的输出电压全部反馈到输入端，且有 $u_o=u_i$（输出电压跟随输入电压），故称其为电压跟随器。与三极管构成的射极跟随器和场效应管构成的源极跟随器相比较，运算放大器构成的电压跟随器性能要好很多。

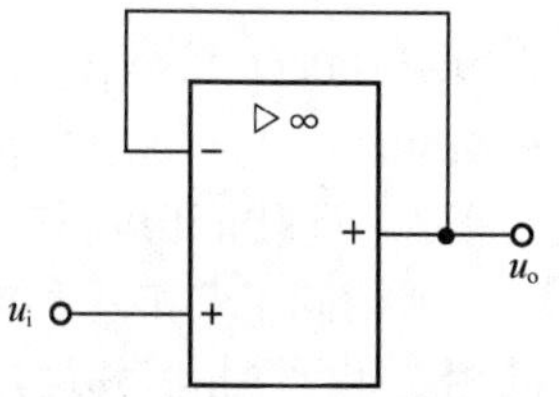

图 12-9　电压跟随器

12.3.2　加减运算电路

1．反相求和运算电路

在实际反相比例运算电路基础上可构成实际反相求和电路，其模型电路如图 12-10 所示，其中的 $R_f // R_1 // R_2 // R_3$ 是为了消除偏流误差所加。

对图 12-10 所示电路，据 KCL、KVL 和元件约束，有

$$u_o = u_N - i_f R_f = -i_f R_f$$

$$i_1 = \frac{u_{i1} - u_N}{R_1} = \frac{u_{i1}}{R_1}$$

$$i_2 = \frac{u_{i2} - u_N}{R_2} = \frac{u_{i2}}{R_2}$$

$$i_3 = \frac{u_{i3} - u_N}{R_3} = \frac{u_{i3}}{R_3}$$

$$i_f = \frac{u_N - u_o}{R_3} = \frac{-u_o}{R_3}$$

$$i_1 + i_2 + i_3 = i_f + i_+ = i_f$$

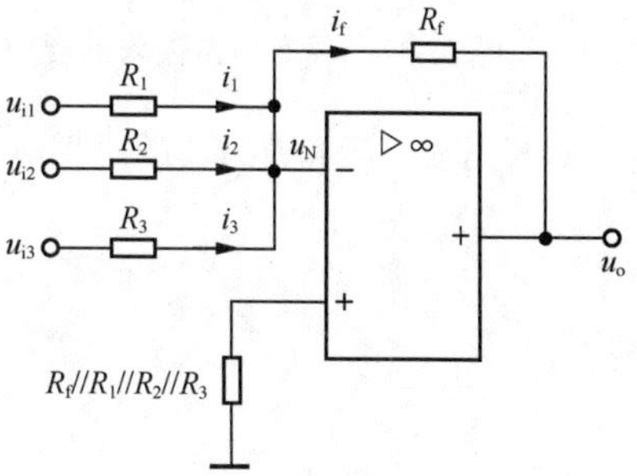

图 12-10　反相求和模型电路

求解可得

$$u_o = -\frac{R_f}{R_1}u_{i1} - \frac{R_f}{R_2}u_{i2} - \frac{R_f}{R_3}u_{i3}$$

若 $R_1 = R_2 = R_3 = R_f$，则

$$u_o = -\frac{R_f}{R}(u_{i1} + u_{i2} + u_{i3})$$

可见，图 12-10 所示电路实现了信号相加功能。回到实际电路背景中可知，这种相加器的优点是利用了实际运算放大器的“极小电压”特性而使运算放大器 u_+ 端相当于接地，从而使各信号源之间互不影响。

例 12-1　试设计一个反相相加器，功能为 $u_o = -(2u_{i1} + 3u_{i2})$，并要求对 u_{i1}、u_{i2} 的输入电阻均大于 100kΩ。

解：图 12-10 所示为具有三路输入的反相求和运算电路。根据题目要求，将图 12-10 所示电路中的 R_3 支路去掉即为具有两路输入的反相求和运算电路，可得电路结构如图 12-11 所示。

根据 $u_o=-(2u_{i1}+3u_{i2})$ 的功能需求，由图 12-10 的分析结果知，图 12-11 中应满足 $\frac{R_f}{R_1}=2$，$\frac{R_f}{R_2}=3$。

由图 12-11 可以算出，针对 u_{i1} 的输入电阻为 $R_1+R_2//R_f$，针对 u_{i2} 的输入电阻为 $R_2+R_1//R_f$。选 R_2=100kΩ 可满足输入电阻均大于 100kΩ 的要求。因此可将图 12-11 中各元件参数确定为 R_1=150kΩ、R_2=100kΩ、R_f=300kΩ、直流平衡电阻 $R_p=R_1//R_2//R_f$=50kΩ。

2．同相求和运算电路

所谓同相求和运算电路，是指其输出电压与多个输入电压之和成正比，且输出电压与输入电压同相。实际同相求和运算电路的模型电路如图 12-12 所示。

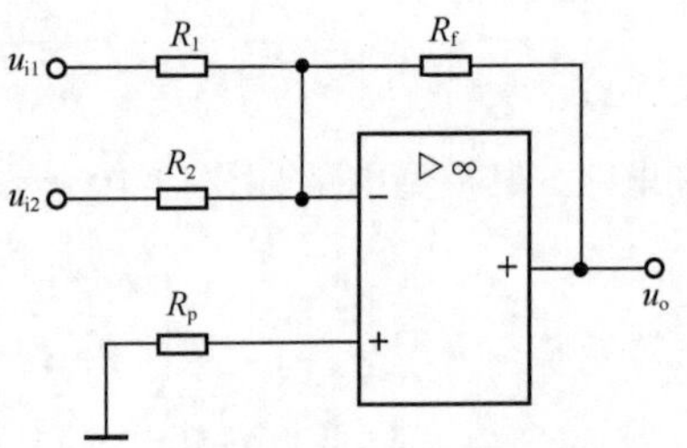

图 12-11　具有两路输入的反相求和电路

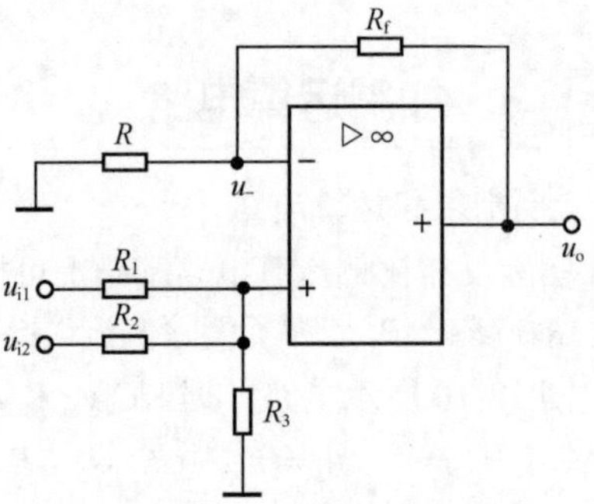

图 12-12　同相求和运算模型电路

根据理想运算放大器的“零电压、零电流”特性，有

$$u_-=\frac{R}{R_1+R_f}u_o$$

$$\frac{u_--u_{i1}}{R_1}+\frac{u_--u_{i2}}{R_2}+\frac{u_-}{R_3}=0$$

解得

$$u_o=\left(1+\frac{R_f}{R}\right)\left(\frac{R_3//R_2}{R_1+R_3//R_2}u_{i1}+\frac{R_3//R_1}{R_2+R_3//R_1}u_{i2}\right)$$

若 $R_1=R_2$，则

$$u_o=\left(1+\frac{R_f}{R}\right)\left(\frac{R_3//R_1}{R_2+R_3//R_1}\right)(u_{i1}+u_{i2})$$

实际同相求和运算电路 u_+ 端的电压值与各信号源的内阻有关，即各信号源不相互独立。这是同相求和运算电路存在的缺点。

3．相减运算电路

相减运算电路的输出电压与两个输入信号之差成正比，这在许多场合得到应用。要实现相减，必须将信号分别送入运算放大器的同相端和反相端，如图 12-13 所示。

应用叠加原理，原电路的计算问题可分解为两个电路的计算问题，分别为同相比例电路和反相比例电路，如图 12-13 所示。

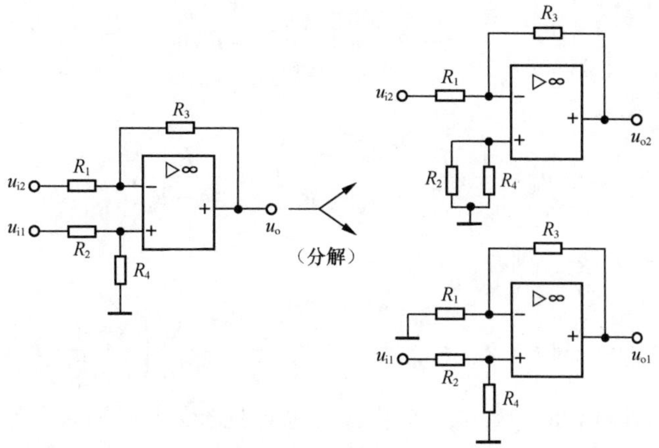

图 12-13　相减器电路

令 $u_{i2}=0$，得

$$u_{o1}=\left(1+\frac{R_3}{R_1}\right)u_+=\left(1+\frac{R_3}{R_1}\right)\left(\frac{R_4}{R_2+R_4}\right)u_{i1}$$

令 $u_{i1}=0$，得

$$u_{o2}=-\frac{R_3}{R_1}u_{i2}$$

据叠加原理可知

$$u_o=u_{o1}+u_{o2}=\left(1+\frac{R_3}{R_1}\right)\left(\frac{R_4}{R_2+R_4}\right)u_{i1}-\frac{R_3}{R_1}u_{i2}$$

若 $R_1=R_2$、$R_3=R_4$，可得

$$u_o=\frac{R_3}{R_1}(u_{i1}-u_{i2})$$

综上可知电路具有相减运算功能。

例 12-2　利用相减电路可构成“称重器”。图 12-14 给出了称重放大电路的示意图。图中压力传感器是由应变片构成的惠斯顿电桥，当压力（重量）为零时，$R_x=R$，电桥处于平衡状态，$u_{i1}=u_{i2}$，相减器输出为零。而当有重量时，压敏电阻 R_x 随着压力变化而变化，电桥失去平衡，$u_{i1}\neq u_{i2}$。相减器输出电压与重量有一定的关系。试问，输出电压 u_o 与重量（体现在 R_x 变化上）有何关系。

解：图 12-14 的简化电路如图 12-15 所示。

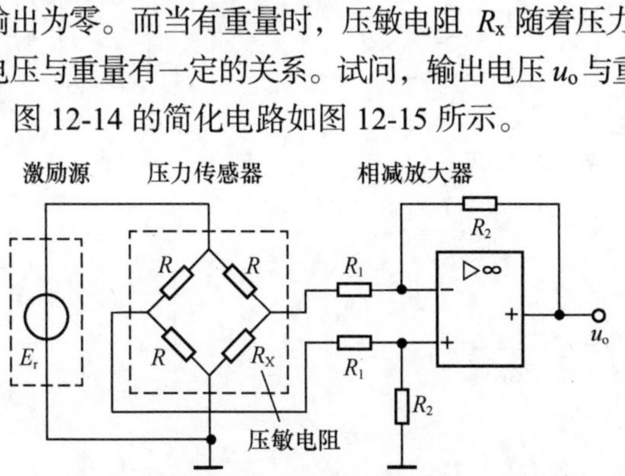

图 12-14　称重放大电路

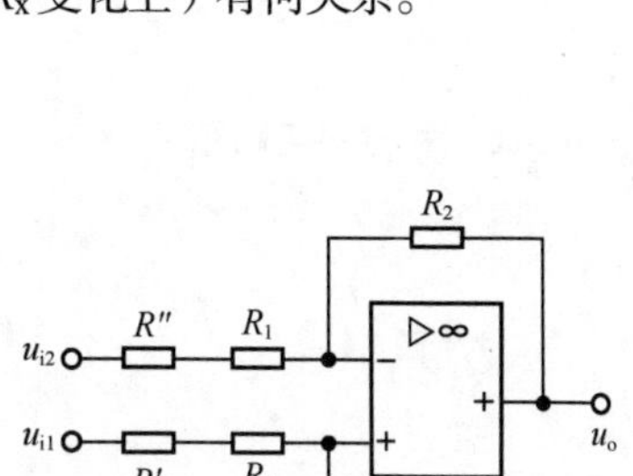

图 12-15　称重放大电路的简化电路

根据戴维南等效电路，可求得图 12-15 所示电路中的参数为

$$u_{i1}=\frac{E_r}{2},\qquad R'=\frac{R}{2}$$

$$u_{i2}=\frac{R_x}{R+R_x}E_r,\qquad R'_x=R//R_x$$

由图 12-13 电路的分析结果知

$$u_o=\frac{R_2}{R_2+R_1+R'}\left(1+\frac{R_2}{R_1}\right)u_{i1}-\frac{R_2}{R_1+R'_x}u_{i2}$$

若保证 $R_1>>\frac{R}{2}$，$R_1>>R//R_x$，则有

$$u_o=\frac{R_2}{R_1}(u_{i1}-u_{i2})=\frac{R_2}{R_1}E_r\left(\frac{1}{2}-\frac{R_x}{R+R_x}\right)=\frac{R_2}{2R_1}\left(\frac{R-R_x}{R+R_x}\right)E_r$$

当重量（压力）发生变化时，R_x 随之变化，u_o 也会随之变化。所以测量出 u_o 后，通过换算就可以求出重量或压力。

12.3.3 积分运算电路和微分运算电路

1．积分运算电路

积分器的功能是完成积分运算，使输出电压与输入电压的积分成正比，其结构如图 12-16 所示。

设电容电压的初始值 $u_C(0)=0$，则输出电压 $u_o(t)$为

$$u_o(t)=-\frac{1}{C}\int i_C(t)\mathrm{d}t=-\frac{1}{C}\int\frac{u_i(t)}{R}\mathrm{d}t=-\frac{1}{RC}\int i_C(t)\mathrm{d}t$$

如果将相减器的两个电阻 R_3 和 R_4 换成两个相等电容 C，且有 $R_1=R_2=R$，则构成了差动积分器，如图 12-17 所示。其输出电压 u_o（t）为

$$u_o(t)=\frac{1}{RC}\int(u_{i1}-u_{i2})\mathrm{d}t$$

2．微分运算电路

将积分器的电容和电阻的位置互换，就构成了微分器，如图 12-18 所示。

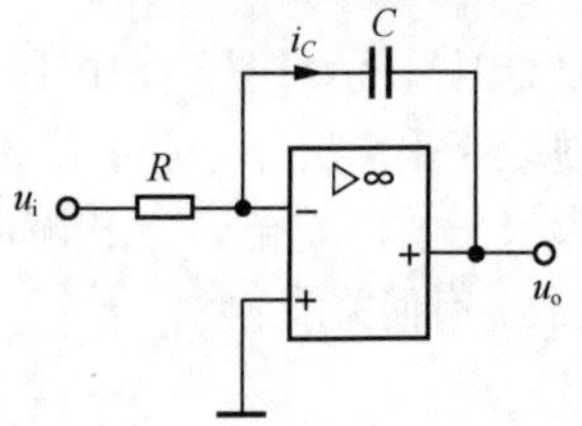

图 12-16　积分器电路结构

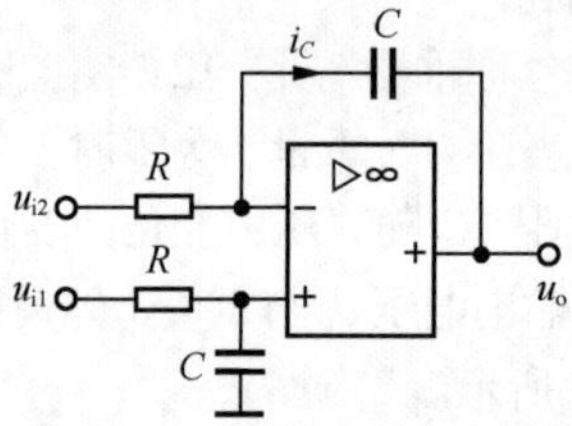

图 12-17　差动积分器

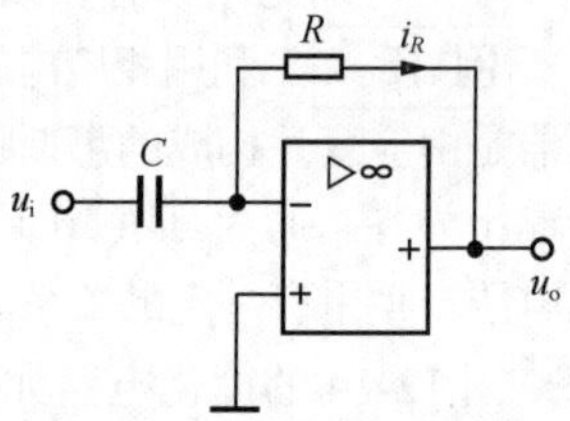

图 12-18　微分器

因为

$$u_o(t)=-Ri_R$$

$$i_f=C\frac{\mathrm{d}u_C(t)}{\mathrm{d}t}=C\frac{\mathrm{d}u_i(t)}{\mathrm{d}t}$$

所以，输出电压 u_o（t）和输入电压 u_i（t）的关系式为

$$u_o(t)=-RC\frac{\mathrm{d}u_i(t)}{\mathrm{d}t}$$

可见，输出电压和输入电压的微分成正比。

微分器的高频增益大。如果输入中含有高频噪声的话，则输出噪声也将很大，而且电路可能不稳定，所以微分器很少直接应用。在需要微分运算时，也尽量设法用积分器来代替。

12.4 集成功率放大器

集成功率放大器由运算放大器发展而来，其内部电路一般也由前置级、中间级、输出级及偏置电路等组成，其具有输出功率大、效率高的特点。另外，为了保证器件在大功率状态下安全可靠工作，集成功率放大器中常设有过流、过压、过热保护电路等。

集成功率放大电路的型号很多，在此仅举一例加以说明。

图 12-19（a）为集成音频功率放大电路 SHM1150II型的内部简化电路图。这是一个由双极型三极管和 CMOS 管组成的功率放大电路，允许的电源电压为±12V～±50V，电路最大输出功率可达 150W，使用十分方便，其外部接线图如图 12-19（b）所示。

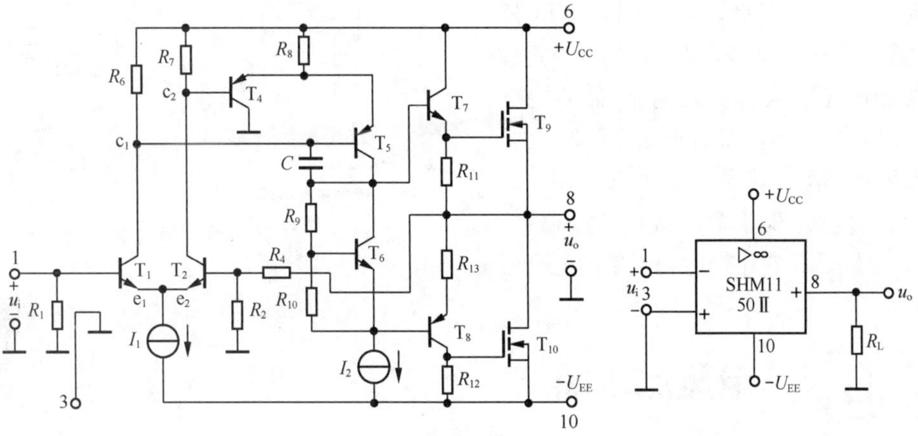

（a）内部电路　　　　（b）外部接线图

图 12-19　SHM1150II型 BiMOS 集成功率放大电路

由图 12-19（a）可见，输入级为带恒流源的双极型三极管差分放大电路（T_1、T_2），双端输出。第二级为单端输出的差分电路（由 PNP 管 T_4、T_5组成），恒流源 I_2 为其有源负载电流。

12.5 电源变换电路

12.5.1 电压源–电流源变换电路

在某些控制系统中，负载要求电流驱动，而实际的信号有可能是电压，这在工程上就提出了如何将电压源变换成电流源的要求。另外还要求无论负载如何变化，电流源电流只取决于输入电压源，而与负载无关。又如，在信号的远距离传输中，由于电流信号不易受干扰，所以也需要将电压信号变换为电流信号来传输。图 12-20 给出了一个电压源-电流源变换电路的例子，图中负载为“接地”负载。

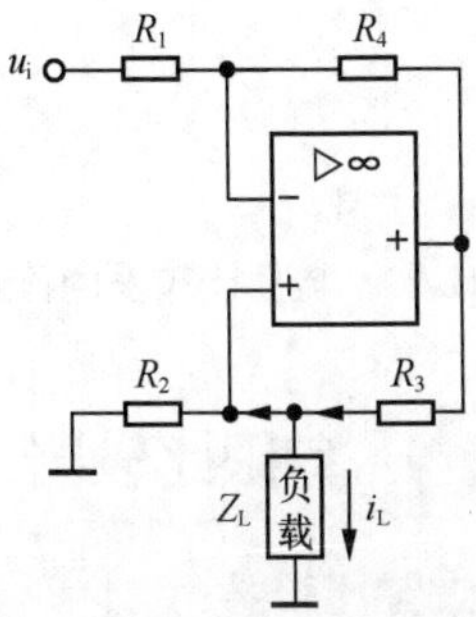

图 12-20　电压源-电流源变换电路实例

由“零电流”知

$$u_+ = \left(\frac{u_o - u_+}{R_3} - i_L\right) R_2$$

$$u_- = \frac{R_4}{R_1 + R_4} u_i + \frac{R_1}{R_1 + R_4} u_o$$

由“零电压”知$u_+ = u_-$，并令 $R_1R_3=R_2R_4$，则变换关系可简化为

$$i_L = -\frac{u_i}{R_2}$$

可见，负载电流 i_L 与 u_i 成正比，且与负载 Z_L 无关。

12.5.2 电流源–电压源变换电路

有许多传感器产生的信号为微弱的电流信号，将该电流信号转换为电压信号可利用运算放大器的“极小电压”使运算放大器的接电源端相当于接地。如图 12-21 所示电路，就是光敏二极管或光敏三极管产生的微弱光电流转换为电压信号的电路。显然，对运算放大器的要求是输入电阻要趋向无穷大，输入偏流 I_B 要趋于零。这样，光电流将全部流向反馈电阻 R_f，输出电压$u_o = -R_f i_1$。这里 i_1 就是光敏器件产生的光电流。例如，运算放大器 CA3140 的偏流 I_B=1×10^{-2} nA，它比较适合用来做光电流放大电路。

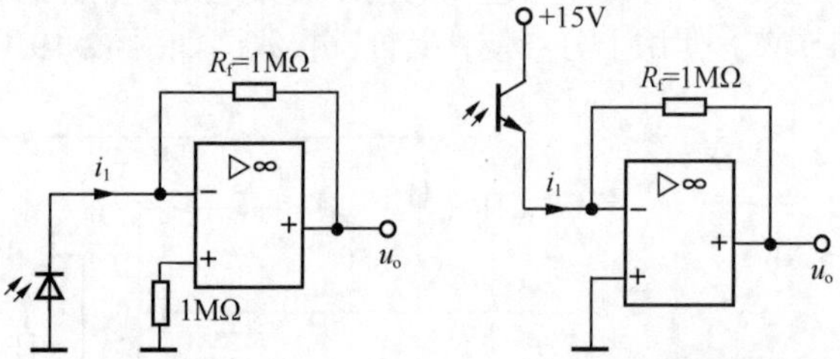

（a）光敏二极管电路　　（b）光敏三极管电路

图 12-21　将光电流变换为电压输出的电路

电压比较器

12.6 电压比较器

12.6.1 电压比较器的基本特性

电压比较器属于运算放大器的非线性应用，其功能是比较两个输入电压的大小，据此决定输出是高电平还是低电平。高电平相当于数字电路中的逻辑“1”，低电平相当于逻辑“0”。比较器输出只有两个状态，不论是“1”或是“0”，比较器都工作在非线性状态。

比较器一般在开环条件下工作，其增益很大，图 12-22 给出了电压比较器的符号及传输特性。当 $u_i < u_r$ 时，输出为“高”；反之，当 $u_i > u_r$ 时，输出为“低”。电压比较器的输入为模拟量，输出为数字量（0 或 1），可作为模拟和数字电路的接口电路，也可作为一位模–数转换器，在工程中有着广泛应用。

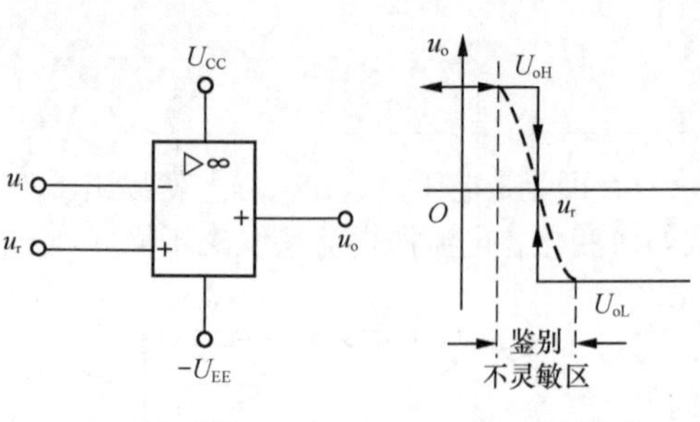

（a）符号　　（b）传输特性

图 12-22　电压比较器的符号及传输特性

实际运算放大器和专用比较器芯片的 A_{ud} 不为无穷大，u_i 在 u_r 附近的一个很小范围内存在着一个比较器的不灵敏区。如图 12-22（b）中虚线所示的输入电压变化范围，在该范围内输出状态既非 U_{oH}，也非 U_{oL}，故无法对输入电平的大小进行判别。A_{ud} 越大，这个不灵敏区就越小，比较器的鉴别灵敏度就越高。

12.6.2 单限比较器

1．过零比较器

反相过零比较器电路如图 12-23（a）所示，同相端接地，反相端接输入电压，所以输入电压

是和零电压进行比较。

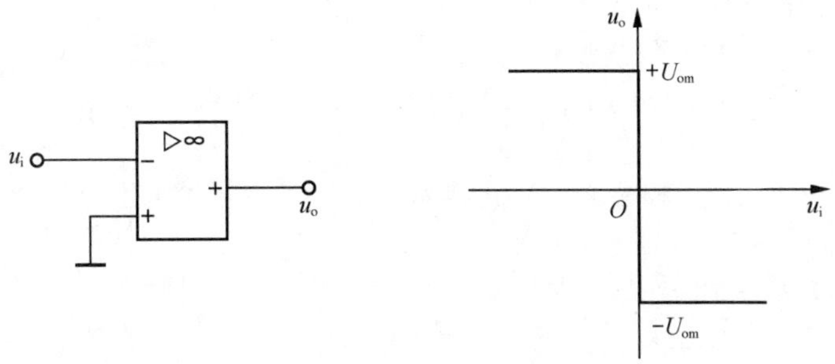

（a）电路　　　　（b）传输特性

图 12-23　反相过零比较器电路及传输特性

当 $u_i>0$ 时，$u_o=U_{om}$；当 $u_i<0$ 时，$u_o=-U_{om}$。该比较器的传输特性如图 12-23（b）所示。

该电路常用于检测正弦波的零点，当正弦波电压过零时，比较器输出发生跃变。

2．任意电压比较器

反相任意比较器电路如图 12-24（a）所示，同相端接地，U_{RFE} 是参考电压。根据叠加定理，反相输入端对地电压为

$$u_N=\frac{R_1}{R_1+R_2}u_i+\frac{R_2}{R_1+R_2}U_{REF}$$

令 $u_N=u_P=0$，则阈值电压为

$$U_T=-\frac{R_2}{R_1}U_{REF}$$

将输入电压 u_i 是和阈值电压 U_T 进行比较，若 $U_{REF}>0$，则图 12-24（a）电路的电压传输特性如图 12-24（b）所示。只要改变参考电压的大小和极性以及电阻 R_1、R_2 的阻值，就可以改变阈值电压的大小和极性。若要改变 u_i 过 U_T 时 u_o 的跃变方向，则应将实际运算放大器的同相输入端和反相输入端外的电路互换。

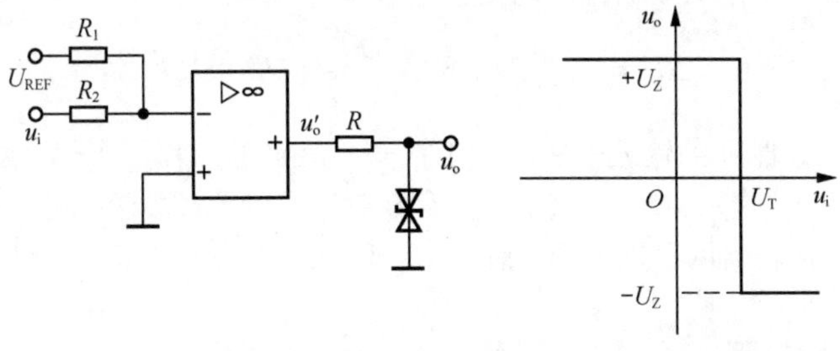

（a）电路　　　　（b）传输特性

图 12-24　反相任意电压比较器电路及传输特性

上述的开环单门限比较器电路简单，灵敏度高，但是抗干扰能力较差，当干扰叠加到输入信号上而在门限电压值上下波动时，比较器就会反复地切换状态，如果用上述电路去控制一个系统的工作，难免会出现差错。

12.6.3　滞回比较器

1．反向输入滞回比较器

反向输入的滞回比较器如图 12-25（a）所示，电路中引入了正反馈。电路中 R 及带温度补偿

的稳压管（Z_1、Z_2）组成输出限幅电路，使输出电压的高低电平限制在±（U_Z+U_D），其中 U_Z 为稳压管工作电压，U_D 为稳压管正向导通电压。滞回比较器电压传输特性如图 12-25（b）所示。

下面，对图 12-25（a）电路的工作原理进行分析。

因为信号加在运算放大器反相端，所以 u_i 为负时，u_o 必为正，且等于高电平 $U_{oH}=+(U_{Z1}+U_{D2})$。此时，同相端电压（U_+）为参考电平 U_{r1}，且

$$U_{r1}=U_f=\frac{R_1}{R_1+R_2}U_{oH}=\frac{R_1}{R_1+R_2}(U_{Z1}+U_{D2})$$

当 u_i 由负逐渐向正变化，且 $u_i=U_f=U_{r1}$ 时，输出将由高电平转换为低电平。u_o 从高到低所对应的 u_i 转换电平称为上门限电压，记为 U_{TH}。可见

$$U_{TH}=U_{r1}=\frac{R_1}{R_1+R_2}U_{oH}$$

而后，u_i 再增大，u_o 将维持在低电平。此时，比较器的参考电压 U_r 将发生变化，即

$$U_{r2}=U_f=\frac{R_1}{R_1+R_2}U_{oL}=\frac{-R_1}{R_1+R_2}(U_{D1}+U_{Z2})$$

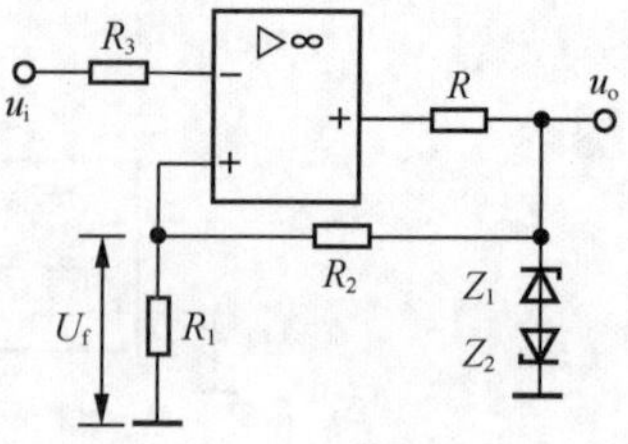

（a）电路

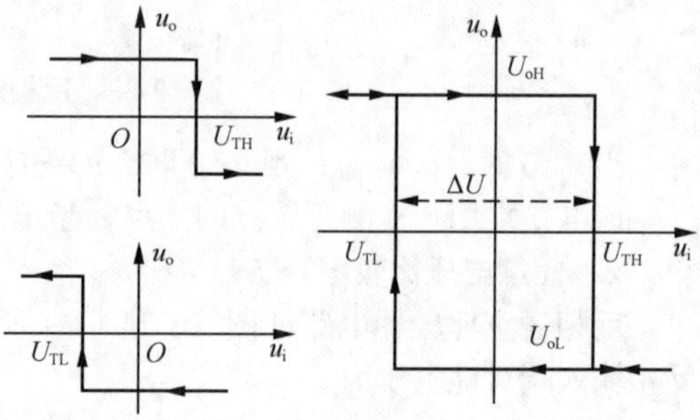

（b）传输特性

图 12-25 滞回比较器电路及传输特性

可见，使 u_i 由正变负的比较电平将是 U_{r2}（负值），故只有当 u_i 变得比 U_{r2} 更负时，u_o 才又从低变高。所以，称 U_{r2} 为下门限电压，记为 U_{TL}，有

$$U_{TL}=U_{r2}=\frac{-R_1}{R_1+R_2}(U_{D1}+U_{Z2})$$

图 12-25（a）电路的传输特性像磁性材料的磁滞回线，所以该电路被称为滞回比较器，又被称为迟滞比较器、施密特触发器或双稳态电路。它有两个状态，并具有记忆功能。

滞回比较器的上、下门限之差被称为回差，用 ΔU 表示，有

$$\Delta U=U_{TH}-U_{TL}=2\frac{R_1}{R_1+R_2}(U_Z+U_D)$$

由于使电路输出状态跳变的输入电压不发生在同一电平上，若 u_i 上叠加有干扰信号时，只要该干扰信号的幅度不大于回差 ΔU，则该干扰的存在就不会使比较器输出状态的错误跳变。应该指出，回差 ΔU 的存在使比较器的鉴别灵敏度降低了。输入电压 u_i 的峰值必须大于回差，否则，输出电平不可能转换。

2．同相输入滞回比较器

电路如图 12-26（a）所示，信号与反馈都加到运算放大器同相端，而反相端接地（$U_-=0$）。只有当同相端电压 $U_+=U_-=0$ 时，输出状态才发生跳变。而同相端电压等于正反馈电压与 u_i 在此端分压的叠加。据此，可得该电路的上门限电压和下门限电压分别为

$$U_{TH}=\frac{R_1}{R_2}(U_Z+U_D)$$

$$U_{TL}=-\frac{R_1}{R_2}(U_Z+U_D)$$

其传输特性如图 12-26（b）所示，读者可自行分析得出。

例 12-3 现测得某电路输入电压 u_i 和输出电压 u_o 的波形如图 12-27（a）所示，判断该电路

是哪种电压比较器，并求解电压传输特性。

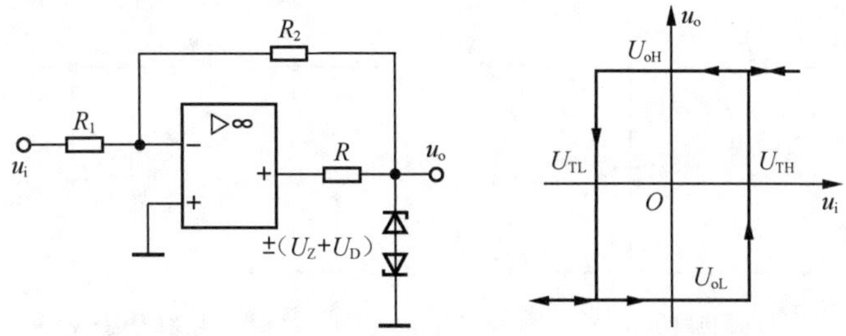

（a）电路　　（b）传输特性

图 12-26　同相输入滞回比较器电路及其传输特性

解：从图 12-27（a）所示的波形可知，输出高、低电平分别为 $\pm U_Z = \pm 9V$；从 u_i 与 u_o 的波形关系可知，阈值电压 $\pm U_T = \pm 3V$；当 u_i<−3V 时，u_o=U_{oH}，当 u_i> +3 V 时，u_o=U_{oL}，说明输入信号从反相输入端输入；当−3V<u_i<+3V 时，u_i 变化，u_o 保持不变，说明电路有滞回特性。该电路是从反相输入端输入的滞回比较器，其电压传输特性如图 12-27（b）所示。

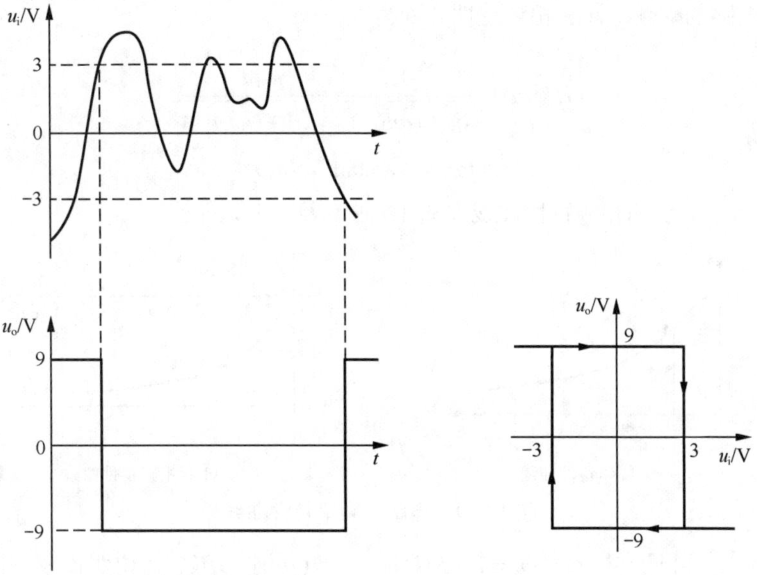

（a）输入、输出电压波形　　（b）电压传输特性

图 12-27　例 12-3 波形图及传输特性

12.7 滤波器

12.7.1 电路的频率特性

线性电路在单一正弦激励的情况下，稳态响应为同频率的正弦量。当激励的频率发生变化时，相量形式的响应与激励的比称为网络函数，也称为电路的频率特性，通常用 $H(j\omega)$ 表示。$H(j\omega)$ 为复数，可写为 $H(j\omega)=|H(j\omega)|\angle\varphi(j\omega)$，其中 $|H(j\omega)|$ 称为幅频特性，$\varphi(j\omega)$ 称为相频特性。当 $|H(j\omega)|$ 和 $\varphi(j\omega)$ 随频率的变化分别用图形表示出来时，就形成幅频特性曲线和相频特性曲线。

图 12-28（a）所示的电路，激励为 $u_1(t)$，响应为 $u_2(t)$，电路的相量模型如图 12-28（b）所示。

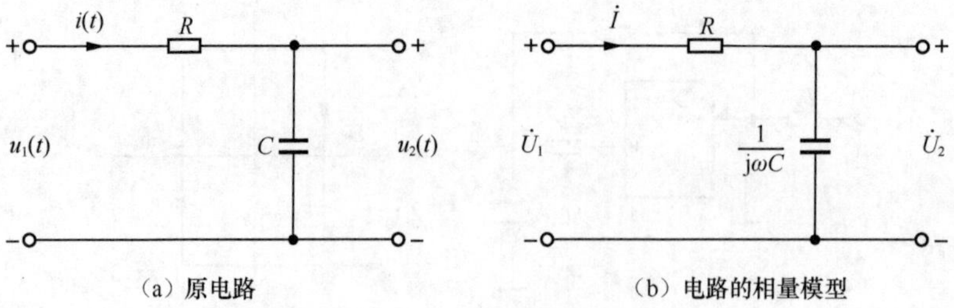

图 12-28 RC 电路及相量模型

由图 12-28（b），可得网络函数为

$$H(\mathrm{j}\omega)=\frac{\dot U_2}{\dot U_1}=\frac{\dfrac{1}{\mathrm{j}\omega C}\dot I}{\left(R+\dfrac{1}{\mathrm{j}\omega C}\right)\dot I}=\frac{1}{1+\mathrm{j}\omega RC}=\frac{1}{\sqrt{1+(\omega RC)^2}}\angle-\arctan\omega RC \tag{12-1}$$

设 $\omega_0=\dfrac{1}{RC}$，则电路的幅频特性和相频特性分别为

$$|H(\mathrm{j}\omega)|=\frac{1}{\sqrt{1+(\omega RC)^2}}=\frac{1}{\sqrt{1+(\omega/\omega_0)^2}} \tag{12-2}$$

$$\varphi(\mathrm{j}\omega)=-\arctan(\omega/\omega_0) \tag{12-3}$$

由此可绘出幅频特性曲线和相频特性曲线如图 12-29（a）、（b）所示。

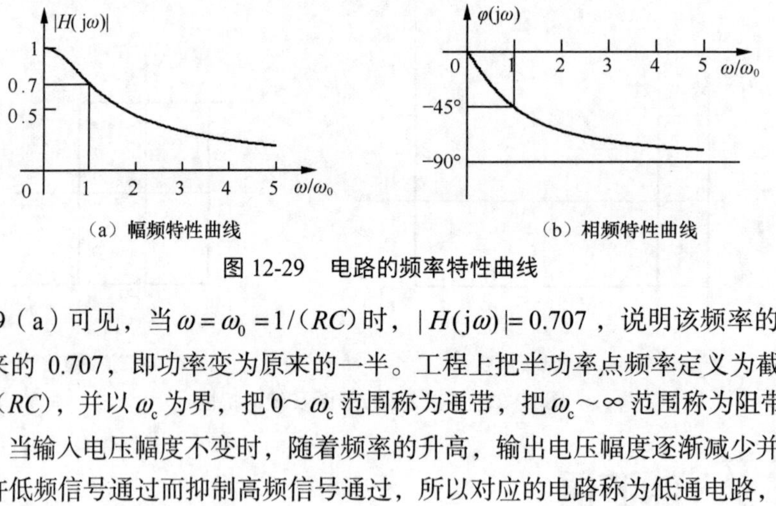

图 12-29 电路的频率特性曲线

从图 12-29（a）可见，当 $\omega=\omega_0=1/(RC)$ 时，$|H(\mathrm{j}\omega)|=0.707$，说明该频率的信号通过电路后幅度变为原来的 0.707，即功率变为原来的一半。工程上把半功率点频率定义为截止频率，记为 ω_c，即 $\omega_c=1/(RC)$，并以 ω_c 为界，把 $0\sim\omega_c$ 范围称为通带，把 $\omega_c\sim\infty$ 范围称为阻带。从图 12-29（a）可以看出，当输入电压幅度不变时，随着频率的升高，输出电压幅度逐渐减少并最终趋于零，可见该电路允许低频信号通过而抑制高频信号通过，所以对应的电路称为低通电路，也称为低通滤波器（low pass filter，LPF）。

将图 12-28（a）所示电路中的 R、C 互换位置，如图 12-30 所示，则为 RC 高通电路，也称为高通滤波器（high pass filter，HPF）。

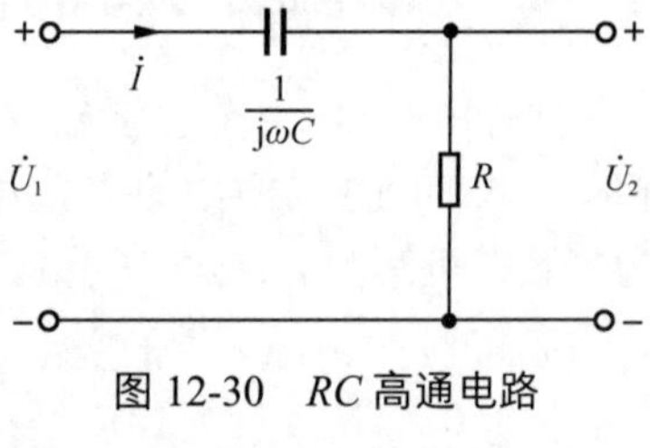

图 12-30 RC 高通电路

对图 12-30 所示电路，令 $\omega_0=\dfrac{1}{RC}$，可得网络函数为

$$H(\mathrm{j}\omega)=\frac{\dot U_2}{\dot U_1}=\frac{R\dot I}{\left(R+\dfrac{1}{\mathrm{j}\omega C}\right)\dot I}=\frac{\omega/\omega_0}{\sqrt{1+(\omega/\omega_0)^2}}\angle\left[\frac{\pi}{2}-\arctan(\omega/\omega_0)\right]$$

电路的幅频特性和相频特性分别为

$$|H(\mathrm{j}\omega)|=\frac{1}{\sqrt{1+(\omega RC)^2}}=\frac{\omega/\omega_0}{\sqrt{1+(\omega/\omega_0)^2}} \tag{12-4}$$

$$\varphi(\mathrm{j}\omega)=\pi/2-\arctan(\omega/\omega_0) \tag{12-5}$$

幅频特性曲线和相频特性曲线如图 12-31 所示。

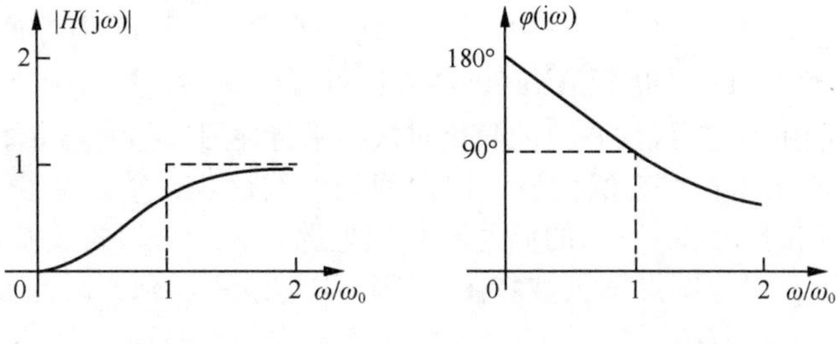

（a）幅频特性曲线　（b）相频特性曲线

图 12-31　电路的频率特性曲线

滤波器可分为低通、高通、带通、带阻和全通五种类型。五种理想滤波器的幅频特性分别如图 12-32（a）、（b）、（c）、（d）、（e）所示，其中的 ω_c 、 ω_{c1} 、 ω_{c2} 被称为截止频率， $|H(\mathrm{j}\omega)|=1$ 的频率范围称为通带， $|H(\mathrm{j}\omega)|=0$ 的频率范围称为阻带。

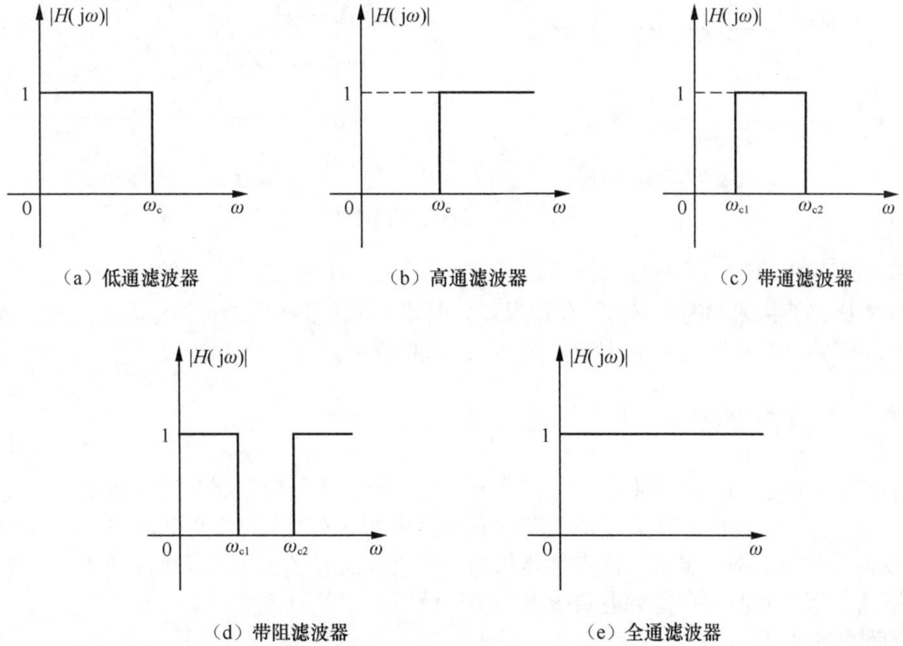

（a）低通滤波器　（b）高通滤波器　（c）带通滤波器

（d）带阻滤波器　（e）全通滤波器

图 12-32　五种理想滤波器的幅频特性

理想滤波器的幅频特性曲线具有平坦和跳变的特点，通带范围内信号可以原样通过，阻带范围内信号被完全滤除，但这种特性现实中无法实现。可实现的实际滤波器，其幅频特性具有非平坦（全通滤波器除外）和渐变的特点，如图 12-29（a）和图 12-31（a）所示。

12.7.2　对数频率特性曲线与波特图

前面给出的频率特性曲线还可采用对数坐标绘制，方法是将横轴用 $\lg\omega$ 表示，幅频特性的纵轴

用 $20\lg|H(\mathrm{j}\omega)|$ 表示（单位为分贝），相频特性的纵轴不变。由此画出的图形，称为对数频率特性曲线。

根据式（12-2），图 12-28 所示低通电路的对数幅频特性为

$$20\lg|H(\mathrm{j}\omega)| = -20\lg\sqrt{1+(\omega/\omega_0)^2}$$

与式（12-3）联立可知，当 $\omega << \omega_0$ 时，$20\lg|H(\mathrm{j}\omega)| \approx 0\mathrm{dB}$，$\varphi(\mathrm{j}\omega) \approx 0°$；当 $\omega=\omega_0$ 时，$20\lg|H(\mathrm{j}\omega_0)| = -20\lg\sqrt{2} = -3\mathrm{dB}$，$\varphi(\mathrm{j}\omega_0) = -45°$；当 $\omega >> \omega_0$ 时，$20\lg|H(\mathrm{j}\omega)| \approx -20\lg(\omega/\omega_0)\ \mathrm{dB}$，$\varphi(\mathrm{j}\omega) \approx -90°$，幅频特性具有每十倍频衰减 20dB 的特点。

实际中常采用的是用分段折线法画出的简化对数频率特性图，称为波特图。

将不同频段内的曲线用直线近似代替，使曲线局部线性化，整个曲线折线化，即为分段折线法。如对图 12-28 和图 12-30 所示的低通和高通电路，采用分段折线法画出的对数频率特性如图 12-33 中实线所示，对应图形即为波特图，而图中虚线所示则为对数频率特性曲线。

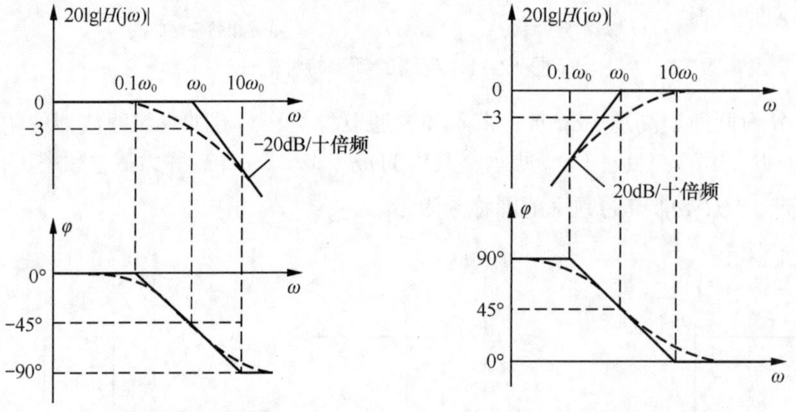

图 12-33　电路的频率特性

用波特图表示电路的频率特性，既简洁又便于绘制，所以获得了广泛的应用。不过，与对数频率特性曲线相比，波特图上的频率特性存在误差，误差主要出现在折线转折点附近区域。如图 12-33 中，幅频特性误差主要发生在 $\omega=\omega_0$ 附近，在 $\omega=\omega_0$ 处的误差最大，为 3dB。

12.7.3 有源滤波器

根据实现滤波器所用元件的不同，滤波器分为两大类：无源滤波器和有源滤波器。无源滤波器由无源元件 R、L、C 组成，其优点是工作频率高，缺点是体积大、带负载能力差。有源滤波器由实际运算放大器和 RC 网络组成，优点是体积小，带负载能力强，并具有放大和缓冲作用；缺点是工作频率不高。有源滤波器在低频电路中得到了广泛应用。

1．低通滤波器

图 12-34 所示为一阶有源低通滤波器，由图 12-28 所示一阶无源低通滤波器后接实际运算放大器构成。一阶有源低通滤波器还有另外两种基本电路形式。图 12-34（a）为带电压跟随器的低通滤波器，图 12-34（b）为带同相比例放大电路的低通滤波器，图 12-34（c）为带反相比例放大电路的低通滤波器。

分析可得图 12-34（b）所示电路的频率特性为

$$H(\mathrm{j}\omega) = \frac{\dot{U}_\mathrm{o}}{\dot{U}_\mathrm{i}} = \left(1+\frac{R_2}{R_1}\right)\frac{1}{\sqrt{1+(\omega RC)^2}}\angle -\arctan\omega RC$$

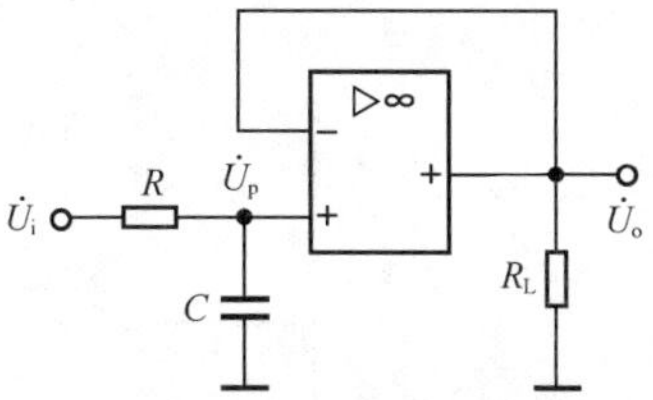

（a）带电压跟随器的低通滤波器

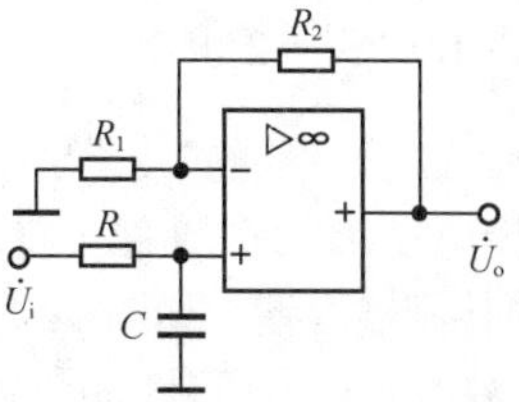

（b）带同相比例放大电路的低通滤波器

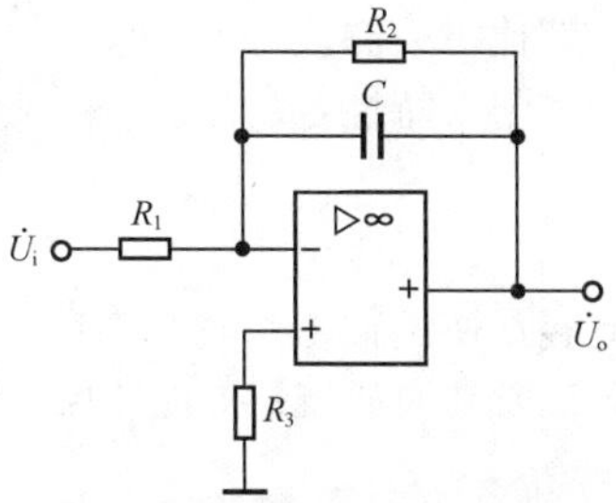

（c）带反相比例放大电路的低通滤波器

图 12-34　一阶有源低通滤波器

归一化处理后有

$$\frac{H(\mathrm{j}\omega)}{H(\mathrm{j}0)}=\frac{1}{\sqrt{1+(\omega RC)^2}}\angle-\arctan\omega RC$$

由此得到的对数形式幅频特性如图 12-35 所示，该图也是图 12-34（a）所示电路的对数形式幅频特性，还是图 12-34（c）所示电路的归一化对数形式幅频特性。

实际一阶低通滤波器的特性与理想低通滤波器的特性差距较大，理想低通滤波器当频率大于截止频率时，电压增益为零，而实际的一阶低通滤波器只是以每十倍频−20dB 的斜率衰减，选择性较差。为了使实际低通滤波器特性更接近理想特性，可以在图 12-34（b）的基础上再加上一级 *RC* 低通网络，使高频段的衰减斜率更大一些，这样就构成了二阶低通滤波器，如图 12-36 所示。

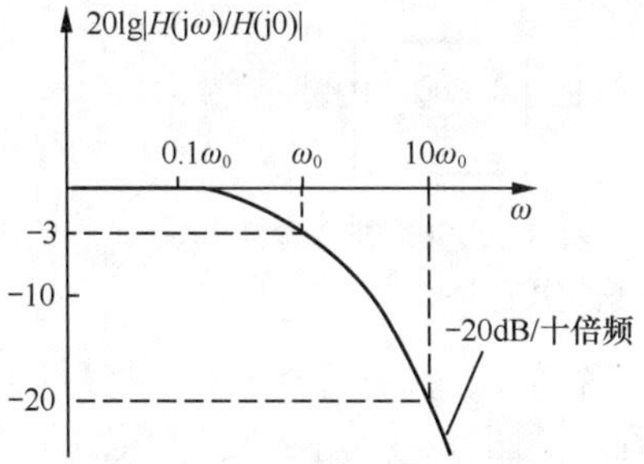

图 12-35　对数形式幅频特性

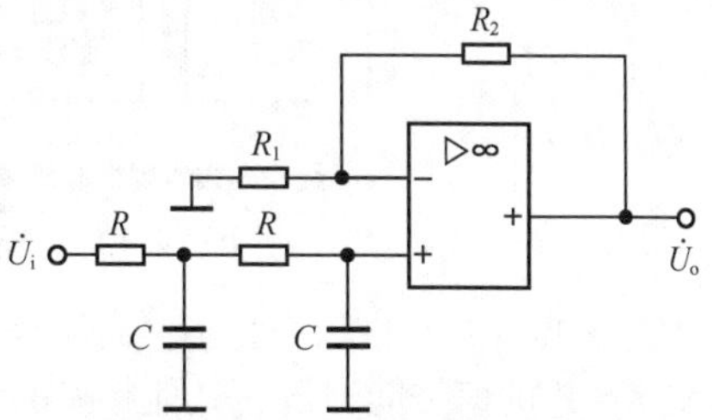

图 12-36　二阶低通滤波器

分析可得图 12-36 所示电路的频率特性为

$$H(\mathrm{j}\omega)=\frac{\dot{U}_o}{\dot{U}_i}=\left(1+\frac{R_2}{R_1}\right)\frac{1}{1+3\mathrm{j}\omega RC-(\omega RC)^2}$$

归一化后的频率特性为

$$\frac{H(\mathrm{j}\omega)}{H(\mathrm{j}0)}=\frac{1}{1+3\mathrm{j}\omega RC-(\omega RC)^2}=\frac{1}{\sqrt{1+7(\omega RC)^2+(\omega RC)^4}}\angle-\arctan\frac{3\omega RC}{1-(\omega RC)^2}$$

由此画出的归一化幅频特性如图 12-37 所示。注意，该电路衰减 3dB 的频率点是 $0.37\omega_0=$

$\frac{0.37}{RC}$，由$1+7(\omega RC)^2+(\omega RC)^4=2$求出。

在实际中用得比较多的二阶低通滤波器是在图 12-36 基础上改进得到的压控电压源二阶低通滤波器，第一级的电容不接地而是改接到输出端，如图 12-38 所示。图中 R_1、R_2、C_1、C_2 数值的不同组合，可使滤波器特性不同。用不同的方法确定的 R_1、R_2、C_1、C_2 的数值组合对应的滤波器有巴特沃思滤波器、切比雪夫滤波器、贝塞尔滤波器等，它们的通带特性和阻带特性各异，可满足不同的需要。

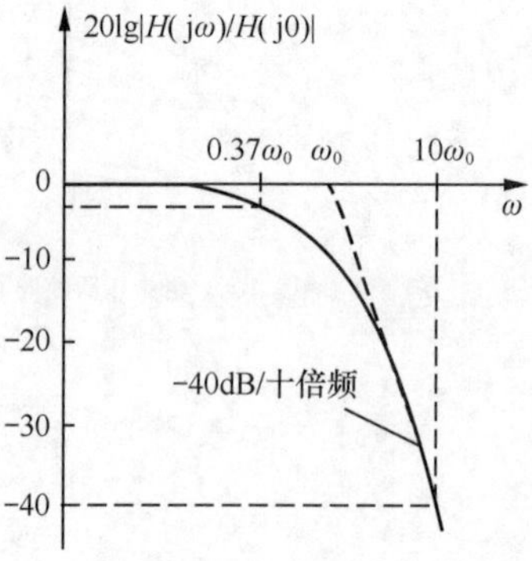

图 12-37　二阶低通滤波器的归一化幅频特性

2．高通滤波器

将低通滤波器中 RC 网络的电阻电容互换位置，就可得到高通滤波器。压控电压源有源二阶高通滤波器如图 12-39 所示。

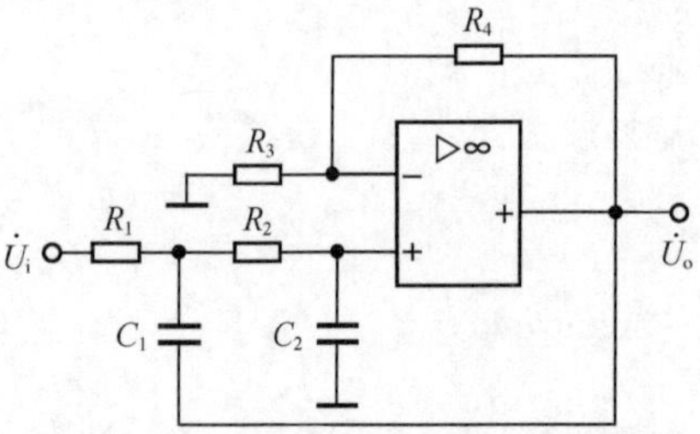

图 12-38　压控电压源二阶低通滤波器

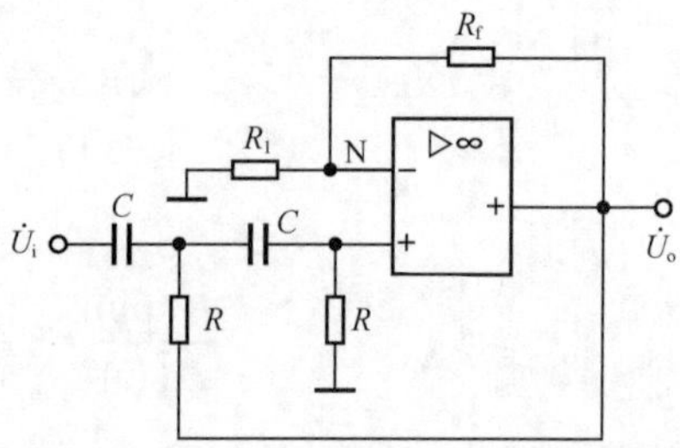

图 12-39　压控电压源有源二阶高通滤波器

3．其他滤波器

将高通滤波器与低通滤波器级联或者并联，就可得到带通或者带阻滤波器，如图 12-40 所示。

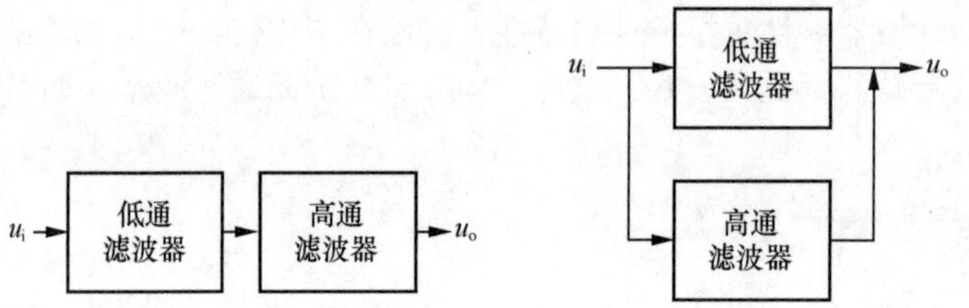

（a）级联方式实现带通滤波器　（b）并联方式实现带阻滤波器

图 12-40　带通和带阻滤波器的实现方式

设低通滤波器的截止频率为 f_2，高通滤波器的截止频率为 f_1，并且选择 $f_2>f_1$，将两者级联，那么频率在 f_1～f_2 的信号能通过，其他频率的信号被阻止通过。图 12-41 所示为压控电压源有源二阶带通滤波器。

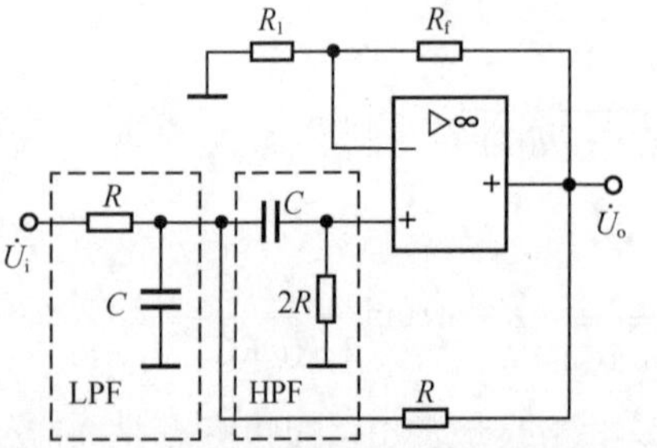

图 12-41　压控电压源有源二阶带通滤波器

设低通滤波器的截止频率为 f_2，高通滤波器的截止频率为 f_1，并且选择 $f_2<f_1$，将两者并联，那么频率低于 f_1 和高于 f_2 的信号能通过，其他频率的信号被阻止通过。图 12-42 所示为压控电压源有源二阶带阻滤波器。

随着集成电路中 MOS 工艺的迅速发展，由 MOS 开关电容和运算放大器组成的开关电容滤波器已经实现了单片集成化，性能已达到很高的水平，并得到了广泛的应用，已成为近年来滤波器的主流。图 12-43 所示为一实际开关电容低通滤波器的结构，相关情况在这里不作进一步介绍，感兴趣的读者可查阅其他资料。

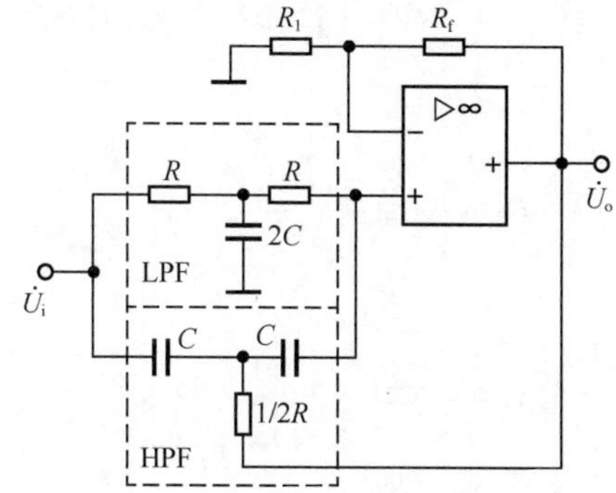

图 12-42　压控电压源有源二阶带阻滤波器

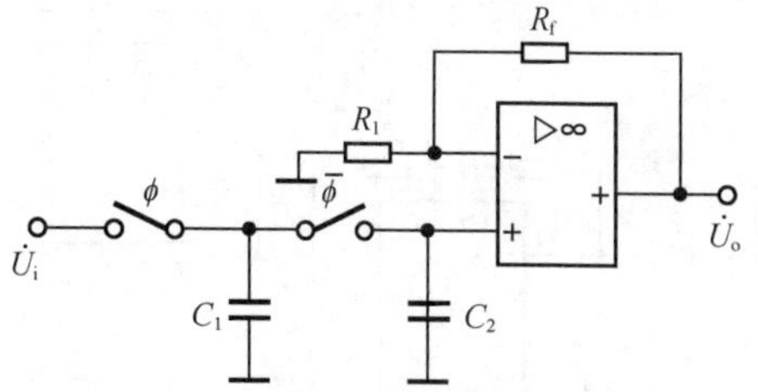

图 12-43　实际开关电容低通滤波器

《习　题》

12-1　同相比例运算如题 12-1 图所示，求 u_o。

12-2　电路如题 12-2 图所示，$u_1=0.6\text{V}$，$u_2=0.8\text{V}$，求 u_o 的值。

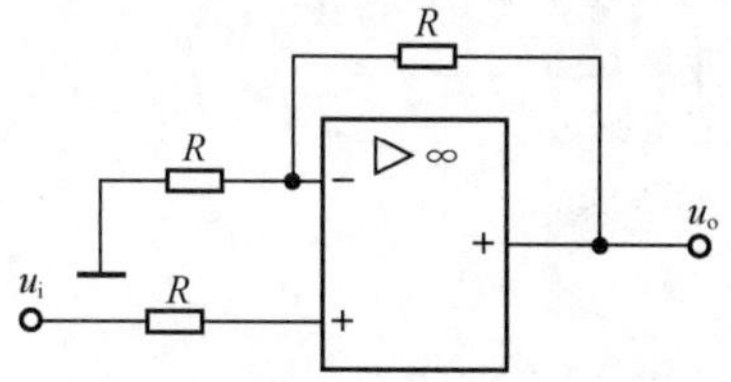

题 12-1 图

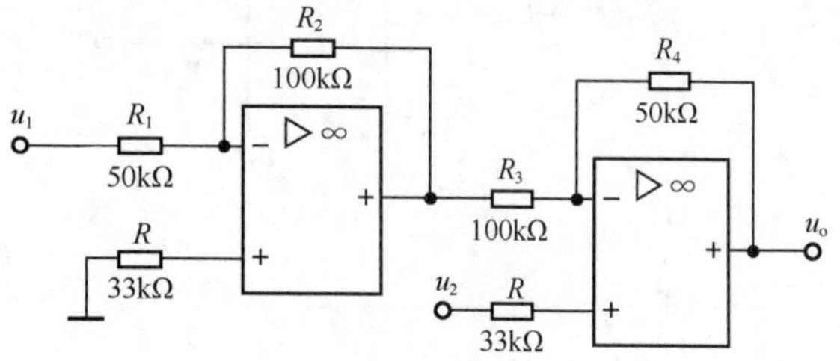

题 12-2 图

12-3　为了用较小电阻实现高电压放大倍数的比例运算，常用一个 T 型网络代替反馈电阻，如题 12-3 图所示，求 u_o 与 u_i 之间的关系。

12-4　在题 12-4 图所示的增益可调的反相比例运算电路中，已知 $R_1=R_W=10\text{k}\Omega$、$R_2=20\text{k}\Omega$、$U_i=1\text{V}$，设 A_1 和 A_2 为理想运算放大器，其输出电压最大值为±12V，求：（1）当电位器 R_W 的滑动端上移到顶部极限位置时，U_o 的值；（2）当电位器 R_W 的滑动端处在中间位置时，U_o 的值；（3）电路的输入电阻 R_i 的值。

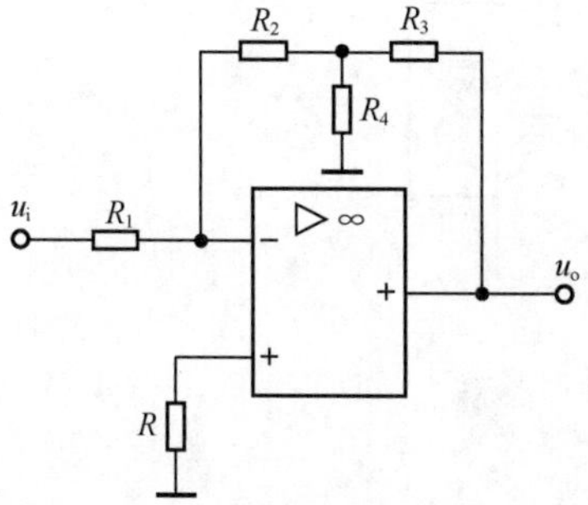

题 12-3 图

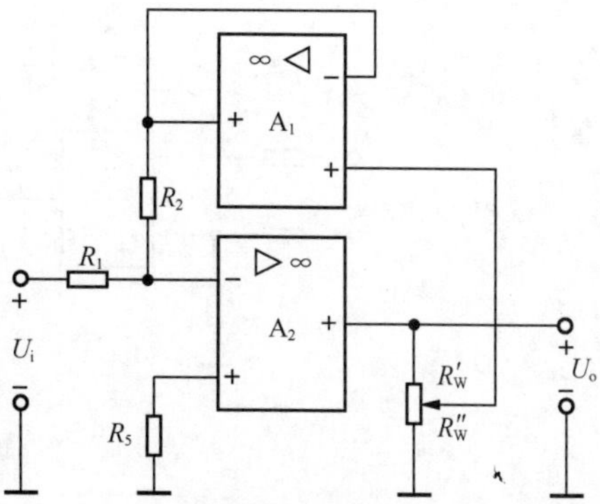

题 12-4 图

12-5　用理想运算放大器组成的电路如题 12-5 图所示，已知 $R_1=50\text{k}\Omega$、$R_2=80\text{k}\Omega$、

$R_3 = 60\text{k}\Omega$、$R_4 = 40\text{k}\Omega$、$R_5 = 100\text{k}\Omega$，试求 $A_u = u_o / u_i$ 的值。

12-6 电路如题 12-6 图所示，已知 U_{I1}=1V、U_{I2}=2V、U_{I3}=3V、U_{I4}=4V（均为对地电压）、R_1=R_2=2kΩ、R_3=R_4=R_f=1kΩ，求 U_o。

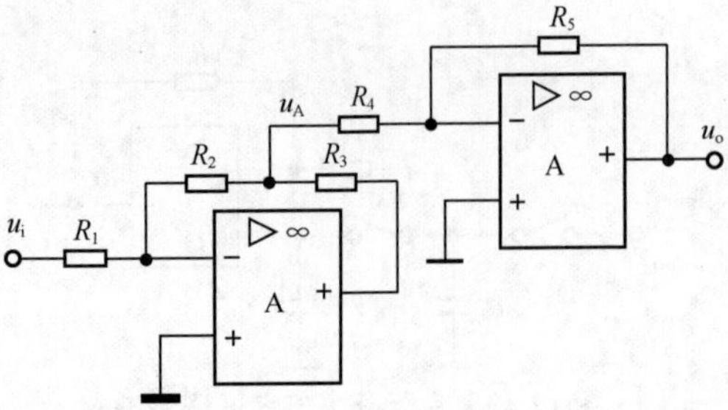

题 12-5 图

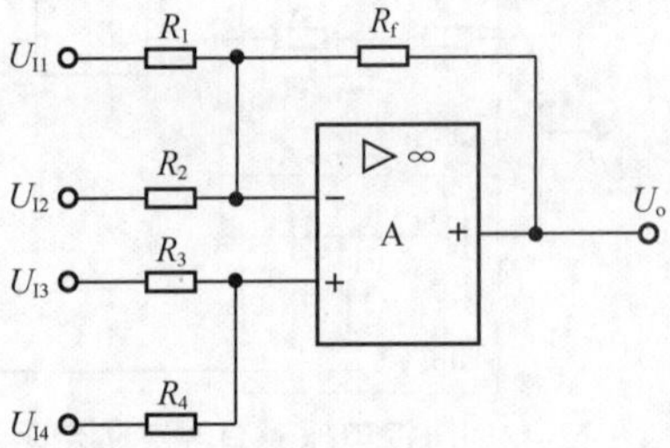

题 12-6 图

12-7 题 12-7（a）、（b）图所示的基本微分电路中，已知 $C = 0.01\mu\text{F}$、$R = 100\text{k}\Omega$，如果题中所有的输入信号波形如题 12-7（c）图所示，试画出输出电压波形。

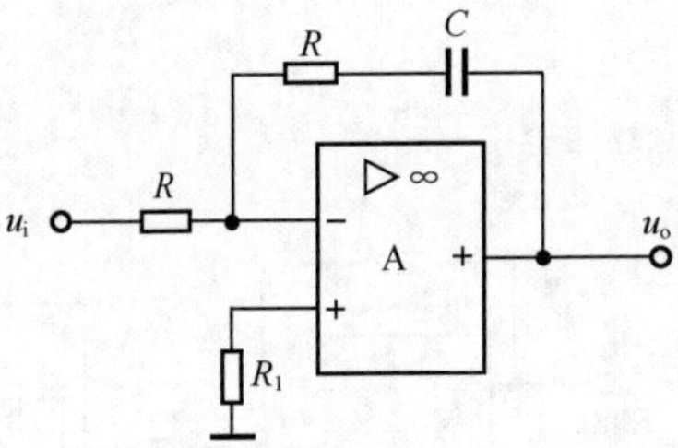

（a）

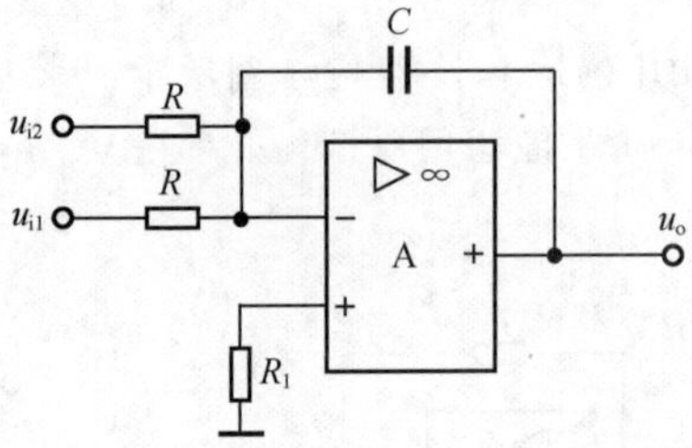

（b）

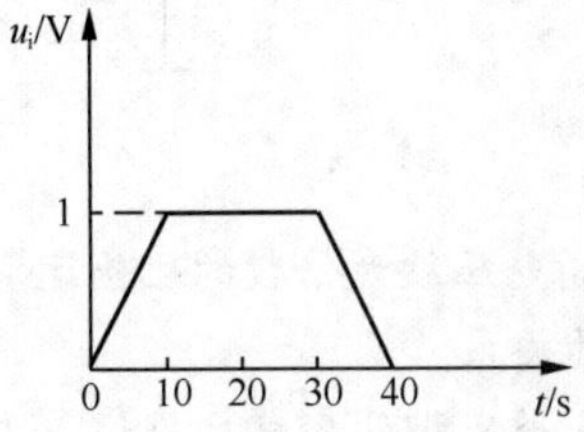

（c）

题 12-7 图

12-8 电路如题 12-8 图所示，求 u_o 的表达式。

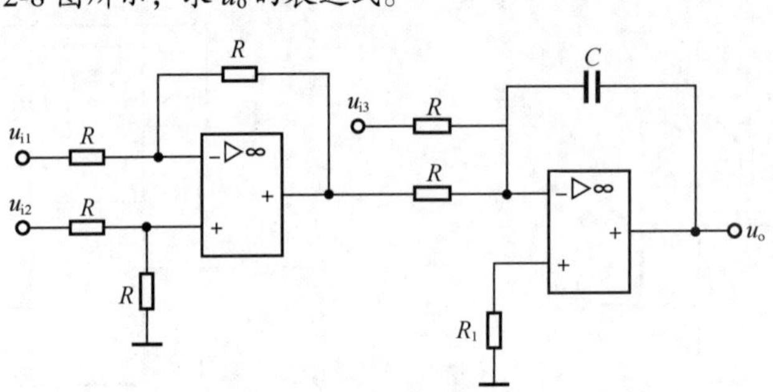

题 12-8 图

12-9 电路如题 12-9 图所示，双向稳压二极管 D_Z 为理想的二极管，画出传输特性曲线，并说明电路的功能。

12-10　一个滞回比较器电路如题 12-10 图所示，双向理想稳压二极管的工作电压 $U_Z=6V$，求上、下门限电压值，画出传输特性曲线。

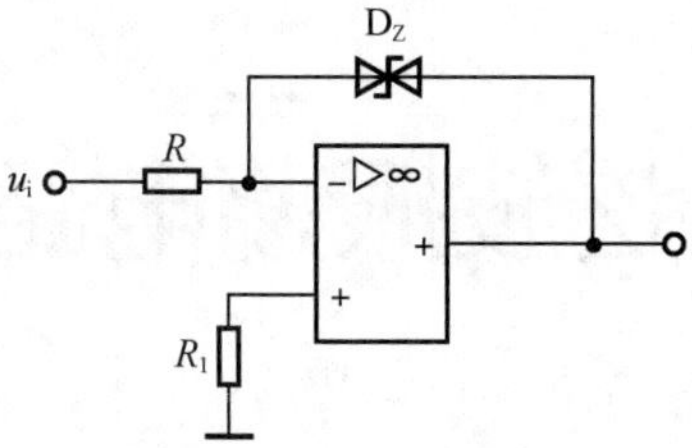

题 12-9 图

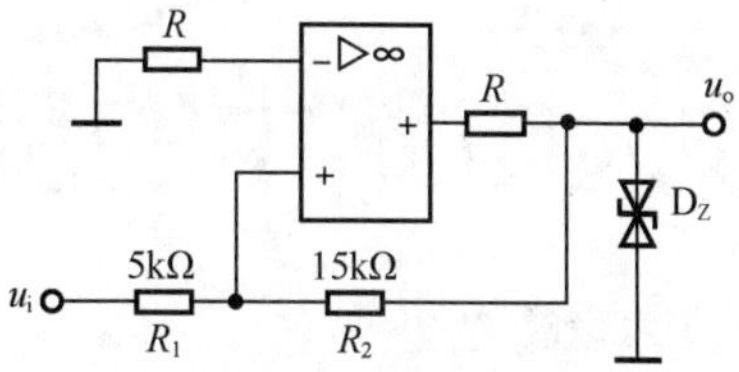

题 12-10 图

12-11　要对信号进行以下处理，应该选用什么样的滤波器？（1）频率为 1kHz～2kHz 的信号为有用信号，其他的为干扰信号；（2）低于 50Hz 的信号为有用信号；（3）高于 200kHz 的信号为有用信号；（4）抑制 50Hz 电源的干扰。

12-12　在题 12-12 图所示的低通滤波电路中，试求其传递函数及截止角频率 ω_0。

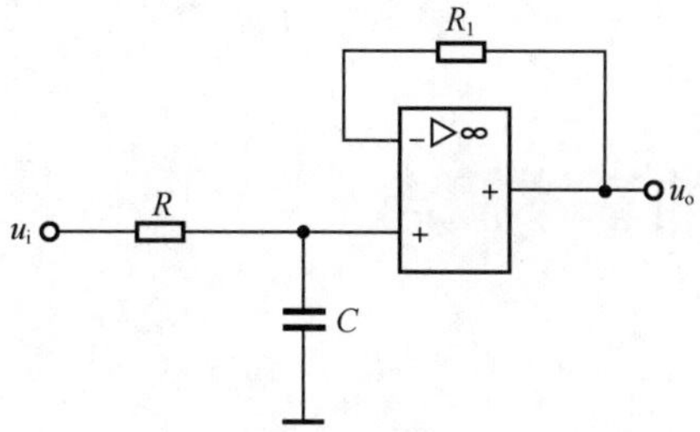

题 12-12 图

第 13 章 放大电路中的反馈和正弦波振荡电路

【本章简介】

本章介绍放大电路中的反馈和正弦波振荡电路，具体内容为反馈的基本概念、负反馈放大电路的基本关系式和四种组态、负反馈对放大电路的影响、放大电路引入负反馈的一般原则、正弦波振荡电路。

13.1 反馈的基本概念

反馈的概念

13.1.1 反馈的定义

反馈就是将电路输出端口上的电压或输出回路中的电流，通过一定的网络，回送到电路的输入端或输入回路，并同输入信号一起参与电路的输入控制作用，从而使电路的某些性能获得改善的过程。

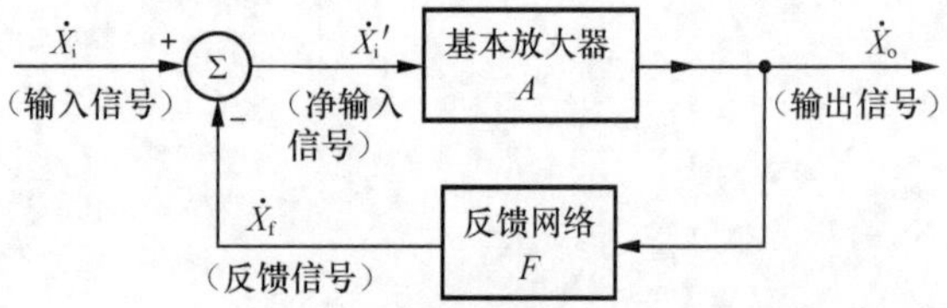

图 13-1 反馈电路组成框图

为了使问题的讨论更具普遍性，可将反馈电路抽象为如图 13-1 所示的方框图，在图中已假定电路为正弦稳态电路，故信号用相量形式表示。图 13-1 中，输入信号为 $\dot{X}_i$，反馈信号为 $\dot{X}_f$，基本放大电路的净输入信号为 $\dot{X}_i'$，三者间的关系为 $\dot{X}_i' = \dot{X}_i - \dot{X}_f$；$A$ 为基本放大电路的放大倍数，为复数；F 为反馈网络的反馈系数，也为复数。

对反馈电路进行分析和计算的关键是正确判断电路是否存在反馈以及反馈是何种类型。判断电路是否有反馈的关键是找出电路的反馈网络。反馈网络必定是联系输出和输入的一个局部电路。

13.1.2 反馈的类型

可从多个角度对反馈进行分类。

1．正反馈与负反馈

从图 13-1 所示的框图可以看出，反馈信号送回输入回路与原输入信号共同作用后，对净输入信号的影响有两种结果：一种是使净输入信号比没有引入反馈的时候减小了，而净输入量的减小必然会引起输出量减小，因此这种反馈称为负反馈；另外一种则是使净输入信号比没有引入反馈的时候增加了，输出量也因此增加，这种反馈就称为正反馈。在放大电路中一般引入负反馈。

放大电路中引入负反馈会导致输出减小，即降低了放大倍数。引入负反馈的意义是多方面的，包括提高放大倍数的稳定性、减少非线性失真、展宽频带、改变输入和输出电阻等。本书后面的内容将有详细讨论。

2．串联反馈与并联反馈

实际电路的输入信号由实际信号源提供，当实际信号源的模型电路用电压源与电阻串联表示时，可认为输入信号为电压；当实际信号源的模型电路用电流源与电阻并联表示时，可认为输入信号为电流。由于电压源与电阻的串联结构可以和电流源与电阻的并联结构进行等效互换，所以电路的输入信号既可以看作电压，也可以看作电流。

判断反馈所起作用时，如果反馈信号不是通过输入端口的输入节点接入，而是接入输入回路中，由 KVL 知，相当于输入回路中新接入了电压源而改变了原来的输入电压，此时为串联反馈；如果反馈信号通过输入端口的输入节点接入，由 KCL 知，相当于输入端口新接入了电流源而改变了原来的输入电流，此时为并联反馈。这里，“输入端口的输入节点”是指输入端口的非零电位端所对应的节点。

串联反馈和并联反馈可分别用图 13-2（a）、图 13-2（b）表示。图 13-3（a）、图 13-4（a）所示的是串联反馈的具体的局部电路，图 13-3（b）、图 13-4（b）所示的是并联反馈的具体的局部电路。

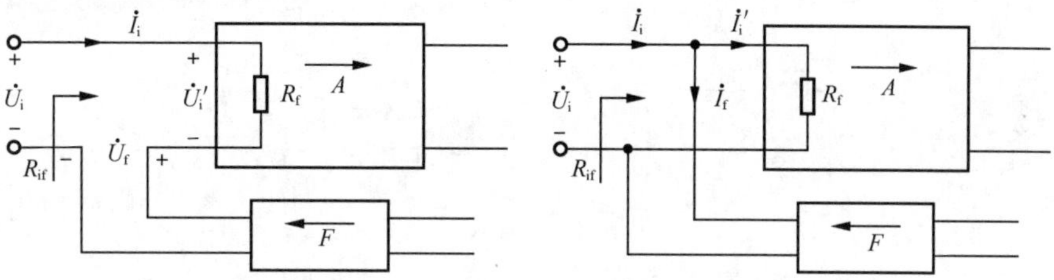

（a）串联反馈　　（b）并联反馈

图 13-2　串联反馈和并联反馈框图

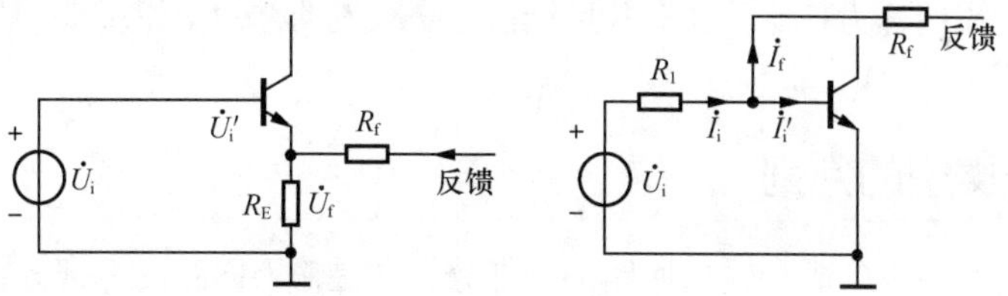

（a）串联反馈　　（b）并联反馈

图 13-3　一般电路中的串联反馈和并联反馈

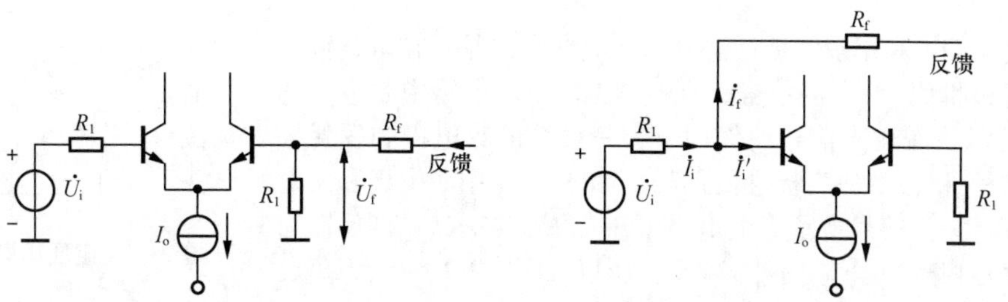

（a）串联反馈　　（b）并联反馈

图 13-4　差动放大电路中的串联反馈和并联反馈

3．电压反馈与电流反馈

反馈信号如果是从电路输出端口的输出节点引出（与输出节点的节点电压关联），则称为电压反馈；反馈信号如果不是从电路输出端口的输出节点引出，而是从输出回路中引出（与输出回路的回路电流关联），则称为电流反馈。“输出端口的输出节点”是指输出端口的非零电位端所对应的节点。

电压反馈和电流反馈可分别用图 13-5（a）、（b）表示。图 13-6（a）所示的是电压反馈的具体局部电路，图 13-6（b）所示的是电流反馈的具体局部电路。

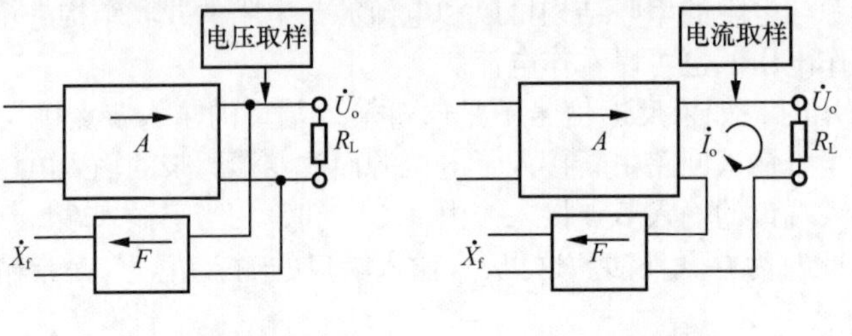

（a）电压反馈　　（b）电流反馈

图 13-5　电压反馈和电流反馈框图

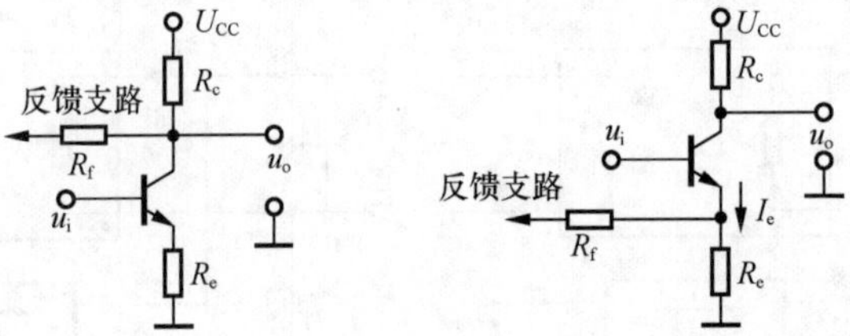

（a）引入电压反馈　　（b）引入电流反馈

图 13-6　电路中引入电压反馈和电流反馈

4．直流反馈、交流反馈和交直流反馈

凡反馈信号是直流的称为直流反馈；凡反馈信号是交流的称为交流反馈；凡反馈信号中既有交流又有直流的称为交直流反馈。

13.1.3 反馈类型的判别

图 13-7 所示电路中，R_e 既是输出回路的一部分，又是输入回路的一部分，是将输出信号回送到输入回路的通路，所以图 13-7 所示的是一个含有反馈的电路，R_e 就是该电路的反馈网络。根据前面的讨论知，该电路属于电压串联反馈。

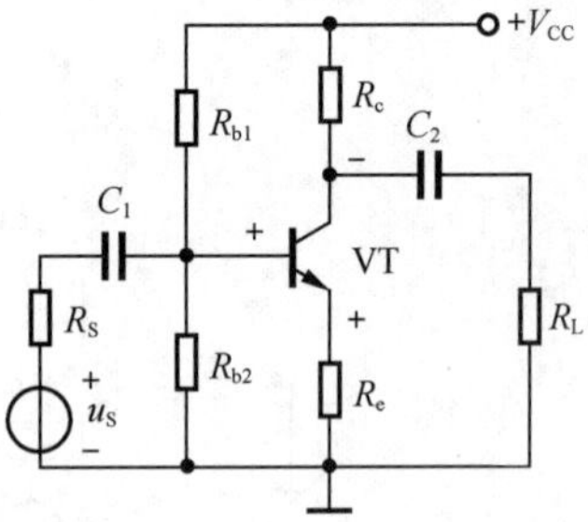

图 13-7　电压串联负反馈电路

正、负反馈可利用瞬时极性法判断。具体方法是：在电路输入端输入瞬时极性为“+”的信号，如图 13-7 所示电路中基极旁的“+”符号所示。在输入信号的作用下，三极管的集电极和发射极分别具有“−”极性、“+”极性的信号，如图 13-7 中集电极和发射极旁的“−”、“+”符号所示。由电路可知有 $U_{be}=U_b-U_e$，即反馈信号与输入信号相减，净输入信号减少，所以，图 13-7 所示为负反馈电路。

以上论述采用的是一种简化的方式。真实的情况应是三极管的基极、发射极、集电极处对地的电压均大于零，“+”表示该点对地电压增加，“−”表示该点对地电压减少。如图 13-7 中，基极旁的“+”表示本处的输入电压增加，集电极旁的“−”表示本处的电压减少，发射极旁的“+”表示本处的电压增加。由于发射极电压增加使三极管净输入信号 U_{be} 的增加被削弱，从而使输出信号的增加受到削弱。

13.2 负反馈放大电路的基本关系式和四种组态

13.2.1 负反馈放大电路的基本关系式

由图 13-1 可知，净输入信号 $\dot{X}_i'$ 是输入信号 $\dot{X}_i$ 与反馈信号 $\dot{X}_f$ 之差，即

$$\dot{X}_i' = \dot{X}_i - \dot{X}_f \tag{13-1}$$

基本放大电路的开环放大倍数 A 为输出信号 $\dot{X}_o$ 与净输入信号 $\dot{X}_i'$ 之比，即

$$A = \frac{\dot{X}_o}{\dot{X}_i'} \tag{13-2}$$

反馈系数 F 是反馈网络的输出 $\dot{X}_f$ 与反馈网络的输入 $\dot{X}_o$ 之比，即

$$F = \frac{\dot{X}_f}{\dot{X}_o} \tag{13-3}$$

环路放大倍数是反馈网络的输出 $\dot{X}_f$ 与基本放大电路净输入信号 $\dot{X}_i'$ 之比，即

$$AF = \frac{\dot{X}_f}{\dot{X}_i'} \tag{13-4}$$

反馈放大电路的放大倍数也称为闭环放大倍数，是放大电路的输出 $\dot{X}_o$ 与外加输入信号 $\dot{X}_i$ 之比，即

$$A_f = \frac{\dot{X}_o}{\dot{X}_i} = \frac{\dot{X}_o}{\dot{X}_i' + \dot{X}_f} = \frac{\dfrac{\dot{X}_o}{\dot{X}_i'}}{1 + \dfrac{\dot{X}_o}{\dot{X}_i'}} = \frac{A}{1 + AF} \tag{13-5}$$

式（13-5）就是放大电路引入反馈后的一般表达式。分母 $1 + AF$ 是衡量反馈程度的一个重要指标，称为反馈深度。由式（13-5）可以得出如下结论。

（1）若 $|1+AF| > 1$，则 $|A_f| < |A|$，说明引入反馈后使放大倍数比原来小，这种反馈就是负反馈；在负反馈的情况下，如果 $|1 + AF| >> 1$，则称电路进入深度负反馈。此时 $|AF| >> 1$，式（13-5）可简化为

$$A_f = \frac{A}{1 + AF} \approx \frac{1}{F} \tag{13-6}$$

式（13-6）表明，在深度负反馈条件下，闭环放大倍数 $\dfrac{A}{1+AF}$ 基本上等于反馈系数 F 的倒数。也就是说，深度负反馈放大电路的放大倍数 A_f 几乎与基本放大电路的放大倍数 A 无关，而主要取决于反馈网络的反馈系数 F。因此，即使由于温度等因素变化而导致放大电路的放大倍数 A 发生变化，只要 F 的值一定，就能保持闭环放大倍数 A_f 稳定，这是深度负反馈放大电路的一个突出优点。在实际的负反馈放大电路中，反馈网络常常由电阻等元件组成，反馈系数 F 通常决定于某些电阻值，基本不受温度等因素的影响，而且大多数负反馈放大电路一般都能满足深度负反馈的条件，这在工程上给人们带来了很大便利。

（2）若 $|1+AF| < 1$，则 $|A_f| > |A|$，即引入反馈后使放大倍数比原来大，这种反馈即为正反馈。虽然正反馈能提高放大倍数，但会导致放大电路的其他性能指标下降，如使放大电路变得不够稳定等，因此在放大电路中很少被用到。

（3）如果 $1+AF=0$，即 $AF=-1$，则 $A_f \to \infty$，说明当 $\dot{X}_i = 0$ 时，$\dot{X}_o \neq 0$。此时放大电路虽然没有输入信号，但仍然产生了输出信号。放大电路的这种状态称为自激振荡，这时，输出信号将不受输入信号的控制，也就是说，放大电路失去了放大作用，不能正常工作。但是，有时为了产生正弦波或其他波形信号，也会有意识地在放大电路中引入正反馈，并使之满足自激振荡的条件。

13.2.2 负反馈放大电路的四种组态

1. 电压串联负反馈

电压串联负反馈的特点：反馈网络将输出电压信号的部分或全部回送到输入回路，在输入回路与输入信号反极性串联连接。图 13-8（a）所示即为电压串联反馈框图，图 13-8（b）为一个具体的电压串联负反馈电路。

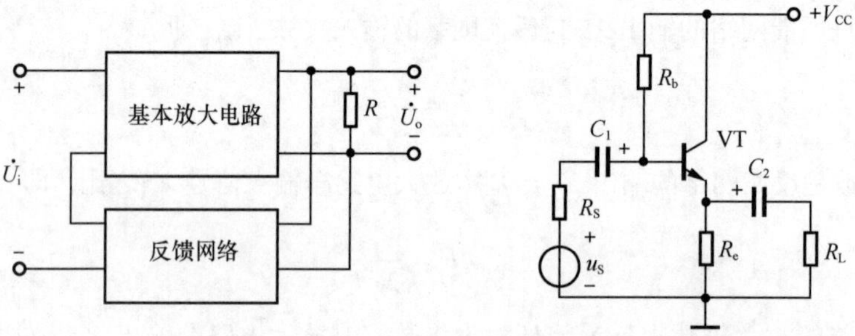

（a）框图　　（b）负反馈电路实例

图 13-8　电压串联反馈框图和负反馈电路实例

图 13-8（b）是共集电极电路，电阻 R_e 构成反馈网络。该网络的一端接在输出端口的输出节点上，构成电压反馈；另一端没有接在输入端口的输入节点上，而是接入输入回路中，构成串联反馈；根据瞬时极性法可知是负反馈。所以该电路是电压串联负反馈放大电路。

因为图 13-8（b）所示电路可将交、直流信号反馈到输入端，所以电路为交直流电压串联负反馈放大电路。串联反馈可提高电路的输入阻抗，电压反馈可减小电路的输出电阻、稳定放大电路的输出电压。电压串联负反馈电路稳定输出电压的过程如图 13-9 所示。

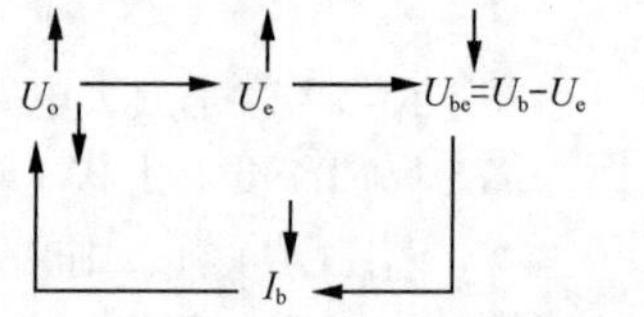

图 13-9　稳定输出电压的过程图

2. 电压并联负反馈

电压并联负反馈的特点：反馈网络将输出电压信号的部分或全部通过输入端口的输入节点回送到输入端，在输入端与输入信号反极性并联连接。

电压并联反馈的组成框图如图 13-10（a）所示，图 13-10（b）为一个具体的电压并联负反馈电路。

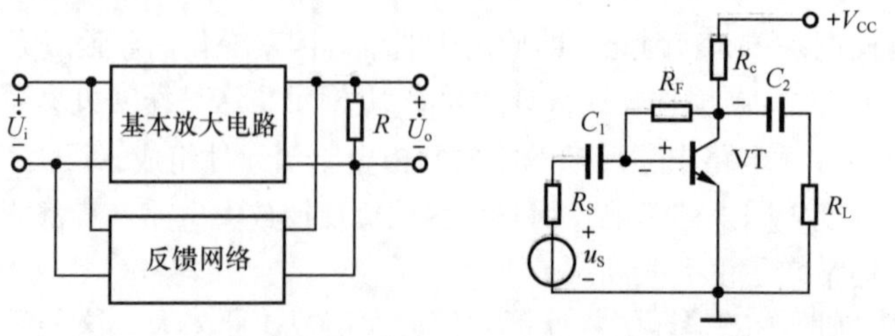

（a）组成框图　　（b）负反馈电路实例

图 13-10　电压并联反馈的组成框图和负反馈电路实例

由图 13-10（b）可见，该电路的反馈网络由电阻 R_F 构成。R_F 的一端与电路的输出端口的输出节点相连，构成电压反馈；另一端与输入端口的输入节点相连，构成并联反馈；根据瞬时极性法判断可知为负反馈。故该电路为电压并联负反馈放大电路。

因为图 13-10（b）所示电路可将输出的交、直流信号反馈到输入端，所以该电路为交直流电压并联负反馈放大电路。并联负反馈可减少电路的输入阻抗，电压负反馈可减少电路的输出电阻、稳定放大电路的输出电压。电压并联负反馈放大电路稳定输出电压的过程如图 13-11 所示。

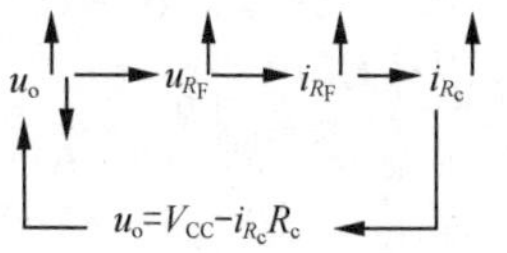

图 13-11　稳定输出电压的过程

3．电流串联负反馈

电流串联负反馈的特点：反馈网络将输出电流信号的部分或全部回送到输入回路，在输入回路与输入信号反极性串联连接。

电流串联反馈的组成框图如图 13-12（a）所示，图 13-12（b）为一个具体的电流串联负反馈电路。

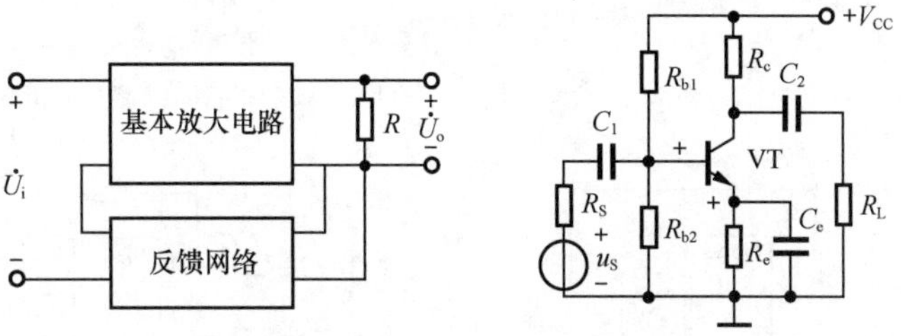

（a）组成框图　（b）负反馈电路实例

图 13-12　电流串联反馈的组成框图和负反馈电路实例

由图 13-12（b）可见，该电路的反馈网络由电阻 R_e 构成。R_e 的两端既没有与输出端口的输出节点相连，也没有与输入端口的输入节点相连，构成电流串联反馈，根据瞬时极性法判断可知为负反馈。故该电路为电流串联负反馈放大电路。

因为该电路仅能将输出的直流信号（交流信号通过旁路电容 C_e 到地）反馈到输入端，所以该电路为直流电流串联负反馈放大电路。电流负反馈可提高放大电路的输出电阻，稳定放大电路的输出电流，稳定输出电流的过程如图 13-13 所示。

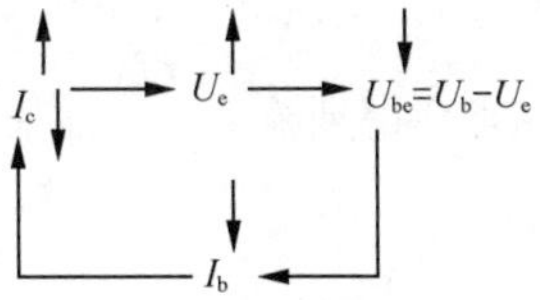

图 13-13　稳定输出电流的过程

4．电流并联负反馈放大电路

电流并联负反馈放大电路的特点：反馈网络将输出电流信号的部分或全部通过输入端口的输入节点回送到输入端，在输入端与输入信号反极性并联连接。

电流并联反馈的组成框图如图 13-14（a）所示，图 13-14（b）为一个具体的电流并联负反馈电路。

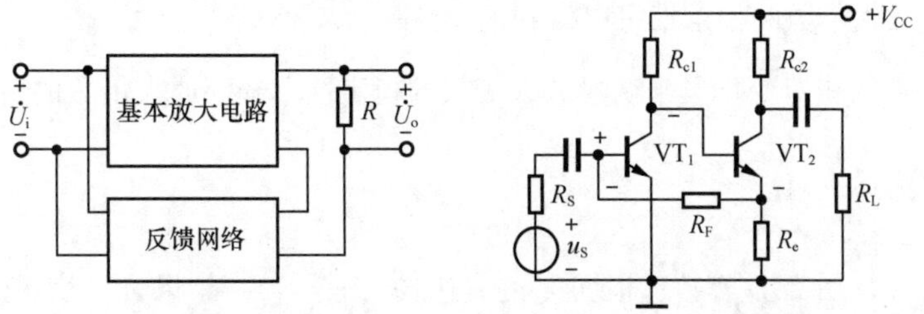

（a）组成框图　（b）负反馈电路实例

图 13-14　电流并联反馈的组成框图和负反馈电路实例

由图 13-14（a）可见，该电路的反馈网络由电阻 R_F 构成。该电阻的一端没有接在输出端口的输出节点上，故为电流反馈；另一端接在输入端口的输入节点上，构成并联反馈；根据瞬时极性法判断可知为负反馈。故该电路为电流并联负反馈放大电路。

因为该电路可将输出的交、直流信号反馈到输入端，所以该电路称为交直流电流并联负反馈放大电路。电流负反馈可提高放大电路的输出电阻，稳定放大电路的输出电流，稳定输出电流的过程如图 13-15 所示。

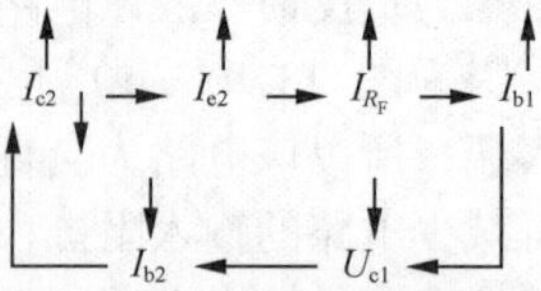

图 13-15　稳定输出电流的过程图

前面以三极管电路为例介绍了四种负反馈组态的具体反馈过程，运算放大器同样存在四种反馈组态，如图 13-16 所示，具体的反馈过程分析读者可自行练习。

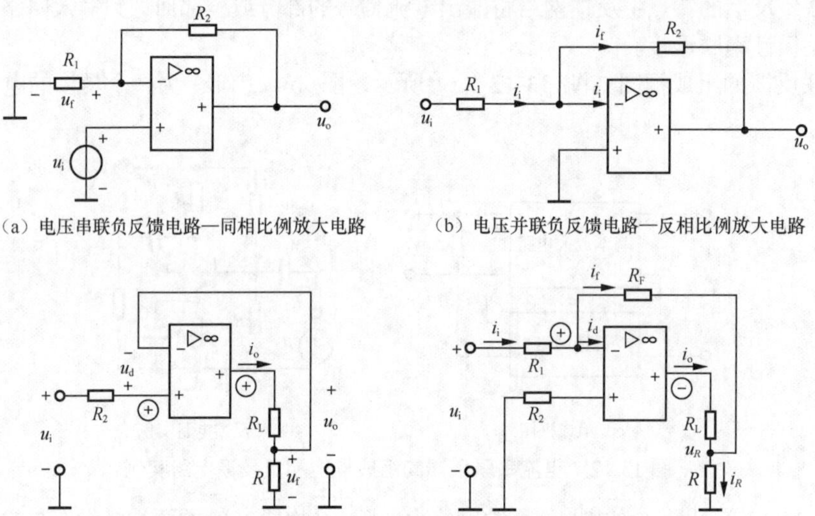

（a）电压串联负反馈电路—同相比例放大电路　（b）电压并联负反馈电路—反相比例放大电路

（c）电流串联负反馈电路　（d）电流并联负反馈电路

图 13-16　四种负反馈组态电路

13.3 负反馈对放大电路的影响

引入交流负反馈后的放大电路，放大倍数有所降低，但其他方面的性能会得到改善。下面对负反馈影响放大电路性能的问题进行讨论。

13.3.1 稳定放大倍数

放大电路的放大倍数取决于电路中元件的参数，当元件老化或更换、电源电压波动、负载及环境温度变化等各种因素出现时，都会引起放大倍数的变化，从而导致放大电路出现不稳定的情况。但引入负反馈后，放大倍数的稳定性可以得到很大提高。

通常用放大倍数的相对变化量来衡量放大倍数的稳定性。开环放大倍数的稳定度为 $\frac{\Delta A}{A}$，闭环放大倍数的稳定度为 $\frac{\Delta A_f}{A_f}$。

在中频段，A、A_f、F 都是实数，根据 A_f 的表达式 $A_f=\frac{A}{1+AF}$，以 A 为变量微分可得

$$\frac{dA_f}{dA}=\frac{(1+AF)-AF}{(1+AF)^2}=\frac{1}{(1+AF)^2}=\frac{A}{A(1+AF)^2}=\frac{A_f}{(1+AF)A}$$

所以

$$\frac{dA_f}{A_f}=\frac{1}{(1+AF)}\frac{dA}{A} \tag{13-7}$$

式（13-7）表明，负反馈放大电路闭环放大倍数的相对变化量 $\frac{dA_f}{A_f}$ 等于开环放大倍数相对变化量 $\frac{dA}{A}$ 的 $\frac{1}{1+AF}$。也就是说，虽然负反馈的引入使放大倍数下降为原来的 $1/(1+AF)$，但放大倍数的稳定性却提高了（$1+AF$）倍。

例如，设某一负反馈放大电路的$(1+AF)=101$，基本放大电路放大倍数的稳定性为 $\frac{dA}{A}=\pm10\%$，则 $\frac{dA_f}{A_f}=\frac{1}{101}\times(\pm10\%)\approx\pm0.1\%$，可见引入负反馈后，放大倍数的稳定性提高了 100 倍。反馈深度越深，闭环放大倍数的稳定性越好。

不过要注意，负反馈只能使输出量趋于不变，而不能使输出量保持不变，它利用放大倍数的下降来换取放大倍数稳定性的提高。

例 13-1　设计一个负反馈放大电路，要求闭环放大倍数 $A_f=100$，当开环放大倍数 A 变化 $\pm10\%$时，A_f的相对变化量在$\pm0.5\%$以内，试确定开环放大倍数 A 及反馈系数 F 值。

解：因为

$$\frac{\Delta A_f}{A_f}=\frac{1}{1+AF}\frac{\Delta A}{A}$$

所以，反馈深度（$1+AF$）必须满足

$$1+AF\geqslant\frac{\Delta A/A}{\Delta A_f/A_f}=\frac{10\%}{0.5\%}=20$$

可得

$$AF\geqslant 20-1=19$$

又因为

$$A_f=\frac{A}{1+AF}$$

所以

$$A=A_f(1+AF)\geqslant 100\times20=2000$$

$$F\geqslant\frac{19}{A}=\frac{19}{2000}=0.95\%$$

13.3.2 减小非线性失真

由于放大电路的非线性特性，当输入信号为正弦波时，输出信号的波形将产生或多或少的非线性失真。当输入信号幅度较大时，非线性失真现象更为明显。

如图 13-17 所示，如果正弦波输入信号 $\dot{X}_i$ 经过放大后产生的失真波形为正半周大，负半周小，则引入负反馈可以减小非线性失真。经过反馈后，反馈信号 $\dot{X}_f$ 也是正半周大，负半小。但它和输入信号 $\dot{X}_i$ 相减后得到的净输入信号 $\dot{X}_i'=\dot{X}_o-\dot{X}_f$ 的波形却变成正半周小，负半周大，这样就把输出信号的正半周压缩，负半周扩大，结果使正负半周的幅度趋于一致，从而改善了输出波形。不过负反馈减小的是反馈环内的非线性失真，如果输入信号为失真的信号，负反馈就不能起到改善作用。

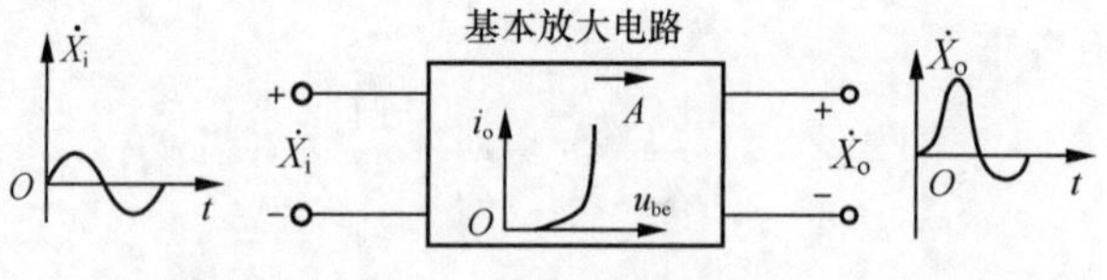

（a）无反馈

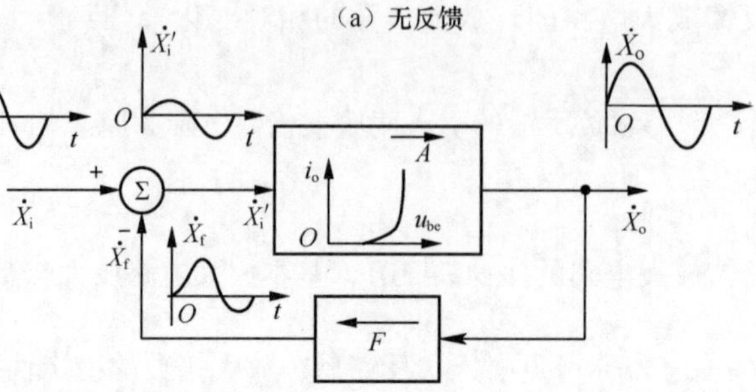

（b）引入负反馈后

图 13-17　负反馈对非线性失真的改善

13.3.3 展宽通频带

对放大电路来说，频率特性是一个重要的指标，在某些场合，要求有较高的频带。但由于放大电路中电抗性元件的存在，以及三极管本身结电容的影响，使得放大倍数随频率的变化而变化。即中频段放大倍数较大、高频段和低频段放大倍数随频率的升高和降低而减小，这样，放大电路的通频带就比较窄。

引入负反馈后，就可以利用负反馈的自动调整作用将通频带展宽。在中频段，由于放大倍数大，输出信号大，反馈信号也大，则使净输入信号减小得多，即在中频段放大倍数有较明显的降低。而在高频段和低频段，由于放大倍数较小，输出信号也小，在反馈系数不变的情况下，其反馈信号小，使净输入信号减小的程度比中频段要小，即使得高频段和低频段放大倍数降低得少。这样，就使幅频特性变得平坦，上限频率升高、下限频率下降，通频带得以展宽，如图 13-18 所示。

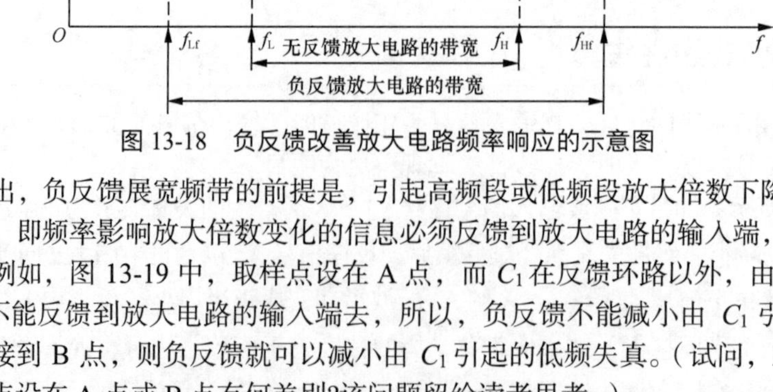

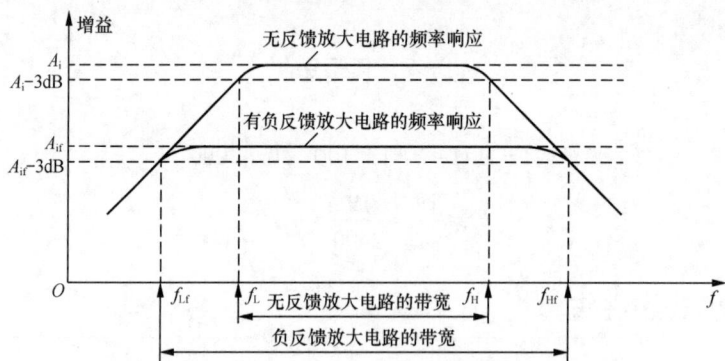

图 13-18　负反馈改善放大电路频率响应的示意图

需要强调指出，负反馈展宽频带的前提是，引起高频段或低频段放大倍数下降的因素必须包含在反馈环路以内，即频率影响放大倍数变化的信息必须反馈到放大电路的输入端，否则负反馈不能改善频率特性。例如，图 13-19 中，取样点设在 A 点，而 C_1 在反馈环路以外，由 C_1 引起的低频段 U_o 的下降信息不能反馈到放大电路的输入端去，所以，负反馈不能减小由 C_1 引起的低频失真。但如果将取样点接到 B 点，则负反馈就可以减小由 C_1 引起的低频失真。（试问，对于由 C_o 引起的高频失真，取样点设在 A 点或 B 点有何差别?该问题留给读者思考。）

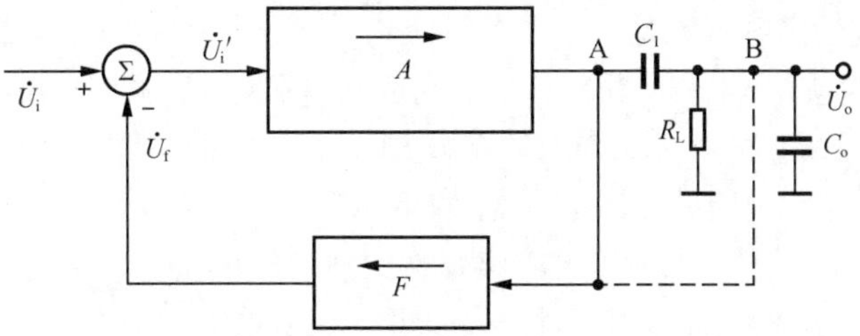

图 13-19　引起频率失真的因素必须包含在反馈环之内

13.3.4 对输入电阻和输出电阻的影响

放大电路中引入不同组态的负反馈后，对输入电阻和输出电阻将产生不同的影响，利用这些特点，可以采用各种形式的负反馈来改变输入、输出电阻的数值，以满足实际工作中的特定要求。

1．对输入电阻的影响

（1）串联负反馈使输入电阻增大

由图 13-2（a）可知，无反馈时的输入电阻为

$$R_i = \frac{U_i'}{I_i}$$

引入串联负反馈后，输入电阻为

$$R_{if} = \frac{U_i}{I_i} = \frac{U_i' + U_f}{I_i} = \frac{U_i' + AFU_i'}{I_i} = (1 + AF)R_i$$

由此得出结论，只要引入串联负反馈，放大电路的输入电阻将增大，成为无反馈时的（1+AF）倍。在理想情况下，即$1+AF \to \infty$时，串联负反馈放大电路的输入电阻$R_{if} \to \infty$。

（2）并联负反馈使输入电阻减小

由图 13-2（b）可知，无反馈时的输入电阻为

$$R_i = \frac{U_i}{I_i'}$$

有反馈时的输入电阻为

$$R_{if} = \frac{U_i}{I_i} = \frac{U_i}{I_i' + I_f} = \frac{U_i}{I_i' + AFI_i'} = \frac{R_i}{(1 + AF)}$$

由以上分析可知，只要引入并联负反馈，放大电路的输入电阻将减小，变为无反馈时的$1/(1+AF)$。在理想情况下，即$1+AF \to \infty$时，并联负反馈放大电路的输入电阻$R_{if} \to 0$。

2．对输出电阻的影响

负反馈对放大电路输出电阻的影响仅与反馈信号在输出端口（回路）中的取样方式有关，即与电压或电流反馈类型有关，而与输入端的连接方式无关。

（1）电压负反馈使输出电阻减小

我们已经知道，电压负反馈具有稳定输出电压的作用，即电压负反馈放大电路具有恒压源的性质。因此引入电压负反馈后的输出电阻R_{of}比无反馈时的输出电阻R_o小，可以证明，电压负反馈放大电路的输出电阻是基本放大电路输出电阻的 1/（1+AF），即

$$R_{of} = \frac{R_o}{1 + AF}$$

输出电阻减小，意味着负载变化时，输出电压变化小，保持稳定。

反馈越深，R_{of}越小。在理想情况下，即$(1+AF) \to \infty$时，电压负反馈放大电路的输出电阻$R_{of} \to 0$。

（2）电流负反馈使输出电阻增大

电流负反馈具有稳定输出电流的作用，即电流负反馈放大电路具有恒流源的性质。因此，引入电流负反馈后的输出电阻 R_{of} 要比无反馈时的输出电阻 R_o 大。可以证明，电流负反馈放大电路的输出电阻是基本放大电路输出电阻的（1+AF）倍，即

$$R_{of}=(1+AF)R_o$$

输出电阻增大，意味着负载变化时，输出电流变化小，保持稳定。

反馈越深，R_{of} 越大。在理想情况下，即$(1+AF)\to\infty$时，电流负反馈放大电路的输出电阻 $R_o\to\infty$。

要注意的是，负反馈对输出电阻的影响是指对反馈环内的输出电阻的影响，对反馈环外的电阻没有影响。

13.4 放大电路引入负反馈的一般原则

负反馈对放大电路性能的影响是多方面的，定性分析比定量分析更重要。定性分析主要是判断反馈的组态，熟悉各反馈组态对放大电路性能改善的影响，为设计负反馈放大电路提供参考。下面是设计电路时，根据需要而引入负反馈的一般原则。

（1）引入直流负反馈是为了稳定静态工作点；引入交流负反馈是为了改善放大电路的动态性能。

（2）引入串联反馈还是并联反馈主要取决于信号源的性质。当信号源为恒压源或内阻很小的电压源时，增大输入电阻，放大电路可从信号源获得更大的电压信号输入，在这种情况下应选用串联负反馈；当信号源为恒流源或内阻很大的电流源时，减少输入电阻，放大电路可从电流源获得更大的电流输入，在这种情况下应选用并联负反馈。

（3）根据放大电路所带负载对信号源的要求来确定选用电压反馈还是电流反馈。当负载需要稳定的电压输入时，因电压反馈可稳定放大电路的输出电压，所以应选用电压反馈；当负载需要稳定的电流输入时，因电流反馈可稳定放大电路的输出电流，所以应选用电流反馈。

（4）根据信号变换的需要，选择合适的组态，在实施负反馈的同时，实现信号的转换。

例 13-2 图 13-20 所示为两级放大电路，第 1 级为差动放大电路。通过连接反馈支路 R_6 并将其他两个端子短接可实现如下反馈：（1）电压串联负反馈；（2）电压并联负反馈；（3）电流并联负反馈。试说明各自的连接方案和电路的功能。

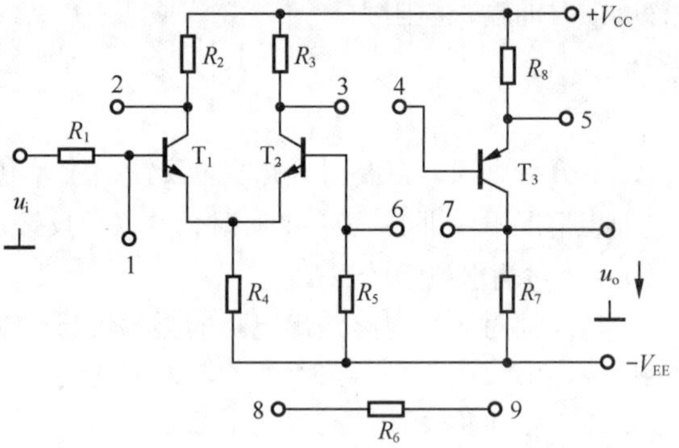

图 13-20 例 13-2 电路

解：（1）电压串联反馈接线的特点：反馈网络的一个端子与输出端子接在一起，另一个端子不与输入端子接在一起，因此，应将 R_6 的两个端子 8 和 9 分别与端子 6 和 7 相连；根据负反馈的要求，须将端子 2 和 4 相连。反馈效果：提高了放大电路输入端从信号源得到的电压，增强了电路带负载的能力。电路具有电压控制电压源的功能。

（2）电压并联反馈接线的特点：反馈网络的两个端子分别与输出端子和输入端子接在一起，因此，应将 R_6的两个端子 8 和 9 分别与端子 1 和 7 相连；根据负反馈的要求，须将端子 3 和 4 相连。反馈效果：能将输入电流 i_i 转换成稳定的输出电压 u_o。电路具有电流控制电压源的功能。

（3）电流并联反馈接线的特点：反馈网络的一个端子与输入端子相连，另一个端子不与输出端子相连，因此，应将 R_6的两个端子 8 和 9 分别与端子 1 和 5 相连；根据负反馈的要求，需将端子 2 和 4 相连。反馈效果：能将输入电流 i_i 转换成稳定的输出电流 i_o。电路具有电流控制电流源的功能。

13.5 正弦波振荡电路

正弦波振荡电路

13.5.1 正弦波振荡电路的振荡条件

反馈电路当$|1+AF|=0$时，没有外加信号，电路有输出，这就是自激现象。对于放大电路，我们需要采取措施来防止自激的产生，而振荡电路则利用自激现象来产生振荡信号，振荡电路是正反馈电路。

正弦波振荡电路通常由放大器和正反馈网络构成。如图 13-1 所示电路中，输入信号$\dot{X}_i=0$，电路要满足正反馈才能产生自激振荡，这是正弦信号产生的相位条件。另外，为了使电路在没有外加信号时足以引起自激振荡，要求反馈回来的信号大于原进入放大电路的信号，即要求$|\dot{X}_f|>|\dot{X}_i'|$或$|AF|>1$。此时对于电路中任何微小的扰动或噪声，只要满足相位条件，通过正反馈便可产生自激振荡。

产生自激振荡后还有两个问题要解决。第一是为了得到单一频率的正弦波，电路要有“选频”特性。第二是为了使输出信号稳定并且不失真，需要一个“稳幅环节”。

“选频”特性可用“选频网络”实现，既可由R、C元件组成，也可由L、C元件组成，两者分别称为RC振荡电路、LC振荡电路，前者一般用来产生 1Hz～1MHz 范围的低频信号，而后者一般用来产生 1MHz 以上的高频信号。选频网络可设置在基本放大电路中，也可设置在反馈网络中。同样，稳幅环节也可设置在基本放大电路中或反馈网络中。

引起自激振荡必须满足正反馈和$|AF|>1$，所以它们被称为起振条件。维持振荡需要的条件为$AF=1$，即

$$|AF|=1$$

$$\varphi_A+\varphi_F=\pm 2n\pi\ (n=0,1,2,\cdots)$$

$|AF|=1$ 称为幅度平衡条件，$\varphi_A+\varphi_F=\pm 2n\pi\ (n=0,1,2,\cdots)$称为相位平衡条件。正弦波振荡电路分析的要点就是讨论振荡产生的条件是否得到满足。

振荡电路的振荡频率 f_0 由相位平衡条件决定，利用选频网络满足相位平衡条件的电路参数和频率关系可以求出电路的振荡频率。

13.5.2 *RC* 串并联电路的选频特性

RC 串并联选频网络电路图 13-21 所示，网络的输入为前级放大电路的输出$\dot{U}_o$，输出为反馈电压$\dot{U}_f$。

通常取$R_1=R_2=R$、$C_1=C_2=C$，则反馈系数为

$$F=\frac{\dot{U}_f}{\dot{U}_o}=\frac{R//\frac{1}{j\omega C}}{R+\frac{1}{j\omega C}+R//\frac{1}{j\omega C}}=\frac{1}{3+j\left(\omega RC-\frac{1}{\omega RC}\right)}$$

令$\omega_0=\frac{1}{RC}$，即$f_0=\frac{\omega_0}{2\pi}=\frac{1}{2\pi RC}$，则有

$$F=\frac{1}{3+j\left(\frac{f}{f_0}-\frac{f_0}{f}\right)}$$

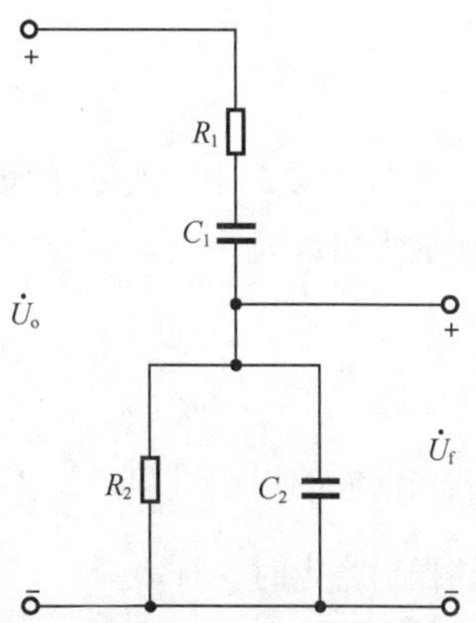

图 13-21　*RC* 串并联选频网络电路图

幅频特性为

$$|F|=\frac{1}{\sqrt{3^2+\left(\frac{f}{f_0}-\frac{f_0}{f}\right)^2}}$$

相频特性为

$$\varphi_F=-\arctan\frac{\frac{f}{f_0}-\frac{f_0}{f}}{3}$$

当 $f=f_0$ 时，$|F|_{max}=\frac{1}{3}$，$\varphi_F=0$。此时 RC 串并联选频网络输出电压幅值最大，为输入电压的 $\frac{1}{3}$，并且输出电压与输入电压同相。

13.5.3 RC 桥式振荡电路

据正弦波振荡电路的起振条件可知，选择一个电压放大倍数的数值略大于 3 且输出电压与输入电压同相的放大电路与 RC 串并联选频网络相匹配，就可以组成正弦波振荡电路。在实际电路中，一般选用同相比例运算电路作为放大电路。RC 桥式振荡电路的原理图如图 13-22 所示。这个电路由两部分组成，即同相放大电路 A 和选频网络 F。A 是由实际运算放大器所组成的电压串联负反馈放大电路，具有高输入阻抗和低输出电阻的特点。F 即 RC 串并联选频网络，它同时也是正反馈网络。选频网络中的 RC 串联支路、RC 并联支路、负反馈网络中的电阻 R_1 和 R_2 组成电桥的四臂，其中的两个顶点接实际运算放大器的两个输入端，另两个顶点作为输出端口。桥式正弦波振荡电路也称为文氏电桥振荡电路。

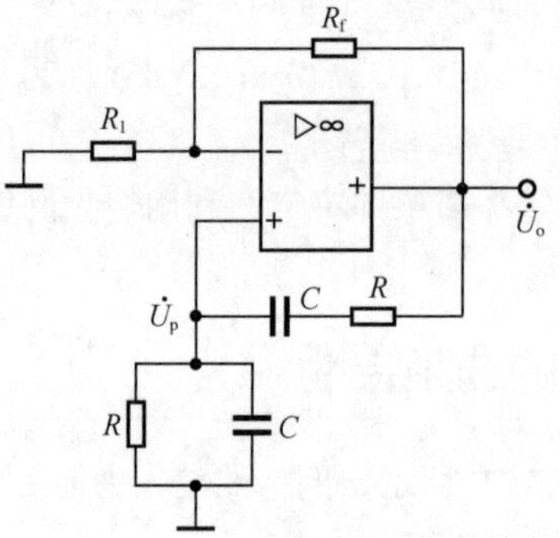

图 13-22 RC 桥式振荡电路

在图 13-22 中，实际运算放大器同相输入端的电位 $\dot{U}_P$ 等于反馈电压 $\dot{U}_F$，同相比例放大电路的电压放大倍数为

$$A=\frac{\dot{U}_o}{\dot{U}_P}=1+\frac{R_f}{R_1}$$

由前面的讨论可知，当 $f=f_0$ 时，$|F|=\frac{1}{3}$。根据正弦波振荡的幅值平衡条件 $|AF|=1$，可知当电路振荡稳定时，有

$$R_f=2R_1$$

根据正弦波振荡的起振条件 $|AF|>1$，实际情况中应选择 R_F 略大于 $2R_1$。

由于 A 和 F 均具有很好的线性度，为了改善输出电压幅度的稳定问题，可以在放大电路的负反馈回路中采用非线性元件来自动调整反馈的强弱，以维持输出电压恒定。例如，可采用负温度系数的热敏电阻 R_t 来代替 R_f，当起振时，由于输出电压幅值很小，流过热敏电阻 R_t 的电流也就很小，其阻值就很大，因而放大电路的电压放大倍数较大，有利于起振；当振幅增大时，流过热敏电阻 R_t 的电流随之增大，电阻的温度升高，阻值下降，因而放大电路的电压放大倍数减小。从而实现了增益的自动调节，使得电路输出幅值稳定。

此外，还可在 R_f 回路串联两个并联的二极管，如图 13-23 所示，利用电流增大时二极管动态电阻减小、电流减小时二极管动态电阻增大的特点，加入非线性环节，从而使输出电压稳定。此时电压放大倍数为

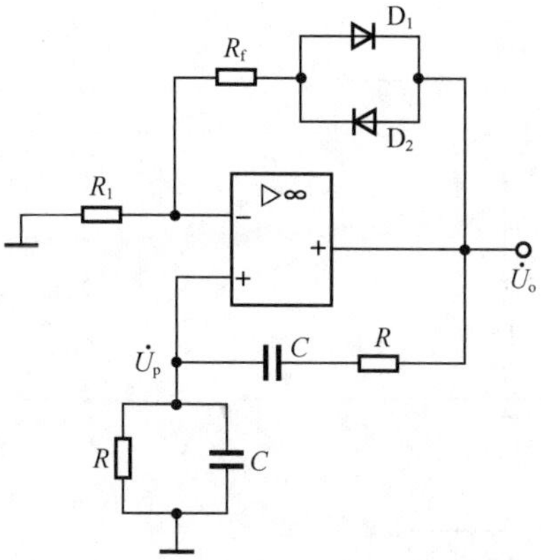

图 13-23　加入稳幅环节的 RC 桥式振荡电路

$$A=\frac{\dot{U}_o}{\dot{U}_P}=1+\frac{R_f+r_d}{R_1}$$

由于 RC 桥式正弦波振荡电路的振荡频率等于 RC 中并联选频回路的谐振频率，即

$$f_0=\frac{\omega_0}{2\pi}=\frac{1}{2\pi RC}$$

通过调整 R 和 C 的数值就可以改变振荡频率，如减小 R 和 C 的数值就可以提高振荡频率。但是要注意，若 R 的数值太小，会增大放大电路的负载电流；如果 C 太小，则放大电路的极间电容和寄生电容会影响 RC 回路的选频特性。所以，RC 桥式正弦波振荡电路的振荡频率一般不超过 1MHz。

为了使 RC 桥式正弦波振荡电路的振荡频率连续可调，通常在 RC 串并联选频网络中，用波段开关接不同的电容对振荡频率进行粗调，利用同轴电位器对振荡频率进行细调，利用这种方法可以很方便地在比较宽的范围内（几赫兹到几百千赫兹）对振荡频率进行连续调节。

以上讨论了 RC 桥式振荡电路，此外，RC 振荡电路还有双 T 网络式和移相式等类型，它们的共同特点是电路由放大和正反馈两部分组成，选频网络在正反馈通道中，稳幅环节一般设置在基本放大电路中，振荡频率相对较低。

其他类型的振荡电路还包括 LC 振荡电路、石英晶体振荡电路等，它们能够产生高频率的正弦信号。感兴趣的读者可参阅其他资料。

《习　题》

13-1　题 13-1 图所示各电路中哪些元件构成了反馈通路？并判断是正反馈还是负反馈。

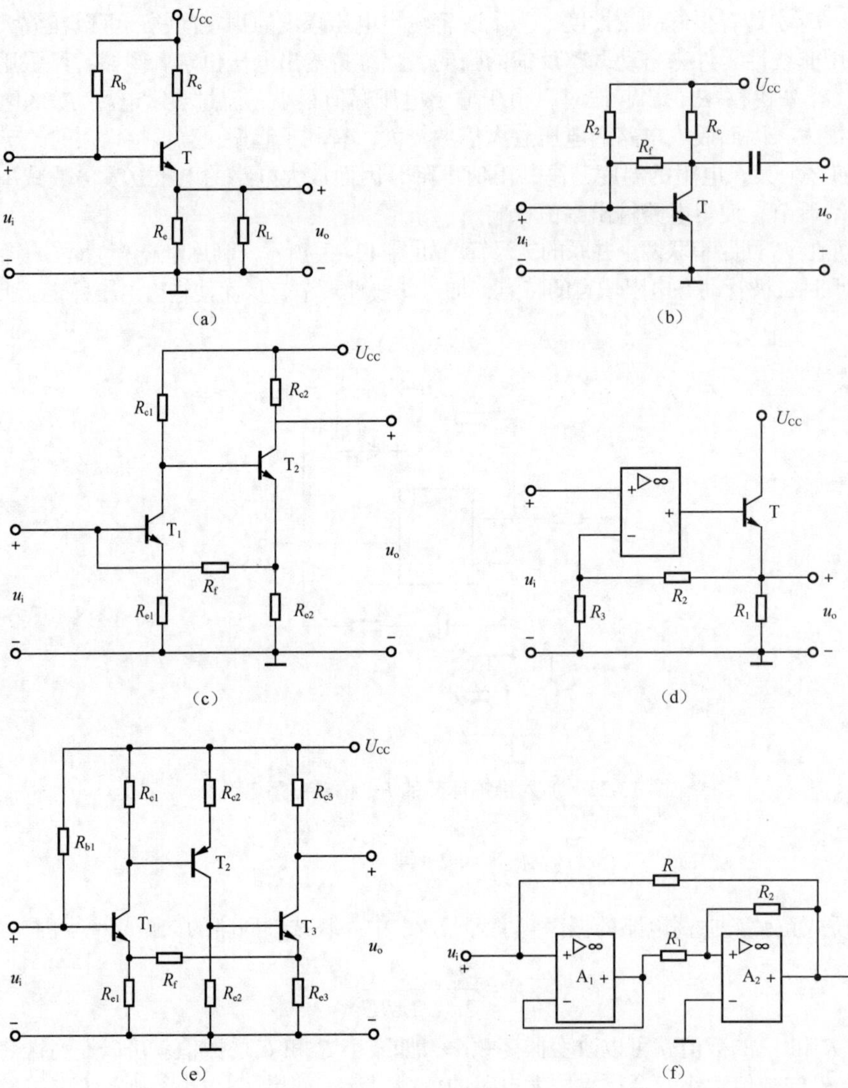

题 13-1 图

13-2　在题 13-2 图所示的反馈放大电路框图中，$\dot{A}_1 = \dot{A}_2 = 1000$，$\dot{F}_1 = \dot{F}_2 = 0.049$，若输入电压 $\dot{U}_i = 0.1\text{V}$，求输出电压 $\dot{U}_o$、反馈电压 $\dot{U}_f$。

13-3　反馈放大电路如题 13-3 图所示。试求：（1）若电路满足深度负反馈，求其闭环放大倍数；（2）若 $R_f = 0$，这时的电路为何种电路，闭环放大倍数为多少？

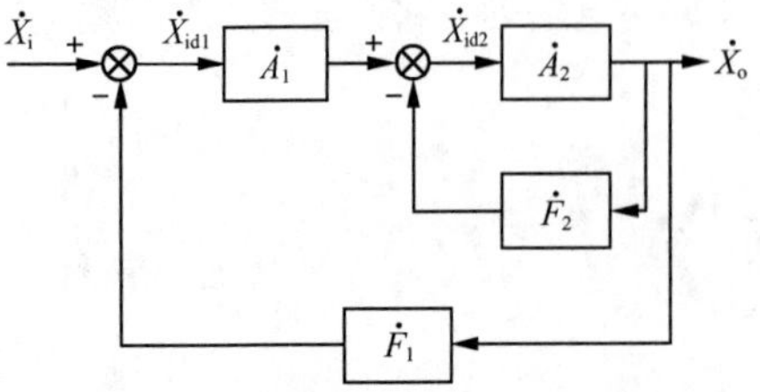

题 13-2 图

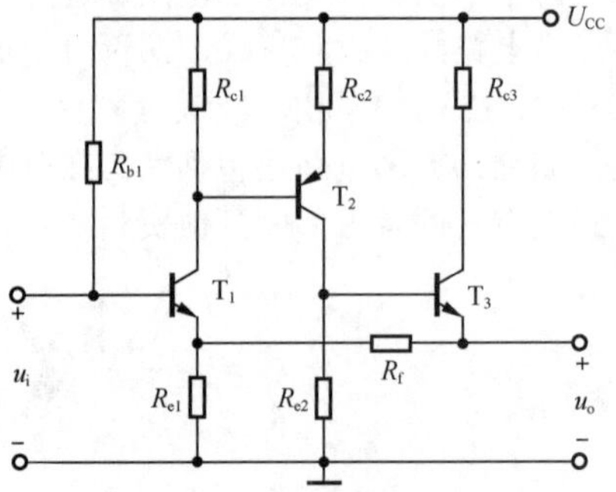

题 13-3 图

13-4　电路如题 13-4 图所示，满足深度负反馈条件，试计算它的互阻增益 A_{rf}，判断反馈类型，定性分析引入负反馈后输入电阻和输出电阻的变化情况。

13-5　判断题 13-1 图中含有负反馈的电路及其负反馈的类型。

13-6　求题 13-6 图示电路的反馈系数 F 与闭环增益 A_{uf}。

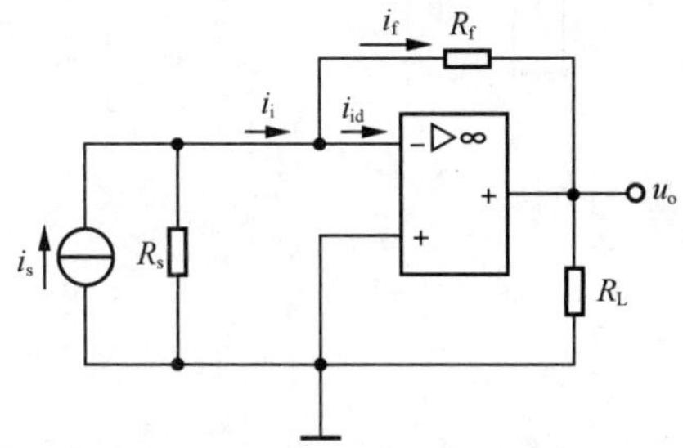

题 13-4 图

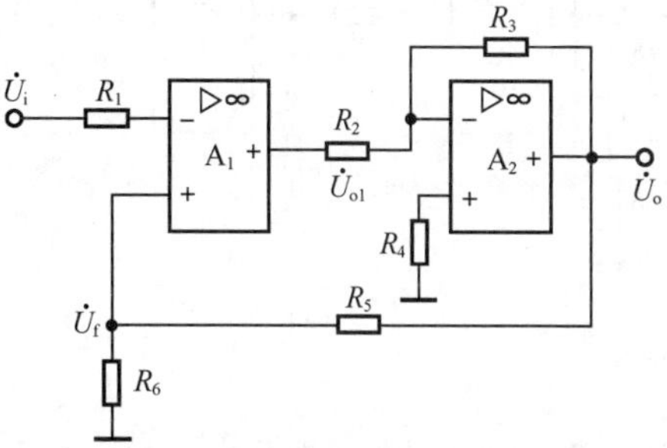

题 13-6 图

13-7　判断题 13-7 图电路的反馈组态。

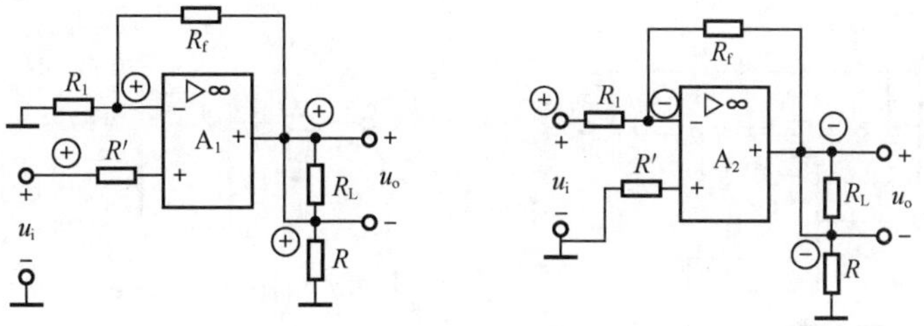

（a）　　（b）

题 13-7 图

13-8　对题 13-8 图中各电路，要求：（1）说明各电路是何种反馈组态；（2）写出题 13-8 图（a）、（c）的输出电压表达式，题 13-8 图（b）、（d）的输出电流表达式；（3）说明各电路具有的功能。

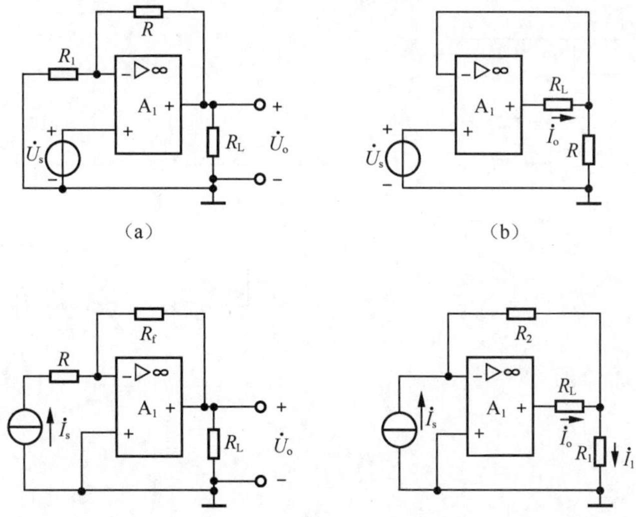

（c）　　（d）

题 13-8 图

13-9　电路如题 13-9 图所示，A_1、A_2 是理想运算放大器，要求：（1）比较两电路在反馈方式上的不同；（2）计算题 13-9（a）图电路的电压放大倍数；（3）若要两电路的电压放大倍数相同，题 13-9（b）图中电阻 R_6 应该多大？

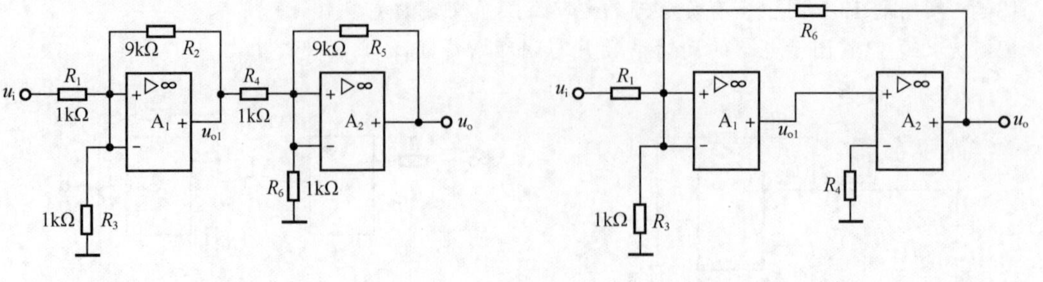

（a）　　　　（b）

题 13-9 图

13-10　题 13-10 图所示电路中，A_1、A_2 均为理想运算放大器，已知 $R_4/R_3=10$、$R_2/R_1=12$，找出输入输出关系，判断反馈类型，计算闭环增益 A_{uf} 与反馈系数 F。

13-11　对题 13-11 图所示电路，回答：（1）电路的级间反馈组态；（2）电压放大倍数是多少？

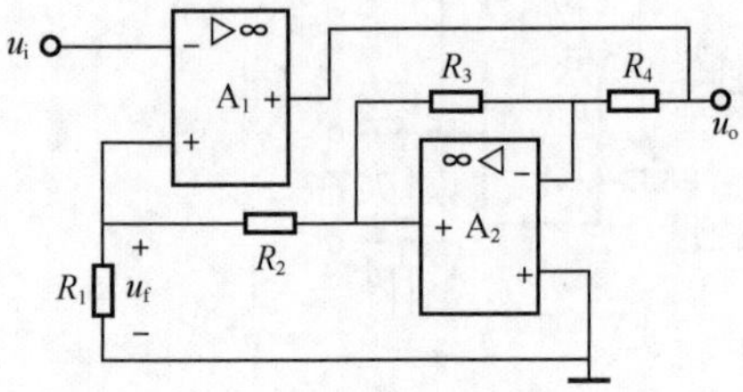

题 13-10 图

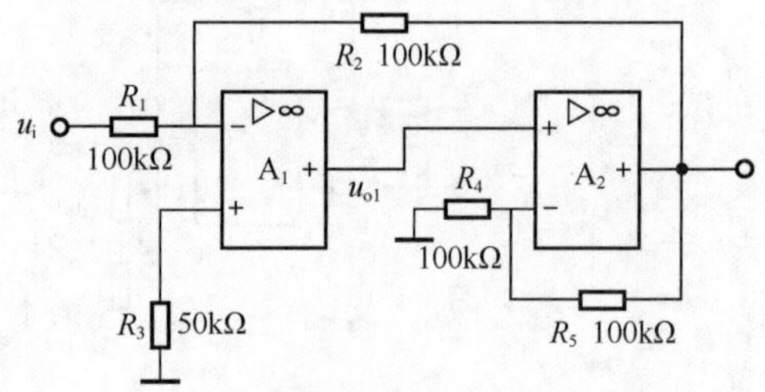

题 13-11 图

13-12　根据相位平衡条件判断题 13-12 图所示电路是否能产生正弦波振荡？图中的二极管有何作用？

13-13　电路如题 13-13 图所示，试求：（1）R'_W 的下限值；（2）振荡频率的调节范围。

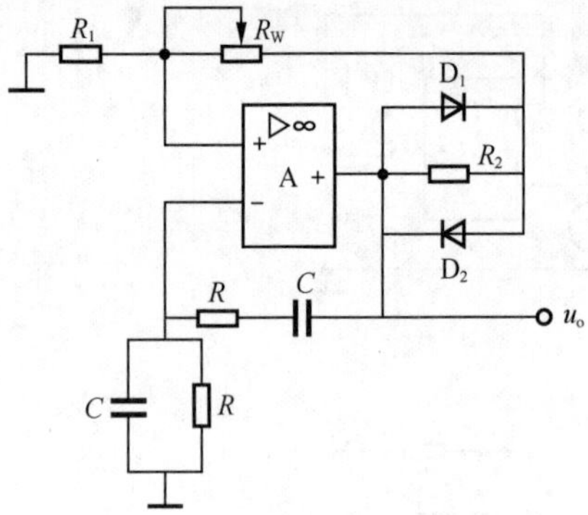

题 13-12 图

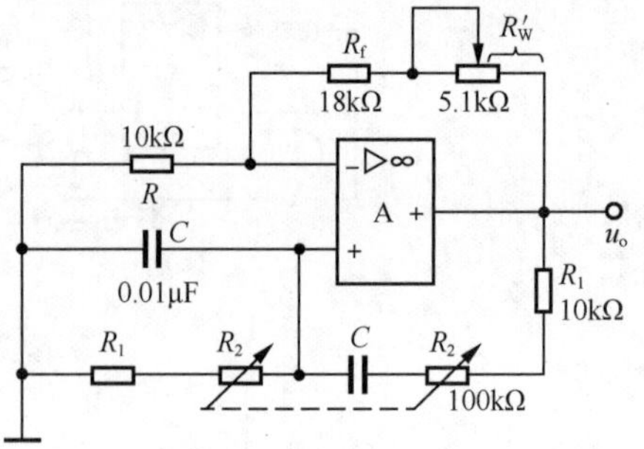

题 13-13 图

第 14 章 直流稳压电源和晶闸管电路

【本章简介】

本章介绍直流稳压电源的各个组成部分和晶闸管应用电路，具体内容为直流稳压电源的概念、整流电路、滤波电路、稳压电路、晶闸管及其应用电路。

14.1 直流稳压电源的概念

各种电子电路及系统均需直流电源供电。除蓄电池外，大多数直流电源都由电网的交流电源通过变换而获得，故称之为直流稳压电源，其基本结构如图 14-1 所示。

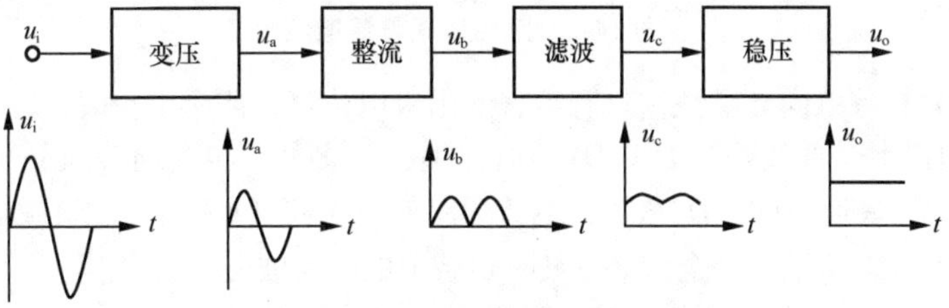

图 14-1　直流稳压电源的基本结构

图 14-1 中，各模块功能分别如下。

（1）变压。一般情况下，电网提供频率 50 Hz、有效值 220 V（或 380 V ）的交流电，而各种电子设备所需要的直流电压大小各异。因此，常常需要将电网电压先通过电源变压器降压，然后对变换后的电压进行整流、滤波和稳压，才能得到所需要的直流电压。

（2）整流。整流电路的作用是利用整流元件（如二极管）的单向导电性，将正负交替变化的正弦交流电压整流成单方向的脉动电压。这种单向脉动电压远非理想的直流电压，包含有很大的脉动成分。

（3）滤波。滤波电路一般由电容、电感等储能元件组成，其作用是尽可能地将单向脉动电压中的脉动成分滤除，使输出电压变为比较平滑的直流电压。但若电网电压或负载电流变化，滤波电路输出的直流电压也会随之变化，对需要高质量直流电源供电的电子设备来说，这种情况不满足要求。

（4）稳压。稳压电路的作用是将整流滤波电路输出的不稳定直流电压（通常由电网电压波动、负载变化引起）变换成符合要求的稳定直流电压。

随着电子技术的发展，电子系统的应用领域越来越广，电子设备的种类也越来越多，对稳压电源的要求也更加多样。迅速发展中的开关型直流稳压电源因具有体积小、重量轻、效率高、稳定可靠的特点，已具有逐步取代传统直流稳压电源之势。

14.2 整流电路

桥式整流电路

14.2.1 桥式整流电路

1. 工作原理

整流电路的功能是利用二极管的单向导电性将正弦交流电压转换成单向脉动电压。

单相桥式整流电路如图 14-2（a）所示，图中 T 为电源变压器，其作用是将电网电压 u_1 变成后级整流电路所要求的电压 $u_2 = U_{2m}\sin\omega t = \sqrt{2}U_2\sin\omega t$，$U_{2m}$ 是电压的最大值，U_2 是电压的有效值。R_L 是需要直流供电的负载电阻，整流二极管 D_1、D_2、D_3、D_4 接成电桥形式，故称为桥式整流电路。图 14-2（b）是它的简化画法，其中二极管的方向代表了电流的方向。为了分析方便，相关论述中把二极管当作理想器件来处理，即认为它的正向导通电阻为零，反向电阻为无穷大。

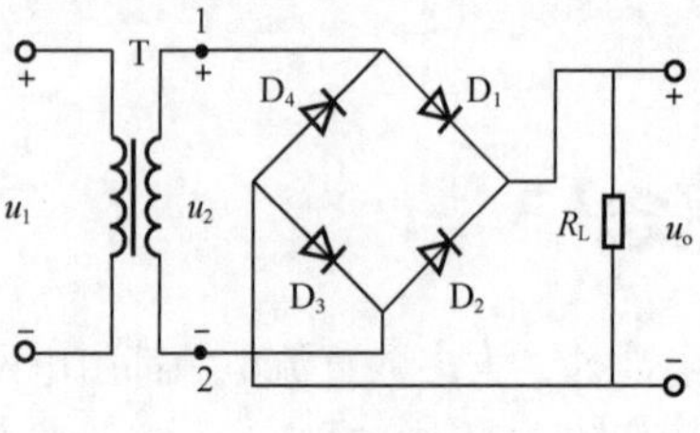

（a）习惯画法

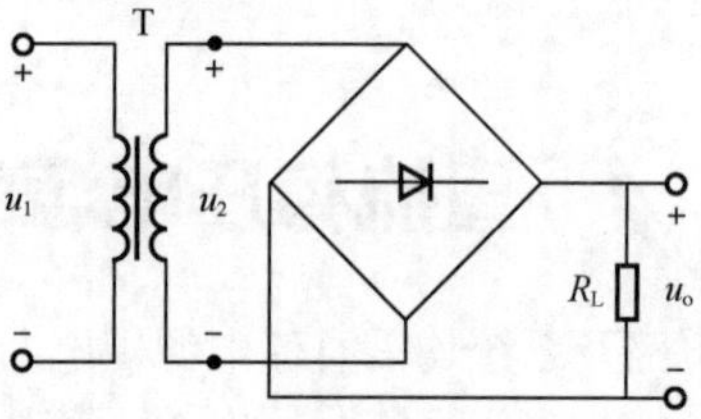

（b）简化画法

图 14-2　单相桥式整流电路

由于二极管 D 具有单向导电性，只有当它的阳极电位高于阴极电位时才导通。因此，在变压器二次侧电压 u_2 的正半周时二极管 D_1、D_3 导通，D_2、D_4 截止，电流通路如图 14-3（a）所示；负半周时二极管 D_2、D_4 导通，D_1、D_3 截止，电流通路如图 14-3（b）所示。负载电阻 R_L 上的电压为 u_o，波形如图 14-3（c）所示，为全波整流波；负载上的电流波形与 u_o 相同。

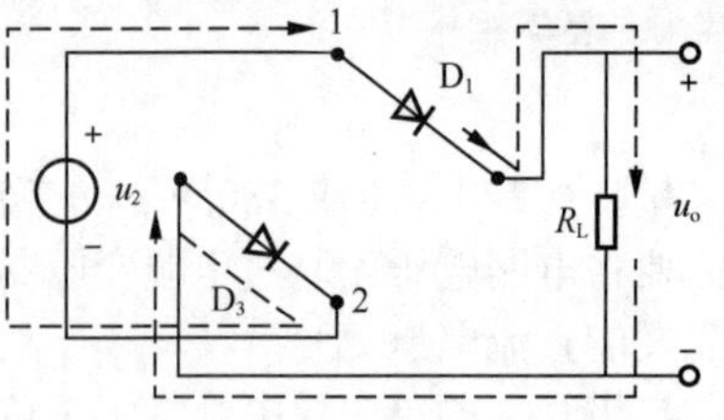

（a）二极管 D_1、D_3 导通

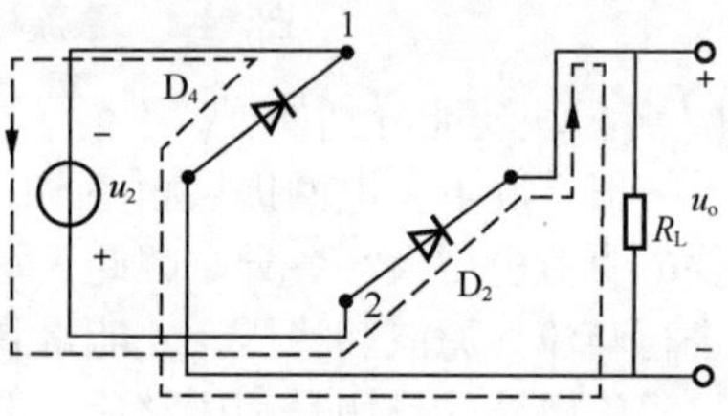

（b）二极管 D_2、D_4 导通

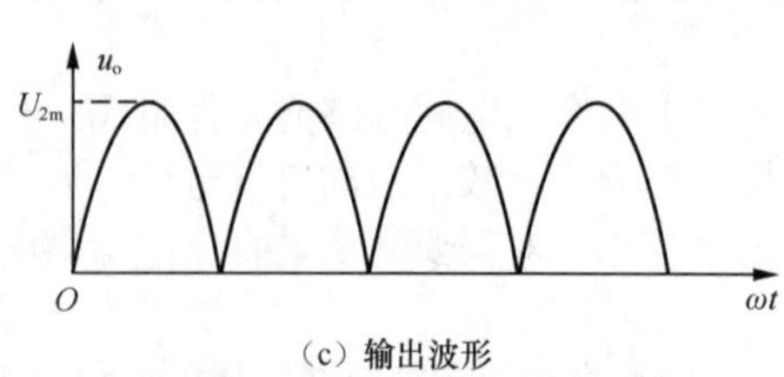

（c）输出波形

图 14-3　单相桥式整流电路的工作情况

2. 电路性能指标

整流电路的主要性能指标包括工作性能指标和整流二极管的性能指标。工作性能指标有输出电压 u_o 和脉动系数 S，二极管的性能指标有流过二极管的平均电流 I_D 和二极管能承受的最大反向电压 U_{RM}。

（1）输出电压 u_o 的平均值为

$$U_o = \frac{1}{\pi}\int_0^{\pi} \sqrt{2}U_2 \sin\omega t \mathrm{d}(\omega t) = \frac{2\sqrt{2}}{\pi}U_2 = 0.9U_2$$

负载电流的平均值为

$$I_o = \frac{U_o}{R_L} = 0.9\frac{U_2}{R_L}$$

（2）脉动系数 S

对图 14-3（c）所示全波整流波形进行傅立叶级数展开可得

$$u_o(t) = \frac{4U_{om}}{\pi}\left[\frac{1}{2} + \frac{1}{1\times3}\cos(2\omega_1 t) - \frac{1}{3\times5}\cos(4\omega_1 t) + \frac{1}{5\times7}\cos(6\omega_1 t) - \dots\right]$$

其中 U_{om} 表示输出电压的最大值。可见，电压波形中除了直流分量外，还包含有谐波分量，称为纹波。

脉动系数 S 定义为最低次的谐波分量的幅值与平均值之比，所以

$$S = \frac{1}{3}\left(\frac{4U_{om}}{\pi}\right) / \frac{1}{2}\left(\frac{4U_{om}}{\pi}\right) = \frac{2}{3} \approx 0.67$$

可见，全波整流电压的脉动系数为 0.67，需要用滤波电路减小 u_o 中的纹波。

（3）流过二极管的正向平均电流 I_D

在桥式整流电路中，二极管 D_1、D_3 和 D_2、D_4 分别在 u_2 的正、负半周两两轮流导通，所以流经每个二极管的平均电流为

$$I_{D1、D3} = I_{D2、D4} = I_D = \frac{1}{2}I_o = 0.45\frac{U_2}{R_L}$$

（4）二极管承受的最大反向电压 U_{RM}

二极管在截止时承受的最大反向电压可从图 14-3（a）中看出。在 u_2 正半周时，D_1、D_3 导通，D_2、D_4 截止。此时 D_2、D_4 所承受的最大反向电压 U_{RM} 均为 u_2 的最大值，即

$$U_{RM} = \sqrt{2}U_2$$

同理，在 u_2 的负半周，D_1、D_3 也承受同样大小的反向电压。

桥式整流电路的优点是输出电压高，纹波电压较小，二极管所承受的最大反向电压较低，同时因电源变压器在正、负半周内都有电流供给负载，电源变压器得到充分的利用，效率较高。因此，这种电路在半导体整流电路中得到了广泛的应用。目前，市场上已提供有多种半桥和全桥整流器件。

14.2.2 其他整流电路

除了桥式整流电路外，还有单相全波整流、三相半波整流和三相桥式整流等电路，表 14-1 列出了常用的整流电路及其波形和参数。

表 14-1　常用的整流电路及其波形和参数

类型	电路	整流电压的波形	整流电压平均值	每管电流平均值	每管承受最大的反向电压
单相半波	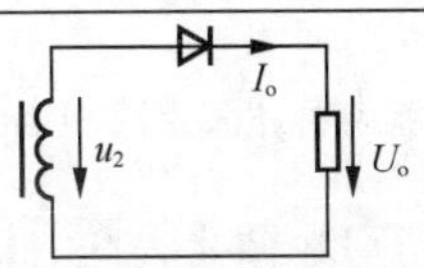	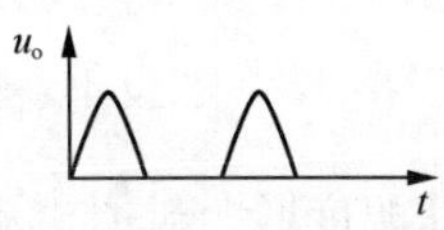	$0.45U_2$	I_o	$\sqrt{2}U_2$

续表

类型	电路	整流电压的波形	整流电压平均值	每管电流平均值	每管承受最大的反向电压
单相全波	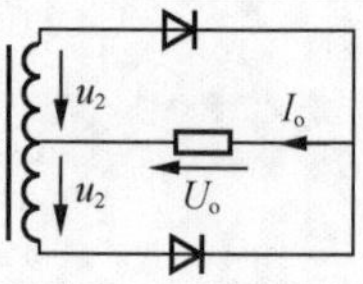	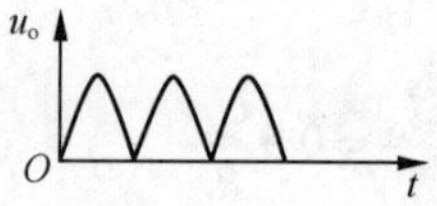	$0.9\ U_2$	$\frac{1}{2}I_o$	$2\sqrt{2}U_2$
单相桥式	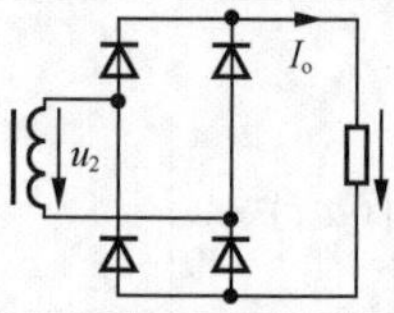	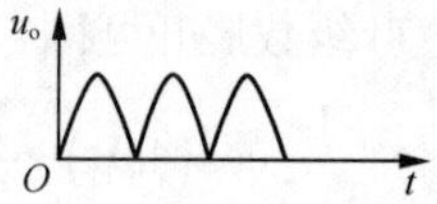	$0.9\ U_2$	$\frac{1}{2}I_o$	$\sqrt{2}U_2$
三相半波	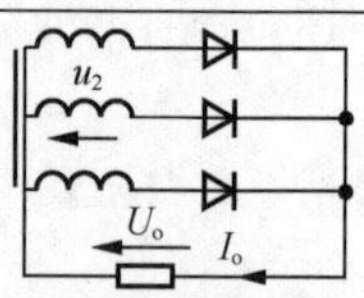	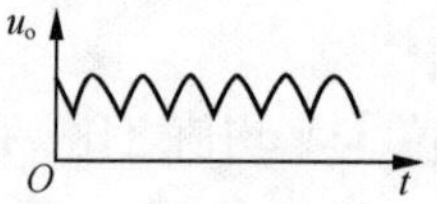	$1.17\ U_2$	$\frac{1}{3}I_o$	$\sqrt{3}\cdot\sqrt{2}U_2$
三相桥式	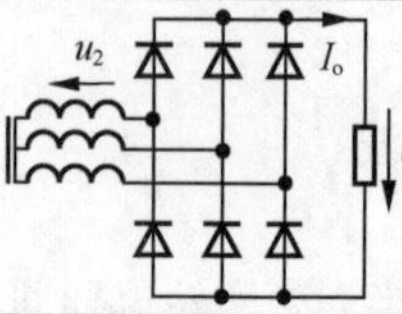	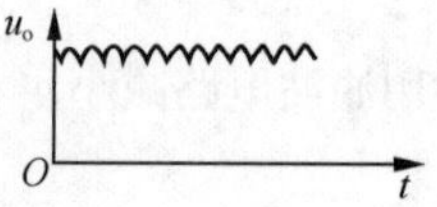	$2.34\ U_2$	$\frac{1}{3}I_o$	$\sqrt{3}\cdot\sqrt{2}U_2$

14.3 滤波电路

电容滤波电路

14.3.1 电容滤波电路

滤波电路的作用是滤除整流电压中的纹波。最简单的滤波电路由电容构成，在整流电路的负载上并联一个电容 C_L 即可。电容为带有正负极性的大容量电容器，如电解电容，电路的形式如图 14-4（a）所示。

1．滤波原理

电容滤波是通过电容器的充电、放电来滤除交流分量的。图 14-4（b）所示波形图中，虚线波形为桥式整流波形，并入电容 C_L 后，在 u_2 正半周时，D_1、D_3 导通，D_2、D_4 截止，电源在向 R_L 供电的同时，也向 C_L 充电。由于充电时间常数 τ_1 很小（副边线圈电阻和二极管的正向电阻都很小），充电很快结束，输出电压 u_o 随 u_2 迅速上升。当电容两端电压 $u_C \approx \sqrt{2}U_2$ 时，u_2 开始下降，当 $u_2 < u_C$ 时，即在 t_1～t_2 时间段内，D_1～D_4 全部反偏截止，电容 C_L 向 R_L 放电。由于放电时间常数 τ_2 较大（负载电阻大），放电过程较慢，输出电压 u_o 随 u_C 按指数规律缓慢下降，如图中 t_1～t_2 时间段内的实线所示。t_2 时刻负半周电压幅度增大到 $u_2 > u_C$，D_1、D_3 截止，D_2、D_4 导通，

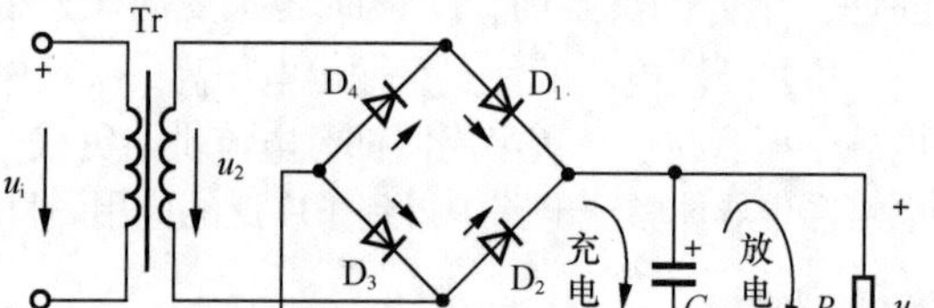

（a）电路

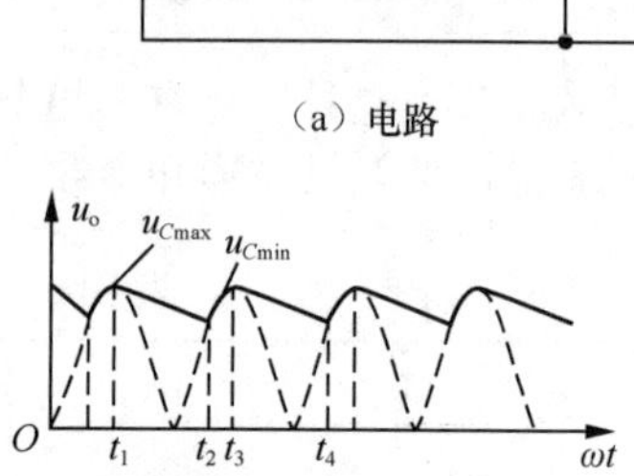

（b）波形

图 14-4　桥式整流电容滤波电路和电压波形

C_L 又被充电，充电过程形成的 $u_o=u_2$ 波形为 t_2～t_3 时间段内的实线所示。t_3～t_4 时段内 $u_2<u_C$，D_1～D_4 又全部截止，C_L 又放电，如此不断地充电、放电，使负载产生如图 14-4（b）中实线所示的 u_o 的波形。由波形可见，桥式整流接电容滤波后，输出电压的脉动程度大为减小。

2．性能参数的工程估算

（1）输出直流电压

由上述讨论可见，输出电压平均值 U_o 的大小与 τ_1、τ_2 的大小有关，τ_1 越小，τ_2 越大，U_o 也就越大。当负载 R_L 开路时，τ_2 无穷大，电容 C_L 无放电回路，$U_o=\sqrt{2}U_2$ 达到最大值；若 R_L 很小，输出电压几乎与无滤波时相同，R_L 越小，输出平均电压值越低。因此，电容滤波器输出电压在 $0.9U_2$～$\sqrt{2}U_2$ 范围内波动，工程上一般采用经验公式估算输出平均电压值的大小，即

$$U_o=(1.1\sim1.2)U_2$$

（2）整流二极管参数选择

在未加滤波电容前，整流管半个周期导通，半个周期截止，二极管的电流流通角 $\theta_C=\pi$。带滤波电容后，仅当电容充电时，二极管才导通，电流流通角 $\theta_C<\pi$，且 R_LC_L 越大滤波效果越好。θ_C 越小，整流二极管在越短时间内通过一个较大的冲击电流为 C_L 充电。为了使整流二极管能安全工作，在选用整流管时应考虑给整流管留有足够的裕量，通常为输出平均电流的 2～3 倍或更大。

此外，选择整流二极管时还应该考虑二极管的反向耐压的性质。对于单相桥式整流电路而言，无论有无滤波电容，二极管的最高反向工作电压都是 $\sqrt{2}U_2$，实际应用中常选 $U_{RM}\geqslant 2U_{2m}$ 的整流二极管。

滤波电容值的选取应视负载电流的大小而定。一般在几十微法到几千微法之间，电容器耐压应大于 $\sqrt{2}U_2$。电容滤波电路较为简单，输出直流电压 U_o 较高，纹波也较小，其缺点是输出特性较差，适用于小电流、负载变化不大的电子系统。

14.3.2　电感滤波电路

在桥式整流电路和负载电阻间串入一个电感器 L，如图 14-5 所示。利用电感的储能作用可以减小输出电压的纹波，从而得到比较平滑的直流。当忽略电感器 L 的电阻时，负载上输出的平均电压和纯电阻（不加电感）负载相同，即

$$U_o=0.9U_2$$

电感滤波的特点是整流管的导通角较大（电感 L 的反电动势使整流管导电角增大），峰值电流很小，输出特性比较平坦。其缺点是由于铁芯的存在，易引起电磁干扰。电感滤波电路一般只适用于大电流的场合。

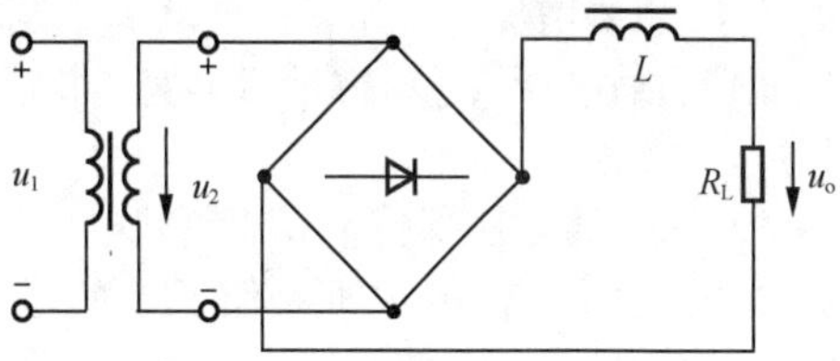

图 14-5　桥式整流电感滤波电路

14.3.3　复式滤波电路

在滤波电容 C 之前加一个电感 L 构成了 LC 滤波电路，如图 14-6（a）所示。这样可使输出至负载 R_L 上电压的交流成分进一步降低。该电路适用于高频或负载电流较大并要求脉动很小的电子设备中。

为了进一步提高整流输出电压的平滑性，可以在 LC 滤波电路之前再并联一个滤波电容 C_1，如图 14-6（b）所示。这就构成了 π 型 LC 滤波电路。

由于带有铁芯的电感线圈体积大，因此常用电阻 R 来代替电感 L 构成π 型 RC 滤波电路，如图 14-6（c）所示。只要选择合适的 R 和 C_2，在负载两端就可以获得脉动极小的直流电压。图 14-6（c）所

示电路在小功率电子设备中被广泛采用。

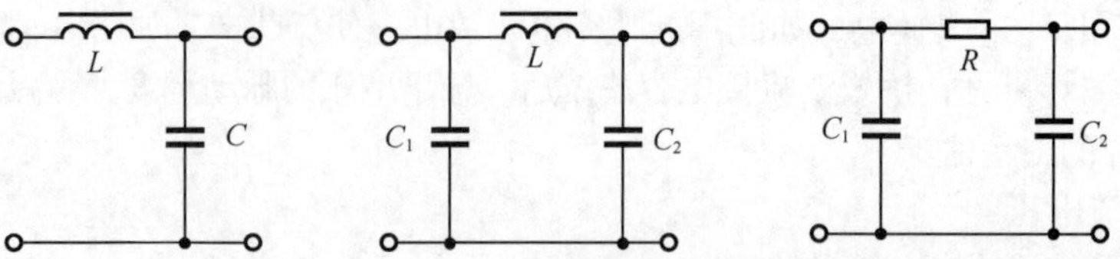

（a）LC滤波电路　（b）π型 LC滤波电路　（c）π型 RC滤波电路

图 14-6　复式滤波电路

14.4 稳压电路

14.4.1 并联型稳压管稳压电路

并联型稳压管稳压电路是结构很简单的一种稳压电路。这种电路主要用于对稳压要求不高的场合，有时也用作基准电压源。图 14-7 所示为并联型稳压管稳压电路。

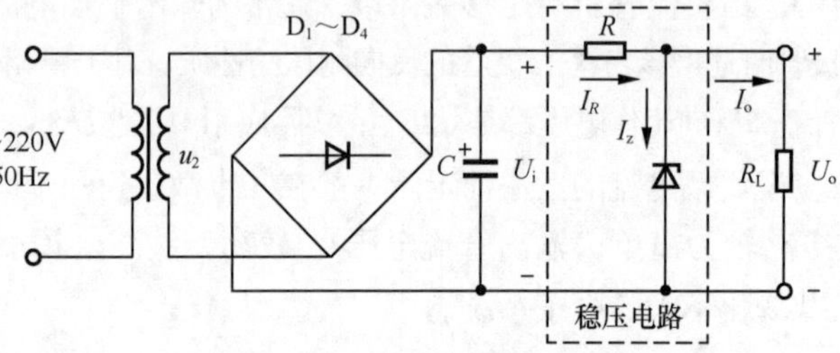

图 14-7　并联型稳压管稳压电路

引起电压不稳定的原因通常是交流电源电压的波动和负载电流的变化。而稳压管能够稳压的原理在于稳压管具有很强的电流控制能力。当负载 R_L 不变而 U_i 因交流电源电压增加而增加时，负载电压 U_o 也要增加，稳压管的电流 I_z 急剧增大，因此电阻 R 上的电压急剧增加，以抵偿 U_i 的增加，从而使负载电压 U_o 保持近似不变。相反，U_i 因交流电源电压降低而降低时，稳压过程与上述过程相反。

如果电源电压保持不变而负载电流 I_o 增大，电阻 R 上的电压也增大，负载电压 U_o 下降，稳压管电流 I_z 急剧减小，从而补偿了 I_o 的增加，使得通过电阻 R 的电流和电阻 R 上的压降基本不变，因此负载电压 U_o 也就近似稳定不变。当负载电流减小时，稳压过程相反。

选择稳压管时，一般取

$$\begin{cases} U_Z = U_o \\ I_{Z\max} = (1.5\sim3)I_{o\max} \\ U_1 = (2\sim3)U_o \end{cases}$$

14.4.2 串联反馈式稳压电路

串联反馈式稳压电路克服了并联型稳压管稳压电路输出电流小、输出电压不能调节的缺点，故而在各种电子设备中得到广泛的应用。同时这种稳压电路也是集成稳压电路的基本组成单元。

1．电路组成与工作原理

串联反馈式稳压电路能稳定输出电压，其原理是电压负反馈能稳定输出电压。如图 14-8（a）所示电路，当输入电压 U_i 变化或改变 R_L 时，输出电压 U_o 将发生变化，此时若要保持 U_o 不变，则

应该调节 R 使 R_L 两端的电压保持稳定。图 14-8（b）所示电路中，用受电压 u_B 控制的三极管 c-e 之间的等效电阻 r_{ce} 代替图 14-8（a）中的 R，等效电阻 r_{ce} 的值取决于电压 u_B，u_B 取决于输出电压 U_o，于是可以通过 U_o 的变化改变 u_B，以电压负反馈的方式自动调整输出电压 U_o 的大小。

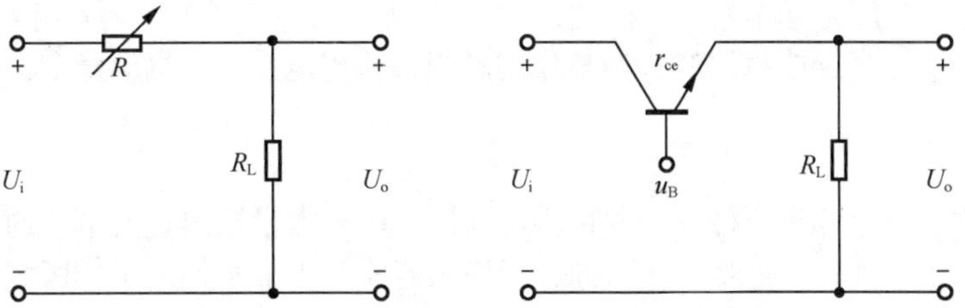

（a）可变电阻稳定输出电压　　（b）三极管稳定输出电压

图 14-8　串联反馈式稳压电路的基本原理

线性串联型稳压电源电路如图 14-9 所示，图中“调整环节”就是一个射极输出器，射极输出器工作于线性状态。取样环节的作用是将输出电压的变化取出，加到一个比较放大电路的反相输入端，与同相输入端的基准电压相比较。

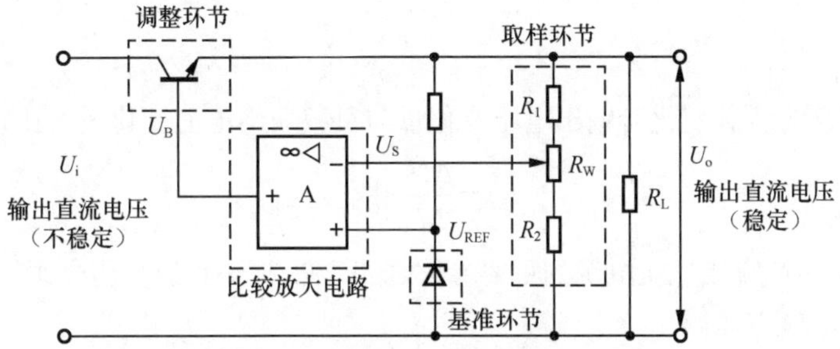

图 14-9　线性串联型稳压电源电路

稳压原理可简述如下：当输入电压 U_i 增加（或负载电流 I_o 减小）时，导致输出电压 U_o 增加，随之反馈电压 $U_S = U_o \dfrac{R_2}{R_1 + R_2} = F_u U_o$ 也增加（F_u 为反馈系数，这里先不考虑电位器电阻 R_W）。U_S 与基准电压 U_{REF} 相比较，其差值电压经比较放大电路放大后使 U_B 和 I_C 减小，调整管 T 的 c-e 极间的电压 U_{CE} 增大，使 U_o 下降，从而维持 U_o 基本恒定。同理，当输入电压 U_i 减小（或负载电流 I_o 增加）时，图 14-9 所示电路也能使输出电压基本保持不变。

从反馈放大电路的角度来看，这种电路属于电压串联负反馈电路。调整管 T 连接成射极跟随器。因而可得

$$U_B = A_u(U_{REF} - F_u U_o) \approx U_o$$

或

$$U_o = U_{REF}\frac{A_u}{1+A_u F_u}$$

其中，A_u 是比较放大电路在考虑了所带负载影响时的电压放大倍数。在深度负反馈条件下，有 $|1+A_u F_u| >> 1$，此时可得

$$U_o = \frac{U_{REF}}{F_u} = \left(1+\frac{R_1}{R_2}\right)U_{REF}$$

上式表明，输出电压 U_o 与基准电压 U_{REF} 近似成正比，与反馈系数 F_u 成反比。当 U_{REF} 及 F_u 已定时，U_o 也就确定了，因此该式是设计稳压电路的基本关系式。调节 R_1、R_2 的比例（通过调整电

位器电阻 R_W 实现），就可以改变输出电压 U_S。

值得注意的是，调整管 T 的调整作用是依靠 U_F 与 U_{REF} 之间的偏差来实现的，存在偏差才会有调整。如果 U_o 绝对不变，调整管的 U_{CE} 也绝对不变，那么电路也就不能起调整作用了。可见 U_o 不可能达到绝对稳定，只能是基本稳定。因此，图 14-9 所示的系统是一个闭环有差调整系统。

由以上分析可知，当反馈越深时，调整作用越强，输出电压 U_o 也越稳定，电路的稳压系数和输出电阻 R_o 也越小。

2．主要指标

稳压电源的技术指标分为两种：一种是质量指标，用来衡量输出直流电压的稳定程度，包括电压调整因数、温度系数等；一种是工作指标，指稳压器能够正常工作的工作区域，以及保证正常工作所必需的工作条件，包括允许的输入电压、输出电压等。这里介绍其中的三个指标。

（1）稳压系数 S

稳压系数 S 表示负载电阻不变时输出电压相对变化量与输入电压相对变化量之比，即

$$S=\left.\frac{\dfrac{\Delta U_o}{U_o}}{\dfrac{\Delta U_i}{U_i}}\right|_{负载不变}$$

（2）输出电阻 R_o

输出电阻 R_o 定义为负载变化时输出电压变化量与负载输出电流变化量之比，即

$$R_o=\left.\frac{\Delta U_o}{\Delta I_i}\right|_{U_i不变}$$

输出电阻 R_o 是表征直流稳压电源的重要参数之一。R_o 越小直流稳压电源越接近理想电压源。一般稳压器的 R_o 为 mΩ 数量级。

（3）温度系数 S_T

S_T 表示温度变化对输出电压的影响，其表达式为

$$S_T=\left.\frac{\Delta U_o}{\Delta T}\right|_{\substack{U_i不变\\I_L不变}}$$

其他的指标可参考相关文献。

3．调整管参数

（1）调整管最大允许电流 I_{CM} 必须大于负载最大电流 I_{LM}。

（2）调整管最大允许功耗 P_{CM} 必须大于调整管的实际最大功耗。当输入电压最大，而输出电压最小、负载电流最大时，调整管的实际功耗是最大的。

（3）调整管必须工作在线性放大区，其管压降一般不能小于 3V。

（4）如果单管基极电流不够，则采用复合管；若单管输出电流不能满足负载电流的需要，则可使用多管并联。

（5）电路必须具有过热保护、过流保护等措施，以避免调整管损坏。

14.4.3 集成稳压器

随着集成电路工艺的发展，在串联反馈式稳压电源电路的基础上外加启动电路和保护电路等并制作在一块硅片上，便形成了集成稳压器。集成稳压器具有体积小、外围元件少、性能稳定可靠、使用方便、价格低廉等优点。

由于集成稳压器只有输入、输出和公共端，故称为三端集成稳压器。三端集成稳压器有固定式和可调式两类。前者输出的直流电压固定不变，后者输出的直流电压可以调节。每一类又分为正电

压输出类型和负电压输出类型。

固定输出的三端集成稳压器有××78××系列（输出正电压）和××79××系列（输出负电压）等，最后两位数表示输出电压值，如 7812，即表示输出直流电压为+12V。可调输出三端集成稳压器有 CW117 系列和 CW137 系列等。

W7800 系列产品的金属封装、塑料封装的外形图和方框图如图 14-10（a）、（b）、（c）所示。

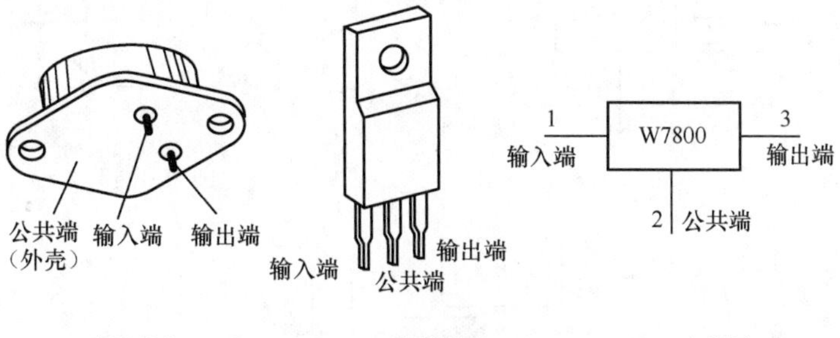

（a）金属封装　（b）塑料封装　（c）方框图

图 14-10　三端集成稳压器 W7800 系列产品外形图和方框图

1．基本应用电路

三端集成稳压器的基本接法如图 14-11（a）、（b）所示，C_1 可以用来防止由于输入引线较长而带来的电感效应所引起的自激。C_2 用来减小由于负载电流瞬时变化而引起的高频干扰。C_3 为容量较大的电解电容，用来进一步减小输出脉动和低频干扰。

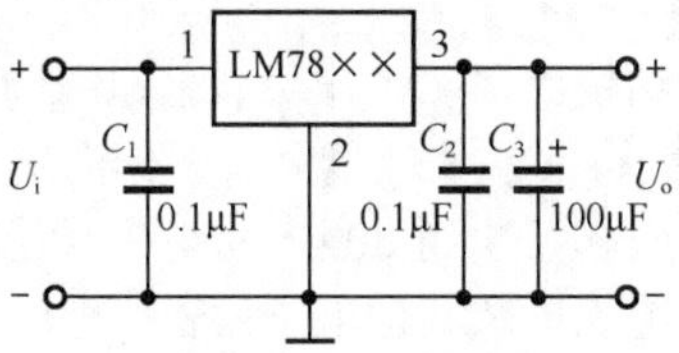

（a）××78××系列基本接法

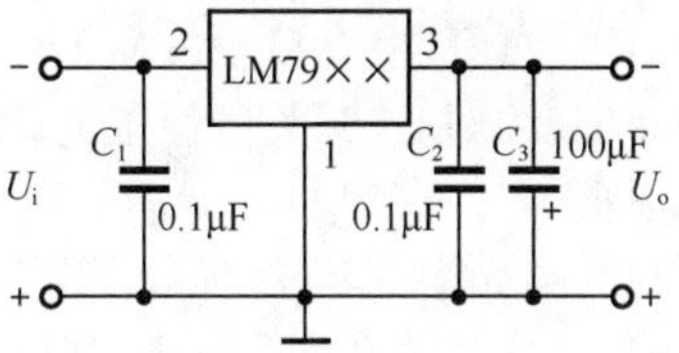

（b）××79××系列基本接法

图 14-11　三端集成稳压器电路的基本接法

2．扩大电流电路

三端稳压电源的功能可以扩展。图 14-12（a）所示电路是一个扩流电路。图中 V 为扩流三极管，输出总电流 $I_o = I_o' + I_C$。

3．扩大电压电路

图 14-12（b）所示电路是一个扩压电路，该电路输出电压 $U_o = U_{R1}\left(1+\dfrac{R_2}{R_1}\right)+I_Q R_2$。其中，$I_Q$ 为稳压器静态工作电流，通常比较小；U_{R1} 是稳压器输出电压 U_o'。所以

$$U_o \approx \left(1+\frac{R_2}{R_1}\right)U_{R1} = \left(1+\frac{R_2}{R_1}\right)U_o'$$

4．输出电压可调电路

图 14-12（c）电路是一个输出电压可调电路。只不过在三端稳压器和可调电位器之间增加了隔离运算放大器。所以，输出电压表达式不变。调节 R_W 的中心抽头位置即可调节输出电压 U_o。

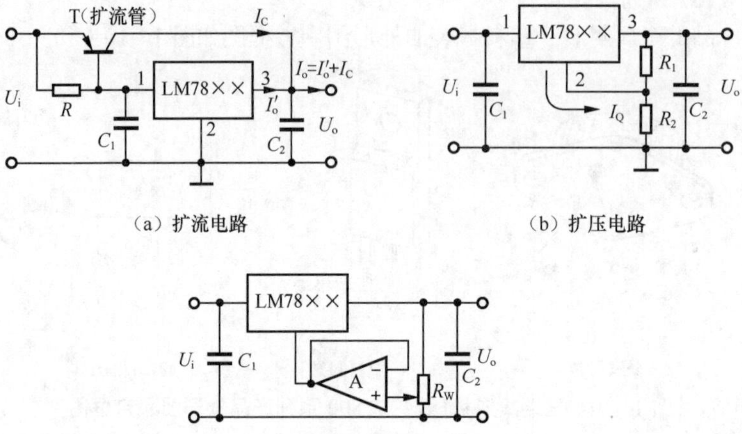

（a）扩流电路 （b）扩压电路

（c）输出电压可调电路

图 14-12 三端稳压器功能的扩展

14.4.4 开关型稳压电源

传统的线性稳压电源虽然电路结构简单、工作可靠，但因调整管串接在负载回路中，故存在效率低（一般为 40%～60%）、体积大、铜铁消耗量大、工作温度高及调整范围小等缺点，有时还要配备散热装置。开关型稳压电源，效率可达到 80%～95%，且稳压范围宽、稳压精度高、不使用电源变压器，被广泛应用于计算机、电视机及其他电子设备中。

根据负载与储能电感的连接方式不同，开关型稳压电源可分为串联型与并联型；根据控制方式的不同，可分为脉冲宽度调制式（Pulse Width Modulation，PWM）、脉冲调频式（Pulse Frequency Modulation，PFM）和混合调制式（同时使用 PWM 与 PFM）三种。在实际的应用中，脉冲宽度调制式使用得较多，因此下面介绍脉冲宽度调制式开关型稳压电源。

1．串联开关型稳压电源工作原理

串联开关型稳压电源电路的原理框图如图 14-13 所示。它是由调整管 T、LC 滤波电路、续流二极管、脉冲宽度调制电路（PWM）以及采样电路等组成。其中 A_1 为比较放大电路，将基准电压 u_{REF} 与 u_F 进行比较；A_2 为比较器，将 u_A 与三角波 u_T 进行比较，得到控制脉冲电压 u_B。当 u_B 为高电平时，开关管 T 饱和导通，输入电压 U_i 经滤波电感 L 加在滤波电容 C 和负载 R_L 两端，在此期间，i_L 增大，L 和 C 储能，二极管 D 反偏截止。当 u_B 为低电平时，调整管 T 由导通变为截止，流过电感线圈的电流 i_L 不能突变，i_L 经 R_L 和续流二极管 D 衰减从而释放能量，此时 C 也向 R_L 放电，因此 R_L 两端仍能获得连续的输出电压。

图 14-14 给出了电流 i_L、电压 u_E 和 U_o 的波形。图中 t_{on} 是调整管 T 的导通时间，t_{off} 是调整管 T 的截止时间，$T=t_{on}+t_{off}$ 是开关转换周期。显然，由于调整管 T 的导通与截止，输入的直流电压 U_i 变成高频矩形脉冲电压 u_E（u_D），经 LC 滤波得到输出电压为

$$U_o=(U_i-U_{ces})\frac{t_{on}}{T}+(-U_D)\frac{t_{off}}{T}\approx U_i\frac{t_{on}}{T}=qU_i$$

其中，U_i 为矩形脉冲最大电压值；T 为矩形脉冲周期；t_{on} 为矩形脉冲宽度；$q=\frac{t_{on}}{T}$ 称为脉冲波形

的占空比，即一个周期持续脉冲时间 t_{on} 与周期 T 之比值。可见，对于一定的 U_i 值，通过调节占空比 q，即可调节输出电压 U_o。

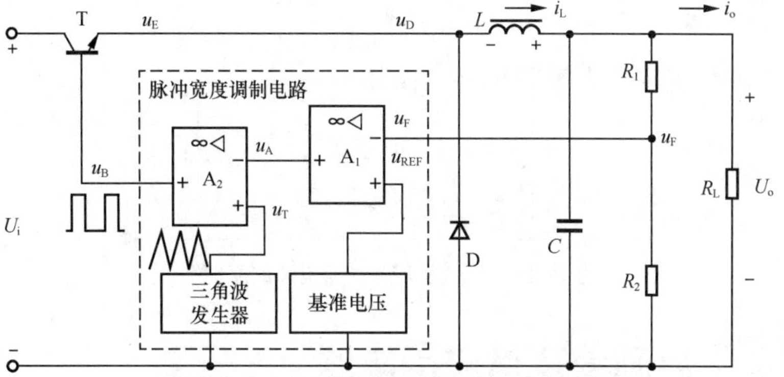

图 14-13　串联开关型稳压电源电路原理图

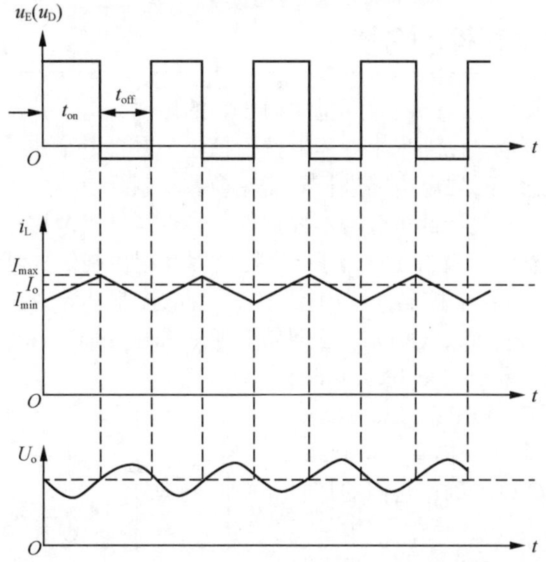

图 14-14　电压 u_E、电流 i_L 和电压 U_o 的波形

当输入电压波动或负载电流改变时，将引起输出电压 U_o 的改变，在图 14-13 中，由于负反馈作用，电路能自动调整从而使 U_o 基本不变，稳压过程如下：当 U_i 降低时，U_o 将趋向于降低，$u_F = U_o \dfrac{R_2}{R_1 + R_2} < u_{REF}$ 也降低，使 $u_A > 0$，比较器输出脉冲 u_B 的高电平变宽，即 t_{on} 变长，于是使输出电压 U_o 增高。反之，当 U_i 增高时，U_o 将趋向于增高，$u_F = U_o \dfrac{R_2}{R_1 + R_2} > u_{REF}$ 也增高，使 $u_A < 0$，比较器输出脉冲 u_B 的高电平变宽，即 t_{on} 变短，于是使输出电压 U_o 降低。

2．并联开关型稳压电源

串联开关型稳压电路调整管与负载串联，输出电压总是小于输入电压，故也称其为降压型稳压电路。在实际应用中，还有一类电路需要输入直流电源经稳压电路转换成大于输入电压的稳定输出电压，这类电路称为升压型稳压电路。在这类电路中，开关管常与负载并联，故也称之为并联型开关稳压电路；它通过电感的储能，将感生电动势与输入电压相叠加后作用于负载，因而 $U_o > U_i$。

图 14-15 所示为并联型开关稳压电源的原理图，输入电压为直流，T 为开关管，u_B 为矩形波，电感 L 和电容 C 组成滤波电路，D 为续流二极管。该电路通过 PWM 电路控制 u_B 的占空比而调整输出电压，详细的工作原理这里不作介绍，读者可查阅其他资料。

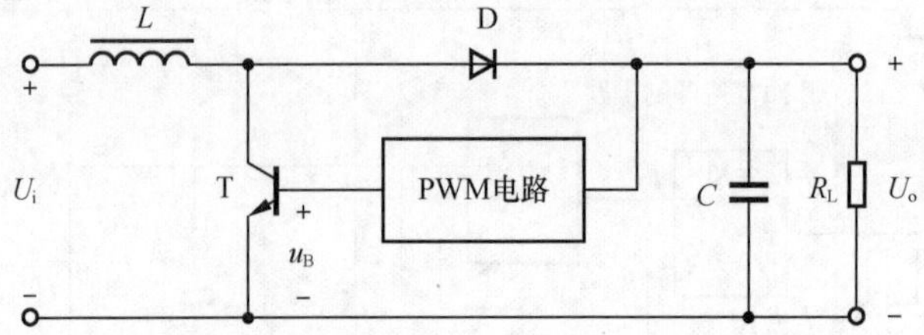

图 14-15 并联型开关稳压电源的原理图

14.5 晶闸管及其应用电路

14.5.1 功率半导体器件的分类

晶体闸流管简称晶闸管，于 1956 年问世。由于它的出现，电子技术进入了强电领域，产生了电力电子技术这门学科。该学科以功率半导体器件为核心，融合电子技术和控制技术，通过控制功率半导体器件的导通和关断，对强电电路进行电能变换和控制。

功率半导体器件根据其开关特性可分为不控器件、半控器件、全控器件三类。不控器件的导通和关断无可控的功能，如整流二极管（D）等；半控器件利用控制信号可控制其导通而不能控制其关断，如普通晶闸管（T）等；全控器件利用控制信号既能控制其导通，又能控制其关断，如可关断晶闸管（Gate Turn-off Thyristor，GTO）、巨型晶体管（Giant Transistor，GTR）、垂直双扩散金属-氧化物-半导体场效应管（Vertical Double-diffused Metal-Oxide-Semiconductor Field Effect Transistor，VDMOSFET）及绝缘栅型双极晶体管（Insulated Gate Bipolar Transistor，IGBT）等；它们的符号如图 14-16 所示。

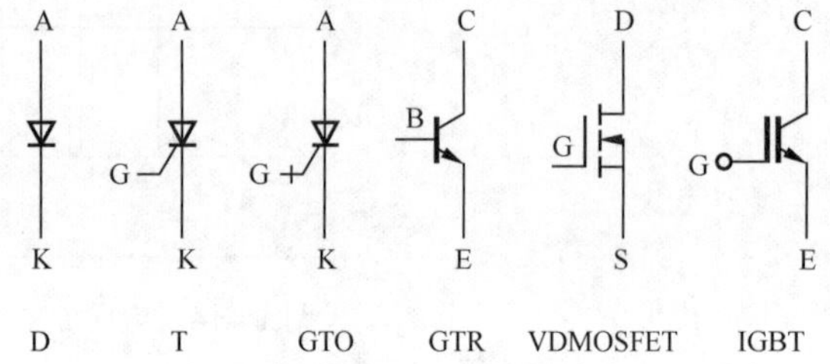

图 14-16 功率半导体器件符号

功率半导体器件以开关方式工作，要求具有开关速度快、承受电流和电压的能力强、工作损耗小等品质，其主要性能指标为电压、电流和工作频率。

电力电子技术的内容非常丰富，本书主要以晶闸管为例介绍相关内容。

14.5.2 晶闸管

晶闸管以前被称为可控硅，是一种能控制大电流通断的功率半导体器件，主要用于整流、逆变、调压、开关四个方面，应用最多的是整流。

1．晶闸管的结构

晶闸管的内部结构及电路符号如图 14-17 所示，它是一个具有四层三个 PN 结的三极器件。由 P_1 处引出的电极是阳极 A，由 N_2 处引出的电极是阴极 K，由中间 P_2 处引出的电极是控制极 G，G 也称为门极。

2．晶闸管的工作原理

要使晶闸管导通，需在它的阳极 A 与阴极 K 之间外加正向电压，并在它的控制极 G 与阴极 K 之间输入一个正向触发电压。晶闸管导通后，去掉触发电压，仍然维持导通状态。

晶闸管有三个 PN 结，可看作是由一个 PNP 型晶体管和一个 NPN 型晶体管组合而成的，如图 14-18 所示。

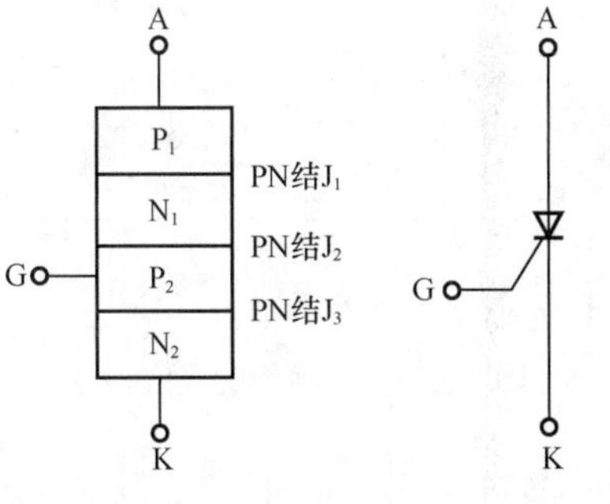

（a）内部结构示意图　　（b）电路符号

图 14-17　晶闸管

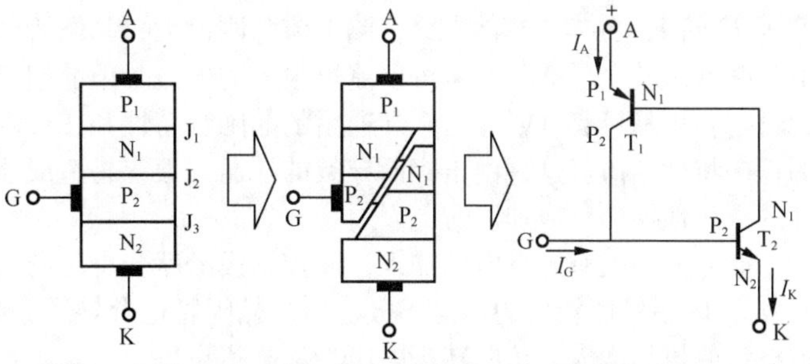

图 14-18　晶闸管相当于 PNP 型和 NPN 型两个晶体管的组合

晶闸管的工作原理可用图 14-19 加以说明。当阳极 A 加上正向电压时，T_1 和 T_2 管均处于放大状态。此时，如果从控制极 G 输入一个正向触发信号，T_2 便有基极电流 $I_{b2}=I_G$ 流过，经 T_2 放大，其集电极电流 $I_{c2}=\beta_2 I_G$。因为 T_2 的集电极直接与 T_1 的基极相连，所以 $I_{b1}=I_{c2}$。此时，电流 I_{c2} 再经 T_1 放大，于是 T_1 的集电极电流 $I_{c1}=\beta_1 I_{C1}=\beta_1\beta_2 I_G$。这个电流又流回 T_2 的基极，再一次被放大，形成正反馈。如此周而复始，使 I_{b2} 不断增大，这种正反馈循环的结果，使 T_1 和 T_2 的电流剧增，晶闸管很快饱和导通。

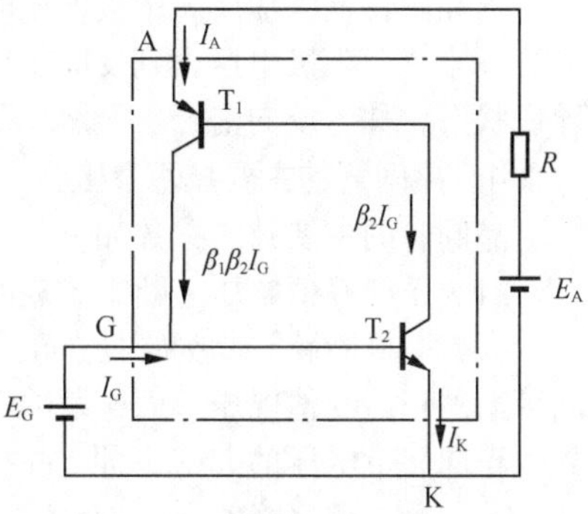

图 14-19　晶闸管的工作原理

晶闸管导通后，其管压降约为 1V，电源电压几乎全部加在负载上，晶闸管的阳极电流 I_A 即为负载电流。

鉴于 T_1 和 T_2 所构成的正反馈作用，所以晶闸管一旦导通，即使控制极电流消失，T_1 中始终有较大的基极电流流过，因此晶闸管仍然处于导通状态。也即晶闸管的触发信号只起触发作用，没有关断功能。

若在晶闸管导通后，将电源电压 U_A 降低，使阳极电流 I_A 变小，这时等效晶体管的电流放大倍数 β 值将下降，当 I_A 低于某一值 I_H 时，β 值将变得小于 1，由于正反馈的作用，将使 I_A 越来越小，最终导致晶闸管关断，因此我们把 I_H 称为维持电流。

如果电源电压 U_A 反接，使晶闸管承受反向阳极电压，两个等效晶体管都会处于反偏，不能对控制极电流进行放大，这时无论是否加触发电压，晶闸管都不会导通，处于关断状态。

关断导通的晶闸管，可以断开阳极电源或使阳极电流小于维持导通的维持电流 I_H。如果晶闸管阳极和阴极之间外加的是交流电压或脉动直流电压，那么，在电压过零时，晶闸管会自行关断。

晶闸管只有导通和关断两种工作状态，这种开关特性需要在一定的条件下转化，其转化条件如表 14-2 所示。

表 14-2　晶闸管两种工作状态的转化条件

状态	条件	说明
从关断到导通	阳极电位高于阴极电位；控制极有足够的正向电压和电流	两者缺一不可
维持导通	阳极电位高于阴极电位；阳极电流大于维持电流	两者缺一不可
从导通到关断	阳极电位低于阴极电位；阳极电流小于维持电流	任一条件都可

3．晶闸管的伏安特性

晶闸管的伏安特性如图 14-20 所示。

当晶闸管加正向阳极电压时，其伏安特性曲线位于第一象限。当控制极未加触发电压而 $I_G=0$ 时，PN 结 J_2 处于反向偏置状态，只有很小的正向漏电流，晶闸管处于正向阻断状态。随着正向阳极电压的不断升高，曲线开始上翘。当正向阳极电压超过临界极限，即正向转折电压 U_{BO} 时，PN 结 J_2 被击穿，漏电流急剧增大，晶闸管便由关断状态转变导通状态，可以流过很大的电流，但晶闸管的通态管压降只有 1V 左右。导通后的晶闸管特性和二极管的正向特性相仿。这种由击穿而导致的导通，很容易造成器件的永久性损坏，应加以避免。

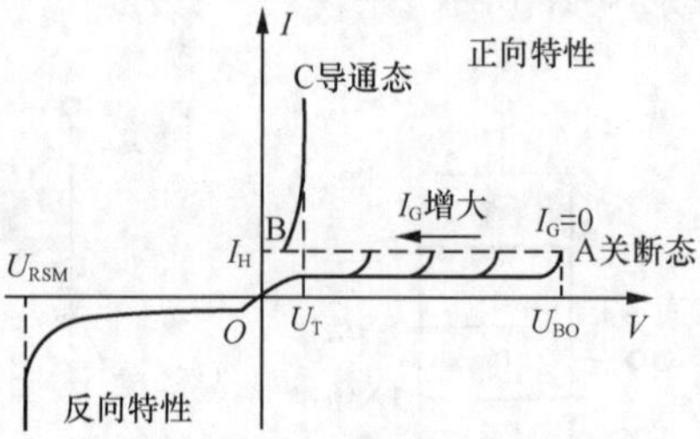

图 14-20　晶闸管的伏安特性

如果控制极有触发电压加入，在控制极上就会有正向电流 I_G，即便只加较低的正向阳极电压，晶闸管也会导通，此时正向转折电压 U_{BO} 降低，随着控制极电流幅值的增大，正向转折电压 U_{BO} 降得更低。

晶闸管导通期间，如果控制极电流为零，并且阳极电流降至接近于零的维持电流 I_H 以下，则晶闸管又回到正向关断状态。

当晶闸管上施加反向阳极电压时，其伏安特性曲线位于第三象限，此时电流很小，称为反向漏电流。当反向阳极电压大到反向击穿电压 U_{RSM} 时，反向漏电流急剧增加，晶闸管从关断状态变为导通状态，称为反向击穿。显然，晶闸管的反向特性类似二极管的反向特性。

4．晶闸管的主要技术参数

晶闸管的主要技术参数如下。

（1）正向峰值电压（断态重复峰值电压）U_{DRM}

在控制极断路、晶闸管处在正向关断状态下，且晶闸管结温为额定值时，允许“重复”加在晶闸管上的正向峰值电压。而所谓的“重复”是指这个大小的电压重复施加时晶闸管不会损坏。此参数取正向转折电压的 80%，即 $U_{DRM} = 0.8\ U_{DSM}$。

（2）反向重复峰值电压 U_{RRM}

指在控制极开路状态下，结温为额定值时，允许重复加在器件上的反向峰值电压。此参数通常取反向击穿电压的 80%，即 $U_{RRM} = 0.8\ U_{RSM}$。一般反向峰值电压 U_{RRM} 与正向峰值电压 U_{DRM} 这两个参数是相等的。

（3）额定通态平均电流 I_T

额定通态平均电流 I_T 是指晶闸管在环境温度为 40℃和规定的冷却状态下，稳定结温不超过额定结温时所允许流过的最大工频正弦半波电流的平均值。工程实际中应按实际电流与通态平均电流有效值相等的原则来选取晶闸管，为留一定的裕量，一般取 1.5～2 倍。

（4）维持电流 I_H

维持电流 I_H 指能使晶闸管维持导通状态时所需的最小电流，一般为几十到几百毫安，与结温有关，结温越高，则 I_H 值越小。额定通态平均电流 I_T 越大，I_H 越大。

在选择晶闸管时，主要选择额定通态平均电流 I_T 和反向峰值电压 U_{RRM} 这两个参数。

14.5.3 可控整流电路

1．接电阻性负载的单相半波可控整流电路

不可控的单相半波整流电路，如表 14-1 中的第 1 个电路所示，把其中的二极管用晶闸管代替，就成为单相半波可控整流电路，如图 14-21 所示。

图 14-21 所示电路中，在正弦交流电压 u 的正半周，晶闸管 T 承受正向电压。假如在 t_1 时刻，如图 14-22（a）所示，给控制极加上触发脉冲，如图 14-22（b）所示，晶闸管导通，负载上得到电压。当交流电压 u 下降到接近于零值时，晶闸管正向电流小于维持电流而关断。在电压 u 的负半

周时，晶闸管承受反向电压，不可能导通，负载电压和电流均为零。在第二个正半周内，再在相应的 t_2 时刻加入触发脉冲，晶闸管再行导通。这样，在负载 R 上就可以得到如图 14-22（c）所示的电压波形。图 14-22（d）所示波形的阴影部分为晶闸管关断时所承受的正向和反向电压，其最高正向和反向电压均为输入交流电压的幅值。

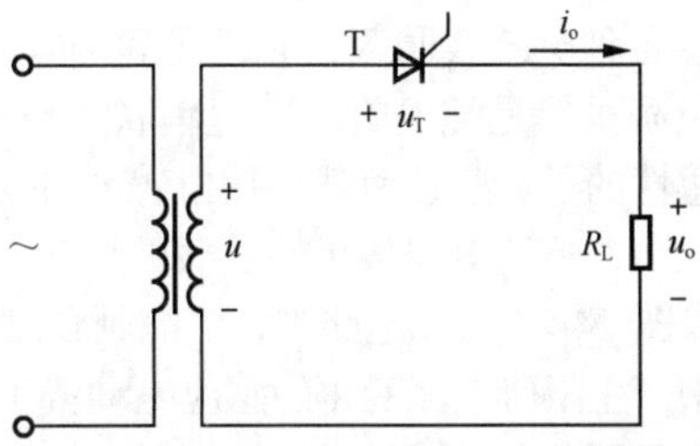

图 14-21 接电阻性负载的单相半波可控整流电路

显然，在晶闸管承受正向电压的时间内，改变控制极触发脉冲的输入时刻（移相），负载上得到的电压波形就发生改变，这样就控制了电路输出电压的大小。

晶闸管在正向电压下不导通的范围称为控制角（又称移相角），用α表示，而导电范围则称为导通角，用θ表示，如图 14-22（c）所示。很显然，导通角θ越大，输出电压越高。整流输出电压的平均值可以用控制角表示，即

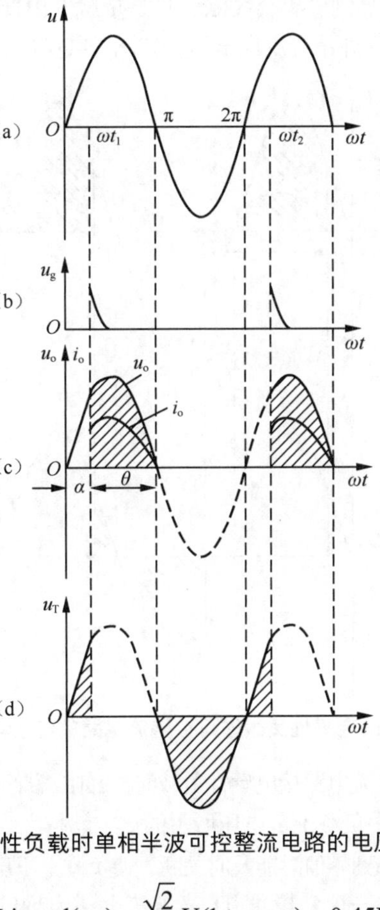

图 14-22 接电阻性负载时单相半波可控整流电路的电压与电流的波形

$$U_o = \frac{1}{2\pi}\int_{\alpha}^{\pi}\sqrt{2}U\sin\omega t\,d(\omega t) = \frac{\sqrt{2}}{2\pi}U(1+\cos\alpha) = 0.45U\times\frac{(1+\cos\alpha)}{2}$$

从上式可以看出，当$\alpha=0$（$\theta=180^\circ$）时晶闸管在正半周全导通，U_o=0.45U，输出电压最高，相当于不可控二极管单相半波整流电压。若$\alpha=180^\circ$，U_o=0，这时$\theta=0$，晶闸管全关断。

根据欧姆定律，电阻负载中整流电流的平均值为

$$I_o = \frac{U_o}{R_L} = 0.45\frac{U}{R_L}\times\frac{(1+\cos\alpha)}{2}$$

2．接电感性负载的单相半波可控整流电路

图 14-21 为接电阻性负载的情况，实际中遇到较多的是接电感性负载的情况，如各种电机的励磁绕组、各种电感线圈等，它们既含有电感，又含有电阻。有时负载虽然是纯电阻的，但串联了电感滤波器后，也变为电感性的了。感性负载可用电感元件 L 和电阻元件 R 的串联表示，整流电路接感性负载的情况如图 14-23 所示。

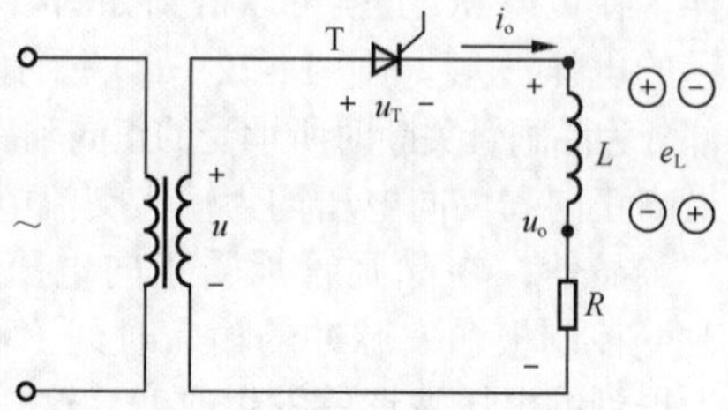

图 14-23 接电感性负载的单相半波可控整流电路

在图 14-23 所示电路中，当晶闸管刚触发导通时，电感元件中产生阻碍电流变化的感应电动势（其极性在图 14-23 中为上正下负），电路中电流不能跃变，将由零逐渐上升，如图 14-24（a）所示。当电流到达最大值时，感应电动势为零，而后电流减小，电动势 e_L 也就改变极性（在图 14-23 中为下正上负）。此后，在交流电压 u 到达零值之前，e_L 和 u 极性相同，晶闸管就导通。即使电压 u 经过零值变负之后，只要 e_L 大于 u，晶闸管继续承受正向电压，电流仍将继续流通，如图 14-24（a）所示。只要电流大于维持电流时，晶闸管不会关断，只是负载上出现了负电压。当电流下降到维持电流以下时，晶闸管才能关断，并且立即承受反向电压，如图 14-24（b）所示。

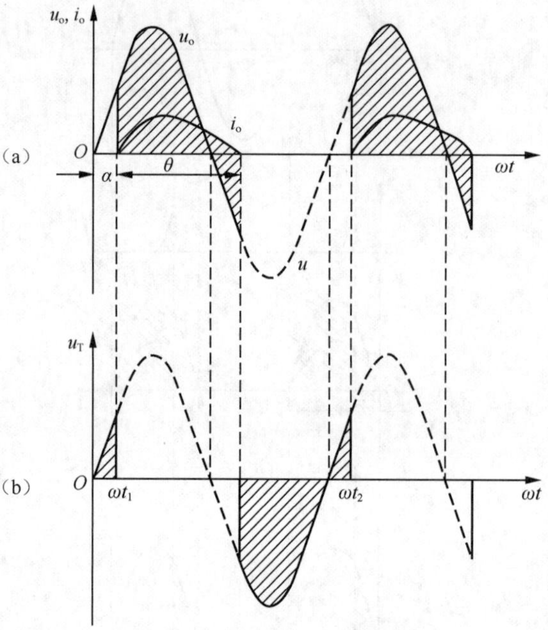

图 14-24 接电感性负载时可控整流电路的电压与电流的波形

综上可知，在单相半波可控整流电路接电感性负载时，晶闸管导通角 θ 将大于（$\pi-\alpha$）。负载电感越大，导通角 θ 越大，在一个周期中负载上负电压所占的比重就越大，整流输出电压和电流的平均值就越小。为了使晶闸管在电源电压 u 降到零值时能及时关断，使负载上不出现负电压，必须采取相应措施。

可以在电感性负载两端并联一个二极管 D 来解决上述出现的问题，如图 14-25 所示。当交流电压 u 过零变负后，二极管因承受正向电压而导通，于是负载上由感应电动势 e_L 产生的电流经过这个二极管形成回路。因此这个二极管称为续流二极管。这时负载两端电压近似为零，晶闸管因承受反向电压而关断。负载电阻上消耗的能量是电感元件释放的能量。

因为电路中电感元件 L 的作用，使负载电流 i_o 不能跃变，而是连续的。特别当 $\omega L >> R$ 时，且电路工作于稳态情况下，i_o 可近似认为恒定。此时负载电压 u_o 的波形与接电阻性负载时相同，如图 14-22（c）所示。

3．接电阻性负载的单相半控桥式整流电路

单相半波可控整流电路虽然有电路简单、调整方便、使用元件少的优点，但却有整流电压脉动大、输出整流电流小的缺点。工程上较常用的是单相半控桥式整流电路（简称半控桥），其电路如图 14-26 所示。电路与单相不可控桥式整流电路相似，只是其中两个臂中的二极管被晶闸管所取代。

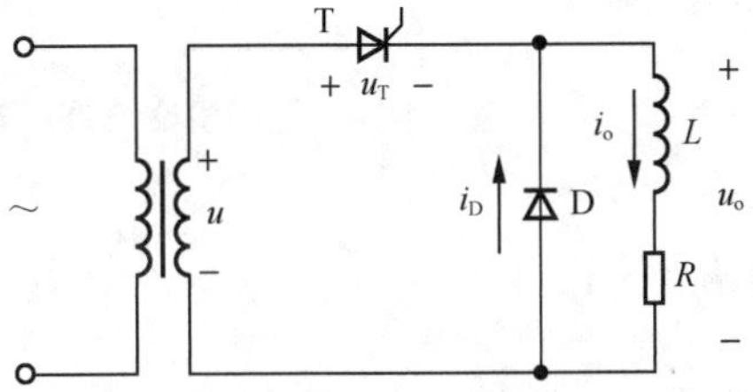

图 14-25 电感性负载并联续流二极管电路

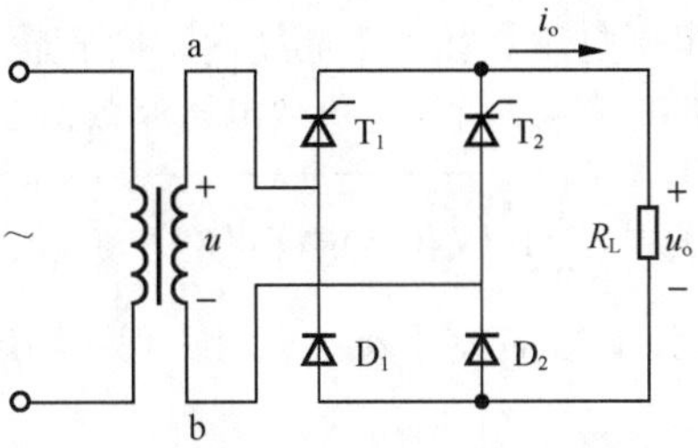

图 14-26 接电阻性负载的单相半控桥式整流电路

在变压器二次侧电压 u 的正半周（a 端为正）时，T_1 和 D_2 承受正向电压。如这时对晶闸管 T_1 引入触发信号，则 T_1 和 D_2 导通，电流的通路为

$$a \to T_1 \to R_L \to D_2 \to b$$

而 T_2 和 D_1 都因承受反向电压而截止。

同样，在电压 u 的负半周时，T_2 和 D_1 承受正向电压。这时，若对晶闸管 T_2 引入触发信号，则 T_2 和 D_1 导通，电流的通路为

$$b \to T_2 \to R_L \to D_1 \to a$$

这时 T_1 和 D_2 处于截止状态。

图 14-26 所示整流电路所接负载为电阻性，各电压、电流的波形如图 14-27 所示，图（b）中的 u_G 为加在晶闸管控制极上的触发电压。图 14-27（c）所示为输出电压 u_o 和电流 i_o 的波形，与如图 14-22（c）所示单相半波整流电路对应波形相比，桥式整流电路输出电压的平均值要大一倍，即

$$U_o = 0.9U \times \frac{(1+\cos\alpha)}{2}$$

而输出电流的平均值也要大一倍，为

$$I_o = \frac{U_o}{R_L} = 0.9\frac{U}{R_L} \times \frac{(1+\cos\alpha)}{2}$$

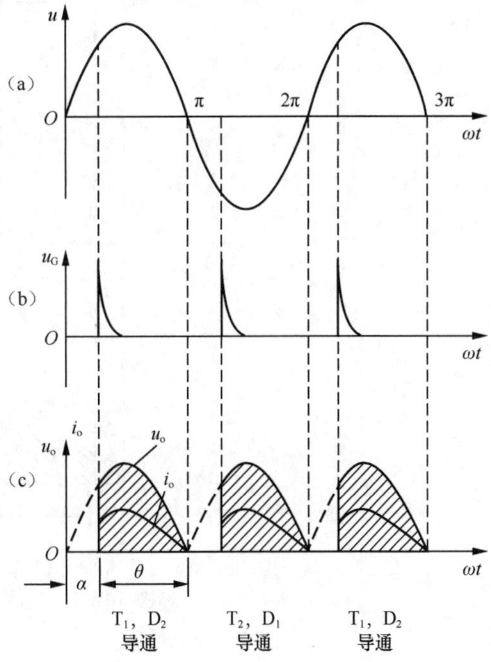

图 14-27 接电阻性负载时单相半控桥式整流电路的电压与电流的波形

要使晶闸管导通，除了加正向阳极电压外，在控制极与阴极之间还必须加触发电压。产生触发电压的电路称为晶闸管触发电路。触发电路的种类很多，本书不予介绍，读者可参考相关文献。

14.5.4 交流调压电路

前面介绍的两种晶闸管整流电路，实质上是直流调压电路。在生产实际中有时还需要调节交流电压，例如，上述电路可用在炉温控制和灯光调节等方面。

图 14-28 所示是最简单的晶闸管交流调压电路。将两只晶闸管反向并联之后串联在交流电路中，控制它们正、反向导通时间，就可达到调节交流电压的目的，此即 AC-AC 变换。图 14-28 中的两只晶闸管也可采用一只双向可控晶闸管代替。

设负载是电阻性的，或是白炽灯的灯丝，或是电炉的电阻丝。在电源电压 $u=\sqrt{2}U\sin wt$ 的正半周，晶闸管 T_2 承受反向电压，晶闸管 T_1 承受正向电压。这时如果将 T_1 触发导通，则负载上得到正半周电压。到了 u 的负半周，将 T_2 触发导通，负载上得到负半周电压。在一个周期内，两管轮流导通，负载电压 u_o 的波形如图 14-29 所示，负载电压有效值 U_o 为

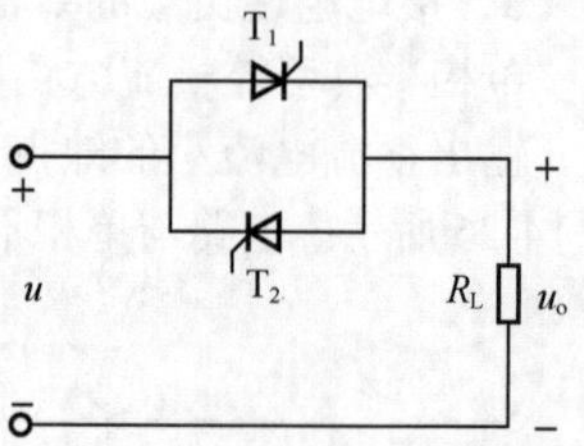

图 14-28　晶闸管交流调压电路

$$U_o=\sqrt{\frac{1}{\pi}\int_{\alpha}^{\pi}(\sqrt{2}U\sin\omega t)^2\mathrm{d}(\omega t)}=U\sqrt{\frac{1}{2\pi}\sin 2\alpha+\frac{\pi-\alpha}{\alpha}}$$

可见，改变控制角 α，就可实现对输出电压有效值的调节。

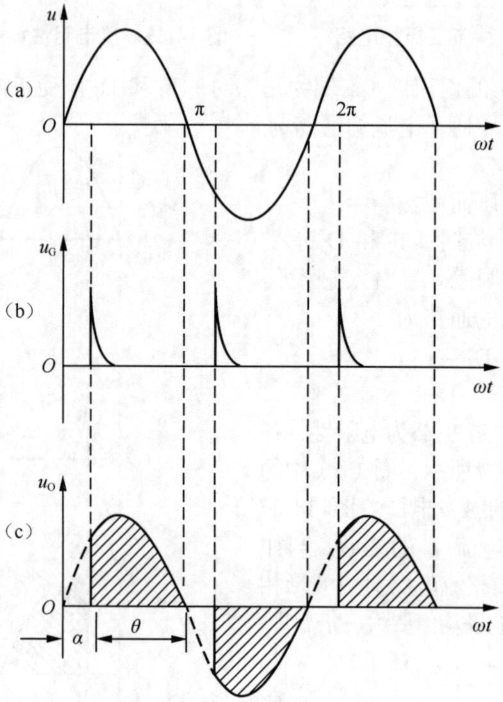

图 14-29　晶闸管交流调压电路的电压波形

《习　题》

14-1　电路如题 14-1 图所示，已知变压器的副边电压有效值为 $2U_2$。要求：（1）画出二极管 D_1 上电压 u_{D1} 和输出 u_o 的波形；（2）如果变压器中心抽头脱落，分析会出现什么故障；（3）分析如果两个二极管中的任意一个反接，会发生什么问题，如果两个二极管都反接，又会如何。

14-2　单相桥式整流电路同题 14-2 图所示电路，已知副边电压 U_2=56V，负载 R_L=300Ω。要求：（1）试计算二极管的平均电流 I_D 和承受的最高反向电压 U_{DM}；（2）如果某个整流二极管出现断路、反接，会出现什么状况。

14-3　试分析题 14-3 图所示电路的工作情况，图中二极管为理想二极管，$u_2=10\sin 100\pi t$V。要求画出 u_o 的波形图，求输出电压的平均值 U_o。

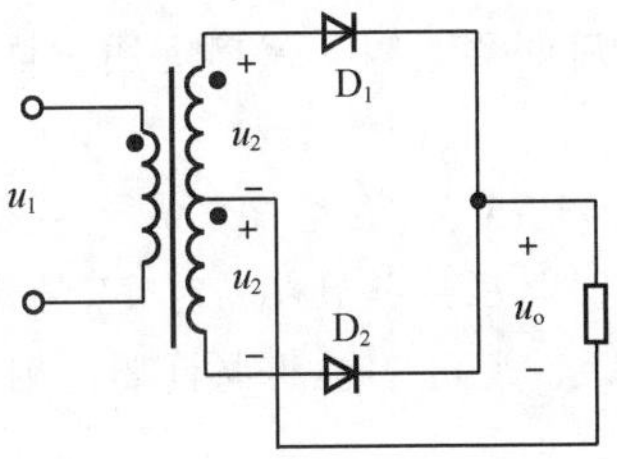

题 14-1 图

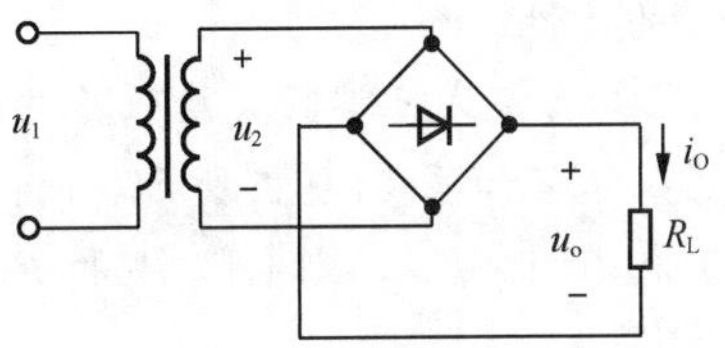

题 14-2 图

14-4 电路如题 14-4 图所示，电容的取值符合一般要求，按下列要求回答问题：（1）请标出 U_{o1}、U_{o2} 的极性，求出输出电压平均值 $U_{o1(AV)}$、$U_{o2(AV)}$；（2）求出每个二极管承受的最大反向电压。

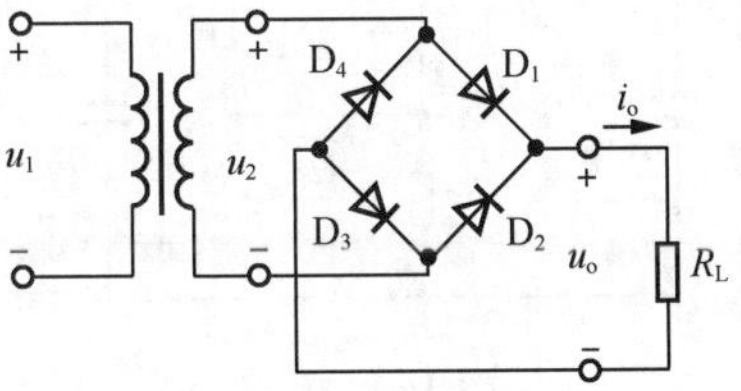

题 14-3 图

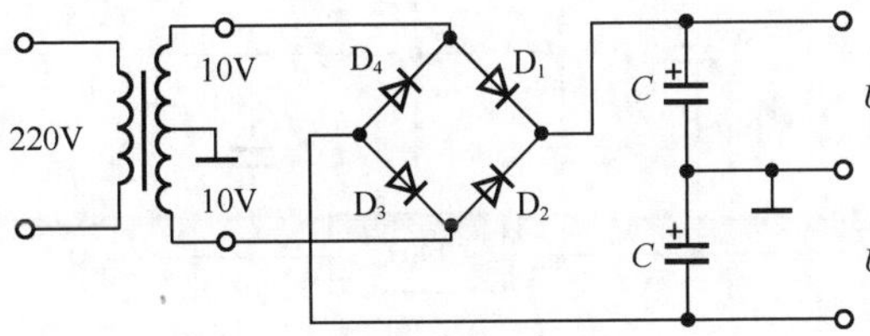

题 14-4 图

14-5 求题 14-5 图中各电路的输出电压平均值 $U_{o(AV)}$。其中图（b）所示的电路，满足 $R_LC \geqslant (3\sim5)\dfrac{T}{2}$ 的条件（T 为交流电网电压的周期），对其 $U_{o(AV)}$ 作粗略估算即可。题图中变压器次级电压均为有效值。

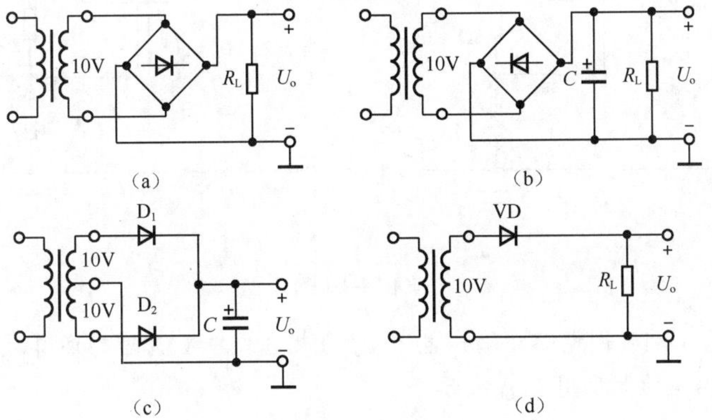

题 14-5 图

14-6 题 14-6 图所示的稳压电路中，已知输入电压 U_i=12±1.2V，稳压管的稳压值 U_Z=5V，最小稳定电流 I_{Zmin}=5mA，最大稳定电流 I_{Zmax}=40mA，负载电流的最大值 I_{Lmax}=30mA，求负载电阻 R 的取值范围。

14-7 题 14-7 图所示稳压管稳压电路中，输入电压 U_i=15V，波动范围±10%，负载变化范围 1kΩ～2kΩ，已知稳压管稳定电压 U_Z=6V，最小稳定电流 I_{Zmin}=5mA，最大稳定电流 I_{Zmax}=40mA，试确定限流电阻 R 的取值范围。

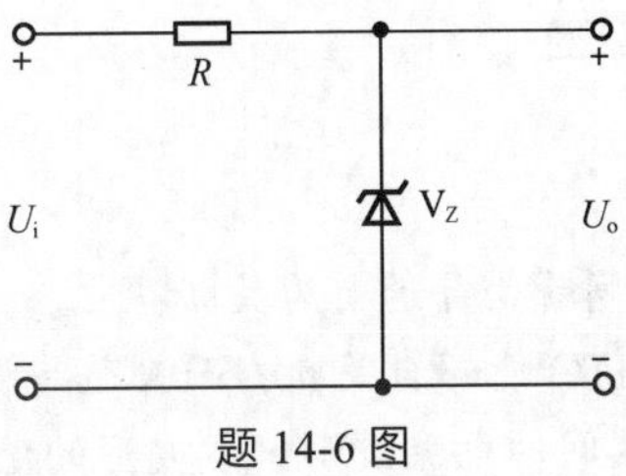

题 14-6 图

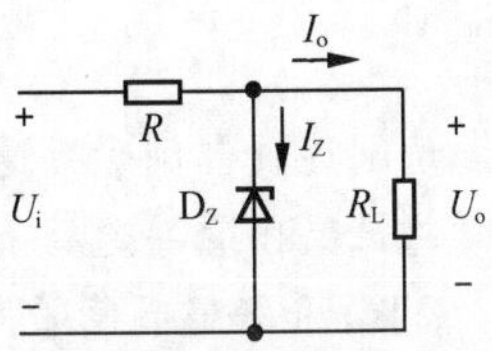

题 14-7 图

14-8　题 14-8 图所示为正负对称输出稳压电路，如果都采用电解电容，试确定图中电容 C_1、C_2、C_3、C_4的极性。

14-9　已知可调式三端集成稳压器 CW117 的基准电压 U_{REF}=1.25V，调整端电流 I_W=50μA，用它组成的稳压电路如题 14-9 图所示。问：（1）为得到 5V 的输出电压，并且 I_W 对 U_o的影响可以忽略不计（设 I_1=100I_W），则电阻 R_1和 R_2应选择多大？（2）若 R_2改用 2kΩ的电位器，则 U_o的可调范围有多大？

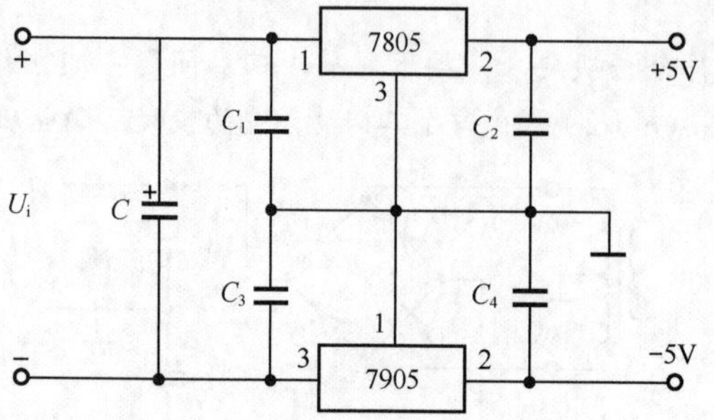

题 14-8 图

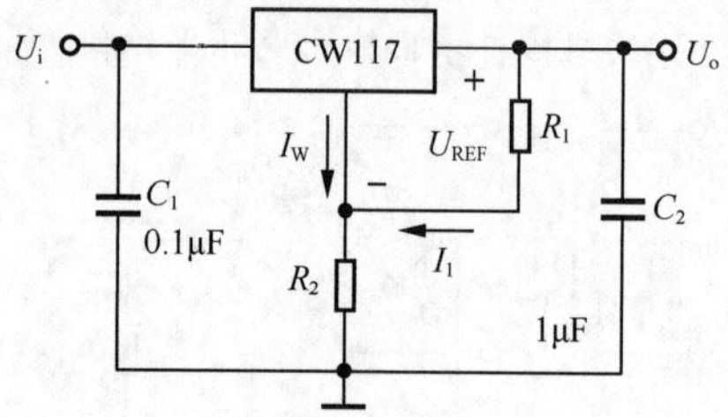

题 14-9 图

14-10　题 14-10 图中画出了两个用三端集成稳压器组成的电路，已知电流 I_W=5mA。要求：（1）写出图（a）中 I_o的表达式，并算出其具体数值；（2）写出图（b）中 U_o的表达式，并算出当 R_2=5Ω时 U_o的具体数值；（3）请指出这两个电路分别具有什么功能。

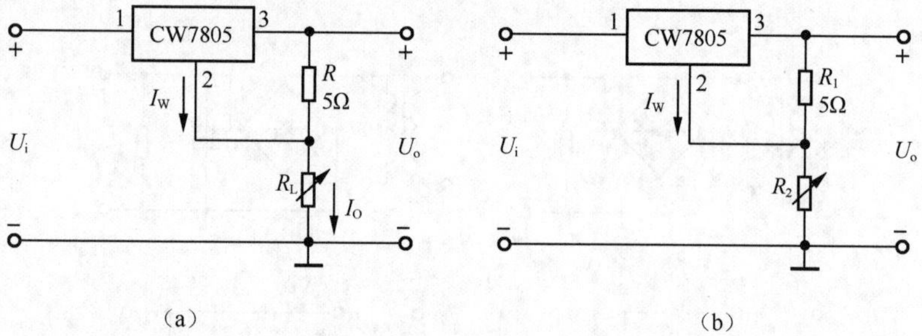

题 14-10 图

14-11　试推导题 14-11 图电路中输出电流 I_o的表达式。A 为理想运算放大器，三端集成稳压器 CW7824 的 2、3 端间的电压用 V_{REF}表示。

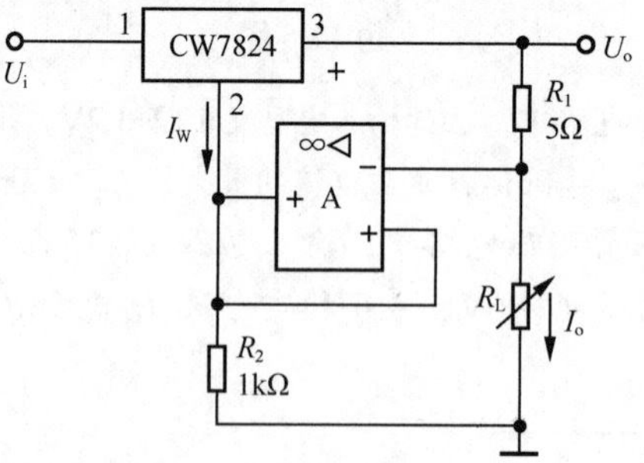

题 14-11 图

14-12　请阐述使晶闸管导通的条件是什么？

14-13　维持晶闸管导通的条件是什么？怎样才能使晶闸管由导通变为关断？

14-14　GTO 和普通晶闸管同为 PNPN 结构，为什么 GTO 能够自关断，而普通晶闸管不能？

14-15　题 14-15 图中阴影部分为晶闸管处于导通态区间的电流波形，各波形的电流最大值均

为 I_m，试计算各波形的电流平均值 I_{d1}、I_{d2}，以及电流有效值 I_1、I_2。

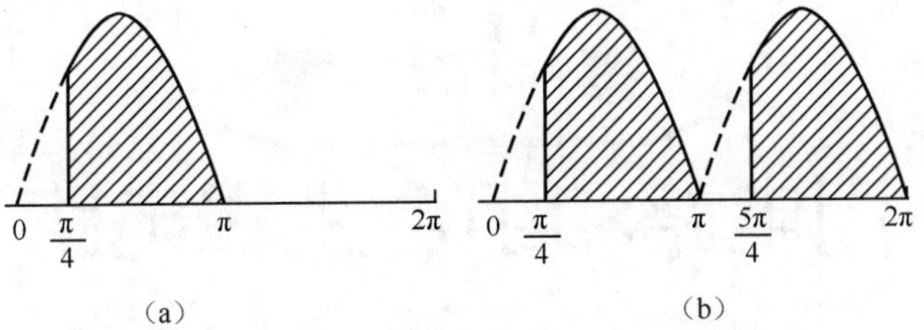

题 14-15 图

14-16　单相桥式半控整流电路如题 14-16 图所示，为电阻性负载，画出整流二极管在一个周期内承受的电压波形。

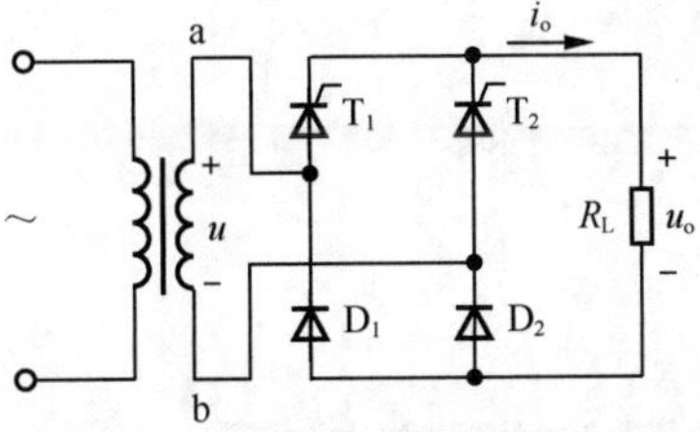

题 14-16 图

第 15 章 门电路和组合逻辑电路

【本章简介】

本章介绍门电路和组合逻辑电路，具体内容为模拟信号与数字信号、数制与基本逻辑运算、逻辑门电路、逻辑代数、组合逻辑电路的分析与设计、常用组合逻辑器件、组合逻辑器件的应用。

15.1 模拟信号与数字信号

自然界中的许多物理量如速度、温度、湿度、压力、声音等都随时间变化，都可以表示成时间的函数。随时间的连续变化其幅值也连续变化的物理量，称为模拟量或连续时间信号，也称为模拟信号。在工程技术上，为便于处理和分析，通常用传感器将非电量转换为与之成比例的电压或电流，然后再将它们送到电子系统中作进一步处理。

数字信号是对模拟电压、电流信号等采样、量化和编码后得到的一系列时间离散、幅值离散的信号，如图 15-1 所示。用数字信号表示物理量大小时存在误差，误差的大小与编码位数及量化策略有关。

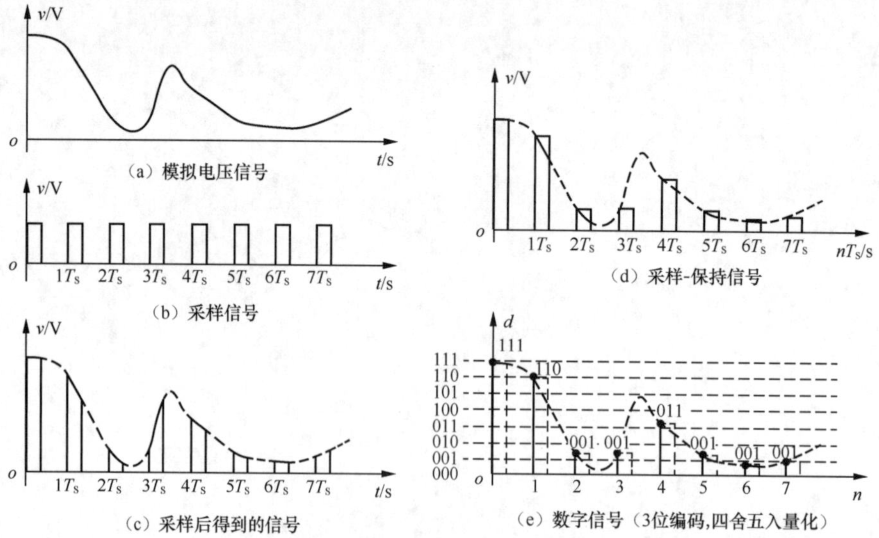

图 15-1　模拟量的数字表示

模拟信号可以用数学表达式或波形图等表示，图 15-1（a）是用波形图表示的随时间变化的模拟电压信号。数字信号用 0、1 两种值，即二值逻辑表示；或用高、低电平组成的数字波形，即逻辑电平表示。图 15-1（e）中的数字信号的表示如图 15-2 所示，时钟信号 *CP* 使用的是归零型数字波形，d_2、d_1、d_0使用的是非归零型数字波形。图中的 H、L 分别对应高电平和低电平。

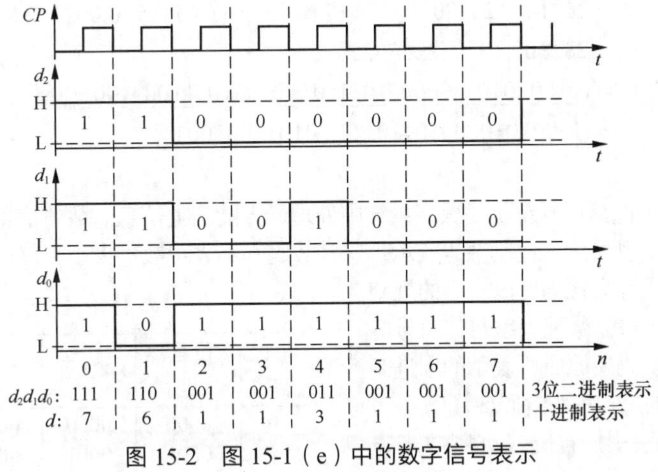

图 15-2　图 15-1（e）中的数字信号表示

15.2 数制与基本逻辑运算

15.2.1 数制与二进制代码

1．数制

日常生活中的计数习惯使用十进制。每年的月份使用 12 进制，每天的小时使用 24 进制。1 小时等于 60 分钟，1 分钟等于 60 秒，对应的是 60 进制。在数字系统中，通常采用二进制，有时也采用十六进制或八进制。

十进制用 0、1、2、3、4、5、6、7、8、9 共 10 个字符计数，逢十进一。任意十进制数 N 可表示为

$$(N)_{\mathrm{D}} = N = \sum_{i=-\infty}^{\infty} K_i \times 10^i$$

其中，10^i 为十进制数中第 i 个数码 K_i 的权。千位、百位、十位、个位、十分位、百分位、千分位的权分别为 10^3、10^2、10^1、10^0、10^{-1}、10^{-2}、10^{-3}，依此类推。如十进制数 45087.209 可以表示成

$$(45087.209)_{\mathrm{D}} = 4\times10^4 + 5\times10^3 + 0\times10^2 + 8\times10^1 + 7\times10^0 + 2\times10^{-1} + 0\times10^{-2} + 9\times10^{-3}$$

二进制用 0、1 共 2 个字符计数，逢二进一。任意二进制数 N 可表示为

$$(N)_{\mathrm{B}} = \sum_{i=-\infty}^{\infty} K_i \times 2^i$$

其中，2^i 为二进制数中第 i 个数码 K_i 的权，权的核定方法与十进制相同。等式右边求和结果是十进制数。如二进制数 11001.101 可以表示成

$$\begin{aligned}(11001.101)_{\mathrm{B}} &= 1\times2^4 + 1\times2^3 + 0\times2^2 + 0\times2^1 + 1\times2^0 + 1\times2^{-1} + 0\times2^{-2} + 1\times2^{-3} \\ &= 16+8+0+0+1+0.5+0+0.125 = 25.625\end{aligned}$$

十六进制用 0、1、2、3、4、5、6、7、8、9、A、B、C、D、E、F 共 16 个字符计数，逢十六进一。其中 A、B、C、D、E、F 分别对应十进制的 10、11、12、13、14、15。任意十六进制数 N 可表示为

$$(N)_{\mathrm{H}} = \sum_{i=-\infty}^{\infty} K_i \times 16^i$$

其中，16^i 为十六进制数中第 i 个数码 K_i 的权，权的核定方法与十进制相同。等式右边求和结果是十进制数。如十六进制数 450B7.2C9 可以表示成

$$(450B7.2C9)_H = 4\times16^4+5\times16^3+0\times16^2+11\times16^1+7\times16^0+2\times16^{-1}+12\times16^{-2}+9\times16^{-3}$$
$$= 262144+20480+0+176+7+0.125+0.046875+0.002197265625$$
$$= 282807.174072265625$$

$$(450B7.2C9)_H = (\underline{0100}\ \underline{0101}\ \underline{0000}\ \underline{1011}\ \underline{0111}.\underline{0010}\ \underline{1100}\ \underline{1001})_B$$
$$= (10001010000010110111.001011001001)_B$$

2. 二进制代码

数值和文字符号（包括控制符）是数字系统中处理最多的两类信息。数值信息的表示方法如前文所述。文字符号信息通常也采用二进制数码表示，这些数码并不表示数量大小，仅仅区别不同事物而已。这些特定的二进制数码称为代码。以一定的规则编制代码，用以表示十进制数值、字母、符号等的过程称为编码。将代码还原成所表示的十进制数值、字母、符号等的过程称为解码或译码。

二－十进制码就是用 4 位二进制数来表示 1 位十进制数中的 0～9 十个数码，即二进制编码的十进制（BCD 码）。常见的 BCD 码如表 15-1 所示。

在一组数的编码中，若任意两个相邻的代码只有一位二进制数不同，则称这种编码为格雷码，又因这种码表示的最大数与最小数之间也仅一位数不同，即“首尾相连”，因此又称循环码或反射码。表 15-1 中的最后一列为 4 位格雷码。

美国标准信息交换码（也称为 ASCII 码）是一种 7 位二进制码，用于对计算机键盘上的每个按键，包括字母、符号、数值、控制符及特殊符号进行编码。

表 15-1　常见的 BCD 码

十进制数	4 位自然二进制	8421 码	5421 码	2421 码	4 位格雷码
0	0000	0000	0000	0000	0000
1	0001	0001	0001	0001	0001
2	0010	0010	0010	0010	0011
3	0011	0011	0011	0011	0010
4	0100	0100	0100	0100	0110
5	0101	0101	1000	0101	0111
6	0110	0110	1001	0110	0101
7	0111	0111	1010	0111	0100
8	1000	1000	1011	1110	1100
9	1001	1001	1100	1111	1101
10	1010	×	×	×	1111
11	1011	×	×	×	1110
12	1100	×	×	×	1010
13	1101	×	×	×	1011
14	1110	×	×	×	1010
15	1111	×	×	×	1000

15.2.2 二值逻辑变量与基本逻辑运算

当用 0 和 1 表示逻辑状态时，两个二进制数码按照某种指定的因果关系进行的运算称为逻辑运算。逻辑运算可以用语言描述，也可用逻辑代数表达式描述，还可以用表格或图形描述。由输入逻辑变量所有取值的组合与其对应的输出逻辑变量的值构成的表格，称为真值表。用规定的逻辑符号表示的图形称为逻辑图。逻辑变量通常使用单个大写字母表示，如 A、B、C、X、Y、Z 等，并且取值只能是 0 或 1，逻辑运算结果也只能是 0 或 1，因此也称为二值逻辑。需要注意的是，这里的 0 或 1 不表示数量的大小，而是用来表示完全对立的逻辑状态。

与（AND）、或（OR）、非（NOR）是三种基本逻辑运算，与非（NAND）、或非（NOR）、异或（XOR）等是复合逻辑运算。

在下面的说明中，我们把开关闭合作为条件（或导致事物结果的原因），也称输入，把灯亮作为结果，也称输出。

在实现与逻辑运算功能的指示灯控制电路中，只有当两个开关同时闭合时，指示灯才会亮，即只有决定事物结果的全部条件同时具备时，结果才发生。这种因果关系叫作逻辑与。

在实现或逻辑运算功能的指示灯控制电路中，只要有任何一个开关闭合，指示灯就亮，即在决定事物结果的诸条件中只要有任何一个满足，结果就会发生。这种因果关系叫作逻辑或。

在实现非逻辑运算功能的指示灯控制电路中，开关断开时灯亮，开关闭合时灯反而不亮。即只要条件具备了，结果便一定不会发生；而条件不具备时，结果一定会发生。这种因果关系叫作逻辑非，也叫逻辑求反。

若以 A、B 表示开关的状态，并以 1 表示开关闭合，0 表示开关断开；以 F 表示指示灯的状态，并以 1 表示灯亮，0 表示不亮，将所有可能的输入组合列出，根据电路图得到对应的输出值，则可以列出以 0、1 表示的与、或、非逻辑关系的图表，这样的图表叫作真值表，如表 15-2 中所示。

表 15-2　实现与、或、非逻辑运算的电路图、真值表、逻辑表达式、逻辑符号

逻辑运算	实现相应逻辑运算的指示灯控制电路图	真值表 输入		真值表 输出	逻辑表达式*	逻辑符号 国外书刊、资料	逻辑符号 国家、IEEE 标准
与逻辑运算	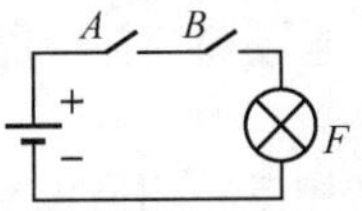	A	B	F	$F=A\cdot B$ 或 $F=AB$	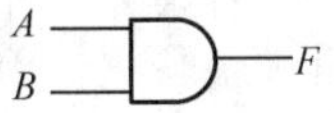	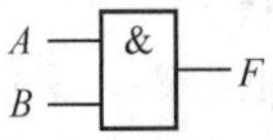
		0	0	0			
		0	1	0			
		1	0	0			
		1	1	1			
或逻辑运算	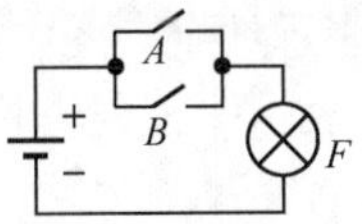	A	B	F	$F=A+B$	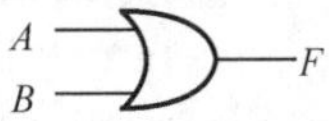	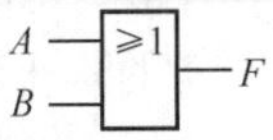
		0	0	0			
		0	1	1			
		1	0	1			
		1	1	1			
非逻辑运算	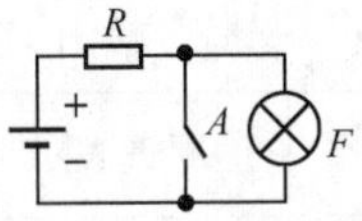	A		F	$F=\overline{A}$	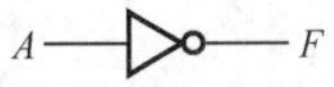	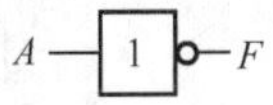
		0		1			
		1		0			

*表中以“·”表示与运算，有时也省掉“·”，以“+”表示或运算，以变量上边的“¯”表示非运算，以“⊕”表示异或运算。

表 15-2 列出了实现与、或、非逻辑运算功能的指示灯控制电路、逻辑真值表、逻辑表达式、逻辑符号。表 15-3 则列出了实现与非、或非、异或逻辑运算功能的逻辑表达式、逻辑真值表、逻辑符号。

表 15-3　常用复合逻辑运算的逻辑表达式、逻辑真值表、逻辑符号

逻辑运算	逻辑表达式	逻辑真值表 输入		逻辑真值表 输出	逻辑符号 国外书刊、资料	逻辑符号 国家、IEEE 标准
与非逻辑运算	$F=\overline{A\cdot B}=\overline{AB}$	A	B	F	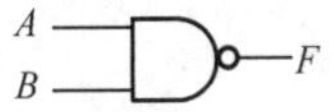	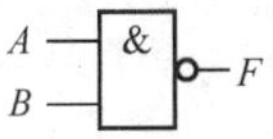
	$F=\overline{0\cdot 0}=\overline{0}=1$	0	0	1		
	$F=\overline{0\cdot 1}=\overline{0}=1$	0	1	1		
	$F=\overline{1\cdot 0}=\overline{0}=1$	1	0	1		
	$F=\overline{1\cdot 1}=\overline{1}=0$	1	1	0		
或非逻辑运算	$F=\overline{A+B}$	A	B	F	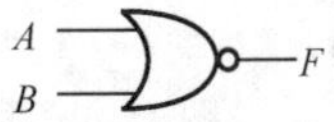	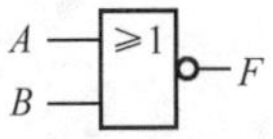
	$F=\overline{0+0}=\overline{0}=1$	0	0	1		
	$F=\overline{0+1}=\overline{1}=0$	0	1	0		
	$F=\overline{1+0}=\overline{1}=0$	1	0	0		
	$F=\overline{1+1}=\overline{1}=0$	1	1	0		
异或逻辑运算	$F=A\oplus B=A\overline{B}+\overline{A}B$	A	B	F	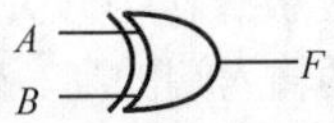	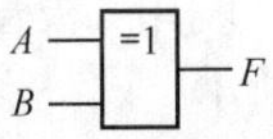
	$F=0\oplus 0=0\cdot\overline{0}+\overline{0}\cdot 0=0$	0	0	0		
	$F=0\oplus 1=0\cdot\overline{1}+\overline{0}\cdot 1=1$	0	1	1		
	$F=1\oplus 0=1\cdot\overline{0}+\overline{1}\cdot 0=1$	1	0	1		
	$F=1\oplus 1=1\cdot\overline{1}+\overline{1}\cdot 1=0$	1	1	0		

15.3 逻辑门电路

用以实现基本逻辑运算和复合逻辑运算的单元电路称为逻辑门电路。逻辑门电路可以用分立元件构成，实际工程中多以集成电路的方式构成，包括 TTL 门电路、MOS 门电路和 ECL 门电路等。

15.3.1 二极管、三极管和场效应管开关电路

逻辑变量和逻辑运算的取值只能是“0”或“1”，这里的“0”和“1”表示的是两种不同的逻辑状态，就像真与假、有与无、开与关、导通与截止、高电平与低电平等。在电路中通常用高电平与低电平表示这两种逻辑状态，用电路的通与断实现这两种逻辑状态。

用高电平表示逻辑 1，用低电平表示逻辑 0 时，称为正逻辑；相反，用低电平表示逻辑 1，用高电平表示逻辑 0 时，称为负逻辑。如无特殊说明，后续内容均使用正逻辑。

图 15-3 给出了一个能获得高低电平的电路结构及对应的逻辑表示约定。图中的输入 V_i 可控制开关 S 的断开与闭合。当开关 S 断开时，输出电压 V_o 为高电平，表示一种逻辑状态；而当开关 S 闭合时，输出电压 V_o 为低电平，表示另外一种逻辑状态。

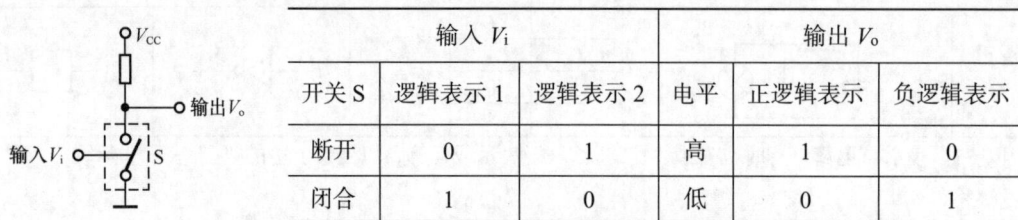

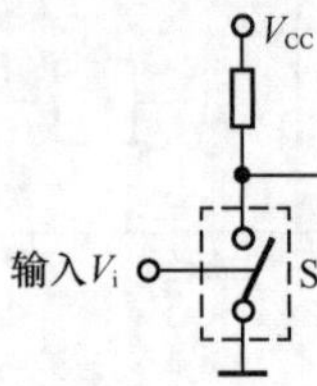

输入 V_i			输出 V_o		
开关 S	逻辑表示 1	逻辑表示 2	电平	正逻辑表示	负逻辑表示
断开	0	1	高	1	0
闭合	1	0	低	0	1

图 15-3　获得高、低电平的电路结构及逻辑表示约定

开关 S 是以半导体二极管、三极管或场效应管等元件组成的，利用二极管的单向导通特性、三极管的饱和导通和截止、场效应管的导通和截止两种工作状态，起到开关的作用。用二极管、三极管、场效应管构建的开关电路如图 15-4 所示。

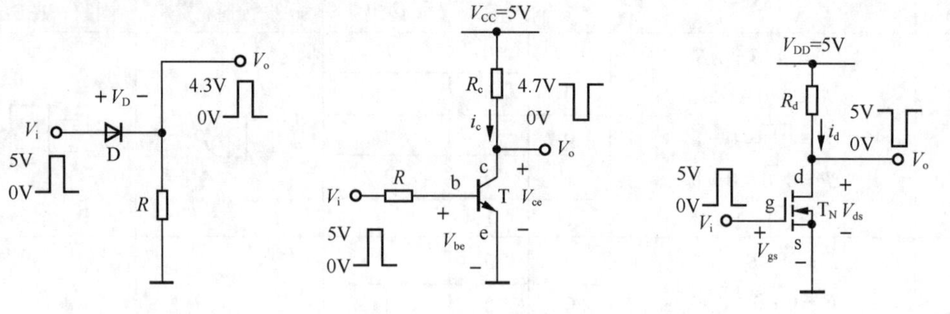

（a）二极管开关电路　（b）三极管开关电路　（c）场效应管开关电路

图 15-4　用二极管、三极管、场效应管构建的开关电路

15.3.2 分立元件门电路

利用二极管、三极管作为开关元件，可以构建逻辑与门、逻辑或门、逻辑非门，电路如图 15-5 所示。设 A、B 两输入端的高、低电平分别为 V_{IH}>2V，V_{IL}<1V。假设二极管 D_1、D_2 的正向导通电压降 V_D =0.7V，三极管 T 基-射级导通电压降 V_{BE} =0.7V，基极-发射极饱和导通电压降 V_{CE} = 0.3V，电路功能及逻辑功能如表 15-4 所示。

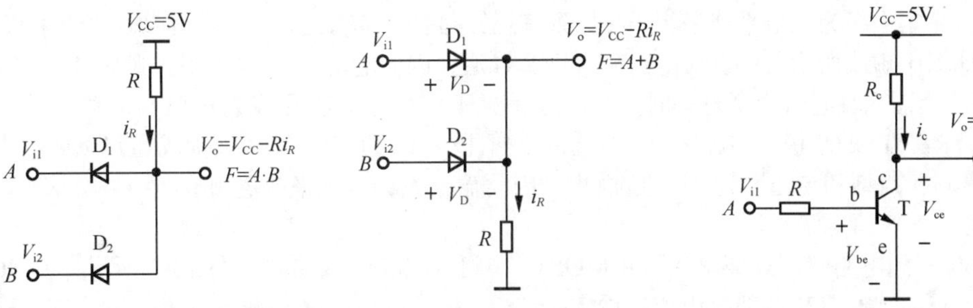

（a）二极管与门电路　（b）二极管或门电路　（c）三极管非门电路

图 15-5　分立元件基本逻辑门电路

表 15-4　图 15-5 所示电路功能及逻辑状态约定

	输入		开关元件工作状态		输出	逻辑输入		逻辑输出	逻辑函数表达式
	V_{i1}	V_{i2}			V_o	A	B	F	
图（a）二极管与门电路	0V	0V	D_1导通	D_2导通	0.7V	0	0	0	$F=A\cdot B=AB$
	0V	5V	D_1导通	D_2截止	0.7V	0	1	0	
	5V	0V	D_1截止	D_2导通	0.7V	1	0	0	
	5V	5V	D_1截止	D_2截止	5V	1	1	1	
图（b）二极管或门电路	0V	0V	D_1截止	D_2截止	0V	0	0	0	$F=A+B$
	0V	5V	D_1截止	D_2导通	4.3V	0	1	1	
	5V	0V	D_1导通	D_2截止	4.3V	1	0	1	
	5V	5V	D_1导通	D_2导通	4.3V	1	1	1	
图（c）三极管非门电路	0V		T 截止		5V	0		1	$F=\overline{A}$
	5V		T 饱和导通		0.3V	1		0	

15.3.3 集成逻辑门电路

集成逻辑门电路主要有两种类型，一种是用双极型晶体管构成的双极型门电路，包括 TTL、ECL 等类型；另一种是用金属-氧化物-半导体场效应管（Meta-Oxide-Semiconductor，MOS）构成的 MOS 门电路，包括 NMOS、PMOS、CMOS 等类型。用 N 沟道增强型 MOS 管构成的集成逻辑门电路称为 NMOS 门电路；用 P 沟道增强型 MOS 管构成的集成逻辑门电路称为 PMOS 门电路；用 N 沟道增强型 MOS 管和 P 沟道增强型 MOS 管互补构成的集成逻辑门电路称为 CMOS 门电路。CMOS 电路的性能最好，因而应用最为广泛。

1．典型 TTL 门电路

典型 TTL 门电路有与非门、与门、或非门，图 15-6 所示为 TTL 与非门电路，由输入级、中间级和输出级组成。输入级起到信号输入放大作用，中间级起到信号处理及耦合作用，输出级起到驱动放大作用。

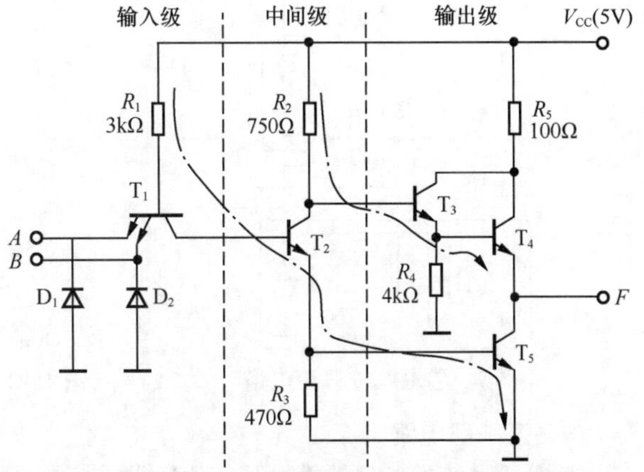

图 15-6　TTL 与非门电路

图 15-6 所示电路中，A、B 为多发射极三极管 T_1 的两个射极输入端，在 AB 为逻辑 00、01、10 时，即 A、B 只要有一个为低电平时，T_1

就饱和导通，其集电极为低电平或逻辑 0，导致 T_2、T_5 截止，这时由 R_2、T_3 的基极、发射极和 R_4 构成通路（如图中虚线所示），能确保 T_3、T_4 饱和导通，因而输出 F 为高电平或逻辑 1；当 AB 为逻辑 11，即两个输入端同时为高电平时，T_1 处于倒置工作状态（基极-发射极反偏，基极-集电极正偏），这时由 R_1、T_1 的基极-集电极、T_2 的基极-发射极、T_5 的基极-发射极构成通路（如图中虚线所示），确保 T_2、T_5 饱和导通，且 T_3、T_4 截止，因而输出 F 为低电平或逻辑 0。

2．典型 CMOS 门电路

典型 CMOS 门电路有 CMOS 非门、CMOS 与非门、CMOS 或非门。图 15-7 所示为 CMOS 或非门电路。电路由 TP、TN 两部分组成。设 V_{TN}=2V，有 $V_{GS}<V_{TN}$，TN 截止；$V_{GS}>V_{TN}$，TN 导通；设 V_{TP}=−2V，有 $V_{GS}<V_{TP}$，TP 导通；$V_{GS}>V_{TP}$，TP 截止。

在图 15-7 电路中，TP_1 与 TP_2 串联连接构成 TP 部分，TP_1 与 TP_2 任意一个或两个截止，TP 部分就截止。TN_1 与 TN_2 并联连接构成 TN 部分，TN_1 与 TN_2 任意一个或两个导通，TN 部分就导通。因此，输入 A、B 为逻辑 01（TP_1、TN_2 导通，TN_1、TP_2 截止）、10（TN_1、TP_2 导通，TP_1、TN_2 截止）、11（TP_1、TP_2 截止，TN_1、TN_2 导通）时，TP 部分截止，TN 导通，输出 F 为低电平或逻辑 0；输入 A、B 为逻辑 00 时，TP1、TP2 导通，即 TP 部分导通，而 TN_1、TN_2 截止，即 TN 部分截止，输出 F 为高电平或逻辑 1。因而图 15-7 实现或非门的功能，即 $F=\overline{A+B}$。

3．集电极或漏极开路门电路

有时需要将门电路的多个输出端并联，但是前面所讨论的 TTL、MOS 门电路的输出端不能直接并联使用。因为这些具有有源负载的推拉式输出级的门电路，无论是输出高电平还是低电平，其输出电阻都很小。如果将两个门输出端并联，当一个输出端为低电平，而另外一个输出端为高电平时，必有很大电流流过两个门的输出级。由于电流很大，不仅会使导通门的输出低电平严重抬高，破坏电路的逻辑功能，甚至还会造成逻辑门输出级的永久损坏。

克服上述问题的方法是把输出级改为三极管集电极开路或 MOS 管漏极开路的输出结构，这种结构的门电路称为集电极开路门（Open Collector）或漏极开路门（Open Drain），简称 OC 或 OD 门，电路符号的输出端用符号“◇”表示，如图 15-8（a）所示。

OC 或 OD 门工作时，需要外接负载电阻和电源，多个 OC 或 OD 门的输出并联后，可共用一个集电极或漏极负载电阻 R_L 和电源 V_{CC}，如图 15-8（b）所示。显然只有当多个输出都为高电平时，F 才为高电平；只要其中有一个输出为低电平，F 就为低电平，即 $F=F_1F_2F_3=\overline{AB}\cdot\overline{CD}\cdot\overline{EF}$，因此实现了“线与”逻辑功能。

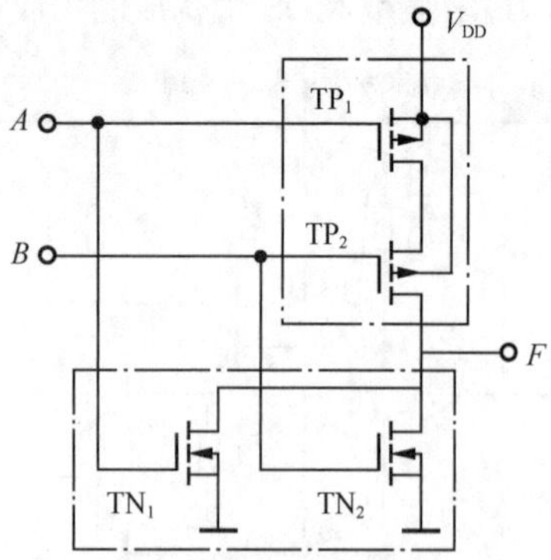

图 15-7　CMOS 或非门电路

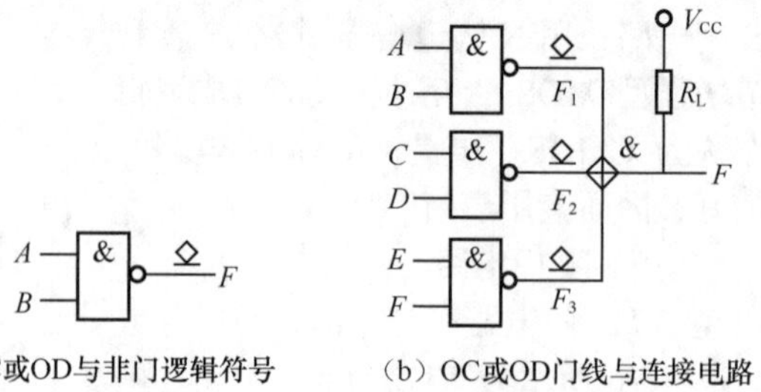

（a）OC或OD与非门逻辑符号　（b）OC或OD门线与连接电路

图 15-8　集电极开路门（OC）和漏极开路门（OD）

4．三态门电路

计算机系统的各部件模块及芯片通常挂接在系统总线上，在某一时刻只能有一个发送端，为了使各模块芯片能够分时传送信号，需要具有三态输出的门电路，简称三态门，即输出端状态不仅有高电平和低电平，而且具有第三种状态——高阻状态。每一种基本门电路都可以构成三态门电路，

图 15-9（a）为 CMOS 三态非门电路，图 15-9（b）为三态与非门逻辑符号。

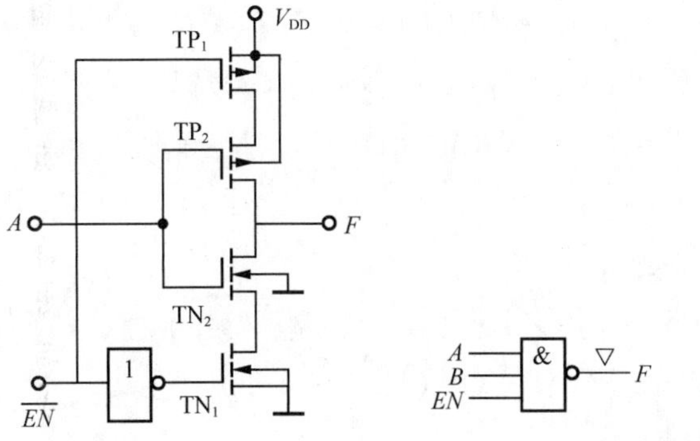

（a）CMOS三态非门　　（b）三态门与非门逻辑符号

图 15-9　CMOS 三态非门电路及三态与非门逻辑符号

在图 15-9（a）中，当 $\overline{EN}$ 为逻辑 1 状态（高电平）时，TP_1、TP_2、TN_1、TN_2 均截止，输出端与电源和地之间的电阻都很大，输出 F 为高阻状态。当 $\overline{EN}$ 为逻辑 0 状态（低电平）时，TP_1 和 TN_1 均饱和导通，电路为正常反相器的功能，即 $F=\overline{A}$。

如果 $\overline{EN}$ 端的使能信号为逻辑 0 时，电路为正常门电路的工作状态，则控制端信号为低电平有效。

15.4 逻辑代数

逻辑代数是分析与设计逻辑电路的数学工具。

15.4.1 逻辑代数的公理与定理

公理是逻辑代数的基本出发点，是客观存在的抽象。以下给出的五组公理，可由逻辑代数三种基本运算直接得出，无须加以证明。

（1）$X=0$，如果 $X\neq 1$　　$X=1$，如果 $X\neq 0$

（2）$\overline{0}=1$　　$\overline{1}=0$

（3）$0\cdot 0=0$　　$0+0=0$

（4）$1\cdot 1=1$　　$1+1=1$

（5）$0\cdot 1=1\cdot 0=0$　　$0+1=1+0=1$

下面是单个变量的逻辑代数定理。

（1）自等律：$X+0=X$　　$X\cdot 1=X$

（2）0-1 律：$X+1=1$　　$X\cdot 0=0$

（3）还原律：$\overline{\overline{X}}=X$

（4）同一律：$X+X=X$　　$X\cdot X=X$

（5）互补律：$X+\overline{X}=1$　　$X\cdot\overline{X}=0$

下面是二变量或三变量逻辑代数定理。

（1）交换律：$X\cdot Y=Y\cdot X$　　$X+Y=Y+X$

$A\oplus B=B\oplus A$　　$A\odot B=B\odot A$

（2）结合律：$X\cdot(Y\cdot Z)=X\cdot Y\cdot Z$　　$X+(Y+Z)=(X+Y)+Z$

$A\oplus(B\oplus C)=(A\oplus B)\oplus C$　　$A\odot(B\odot C)=(A\odot B)\odot C$

（3）分配律：$X\cdot(Y+Z)=X\cdot Y+X\cdot Z$　　　$X+Y\cdot Z=(X+Y)\cdot(X+Z)$

$$A\cdot(B\oplus C)=(A\cdot B)\oplus(A\cdot C)$$

（4）合并律：$X\cdot Y+X\cdot\overline{Y}=X(Y+\overline{Y})=X$，$(X+Y)\cdot(X+\overline{Y})=XX+X\overline{Y}+XY+Y\overline{Y}=X$

（5）吸收律：$X+X\cdot Y=X$　　$X\cdot(X+Y)=X$　　$X\cdot(\overline{X}+Y)=X\cdot Y$

$$X+\overline{X}\cdot Y=X(Y+\overline{Y})+Y(X+\overline{X})=X+Y=Y+X\overline{Y}$$

（6）添加律（一致性定理）：

$$X\cdot Y+\overline{X}\cdot Z+Y\cdot Z=X\cdot Y+\overline{X}\cdot Z+(X+\overline{X})\cdot Y\cdot Z=X\cdot Y+\overline{X}\cdot Z$$

$$(X+Y)\cdot(\overline{X}\cdot Z)\cdot(Y+Z)=(X+Y)\cdot(\overline{X}\cdot Z)$$

（7）摩根定律（反演律）：

$\overline{X_1\cdot X_2\cdot\ \cdots\ \cdot X_n}=\overline{X_1}+\overline{X_2}+\cdots+\overline{X_n}$，如 $\overline{A\cdot\overline{B}\cdot C\cdot\overline{D}}=\overline{A}+\overline{\overline{B}}+\overline{C}+\overline{\overline{D}}=\overline{A}+B+\overline{C}+D$

$\overline{X_1+X_2+\cdots+X_n}=\overline{X_1}\cdot\overline{X_2}\cdot\ \cdots\ \cdot\overline{X_n}$，如 $\overline{A+\overline{B}+C+\overline{D}}=\overline{A}\cdot\overline{\overline{B}}\cdot\overline{C}\cdot\overline{\overline{D}}=\overline{A}\cdot B\cdot\overline{C}\cdot D$

$\overline{F(X_1,X_2,\cdots,X_n,+,\cdot)}=F(\overline{X_1},\overline{X_2},\cdots,\overline{X_n},\cdot,+)$，如 $\overline{A\cdot\overline{B}+C\cdot\overline{D}}==\overline{A\cdot\overline{B}}\cdot\overline{C\cdot\overline{D}}=(\overline{A}+\overline{\overline{B}})\cdot(\overline{C}+\overline{\overline{D}})=$ $(\overline{A}+B)\cdot(\overline{C}+D)$

摩根定律即逻辑代数的基本规则中的反演规则，在下一小节作进一步介绍。

（8）变量和常量的关系：

$$A\oplus A=0,\ A\oplus\overline{A}=1\rightarrow A\oplus 0=A,\ A\oplus 1=\overline{A}$$

$$A\odot A=1,\ A\odot\overline{A}=0\rightarrow A\odot 1=1,\ A\odot 0=\overline{A}$$

15.4.2 逻辑代数的基本规则

1．代入规则

在任何含有变量 X 的逻辑等式中，如果将式中所有出现 X 的地方都用另一个函数 F 来代替，则等式仍然成立。这就是代入规则。在应用代入规则时需要注意的是，为保证逻辑式中变量运算的次序不发生变化，应该在代入时添加括号。例如，若 $X\cdot Y+X\cdot\overline{Y}=X$，同时又有 $X=\overline{A}+B,Y=A\cdot(\overline{B}+C)$，那么等式 $(\overline{A}+B)\cdot(A\cdot(\overline{B}+C))+(\overline{A}+B)\cdot\overline{(A\cdot(\overline{B}+C))}=(\overline{A}+B)$ 成立。

2．对偶规则

对于任何一个逻辑式 F，若将其中所有的“·”换成“+”、“+”换成“·”、0 换成 1、1 换成 0，则得到一个新的逻辑式 F_d，这个 F_d 就叫作 F 的对偶式。或者说，F 和 F_d 互为对偶式。若两逻辑式相等，则它们的对偶式也相等，这就是对偶规则。为确保逻辑式中变量运算的优先次序不变，在使用对偶规则时也要注意添加括号。例如，若 $F_d=A+BC$，则 $F=A\cdot(B+C)$；若 $F=\overline{AB+CD}$，则 $F_d=\overline{(A+B)(C+D)}$；若 $F=\overline{A+B}\cdot\overline{C+D}$，则 $F_d=\overline{AB}+\overline{CD}$。

3．反演规则

对于任意一个逻辑式 F，若将其中所有的“·”换成“+”、“+”换成“·”、0 换成 1、1 换成 0、原变量换成反变量、反变量换成原变量，则得到的结果就是 $\overline{F}$。这个规则叫作反演规则。

反演规则为求取已知逻辑式的反逻辑式提供了方便。但是，在使用反演规则时，需要注意遵守以下两点。

（1）为确保逻辑表达式中变量运算的优先次序不变，要适时添加括号。

（2）不属于单个变量上的反号应保留不变。

例如，$F = A + BC$ 时，有 $\overline{F} = \overline{A+BC} = \overline{A}\cdot\overline{BC} = \overline{A}\cdot(\overline{B}+\overline{C})$，而不是 $\overline{F} = \overline{A+BC} = \overline{A}\cdot\overline{BC} = \overline{A}\cdot\overline{B}+\overline{C}$。

例 15-1　已知 $F = A + BC + CD$，求 $\overline{F}$。

解：设 $X=BC$，$Y=CD$，依据反演规则，有

$$\overline{X} = \overline{BC} = \overline{B}+\overline{C}\ ,\quad \overline{Y} = \overline{CD} = \overline{C}+\overline{D}$$

依据代入规则，有

$$\begin{aligned}\overline{F} &= \overline{A+BC+CD} = \overline{A+X+Y} = \overline{A}\cdot\overline{X}\cdot\overline{Y} = \overline{A}\cdot(\overline{B}+\overline{C})\cdot(\overline{C}+\overline{D})\\ &= \overline{A}\,\overline{B}\,\overline{C} + \overline{A}\,\overline{C} + \overline{A}\,\overline{B}\,\overline{D} + \overline{A}\,\overline{C}\,\overline{D} = \overline{A}\,\overline{C}(\overline{B}+1+\overline{D}) + \overline{A}\,\overline{B}\,\overline{D} = \overline{A}\,\overline{C} + \overline{A}\,\overline{B}\,\overline{D}\end{aligned}$$

15.4.3　逻辑函数及其表示

描述输入逻辑变量和输出逻辑变量之间的因果关系的函数称为逻辑函数，也称二值逻辑函数。

描述输出与输入逻辑变量关系的方法有功能表、真值表、卡诺图、逻辑函数表达式、逻辑电路图和波形图等，这些描述方法可以相互转换。

图 15-10 是一个简单的照明灯电路图。描述其逻辑功能时，我们设开关断开为逻辑 0、合上为逻辑 1，这是逻辑输入。设灯亮为逻辑 1、灯不亮为逻辑 0，这是逻辑输出。该电路的功能表、真值表，分别如表 15-5、表 15-6 所示。

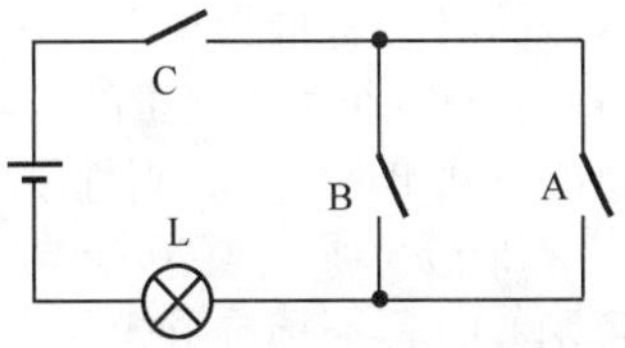

图 15-10　简单的照明灯电路图

表 15-5　图 15-10 电路的功能表

输入			输出
开关 C	开关 B	开关 A	灯的状态
断开	断开	断开	不亮
断开	断开	合上	不亮
断开	合上	断开	不亮
断开	合上	合上	不亮
合上	断开	断开	不亮
合上	断开	合上	亮
合上	合上	断开	亮
合上	合上	合上	亮

表 15-6　图 15-10 电路的真值表

输入			输出
C	B	A	L
0	0	0	0
0	0	1	0
0	1	0	0
0	1	1	0
1	0	0	0
1	0	1	1
1	1	0	1
1	1	1	1

*3 个开关，对应 3 个逻辑变量，总共有 $2^3=8$ 种可能组合，真值表需要 8 行。n 个逻辑变量，总共有 2^n 种可能组合，真值表需要 2^n 行。

在表 15-6 所示真值表中，如果设逻辑非变量对应 0，逻辑原变量对应 1，则每一行对应的输出逻辑变量和输入逻辑变量之间的关系表达式如下

$$\overline{L_0} = \overline{C}\,\overline{B}\,\overline{A},\quad \overline{L_1} = \overline{C}\,\overline{B}A,\quad \overline{L_2} = \overline{C}B\overline{A},\quad \overline{L_3} = \overline{C}BA,\quad \overline{L_4} = C\overline{B}\,\overline{A},\quad L_5 = C\overline{B}A,\quad L_6 = CB\overline{A},\quad L_7 = CBA$$

由于真值表给出的是所有可能的情况，将所有逻辑输出为 1 的项的表达式或在一起，就能得到相应的逻辑函数表达式。显然，由表 15-6 得到的逻辑函数表达式为

$$L = f(A,B,C) = L_5 + L_6 + L_7 = C\overline{B}A + CB\overline{A} + CBA$$

这种形式的逻辑函数表达式为标准的与-或表达式。

然而，如果设逻辑非变量对应 1，逻辑原变量对应 0，则每一行对应的输出逻辑变量和输入逻辑变量之间的关系表达式为

$$L_0 = C+B+A,\quad L_1 = C+B+\overline{A},\quad L_2 = C+\overline{B}+A,\quad L_3 = C+\overline{B}+\overline{A},$$
$$L_4 = \overline{C}+B+A,\quad \overline{L_5} = \overline{C}+B+\overline{A},\quad \overline{L_6} = \overline{C}+\overline{B}+A,\quad \overline{L_7} = \overline{C}+\overline{B}+\overline{A}$$

将所有逻辑输出为 0 的项的表达式与在一起，就能得到相应的逻辑函数表达式。显然，由表 15-6 得到的逻辑函数表达式为

$$L = f(A,B,C) = (C+B+A)(C+B+\overline{A})(C+\overline{B}+A)(C+\overline{B}+\overline{A})(\overline{C}+B+A)$$

这种形式的逻辑函数表达式为标准的或-与表达式。

15.4.4 逻辑函数的标准形式

逻辑函数的标准形式有与-或形式、或-与形式两种。

在有 n 个逻辑变量的逻辑函数中，若某个与项包含了这 n 个变量且每个变量均以原变量或反变量的形式出现一次，则称该项为此逻辑函数的最小项，记为 m。含 n 个逻辑变量的逻辑函数总共有 2^n 个最小项，这 2^n 个最小项中只有一项值为 1，剩余的 2^n-1 项值均为 0。最小项 m 的或称为逻辑函数的与-或标准形式。

在有 n 个逻辑变量的逻辑函数中，若某个或项包含了这 n 个变量且每个变量均以原变量或反变量的形式出现一次，则称该项为此逻辑函数的最大项，记为 M。含 n 个逻辑变量的逻辑函数总共有 2^n 个最大项，这 2^n 个最大项中只有一项值为 0，剩余的 2^n-1 项值均为 1。最大项 M 的与称为逻辑函数的或-与标准形式。

一个包含 A、B、C 三个变量的函数，其最小项、最大项及编号如表 15-7 所示。

表 15-7　包含 A、B、C 三个变量的函数的最小项、最大项表达式及编号

变量			ABC 的二进制值	ABC 的十进制值	最小项表达式：1 用原变量表示，0 用反变量表示	最小项表达式编号	最大项表达式：0 用原变量表示，1 用反变量表示	最大项表达式编号
A	B	C						
0	0	0	000	0	$\overline{A}\cdot\overline{B}\cdot\overline{C}$	m_0	$A+B+C$	M_0
0	0	1	001	1	$\overline{A}\cdot\overline{B}\cdot C$	m_1	$A+B+\overline{C}$	M_1
0	1	0	010	2	$\overline{A}\cdot B\cdot\overline{C}$	m_2	$A+\overline{B}+C$	M_2
0	1	1	011	3	$\overline{A}\cdot B\cdot C$	m_3	$A+\overline{B}+\overline{C}$	M_3
1	0	0	100	4	$A\cdot\overline{B}\cdot\overline{C}$	m_4	$\overline{A}+B+C$	M_4
1	0	1	101	5	$A\cdot\overline{B}\cdot C$	m_5	$\overline{A}+B+\overline{C}$	M_5
1	1	0	110	6	$A\cdot B\cdot\overline{C}$	m_6	$\overline{A}+\overline{B}+C$	M_6
1	1	1	111	7	$A\cdot B\cdot C$	m_7	$\overline{A}+\overline{B}+\overline{C}$	M_7

利用互补律 $X+\overline{X}=1$ 可以把任意一个逻辑函数转化为最小项之或的标准形式。可用最小项列表 $\sum m_i$ 表示。如 $\sum m_i$（i=1，4，5，6，7），意思是“变量 A、B、C 的最小项 1、4、5、6、7 的或”。

利用互补律 $X\cdot\overline{X}=0$ 在缺少某一变量的和项中加上该变量，然后利用分配律 $A = A+X\cdot\overline{X} = (A+X)(A+\overline{X})$ 展开，就可以把任意一个逻辑函数转化为最大项之与的标准形式。可用最大项列表 $\prod M_i$ 表示。如 $\prod M_i$(i=1，4，5，6，7)，意思是“变量 A、B、C 的最大项 1、4、5、6、7 的与”。

最小项与最大项之间存在如下关系：（1）相同编号的最小项与最大项互补，即 $m_i = \overline{M_i}$，$\overline{m_i} = M_i$。例如，$\overline{m_7} = \overline{ABC} = \overline{A}+\overline{B}+\overline{C} = M_7$。（2）同一逻辑函数的最小项下标的集合与最大项下标的集合互为补集。例如，$F(A,B,C) = \sum m_i(i=1,3,5,6,7) = \prod M_i(i=0,2,4)$。

例 15-2 给定如下逻辑函数，将它们化为与-或标准形式（最小项或）、或-与标准形式（最大项与）。

（1）$F = A + \overline{B}C$ （2）$F = (A + \overline{B})(B + C)$

解：

（1）

$$F = A + \overline{B}C = A(B + \overline{B})(C + \overline{C}) + (A + \overline{A})\overline{B}C = ABC + AB\overline{C} + A\overline{B}C + A\overline{B}\,\overline{C} + A\overline{B}C + \overline{A}\,\overline{B}C$$
$$= m_7 + m_6 + m_5 + m_4 + m_5 + m_1 = \sum m_i(i = 7,6,5,4,1)$$

$$F = A + \overline{B}C = (A + \overline{B})(A + C) = (A + \overline{B} + C)(A + \overline{B} + \overline{C})(A + B + C)(A + \overline{B} + C)$$
$$= M_2 M_3 M_0 M_2 = \Pi M_i(i = 0,2,3)$$

（2）

$$F = (A + \overline{B})(B + C) = (A + \overline{B} + C\overline{C})(A\overline{A} + B + C) = (A + \overline{B} + C)(A + \overline{B} + \overline{C})(A + B + C)(\overline{A} + B + C)$$
$$= M_2 \cdot M_3 \cdot M_0 \cdot M_4 = \prod M_i(i = 0,2,3,4) = \sum m_i(i = 1,5,6,7)$$

15.4.5 逻辑函数的化简

1. 逻辑函数的最简形式

化简逻辑函数的意义在于，用尽可能少的电子器件实现同一功能的逻辑电路，从而降低成本，提高设备的可靠性。化简逻辑函数的规则：在与-或或或-与逻辑函数式中，要求其中包含的与项或或项最少，而且每个与项或或项里的因子已不能再减少。化简逻辑函数的目的就是要消去多余的与项和每个与项中多余的因子，以使逻辑函数式最简。

逻辑函数的卡诺图法化简

在用门电路实现逻辑函数时，通常需要使用与门、或门和非门三种类型的器件。与非运算和或非运算是完备的逻辑运算。如果只有与非门一种器件，就必须将与-或逻辑函数式变换成全部由与非运算组成的逻辑式。为此，可用摩根规则将逻辑函数式进行变换，如

$$F = AC + \overline{B}C = \overline{\overline{AC + \overline{B}C}} = \overline{\overline{AC} \cdot \overline{\overline{B}C}}$$

上式的最终形式称为与非-与非逻辑式。同理，如果只有或非门一种器件，就必须将或-与逻辑函数式变换成全部由或非运算组成的逻辑式。如

$$F = (\overline{A} + B)(\overline{B} + C) = \overline{\overline{(\overline{A} + B)(\overline{B} + C)}} = \overline{\overline{\overline{A} + B} + \overline{\overline{B} + C}}$$

逻辑函数化简的方法通常有公式法、卡诺图法等。

2. 公式法化简

公式化简法的原理就是反复使用逻辑代数的公理和规则消去函数式中多余的与项和多余的因子，以求得函数式的最简形式。公式法化简经常使用的方法有以下五种。

（1）并项法：利用合并律 $XY + X\overline{Y} = X$ 将两项合并为一项，并消去 Y 和 $\overline{Y}$ 这一对因子。而且，根据代入规则可知，X 和 Y 都可以是任意复杂的逻辑式。

（2）吸收法：利用吸收律 $X + XY = X$ 可将 XY 项消去。X 和 Y 可以是任意一个复杂的逻辑式。

（3）消因子法：利用吸收律 $X + \overline{X}Y = X + Y = Y + X\overline{Y}$ 将 $\overline{X}Y$ 中的 $\overline{X}$ 或 $X\overline{Y}$ 中的 $\overline{Y}$ 消去。X、Y 均可以是任意复杂的逻辑式。

（4）消项法：利用添加律 $XY + \overline{X}Z + YZ = XY + \overline{X}Z + (X + \overline{X})YZ = XY + \overline{X}Z$ 将 YZ 项消去。其中 X、Y、Z 都可以是任意复杂的逻辑式。

（5）添加项法：逆向利用添加律公式 $XY + \overline{X}Z = XY + \overline{X}Z + YZ$ 可以在逻辑函数式中添加一项，消去两项，从而达到化简的目的。其中 X、Y、Z 都可以是任意复杂的逻辑式。

例 15-3 用公式法化简下列逻辑函数：

（1）$F_1 = A\bar{B}C + A\bar{B}\bar{C}$　　（2）$F_2 = A\bar{B} + A\bar{B}CD(E+F)$

（3）$F_3 = AB + \bar{A}C + \bar{B}C$　　（4）$F_4 = A\bar{B} + \bar{A}B + B\bar{C} + \bar{B}C$

解：（1）用并项法化简有

$$F_1 = A\bar{B}(C+\bar{C}) = A\bar{B}$$

（2）用吸收法化简有

$$F_2 = A\bar{B} + A\bar{B}CD(E+F) = A\bar{B}(1+CD(E+F)) = A\bar{B}$$

（3）用消因子法化简有

$$F_3 = AB + \bar{A}C + \bar{B}C = AB + (\bar{A}+\bar{B})C = AB + \overline{AB}\cdot C = AB + C$$

（4）用添加项法化简有

$$F_4 = A\bar{B} + \bar{A}B + B\bar{C} + \bar{B}C = A\bar{B} + B\bar{C} + (\bar{A}B + \bar{B}C) = A\bar{B} + B\bar{C} + (\bar{A}B + \bar{B}C + \bar{A}C)$$
$$= (A\bar{B} + \bar{B}C + \bar{A}C) + B\bar{C} + \bar{A}B = (A\bar{B} + \bar{A}C) + B\bar{C} + \bar{A}B$$
$$= A\bar{B} + (\bar{A}C + B\bar{C} + \bar{A}B) = A\bar{B} + \bar{A}C + B\bar{C}$$

例 15-4 化简下列逻辑函数：

（1）$F_1 = AC + \bar{B}C + B\bar{D} + C\bar{D} + A(B+\bar{C}) + \bar{A}BC\bar{D} + A\bar{B}DE$

（2）$F_2 = A\bar{B} + B\bar{C} + C\bar{D} + D\bar{A} + A\bar{C} + \bar{A}C$

解：（1）

$$F_1 = AC + \bar{B}C + B\bar{D} + C\bar{D}(1+\bar{A}B) + A\cdot\overline{\bar{B}C} + A\bar{B}DE$$
$$= AC + \bar{B}C + B\bar{D} + C\bar{D} + A\cdot\overline{\bar{B}C} + A\bar{B}DE$$
$$= AC + (\bar{B}C + A\cdot\overline{\bar{B}C}) + B\bar{D} + C\bar{D} + A\bar{B}DE$$
$$= AC + (\bar{B}C + A) + B\bar{D} + C\bar{D} + A\bar{B}DE$$
$$= (AC + A + A\bar{B}DE) + (\bar{B}C + B\bar{D} + C\bar{D})$$
$$= A + \bar{B}C + B\bar{D}$$

（2）$F_2 = (A\bar{B} + B\bar{C} + \bar{A}C) + (C\bar{D} + D\bar{A} + A\bar{C}) = A\bar{B} + B\bar{C} + C\bar{D} + D\bar{A}$

用公式法化简逻辑函数，没有明显的可供遵循的规律，技巧性很强，而且不容易得知是否达到最简。

3．卡诺图法化简

（1）逻辑函数的卡诺图表示法

卡诺图是逻辑函数真值表的图形表示，是由美国工程师卡诺（Karnaugh）首先提出的。图 15-11 中画出了二变量和三变量最小项的卡诺图。

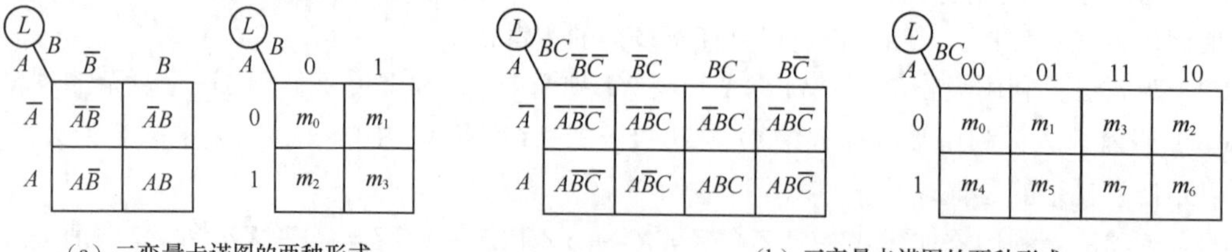

（a）二变量卡诺图的两种形式　　（b）三变量卡诺图的两种形式

图 15-11　最小项的卡诺图

图形中方格的左侧和上侧标注的 0 和 1 表示使对应小方格内的最小项为 0 或 1 的变量取值。同时，这些 0 和 1 组成的二进制数所对应的十进制数大小也就是对应的最小项的编号。为了保证图中几何位置相邻的最小项在逻辑上也具有相邻性，这些数码不能按自然二进制数从小到大的顺序排列，而必须按格雷码的方式排列，即按任意两个相邻的代码只有一位二进制数不同的方式排列，这样可以确保相邻的两个最小项仅有一个变量是不同的。需要注意的是，卡诺图的最上面和最下面、最左面和最右面都具有逻辑相邻性。因此，从几何位置上应当把卡诺图看成是上下、左右闭合的图形。

（2）用卡诺图表示逻辑函数

既然任何一个逻辑函数都能表示为若干最小项之或的形式，那么自然也就可以设法用卡诺图来表示任意一个逻辑函数。具体的方法是首先把逻辑函数化为最小项之或的形式，然后在卡诺图上与这些最小项对应的位置上填入 1，在其余的位置上填入 0，就得到了表示该逻辑函数的卡诺图。也就是说，任何一个逻辑函数都等于它的卡诺图中填入 1 的那些最小项之或。

例 15-5 用卡诺图表示逻辑函数 $F=\overline{A}\overline{B}\overline{C}D+\overline{A}B\overline{D}+ACD+A\overline{B}$。

解：首先将 F 化为最小项之或的形式。

$$\begin{aligned}F&=\overline{A}\overline{B}\overline{C}D+\overline{A}B\overline{D}(C+\overline{C})+ACD(B+\overline{B})+A\overline{B}(C+\overline{C})(D+\overline{D})\\&=\overline{A}\overline{B}\overline{C}D+\overline{A}BC\overline{D}+\overline{A}B\overline{C}\overline{D}+ABCD+A\overline{B}CD+A\overline{B}CD+A\overline{B}C\overline{D}+A\overline{B}\overline{C}D+A\overline{B}\overline{C}\overline{D}\\&=\overline{A}\overline{B}\overline{C}D+\overline{A}B\overline{C}\overline{D}+\overline{A}BC\overline{D}+A\overline{B}\overline{C}\overline{D}+A\overline{B}\overline{C}D+A\overline{B}C\overline{D}+A\overline{B}CD+ABCD\\&=m_1+m_4+m_6+m_8+m_9+m_{10}+m_{11}+m_{15}\end{aligned}$$

画出四变量最小项的卡诺图，在对应于函数式中各最小项的位置上填入 1，其余位置上填入 0，就得到如图 15-12 所示的卡诺图。

例 15-6 已知逻辑函数的卡诺图如图 15-13 所示，写出该函数的逻辑式。

CD \ AB	00	01	11	10
00	0	0	0	1
01	1	0	0	1
11	0	0	1	1
10	0	1	0	1

图 15-12 例 15-5 的卡诺图

C \ AB	00	01	11	10
0	0	1	0	1
1	1	0	1	0

图 15-13 例 15-6 的卡诺图

解：因为函数 F 等于卡诺图中填入 1 的那些最小项进行式运算，所以有 $F=\overline{A}B\overline{C}+\overline{A}\overline{B}C+ABC+A\overline{B}\overline{C}$

（3）用卡诺图化简逻辑函数

利用卡诺图化简逻辑函数的方法称为卡诺图化简法。化简时依据的基本原理就是具有相邻性的最小项可以合并，并消去不同的因子。由于在卡诺图上几何位置上的相邻性与逻辑上的相邻性是一致的，因而从卡诺图上能直观地找出那些具有相邻性的最小项并将其合并化简。

① 合并最小项的规则

a. 若两个最小项相邻，则可合并为一项并消去一对因子。合并后的结果中只剩下公共因子。在图 15-14（a）和（b）中画出了两个最小项相邻的可能的情况。例如，图 15-14（a）中 $AB\overline{C}$ (m_6) 和 ABC (m_7)相邻，故可合并为：$AB\overline{C}+ABC=AB(\overline{C}+C)=AB$。合并后将 C 和 $\overline{C}$ 一对因子消掉了，只剩下公共因子 A 和 B。

b. 若四个最小项相邻并排列成一个矩形组，则可合并为一项并消去两对因子。合并后的结果中只包含公共因子。例如，在图 15-14（d）中，$\overline{A}B\overline{C}D$ (m_5)、$\overline{A}BCD$ (m_7)、$AB\overline{C}D$ (m_{13})、$ABCD$ (m_{15})相邻，故可合并。合并后得到

$$\begin{aligned}\overline{A}B\overline{C}D+\overline{A}BCD+AB\overline{C}D+ABCD&=BD(\overline{A}\overline{C}+\overline{A}C+A\overline{C}+AC)=BD(\overline{A}\overline{C}+A\overline{C}+\overline{A}C+AC)\\&=BD(\overline{A}\overline{C}+A\overline{C}+\overline{A}C+AC)=BD(\overline{C}+C)=BD\end{aligned}$$

可见，合并后消去了 A、$\overline{A}$、C、$\overline{C}$ 两对因子，只剩下四个最小项的公共因子 B 和 D。

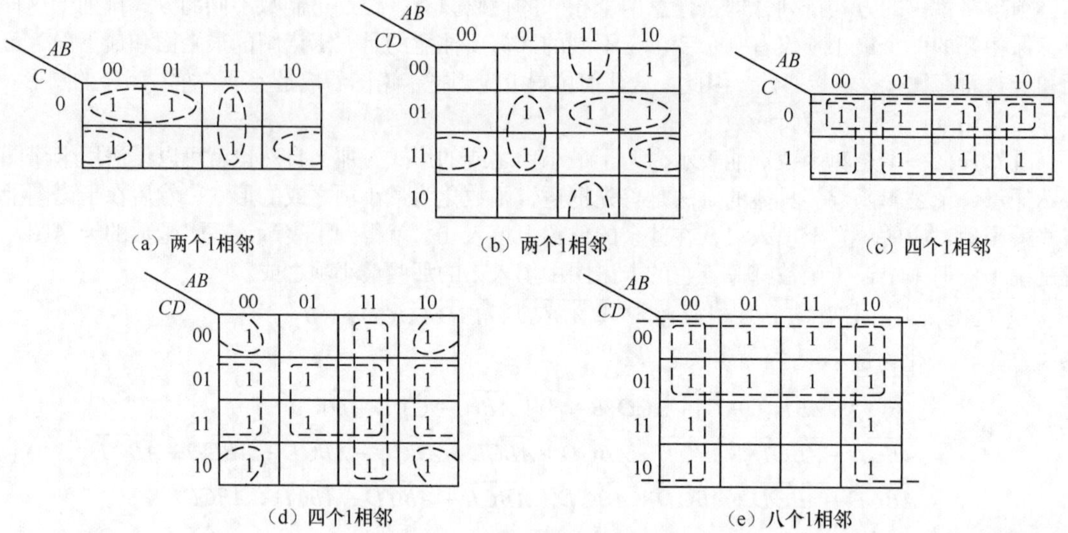

图 15-14　最小项相邻的情况

c. 若八个最小项相邻并且排列成一个矩形组，则可合并为一项并消去三对因子。合并后的结果中只包含公共因子。例如，在图 15-14（e）中，上面两行的八个最小项是相邻的，可将它们合并为一项 $\overline{C}$，左右两边的八个最小项是相邻的，可将它们合并为一项 $\overline{B}$。

由此可得到合并最小项的一般规则：如果有 2^n 个最小项相邻（n=1,2,⋯）并排列成一个矩形组，则它们可以合并为一项，并消去 n 对因子。合并后的结果中仅保留这些最小项的公共因子。

② 卡诺图化简法的步骤

用卡诺图化简逻辑函数可按以下步骤进行。

a. 填写卡诺图：可以先将函数化为最小项之或或最大项之与的形式。若化为最小项之或的形式，则在对应每个最小项的卡诺图方格中填 1；若化为最大项之与的形式，则在对应每个最大项的卡诺图方格中填 0。

b. 圈组：找出可以合并的最小项（最大项）。圈组原则为：其一，圈 1，可写出化简了之后的“与或”表达式，当然，所有的“1”必须圈定；圈 0，可写出化简了之后的“或与”表达式，当然，所有的“0”必须圈定。其二，每个圈组中 1 或 0 的个数为 2^n 个：首先，保证圈组数最少；其次，圈组范围尽量大；方格可重复使用，但每个圈组至少要有一个 1 或 0 未被其他组圈过。圈组步骤为：先圈孤立的 1 格（0 格），再圈只能按一个方向合并的分组——圈要尽量大，圈其余可任意方向合并的分组。

c. 读图：将每个圈组写成与项（或项），再进行逻辑或（与）。消掉既能为 0 也能为 1 的变量，保留始终为 0 或 1 的变量；对于“与项”，0 对应写出反变量，1 对应写出原变量；对于“或项”，0 对应写出原变量，1 对应写出反变量。

例 15-7　用卡诺图化简法将下面的逻辑函数化简为最简的或-与表达式或与-或表达式。

（1）$F_1(A,B,C,D)=\sum m_i(i=0,1,3,5,6,9,11,12,13)$

（2）$F_2(A,B,C,D)=\sum m_i(i=3,4,5,7,9,13,14,15)$

（3）$F_3(A,B,C,D)=\sum m_i(i=0,1,3,4,5,7)$

（4）$F_4=A\overline{C}+\overline{A}C+B\overline{C}+\overline{B}C$

（5）$F_5=ABC+ABD+A\overline{C}D+A\overline{B}C+\overline{A}C\overline{D}+\overline{C}\overline{D}$

（6）$F_6(A,B,C,D)=\prod M_i(i=0,2,5,7,13,15)$

解：（1）填写函数的卡诺图。若化为最小项之或的形式，则在对应每个最小项的卡诺图方格中填

1，如图 15-15（a）～（e）所示；若化为最大项之与的形式，则在对应于每个最大项的卡诺图方格中填 0，如图 15-15（f）所示。

（2）圈组。保证圈组数最少，圈组范围尽量大。方格可重复使用，但每个圈组至少要有一个 1 或 0 未被其他组圈过。如图 15-15（a）～（e）所示。

（3）读图，写出最简表达式如下。消掉既能为 0 也能为 1 的变量，保留始终为 0 或 1 的变量；对于与项，0 对应写出反变量，1 对应写出原变量；对于或项，0 对应写出原变量，1 对应写出反变量。图 15-15（a）、（b）、（c）、（d）、（e）、（f）分别对应函数 F_1、F_2、F_3、F_4、F_5、F_6。

（1）$F_1(A,B,C,D)=\bar{A}BC\bar{D}+\bar{A}\bar{B}\bar{C}+AB\bar{C}+\bar{C}D+\bar{B}D$

（2）$F_2(A,B,C,D)=\bar{A}B\bar{C}+A\bar{C}D+\bar{A}CD+ABC$

（3）$F_3(A,B,C,D)=\bar{A}\bar{C}+\bar{A}D$

（4）$F_4=A\bar{B}+\bar{A}C+B\bar{C}=A\bar{C}+\bar{B}C+\bar{A}B$

（5）$F_5=A+\bar{D}$

（6）$F_6(A,B,C,D)=(A+B+D)(\bar{B}+\bar{D})$

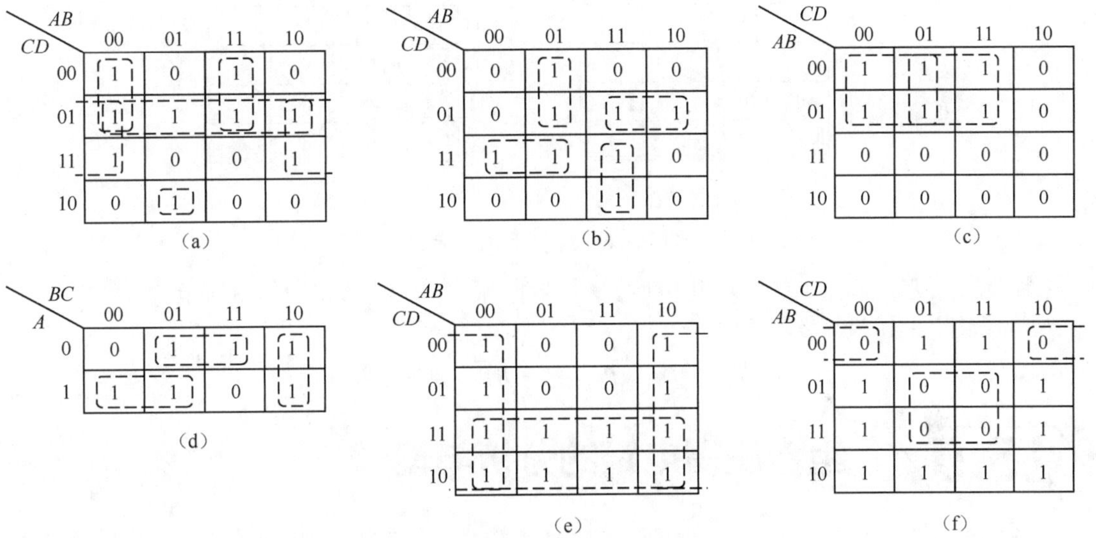

图 15-15 例 15-7 的卡诺图

在实际电路设计中，多采用与非门。因此需要将函数化为最简与非式时，采用合并 1 的方式；在需要将函数化为最简或非式时，采用合并 0 的方式；在需要将函数化为最简与或非式时，采用合并 0 的方式最为恰当，因为得到的结果正是与或非形式。如果要求得到 $\bar{F}$ 的化简结果，则采用合并 0 的方式就更简便了。

4．具有无关项的逻辑函数及其化简

对输入变量所加的限制称为约束。如用四个逻辑变量 A、B、C、D 表示 8421BCD 码，只允许 0000～1001 十个输入组合出现，而 1010～1111 六个输入则不允许出现，它们对应的最小项称为约束项。这里 A、B、C、D 是一组具有约束的变量。

通常用约束条件来描述约束的具体内容。例如，用四个逻辑变量 A、B、C、D 表示 8421BCD 码时的约束条件可以表示为

$$A\bar{B}C\bar{D}+A\bar{B}CD+AB\bar{C}\bar{D}+AB\bar{C}D+ABC\bar{D}+ABCD=0$$

还有一种情况是，输入变量对应的函数值可以等于 1，也可以等于 0，却不影响电路的功能，其对应的最小项称为任意项。

约束项和任意项统称为逻辑函数式中的无关项。这里所说的无关是指是否把这些最小项写入逻辑函数式无关紧要，即可以写入也可以删除。由无关项组成的输入组合称为 d 集（d-Set）。

无关项在卡诺图中用×（或∅，d）表示，在化简逻辑函数时，根据需要，这些无关项既可以当作 1 处理，也可以当作 0 处理，这样可简化逻辑函数，有利于减少电路代价。

例 15-8 化简如下的具有无关项的逻辑函数：

（1）$F_1=\overline{A}\,\overline{B}\,\overline{C}D+\overline{A}BCD+A\overline{B}\,\overline{C}\,\overline{D}+A\overline{B}CD$，

$\overline{A}\,\overline{B}CD+\overline{A}B\overline{C}D+AB\overline{C}\,\overline{D}+A\overline{B}\,\overline{C}D+ABCD+ABC\overline{D}+A\overline{B}C\overline{D}=0$

（2）$F_2=\overline{A}C\overline{D}+\overline{A}B\overline{C}\,\overline{D}+A\overline{B}\,\overline{C}\,\overline{D}$，

$A\overline{B}C\overline{D}+A\overline{B}CD+AB\overline{C}\,\overline{D}+AB\overline{C}D+ABC\overline{D}+ABCD=0$

解：化简具有无关项的逻辑函数时，用卡诺图化简法比较直观。为使用卡诺图，需将函数化为最小项或的形式，所以有 $F_2=\overline{A}BC\overline{D}+\overline{A}\,\overline{B}C\overline{D}+\overline{A}B\overline{C}\,\overline{D}+A\overline{B}\,\overline{C}\,\overline{D}$。

（1）填写函数的卡诺图。无关项用 d 表示，如图 15-16 所示。

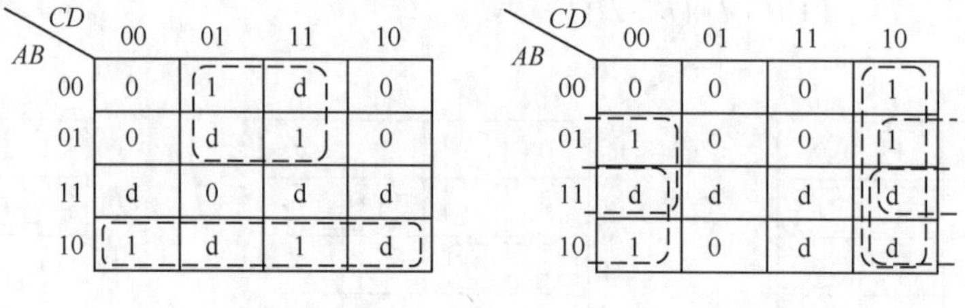

（a）F_1的卡诺图 （b）F_2的卡诺图

图 15-16 例 15-8 的卡诺图

（2）圈组。尽量利用无关项使圈组数最少，圈组范围尽量大。如图 15-16 所示。

（3）读图，写出最简表达式如下

$$F_1=\overline{A}D+A\overline{B}\text{ ，}F_2=B\overline{D}+A\overline{D}+C\overline{D}$$

15.5 组合逻辑电路的分析与设计

组合逻辑电路由门电路组合而成，在电路结构上没有反馈回路，在功能上不具备记忆能力，即某一时刻的输出状态只取决于该时刻的输入状态，而与电路过去的状态无关。

组合逻辑电路实际上是逻辑函数的具体实现电路。组合逻辑电路按使用的基本开关元件不同进行分类，可以分为 MOS、TTL、ECL 等类型。

15.5.1 组合逻辑电路的分析

当研究某一给定的逻辑电路时，经常会遇到这样一类问题：需要推敲逻辑电路的设计思想，或更换逻辑电路的某些组件，或定位逻辑电路的故障，或评价逻辑电路的技术经济指标。这样就需要对给定的逻辑电路进行分析。

组合逻辑电路的分析

可见，组合逻辑电路的分析，就是根据给定的组合逻辑电路写出逻辑函数表达式，确定输出与输入的关系，并以此描述它的逻辑功能。必要时可以运用逻辑函数的化简方法对逻辑函数的设计合理性进行评定、改进和完善。

具体分析步骤如下。

（1）根据给定的逻辑电路图，分别用符号标注各级逻辑门的输出。有些简单的逻辑电路，不加标注就可以直接写出输出逻辑函数与输入变量之间的关系。

（2）从输入端到输出端，逐级写出逻辑函数表达式。

（3）利用逻辑代数的代入规则，去掉除原始输入、最后输出外的其他所有变量符号，得到电路的输出函数与输入变量的逻辑函数表达式。

（4）利用公式化简法、卡诺图化简法对上述逻辑函数进行化简。

（5）列出真值表或画出波形图。

（6）通过总结，判断出电路的逻辑功能，或评定电路的技术指标。该步往往需要经过认真分析才可以得出结论，有时可能还需要借助于分析者的实际经验。

例 15-9　分析图 15-17（a）所示逻辑电路的功能。

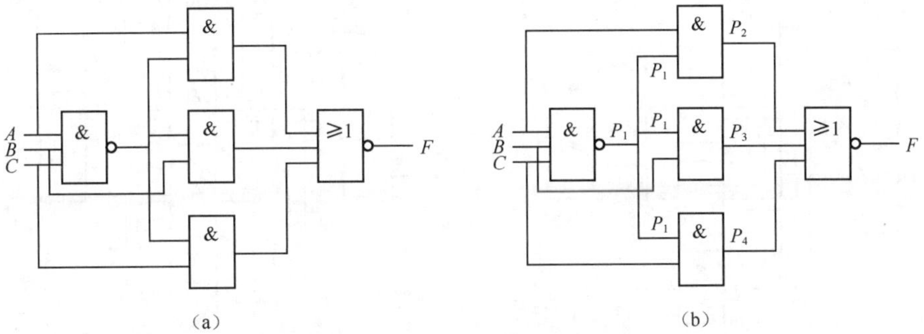

图 15-17　例 15-9 的逻辑电路图

解:（1）根据给定的逻辑电路图，分别用 P_1、P_2、P_3、P_4 标注各级逻辑门的输出，如图 15-17（b）所示。

（2）根据电路图中的逻辑门的功能，从输入到输出，逐级写出逻辑函数表达式

$$P_1=\overline{A\cdot B\cdot C},\quad P_2=A\cdot P_1,\quad P_3=B\cdot P_1,\quad P_4=C\cdot P_1,\quad F=\overline{P_2+P_3+P_4}$$

（3）用代入规则将电路中添加的标注符号消除，得到最终逻辑函数表达式

$$P_2=A\cdot\overline{A\cdot B\cdot C},\quad P_3=B\cdot\overline{A\cdot B\cdot C},\quad P_4=C\cdot\overline{A\cdot B\cdot C}$$

$$F=\overline{A\cdot\overline{A\cdot B\cdot C}+B\cdot\overline{A\cdot B\cdot C}+C\cdot\overline{A\cdot B\cdot C}}$$

（4）用公式法化简逻辑函数

$$F=\overline{(A+B+C)\cdot\overline{A\cdot B\cdot C}}=\overline{A+B+C}+A\cdot B\cdot C=\overline{A}\cdot\overline{B}\cdot\overline{C}+A\cdot B\cdot C=\overline{ABC}+ABC$$

（5）列写真值表，如表 15-8 所示。画出波形图，如图 15-18 所示。

表 15-8　例 15-9 的真值表

A	B	C	F
0	0	0	1
0	0	1	0
0	1	0	0
0	1	1	0
1	0	0	0
1	0	1	0
1	1	0	0
1	1	1	1

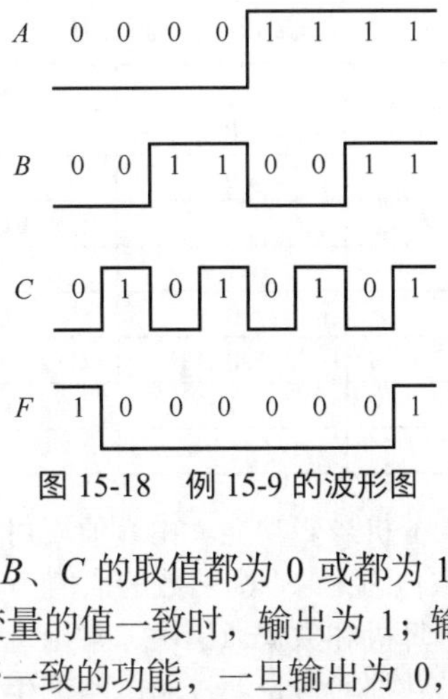

图 15-18　例 15-9 的波形图

（6）分析逻辑功能。由真值表可知，该电路仅当输入 A、B、C 的取值都为 0 或都为 1 时，输出 F 才为 1；而其他情况的输出都为 0。也就是说，当输入变量的值一致时，输出为 1；输入变量的不一致时，输出为 0。可见，该电路具有检查输入信号是否一致的功能，一旦输出为 0，表明输入不一致。因此通常称该电路为“不一致电路”。

在某些对可靠性要求非常高的系统中，往往采用多套设备同时工作，一旦运行结果不一致，便由“不一致电路”发出报警信号，通知操作人员排除故障，以确保系统的可靠性。

由分析可知，图 15-17（a）电路并不是最佳的，根据化简后的表达式 $F=\bar{A}\bar{B}\bar{C}+ABC$，可以得到更为简单明了的电路，如图 15-19 所示。

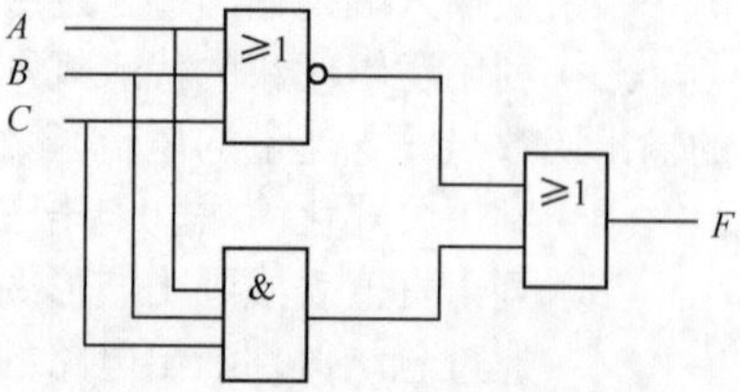

图 15-19　例 15-9 的改进电路图

例 15-10　分析图 15-20（a）所示逻辑电路的功能。

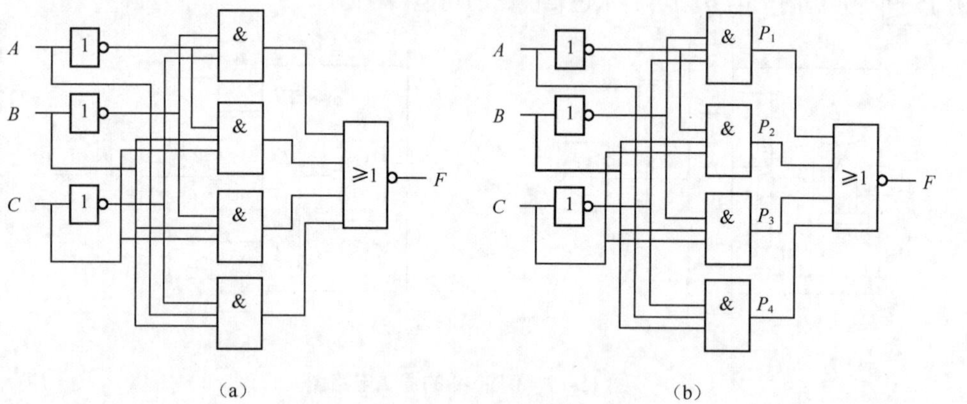

图 15-20　例 15-10 的逻辑电路图

解：（1）根据给定的逻辑电路图，分别用 P_1、P_2、P_3、P_4 标注各级门的输出，如图 15-20（b）所示。

（2）根据电路图中的逻辑门的功能，从输入到输出，逐级写出逻辑函数表达式

$$P_1=\bar{A}\bar{B}\bar{C},\quad P_2=\bar{A}BC,\quad P_3=A\bar{B}C,\quad P_4=AB\bar{C},\quad F=\overline{P_1+P_2+P_3+P_4}$$

（3）用代入规则将电路中添加的标注符号消除。可以得到最终逻辑函数表达式

$$F=\overline{\bar{A}\bar{B}\bar{C}+\bar{A}BC+A\bar{B}C+AB\bar{C}}=\overline{\bar{A}(\bar{B}\bar{C}+BC)+A(\bar{B}C+B\bar{C})}=\overline{\bar{A}\,\overline{B\oplus C}+A(B\oplus C)}=A\oplus B\oplus C$$

（4）从逻辑函数表达式可以看出，此式已经是最简式，直接列出真值表，并画出波形图，分别如表 15-9、图 15-21 所示。

表 15-9　例 15-10 的真值表

A	B	C	F
0	0	0	0
0	0	1	1
0	1	0	1
0	1	1	0
1	0	0	1
1	0	1	0
1	1	0	0
1	1	1	1

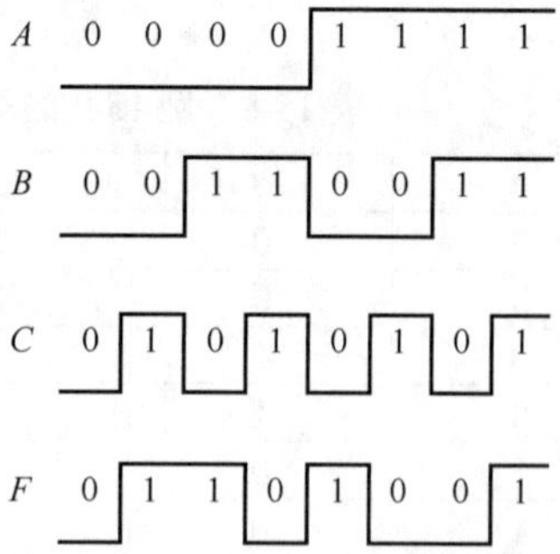

图 15-21　例 15-10 的波形图

（5）分析逻辑功能。由真值表可知，当输入的变量 A、B、C 取值为 1 的变量数为奇数时，函数 F 的取值为 1，否则函数的取值为 0。显然该电路是三变量奇校验电路，又称为奇偶校验器。

在计算机和数据通信中，常用奇偶校验电路检查接收的数据是否正确。例如，在发送端，将发送的字节数据通过奇偶校验电路产生校验位，并将校验位与字节数据一起发送；在接收端，接收到的数据也经过奇偶校验电路，将产生的校验位与接收到的校验位相比较，据此判断数据传输是否发

生了错误。需要说明的是，奇偶校验电路可以发现奇数个位数据的错误，而如果偶数个位同时发生了错误，该电路则不能发现。

15.5.2 组合逻辑电路的设计

组合逻辑电路的设计过程与其分析过程相反，它是根据给定逻辑要求的文字描述或者对某一逻辑功能的逻辑函数描述，在特定条件下，找出用最少的逻辑门来实现给定逻辑功能的方案，并画出逻辑电路图。

可见，组合逻辑电路的设计，就是根据实际逻辑问题，求出实现所需逻辑功能的最简逻辑电路。

具体设计步骤如下。

（1）逻辑抽象。分析设计题目要求，确定输入变量和输出逻辑函数的数目及其关系。许多设计要求往往没有直接给出明显的逻辑关系，因此要求设计者对所设计的逻辑问题有一个全面的理解，对每一种可能的情况都能作出正确的判断，有时还需要给予逻辑定义。例如，开关的状态用逻辑描述时，可以定义“开（ON）”为逻辑 1，“关（OFF）”为逻辑 0。

（2）根据设计要求和定义的逻辑状态，列出真值表。

（3）由真值表写出逻辑函数表达式，并用公式法或卡诺图法化简后写出最简逻辑函数表达式。

（4）根据要求使用的门电路类型，将逻辑函数转换为与之相匹配的形式。

（5）根据逻辑函数表达式画出逻辑电路图。

在组合逻辑电路的设计中，逻辑抽象是关键，需要仔细分析各种逻辑关系和因果关系，必须包括所有情况，不能出现遗漏。

例 15-11 设计一个组合逻辑电路，其输入为 4 位二进制数。当输入的数据能被 4 或 5 整除时，电路有指示。请分别用与非门和或非门实现。

解：（1）题目的逻辑关系比较明显，输入的 4 位二进制数分别用 A、B、C、D 表示，且 A 为最高位，D 为最低位。电路状态指示用 F 表示，输入数据能被 4 或 5 整除时，F 为 1，否则为 0。

（2）根据题目的要求和上述的状态约定，可以列出如表 15-10 所示的真值表。

（3）逻辑函数的卡诺图如图 15-22 所示。

表 15-10　例 15-11 的真值表

输入				输出
A	B	C	D	F
0	0	0	0	1
0	0	0	1	0
0	0	1	0	0
0	0	1	1	0
0	1	0	0	1
0	1	0	1	1
0	1	1	0	0
0	1	1	1	0
1	0	0	0	1
1	0	0	1	0
1	0	1	0	1
1	0	1	1	0
1	1	0	0	1
1	1	0	1	0
1	1	1	0	0
1	1	1	1	1

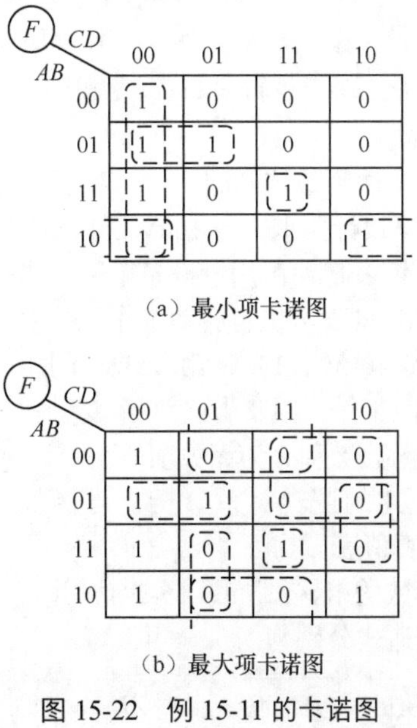

（a）最小项卡诺图

（b）最大项卡诺图

图 15-22　例 15-11 的卡诺图

用与非门实现，就需要写出逻辑函数的与或表达式。按照最小项进行化简，如图 15-22（a）中所示圈组，可以得到最简与或逻辑函数表达式

$$F=\overline{C}\overline{D}+\overline{A}B\overline{C}+\overline{A}\overline{B}D+ABCD$$

用或非门实现，就需要写出逻辑函数的或与表达式。按照最大项进行化简，如图 15-22（b）中圈组所示，可以得到最简或与逻辑函数表达式

$$F=(A+\overline{C})(B+\overline{D})(\overline{A}+C+\overline{D})(\overline{B}+\overline{C}+D)$$

（4）用反演规则对其进行变换，可得最简与非-与非、或非-或非逻辑函数表达式

$$F=\overline{\overline{\overline{C}\overline{D}+\overline{A}B\overline{C}+\overline{A}\overline{B}D+ABCD}}=\overline{\overline{\overline{C}\overline{D}}\cdot\overline{\overline{A}B\overline{C}}\cdot\overline{\overline{A}\overline{B}D}\cdot\overline{ABCD}}$$

$$F=\overline{\overline{(A+\overline{C})(B+\overline{D})(\overline{A}+C+\overline{D})(\overline{B}+\overline{C}+D)}}=\overline{\overline{A+\overline{C}}+\overline{B+\overline{D}}+\overline{\overline{A}+C+\overline{D}}+\overline{\overline{B}+\overline{C}+D}}$$

（5）仅用与非门、或非门实现的电路分别如图 15-23（a）、（b）所示。

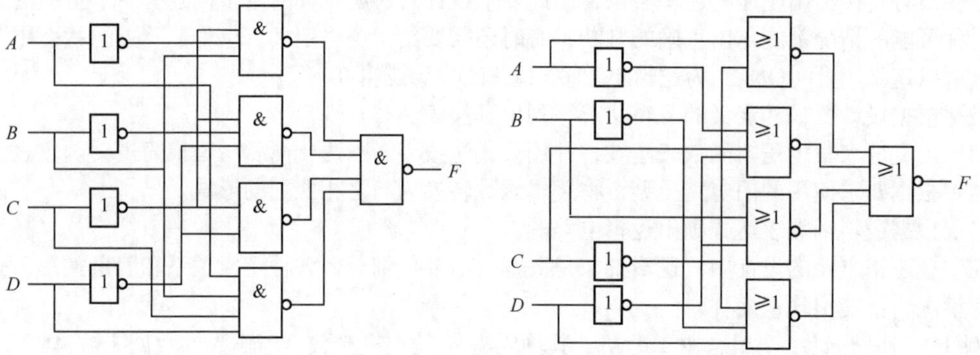

（a）仅用与非门实现的电路　　（b）仅用或非门实现的电路

图 15-23　例 15-11 的逻辑电路图

例 15-12　某厂有 15kW 和 25kW 两台发电机组，有 10kW、15kW 和 25kW 三台用电设备。已知三台用电设备可能部分工作或都不工作，但不可能三台同时工作。请用与非门设计一个供电控制电路，使得电力负荷达到最佳匹配。允许反变量输入。

解:（1）逻辑关系分析。用电设备的开启情况决定了发电机组的工作状态，显然用电设备是原因，而发电机组是结果。设 10kW、15kW 和 25kW 用电设备分别用变量 A、B 和 C 表示，而 15kW、25kW 的发电设备分别用逻辑函数 Y、Z 表示。用电设备和发电机组工作时，用“1”表示；不工作时，用“0”表示。

要使电力负荷达到最佳匹配，应该根据用电设备的工作情况，即负荷情况，来决定两台发电机组启动与否。根据设计要求，当 10kW 或 15kW 用电设备单独工作时，只需要 15kW 的发电机组启动就可以了；当只有 25kW 的用电设备单独工作时，则需要 25kW 的发电机组启动工作……由设计要求还知道，10kW、15kW 和 25kW 的用电设备不可能同时工作，因此当这 3 个变量的取值都为 1 时，函数 Y 和 Z 为无关项值。

（2）根据上述的逻辑关系分析，可得如表 15-11 所示的真值表。

表 15-11　例 15-12 的真值表

输入			输出	
A(10kW)	B(15kW)	C(25kW)	Y(15kW)	Z(25kW)
0	0	0	0	0
0	0	1	0	1
0	1	0	1	0
0	1	1	1	1
1	0	0	1	0
1	0	1	1	1
1	1	0	0	1
1	1	1	d	d

（3）逻辑函数的卡诺图如图 15-24 所示。最简逻辑函数表达式分别为

$$Y=A\overline{B}+\overline{A}B=\overline{\overline{A\overline{B}+\overline{A}B}}=\overline{\overline{A\overline{B}}\cdot\overline{\overline{A}B}}$$

$$Z = C + AB = \overline{\overline{C + AB}} = \overline{\overline{C} \cdot \overline{AB}}$$

（4）用与非门实现的逻辑电路图如图 15-25 所示。

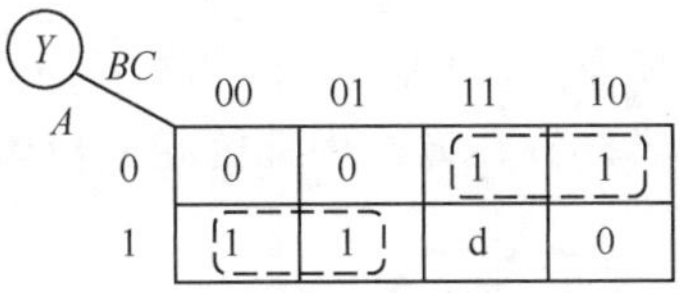

（a）变量Y卡诺图

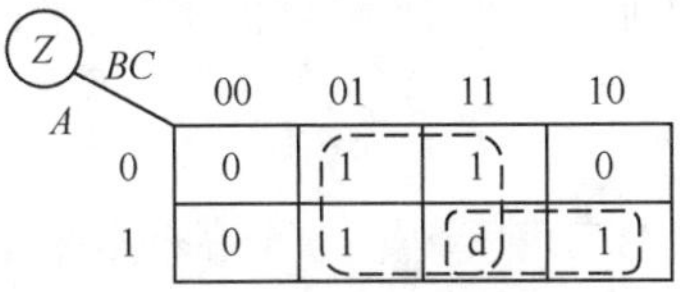

（b）变量Z卡诺图

图 15-24　例 15-12 的逻辑函数的卡诺图

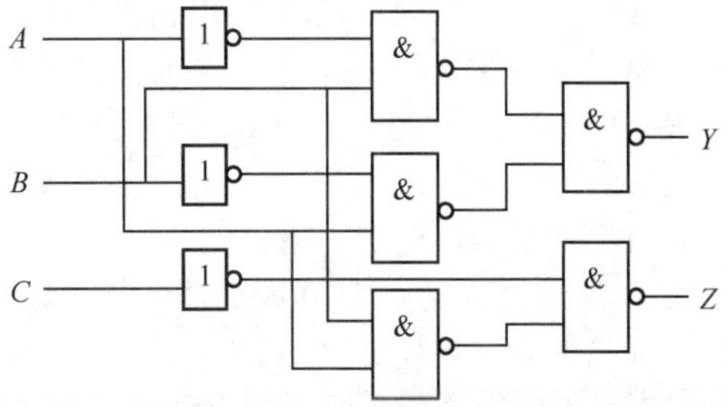

图 15-25　例 15-12 的逻辑电路图

15.6 常用组合逻辑器件

常用组合逻辑器件包括编码器、译码器、加法器、数据选择器、数据分配器、奇/偶校验电路和算术运算电路等。

15.6.1 编码器

将所要处理的信息（数字、文字、人名或者信号）用二进制代码来表示的过程，称为编码。能完成编码功能的电路或装置称为编码器。

n 位二进制数编码可以表示 2^n 种不同的情况。一般而言，m 个不同的信号，至少需要用 n 位二进制数进行编码，m 和 n 之间的关系为 $m \leqslant 2^n$。例如，0～9 十个数字符号要用 4 位二进制编码表示，当然 4 位二进制数编码最多可以表示 $2^4=16$ 种不同的情况。

1．普通编码器

要对 8 个输入信号进行编码，如果在任何情况下，有且只有一个输入（如用高电平表示），多个输入同时请求编码的情况是不可能也是不允许出现的，这时的编码比较简单，只需要将 8 个输入分别编码成 000、001、010、011、100、101、110、111 即可。这种编码器称为普通编码器。

普通编码器编码方案简单，也容易实现。但输入有约束，即在任意时刻只有一个输入要求编码，不允许两个或两个以上的输入信号同时有效，一旦出现多个输入同时有效的情况，编码器将产生错误的输出。

2．优先编码器

优先编码器对全部编码输入信号规定了各不相同的优先等级，当多个输入信号同时有效时，它能够根据事先安排好的优先顺序，只对优先级最高的有效输入信号进行编码。

15.7 节中，将对编码器 74x148 作详细介绍。

15.6.2 译码器

译码是编码的逆操作，是将每个代码所代表的信息翻译过来，还原成它原来所代表的信息的过程。能完成译码功能的电路或装置，称为译码器。数字译码器主要有二进制译码器、BCD 码译码器和显示译码器等。假设译码器有 n 个输入端，m 个译码输出端，如果 $m=2^n$，则称之为全译码器，如果 $m<2^n$，则称之为部分译码器。

1．二进制译码器

二进制译码器的输入是一组二进制代码，与这组代码对应的十进制值编号的输出端输出低电平或高电平，其他的输出端则输出高电平或低电平。

常用的 2-4 译码器 74x139 的逻辑符号如图 15-26（a）所示，其中端子上的数字为编号，端子上的字符为输出信号。有时为了方便，也可把每个端子的名称标在方框内部的相应位置处，如图 15-26（b）所示。

图 15-26 中，E 是使能端（或称控制端、选通输入端、片选端、禁止端等），端子所连的小圈表明 E 为低电平生效，即 E=0 时，74x139 才起译码作用。B、A 是 2 线输入，Y_0～Y_3 是 4 线输出。2 线输入 BA 的 4 种组合 00、01、10、11，分别对应的输出是 Y_0 为低电平且其他 3 个为高电平；Y_1 为低电平且其他 3 个为高电平；Y_2 为低电平且其他 3 个为高电平；Y_3 为低电平且其他 3 个为高电平。

2．BCD 码译码器

BCD 码译码器又称 4-10 译码器，是将输入的 4 位二进制 BCD 码译成 10 个高低电平输出的信号，分别代表十进制数 0、1、2、…、9。4 线输入共有 16 种状态组合，但 1010、1011、…、1111 六种状态是不会出现的，所以这六种状态称为约束项，或称为伪码，不过，即使出现伪码，输出均为无效的高电平，也就是说，这种电路具有抗伪码功能。

BCD 码译码器 74x42 的电路结构和功能表分别如图 15-27 和表 15-12 所示。

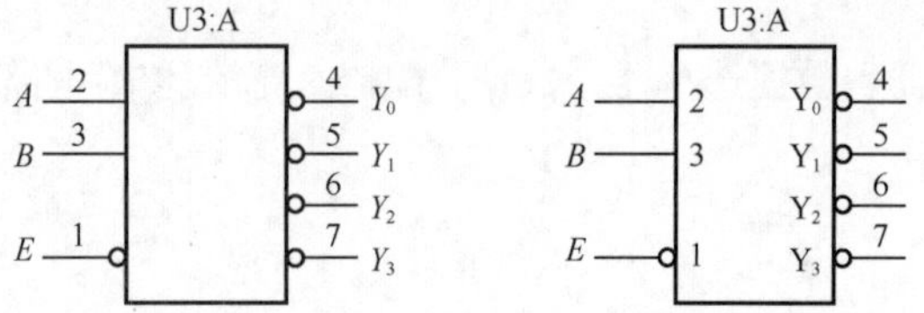

（a）符号一　（b）符号二

图 15-26　2-4 译码器 74x139 的逻辑符号

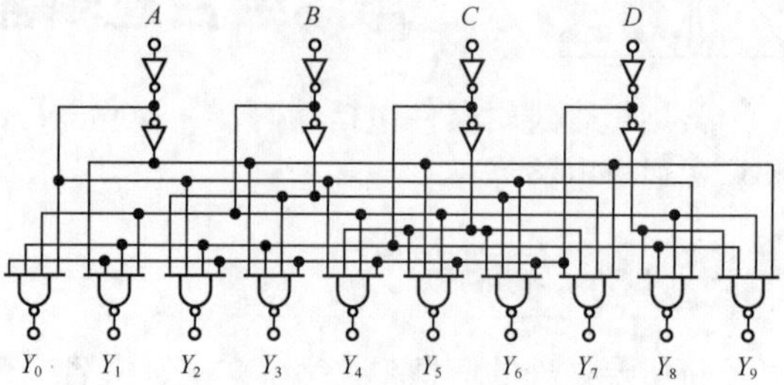

图 15-27　BCD 码译码器 74x42 电路结构图

表 15-12　BCD 码译码器 74x42 的功能表

输入				输出									
D	C	B	A	Y_0	Y_1	Y_2	Y_3	Y_4	Y_5	Y_6	Y_7	Y_8	Y_9
0	0	0	0	0	1	1	1	1	1	1	1	1	1
0	0	0	1	1	0	1	1	1	1	1	1	1	1
0	0	1	0	1	1	0	1	1	1	1	1	1	1
0	0	1	1	1	1	1	0	1	1	1	1	1	1
0	1	0	0	1	1	1	1	0	1	1	1	1	1
0	1	0	1	1	1	1	1	1	0	1	1	1	1
0	1	1	0	1	1	1	1	1	1	0	1	1	1
0	1	1	1	1	1	1	1	1	1	1	0	1	1
1	0	0	0	1	1	1	1	1	1	1	1	0	1
1	0	0	1	1	1	1	1	1	1	1	1	1	0
1	d	1	d	1	1	1	1	1	1	1	1	1	1

3．显示译码器

在数字系统中，常常需要将数字、符号甚至文字的二进制代码翻译成人们习惯的形式并直观地显示出来，供人们读取以监视系统的工作情况。能够完成这种功能的译码器就称为显示译码器。

（1）数码管显示原理

数码管包括辉光数码管、荧光数码管、发光二极管和液晶显示器等，现在最常用的是发光二极管和液晶显示器。

按连接方式不同，数码管分为共阴极和共阳极两种。共阴极是指数码管的所有发光二极管的阴极连接在一起，而阳极分别由不同的信号驱动，并分别标识为 *a*、*b*、*c*、*d*、*e*、*f*、*g*、*dp*。显然，当公共极 *com*（-）为低电平，而阳极为高电平时，相应的发光二极管亮，如果阳极为低电平，则相应的发光二极管不亮；而当公共极 *com*（-）为高电平，不管阳极为何电平，所有的发光二极管都不亮。共阳极是指数码管的所有发光二极管的阳极连接在一起，而阴极分别由不同的信号驱动，并分别标识为 *a*、*b*、*c*、*d*、*e*、*f*、*g*、*dp*。显然，当公共极 *com*（+）为高电平，而阴极为低电平时，相应的发光二极管亮，如果阴极为高电平，则相应的发光二极管不亮；而当公共极 *com*（+）为低电平，不管阴极为何电平，所有的发光二极管都不亮，如图 15-28 所示。

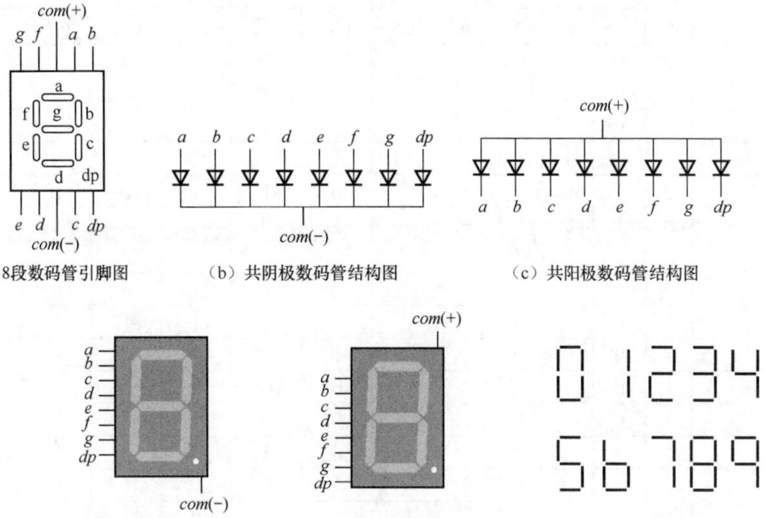

（a）8段数码管引脚图　（b）共阴极数码管结构图　（c）共阳极数码管结构图

（d）共阴极数码管符号图　（e）共阳极数码管符号图　（f）字符显示示意图

图 15-28　数码管

（2）七段显示译码器

七段显示译码器 74x48 的电路结构如图 15-29 所示，*D*、*C*、*B* 和 *A* 为显示译码器的输入端，通常为二进制码。*QA*～*QG* 为译码器的译码输出端。*BI/RBO* 为译码器的灭灯输入/灭零输出端；*RBI* 为译码器的灭零输入端；*LT* 为译码器的试灯输入端，是为了便于使用而设置的控制信号。

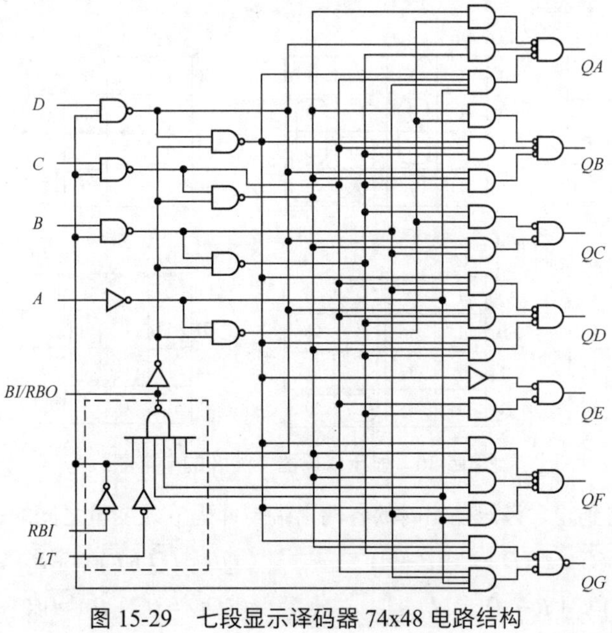

图 15-29　七段显示译码器 74x48 电路结构

表 15-13 为七段显示译码器 74x48 的功能表，从功能表可见，只要试灯输入信号 *LT* 和灭灯输入信号 *BI*/*RBO* 均为高电平（也可以悬空），就可以对输入为十进制数 1～15 的二进制码（0000～1111）进行译码，产生显示 1～15 所需的七段显示码（10～15 显示的是特殊符号）。如果 *LT*、*RBI* 和 *BI*/*RBO* 均为高电平输入，译码器可以对输入 0 的二进制码 0000 进行译码，并产生显示 0 所需的七段显示码。

表 15-13　七段显示译码器 74x48 的功能表

功能	输入						输入/输出	输出							显示字形
	LT	*RBI*	*D*	*C*	*B*	*A*	*BI*/*RBO*	*QA*	*QB*	*QC*	*QD*	*QE*	*QF*	*QG*	
0	1	1	0	0	0	0	1	1	1	1	1	1	1	0	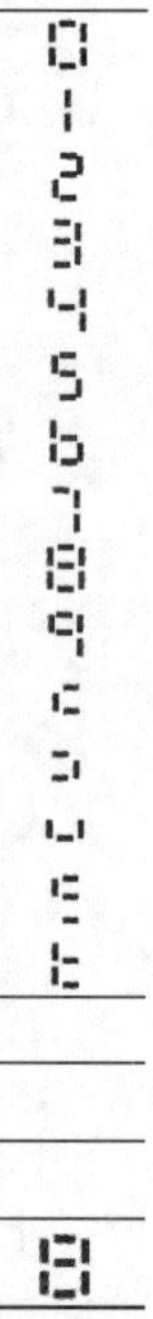
1	1	×	0	0	0	1	1	0	1	1	0	0	0	0	
2	1	×	0	0	1	0	1	1	1	0	1	1	0	1	
3	1	×	0	0	1	1	1	1	1	1	1	0	0	1	
4	1	×	0	1	0	0	1	0	1	1	0	0	1	1	
5	1	×	0	1	0	1	1	1	0	1	1	0	1	1	
6	1	×	0	1	1	0	1	0	0	1	1	1	1	1	
7	1	×	0	1	1	1	1	1	1	1	0	0	0	0	
8	1	×	1	0	0	0	1	1	1	1	1	1	1	1	
9	1	×	1	0	0	1	1	1	1	1	0	0	1	1	
10	1	×	1	0	1	0	1	0	0	0	1	1	0	1	
11	1	×	1	0	1	1	1	0	0	1	1	0	0	1	
12	1	×	1	1	0	0	1	0	1	0	0	0	1	1	
13	1	×	1	1	0	1	1	1	0	0	1	0	1	1	
14	1	×	1	1	1	0	1	0	0	0	1	1	1	1	
15	1	×	1	1	1	1	1	0	0	0	0	0	0	0	
灭灯	×	×	×	×	×	×	0	0	0	0	0	0	0	0	
灭 0	1	0	0	0	0	0	出 0	0	0	0	0	0	0	0	
试灯	0	×	×	×	×	×	1	1	1	1	1	1	1	1	

假设各控制信号都有效，可以根据功能表列出译码输出与译码输入的卡诺图，如图 15-30 所示。

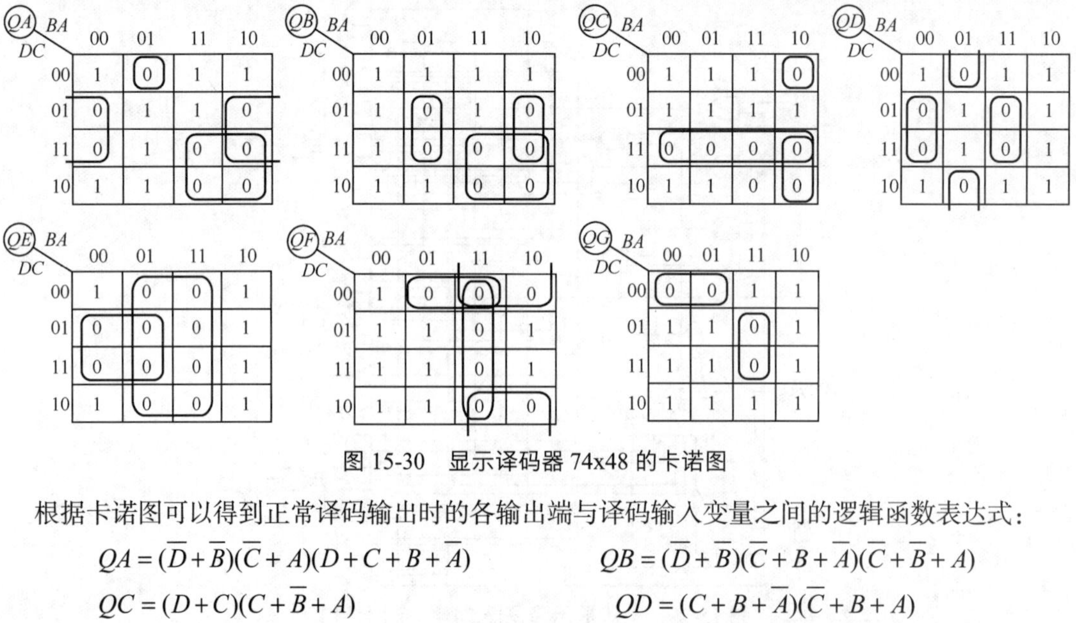

图 15-30　显示译码器 74x48 的卡诺图

根据卡诺图可以得到正常译码输出时的各输出端与译码输入变量之间的逻辑函数表达式：

$$QA = (\overline{D}+\overline{B})(\overline{C}+A)(D+C+B+\overline{A}) \qquad QB = (\overline{D}+\overline{B})(\overline{C}+B+\overline{A})(\overline{C}+\overline{B}+A)$$

$$QC = (D+C)(C+\overline{B}+A) \qquad QD = (C+B+\overline{A})(\overline{C}+B+A)$$

$$QE = \overline{A}(\overline{C}+B) \qquad QF = (\overline{B}+\overline{A})(C+\overline{B})(D+C+\overline{A})$$

$$QG = (\overline{C}+\overline{B}+\overline{A})(D+C+B)$$

从表 15-13 可见，当 *BI*/*RBO* 输入为高电平，而 *LT* 输入为低电平时，无论译码输入值如何，译码输出 *QA*～*QG* 全部为高电平，数码管全亮。利用这一功能可以检测数码管的好坏，因此称 *LT* 为试灯输入端。

当 *BI*/*RBO* 为低电平时，其他所有输入信号不管为何值，译码输出 *QA*～*QG* 全部为低电平，数码管全部熄灭。因此称 *BI*/*RBO* 为灭灯输入。利用这一功能可以使数码管熄灭，降低系统的功耗。

当 *BI*/*RBO* 不作为输入端使用（即不外加输入信号）时，若 *LT* 输入为高电平、*RBI* 输入为低电平，且译码输入为 0 的二进制码 0000，译码器输出 *QA*～*QG* 全部为低电平，数码管全部熄灭，不显示 0 字型，此时 *BI*/*RBO* 输出 0，指示处于灭零状态；而对于非 0 编码，译码器照常显示输出。所以称 *RBI* 为灭零输入。将 *RBI* 和 *BI*/*RBO* 配合使用，可以实现多位十进制数码显示器整数前和小数后灭零控制。

另外，74x247、74x248、74x249、4511、4513 等也是七段数码管的显示译码器，带有 *dp* 端的七段数码管的显示译码器还可以驱动小数点，所以有时称其为八段显示译码器。

15.6.3 加法器

在计算机系统中，二进制的加、减、乘、除等算术运算都可以化作加法进行。所以加法器是最重要的组合逻辑电路。

1．半加器

半加是指两个 1 位的加数 *A* 和 *B* 相加得到 1 位本位和 *S* 与 1 位进位 C_o，或描述成 $A+B=C_oS$，该运算不考虑低位来的进位。能够完成半加运算的电路称为半加器，其真值表如表 15-14 所示，逻辑电路如图 15-31 所示。

表 15-14　半加器真值表

输入		输出		描述	逻辑函数表达式
A	*B*	*S*	C_o	$A+B=C_oS$	
0	0	0	0	0+0=00	$S=A\overline{B}+\overline{A}B=A\oplus B$ $C_o=AB$
0	1	1	0	0+1=01	
1	0	1	0	1+0=01	
1	1	0	1	1+1=10	

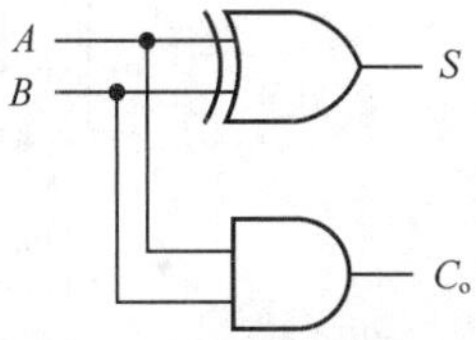

图 15-31　半加器的逻辑电路图

2．全加器

全加是指两个同位的加数 *A* 和 *B* 及一个低位来的进位 C_i 相加得到 1 位本位和 *S* 与 1 位进位 C_o，或描述成 $A+B+C_i=C_oS$。能够完成全加运算的电路称为全加器，其真值表如表 15-15 所示，逻辑电路如图 15-32 所示。

表 15-15　全加器真值表

输入			输出		描述	逻辑函数表达式
A	*B*	C_i	*S*	C_o	$A+B+C_i=C_oS$	
0	0	0	0	0	0+0+0=00	$S=\overline{A}\overline{B}C_i+\overline{A}B\overline{C_i}+A\overline{B}\overline{C_i}+ABC_i$ $C_o=AB+AC_i+BC_i$
0	0	1	1	0	0+0+1=01	
0	1	0	1	0	0+1+0=01	
0	1	1	0	1	0+1+1=10	
1	0	0	1	0	1+0+0=01	
1	0	1	0	1	1+0+1=10	
1	1	0	0	1	1+1+0=10	
1	1	1	1	1	1+1+1=11	

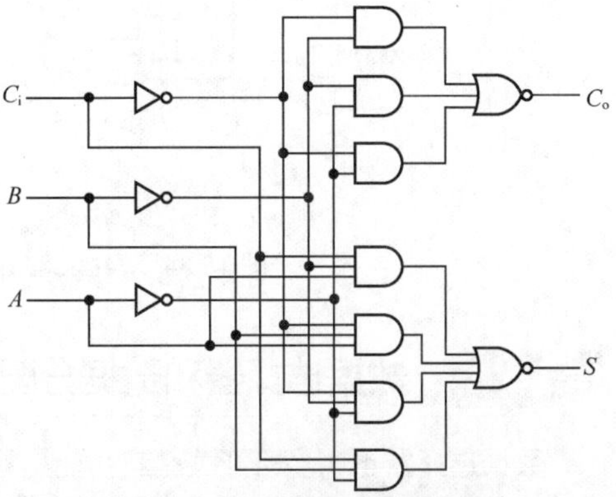

图 15-32　全加器的逻辑电路图

多位全加器有串行进位和并行进位两种。

串行进位的特点是低位的进位输出 C_o 依次加到下一个高位的进位输入，如图 15-33 所示，串行进位加法器的电路结构简单，但由于高位的加法运算要等到低位加法运算完成并得到结果后才可以进行，因此串行进位加法器的速度慢。

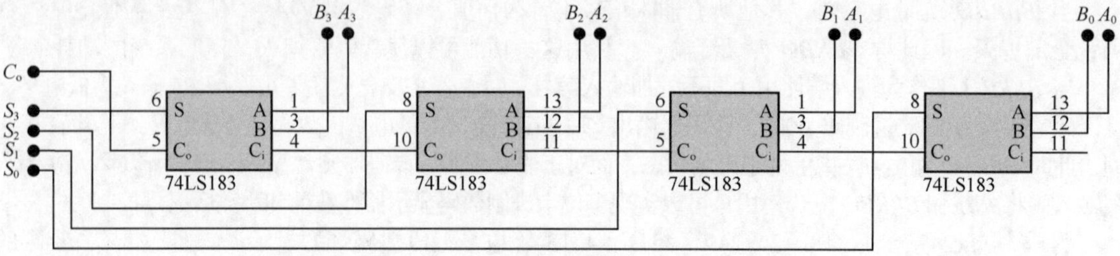

图 15-33 由 4 个 1 位全加器构建的 4 位串行进位加法器

并行进位加法器电路结构复杂，但速度快。并行进位加法器普遍采用超前进位法，超前进位并不是由前一级的进位输出来提供，而是由专门的进位电路来提供，且这个专门的进位电路的输入都是待加数据的直接输入。图 15-34（a）是 4 位超前进位全加器 74LS283 的电路结构图，图 15-34（b）是由 74LS283 组成的 8 位全加器。

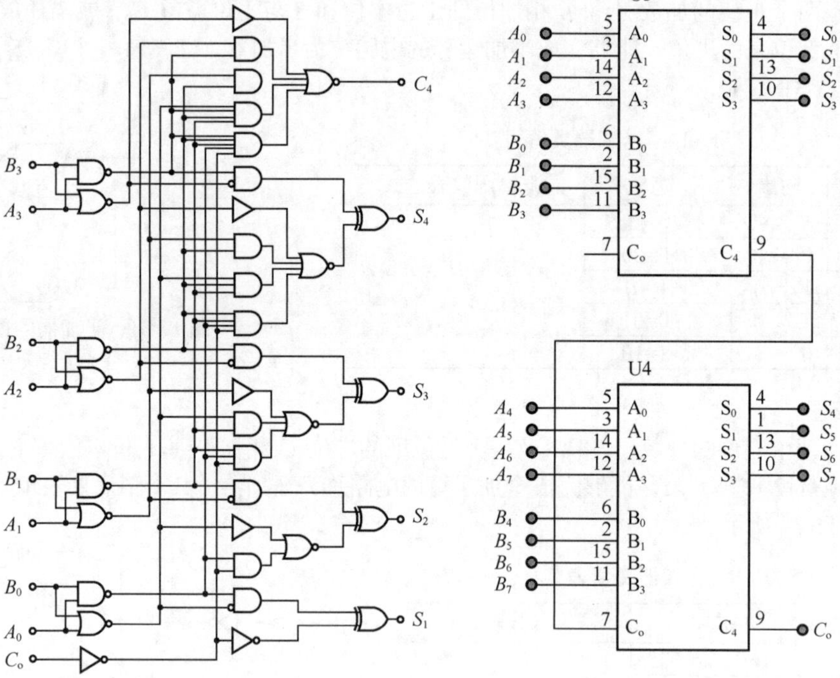

（a）74LS283电路结构图　　（b）由74LS283串成的8位全加器

图 15-34 74LS283 的电路结构和由其组成的 8 位全加器

15.6.4 数据选择器和数据分配器

数据选择器也叫多路开关，其功能是从多路输入数据中选择其中一路送到输出端。而数据分配器是将单路输入数据根据要求分配到不同的输出端。

1．数据选择器

数据选择器根据地址选择码从多路输入数据中选择一路到数据输出端输出，常用的数据选择器有二选一（如 74x157、74x257）、四选一（如 74x153、74x253）等，逻辑符号如图 15-35 所示。

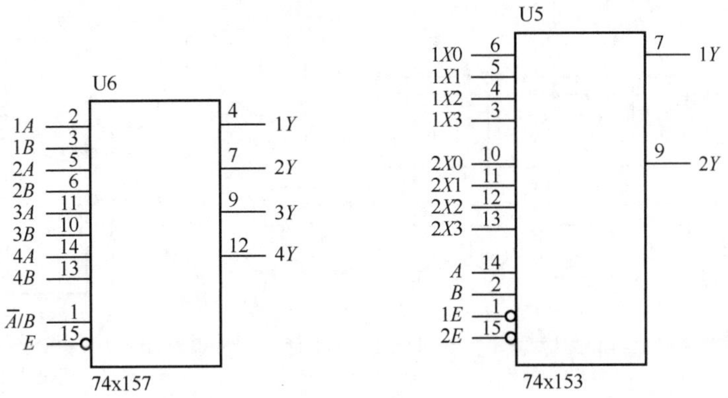

（a）四组2选1　　（b）二组4选1

图 15-35　数据选择器逻辑符号

图 15-35（a）所示 74x157 的功能为：输入 1*A*、1*B* 和输出 1*Y*，输入 2*A*、2*B* 和输出 2*Y*，输入 3*A*、3*B* 和输出 3*Y*，输入 4*A*、4*B* 和输出 4*Y*，为四组 2 选 1。*E* 为使能控制端，0 允许选择，1 禁止选择。$\overline{A}/B$ 为选择控制端，0 选择输出 *A*，即 *Y*=*A*，1 选择输出 *B*，即 *Y*=*B*。

图 15-35（b）所示 74x153 的功能：输入 $1X_0$、$1X_1$、$1X_2$、$1X_3$ 和输出 1*Y* 为第一组 4 选 1，输入 $2X_0$、$2X_1$、$2X_2$、$2X_3$ 和输出 2*Y* 为第二组 4 选 1。1*E*、2*E* 分别为第一组、第二组 4 选 1 使能控制端，0 允许选择，1 禁止选择。*A*、*B* 为选择控制端，4 种组合 00、01、10、11 分别选择输出 *Y* 等于 X_0、X_1、X_2、X_3。电路结构如图 15-36 所示。

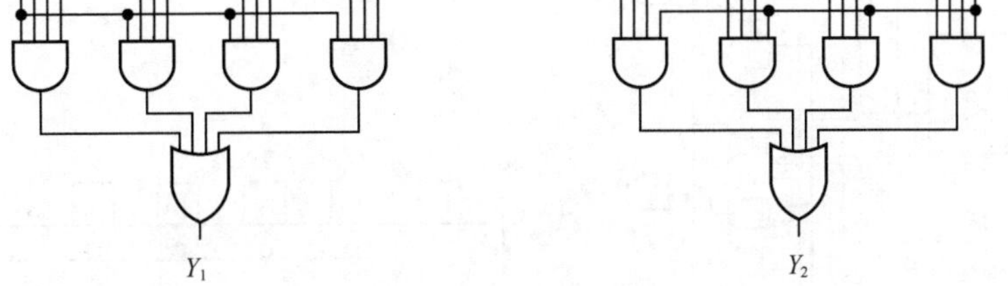

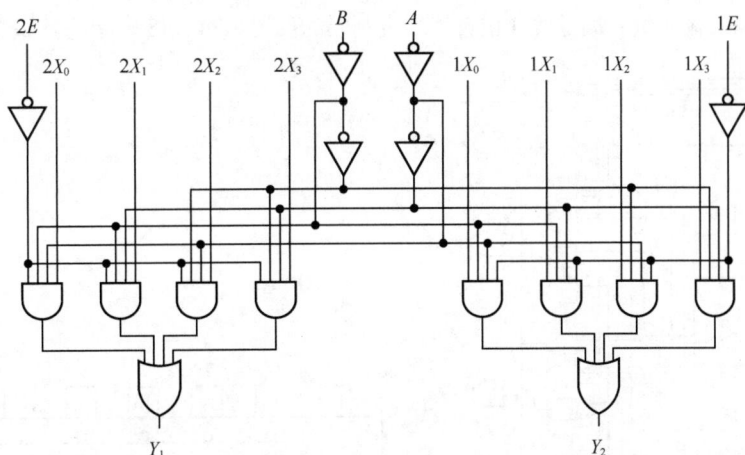

图 15-36　74x153 数据选择器电路结构

2．数据分配器

数据分配器是将一路输入数据根据地址选择码分配给多路数据输出中的某一路输出。因此它实现的是时分多路传输电路中接收端电子开关的功能，所以又被称为解复用器。四路数据分配器 74LS155 的逻辑符号和电路结构如图 15-37 所示，使能输入 1*E*、数据输入 1*C*、分配控制输入端 *B* 和 *A*、输出 $1Y_0$～$1Y_3$ 是第 1 组分配器；使能输入 2*E*、数据输入 2*C*、分配控制输入端 *B* 和 *A*、数据

输出 $2Y_0$～$2Y_3$ 是第 2 组分配器。分配控制输入端 B 和 A 的四种组合 00、01、10、11 分别对应 $1Y_0=1C$、$1Y_1=1C$、$1Y_2=1C$、$1Y_3=1C$，$2Y_0=\overline{2C}$、$2Y_1=\overline{2C}$、$2Y_2=\overline{2C}$、$2Y_3=\overline{2C}$。

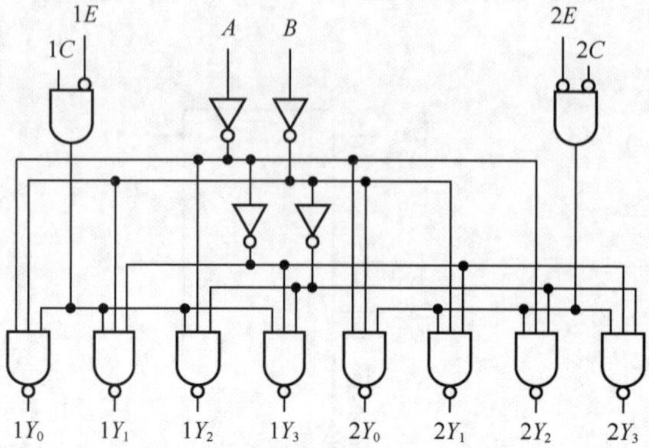

（a）电路结构

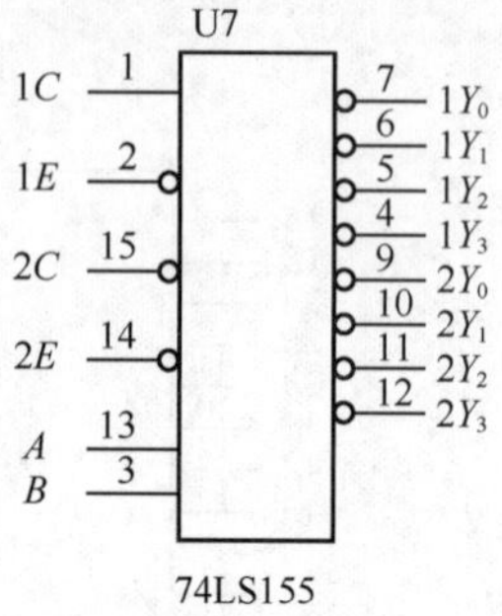

（b）逻辑符号

图 15-37　数据分配器 74xLS155

15.7 组合逻辑器件的应用

15.7.1 编码器的应用

这里以编码器 74x148 为例介绍编码器的应用情况。

74x148 是可以完成优先编码功能的 8-3 线（8 输入 3 输出）优先编码器，其电路结构、引脚如图 15-38（a）、（b）所示，*EI* 为使能输入，低电平有效；编号 7～0 为待编码信号输入，低电平有效，优先级按编号 7～0 顺次降低；*GS*、*EO* 为状态输出；$A_2A_1A_0$ 为编码输出，等于有效待编码输入信号中优先级最高的输入信号编号的 3 位自然二进制码的反码。74x148 的功能表如表 15-16 所示。

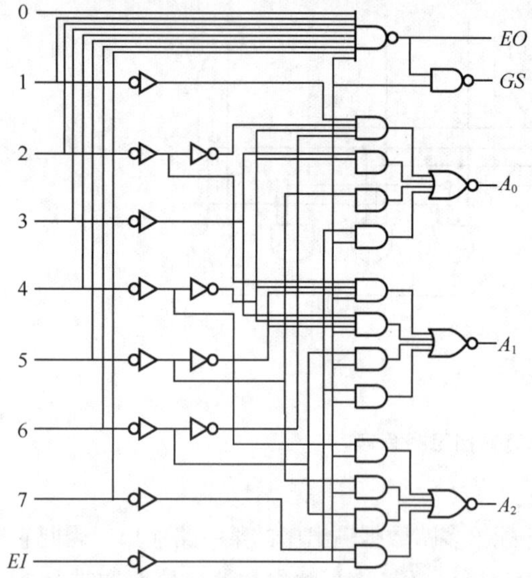

（a）74x148电路结构

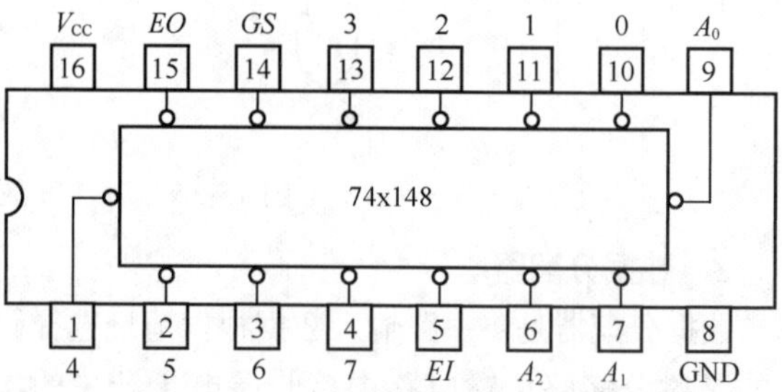

（b）引脚图

图 15-38　优先编码器

表 15-16 8-3 线优先编码器 74x148 的功能表

使能输入	待编码信号输入								状态输出		编码输出	
EI	7	6	5	4	3	2	1	0	GS	EO	$A_2A_1A_0$	$\overline{A_2A_1A_0}$
1	d	d	d	d	d	d	d	d	1	1	111	000
0	1	1	1	1	1	1	1	1	1	0	111	000
0	0	d	d	d	d	d	d	d	0	1	000	111
0	1	0	d	d	d	d	d	d	0	1	001	110
0	1	1	0	d	d	d	d	d	0	1	010	101
0	1	1	1	0	d	d	d	d	0	1	011	100
0	1	1	1	1	0	d	d	d	0	1	100	011
0	1	1	1	1	1	0	d	d	0	1	101	010
0	1	1	1	1	1	1	0	d	0	1	110	001
0	1	1	1	1	1	1	1	0	0	1	111	000

例 15-13 试以 74x148 为主要器件设计一个 16-4 线优先编码器。

解：16-4 线优先编码器有 16 个待编码输入信号、4 个经过编码的输出信号，优先级别按编号 15～0 顺次降低。由于单个编码器 74x148 的输入信号引脚数为 8 个，输出信号引脚数为 3 个，因此需要使用两片 74x148 芯片。

设待编码输入编号 15～8 接的 74x148 为 74x148-H，编号 7～0 接的 74x148 为 74x148-L。显然，当 74x148-H 有有效的待编码输入信号时，16-4 线优先编码器输出 $0A_2A_1A_0$，这时禁止 74x148-L 编码即可；而当 74x148-H 没有有效的待编码输入信号时，允许 74x148-L 编码，16-4 线优先编码器输出 $1A_2A_1A_0$。按这样的思路，可以得到如表 15-17 所示的由两片 74x148 实现的 16-4 线优先编码器的功能表。

表 15-17 由两片 74x148 实现的 16-4 线优先编码器的功能表

74x148-H					74x148-L					16-4 线编码输出	
EI	15～8	GS	EO	$A_2A_1A_0$	EI	7～0	GS	EO	$A_2A_1A_0$	A_3	$A_2A_1A_0$
1	任意	1	1	111	1	任意	1	1	111	1	111
0	有低电平	0	1	$A_2A_1A_0$	1	任意	1	1	111	0	$A_2A_1A_0$
0	无低电平	1	0	111	0	有低电平	0	1	$A_2A_1A_0$	1	$A_2A_1A_0$
0	无低电平	1	0	111	0	无低电平	1	0	111	1	111

从表 15-17 功能表可知：

（1）74x148-H 的输出 EO 与 74x148-L 的 EI 完全一致，因此，可将 74x148-H 的 EO 接 74x148-L 的 EI，通过 74x148-H 的工作状态控制 74x148-L 的工作。

（2）将 74x148-H 的 3 位输出与 74x148-L 的 3 位输出的对应位相与，可得到 16-4 线优先编码器的低 3 位编码输出 $A_2A_1A_0$。

（3）可将 74x148-H 的输出 GS 引出作为 16-4 线优先编码器的输出 A_3。

因此以两片 74x148 编码器为主要器件，再添加 3 个“与”门，就可以设计出 16-4 优先编码器，如图 15-39 所示。

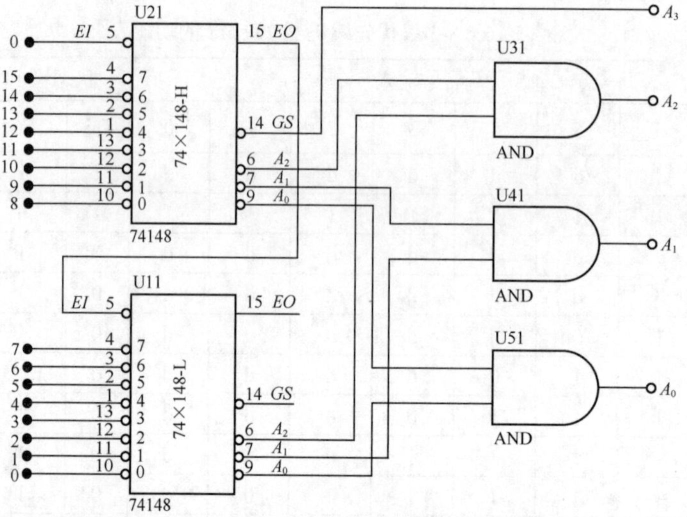

图 15-39　由 74x148 构成的 16-4 线优先编码器

用译码器实现逻辑函数表达式

15.7.2 译码器的应用

这里以 3-8 译码器 74x138 为例介绍译码器的应用情况。

3-8 译码器 74x138 如图 15-40 所示，其中 E_1、E_2、E_3 是控制端，E_1、E_2、E_3 为 100 时 74x138 才起译码器作用。C、B、A 是 3 线输入，Y_0～Y_7 是 8 线输出。输入 CBA 的 8 种组合 000、001、010、011、100、101、110、111 对应的输出分别是 Y_0、Y_1、Y_2、Y_3、Y_4、Y_5、Y_6、Y_7 为低电平，而其他的 7 个为高电平。

74x138 的电路结构和功能分别如图 15-41 和表 15-18 所示。

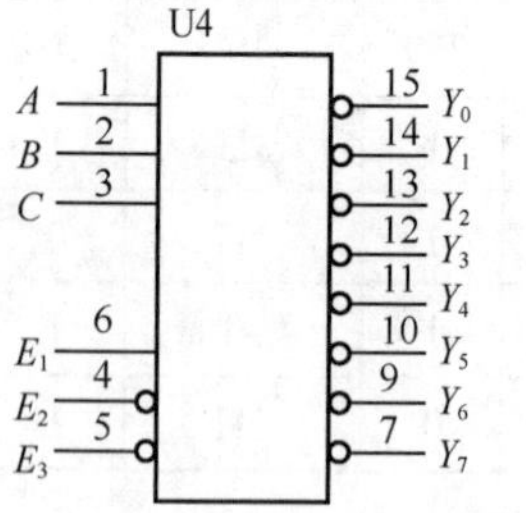

图 15-40　3-8 译码器的逻辑符号图

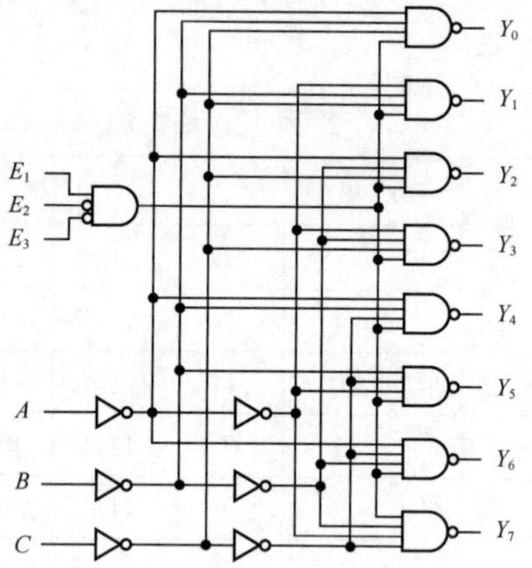

图 15-41　3-8 译码器电路结构图

表 15-18　3-8 译码器 74x138 的功能表

输入						输出							
E_1	E_2	E_3	C	B	A	Y_0	Y_1	Y_2	Y_3	Y_4	Y_5	Y_6	Y_7
0	d	d	d	d	d	1	1	1	1	1	1	1	1
d	1	d	d	d	d	1	1	1	1	1	1	1	1
d	d	1	d	d	d	1	1	1	1	1	1	1	1
1	0	0	0	0	0	0	1	1	1	1	1	1	1
1	0	0	0	0	1	1	0	1	1	1	1	1	1
1	0	0	0	1	0	1	1	0	1	1	1	1	1

续表

输入						输出							
E_1	E_2	E_3	C	B	A	Y_0	Y_1	Y_2	Y_3	Y_4	Y_5	Y_6	Y_7
1	0	0	0	1	1	1	1	1	0	1	1	1	1
1	0	0	1	0	0	1	1	1	1	0	1	1	1
1	0	0	1	0	1	1	1	1	1	1	0	1	1
1	0	0	1	1	0	1	1	1	1	1	1	0	1
1	0	0	1	1	1	1	1	1	1	1	1	1	0

例 15-14　用 3-8 译码器 74x138 实现逻辑函数 $F(A,B,C)=\sum m_i(i=0,1,3,5,7)$。

解：从表 15-18 可知，当 $E1E2E3$=100，有

$$Y_0=C+B+A=\overline{\bar{C}\cdot\bar{B}\cdot\bar{A}}=\overline{m_0}=M_0 \qquad Y_1=C+B+\bar{A}=\overline{\bar{C}\cdot\bar{B}\cdot A}=\overline{m_1}=M_1$$

$$Y_2=C+\bar{B}+A=\overline{\bar{C}\cdot B\cdot\bar{A}}=\overline{m_2}=M_2 \qquad Y_3=C+\bar{B}+\bar{A}=\overline{\bar{C}\cdot B\cdot A}=\overline{m_3}=M_3$$

$$Y_4=\bar{C}+B+A=\overline{C\cdot\bar{B}\cdot\bar{A}}=\overline{m_4}=M_4 \qquad Y_5=\bar{C}+B+\bar{A}=\overline{C\cdot\bar{B}\cdot A}=\overline{m_5}=M_5$$

$$Y_6=\bar{C}+\bar{B}+A=\overline{C\cdot B\cdot\bar{A}}=\overline{m_6}=M_6 \qquad Y_7=\bar{C}+\bar{B}+\bar{A}=\overline{C\cdot B\cdot A}=\overline{m_7}=M_7$$

所以

$$F(A,B,C)=\sum m_i(i=0,1,3,5,7)=m_0+m_1+m_3+m_5+m_7=\overline{\overline{m_0+m_1+m_3+m_5+m_7}}$$

$$=\overline{\overline{m_0}\cdot\overline{m_1}\cdot\overline{m_3}\cdot\overline{m_5}\cdot\overline{m_7}}=\overline{Y_0\cdot Y_1\cdot Y_3\cdot Y_5\cdot Y_7}$$

或

$$F(A,B,C)=\sum m_i(i=0,1,3,5,7)=\sum M_i(i=2,4,6)=M_2\cdot M_4\cdot M_6=Y_2\cdot Y_4\cdot Y_6$$

因此，该逻辑函数可以用 3-8 译码器 74x138 及一个五输入的“与非门”实现，如图 15-42（a）所示；也可用 3-8 译码器 74x138 及一个三输入的“与门”实现。如图 15-42（b）所示。

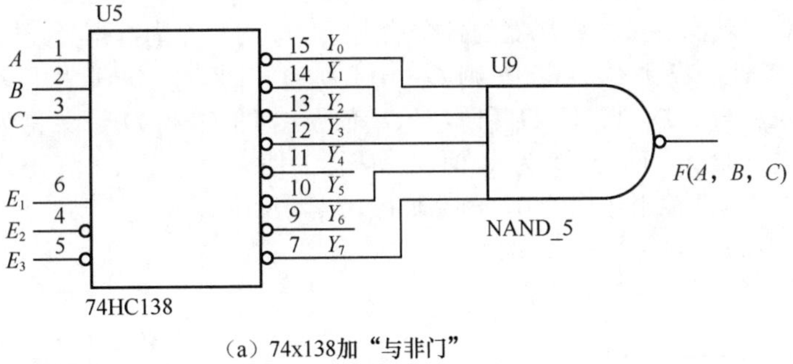

（a）74x138加“与非门”

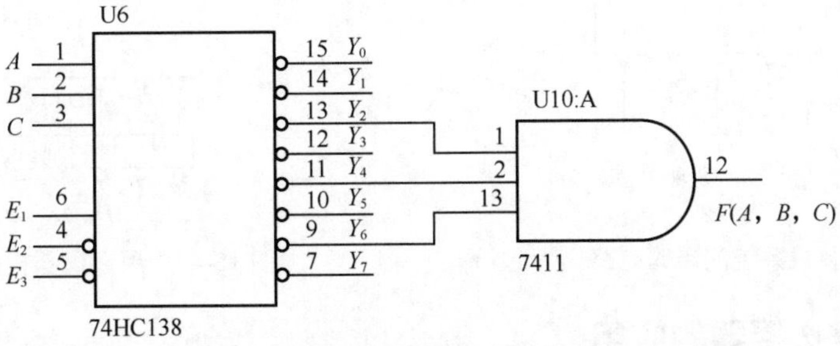

（b）74x138加“与门”

图 15-42　用 3-8 译码器实现逻辑函数的电路

例 15-15 假设某计算机系统的地址线为 16 条，现要连接两片存储器和 3 个外部设备，它们占用的地址空间如表 15-19 所示。试用 3-8 译码器 74x138 设计存储器和外设的译码电路。

解：计算机系统的地址线有 16 条，共有 2^{16} 个不同的地址组合，即可访问 2^{16} =10000H 个存储器单元或输入输出寄存器，地址范围为 0000H～FFFFH。

表 15-19 存储器和外设占用的地址空间

类型和序号	占用的地址空间
存储器 1	0000H～3FFFH
存储器 2	4000H～7FFFH
外设 1	8000H～BFFFH
外设 2	A000H～DFFFH
外设 3	E000H～FFFFH

对于存储器 1，将其占用的地址空间写成二进制的形式，首地址为 0000000000000000B，末地址为 0011111111111111B，占用的地址单元数目是 2^{14}=16384，这些地址值的共同特点是高两位都为 0，即如果要选中存储器 1，就要求高两位地址值为 00。通过类似的分析可知，要能选中存储器 2，则要求高两位地址为 01；要选中外设 1，要求高 3 位地址为 101；选中外设 2 和外设 3，要求的高 3 位地址分别为 110 和 111。

如果将高 3 位地址 A_{15}、A_{14}、A_{13} 作为 3-8 译码器 74x138 的 3 个译码输入端，则译码器的 O_0 和 O_1 输出有效时，应该选中存储器 1；而 O_2 和 O_3 输出有效时，应该选中存储器 2；O_5 输出有效时，应该选中外设 1；O_6 输出有效时，应该选中外设 2；而 O_7 输出有效时，则应该选中外设 3。

每个存储器或外设的选择信号只能有一个，而译码器的输出有效电平是低电平，因此 O_0、O_1 相或之后的输出为存储器 1 的选择信号；而 O_2 和 O_3 相或之后的输出为存储器 2 的选择信号。译码电路如图 15-43 所示。

例 15-16 以 3-8 译码器 74x138 为主要器件设计一个 1-8 数据分配器。

解：数据分配器的输入数据根据地址选择信号来决定由哪个数据输出端输出。当输入数据为 0 时，被选中的数据输出端为 0；当输入数据为 1 时，被选中的数据输出端为 1。而其他未被选中的数据输出端的状态都为 0。

3-8 译码器的使能信号 E_1、E_2 连接在恒定的低电平上，使其一直有效。E_3 作为数据分配器的数据 D 输入端，而译码器的译码输入 A_2、A_1、A_0 则作为数据分配器的地址选择端 S_2、S_1、S_0。考虑到与数据分配器的输出状态一致，译码器的各个输出经过非门后作为数据分配器的数据输出端。

显然，当 D 为 1 时，若 $A_2A_1A_0$=000，则 O_0 =0，D_0=1，而 O_1～O_7 都为 1，即 D_1～D_7 都为 0；若 $A_2A_1A_0$=001，则 O_1 =0，D_1=1，而 O_0 和 O_2～O_7 都为 1，即 D_0 和 D_2～D_7 都为 0；$A_2A_1A_0$ 的其他取值情况读者可以自己验证。而当 D 为 0 时，译码器的使能信号无效，译码器输出 O_0～O_7 都为 1，使得 D_0～D_7 都为 0，即输出数据为 0。电路如图 15-44 所示。

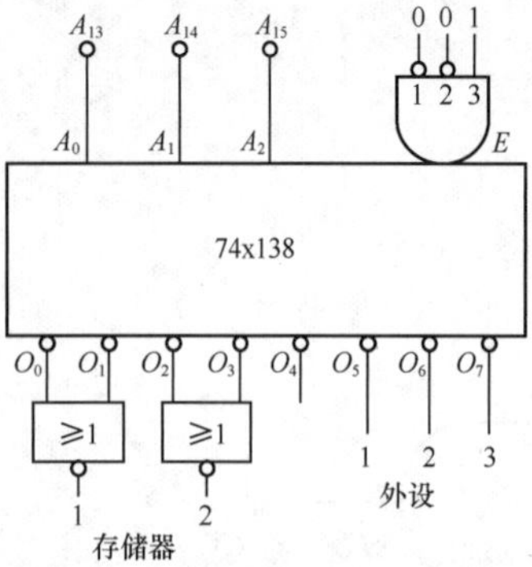

图 15-43 计算机系统的译码电路

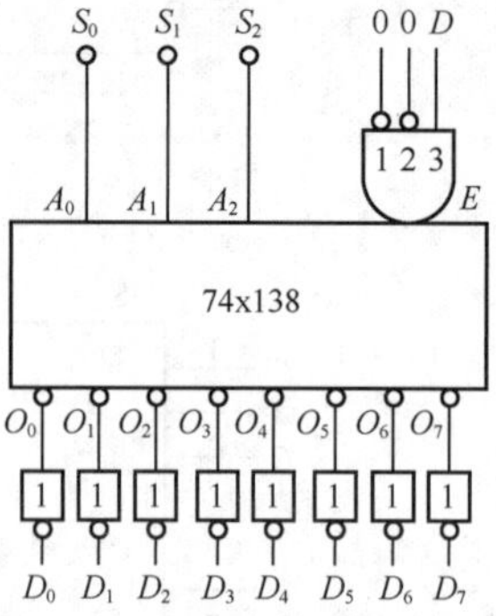

图 15-44 用译码器构成的数据分配器

15.7.3 数据选择器的应用

数据选择器的数据选择端提供了所有取值的组合情况，其逻辑函数表达式为“与或”式的形式，容易实现各种逻辑函数，进而可以实现各种组合逻辑电路的设计。下面举一个应用的例子。

例 15-17 用四选一数据选择器 74LS153 实现逻辑函数：$F(A,B,C,D)=A\overline{B}C+AB\overline{C}+\overline{A}CD$。

解：观察逻辑函数表达式可知，每个“与”项都包含了变量 A 和 C，因此用 A、C 作数据选择器的选择输入端，将逻辑函数表达式作如下变换

$$F(A,B,C,D)=A\overline{B}C+AB\overline{C}+\overline{A}CD=\overline{A}\cdot\overline{C}\cdot 0+\overline{A}\cdot C\cdot D+A\cdot\overline{C}\cdot B+A\cdot C\cdot\overline{B}$$

由数据选择器 74LS153 的功能可知，任意一组四选一数据选择器的逻辑函数表达式内部有两组，这里用 a 组为

$$Z=\overline{\overline{E}}_a\cdot(\overline{S_{1a}}\cdot\overline{S_{0a}}\cdot I_{0a}+\overline{S_1}\cdot S_0\cdot I_{1a}+S_1\cdot\overline{S_0}\cdot I_{2a}+S_1\cdot S_0\cdot I_{3a})$$

对比两个逻辑函数表达式，令 $S_1=A$，$S_0=C$，则欲使数据选择器的输出为等于待求逻辑函数，就要求 $E_a=0$，$I_{0a}=0$，$I_{1a}=D$，$I_{2a}=B$，$I_{3a}=\overline{B}$。用四选一数据选择器 74LS153 实现该逻辑函数的电路图如图 15-45 所示。

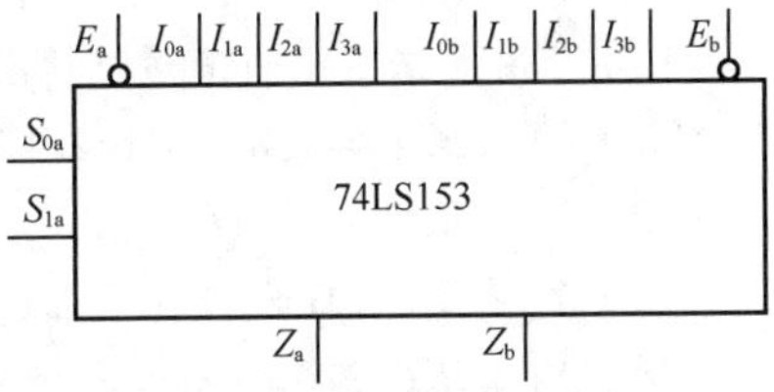

图 15-45 例 15-17 的电路图

《习 题》

15-1 将下列二进制数转换为十进制数。

（1）1011 （2）10101 （3）11111 （4）100001

15-2 完成下列数制转换。

（1）$(255)_{10}=(\qquad)_2=(\qquad)_{16}=(\qquad)_{8421BCD}$

（2）$(11010)_2=(\qquad)_{16}=(\qquad)_{10}=(\qquad)_{8421BCD}$

（3）$(3FF)_{16}=(\qquad)_2=(\qquad)_{10}=(\qquad)_{8421BCD}$

（4）$(1000\ 0011\ 0111)_{8421BCD}=(\ )_{10}=(\ )_2=(\ )_{16}$

15-3 设 $Y_1=\overline{AB}$，$Y_2=\overline{A+B}$，$Y_3=A\oplus B$。已知 A、B 的波形如题 15-3 图所示。试画出 Y_1、Y_2、Y_3 对应 A、B 的波形。

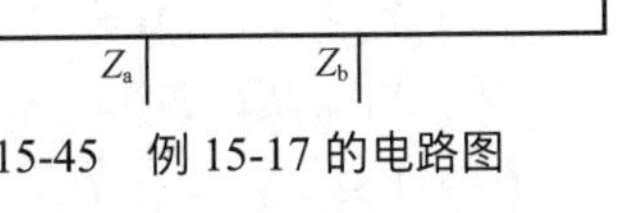

题 15-3 图

15-4 简述二极管、三极管的开关条件。

15-5 题 15-5 图中，哪个电路是正确的？并写出其表达式。

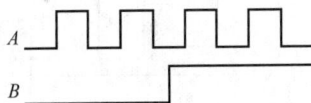

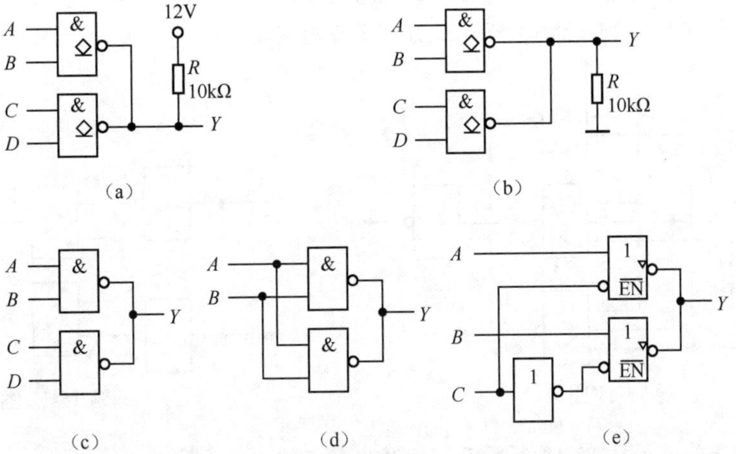

题 15-5 图

15-6 试比较 TTL 门电路和 CMOS 门电路的优缺点。

15-7 用公式化简下列逻辑函数：

（1）$Y = A\overline{B}CD + ABD + A\overline{C}D$

（2）$Y = A\overline{C} + ABC + AC\overline{D} + CD$

（3）$Y = \overline{ABC} + A + B + C$

（4）$Y = AD + A\overline{D} + \overline{A}B + \overline{A}C + BFE + CEFG$

15-8 用卡诺图化简下列逻辑函数：

（1）$Y(A,B,C) = \sum m_i(i = 0,2,4,7)$

（2）$Y(A,B,C) = \sum m_i(i = 1,3,4,5,7)$

（3）$Y(A,B,C,D) = \sum m_i(i = 2,6,7,8,9,10,11,13,14,15)$

（4）$Y(A,B,C,D) = \sum m_i(i = 1,5,6,7,11,12,13,15)$

（5）$Y = \overline{ABC} + \overline{A}B\overline{C} + \overline{A}C$

（6）$Y = \overline{\overline{A}BC + A\overline{B}C + AB\overline{C}}$

（7）$Y(A,B,C) = \sum m_i(i = 0,1,2,3,4) + \sum d_i(i = 5,7)$

（8）$Y(A,B,C,D) = \sum m_i(i = 2,3,5,7,8) + \sum d_i(i = 10,11,12,13,14,15)$

15-9 分析题 15-9 图电路的逻辑功能。

15-10 电路如题 15-10 图所示，要求：（1）写出该电路的逻辑函数表达式；（2）列出该电路的真值表。

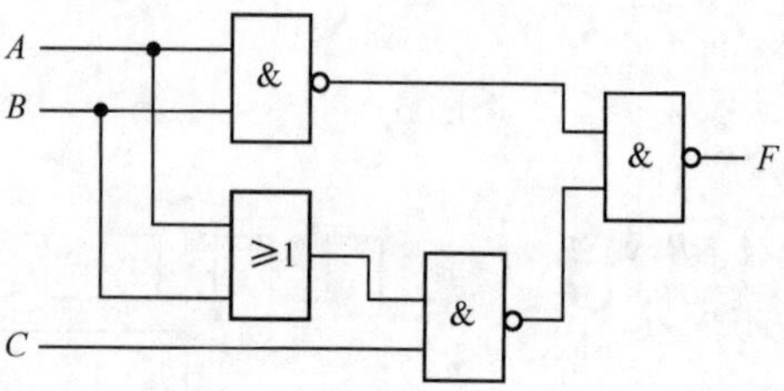

题 15-9 图

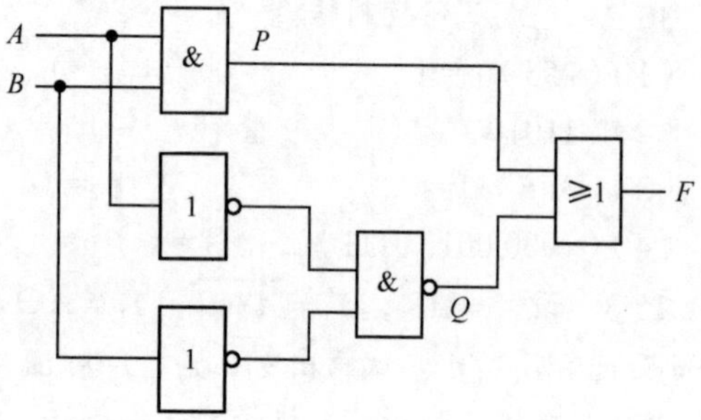

题 15-10 图

15-11 电路如题 15-11 图所示，试分析该电路的逻辑功能。

15-12 已知电路如题 15-12 图所示，试分析其逻辑功能。

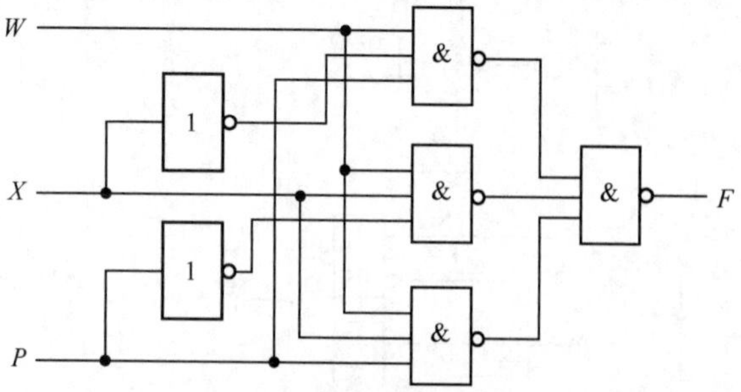

题 15-11 图

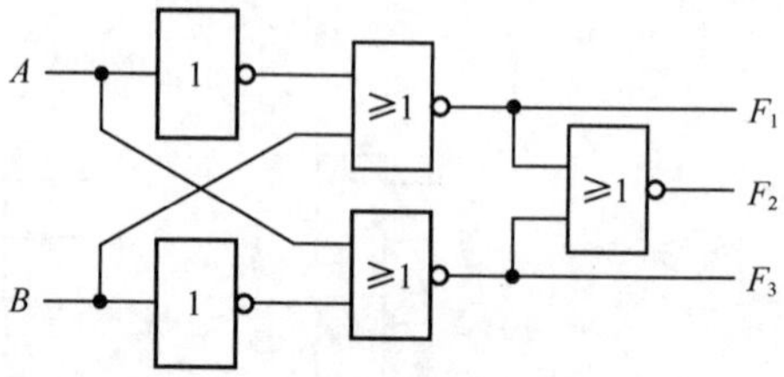

题 15-12 图

15-13 已知真值表如题 15-13 表所示，试写出对应的逻辑表达式。

15-14 已知真值表如题 15-14 表所示，试写出对应的逻辑表达式。

题 15-13 表

ABC	*Y*
000	0
001	1
010	1
011	0
100	1
101	0
110	0
111	1

题 15-14 表

ABCD	*Y*
0000	0
0001	0
0010	0
0011	0
0100	0
0101	0
0110	0
0111	1
1000	0
1001	0
1010	1
1011	1
1100	0
1101	1
1110	1
1111	1

15-15　试设计一种房间消防报警电路，当温度和烟雾过高时，就会发出报警信号，要求使用与非门实现。

15-16　已知某组合逻辑电路的输入 A、B 和输出 F 的波形如题 15-16 图所示。写出 F 对 A、B 的逻辑表达式，用与非门实现该逻辑电路。

15-17　某组合逻辑电路的输入 A、B、C 和输出 F 的波形如题 15-17 图所示。试列出该电路的真值表，写出逻辑函数表达式，并用最少的与非门实现。

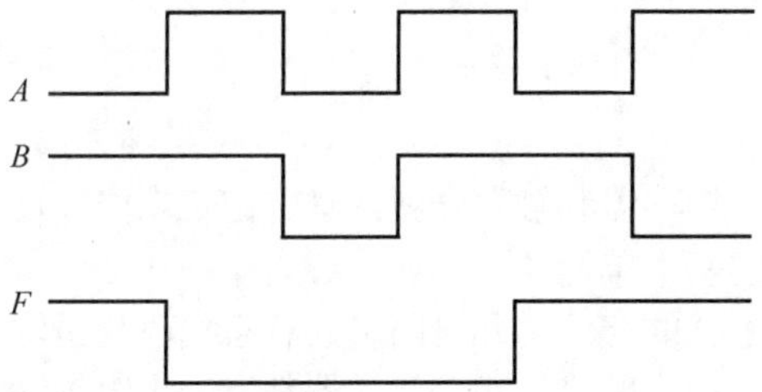

题 15-16 图

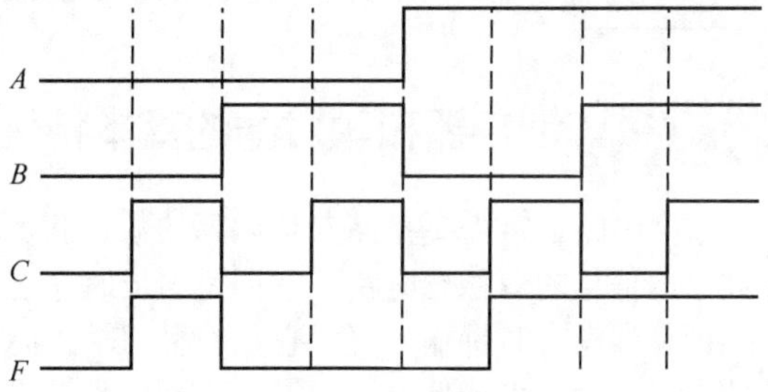

题 15-17 图

15-18　设计一个三变量的判奇电路，当有奇数个变量为 1 时，输出为 1，否则输出为 0，用最少的门电路实现此逻辑电路。

15-19　设计三变量 A、B、C 表决电路，其中 A 具有否决权。

15-20　某工厂有设备开关 A、B、C。按照操作规程，开关 B 只有在开关 A 接通时才允许接通；开关 C 只有在开关 B 接通时才允许接通。违反这一操作规程，则报警电路发出报警信号。设计一个由与非门组成的能实现这一功能的报警控制电路。

15-21　用与非门实现四变量的多数表决器，当四个变量中有多数变量为 1 时，输出为 1，否则为 0。

15-22　试用 74LS138 译码器和适当的逻辑门电路实现下列两个输出逻辑函数。

$$\begin{cases} Y_1 = A\overline{C} \\ Y_2 = AB\overline{C} + \overline{A}C \end{cases}$$

15-23　用 74LS138 译码器和适当的逻辑门电路设计一个全加器。

15-24　在某项比赛中，有 A、B、C 三名裁判。其中 A 为主裁判，当两名（必须包括 A 在内）或两名以上裁判认为运动员合格后发出得分信号。试用四选一数据选择器设计此逻辑电路。

第16章 触发器和时序逻辑电路

【本章简介】

本章介绍触发器和时序逻辑电路，具体内容为锁存器和触发器、时序逻辑电路的分析、寄存器、计数器、555 定时器及其应用。

16.1 锁存器和触发器

16.1.1 锁存器和触发器的基本特性

数字电路常常需要存储参与运算的数据和运算结果。锁存器和触发器就是具有记忆功能、可以存放二值信息的双稳态电路，它们是组成时序逻辑电路的基本单元。

锁存器没有时钟输入端，它是一种对输入脉冲电平敏感的存储单元电路，其状态的改变由输入脉冲电平（高电平或低电平）触发；而触发器是由锁存器构成的，每一个触发器都有一个时钟输入端，只有时钟脉冲的有效沿到来时触发器的状态才有可能改变，状态的改变通常由时钟脉冲的上升沿或下降沿触发。

锁存器和触发器种类很多，均具有如下特性。

（1）有两个互补的输出 Q 和 $\overline{Q}$。当 Q=1 时，$\overline{Q}$=0；当 Q=0 时，$\overline{Q}$=1。

（2）有两种稳态。若输入不变，触发器必处于其中一种稳态，且保持不变。Q=1 和 $\overline{Q}$=0 称为“1”状态；Q=0 和 $\overline{Q}$=1 称为“0”状态。

（3）在输入信号的作用下，可以从一种稳态转换到另一种稳态并保持，直到下一次输入发生变化时，才可能再次改变状态。

设输入信号没有到来时（即发生变化之前，t_n 时刻），触发器的输出状态称为现在状态（原状态或当前状态），用 Q 和 $\overline{Q}$ 表示；输入信号到来后（即发生变化之后，t_{n+1} 时刻），触发器达到稳定时的输出状态称为下一状态（新状态或次态），用 Q^* 和 $\overline{Q}^*$ 表示。若用 X 表示输入信号的集合，则触发器的下一状态是它的现在状态和输入信号的函数，即

$$Q^* = f(Q, X)$$

这个式子称为触发器的下一状态方程，简称状态方程，是描述时序逻辑电路的基本表达式。每种触发器都有自己特定的状态方程，因此也称之为特征方程。

现在状态和下一状态是相对输入变化而言的，在某一个时刻输入变化后电路进入的下一状态，对于再下一次输入变化而言，就是触发器的现在状态。即下一状态是对某一时刻而言的，过了这个时刻就应将其看作现在状态。

锁存器和触发器的两种稳态能记忆一位二进制数的两种状态。实际只记忆两种状态是不够的，可以通过多个锁存器和触发器的连接来获得多种记忆状态。

16.1.2 基本 *S-R* 锁存器

基本 *S-R* 锁存器

1．物理结构

基本 *S-R* 锁存器又称置位复位锁存器，它是各种存储电路中结构最简单的一种，也是各种复杂存储电路结构的最基本组成单元。

基本 *S-R* 锁存器可用与非门组成，也可用或非门组成。由与非门构成的基本 *S-R* 锁存器如图 16-1（a）所示，逻辑符号如图 16-1（b）所示，由或非门构成的基本 *S-R* 锁存器如图 16-1（c）所示。图 16-1（b）中，输入信号 $\overline{S}_D$ 所在端称为置位端；输入信号 $\overline{R}_D$ 所在端称为复位端。

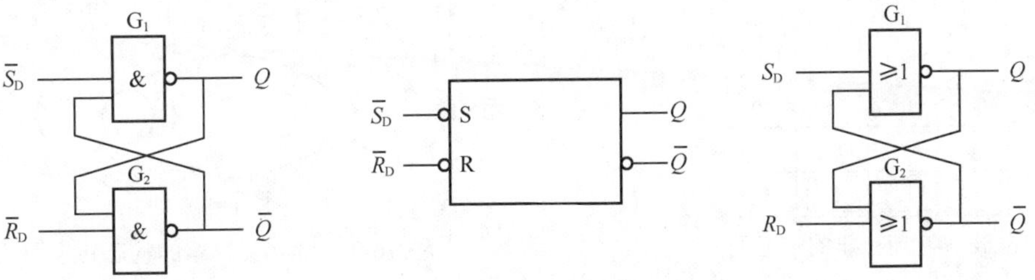

（a）与非门构成　（b）与非门构成 *S-R* 锁存器符号　（c）或非门构成

图 16-1 *S-R* 锁存器

2．工作原理

图 16-1（b）所示的符号中，输入信号 $\overline{S}_D$ 的功能是使输出端 Q=1，输入信号 $\overline{R}_D$ 的功能是使输出端的 Q=0。上述输入信号均为低电平有效，$\overline{S}_D$ 及 $\overline{R}_D$ 上的取非符号用于说明此意，图中的小圈也表示此意而不表示将输入取反。当 $\overline{S}_D=0$ 时有 Q=1，当 $\overline{R}_D=0$ 时有 Q=0。

输入 $\overline{S}_D$、$\overline{R}_D$ 的组合有四种情况，分别为 00、01、10、11，下面对四种情况下的工作状态进行说明。

（1）$\overline{S}_D$=0、$\overline{R}_D$=1 时，由图 16-1（a）可知，电路被强制性地置位在 1 态，即 Q^*=1。

（2）$\overline{S}_D$=1、$\overline{R}_D$=0 时，由图 16-1（a）可知，电路被强制性地复位在 0 态，即 Q^*=0。

（3）$\overline{S}_D=\overline{R}_D$=1 时，由图 16-1（a）可知，*S-R* 锁存器维持原来状态不变，$Q^*=Q$。

（4）$\overline{S}_D=\overline{R}_D$=0 时，由图 16-1（a）可知，$\overline{S}_D$=0 会强行让 Q^*=1，而 $\overline{R}_D$=0 会强行让 $\overline{Q}^*$=1，这种情况不允许出现。因此 $\overline{S}_D=\overline{R}_D$=0 为一种被禁止的输入组合。

对图 16-1（c）所示由或非门组成的基本 *S-R* 锁存器，其工作情况可做类似分析。

3．逻辑功能

锁存器的逻辑功能通常用以下两种方法描述。

（1）状态转换真值表及特征方程

为了表明基本 *S-R* 锁存器在输入信号作用下，下一个稳定状态 Q^*（新态）与原稳定状态 Q（原态）以及与输入信号 $\overline{S}_D$、$\overline{R}_D$ 之间的关系，可以将上述的分析结论用表格形式描述。表 16-1 为用与非门组成的基本 *S-R* 锁存器状态转换真值表及功能说明，表 16-1 中的∅表示当 $\overline{S}_D$、$\overline{R}_D$ 同时从 0 回到 1 时锁存器状态不能确定的情况。

表 16-1 用与非门组成的基本 *S-R* 锁存器状态转换真值表及功能说明

$\overline{S}_D$	$\overline{R}_D$	$Q \to Q^*$	功能说明
0	0	$0 \to \varnothing$	禁止
0	0	$1 \to \varnothing$	禁止
0	1	$0 \to 1$	置 1
0	1	$1 \to 1$	置 1
1	0	$0 \to 0$	置 0
1	0	$1 \to 0$	置 0
1	1	$0 \to 0$	保持
1	1	$1 \to 1$	保持

由表 16-1 可以画出用与非门组成的基本 *S-R* 锁存器的卡诺图，如图 16-2 所示，并可由此推导出用与非门组成的基本 *S-R* 锁存器的特征方程为

$$Q^* = S_D + \overline{R}_D \cdot Q \qquad （约束条件：\overline{S}_D + \overline{R}_D = 1）$$

（2）状态转换图

基本 *S-R* 锁存器的逻辑功能还可用状态转换图来描述。图 16-3 所示为用与非门组成的基本 *S-R* 锁存器的状态转换图。图中圆圈分别代表基本 *S-R* 锁存器的两个稳定状态，箭头表示在输入信号作用下状态转换的方向，箭头旁的标注表示状态转换时的条件。由图 16-3 可见，若当前状态是 Q=0，当输入为 $\overline{S}_D$=0、$\overline{R}_D$=1 时，下一状态变为 Q^*=1；若输入为 $\overline{S}_D$=1、$\overline{R}_D$=0 或 1 时（用“∅”表示），状态维持在 0。如果当前状态是 Q=1，则输入为 $\overline{R}_D$=0、$\overline{S}_D$=1 时，下一状态 Q^*=0；若输入为 $\overline{R}_D$=1、$\overline{S}_D$=1 或 0 时，状态维持在 1。

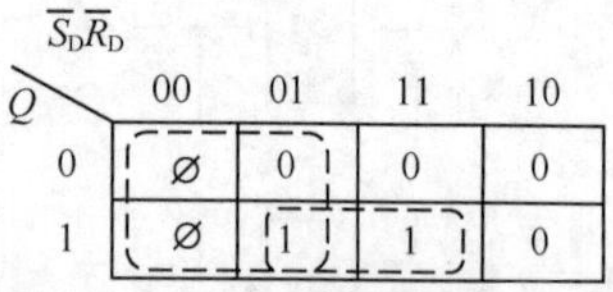

图 16-2 *S-R* 锁存器的卡诺图

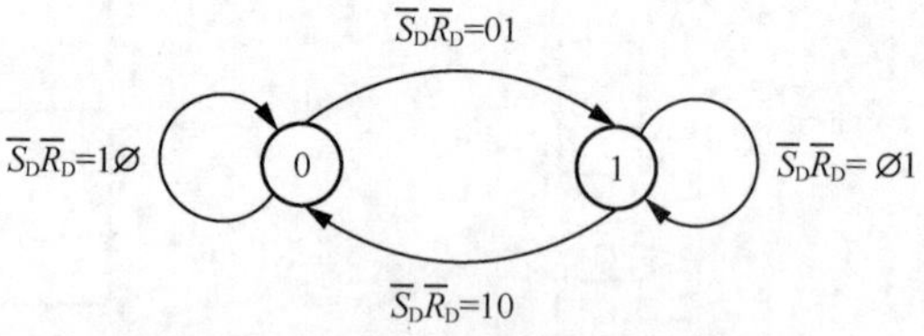

图 16-3 *S-R* 锁存器的状态转换图

16.1.3 门控 *S-R* 锁存器

基本 *S-R* 锁存器的输入端直接控制 Q 或 $\overline{Q}$ 的变化，因而该电路易受噪声尖峰的干扰而导致状态改变，因此可引入使能端构成门控 *S-R* 锁存器，如图 16-4 所示。门控 *S-R* 锁存器由一个基本 *S-R* 锁存器和两个与非门构成，在使能信号 *E* 为高电平时，锁存器按照输入信号改变状态。门控 *S-R* 锁存器也称为具有使能端的 *S-R* 锁存器或同步 *S-R* 锁存器，因为使能端也能起到同步控制的作用。

图 16-4（a）中，G_1 和 G_2 构成基本 *S-R* 锁存器，G_3 和 G_4 构成触发引导电路。使能端 E=1 时，门控 *S-R* 锁存器的特征方程为 $Q^* = S + \overline{R}Q$，约束条件为 $SR = 0$，状态转换真值表如表 16-2 所示，波形图如图 16-5 所示。

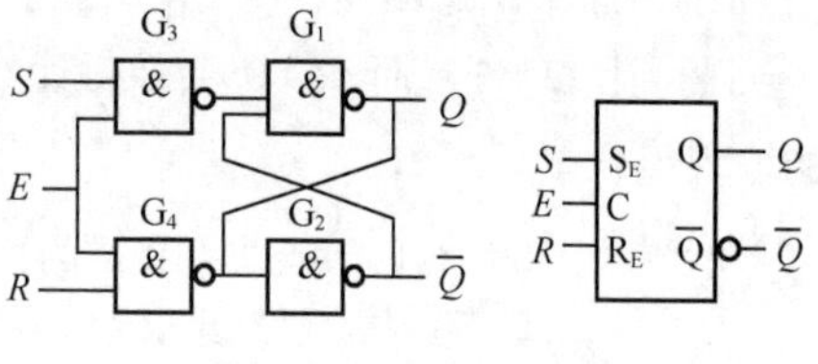

（a）电路结构　（b）逻辑符号
图 16-4 门控 *S-R* 锁存器

表 16-2 门控 *S-R* 锁存器的状态转换真值表

E	*S*	*R*	$Q \to Q^*$	功能说明
0	∅	∅	0 → 0	保持原态
0	∅	∅	1 → 1	保持原态
1	0	0	0 → 0	保持原态
1	0	0	1 → 1	保持原态
1	0	1	0 → 0	置 0
1	0	1	1 → 0	置 0
1	1	0	0 → 1	置 1
1	1	0	1 → 1	置 1
1	1	1	0 → ∅	禁止
1	1	1	1 → ∅	禁止

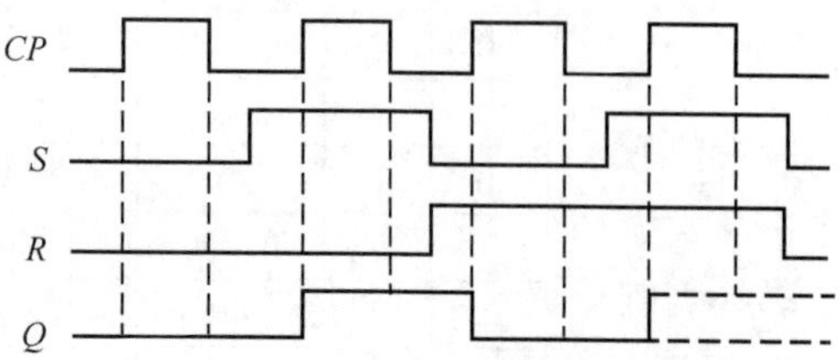

图 16-5 门控 *S-R* 锁存器的波形图（原态 Q=0）

16.1.4 D 锁存器

在一些数字系统中，数据只有一路信号，以高电平或低电平表示 1 或 0，因而只需一个数据输入端。

图 16-6 所示为 D 锁存器的结构和逻辑符号，由门控 S-R 锁存器的 S 端和 R 端之间接入一个非门构成。该电路保证了 $SR=0$ 的约束条件，消除了 S-R 锁存器可能出现的非定义状态，D 锁存器的逻辑符号如图 16-6（b）所示。依照门控 S-R 锁存器的特征方程，可以得到 D 锁存器的特征方程为

$$Q^* = D$$

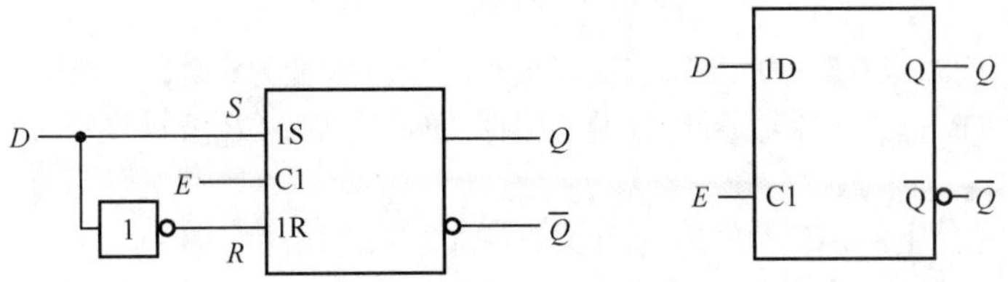

（a）结构　　（b）逻辑符号

图 16-6　D 锁存器结构和逻辑符号

D 锁存器电路的功能表和工作波形如图 16-7（a）、（b）所示。可见，图 16-7（a）所示的 D 锁存器在使能端 E 为高电平时，输出 Q 等于输入 D；而在 E 为低电平时，输出 Q 的值保持不变，即 Q 的值被锁存。

E	D	S	R	$Q \to Q^*$
0	0	0	1	0→0保持
	1	1	0	1→1保持
1	0	0	1	0→0置0
				1→0置0
	1	1	0	0→1置1
				1→1置1

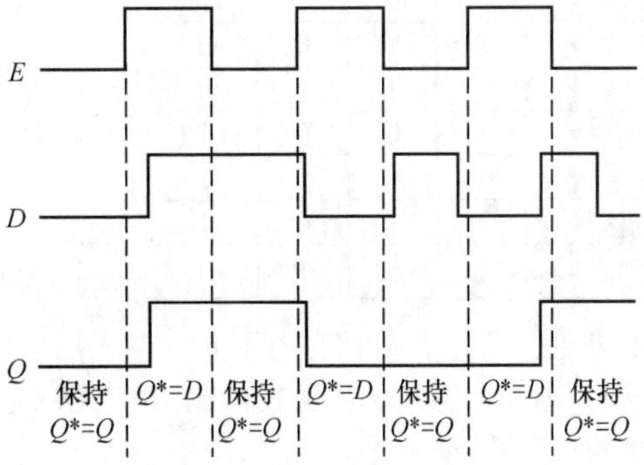

（a）功能表　　（b）工作波形

图 16-7　D 锁存器的功能表和工作波形

16.1.5 主从 J-K 触发器

主从 J-K 触发器的结构和逻辑符号如图 16-8 所示，它由前后串联的两个门控 S-R 锁存器组成，前、后的锁存器分别称为主锁存器、从锁存器。时钟脉冲先使主锁存器翻转，而后使从锁存器翻转，这就是“主从”的由来。该触发器在时钟信号 CP 上升沿到来时接收数据，在 CP 下降沿使 Q 的状态发生改变。下降沿触发器的逻辑符号是在 CP 端靠近方框处用一个小圆圈表示，如图 16-8（b）所示。主从 J-K 触发器可简称为 J-K 触发器。

主从 J-K 触发器的输入组合有四种，对应四种工作情况。

（1）当 J=1、K=0 时，无论原态为 0 态或 1 态，在 CP 为 1 期间主锁存器置 1，当 CP 变为 0 后从锁存器随着置 1，$Q^*=1$。

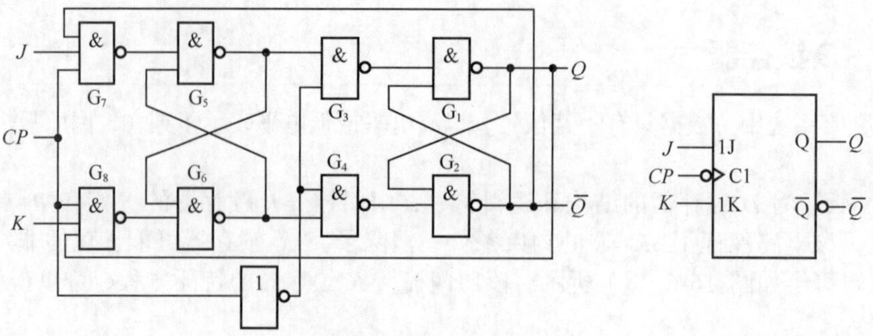

（a）电路结构　　（b）逻辑符号

图 16-8　主从 *J-K* 触发器

（2）当 J=0、K=1 时，在 CP 为1期间主锁存器置 0，当 CP 变为 0 后，从锁存器随着置 0，Q^* =0。

（3）当 J=K=0 时，主锁存器在 CP 为 1 期间保持原态，在 CP 信号改变为 0 后，从锁存器也保持原态，$Q^* = Q$。

（4）当 J=K=1 时，主从 *J-K* 触发器的功能是将其原状态反相，即 $Q^* = \overline{Q}$ 。

由主从 *J-K* 触发器的工作情况，可得表 16-3 所示的工作特性表和图 16-9 所示的状态转换图。表 16-3 中的第一行表示时钟还没有到来时，触发器状态不发生改变，即保持原态。

表 16-3　主从 *J-K* 触发器的特性表

CP	J	K	Q	Q^*
∅	∅	∅	∅	Q
⎍↓	0	0	0	0
⎍↓	0	0	1	1
⎍↓	0	1	0	0
⎍↓	0	1	1	0
⎍↓	1	0	0	1
⎍↓	1	0	1	1
⎍↓	1	1	0	1
⎍↓	1	1	1	0

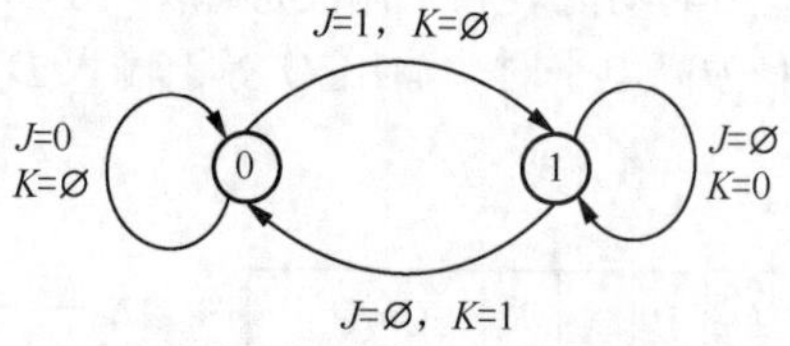

图 16-9　主从 *J-K* 触发器的状态转换图

由表 16-2 可见，门控 *S-R* 锁存器不允许输入出现 11 组合。由表 16-3 可见，主从 *J-K* 触发器不存在这一限制，因此，主从 *J-K* 触发器比门控 *S-R* 锁存器的使用范围要广得多。

主从 *J-K* 触发器的特征方程为

$$Q^* = J\overline{Q} + \overline{K}Q$$

16.1.6　*T* 触发器

将主从 *J-K* 触发器的输入 *J*、*K* 端连在一起，可得到 *T* 触发器，如图 16-10 所示。将 T=J=K 代入 *J-K* 触发器的特征方程，得到 *T* 触发器的特征方程为

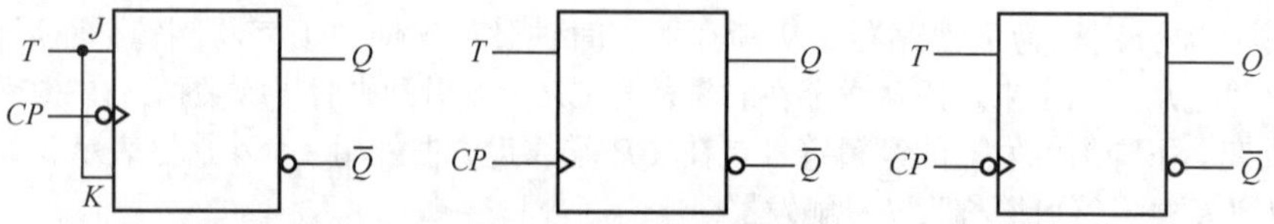

（a）*J-K*触发器构成的*T*触发器　（b）上升沿触发*T*触发器　（c）下降沿触发*T*触发器

图 16-10　*T* 触发器

$$Q^* = J\overline{Q} + \overline{K}Q = T\overline{Q} + \overline{T}Q = T \oplus Q$$

显然，T 触发器的功能为：$T=0$ 时，$Q^*=Q$，即触发器被封锁，输出保持原状态；当 $T=1$ 时，在时钟脉冲 CP 上升沿或下降沿到来时，$Q^*=\overline{Q}$，即输出状态发生翻转。

16.1.7　维持阻塞 D 触发器

主从 J-K 触发器存在一个问题，即在 $CP=1$ 期间，必须使输入信号保持不变。若 $CP=1$ 期间出现干扰信号，触发器的实际输出状态就有可能与期望的输出状态有所不同，也就是说主从 J-K 触发器的抗干扰能力不够强。维持阻塞 D 触发器是一种典型的边沿型触发器，能够解决这个问题。其主要特点是触发器的状态只取决于上升沿（或下降沿）时刻的输入信号的状态，而与 $CP=1$ 期间输入信号的变化情况无关。

维持阻塞 D 触发器的电路结构及逻辑符号如图 16-11 所示。

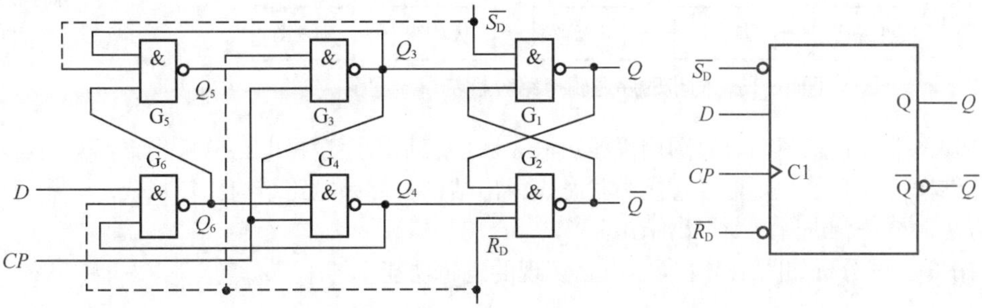

（a）电路结构　　　　（b）逻辑符号

图 16-11　维持阻塞 D 触发器

图 16-11（a）中，D 为信号输入端，Q、$\overline{Q}$ 为信号输出端，虚线所示为异步置 0、置 1 电路，$\overline{S}_D$ 为异步置 1 端，$\overline{R}_D$ 为异步置 0 端。在图 16-11（b）所示 D 触发器的逻辑符号图中，CP 端有一个箭头，表示在 CP 上升沿边沿触发，$\overline{S}_D$ 和 $\overline{R}_D$ 端的小圆圈表示低电平有效，$\overline{S}_D$ 和 $\overline{R}_D$ 上的取非符号也说明了此意。

维持阻塞 D 触发器的真值表如表 16-4 所示，其工作波形如图 16-12 所示，其状态方程（特征方程）为

$$Q^*=D$$

表 16-4　维持阻塞 D 触发器的真值表

$\overline{R}_D$	$\overline{S}_D$	CP	D	Q^*	说明
0	1	∅	∅	0	异步置 0
1	0	∅	∅	1	异步置 1
1	1	↑	0	0	同步置 0
1	1	↑	1	1	同步置 1

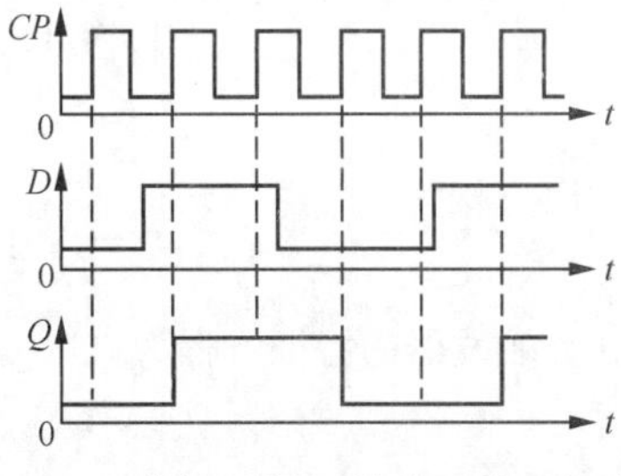

图 16-12　维持阻塞 D 触发器的工作波形

16.2　时序逻辑电路的分析

组合逻辑电路的输出仅与当前的输入有关，而与过去的输入无关。时序逻辑电路，简称时序电路，其输出不仅与当前时刻的输入有关，而且与过去时刻的输入也有关。

时序电路一般分为同步时序电路和异步时序电路两类。在同步时序电路中，所有存储电路状

态的改变由同一时钟脉冲控制，即当时钟脉冲上升沿或下降沿到来时，所有存储电路的状态同时更新；而在异步时序电路中，存储电路的状态不是由同一个时钟脉冲所控制的，也许有的有时钟输入端，有的没有时钟输入端，因此所有的存储电路的状态并不是同时更新的，而是有先有后，是异步的。

时序逻辑电路的分析就是根据所给的电路逻辑图找出电路所实现的功能。

16.2.1 同步时序逻辑电路的分析

同步时序逻辑电路中所有的触发器共用一个时钟信号，只要依次求出时序逻辑电路的驱动方程、输出方程和状态方程，再求出状态表、状态图、时序图中的一种或者多种，即可得到分析结果，分析步骤流程如图 16-13 所示。

同步时序逻辑电路的分析

图 16-13　同步时序逻辑电路分析步骤流程图

图 16-13 中，状态图和时序图用虚线边框表示，表示时序逻辑电路分析步骤不是固定不变的，如果电路结构比较简单，则可以直接由状态表得出结论，如果电路结构比较复杂，则需要使用所有的描述方法，再综合进行判断得出结论。

例 16-1　试分析如图 16-14 所示电路实现的逻辑功能。

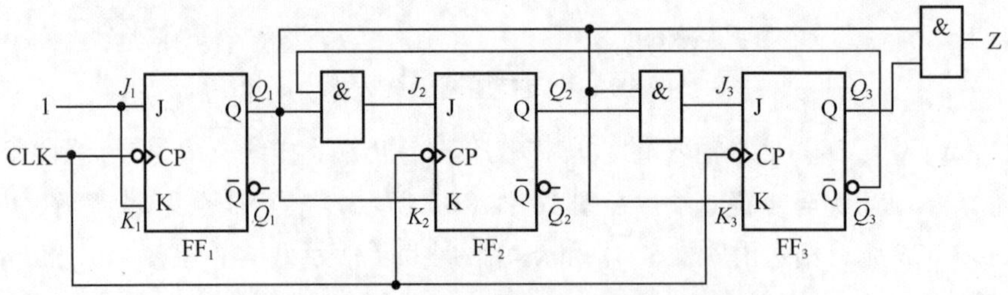

图 16-14　例 16-1 同步时序电路逻辑图

解：（1）确定电路中触发器的控制输入方程和输出方程。根据电路图，可得触发器控制输入方程为

$$\begin{cases}J_1=1\\K_1=1\end{cases},\quad \begin{cases}J_2=\overline{Q_3}Q_1\\K_2=Q_1\end{cases},\quad \begin{cases}J_3=Q_2Q_1\\K_3=Q_1\end{cases}$$

电路输出方程为

$$Z=Q_3Q_1$$

主从 J-K 触发器的特征方程为

$$Q^*=J\overline{Q}+\overline{K}Q$$

（2）写出触发器的新状态方程。将触发器的输入代入触发器的新状态方程，有

$$\begin{aligned}Q_3^*&=J_3\overline{Q_3}+\overline{K_3}Q_3=Q_2Q_1\overline{Q_3}+\overline{Q_1}Q_3=\overline{Q_3}Q_2Q_1+Q_3\overline{Q_1}\\Q_2^*&=\overline{Q_3}Q_1\overline{Q_2}+\overline{Q_1}Q_2=\overline{Q_3}\,\overline{Q_2}Q_1+Q_2\overline{Q_1}\\Q_1^*&=1\cdot\overline{Q_1}+\overline{1}\cdot Q_1=\overline{Q_1}\end{aligned}$$

（3）列出状态转移/输出真值表。由于 3 个触发器的状态有 8 种组合，因此可以列出如表 16-5 所示的状态转移/输出真值表。

表 16-5　例 16-1 状态转移/输出真值表

触发器原态				触发器激励输入						触发器新态				状态转换	输出	
Q_3	Q_2	Q_1	原态编号	J_3	K_3	J_2	K_2	J_1	K_1	Q_3^*	Q_2^*	Q_1^*	新态编号	$S\to S^*$	Z	Z^*
0	0	0	S_0	0	0	0	0	1	1	0	0	1	S_1	$S_0\to S_1$	0	0
0	0	1	S_1	0	1	1	1	1	1	0	1	0	S_2	$S_1\to S_2$	0	0
0	1	0	S_2	0	0	0	0	1	1	0	1	1	S_3	$S_2\to S_3$	0	0
0	1	1	S_3	1	1	1	1	1	1	1	0	0	S_4	$S_3\to S_4$	0	0
1	0	0	S_4	0	0	0	0	1	1	1	0	1	S_5	$S_4\to S_5$	0	1
1	0	1	S_5	0	1	0	1	1	1	0	0	0	S_0	$S_5\to S_0$	1	0
1	1	0	S_6	0	0	0	0	1	1	1	1	1	S_7	$S_6\to S_7$	0	1
1	1	1	S_7	1	1	0	1	1	1	0	0	0	S_0	$S_7\to S_0$	1	0

（4）确定状态转移/输出图。根据状态转移/输出真值表，画出的状态转移/输出图如图 16-15 所示。电路的 8 个状态用 8 个小圆圈来表示，圆圈中可用状态二进制组合或状态编号指示状态，用箭头指示原态到新态的变化方向，斜线左边为外输入值（本例无外输入就空着），右边为对应于原态的输出 Z 的值。

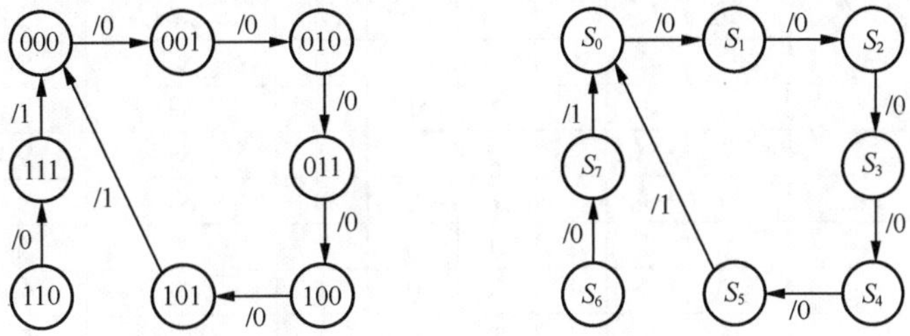

（a）二进制码状态形式　　（b）编号状态形式

图 16-15　例 16-1 状态转移/输出图

（5）画波形图。设时序电路起始状态为 S_0，在时钟作用下该电路波形如图 16-16 所示。

（6）分析逻辑功能。根据状态转移图可知，电路启动后，无论 3 个触发器的初始状态 $Q_3Q_2Q_1$ 为何值，最后都会进入每 6 个时钟按 $Q_3Q_2Q_1$=000→001→001→010→011→100→101 进行循环的稳定状态，且状态为 101 时输出 Z=1。若用 Z 的下降沿进行触发，则电路可称为六进制加法计数器，计数的对象是时钟脉冲的下降沿，输出 Z 的下降沿代表进 1 位。

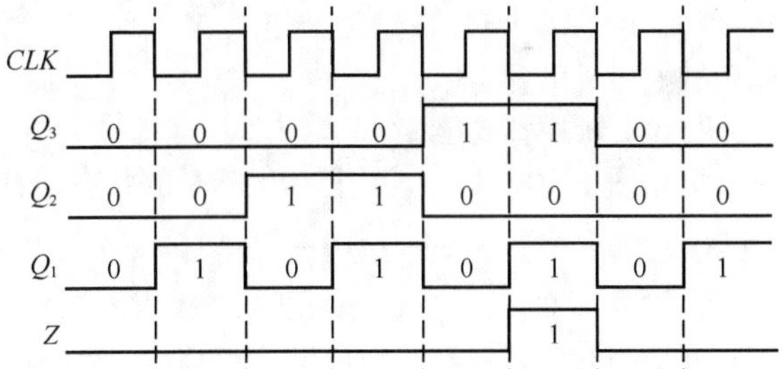

注：Q_3、Q_2、Q_1虚线左边为原态，右边为新态

图 16-16　例 16-1 电路的工作波形图

例 16-2　试分析图 16-17 所示同步时序电路的功能。

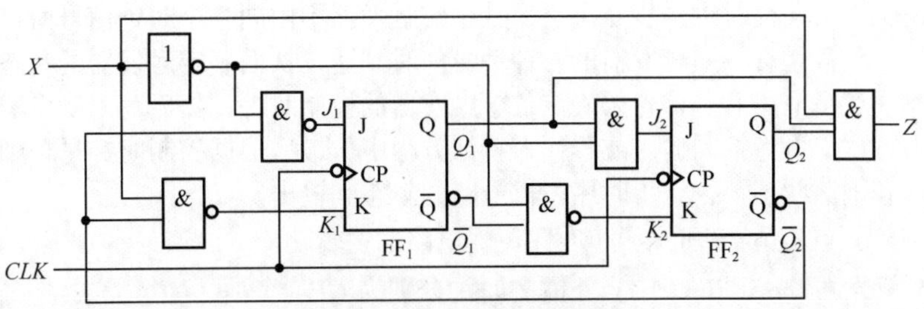

图 16-17　例 16-2 逻辑图

解：（1）写出电路控制输入方程和输出方程

$$\begin{cases}J_2=\overline{X}Q_1\\K_2=\overline{\overline{X}\,\overline{Q_1}}=X+Q_1\end{cases},\quad\begin{cases}J_1=\overline{\overline{X}\,\overline{Q_2}}=X+Q_2\\K_1=\overline{X\overline{Q_2}}=\overline{X}+Q_2\end{cases},\quad Z=XQ_2Q_1$$

（2）确定触发器新状态方程

$$Q_2^*=J_2\overline{Q}_2+\overline{K}_2Q_2=\overline{X}Q_1\cdot\overline{Q}_2+\overline{\overline{\overline{X}\,\overline{Q_1}}}\cdot Q_2=\overline{X}\,\overline{Q}_2Q_1+\overline{X}Q_2\overline{Q}_1$$

$$Q_1^*=J_1\overline{Q}_1+\overline{K}_1Q_1=\overline{\overline{X}\,\overline{Q_2}}\cdot\overline{Q}_1+\overline{\overline{X\overline{Q_2}}}\cdot Q_1=X\overline{Q}_1+Q_2\overline{Q}_1+X\overline{Q}_2Q_1$$

（3）列出状态转移/输出真值表。由于 1 个外输入和 2 个触发器的状态共有 8 种组合，因此可以列出如表 16-6 所示的状态转移/输出真值表。

表 16-6　例 16-2 状态转移/输出真值表

外输入	触发器原态			触发器激励输入				触发器新态			状态转换	输出	
X	Q_2	Q_1	原态编号	J_2	K_2	J_1	K_1	Q_2^*	Q_1^*	新态编号	$S\to S^*$	Z	Z^*
0	0	0	S_0	0	0	0	1	0	0	S_0	$S_0\to S_0$	0	0
0	0	1	S_1	1	1	0	1	1	0	S_2	$S_1\to S_2$	0	0
0	1	0	S_2	0	0	1	1	1	1	S_3	$S_2\to S_3$	0	0
0	1	1	S_3	1	1	1	1	0	0	S_0	$S_3\to S_0$	0	0
1	0	0	S_0	0	1	1	0	0	1	S_1	$S_0\to S_1$	0	0
1	0	1	S_1	0	1	1	0	0	1	S_1	$S_1\to S_1$	0	0
1	1	0	S_2	0	1	1	1	0	1	S_1	$S_2\to S_1$	0	0
1	1	1	S_3	0	1	1	1	0	0	S_0	$S_3\to S_0$	1	0

（4）确定状态转移/输出图

根据状态转移/输出真值表，画出状态转移/输出图如图 16-18 所示。图中斜线左边为外输入 X 的值，右边为对应于原态的输出 Z 的值。

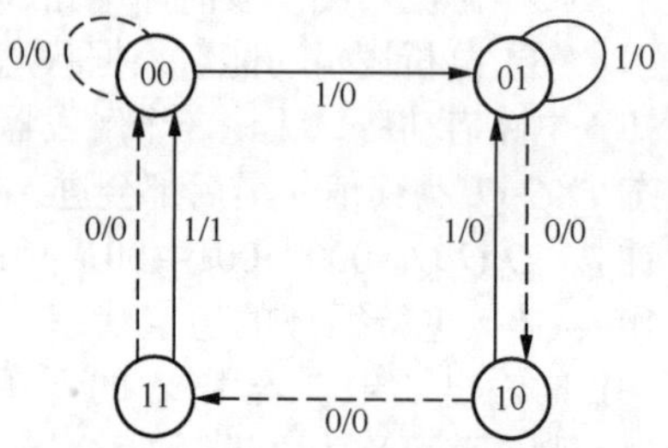

图 16-18　例 16-2 状态转移/输出图

（5）分析逻辑功能

根据图 16-18 可知，能让输出 Z=1 的状态转移规律为

$$Q_2Q_1=00\xrightarrow{0/0}00\xrightarrow{1/0}01\xrightarrow{0/0}10\xrightarrow{0/0}11\xrightarrow{1/1}00$$

即输入 X 的值按 1001 变化时，输出 Z=1。可见该电路为序列检测器，其功能是当输出 Z=1 时，指示输入了 1001 序列，否则就没有输入 1001 序列。

16.2.2　异步时序逻辑电路的分析

异步时序逻辑电路又称时钟异步状态机，其中的触发器不由同一个时钟信号所控制。分析异步时序逻辑电路时，关键是看不同触发器的时钟信号何时到达，从而确定触发器的状态何时更新。在具体分析异步时序逻辑电路时，首先要确定各个触发器的控制时钟，然后写出触发器的控制输入方程、电路的输出方程，再将控制输入方程代入特征方程中，最后根据控制时钟是否到达，求出在给定输入变量状态和电路状态下，异步时序逻辑电路的新态和输出。

例 16-3　试分析图 16-19 所示异步时序逻辑电路的逻辑功能。

解：设主从 J-K 触发器 FF_0、FF_1、FF_2、FF_3 的时钟分别为 CP_0、CP_1、CP_2、CP_3。

（1）写出触发器控制输入方程和电路输出方程。注意，悬空的输入引脚按高电平处理。

$$\begin{cases}J_0=1\\K_0=1\\CP_0=CLK\end{cases},\quad \begin{cases}J_1=\overline{Q}_3\\K_1=1\\CP_1=Q_0\end{cases},\quad \begin{cases}J_2=1\\K_2=1\\CP_2=Q_1\end{cases},\quad \begin{cases}J_3=Q_2Q_1\\K_3=1\\CP_3=Q_0\end{cases},\quad Z=Q_3Q_0$$

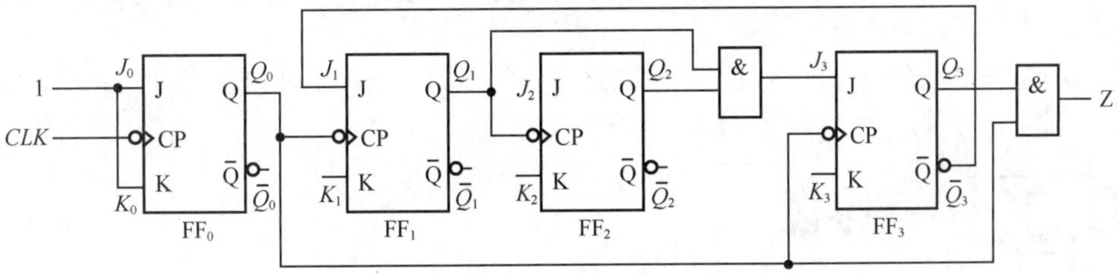

图 16-19　例 16-3 的异步时序电路

（2）将触发器新状态方程代入主从 *J-K* 触发器的特性方程，得到电路的新状态方程

$$Q_0^*=J_0\overline{Q}_0+\overline{K}_0Q_0=\overline{Q}_0,\quad Q_1^*=J_1\overline{Q}_1+\overline{K}_1Q_1=\overline{Q}_3\overline{Q}_1,$$

$$Q_2^*=J_2\overline{Q}_2+\overline{K}_2Q_2=\overline{Q}_2,\quad Q_3^*=J_3\overline{Q}_3+\overline{K}_1Q_3=\overline{Q}_3Q_2Q_1$$

（3）确定状态转移/输出表。没有外输入，4 个触发器的状态共有 16 种组合，因此可得表 16-7 所示的状态转移/输出真值表。

表 16-7　例 16-3 状态转移/输出真值表

触发器原态				触发器时钟（下降沿）及状态转换								触发器新态				输出	
$Q_3Q_2Q_1Q_0$				CP_0	$Q_0\to Q_0^*$	CP_1	$Q_1\to Q_1^*$	CP_2	$Q_2\to Q_2^*$	CP_3	$Q_3\to Q_3^*$	$Q_3^*Q_2^*Q_1^*Q_0^*$				Z	Z^*
0	0	0	0	↓	0→1		0→0		0→0		0→0	0	0	0	1	0	0
0	0	0	1	↓	1→0	↓	0→1		0→0	↓	0→0	0	0	1	0	0	0
0	0	1	0	↓	0→1		1→1		0→0		0→0	0	0	1	1	0	0
0	0	1	1	↓	1→0	↓	1→0	↓	0→1	↓	0→0	0	1	0	0	0	0
0	1	0	0	↓	0→1		0→0		1→1		0→0	0	1	0	1	0	0
0	1	0	1	↓	1→0	↓	0→1		1→1	↓	0→0	0	1	1	0	0	0
0	1	1	0	↓	0→1		1→1		1→1		0→0	0	1	1	1	0	0
0	1	1	1	↓	1→0	↓	1→0	↓	1→0	↓	0→1	1	0	0	0	0	0
1	0	0	0	↓	0→1		0→0		0→0		1→1	1	0	0	1	0	1
1	0	0	1	↓	1→0	↓	0→0		0→0	↓	1→0	0	0	0	0	1	0
1	0	1	0	↓	0→1		1→1		0→0		1→1	1	0	1	1	0	1
1	0	1	1	↓	1→0	↓	1→0	↓	0→1	↓	1→0	0	1	0	0	1	0
1	1	0	0	↓	0→1		0→0		1→1		1→0	1	1	0	1	0	1
1	1	0	1	↓	1→0	↓	0→0		1→1	↓	1→0	0	1	0	0	1	0
1	1	1	0	↓	0→1		1→1		1→1		1→0	1	1	1	1	0	1
1	1	1	1	↓	1→0	↓	1→0	↓	1→0	↓	1→0	0	0	0	0	1	0

（4）确定状态转移/输出图。完整的电路状态转移/输出图如图 16-20 所示。该状态转移/输出图表明，当电路处于表 16-7 所列 10 种状态以外的任何一种状态时，在时钟信号作用下，最终都会进入表 16-7 中的状态循环中去。具有这种特点的电路称为自行启动时序电路。

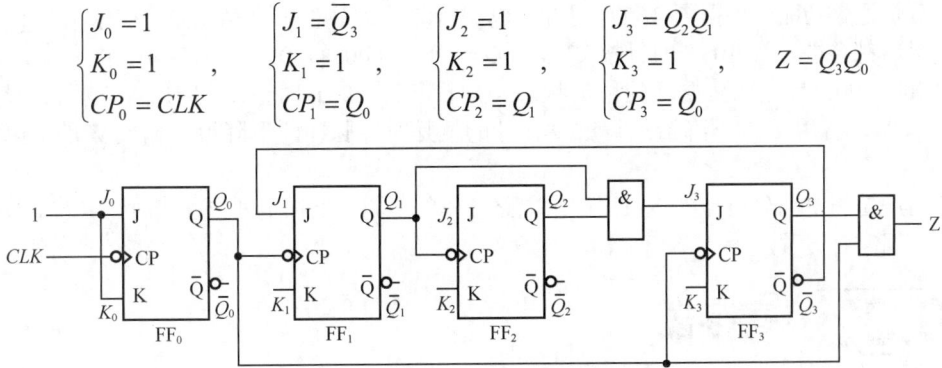

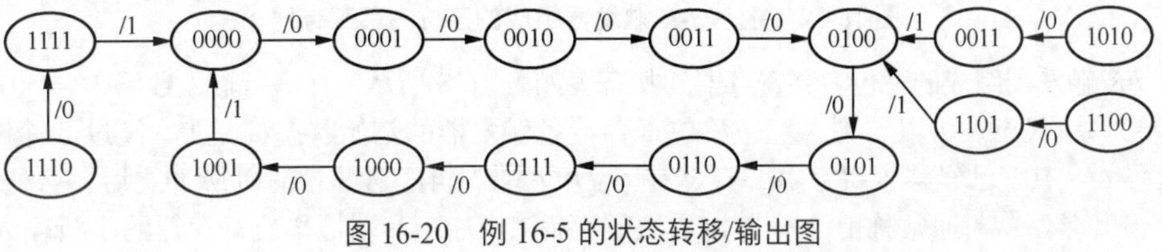

图 16-20　例 16-5 的状态转移/输出图

（5）分析逻辑功能。根据图 16-20 可知，电路启动后，无论 4 个触发器的初始状态 $Q_3Q_2Q_1Q_0$ 为何值，最后都会进入每 10 个时钟按 $Q_3Q_2Q_1Q_0$=0000→0001→0010→0111→0100→0101→0110→0111→1000→1001 首尾相接循环的稳定状态，且状态为 1001 时输出 Z=1。该电路为异步十进制加法计数器，若用 Z 的下降沿进行触发，计的就是时钟脉冲的下降沿，输出 Z 的下降沿代表进 1 位。

异步时序逻辑电路分析与同步时序逻辑电路分析的不同之处在于列方程式时，异步时序逻辑电路要多列一组时钟方程。

16.3 寄存器

16.3.1 数码寄存器

数码寄存器用于寄存一组二进制代码。因为一个锁存器或触发器能存储 1 位二进制代码，所以用 N 个锁存器或触发器组成的寄存器能储存一组二进制代码。对寄存器中的锁存器或触发器只要求可以置 1 或置 0 即可。

寄存器中各触发器通常在同一个时钟源的作用下工作。如图 16-21 所示的是由四个 D 触发器构成的四位寄存器，当 CP 为上升沿时，数码 $D_0D_1D_2D_3$ 可以并行输入各触发器中，这时，撤销 CP 信号，从 $D_0D_1D_2D_3$ 送入的数码就可以存储在 $Q_0Q_1Q_2Q_3$ 端。

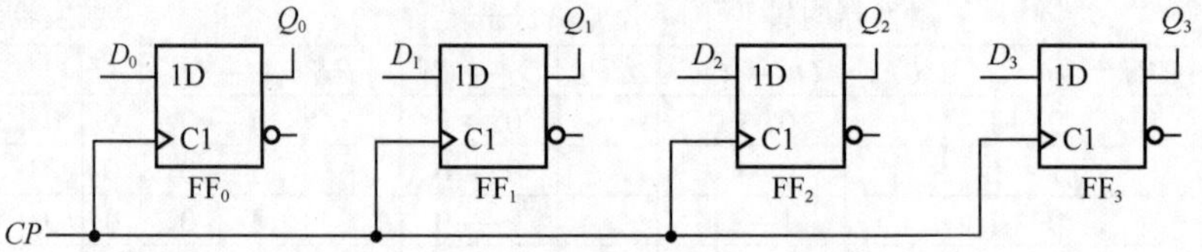

图 16-21　D 触发器构成的寄存器

16.3.2 移位寄存器

移位寄存器可以寄存数码，又可以在时钟脉冲的控制下实现寄存器中的数码向左或向右移动，因此可以用来实现数据的串行-并行转换、数值的运算以及数据处理等。

图 16-22 所示的是由主从 J-K 触发器组成的三位右移寄存器，设移位寄存器的初始状态为 $Q_0Q_1Q_2$=000，从串行输入端把数码 D=101 送入寄存器，经过 3 个时钟脉冲之后，数码 101 在 $Q_0Q_1Q_2$ 端并行输出。再经过 3 个时钟脉冲后，数码 101 在 Q_2 端串行输出。

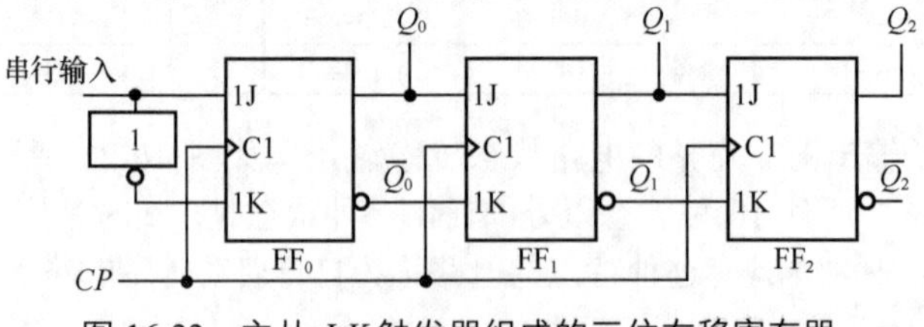

图 16-22　主从 J-K 触发器组成的三位右移寄存器

主从 J-K 触发器组成的三位右移寄存器的状态表如表 16-8 所示，在串行输入数码 D = 101 之后，始终令 D=0。从状态表可以看到，三位移位寄存器各触发器的初始状态都是 0。经过 3 个时钟脉冲之后，数码 D = 101 已经移入寄存器，存储在 $Q_0Q_1Q_2$ 端。再经过 3 个时钟脉冲之后，数码 D = 101 已经完全移出寄存器。通常称前 3 个脉冲后数码存储在 $Q_0Q_1Q_2$ 端是移位寄存器的串行输入/并行输出工作方式，后 3 个脉冲后数码完全移出寄存器是移位寄存器的串行输入/串行输出工作方式。

图 16-22 所示主从 *J-K* 触发器组成的三位右移寄存器能完成右移功能是因为 $Q_0^{n+1}=D$，$Q_1^{n+1}=Q_0^n$，$Q_2^{n+1}=Q_1^n$。这样，始终保证在时钟脉冲的作用下新输入的数码寄存在 Q_0 端，Q_0 端的状态右移寄存在 Q_1 端，Q_1 端的状态右移寄存在 Q_2 端。

表 16-8　主从 *J-K* 触发器组成的三位右移寄存器状态表

CP	Q_0	Q_1	Q_2
CP 脉冲未到	0	0	0
1	1	0	0
2	0	1	0
3	1	0	1
4	0	1	0
5	0	0	1
6	0	0	0

要用主从 *J-K* 触发器组成三位左移寄存器，要满足 $Q_2^{n+1}=D$，$Q_1^{n+1}=Q_2^n$，$Q_0^{n+1}=Q_1^n$，保证在时钟脉冲的作用下新输入的数码寄存在 Q_2 端，Q_2 端的状态左移寄存在 Q_1 端，Q_1 端的状态左移寄存在 Q_0 端。图 16-23 所示的是由主从 *J-K* 触发器组成的三位左移寄存器。

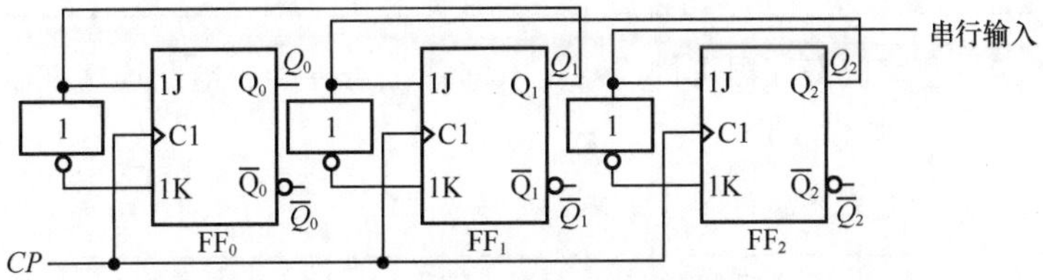

图 16-23　主从 *J-K* 触发器组成的三位左移寄存器

集成寄存器

16.3.3　集成寄存器

在寄存器基础上，通过增加一些控制电路（如输出三态控制）和辅助功能（如清零、置数、保持等）可构成集成寄存器。

集成寄存器的种类很多，工作方式有串行输入/串行输出、串行输入/并行输出、并行输入/串行输出、并行输入/并行输出。下面介绍一款常用的 74LS194 型集成寄存器，其外引线排列和逻辑符号如图 16-24 所示。

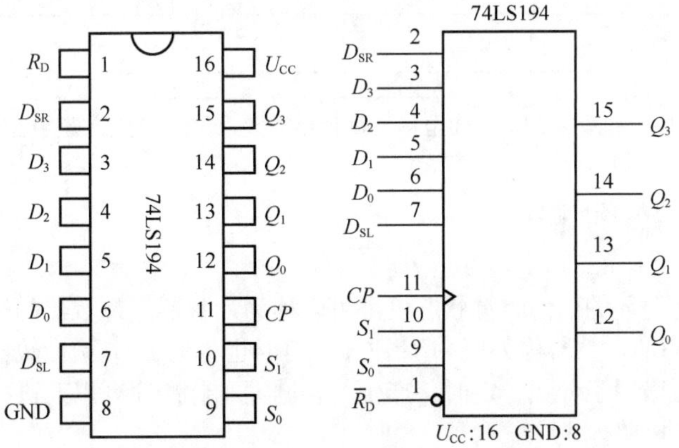

（a）外引线排列图　（b）逻辑符号

图 16-24　74LS194 型集成寄存器

74LS194 型集成寄存器是四位双向移位寄存器，具有清零、并行输入、串行输入、数据右移和左移等功能。各引线端的功能：1 为数据清零端 $\overline{R}_D$，低电平有效；3～6 为并行数据输入端 D_3～D_0；12～15 为数据输出端 Q_0～Q_3；2 为右移串行数据输入端 D_{SR}；7 为左移串行数据输入端 D_{SL}；9，10 为

工作方式控制端 S_0，S_1（$S_0=S_1=1$，数据并行输入；$S_0=1$，$S_1=0$，右移数据输入；$S_0=0$，$S_1=1$，左移数据输入；$S_0=S_1=0$，寄存器处于保持状态）；11 为时钟脉冲输入端 CP，上升沿有效。

74 LS194 型移位寄存器的功能表如表 16-9 所示。

表 16-9　74LS194 型移位寄存器的功能表

输入											输出			
$\overline{R}_D$	CP	S_1	S_0	D_{SL}	D_{SR}	D_3	D_2		D_1	D_0	Q_3	Q_2	Q_1	Q_0
0	×	×	×	×	×			×			0	0	0	0
1	0	×	×	×	×			×			Q_{3n}	Q_{2n}	Q_{1n}	Q_{0n}
1	↑	1	1	×	×	d_3	d_2		d_1	d_0	d_3	d_2	d_1	d_0
1	↑	0	1	×	d			×			d	Q_{3n}	Q_{2n}	Q_{1n}
1	↑	1	0	d	×			×			Q_{2n}	Q_{1n}	Q_{0n}	d
1	×	0	0	×	×			×			Q_{3n}	Q_{2n}	Q_{1n}	Q_{0n}

用两片 74 LS194 型移位寄存器可构成八位双向移位寄存器，电路连接如图 16-25 所示。当 $G=0$ 时，数据右移；$G=1$，数据左移。

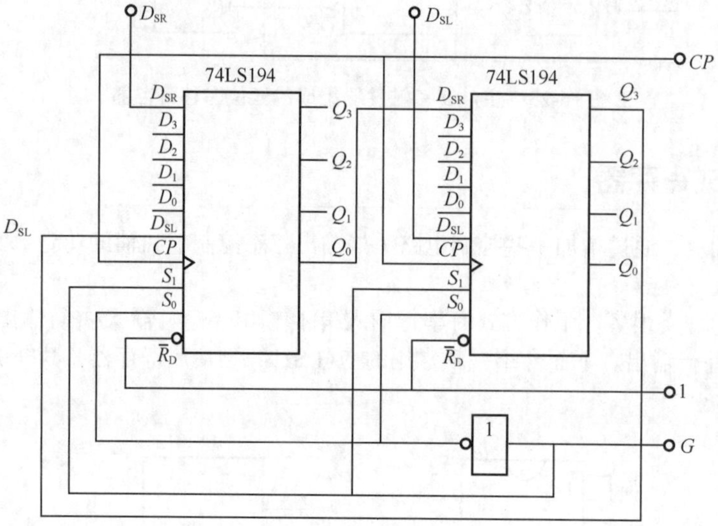

图 16-25　用两片 74LS194 型移位寄存器接成八位双向移位寄存器的电路

16.4 计数器

在状态图中包含有循环的任何时钟状态机都可以称为计数器。计数器的模是指在循环中的状态个数。一个有 m 个状态的计数器称为模 m 计数器，有时也称为 m 分频计数器。计数器不仅能用于对时钟脉冲计数，还可以用于分频、定时、产生节拍脉冲和脉冲序列以及进行数字运算等。构成计数器的核心电路是存储电路。

按计数过程中的数字增减，可以把计数器分为加法计数器、减法计数器和可逆计数器（或称加/减计数器）。随着计数脉冲的不断输入而作递增计数的计数器为加法计数器，作递减计数的计数器为减法计数器，可增可减的计数器为可逆计数器。

按数字的编码方式，可以把计数器分为二进制计数器、二-十进制计数器、循环码计数器等。此外，也用计数器的计数容量来区分各种不同的计数器，如十进制计数器、十六进制计数器等。

按计数器中的锁存器/触发器是否同时翻转，可以把计数器分为同步计数器（又称为并行计数器）和异步计数器（又称为串行计数器）。在同步计数器中，每当时钟脉冲输入时，触发器的翻转同时发生。而在异步计数器中，触发器的翻转有先有后，不同时发生。比较而言，同步计数器的工作速度比异步计数器快，但电路实现往往还需要门电路配合，故电路结构比异步计数器要复杂一些。

16.4.1 异步二进制计数器

异步计数器中，各级触发器的状态不在同一时钟作用下同时发生转移。异步计数器在作加法计数（即“加 1”计数）时，是采取从低位到高位逐步进位的方式工作的，各个触发器不是同步翻转的。

二进制计数器结构简单，图 16-26 所示为四位异步二进制计数器。该计数器由四级 T 触发器构成，T 触发器在时钟输入的每一个下降沿都会改变状态（即翻转），于是当且仅当前一位由 1 变到 0 后，下一位就会马上翻转。这种结构的计数器称为行波计数器（ripple counters），因为进位信息像波浪一样由低位到高位，每次传送一位。

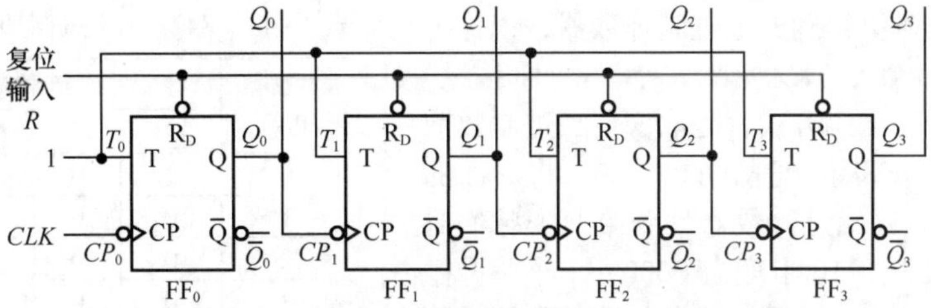

图 16-26　四位异步二进制计数器

由图 16-26 可见，四级触发器的时钟依次分别为：输入脉冲 $CP_0=CLK$、$CP_1=Q_0$、$CP_2=Q_1$、$CP_3=Q_2$。由此，可推出各级触发器的状态转移方程为

$$Q_0^*=T_0\overline{Q_0}+\overline{T_0}Q_0=\overline{Q_0},\quad Q_1^*=T_1\overline{Q_1}+\overline{T_1}Q_1=\overline{Q_1},\quad Q_2^*=T_2\overline{Q_2}+\overline{T_2}Q_2=\overline{Q_2},\quad Q_3^*=T_3\overline{Q_3}+\overline{T_3}Q_3=\overline{Q_3}$$

由该方程组可得到状态转移表如表 16-10 所示，相应的状态转移/输出如图 16-27 所示。

表 16-10　二进制异步计数器的状态转移表

时钟序号	触发器 0		触发器 1		触发器 2		触发器 3		状态转移
	CP_0	$Q_0\to Q_0^*$	CP_1	$Q_1\to Q_1^*$	CP_2	$Q_2\to Q_2^*$	CP_3	$Q_3\to Q_3^*$	$Q_3Q_2Q_1Q_0\to Q_3^*Q_2^*Q_1^*Q_0^*$
1	↓	0 → 1		0 → 0		0 → 0		0 → 0	0000 → 0001
2	↓	1 → 0	↓	0 → 1		0 → 0		0 → 0	0001 → 0010
3	↓	0 → 1		1 → 1		0 → 0		0 → 0	0010 → 0011
4	↓	1 → 0	↓	1 → 0	↓	0 → 1		0 → 0	0011 → 0100
5	↓	0 → 1		0 → 0		1 → 1		0 → 0	0100 → 0101
6	↓	1 → 0	↓	0 → 1		1 → 1		0 → 0	0101 → 0110
7	↓	0 → 1		1 → 1		1 → 1		0 → 0	0110 → 0111
8	↓	1 → 0	↓	1 → 0	↓	1 → 0	↓	0 → 1	0111 → 1000
9	↓	0 → 1		0 → 0		0 → 0		1 → 1	1000 → 1001
10	↓	1 → 0	↓	0 → 1		0 → 0		1 → 1	1001 → 1010
11	↓	0 → 1		1 → 1		0 → 0		1 → 1	1010 → 1011
12	↓	1 → 0	↓	1 → 0	↓	0 → 1		1 → 1	1011 → 1100
13	↓	0 → 1		0 → 0		1 → 1		1 → 1	1100 → 1101
14	↓	1 → 0	↓	0 → 1		1 → 1		1 → 1	1101 → 1110
15	↓	0 → 1		1 → 1		1 → 1		1 → 1	1110 → 1111
16	↓	1 → 0	↓	1 → 0	↓	1 → 0	↓	1 → 0	1111 → 0000

由图 16-27 所示状态转移/输出可以清楚地看到，从初态 0000 开始，每输入一个计数脉冲，计数器的状态按二进制递增（加 1），输入第 16 个计数脉冲后，计数器又回到 0000 状态。因此它是

2^4 进制的加法计数器，也称模 16 加法计数器。

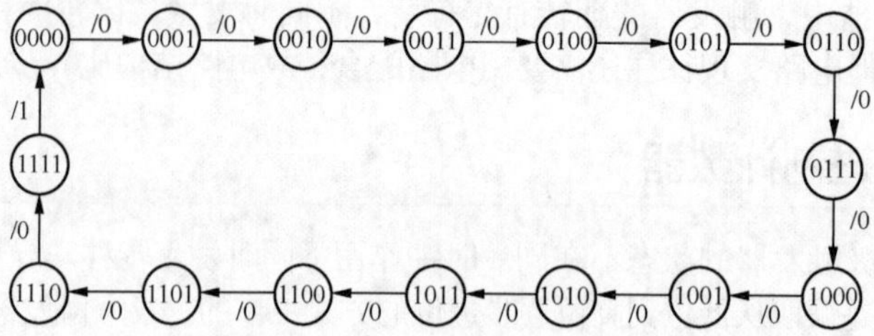

图 16-27 四位异步二进制计数器状态转移/输出图

16.4.2 异步十进制计数器

十进制计数器读数符合习惯，所以经常被采用。在二进制计数器基础上得到的十进制计数器，也称为二-十进制计数器。

最常用的 8421 编码方式，是取四位二进制数前面的 0000～1001 来表示十进制的 0～9，将后面的 1010～1111 去掉。也就是计数器计到第九个脉冲时再来一个脉冲，状态由 1001 变为 0000，十个脉冲循环一次。表 16-11 是 8421 码十进制加法计数器的状态表。

前面的例 16-3 即是用主从 *J-K* 触发器实现 8421 码异步十进制加法计数器的一个例子。对该例中的图 16-19 所示电路，在时钟出现下降沿时，触发器状态更新，触发器激励输入端有效；在时钟没有出现下降沿时，触发器状态保持不变，触发器激励输入端无效。对应的波形图如图 16-28 所示。

表 16-11 8421 码十进制加法计数器的状态表

计数脉冲数	二进制数				十进制数
	Q_3	Q_2	Q_1	Q_0	
0	0	0	0	0	0
1	0	0	0	1	1
2	0	0	1	0	2
3	0	0	1	1	3
4	0	1	0	0	4
5	0	1	0	1	5
6	0	1	1	0	6
7	0	1	1	1	7
8	1	0	0	0	8
9	1	0	0	1	9
10	0	0	0	0	进位

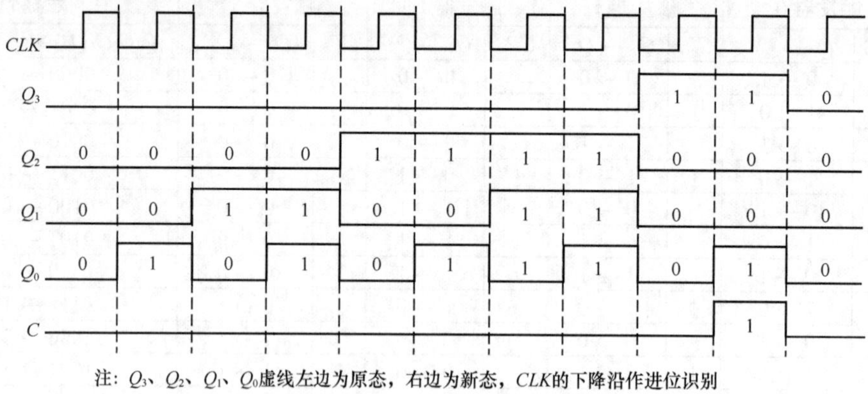

图 16-28 模 10 异步计数器的波形图

16.4.3 同步计数器

同步计数器是将计数脉冲同时引入各级触发器，当输入时钟脉冲触发时，各级触发器的状态同时发生变化。例 16-1 中所介绍的就是一种模 6 同步二进制加法计数器。

图 16-29 为用主从 *J-K* 触发器实现的模 8 同步二进制加法计数器，该计数器的控制输入方程和输出方程为

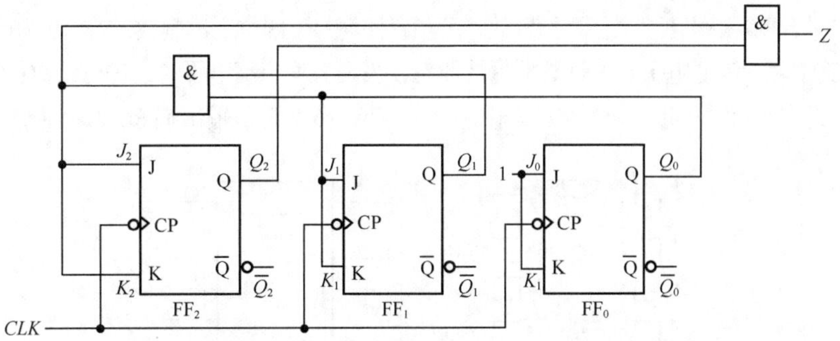

图 16-29　模 8 二进制加法计数器的逻辑图

$$\begin{cases} J_2 = K_2 = Q_1Q_0 \\ J_1 = K_1 = Q_0 \\ J_0 = K_0 = 1 \end{cases}, \quad Z = Q_2Q_1Q_0$$

由输入方程和输出方程可得状态转移/输出真值表如表 16-12 所示，波形如图 16-30 所示。

表 16-12　状态转移/输出真值表

时钟序号	触发器原态	触发器新态	输出	
	$Q_2Q_1Q_0$	$Q_2^*Q_1^*Q_0^*$	Z	Z^*
1	000	001	0	0
2	001	010	0	0
3	010	011	0	0
4	011	100	0	0
5	100	101	0	0
6	101	110	0	0
7	110	111	0	1
8	111	000	1	0

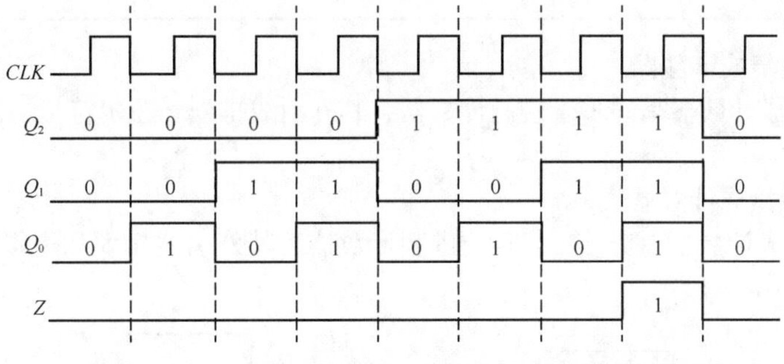

注：Q_2、Q_1、Q_0虚线左边为原态，右边为新态，C的下降沿作进位识别

图 16-30　模 8 二进制加法计数器的波形图

16.4.4 集成计数器

在基本计数器基础上增加一些附加电路可构成集成计数器，其功能有所扩展。下面，分别介绍几款集成计数器。

1．74LS161 型集成计数器

74LS161 型集成计数器是四位同步二进制计数器（也可认为是十六进制计数器），其外引线排列和逻辑符号如图 16-31 所示。

74LS161 型计数器各引线端的功能：1 为数据清零端 $\overline{R}_D$，低电平有效；2 为时钟脉冲输入端 CP，上升

沿有效；3～6 为数据输入端 A_0～A_3，是预置数，可预置任何一个四位二进制数；7，10 为计数控制端 EP，ET：当两者或其中之一为低电平时，计数器保持原态，当两者均为高电平时，进行计数；9 为同步并行置数控制端 $\overline{LD}$，低电平有效；11～14 为数据输出端 Q_3～Q_0；16 为进位输出端 RCO，高电平有效。

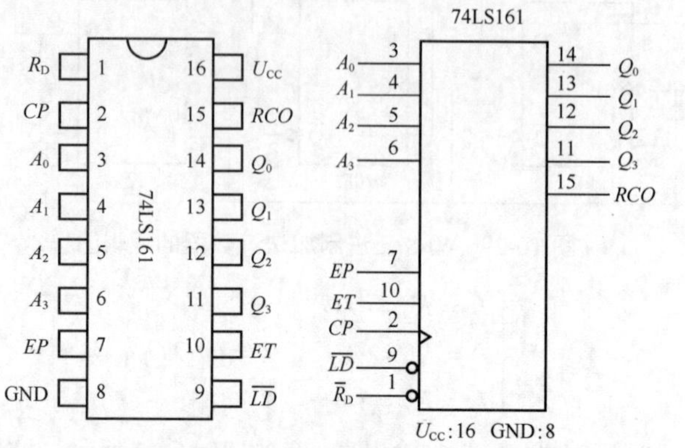

（a）外引线排列图　（b）逻辑符号图

图 16-31　74 LS161 型四位同步二进制计数器

74LS161 型计数器的功能表如表 16-13 所示。

表 16-13　74LS161 型计数器的功能表

输入									输出			
$\overline{R}_D$	CP	$\overline{LD}$	EP	ET	A_3	A_2	A_1	A_0	Q_3	Q_2	Q_1	Q_0
0	×	×	×	×			×		0	0	0	0
1	↑	0	×	×	d_3	d_2	d_1	d_0	d_3	d_2	d_1	d_0
1	↑	1	1	1			×		计数			
1	×	1	0	×			×		保持			
1	×	1	×	0			×		保持			

2．74LS160 型集成计数器

74LS160 型集成计数器是同步十进制计数器，其外引线排列和逻辑符号与前述 74LS161 型计数器完全相同。

3．74LS290 型集成计数器

74LS290 型集成计数器是异步二-五-十进制计数器，其外引线排列和逻辑符号如图 16-32 所示，其功能表如表 16-14 所示。

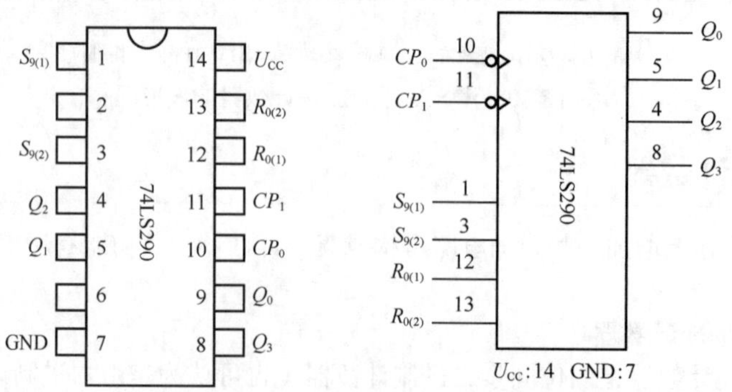

（a）外引线排列图　（b）逻辑符号图

图 16-32　74LS290 型异步二-五-十进行计数器

表 16-14 74LS290 型计数器的功能表

$R_{0(1)}$	$R_{0(2)}$	$S_{9(1)}$	$S_{9(2)}$	Q_3	Q_2	Q_1	Q_0
1	1	0	×	0	0	0	0
		×	0				
×	×	1	1	1	0	0	1
×	0	×	0	计数			
0	×	0	×	计数			
0	×	×	0	计数			
×	0	0	×	计数			

$R_{0(1)}$ 和 $R_{0(2)}$ 是清零输入端，由功能表可见，当两端全为 1 时，将四个触发器清零；$S_{9(1)}$ 和 $S_{9(2)}$ 是置"9"输入端，由功能表可见，当两端全为 1 时，$Q_3Q_2Q_1Q_0$ =1001，即表示十进制数 9。清零时，$S_{9(1)}$ 和 $S_{9(2)}$ 中至少有一端为 0，不使其置 1，以保证清零可靠进行。它有两个时钟脉冲输入端 CP_0 和 CP_1，下面按二、五、十进制三种情况来分析。

（1）只输入计数脉冲 CP_0，由 Q_0 输出，$FF_1 \sim FF_3$ 三位触发器不使用时，为二进制计数器。

（2）只输入计数脉冲 CP_1，由 Q_3、Q_2、Q_1 输出，为五进制计数器。

（3）将 Q_0 端与 FF_1 的 CP_1 端连接，输入计数脉冲 CP_0，为 8421 码异步十进制计数器，即从初始状态 0000 开始计数，经过十个脉冲后恢复 0000。

16.4.5 任意进制计数器

常用的计数器主要是二进制和十进制，当需要其他进制的计数器时，可通过现有的计数器改接得到。下面介绍两种改接方法。

1．清零法

如将某一进制的计数器适当改接，利用其清零端进行反馈置 0，可得到小于原来进制的多种进制的计数器。例如，将图 16-32 中的 74IS290 型计数器改接成图 16-33 所示的电路，就构成为六进制计数器。

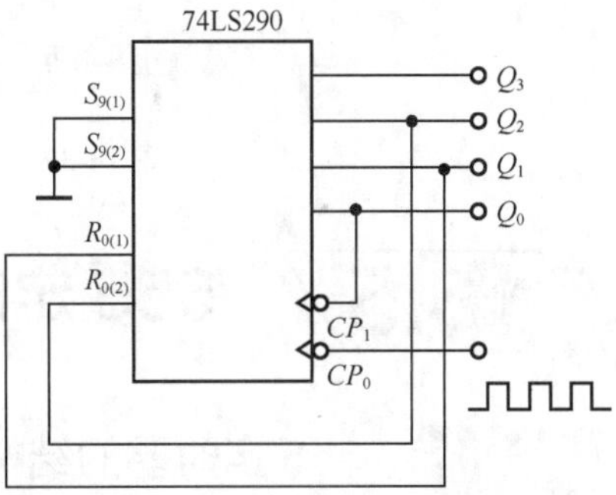

图 16-33 电路从 0000 开始计数，来五个脉冲 CP_0 后，变为 0101。当第六个脉冲来到后，出现 0110 的状态，由于 Q_2 和 Q_1 端分别接到 $R_{0(1)}$ 和 $R_{0(2)}$ 清零端，强迫清零，0110 这一状态转瞬即逝，显示不出，立即回到 0000。它经过六个脉冲循环一次故为六进制计数器，状态循环如图 16-34 所示，其状态循环中不含 0110、0111、1000、1001 四个状态。

图 16-33 六进制计数器

$$0000 \rightarrow 0001 \rightarrow 0010 \rightarrow 0011 \rightarrow 0100 \rightarrow 0101 \rightarrow 0110 \rightarrow R_0(清零)$$

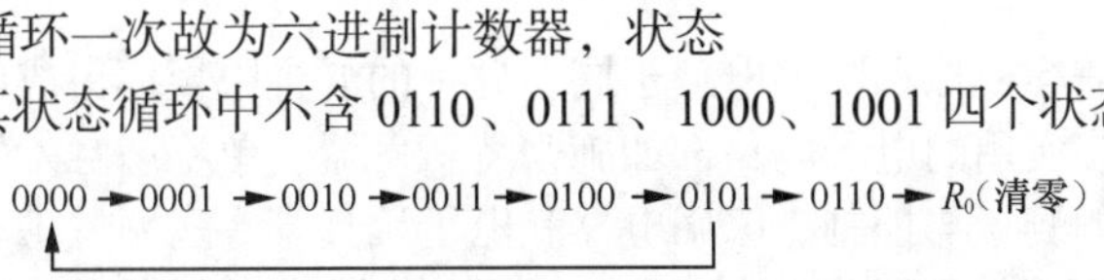

图 16-34 六进制计数器的状态循环图（$Q_3Q_2Q_1Q_0$）

可用多片计数器级联构成多于原进制的计数器。图 16-35 所示为用两片 74LS290 型计数器联成的六十进制电路，个位（1）为十进制，十位（2）为六进制。

个位十进制计数器经过十个脉冲循环一次，每当第十个脉冲来到时，Q_3 由 1 变为 0，相当于一个下降沿，使十位六进制计数器计数。个位计数器经过第一次十个脉冲，十位计数器计数为 0001；经过二十个脉冲，十位计数器计数为 0010；以此类推，经过六十个脉冲，十位计数器计数为 0110。接着，立即清零，个位和十位计数器都恢复为 0000。这就是六十进制计数器。数字钟表中的分、秒显示就可利用此电路加以实现。

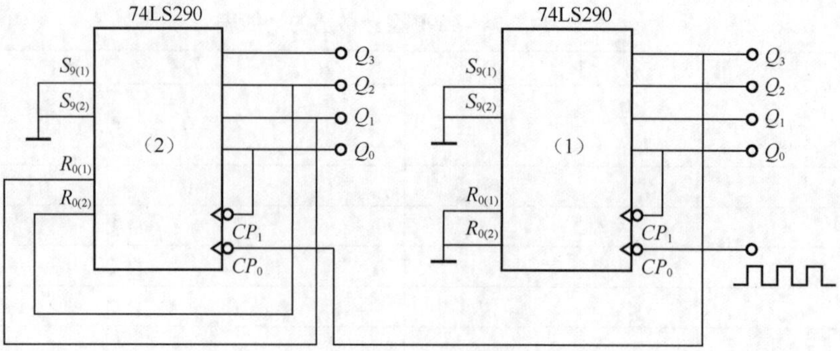

图 16-35 六十进制电路

2. 置数法

此法适用于有并行预置数的计数器。图 16-36 是七进制计数器，由 74LS160 型同步十进制计数器改接而得。74LS160 型的功能表与 74LS161 型的相同，见表 16-13。

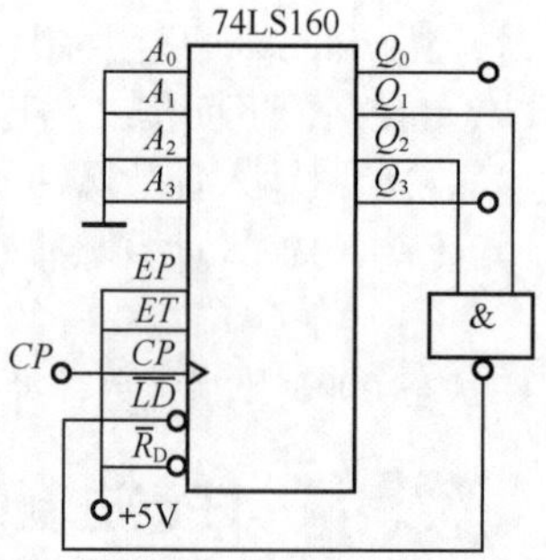

在图 16-36 中，预置数为 0000。当第六个 CP 上升沿来到时，输出状态为 0110，使 $\overline{LD} = 0$，此时预置数尚未置入输出端；待第七个 CP 上升沿来到时预置数才被置入，输出状态变为 0000。此后，而 $\overline{LD}$ 又由 0 变为 1，进行下一个计数循环。可见，这点和图 16-34 由 74 LS290 型改接的六进制计数器不同。图 16-36 所示电路的状态循环图如图 16-37 所示，与图 16-34 相比，多了一个状态 0110，为七进制计数器。

图 16-36 七进制计数器

$$0000 \longrightarrow 0001 \longrightarrow 0010 \longrightarrow 0011 \longrightarrow 0100 \longrightarrow 0101 \longrightarrow 0110 \longrightarrow \overrightarrow{LD}（置数）$$

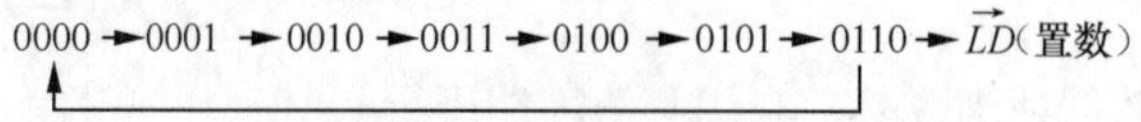

图 16-37 七进制计数器的状态循环图（$Q_3Q_2Q_1Q_0$）

16.5 555 定时器及其应用

16.5.1 555 定时器的结构和功能

1. 电路结构

555 定时器是一种兼容模拟和数字电路于同一硅片的混合中规模集成电路，通过添加有限的外围元器件，就可构成许多实用的电子电路，如施密特触发器、单稳态触发器和多谐振荡器等，在波形的产生与变换、信号的测量与控制、家用电器和电子玩具等许多领域中得到了广泛应用。

图 16-38 所示的是国产双极型定时器 CB555 的电路结构和管脚排列，图 16-38（a）中虚线外的阿拉伯数字为器件外部引出端的编号。

555 定时器的结构包括以下组成部分：电压比较器 C_1、C_2，分压器 R_1、R_2、R_3，S-R 锁存器，放电三极管 T，反相器 G_4。

555 定时器各引脚的功能如下。

（1）1 脚接地，8 脚接工作电源 U_{CC}。

（2）2 脚为触发输入端，接比较器 C_2 的同相输入端 U_{2+}；6 脚为阈值电压输入端，接比较器 C_1 的反相输入端 U_{1-}。2 脚电压 $u_{i2} > U_{2-}$ 时，C_2 输出高电平，反之输出低电平；6 脚电压 $u_{i1} > U_{1-}$ 时，C_1 输出低电平，反之输出高电平；2 脚、6 脚两端电位的高低控制比较器 C_1 和 C_2 的输出，从而控制

S-R 锁存器，决定 3 脚 u_o 的输出状态。

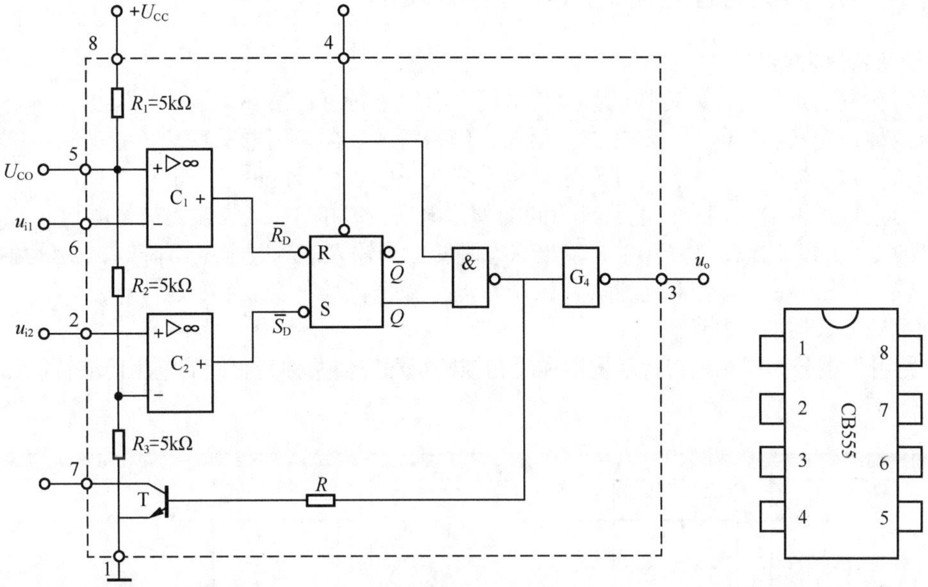

（a）电路结构　　　　（b）管脚排列

图 16-38　CB555 定时器

（3）4 脚为复位输入端（$\overline{R}_D$）。当 $\overline{R}_D$ 为低电平时，不管其他输入端的状态如何，输出 u_o 为低电平。正常工作时，应将其接高电平。

（4）5 脚为控制电压输入端。当不加控制电压时，比较器 C_1 和 C_2 的参考电压分别为 $U_{1+}=2/3U_{CC}$，$U_{2-}=1/3U_{CC}$。

（5）7 脚为放电端。

2．电路功能

在正常工作时，4 脚即直接复位输入端为高电平，5 脚即控制电压输入端经 0.01μF 的电容接“地”，电路的状态主要取决 6 脚阈值电平输入端和 2 脚触发信号输入端这两个输入端的电平。

（1）当 $U_{1+}>2/3U_{CC}$，$U_{2-}>1/3U_{CC}$ 时，比较器 C_1 输出低电平，比较器 C_2 输出高电平，基本 R-S 触发器被置 0，放电三极管 T 导通，输出端 u_o 为低电平。

（2）当 $U_{1+}<2/3U_{CC}$，$U_{2-}<1/3U_{CC}$ 时，比较器 C_1 输出高电平，比较器 C_2 输出低电平，基本 R-S 触发器被置 1，放电三极管 T 截止，输出端 u_o 为高电平。

（3）当 $U_{1+}<2/3U_{CC}$，$U_{2-}>1/3U_{CC}$ 时，比较器 C_1 输出高电平，比较器 C_2 输出高电平，基本 R-S 触发器的状态保持不变，电路保持原状态不变。

根据以上的分析，可以得到 555 定时器的功能表如表 16-15 所示。

表 16-15　555 定时器的功能表

R_D	u_{i1}	u_{i2}	u_o	T
0	×	×	0	导通
1	$<\frac{2U_{CC}}{3}$	$<\frac{U_{CC}}{3}$	1	截止
1	$>\frac{2U_{CC}}{3}$	$>\frac{U_{CC}}{3}$	0	导通
1	$<\frac{2U_{CC}}{3}$	$>\frac{U_{CC}}{3}$	不变	不变

16.5.2 由 555 定时器构成的施密特触发器

1．施密特触发器

施密特触发器是具有回差特性的数字传输门，有以下特点：第一，施密特触发器输出有两种稳定状态，即 0 态和 1 态。第二，施密特触发器采用电平触发。也就是说，施密特触发器的输出是高电平还是低电平取决于输入信号的电平。第三，对于正向和负向增长的输入信号，电路有不同的阈值电平 V_{T+}和 V_{T-}。当输入信号电压 v_i 上升时，与 V_{T+}比较，大于 V_{T+}，输出状态翻转；当输入信号电压 v_i 下降时，与 V_{T-}比较，小于 V_{T-}，输出状态翻转。这个特点是施密特触发器最主要的特点，是与普通电压比较器的区别所在。

由 555 定时器构成施密特触发器

施密特触发器分为同相施密特触发器和反相施密特触发器两种，它们的电压传输特性如图 16-39 所示。

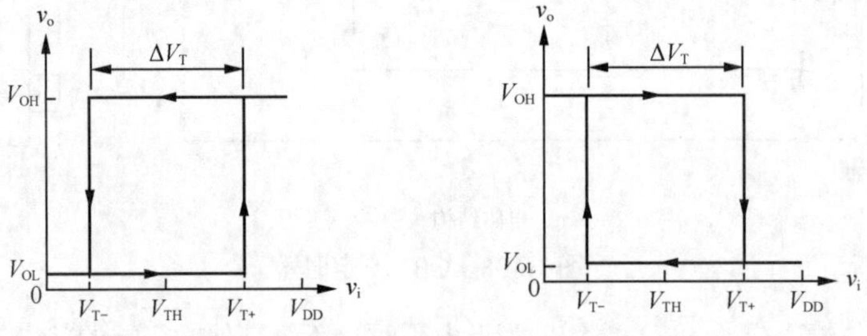

（a）同相　　（b）反相

图 16-39 施密特触发器的电压传输特性

施密特触发器主要参数如下。

（1）上限阈值电压 V_{T+}。输入信号电压 v_i 上升过程中，输出电压 v_o 状态翻转时，所对应的输入电压值。

（2）下限阈值电压 V_{T-}。输入信号电压 v_i 下降过程中，输出电压 v_o 状态翻转时，所对应的输入电压值。

（3）回差电压ΔV_T。将 V_{T+}和 V_{T-}之间的差值定义为回差电压，用ΔV_T表示，即$\Delta V_T=V_{T+}-V_{T-}$。

两次触发电平的不一致性称为施密特触发器的回差特性，又称滞迟特性，这正是施密特触发器最重要的电气特性。正是由于施密特触发器具有回差特性，所以与电压比较器相比，其具有较强的抗干扰能力。施密特触发器的回差电压越大，电路的抗干扰能力也越强，但灵敏度会相应降低。

2．施密特触发器的实现

将 555 定时器的两个电压比较器输入端 2 和 6 连在一起作为外加信号输入端，清 0 端 4 接高电平 V_{CC}，5 端对地接 0.01μF 电容，就构成了施密特触发器，如图 16-40 所示。

下面分析图 16-40 所示电路的工作原理。

（1）输入信号从 0 逐渐升高的过程

当 v_i<4V 时，R=1，S=0，Q_2=1，故 v_o 输出高电平；当 4V<v_i<8V，R=1，S=0，Q_2=1，故 v_o 保持不变，输出仍然为高电平；当 v_i>8V 时，R=0，S=1，Q_2=0，故 v_o 输出低电平。因此 V_{T+}=8V。

（2）输入信号从 v_i>2/3V_{CC} 逐渐下降的过程

当 v_i>8V 时，R=0，S=1，Q_2=0，故 v_o 输出低电平；当 4V<v_i<8V，R=1，S=1，Q_2=0，故 v_o 保持不变，仍然输出低电平；当 v_i<4V 时，R=1，S=0，Q_2=1，故 v_o 输出高电平。因此 V_{T-}=4V。

由以上分析可以得电路的回差电压为$\Delta V_T=V_{T+}-V_{T-}$=8−4=4V。电路的输入输出电压波形如图 16-41 所示。

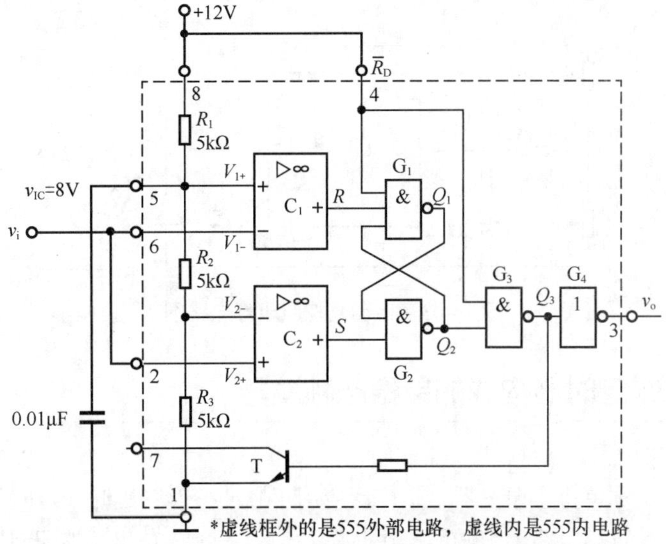

图 16-40　由 555 定时器构成的施密特触发器

3．施密特触发器的应用

（1）波形变换与整形

利用施密特触发器的回差特性，可以将输入三角波、正弦波、锯齿波等缓慢变化的周期信号变换成矩形脉冲输出。图 16-41 所示即是把三角波变为方波的例子，脉冲宽度可通过控制回差值来改变。

当矩形脉冲在传输过程中发生畸变或受到干扰而变得不规则时，可利用施密特触发器的回差特性进行整形，进而获得比较理想的矩形脉冲波。图 16-42 是用施密特触发器实现脉冲整形的例子。

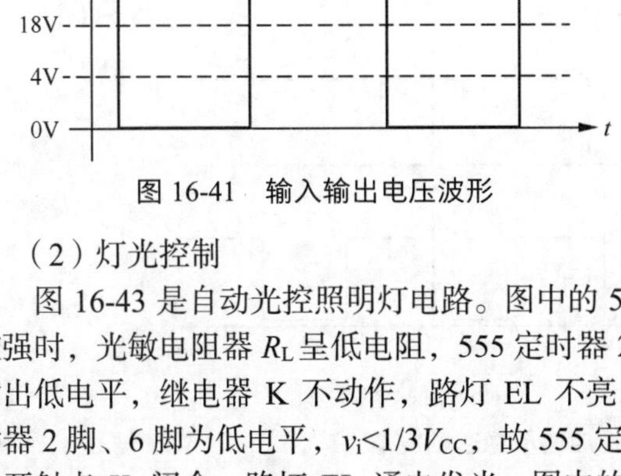

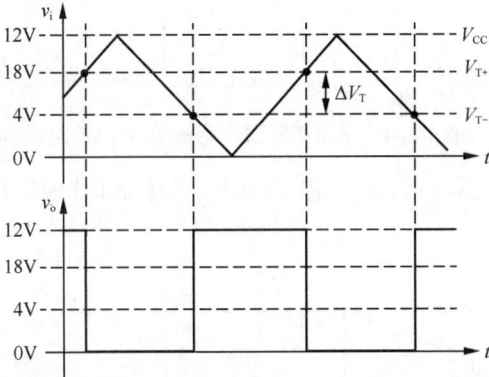

图 16-41　输入输出电压波形

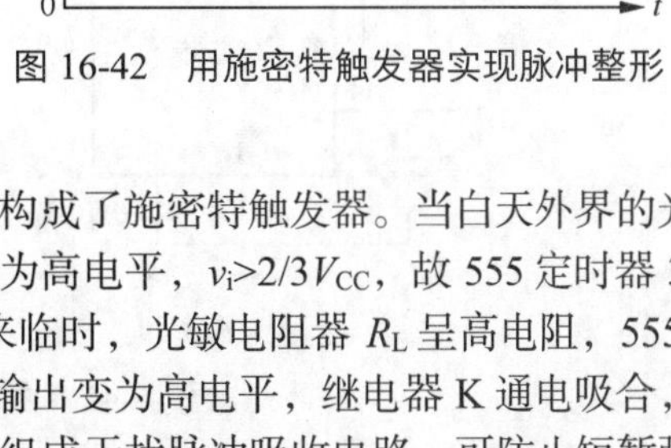

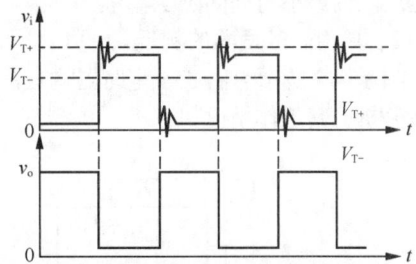

图 16-42　用施密特触发器实现脉冲整形

（2）灯光控制

图 16-43 是自动光控照明灯电路。图中的 555 定时器构成了施密特触发器。当白天外界的光线较强时，光敏电阻器 R_L 呈低电阻，555 定时器 2 脚、6 脚为高电平，$v_i>2/3V_{CC}$，故 555 定时器 3 脚输出低电平，继电器 K 不动作，路灯 EL 不亮。当晚上来临时，光敏电阻器 R_L 呈高电阻，555 定时器 2 脚、6 脚为低电平，$v_i<1/3V_{CC}$，故 555 定时器 3 脚输出变为高电平，继电器 K 通电吸合，其常开触点 K_1 闭合，路灯 EL 通电发光。图中的 R_1 与 C_1 组成干扰脉冲吸收电路，可防止短暂强光（如雷电闪光等）干扰电路的正常工作。由于 555 定时器构成的施密特触发器具有 $1/3V_{CC}$ 的回差电压，从而可避免继电器在光控临界点处频繁跳动而造成路灯 EL 的不断闪亮。

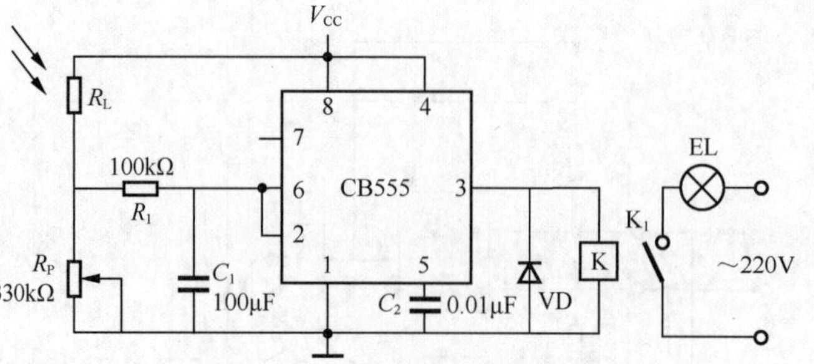

图 16-43　自动光控照明灯电路图

16.5.3 由 555 定时器构成的单稳态触发器

1. 单稳态触发器

单稳态触发器，又称单稳态振荡器，是广泛应用于脉冲整形、延时和定时的电路。它具有以下特点：第一，有稳态和暂稳态两个不同的工作状态；第二，在外界触发脉冲的作用下，能从稳态翻转到暂稳态，在暂稳态维持一段时间以后，再自动返回稳态；第三，暂稳态维持时间的长短取决于电路本身的参数，与触发脉冲的宽度和幅度无关。

单稳态触发器在实际生活中有许多应用的例子。例如，楼道灯控制系统，平时楼道灯不亮，当人走过（相当于外部加了一个触发信号）时，楼道灯点亮，过了一定时间后自动熄灭。显然，楼道灯有两种状态，灭的状态为稳态，亮的状态为暂稳态。

图 16-44 所示为单稳态触发器的输入、输出电压波形，单稳态触发器有下列主要参数：第一，输出脉冲宽度 t_W。即输出端维持暂稳态的时间，由电路本身的参数决定，与触发脉冲的宽度和幅度无关。第二，最小工作周期 T_{min}。在暂稳态期间，电路不响应触发信号，因此，两个触发信号之间的最小时间间隔 $T_{min}>t_W$。

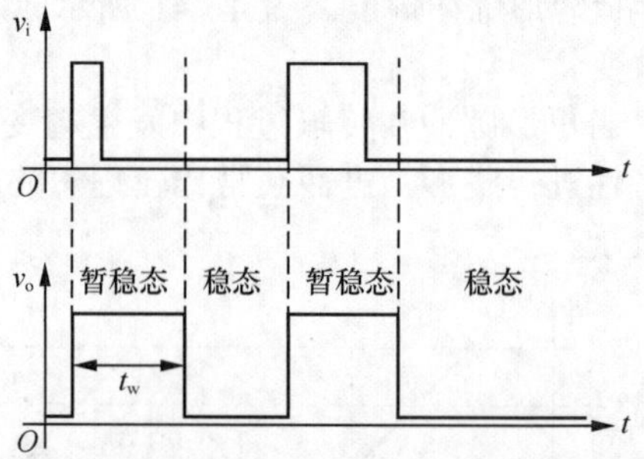

图 16-44　单稳态触发电路的输入、输出电压波形

2. 单稳态触发器的实现

图 16-45 所示为由 555 定时器构成的单稳态触发器电路和输入输出波形。其详细工作原理在此不做分析，其工作情况如下。

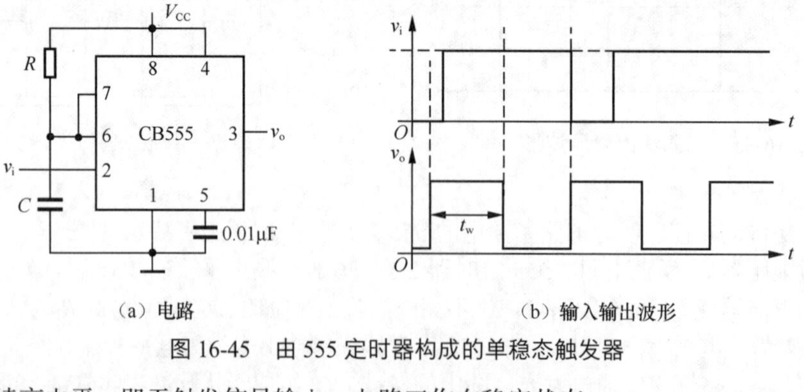

图 16-45　由 555 定时器构成的单稳态触发器

（1）v_i 持续高电平，即无触发信号输入，电路工作在稳定状态。

（2）v_i 从高电平变到低电平，即 v_i 下降沿触发，电路的输出为高电平，电路由稳态转入暂稳态。暂稳态的维持时间为

$$t_w = RC\ln\frac{V_{CC}-0}{V_{CC}-2/3V_{CC}} = RC\ln 3 \approx 1.1RC$$

通常 R 的取值在几百欧到几兆欧之间，电容的取值在几百皮法到几百微法之间。调节 R、C 可产生比触发脉冲宽度长得多的暂稳态维持时间。

3．单稳态触发器的应用

单稳态触发器可用于延时、定时或脉冲整形。

图 16-46 是一个光控照明灯电路。当楼道无人走过时，V_L 发出的红外光使 V_{TL1} 导通，则 555 定时器的 2 脚为高电平，3 脚输出低电平，电路为稳定状态。继电器 K 不动作，路灯 EL 不亮。当楼道有人走过时，V_L 发出的红外光被遮挡，V_{TL1} 截止，则 555 定时器的 2 脚变为低电平，3 脚输出高电平，电路进入暂稳态。继电器 K 通电吸合，常开触点 K_1 闭合，路灯 EL 通电发光。光照延时时间等于单稳态触发器输出脉冲宽度 t_w，即光照延时时间为

$$t_w \approx 1.1RC = 1.1\times2\times10^6\times4.7\times10^{-6} = 10.34\text{s}$$

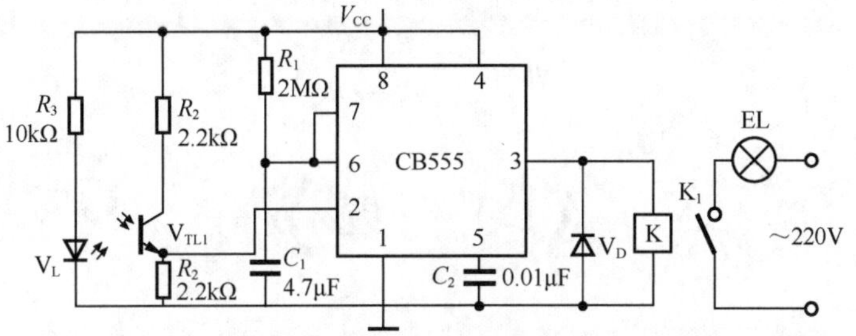

图 16-46　光控照明灯电路图

16.5.4　由 555 定时器构成的多谐振荡器

1．多谐振荡器

多谐振荡器是一种自激振荡器。在接通电源后，不需要外加触发信号，便能自动产生矩形波形。由于矩形波中含有高次谐波，故把矩形波振荡器称为多谐振荡器。多谐振荡器工作时，不需要外界的触发信号，电路输出高、低电平是自动切换的，属于无稳态电路。

多谐振荡器工作原理是利用门电路实现输入电压不停的充放电过程，多谐振荡器主要参数有振荡周期 T 和频率 f、输出信号的占空比 q。占空比 q 等于脉冲宽度与脉冲周期的比值，即 $q=t_w/T$。

2．多谐振荡器的实现

图 16-47 所示为由 555 定时器构成的多谐振荡器电路。其详细工作原理在此不做分析，电路工作情况为：电容 C 在 v_C=1/3V_{CC} 和 v_C=2/3V_{CC} 之间不停地进行充电和放电，在输出端产生周期性的矩形波。

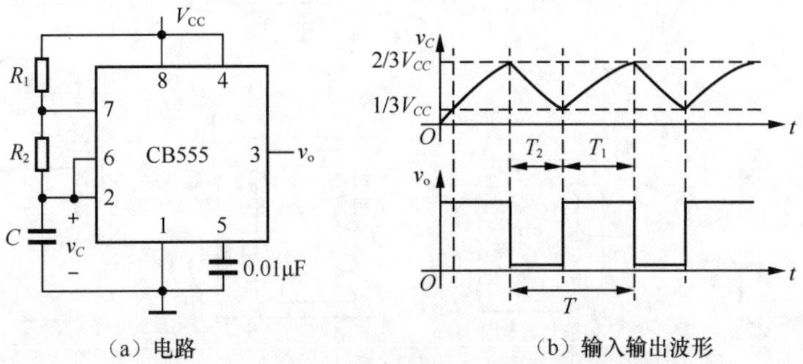

图 16-47　由 555 定时器构成的多谐振荡器

电容 C 电压从 $1/3V_{CC}$ 上升到 $2/3V_{CC}$ 所需要的时间为

$$T_1=(R_1+R_2)C\ln\frac{V_{CC}-1/3V_{CC}}{V_{CC}-2/3V_{CC}}=(R_1+R_2)C\ln 2$$

电容 C 电压从 $2/3V_{CC}$ 下降到 $1/3V_{CC}$ 所需要的时间为

$$T_2=R_2C\ln\frac{V_{CC}-1/3V_{CC}}{V_{CC}-2/3V_{CC}}=R_2C\ln 2$$

故电路的振荡周期为

$$T=T_1+T_2=(R_1+R_2)C\ln 2+R_2C\ln 2=(R_1+2R_2)C\ln 2\approx 0.69(R_1+2R_2)C$$

振荡频率为

$$f=\frac{1}{T}=\frac{1}{(R_1+2R_2)C\ln 2}$$

改变电阻 R_1、R_2 和电容 C，即可改变振荡器的频率，输出脉冲的占空比为

$$q=\frac{T_1}{T}=\frac{R_1+R_2}{R_1+2R_2}$$

《习　题》

16-1　基本 R-S 触发器如题 16-1 图所示，试画出 Q 对应 $\overline{R}$ 和 $\overline{S}$ 的波形（设 Q 的初态为 0）。

16-2　同步 R-S 触发器如题 16-2 图所示，试画出 Q 对应 R 和 S 的波形（设 Q 的初态为 0）。

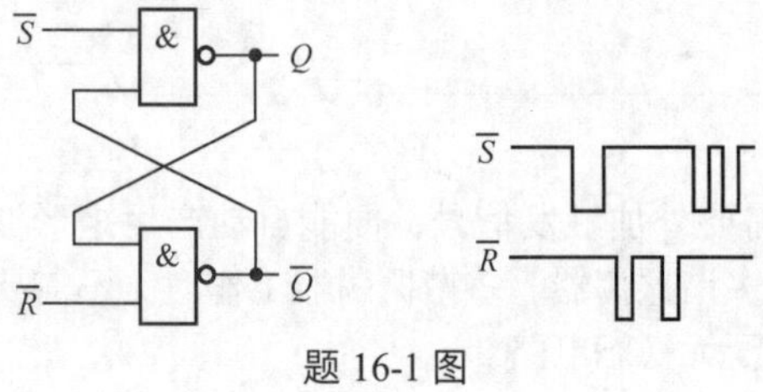

题 16-1 图

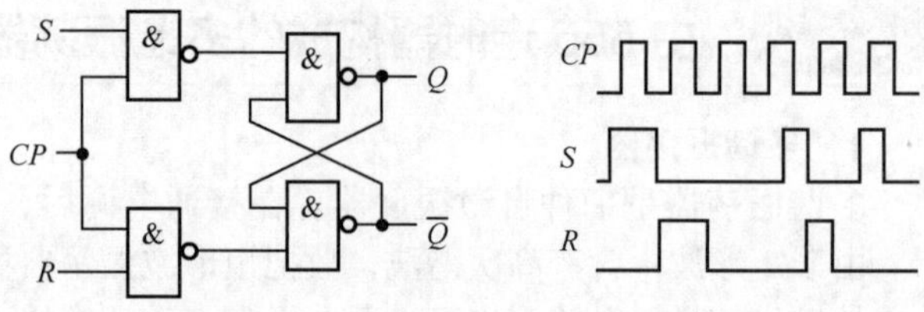

题 16-2 图

16-3　设题 16-3 图中的触发器 CP 接图中的 CP 脉冲波形，所有触发器的初始状态均为 0，试画出所有触发器输出 Q 的波形。

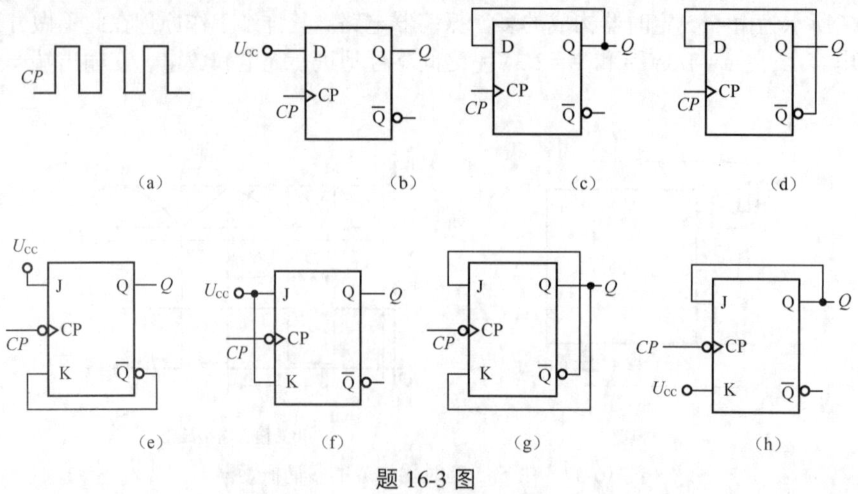

题 16-3 图

16-4　设题 16-4 图中的触发器的初始状态均为 0，试画出对应 A、B 的 X、Y 的波形。

16-5　试分析题 16-5 图所示电路的逻辑功能。设各触发器初始状态为 0。

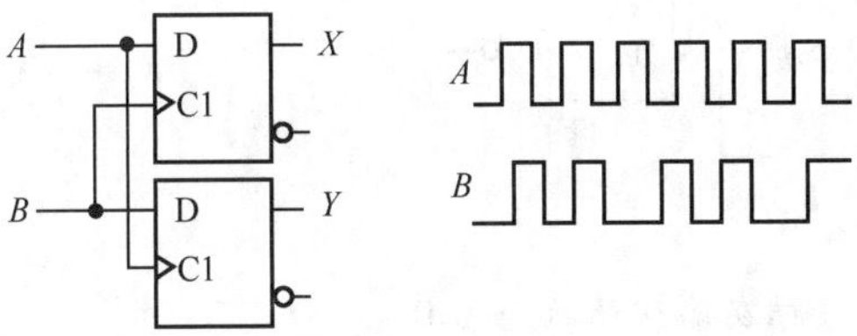

题 16-4 图

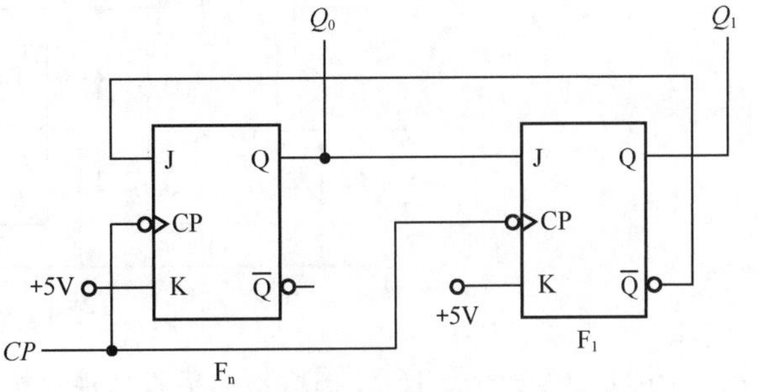

题 16-5 图

16-6　试分析题 16-6 图所示电路的逻辑功能。设各触发器初始状态为 0。

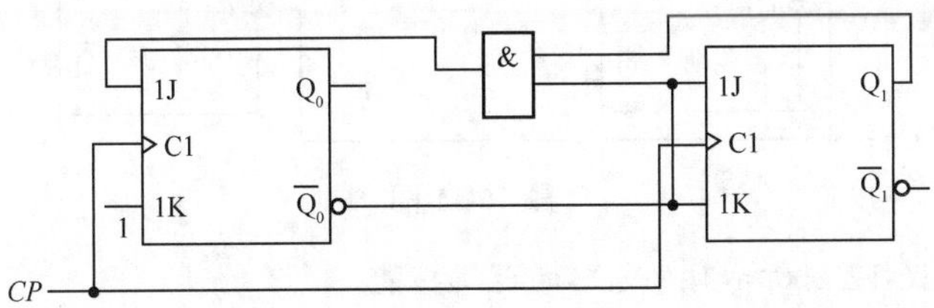

题 16-6 图

16-7　试分析题 16-7 图所示电路的逻辑功能。设各触发器初始状态为 0。

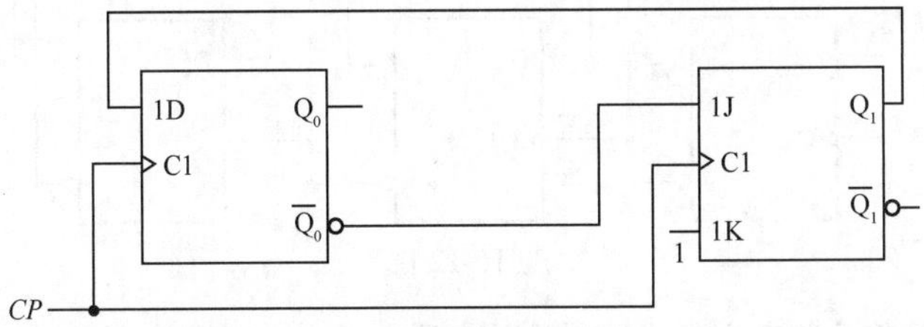

题 16-7 图

16-8　试分析题 16-8 图所示电路，列状态表。设各触发器初始状态为 0。

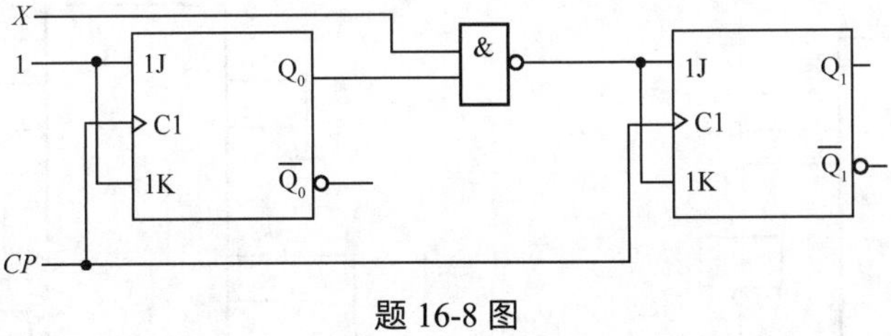

题 16-8 图

16-9　试分析题 16-9 图所示电路，列状态表。设各触发器初始状态为 0。

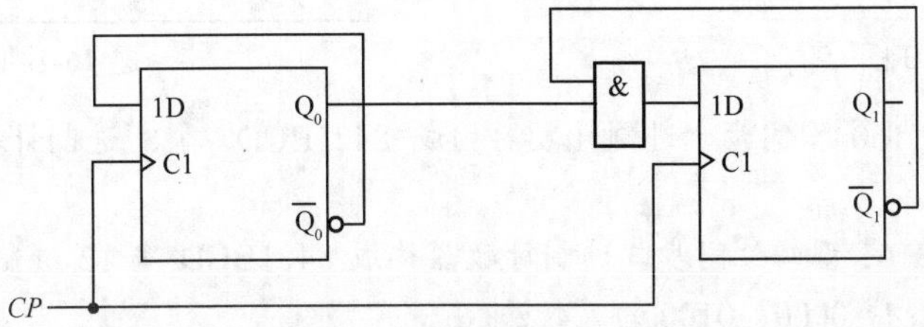

题 16-9 图

16-10　试分析题 16-10 图所示电路的逻辑功能。设各触发器初始状态为 0。

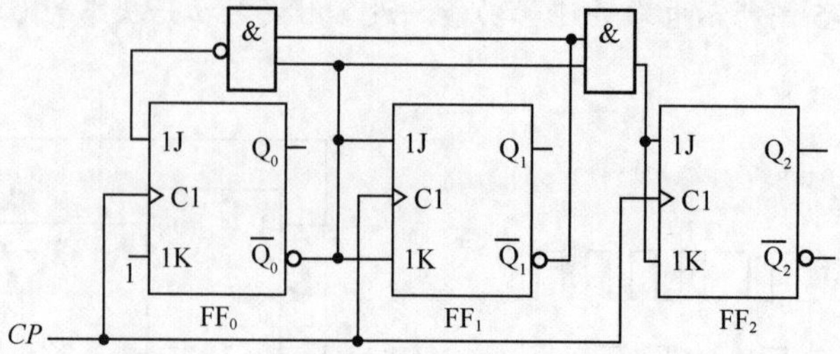

题 16-10 图

16-11　试分析题 16-11 图所示电路的逻辑功能。设各触发器初始状态为 0。

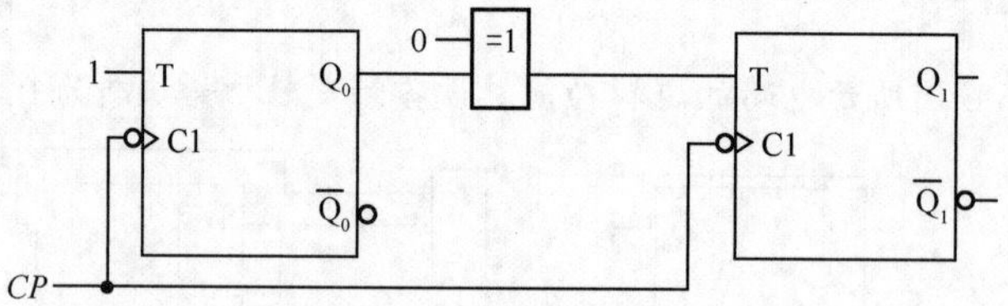

题 16-11 图

16-12　试分析题 16-12 图所示时序电路的逻辑功能。

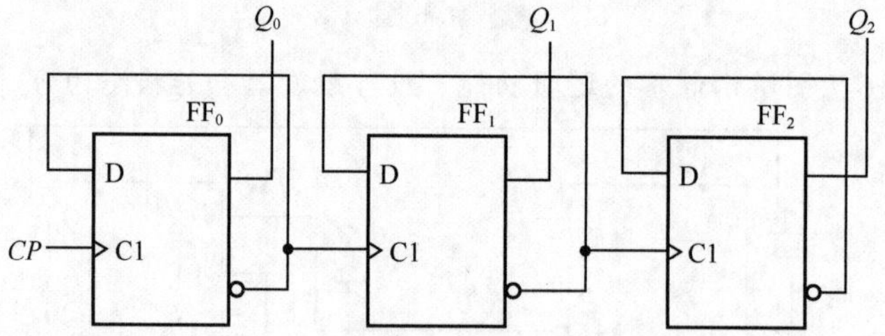

题 16-12 图

16-13　题 16-13 图所示电路为某一进制的计数器，试对其进行分析。

16-14　题 16-14 图所示电路为某一进制的计数器，试对其进行分析。

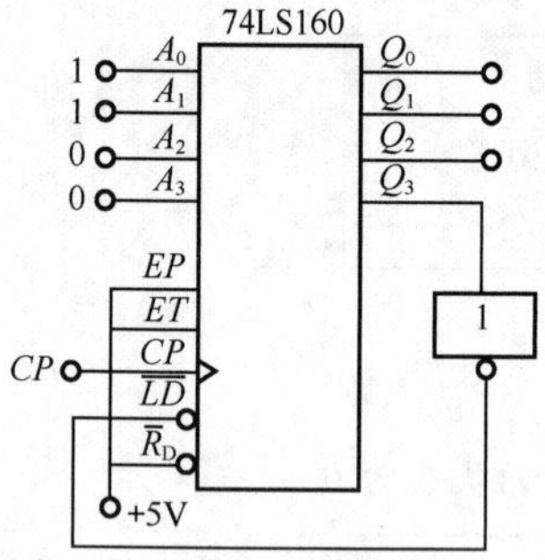

题 16-13 图

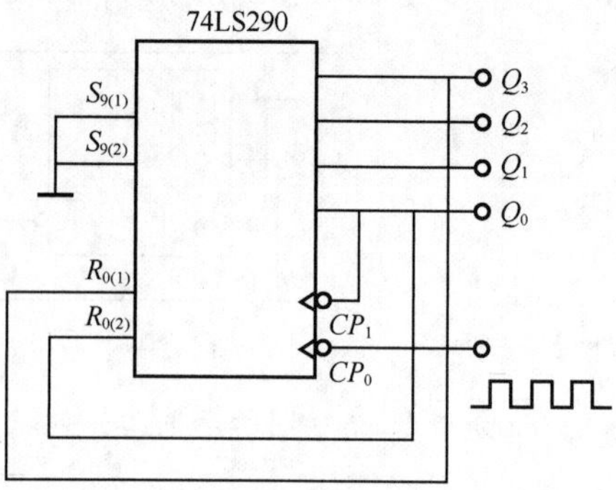

题 16-14 图

16-15　试用 74LS160 型同步十进制计数器构成 8421BCD 码 8 进制计数器：（1）用清零法；（2）用置数法。

16-16　试用 74LS161 型四位同步二进制计数器构成 8421BCD 码 12 进制计数器：（1）用清零法；（2）分别用 $A_3A_2A_1A_0$=0000、0100 的置数法。

16-17 试用两片 74 LS290 型异步十进制计数器接成二十四进制计数器。

16-18 由 555 定时器构成的单稳态触发器如正文中的图 16-45（a）所示，如要改变由 555 定时器组成的单稳态触发器的脉宽，可以采取哪些方法？若 U_{CC}=12V，R=10kΩ，C=0.1μF，试求脉冲宽度 t_W。

16-19 由 555 定时器构成的多谐波发生器如题 16-19 图所示，若 V_{cc}=9V，R_1=20kΩ，R_2=5kΩ，C=220pF，计算电路的振荡周期、频率及占空比。若要不改变振荡频率而要改变脉冲宽度应该怎么办？

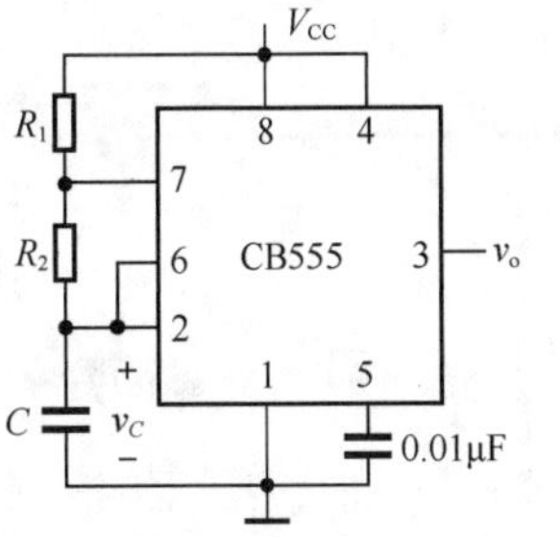

题 16-19 图

16-20 由 555 定时器组成的施密特触发器具有回差特性，回差电压ΔU_T 的大小对电路有何影响，怎样调节？当 U_{DD}=12V 时，U_{T+}、U_{T-}、ΔU_T 各为多少？当控制端 C-U 外接 8V 电压时，U_{T+}、U_{T-}、ΔU_T 各为多少？

16-21 电路如题 16-21（a）图所示，若输入信号 u_i 如题 16-21（b）图所示，请画出 u_o 的波形。

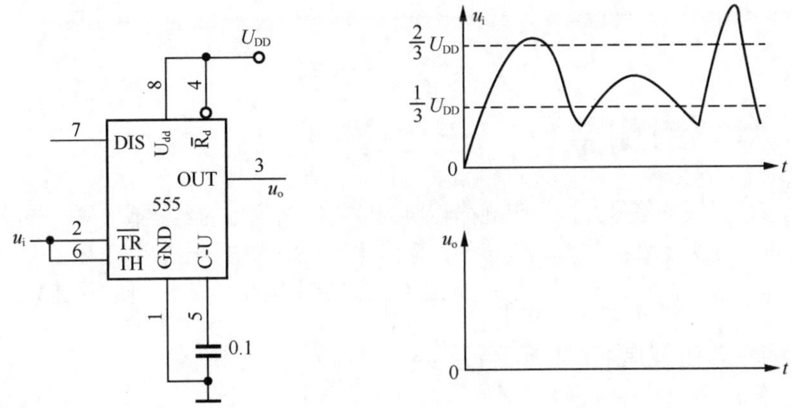

（a）（b）

题 16-21 图

16-22 电路如题 16-22 图所示，这是一个根据周围光线强弱可自动控制 VB 亮、灭的电路，其中 VT 是光敏三极管，有光照时导通，有较大的集电极电流，光暗时截止，试分析电路的工作原理。

16-23 试分析题 16-23 图所示电路的工作原理和功能。

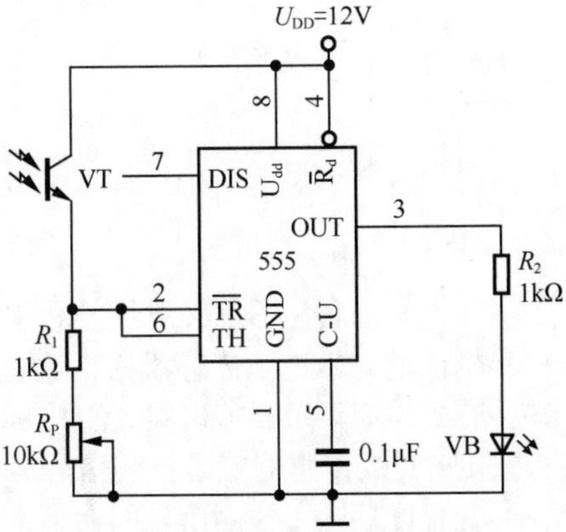

题 16-22 图

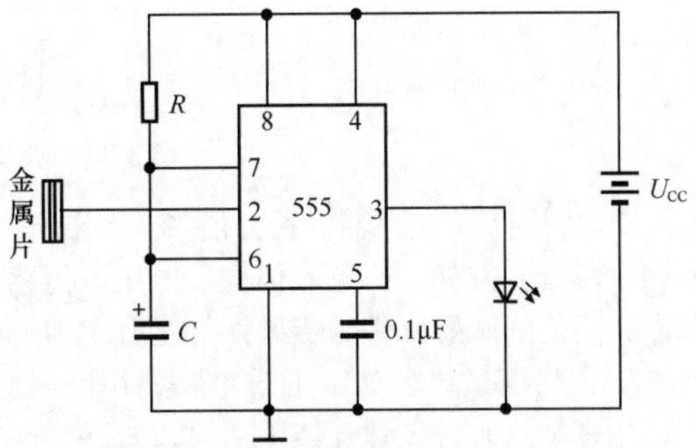

题 16-23 图

第17章 信号的采集与转换

【本章简介】

电子电路的主要目的是实现信号的传递与处理。本章介绍信号的采集与转换，具体介绍了传感器、数模转换器、模数转换器。

17.1 传感器

传感器是能够感受被测信号并按一定规律转换成可用输出信号的器件或装置。被测信号通常为非电物理量，如温度、压力、烟雾浓度、位移等；输出信号一般为电信号，如电压、电流信号等。传感器的主要性能指标有精度、灵敏度、稳定性、动态性能、抗干扰性、成本、便于维护性。

17.1.1 传感器的功能、组成与分类

典型的传感器通常由敏感元件、转换元件、信号调理与转换电路和辅助电源组成，如图 17-1 所示。敏感元件：直接感受被测信号，并按一定规律将其转换成与被测信号有确定对应关系的其他物理量；转换元件：将敏感元件输出的非电信号（如位移、应变、光强等）转换成电信号（如电阻、电感、电容等）；信号调理与转换电路：将转换器件输出的电信号进行放大、运算、处理等进一步转换，以获得便于显示、记录、处理和控制的有用电信号；辅助电源：提供能源，有的传感器需要外部电源供电；有的传感器则不需要外部电源供电。

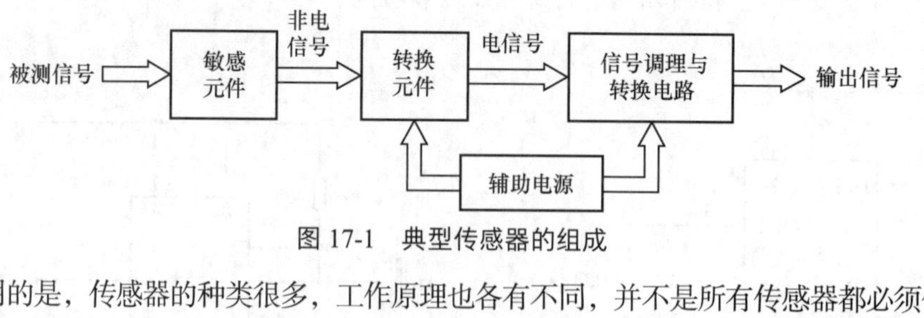

图 17-1 典型传感器的组成

需要说明的是，传感器的种类很多，工作原理也各有不同，并不是所有传感器都必须包含图 17-1 中的四个部分。例如，石英晶体构成的压电传感器、半导体材料构成的光敏电阻传感器和热敏电阻传感器，它们的敏感元件与传感元件是合二为一的。还有一些传感器没有调节转换电路，直接从传感元件上输出电量，例如，电桥电路中用电阻应变片组成的电阻应变式传感器就是被测信号（受力）作用在敏感元件（弹性体）上时，敏感元件发生了形变，形变程度反映了被测信号的大小；传感元件（电阻应变片）将形变值转换为电阻值的变化；根据电路的需要，可以将阻值的变化转变为其他形式的电信号。

传感器可按不同的方法进行分类。

（1）按外界输入的信号变换为电信号采用的效应分类，传感器可分为物理型传感器、化学型传感器和生物型传感器三大类。

物理型传感器是利用某些敏感元件的物理性质或某些功能材料的特殊物理性能实现被测非电量的转换。例如，利用金属材料在被测信号的作用下引起电阻值变化的应变式传感器。利用电容在被测信号的作用下引起电容值变化的电容式传感器等。

化学型传感器是利用电化学反应原理，将无机或有机化学的物质成分、浓度等补充测量的微小变化转换成电信号。常用的有气敏、温敏和离子传感器。

生物型传感器是利用生物活性物质的选择性来识别和测定生物化学物质的传感器。其主要由两大部分组成，一是功能识别物质，如酶、抗原、抗体、微生物及细胞等；二是电、光信号转换装置，将识别所产生的化学光转换成电信号或光信号。生物传感器的最大特点是能在分子水平上识别被测物质，在医学诊断、环保监测等方面具有广泛的应用。

（2）按工作原理分类，传感器可分为电学式传感器、磁学式传感器、光电式传感器、谐振式传感器、电化学式传感器等。

电学式传感器常用的有电阻式传感器、电容式传感器，电感式传感器、磁电式传感器等，主要用于位移、力、应变、力矩、液位、振动和加速度等参数的测量。

磁学式传感器是利用铁磁物质的一些物理效应而制成的，主要用于位移、转矩等参数的测量。

光电式传感器是利用光电器件的光电效应和光学原理制成的，主要用于光强、光能量、位移、浓度等参数的测量。

谐振式传感器是利用改变电或机械的固有参数来改变谐振频率的原理制成的，主要用来测量压力。

电化学式传感器是以离子导电为基础制成的，主要用于分析气体、液体或溶于液体的固体成分、液体的酸碱度、电导率及氧化还原电位等参数的测量。

（3）按信号检测转换过程分类，传感器可分为直接转换型传感器和间接转换型传感器两大类。前者是把输入给传感器的非电信号一次性地变换为电信号输出，如光敏电阻受到光照射时，电阻值会发生变化，直接把光信号转换成电信号输出；后者则要把输入给传感器的非电信号先转换成另外一种非电信号，然后再转换成电信号输出。

（4）按被测物理量分类，传感器常见的有温度传感器、湿度传感器、压力传感器、位移传感器、流量传感器、液位传感器、力传感器、加速度传感器、转矩传感器等。

（5）按输出信号的性质分类，传感器可分为模拟式传感器和数字式传感器，前者将被测信号转换成模拟输出信号，后者将被测信号转换成数字输出信号。

17.1.2 传感器的发展趋势

信息技术、材料科学和生物科学的不断发展，有力地促进了传感器的集成化、多功能化、智能化、网络化、多维化方向发展。

传感器的集成化是指利用微电子技术和微加工技术，将敏感元件、测量电路、放大电路、补偿电路、运算电路等制作在同一芯片上，从而使传感器具有体积小、重量轻、成本低、稳定性好和可靠性高等优点。

一般一个传感器只能测量一种参数，但在许多应用领域中，为了能够多方面反映客观事物和环境，往往需要同时测量大量的参数，多功能化意味着一个传感器具有多种参数的检测功能。

智能化传感器含有微处理器，不但能够执行信息处理和信息存储，还能够进行逻辑思考和结论判断。

网络化传感器综合了传感器技术、嵌入式技术、网络通信技术、分布式信息处理技术等，通过各类集成化的微型传感器协作实时监测、感知和采集各种被测量，利用嵌入式系统对信息进行处理，并通过无线通信网络将感知信息传送到用户端。

一般的传感器只限于对某一点物理量的测量，而利用电子扫描方法，把多个传感器单元组合在一起，就可以研究一维、二维以至三维空间的测量问题，甚至向包含时间系的四维空间发展。医院使用的 CT（Computed Tomography，计算机断层扫描）就是多维传感器的实例。

17.2 数模转换器

数字量到模拟量的转换是实现一种对应关系，输入的数字量和输出的模拟量之间应成正比。为了实现这种对应关系，可以将输入的数字量的每一位按照其权重的大小转换成相应的模拟量，然后将转换得到的所有模拟量相加，即可得到与数字量成正比的总模拟量。

17.2.1 倒 T 形电阻网络数模转换器

倒 T 形电阻网络数模转换器电路如图 17-2 所示，电阻网络中只有 R、$2R$ 两种阻值的电阻。从图中可知，因为求和放大电路反相输入端 V_-的电位始终接近于零，所以无论开关 S_3、S_2、S_1、S_0 合到哪一边，都相当于接到了“地”电位上，流过每个支路的电流也始终不变。但应注意，V_-并没有接地，只是电位与“地”相等，因此这时又把 V_-端称作“虚地”点。从参考电源流入倒 T 形电阻网络的总电流为 $I=V_{REF}/R$，而每个支路的电流依次为 $I/2$、$I/4$、$I/8$ 和 $I/16$。

倒 T 形电阻网络数模转换器

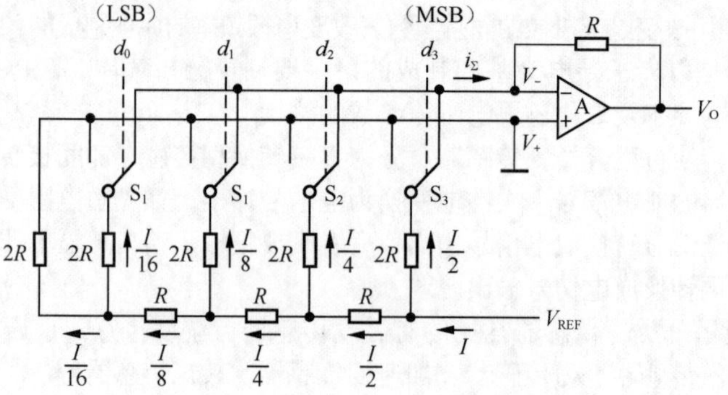

图 17-2 倒 T 形电阻网络数模转换器

如果令 d_i=0 时开关 S_i 接地（接放大电路的 V_+），而 d_i= 1 时 S_i 接至放大电路的输入端 V_-，则由图 17-2 可知

$$i_\Sigma = \frac{V_{REF}}{R}\left(\frac{1}{2}d_3 + \frac{1}{4}d_2 + \frac{1}{8}d_1 + \frac{1}{16}d_0\right)$$

在求和放大电路的反馈电阻阻值等于 R 的条件下，输出电压为

$$V_O = -Ri_\Sigma = -\frac{V_{REF}}{2^4}(d_3 2^3 + d_2 2^2 + d_1 2^1 + d_0 2^0)$$

对于 n 位输入的倒 T 形电阻网络数模转换器，在求和放大电路的反馈电阻阻值为 R 的条件下，输出模拟电压的计算公式为

$$V_O = -Ri_\Sigma = -R\frac{V_{REF}}{R}\frac{1}{2^n}(d_{n-1}2^{n-1} + d_{n-2}2^{n-2} + \cdots + d_1 2^1 + d_0 2^0) = -\frac{V_{REF}}{2^n}D_N$$

上式说明，输出的模拟电压与输入的数字量成正比。

单片集成数模转换器 AD7520 采用的是倒 T 形电阻网络，如图 17-3 所示，它的输入为 10 位二进制数 $d_9d_8d_7d_6d_5d_4d_3d_2d_1d_0$。使用 AD7520 时需要外加运算放大器，运算放大器的反馈电阻可以使用 AD7520 内设的反馈电阻 R，也可以另选反馈电阻接到 V_{REF}，必须保证有足够的稳定度，才能确保应有的转换精度。

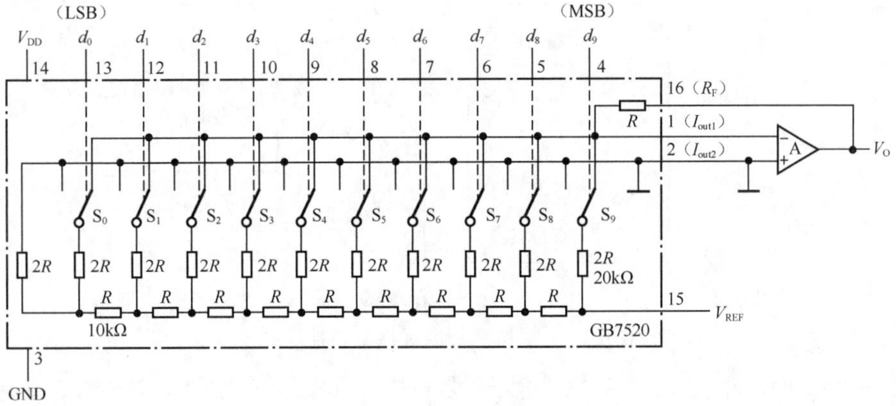

图 17-3 AD7520 数模转换器原理

17.2.2 数模转换器的主要性能指标

1．转换精度

转换精度可以用分辨率和转换误差来描述。分辨率是指最小输出电压（对应的输入二进制数仅最低位为 1）与最大输出电压（对应的输入二进制数的所有位全为 1）之比。

例如，十位数模转换器的分辨率为

$$\frac{1}{2^{10}-1}=\frac{1}{1023}\approx 0.001=0.1\%$$

转换误差是指实际输出的模拟电压值与理论输出的模拟电压之间的最大误差。该误差是由参考电压偏离标准值、运算放大器的零点漂移、模拟开关的压降以及电阻阻值的偏差等原因所引起的。转换误差通常用输出电压满刻度的百分数表示，也可用最低有效位的倍数表示。

2．转换速度

转换速度通常用建立时间来描述。建立时间是指从输入数字信号起到输出电压或电流到达稳定值所需的时间。建立时间包括两部分：一是距运算放大器最远的那一位输入信号的传输时间；二是运算放大器到达稳定状态所需时间。由于倒 T 形电阻网络数模转换器是并行输入的，其转换速度较快。目前，像十位或十二位单片集成数模转换器（不包括运算放大器）的转换时间一般不超过 1μs。

17.3 模数转换器

常见的物理量如温度、湿度、压力、声音等都是模拟信号。它们要被数字系统处理，必须进行模数转换。模数转换器有很多类型，可分为直接型和间接型两大类。直接型模数转换器通过把采样保持后的模拟信号与量化电压相比较直接转化为数字代码，主要有并行比较型、逐次逼近型类型；间接型模数转换器则借助于中间变量，先把待转化的输入模拟信号转换为时间 T 或频率 f，然后对这些中间变量再量化编码得到数字信号，主要有双积分型、V-I 变换型。直接型模数转换器具有工作速度快、调整方便的优点，但精度不高；间接型模数转换器具有精度高的优点，但工作速度较低。

17.3.1 模数转换的基本原理

在模数转换器中，因为输入的模拟信号在时间上是连续的，而输出的数字信号是离散的，所以转换只能在一系列选定的瞬间对输入的模拟信号取样，然后再把这些取样值转换成输出的数字量。模数转换的过程如图 17-4 所示。

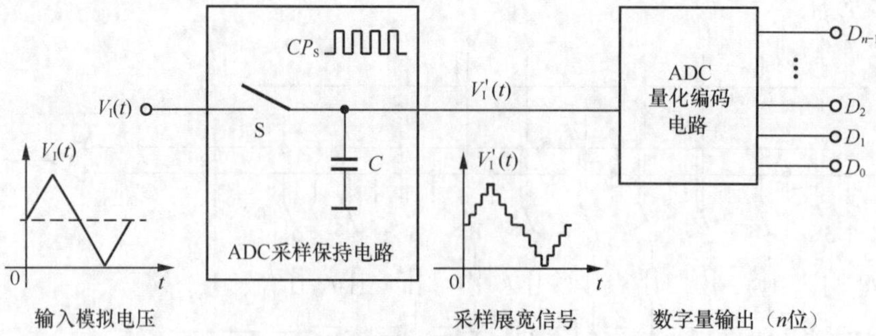

图 17-4　模拟量到数字量的转换过程

模数转换的过程是首先对输入的模拟电压信号取样，取样结束后进入保持阶段，在保持时间内将取样的电压量化为数字量，并按一定的编码形式给出转换结果。然后，再开始下一次取样。

1．取样定理

为了能正确无误地用取样信号 V_S 表示模拟信号 V_I，取样信号必须有足够高的频率。可以证明，为了保证能从取样信号将原来的被取样信号恢复，必须满足

$$f_S \geqslant 2f_{I(max)}$$

其中，f_S 为取样频率，$f_{I(max)}$为输入模拟信号的最高频率分量的频率。

在满足 $f_S \geqslant 2f_{I(max)}$的条件下，可以用低通滤波器将 V_s 还原为 V_I。这个低通滤波器的电压传输特性在低于 $f_{I(max)}$的范围内应保持不变，而在 $f_S - f_{I(max)}$范围内应迅速下降接近 0，如图 17-5 所示。

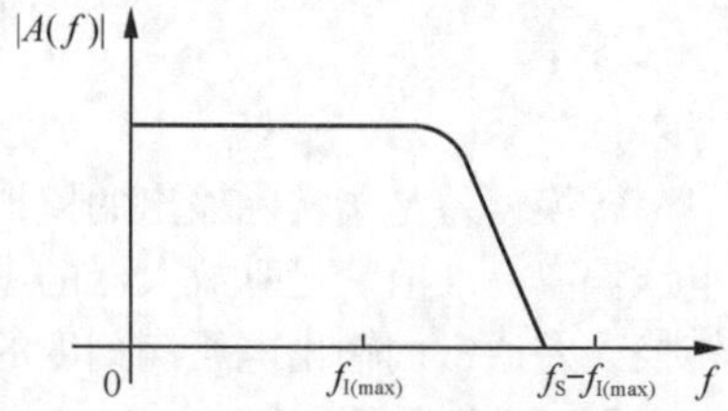

图 17-5　低通滤波器的电压传输特性

2．量化和编码

由于数字信号不仅在时间上是离散的，而且数值大小的变化也是不连续的。也就是说，任何一个数字量的大小只能是某个规定的最小数量单位的整数倍。在进行模数转换时，必须把取样电压表示为这个最小单位的整数倍。这个转化过程叫作量化，所取的最小数量单位叫作量化单位，用Δ表示。显然，数字信号最低有效位的 1 所代表的数量大小就等于Δ。

把量化的结果用代码（可以是二进制，也可以是其他进制）表示出来，称为编码。这些代码就是模数转换的输出结果。

既然模拟电压是连续的，那么它就不一定能被Δ整除，因而量化过程不可避免地会引入误差。这种误差称为量化误差。将模拟电压信号划分为不同的量化等级时通常有图 17-6（a）、（b）所示的两种方法，它们的量化误差不同。

例如，要求把 0～lV 的模拟电压信号转换成 3 位二进制代码，则最简单的方法是取Δ=1/8V，并规定凡数值在Δ=1/8V 之间的模拟电压都当作 0 对待，用二进制数 000 表示；凡数值在 1/8～2/8V 之间的模拟电压都当作 1Δ对待，用二进制数 001 表示，如图 17-6（a）所示。不难看出，这种量化方法可能带来的最大量化误差可达Δ，即 1/8V。

为了减小量化误差，通常采用图 17-6 （b）的改进方法划分量化电平。在这种划分量化电平的方法中，取量化电平Δ=2/15V，并将输出代码 000 对应的模拟电压范围规定为 0～1/15V，即 0～1/2Δ，这样可以将最大量化误差减小到 1/2Δ，即 1/15V。这个道理不难理解，因为现在将每个输出二进制代码所表示的模拟电压值规定为它所对应的模拟电压范围的中间值，所以最大量化误差自然不会超过 1/2Δ。

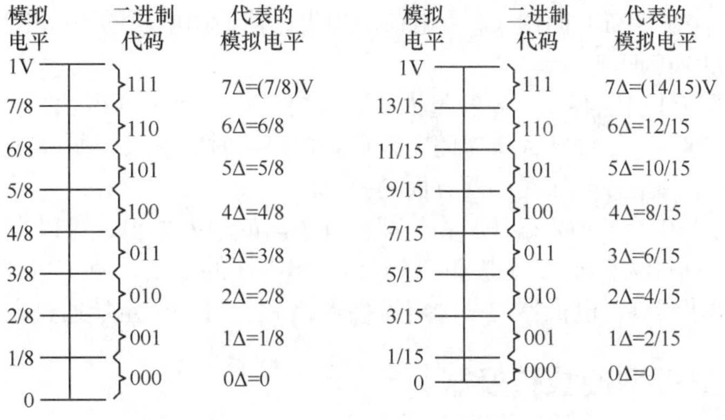

（a）方法一　　（b）方法二

图 17-6　对单极性模拟电平的量化和编码

当输入的模拟电压在正、负范围内变化时，一般要求采用二进制补码。

3．采样保持

取样-保持电路的基本形式如图 17-7（a）所示。图中 T 为 N 沟道增强型 MOS 管，作模拟开关使用。当取样控制信号 V_I 为高电平时，T 导通，输入信号 V_I 经电阻 R_I 和 T 向电容 C_H 充电。若取 $R_I=R_F$，并忽略运算放大器的输入电流，则充电结束后 $V_O=V_C=-V_I$。这里 V_C 为电容 C_H 上的电压。当 V_L 返回低电平以后，MOS 管 T 截止。由于 C_H 上的电压在一段时间内基本保持不变，所以 V_O 也保持不变，取样结果被保存下来。C_H 的漏电越小，运算放大器的输入阻抗越高，V_O 保持的时间也越长。

图 17-7（b）是一种改进了的由 LF198 构建的单片集成取样-保持电路。图中的 A_1、A_2 是两个运算放大器，S 是模拟开关，L 是控制 S 状态的逻辑单元。二极管 D_1、D_2 组成保护电路。V_L 和 V_{REF} 是逻辑单元的两个输入电压信号，当 $V_L>V_{REF}+V_{TH}$ 时 S 接通，而当 $V_L<V_{REF}+V_{TH}$ 时 S 断开。V_{TH} 称为阈值电压，约为 1.4V。

图 17-7（c）给出了 LF198 的典型接法。由于图中取 $V_{REF}=0$，而且 V_L 设为 TTL 逻辑电平，则 $V_L=1$ 时 S 接通，$V_L=0$ 时 S 断开。当 $V_L=1$ 时电路处于取样工作状态，这时 S 闭合，A_1 和 A_2 均工作在单位增益的电压跟随器状态，所以有 $V_O=V'_O=V_I$。如果在 R_2 的引出端与地之间接入电容 C_H，那么电容电压的稳态值也是 V_L。取样结束时 V_L 回到低电平，电路进入保持状态。这时 S 断开，C_H 上的电压基本保持不变，因而输出电压 V_O 也得以维持原来的数值。

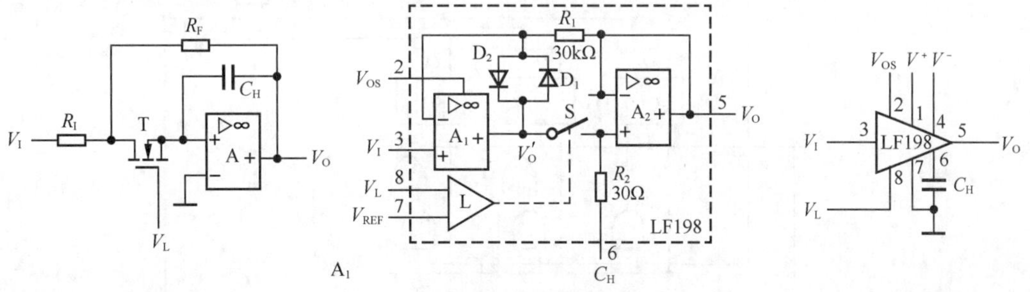

（a）基本形式　　（b）集成取样-保持电路LF198的结构　　（c）LF198的典型接法

图 17-7　采样-保持电路

取样过程中电容 C_H 上的电压达到稳态值所需要的时间（称为获取时间）和保持阶段输出电压的下降率$\Delta V_O/\Delta T$ 是衡量取样-保持电路性能的两个最重要的指标。在 LF198 中，采用了双极型与 MOS 型混合工艺。为了提高电路工作速度并降低输入失调电压，输入端运算放大器的输入级采用双极型三极管电路，而在输出端的运算放大器中，输入级使用了场效应管，这就有效地提高了放大电路的输入阻抗，减小了保持时间内 C_H 上电荷的损失，使输出电压的下降率达到 10^{-3} mV/s 以下（当外接电容 C_H 为 0.01μF 时）。

输出电压下降率与外接电容 C_H 电容量大小和漏电流大小有关。C_H 的电容量越大、漏电流越小，输出电压下降率越低。然而加大 C_H 的电容量会使获取时间变长，所以在选择 C_H 的电容量大小时应兼顾输出电压下降率和获取时间两方面的要求。

逻辑输入端（V_L）和参考输入端（V_{RFE}）都具有较高的输入电阻，可以直接用 TTL 门电路或 CMOS 门电路驱动。通过调整输入端 V_{OS} 可以调整输出电压的零点，使 V_I=0 时 V_O=0。V_{OS} 的数值可以用电位器的可动端调节，电位器的一个定端接电源 V^+，另一个定端通过电阻接地。

17.3.2 逐次逼近型模数转换器

逐次逼近型模数转换器是一款直接型模数转换器，其电路结构如图 17-8 所示。工作过程为：先将寄存器清零，转换控制信号 V_L 变为高电平时转换开始。时钟信号首先将寄存器的最高位（MSB）置成 1，使寄存器的输出为 100...00。这个数字量被 DAC 转换成相应的模拟电压 V_O 并送到比较器与输入信号 V_I 进行比较。如果 $V_O>V_I$，说明数字过大了，则这个 1 应去掉；如果 $V_O<V_I$，说明数字还不够大，这个 1 应保留。然后，再按同样的方法将次高位置 1，并比较 V_O 与 V_I 的大小以确定这一位的 1 是否应当保留。这样逐位比较下去，直到最低位比较完为止。这时寄存器里所存的数码就是所求的输出数字量。这一比较过程正如同用天平去称量一个未知质量的物体时所进行的操作一样，所使用的砝码一个比一个质量少一半。

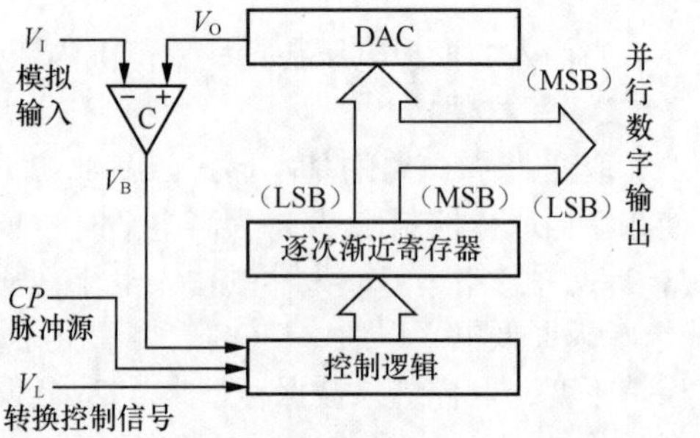

图 17-8 逐次逼近型模数转换器的电路结构框图

图 17-9 是一个输出为 3 位二进制数码的逐次逼近型 ADC 的电路原理图。图中的 C 为电压比较器，当 $V_I \geqslant V_O$ 时比较器的输出 V_B=0；当 $V_I<V_O$ 时 V_B=1。FF_A、FF_B、FF_C 这 3 个触发器组成了 3 位数码寄存器，触发器 FF_1～FF_5 和门电路 G_1～G_9 组成控制逻辑电路。

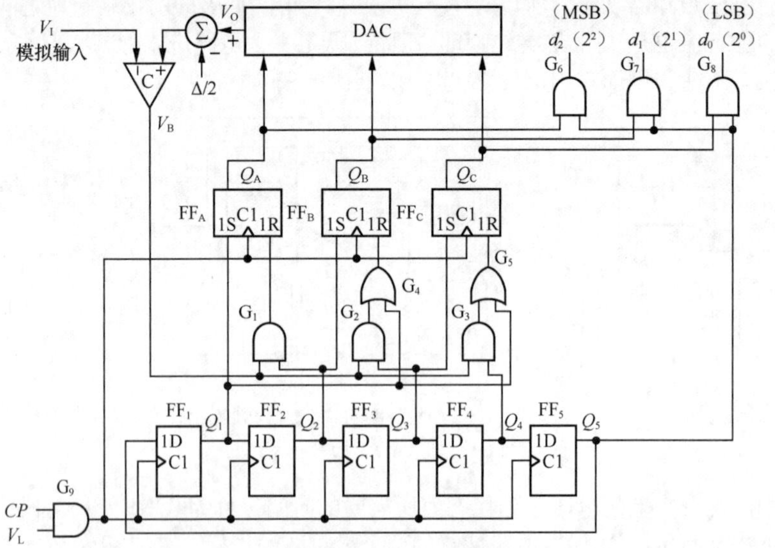

图 17-9 3 位逐次逼近型模数转换器的电路原理图

转换开始前，先将 FF_A、FF_B、FF_C 置零，并将 FF_1～FF_5 组成的环形移位寄存器置成

$Q_1Q_2Q_3Q_4Q_5$ =10000 状态。转换控制信号 V_L 变成高电平以后，转换开始。

第 1 个 CP 脉冲到达时，FF_A 被置 1 而 FF_B、FF_C 被置 0。这时寄存器的状态 $Q_AQ_BQ_C$ =100 加到数模转换器的输入端上，并在数模转换器的输出端得到相应的模拟电压 V_O。V_O 和 V_I 在比较器中比较，其结果不外乎两种：若 $V_I \geq V_O$，则 V_B=0；若 $V_I < V_O$，则 V_B =1。同时，移位寄存器右移一位，使 $Q_1Q_2Q_3Q_4Q_5$ =01000。

第 2 个 CP 脉冲到达时，FF_B 被置成 1。若原来的 V_B=1，FF_A 被置 0；若原来的 V_B=0，则 FF_A 的 1 状态保留。同时移位寄存器右移一位，使 $Q_1Q_2Q_3Q_4Q_5$ =00100。

第 3 个 CP 脉冲到达时，FF_C 被置 1。若原来的 V_B=1，FF_B 被置 0；若原来的 V_B=0，则 FF_B 的 1 状态保留。同时移位寄存器右移一位，使 $Q_1Q_2Q_3Q_4Q_5$ =00010。

第 4 个 CP 脉冲到达时，同样根据这时 V_B 的状态决定 FF_C 的 1 是否应当保留。这时 FF_A、FF_B、FF_C 的状态就是所要的转换结果。同时，移位寄存器右移一位，$Q_1Q_2Q_3Q_4Q_5$ =00001。由于 Q_5 =1，于是 FF_A、FF_B、FF_C 的状态便通过门 G_6、G_7、G_8 送到了输出端。

第 5 个 CP 脉冲到达时，移位寄存器右移一位，使得 $Q_1Q_2Q_3Q_4Q_5$ =10000，返回初始状态。同时，由于 Q_5 =0，门 G_6、G_7、G_8 被封锁，转换输出信号随之消失。

为了减小量化误差，令数模转换器的输出产生-Δ/2 的偏移量。这里的Δ表示数模转换器最低有效位输入 1 所产生的输出模拟电压大小，它也就是模拟电压的量化单位。由图 17-9 可知，为使量化误差不大于Δ/2，在划分量化电平等级时应使第一个量化电平为Δ/2，而不是Δ。现在与 V_I 比较的量化电平每次由数模转换器的输出给出，所以应将数模转换器输出的所有比较电平同时向负方向偏移Δ/2。

从以上论述可以看出，三位输出的模数转换器完成一次转换需要 5 个时钟信号周期的时间。如果是 n 位输出的模数转换器，则完成一次转换所需的时间将为 n+2 个时钟信号周期的时间。逐次逼近型模数转换器是目前集成模数转换器产品中应用广泛的一种电路。

目前一般使用单片集成模数转换器，其种类很多，如 ADS71、ADC0801、ADC0804、ADC0809 等。下面以 ADC0809 为例，简单介绍其结构。

ADC0809 是 CMOS 八位逐次逼近型模数转换器，它的结构框图如图 17-10 所示。转换时间为 100μs，输入电压范围为 0～5V，片内有 8 通道模拟开关，可接入 8 个模拟量输入。由于芯片内有输出数据寄存器，输出的数字量可直接与计算机 CPU 的数据总线相接，而无须附加接口电路。

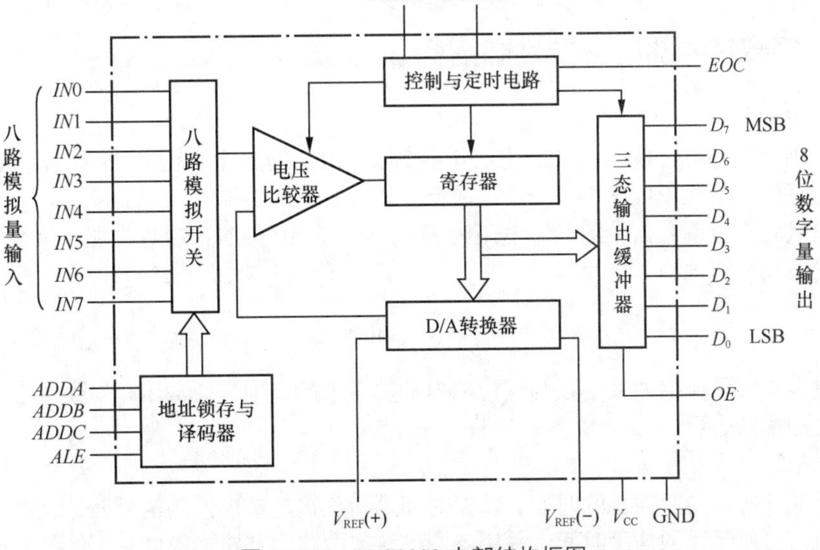

图 17-10　ADC0809 内部结构框图

ADC0809 共有 28 个引脚，各引脚端功能如下：

*IN*0～*IN*7 为 8 路模拟信号输入端；

D_7～D_0 为 8 位数字信号输出端；

CLOCK 为时钟信号输入端；

ADDA、*ADDB*、*ADDC* 为地址码输入端，不同的地址码选择不同通道的模拟量输入；

ALE 为地址码锁存输入端，当输入地址码稳定后，*ALE* 上升沿将地址信号锁存于地址锁存器内；

$V_{REF}(+)$、$V_{REF}(-)$分别为参考电压的正、负输入端。一般情况下 $V_{REF}(+)$接 V_{CC}，$V_{REF}(-)$接 GND；

START 为启动信号输入端。该信号的上升沿到来时片内寄存器被复位，在其下降沿开始模数转换；

EOC 为转换结束信号输出端。当模数转换结束时 *EOC* 变为高电平，并将转换结果送入三态输出缓冲器，*EOC* 可作为向 CPU 发出的中断请求信号。

OE 为输出允许控制输入端。当 *OE*=1 时，三态输出缓冲器的数据送到数据总线。

ADC0809 与微处理器组成的单通道微机化数据采集系统如图 17-11 所示，系统信号采用总线传送方式，它们之间的信号通过数据总线和控制总线连接。详细工作情况不作进一步论述。

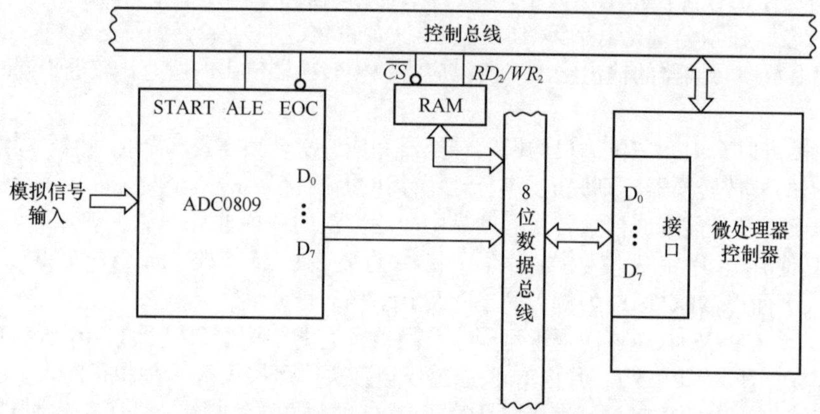

图 17-11 单通道微机化数据采集系统示意图

17.3.3 模数转换器的主要性能指标

1. 转换精度

转换精度用分辨率与转换误差来描述。分辨率以输出二进制的位数表示。在最大输入电压一定时，输出位数越多，量化单位越小，分辨率越高。

例如，模数转换器输入信号的最大电压为 5V，输出为 10 位二进制数，那么这个转换器就能区分输入信号的最小电压约为

$$\frac{5}{2^{10}} = 4.88\text{mV}$$

转换误差是指实际输出的数字量与理想输出的数字量的差别，通常用相对误差形式给出，也可以最低有效位的倍数表示。

2. 转换速度

它是指完成一次转换所需要的时间。转换时间是指从接到转换控制信号开始，到输出端得到稳定的数字输出信号所经过的这段时间。采用不同的转换电路，其转换速度是不同的。低速的为 1～30ms，中速的约为 50μs 左右，高速的约为 50ns。

《习 题》

17-1 什么是传感器？它由哪几部分构成？简述各部分的作用与相互关系。

17-2 简述电桥电路的工作原理，并说明其在传感器检测系统中的作用。

17-3 如图 17-2 所示电路中，四位倒 T 形电阻网络数模转换器。当 $d_3d_2d_1d_0$=1010 时，计算输出电压为多少？（设 U_{RET}=10V）

17-4 某八位二进制数模转换器，已知其最大满刻度输出模拟电压为 5V，求最小分辨电压和分辨率。

17-5 某八位二进制数模转换器，若最小分辨电压为 0.002V，输入数字量分别为全 0、全 1 和 01001101 时，输出电压分别为多少？

17-6 在 A/D 转换过程中，采样保持电路的作用是什么？应该如何理解编码的含义，举例说明。

17-7 如果要将一个最大幅值为 5.1V 的模拟信号转换为数字信号，要求模拟信号每变化 20mV 能使数字信号最低位（Least Significant Bit，LSB）发生变化，应该选用多少位的 A/D 转换器。

第18章 电路与电子实验

【本章简介】

本章介绍若干电路电子实验，通过实验能加深学生对电路理论内容的理解，并培养学生的实践动手能力。实验的具体内容为叠加定理，戴维南定理，日光灯电路，一阶电路，正弦交流电路中 R、L、C 元件的特性，RLC 串联谐振电路，单管共射放大电路，差动放大电路，TTL 与非门测试，中规模集成组合逻辑功能件的应用。

18.1 实验一 叠加定理

18.1.1 实验目的

（1）验证叠加定理。

（2）加深对叠加定理的内容和适用范围的理解。

（3）验证叠加定理的推广——齐性定理。

18.1.2 实验说明

（1）在任一线性网络中，多个激励同时作用时的总响应等于每个激励单独作用时引起的响应之和，此即叠加定理。

（2）线性电路中，当所有激励都变为原来的 K 倍（K 为实常数），响应也为同样变为原来的 K 倍，此即齐性定理。

18.1.3 实验设备

晶体管直流稳压电源 1 台、直流毫安表 1 只、万用表 1 只、直流电路实验板 1 块、导线若干。

18.1.4 实验内容与步骤

1．叠加原理的验证

在直流电路实验板上按图 18-1 接好线路，图中 DLBZ 为电流插座，当测量支路电流 I_1、I_2、I_3 时只须将接有电流插头的电流表依次插入三个电流插座中，即可读取三条支路电流 I_1、I_2、I_3 的数值，在插头插入插座的同时，应监视电流表的偏转方向，如逆时针偏转，要迅速拔出插头，翻转 180° 后重新插入插座再读取电流值。

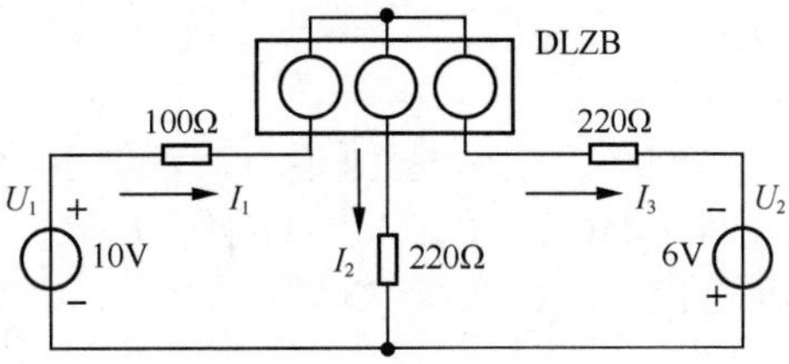

图 18-1　实验一的电路

（1）接通 U_1=10V 电源，测量 U_1 单独作用时各支路的电流 I_1、I_2、I_3，将测量结果记入表 18-1 中。

（2）接通 U_2=6V 电源，测量 U_2 单独作用时各支路的电流 I_1、I_2、I_3，将测量结果记入表 18-1 中。

（3）接通 U_1、U_2 电源，测量 U_1、U_2 共同作用时各支路的电流 I_1、I_2、I_3，将测量结果记入表 18-1 中。

表 18-1　实验一的数据记录表 1

	I_1/mA			I_2/mA			I_3/mA		
	测量	计算	误差	测量	计算	误差	测量	计算	误差
U_1 单独作用									
U_2 单独作用									
共同作用									

2．齐性定理的验证

实验电路如图 18-1 所示，调节第一路直流稳压电源 U_1 至 20V，调节第二路直流稳压电源 U_2 至 12V，此时 U_1、U_2 同时比原来增加一倍。测量 U_1、U_2 共同作用时各支路的电流 I_1、I_2、I_3，将测量结果记入表 18-2 中。

表 18-2　实验一的数据记录表 2

	I_1/mA			I_2/mA			I_3/mA		
	测量	计算	误差	测量	计算	误差	测量	计算	误差
共同作用									
表 18-1 中的值									
误差/%									

18.1.5　实验报告要求

（1）根据实验中所得数据，验证叠加定理、齐性定理。

（2）计算各支路的电压和电流，并计算各值的相对误差，分析产生误差的原因。

（3）分析实验结果，并得出相应的结论。

18.2　实验二　戴维南定理

18.2.1　实验目的

（1）验证戴维南定理。

（2）掌握线性有源一端口网络等效参数的测量方法。

18.2.2 实验说明

一般而言，一个线性有源二端网络，对外电路来说，总可以用一个电压源和电阻的串联组合来等效代替；此电压源的电压等于外电路断开时端口处的开路电压 U_{oc}，而电阻等于二端网络的输入电阻（或等效电阻 R_{eq}）。此即戴维南定理。

18.2.3 实验设备

晶体管直流稳压电源 1 台、直流毫安表 1 只、万用表 1 只、直流电路实验板 1 块、导线若干。

18.2.4 实验内容与步骤

1．测出该二端网络的外特性

按图 18-2 所示线路连接电路，测出该二端网络的外特性，将测量结果记入表 18-3 中。

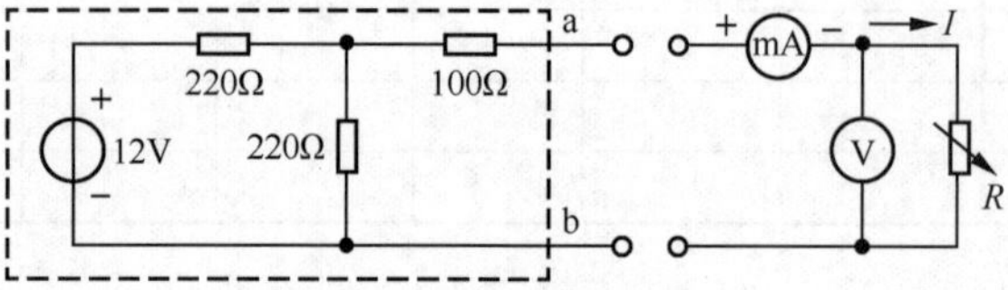

图 18-2 实验二的电路 1

表 18-3 实验二的数据记录表 1

R/Ω	0	200	400	800	1600	3200	6400	∞
I/mA								
U/V								

2．测出该二端网络的戴维南等效电路参数

（1）开路电压 U_{oc} 的测量

当电路的等效内阻 R_{eq} 远小于电压表内阻 R_V 时，可直接用电压表测量开路电压 U_{oc}。

补偿法测开路电压的测量电路如图 18-3 所示，U_S 为高稳定度的可调直流稳压电源，R 是可变电阻，用来限制电流。测量时，逐渐调节稳压电源输出电压，使电流表的指针逐渐回到零位，这时直流稳压电源的输出即为开路电压 U_{oc}。

（2）短路电流 I_{sc} 的测量：在图 18-3 中，将 ab 端短路并测出短路电流 I_{sc}，则等效内阻 $R_{eq}=U_{oc}/I_{sc}$。

3．测出戴维南等效电路的外特性

构造出图 18-2 所示电路的戴维南等效电路，按图 18-4 测量该等效电路的外特性，将测量结果记入表 18-4 中。

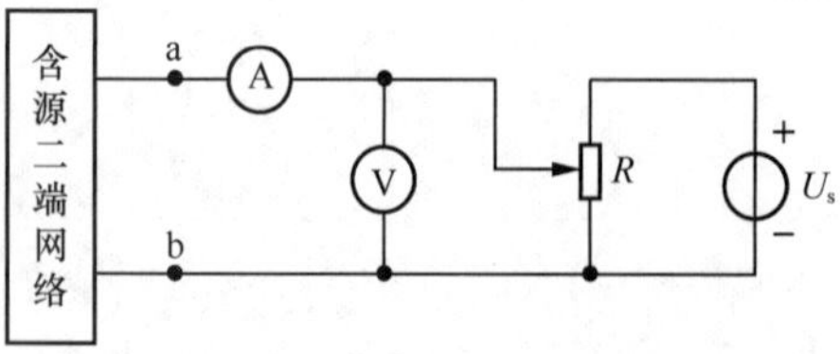

图 18-3 实验二的电路 2

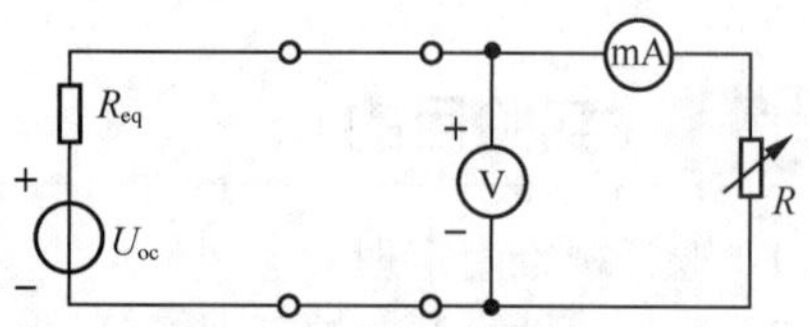

图 18-4 实验二的电路 3

表 18-4　实验二的数据记录表 2

R/Ω	0	200	400	800	1600	3200	6400	∞
I/mA								
U/V								

18.2.5　实验报告要求

绘出实际网络和等效网络端口处的伏安特性曲线，对结果加以比较。

18.3　实验三　日光灯电路

18.3.1　实验目的

（1）掌握日光灯电路的接线方法。
（2）了解日光灯的基本工作原理。
（3）学习交流电压、交流电流的测量方法。

18.3.2　实验说明

日光灯的基本电路如图 18-5 中所示。在刚接通电流时，灯管尚未放电，启辉器的触头处于开断位置，电路中没有电流，电源电压全部加在启辉器上，使其产生辉光放电而发热。启辉器中的 U 形金属片发热膨胀后，触头闭合，于是电源、镇流器、灯管两电极和启辉器构成一个闭合回路，产生电流，加热灯管的电极使它发射电子。这时因为启辉器两触头间的电压降为零，所以辉光放电停止，U 形金属片开始冷却，当它弯曲到能使触头断开时，在这一瞬间，镇流器两端能出现足够高的自感电动势，这个自感电动势与电源电压同时作用在灯管两极之间，使灯管产生弧光放电，使得涂在灯管内壁的荧光物质发出可见光。

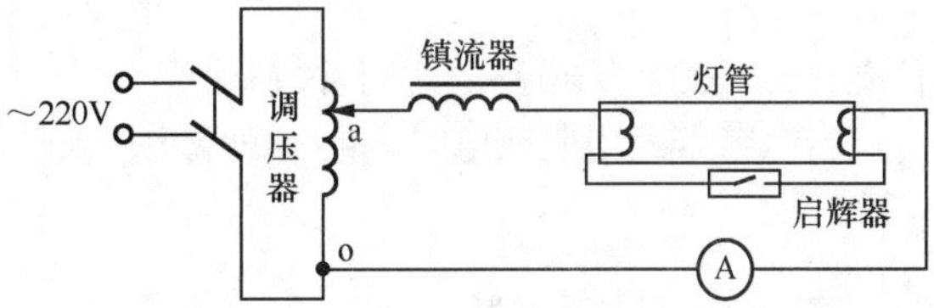

图 18-5　实验三的电路

灯管放电后，电流通过镇流器产生电压降，灯管两端电压即启辉器两端电压低于电源电压，不足以使启辉器放电，所以启辉器的触头不再闭合，这时电源、镇流器和灯管构成了通路。

18.3.3　实验设备

三相调压器 1 台、交流电流表 1 只、交流电压表 1 只、日光灯及实验板 1 套、导线若干。

18.3.4　实验内容与步骤

（1）实验线路如图 18-5 所示。接线经教师检查许可后，方能合上电源开关，将日光灯点亮。
（2）测量电压、电流记入表 18-5 中。

表 18-5　实验三的测试数据记录表

电压 U/V	镇流器电压 U_L/V	日光灯电压 U_d/V	电流 I/A
220			
200			

18.3.5 实验报告要求

（1）根据实验结果，以电流 $\dot{I}$ 为参考相量绘出 $\dot{U}_d$ 、$\dot{U}_L$ 和 $\dot{U}$ 的相量图。

（2）$\dot{U}_d$ 、$\dot{U}_L$ 和 $\dot{U}$ 三者能否构成直角三角形？分析误差产生的原因。

18.4 实验四 一阶电路

18.4.1 实验目的

（1）观察 RC 串联电路充放电现象，并测量电路的时间常数。

（2）验证对 RC 串联电路过渡过程分析所得理论结论的正确性。

（3）学习用示波器观察和分析电路的响应。

18.4.2 实验说明

1．*RC*电路充放电规律

一个理想电容 C 经电阻 R 接到直流电压源上，设电源电压为 U ，此时，电容的端电压 u_C 及充电电流 i_C 分别按指数规律变化，如下式所示

$$u_C = U(1-\mathrm{e}^{-t/\tau}),\quad t \geqslant 0_+$$

$$i_C = U\mathrm{e}^{-t/\tau}/R,\quad t \geqslant 0_+$$

其中，$\tau = RC$ 称为电路的时间常数。

当电容 C 经电阻放电时，电容的端电压及放电电流按如下规律变化

$$u_C = U\mathrm{e}^{-t/\tau},\quad t \geqslant 0_+$$

$$i_C = -U\mathrm{e}^{-t/\tau}/R,\quad t \geqslant 0_+$$

充放电曲线分别如图 18-6 和图 18-7 所示。

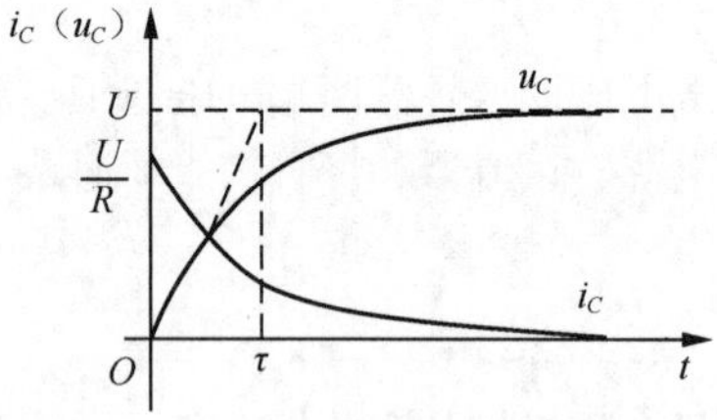

图 18-6 *RC* 电路的充电曲线

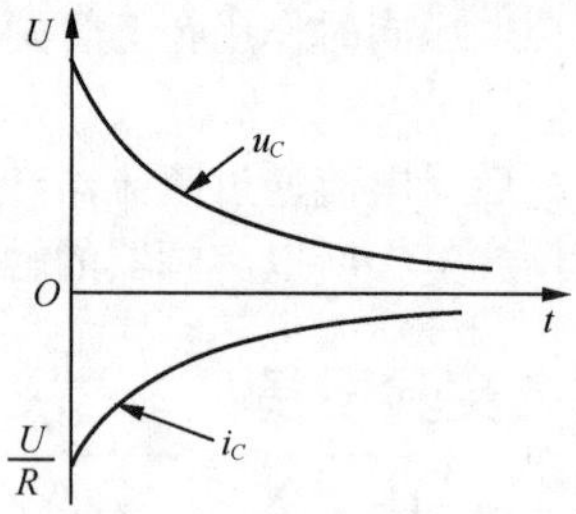

图 18-7 *RC* 电路的放电曲线

2．*RC*电路在方波作用下响应

当方波作用于 RC 电路时，如果电路的时间常数远小于方波的周期，响应可以视为是零状态响应和零输入响应交替重复的过程。方波前沿出现时就相当于电路在初始值为零时接入直流，响应就是零状态响应；方波后沿出现时就相当于在电容具有初始值 $u_C(0_-)$ 时把电源用短路置换，响应就是零输入响应。

为了清楚地观察到响应的全过程，可使方波的半周期 $T/2$ 和时间常数 $\tau = RC$ 保持 5∶1 左右的关系，由于方波是周期信号，可以用普通的示波器显示出稳定的图形，如图 18-8 所示。

3．通过波形估算时间常数

RC 电路充放电的时间常数可以从波形中估算出来，设时间坐标单位 t 确定，对于充电曲线来

说，幅值上升到终值的 63.2%所对应的时间即为一个 τ，如图 18-9（a）所示；对于放电曲线，幅值下降到初值的 36.8%所对应的时间即为一个 τ，如图 18-9（b）所示。

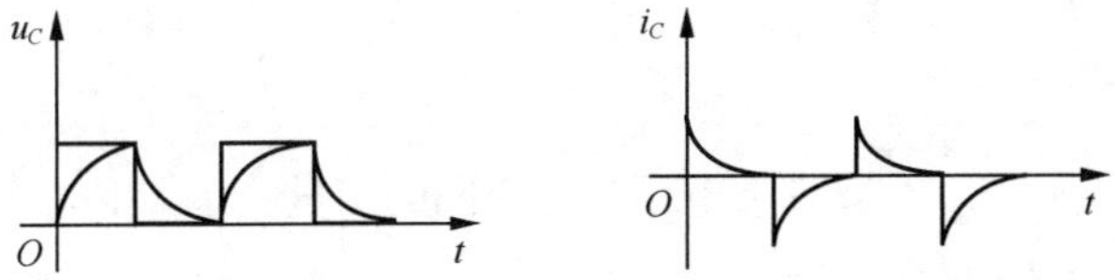

（a）电容电压波形　　（b）电容电流波形

图 18-8　*RC* 电路的方波响应曲线

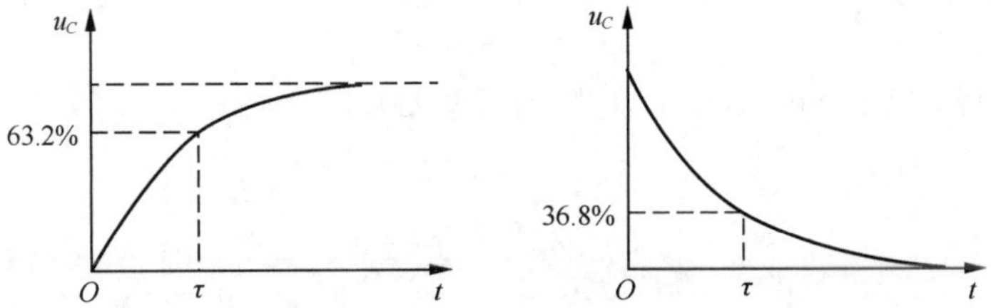

（a）充电曲线　　（b）放电曲线

图 18-9　*RC* 电路的充放电曲线

18.4.3　实验设备

信号发生器 1 台、双踪示波器 1 台、晶体管毫伏表 1 块、电阻箱 1 个、定值电容 1 只、导线若干。

18.4.4　实验内容与步骤

研究 *RC* 电路的方波响应：实验线路如图 18-10 所示，方波信号由信号发生器产生。

（1）取方波信号的幅值为 3V，频率 f=500Hz，R=10kΩ，C=0.1μF，此时 $RC=T/2$，观察并记录 u_C 和 i_C 波形。

（2）信号不变，取 R=1kΩ，C=0.1μF，此时 $RC<<T/2$，观察并记录 u_C 和 i_C 的波形。

（3）信号不变，取 R=100kΩ，C=0.1μF，此时 $RC>>T/2$，观察并记录 u_C 和 i_C 的波形。

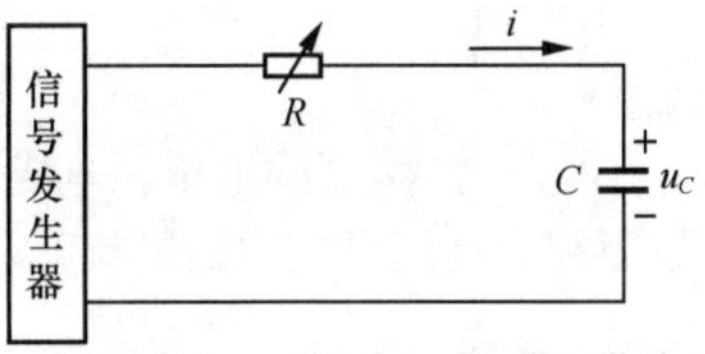

图 18-10　实验四的电路

注意，电流 i_C 的波形为电阻电压 u_R 的波形，此外，测量时信号发生器和示波器必须共地。

18.4.5　实验报告要求

（1）把观察到的各响应波形分别画在纸上，并作必要的说明。

（2）从方波响应 u_C 的波形中估算出时间常数 τ，并与计算值比较，分析误差产生的原因。

（3）分析实验结果，给出相应的结论。

18.5　实验五　正弦交流电路中 *R*、*L*、*C* 元件的特性

18.5.1　实验目的

（1）通过实验了解 *R*、*L*、*C* 在正弦电路中的基本特性，以及 *R*、*L*、*C* 各元件的电压和电流之

间的相位关系。

（2）学习用示波器观察和测量正弦交流电路中 R、L、C 的电压与电流之间的相位差。

18.5.2 实验原理

在正弦交流电路中，R、L、C 元件上电压与电流间的相量关系如下。

1．电阻元件

$$\dot{U} = R\dot{I}$$

电压与电流的相位差

$$\varphi = \varphi_u - \varphi_i = 0$$

电阻元件 R 两端的电压和电流同相，电阻与频率无关。

2．电容元件

$$\dot{U} = Z_C\dot{I} = -\mathrm{j}\frac{1}{\omega C}\dot{I}$$

电压与电流的相位差

$$\varphi = \varphi_u - \varphi_i = -90^\circ$$

阻抗模

$$|Z_C| = 1/\omega C$$

电容器 C 两端的电压和电流不仅和电容 C 的大小有关，而且与频率有关。ω 越高，电容器的阻抗越小，流过电容的电流就越大。同时，还表明流过电容的电流超前其端电压 90°。

3．电感元件

$$\dot{U} = Z_L\dot{I} = \mathrm{j}\omega L$$

电压与电流的相位差

$$\varphi = \varphi_u - \varphi_i = 90^\circ$$

阻抗模

$$|Z_L| = \omega L$$

电感 L 两端的电压和电流不仅和电感量 L 的大小有关，而且与频率有关。ω 越高，电感的阻抗就越大，流过电感的电流就越小，同时，还表明流过电感的电流落后于其端电压 90°。

18.5.3 实验设备

信号发生器 1 台、毫伏表 1 只、电感 1 只、电容 1 只、电阻 1 只、双踪示波器 1 台、导线若干。

18.5.4 实验内容与步骤

实验线路如图 18-11 所示。

（1）在 R_o=51Ω 情况下，测量 R、L、C 在频率为 1.5KHz 时的电压和电流的波形，分别画出 R、L、C 三种元件的电压和电流的波形，并叙述其相位关系，读出相位差。

（2）按表 18-6、表 18-7、表 18-8 分别测量 R、L、C 元件的频率特性，并画出频率特性曲线。

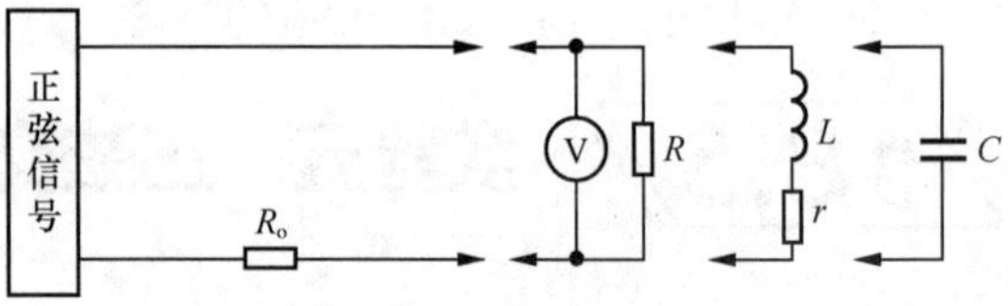

图 18-11 实验五的电路

表 18-6　实验五的测试数据记录表（1）（注：$I=U_{Ro}/R_o$、$X=U_R/I$）

f/Hz	200	400	600	800	1000	1200	1400	1600	1800	2000
U_R/V										
U_{Ro}/V										
I/mA										
X/Ω										

表 18-7　实验五的测试数据记录表（2）（注：$I=U_{Ro}/R_o$、$X=U_R/I$）

f/Hz	200	400	600	800	1000	1200	1400	1600	1800	2000
U_c/V										
U_{Ro} /V										
I/mA										
X/Ω										

表 18-8　实验五的测试数据记录表（3）（注：$I=U_{Ro}/R_o$、$X=U_R/I$）

f/Hz	200	400	600	800	1000	1200	1400	1600	1800	2000
U_L/V										
U_{Ro} /V										
I/mA										
X/Ω										

18.5.5　实验报告要求

（1）根据实验结果，说明 R、L、C 元件在交流电路中的性能。

（2）根据实验结果，画出不同元件两端电压与电流在同一频率下（任选一频率）的相量图。

（3）分析产生误差的原因，提出减小误差的实验方法，并说明原因。

18.6　实验六　*RLC* 串联谐振电路

18.6.1　实验目的

（1）测定 RLC 串联电路中 X_L、X_C、X 的频率特性及谐振特性曲线。

（2）了解 Q 值的物理意义，绘制通用的谐振曲线。

18.6.2　实验原理

（1）在 RLC 串联电路中，当外加正弦交流电压的频率改变时，电路的感抗、容抗和总电抗都随着电源频率的改变而变化，这些元件参数随频率而变的特性绘成曲线就是它们的频率特性曲线，如图 18-12 所示。

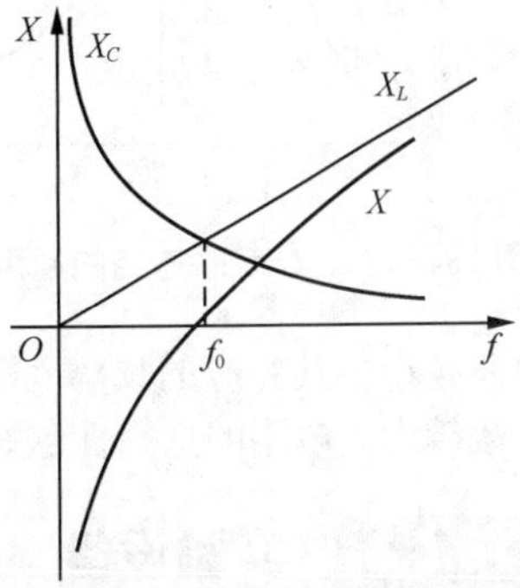

图 18-12　感抗、容抗和总电抗的频率特性曲线

由于

$$X_L=\omega L$$

$$X_C=\frac{1}{\omega C}$$

$$X=X_L-X_C=\omega L-\frac{1}{\omega C}$$

$$Z=\sqrt{R^2+(X_L-X_C)^2}$$

当 $X_L=X_C$ 时：$X=0$，$Z=R$，$\cos\Phi=1$，电路呈电阻性。这种工作

状态称串联谐振，此时频率为

$$\omega_0 = \frac{1}{\sqrt{LC}}$$

ω_0 称为谐振角频率

$$f_0 = \frac{1}{2\pi\sqrt{LC}}$$

f_0 称为谐振频率。

（2）固定外加电压的大小而改变其频率时，电路中各元件的电压 U_L、U_C、U_R 及电流 I 也会由于元件的频率特性的影响而产生变化。我们将 U_L、U_C 及 I 随频率变化的过程绘制成曲线，称为谐振曲线，如图 18-13 所示。

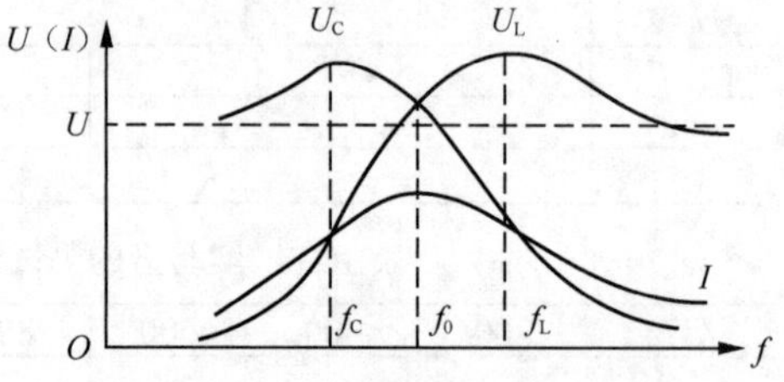

图 18-13　RLC 串联电路的谐振曲线

当 $\omega=\omega_0$ 时，$I_{max}=U/R$。

当 $\omega = \omega_0\sqrt{\dfrac{2-\dfrac{1}{Q^2}}{2}}$ 或 $\omega = \omega_0\sqrt{\dfrac{2}{2-\dfrac{1}{Q^2}}}$ 时，有

$$U_{C\max} = U_{L\max} = \frac{2U}{\frac{1}{Q}\sqrt{4-\frac{1}{Q^2}}}$$

注意，只有在 $Q \geqslant 1/\sqrt{2}$ 的条件下，$U_{L\max}$、$U_{C\max}$ 才能出现。

（3）串联谐振时电感上的电压或电容上的电压和外加电压之比定义为串联电路的品质因数，以 Q 表示有

$$Q = U_L / U = U_C / U = \omega_0 L / R = (1/\omega_0 C)/R = \sqrt{L/C}/R$$

根据 Q 的大小，L、C 的电压可大于或等于外加电压。谐振时，电感和电容的电压为

$$U_L=U_C=QU$$

显然，R、L、C 串联电路的谐振曲线是在某一确定的 Q 值之下画出的，如果将谐振曲线中的 $I(\omega)$ 特性曲线以 I/I_0（$I_0=U/R$，谐振时的电流值）为纵坐标、以 ω/ω_0 之比为横坐标来绘制，即得出电路的通用谐振曲线 $I/I_0(\omega/\omega_0)$。此曲线的形状与品质因数有关，它的表达式为 $\dfrac{I}{I_0} = \dfrac{1}{\sqrt{1+Q^2(\dfrac{\omega}{\omega_0}-\dfrac{\omega_0}{\omega})^2}}$。

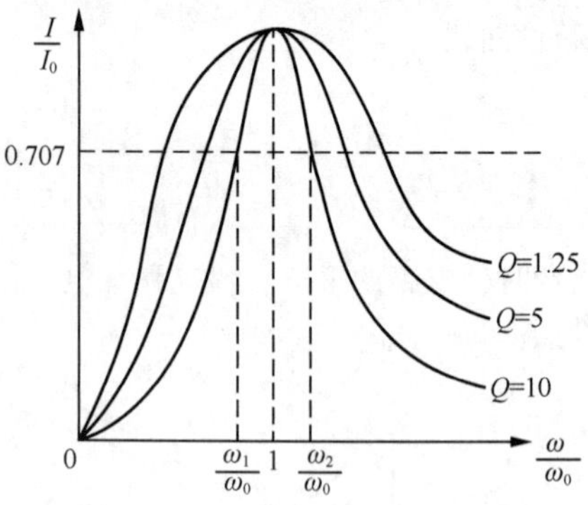

图 18-14　RLC 串联电路的通用谐振曲线

当电路的 L 及 C 值维持不变，只改变 R 的大小时可以做出不同的 Q 值曲线，如图 18-14 所示。Q 值越大曲线越尖锐，反之越平坦。在这些不同 Q 值的谐振曲线上，通过纵坐标值为 0.707 处作一平行于横坐标直线交各谐振曲线于 ω_1/ω_0 和 ω_2/ω_0 两点，Q 值越大，这两点间的距离越小，其对应的频率范围 $\omega_2\sim\omega_1$ 称为通频带。可以证明 $Q=\omega/(\omega_2-\omega_1)$，该式说明电路的品质因数越大，电路的选择性越好，相对通频带 $(\omega_2-\omega_1)/\omega_0$ 越小，这就是 Q 值的物理意义。

18.6.3 实验设备

信号发生器 1 台、晶体管毫伏表 1 只、高频波电阻箱 1 块、定值电感、电容各 1 只、导线若干。

18.6.4 实验内容与步骤

实验线路按图 18-15 接线，经教师检查后将电路接通。

（1）设 R 为串联谐振电路回路的等效电阻，r 为实际电感的等效电阻。保持信号发生器端电压 U_s=1V，选 Q=1.25，此时 R=800Ω，L=0.1H，C=0.1μF。取 $R_0=R-r$，调电源频率由大到小（100Hz～10000Hz），粗略测出谐振频率 f_0（理论值为 $f_0=\dfrac{1}{2\pi\sqrt{LC}}\approx 1590\,\text{Hz}$）、$f_C$、$f_L$。在 f_C 与 f_0、f_L 与 f_0 的中间处各选一频率记入表 18-9 中的空白处，与之对称的在 f_L 与 f_C 处各选一频率填入表 18-9 中，然后逐点精确调节电源频率（各点均保持外加电压 U_s=1V），用晶体管毫伏表测量元件在不同频率时的端电压 U_{R0}、U_C 及 U_L，做出 U、U_C 及 U_L 的谐振曲线。同时计算 X_L、X_C 随频率的变化，并做出 X_L、X_C、$X=X_L-X_C$ 的特性曲线，记入表 18-9 中相应的栏目中。

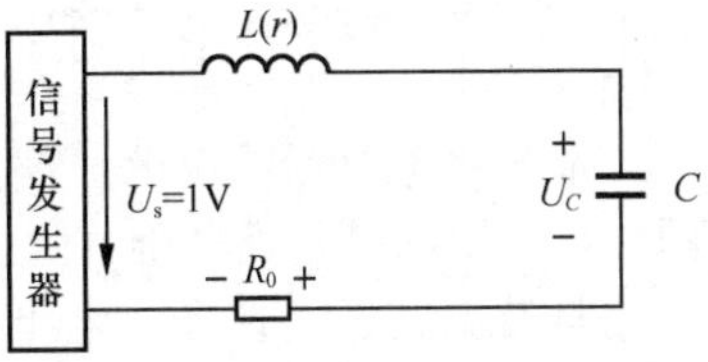

图 18-15　电路实验六的实验电路

表 18-9　实验六的测试数据记录表

f/Hz	100	300	600	800		f_C		f_0		f_L		3000	4000	6000
U_{R0}/V														
U_C/V														
U_L/V														
I/mA														
U_x/V														
X_C/Ω														
X_L/Ω														
X/Ω														

（2）仍保持信号发生器的端电压 U_s=1V，L、C 不变。选 Q=5，即 R=200Ω，$R_0=R-r$。逐点调节电源频率，测出 U_{R0}、U_C。选 Q=10，即 R=100，$R_0=R-r$。逐点调节电源频率，测出 U_{R0}、U_C。重复（1）的操作步骤，自拟表格，将实验结果填入表中。

18.6.5 实验报告要求

（1）分别画出理论值 Q_1=1.25、Q_2=5、Q_3=10 时，$I/I_0=F(\omega/\omega_0)$三条通用谐振曲线，分别找出通频带上下限 ω_2 和 ω_1 的值，通过 $Q=\omega_2-\omega_1/\omega_0$ 及 $Q=U_C/U$ 计算理论值 Q_1、Q_2、Q_3，比较并验证原理。

（2）绘制 Q=1.25 时的谐振曲线及频率特性曲线。

18.7 实验七　单管共射放大电路

18.7.1 实验目的

（1）测定静态工作点对波形失真及放大电路工作状态的影响，加深对工作点意义的理解。

（2）掌握放大电路动态指标的测试方法。

18.7.2 实验原理

参见本书 9.3、9.4 节内容。

18.7.3 实验设备

实验电路板 1 块、直流稳压电源 1 台、函数信号发生器 1 台、双踪示波器 1 台、晶体管毫伏表 1 台、万用表 1 块、导线若干。

18.7.4 实验内容与步骤

本实验电路为一个分压偏置共射放大电路，如图 18-16 所示，基极电压由 R_{b1} 和 R_{b2} 分压确定。该电路具有温度稳定性好、电压增益高等特点。为防止调节 R_P 可能造成 I_b 过大情况的出现，在 R_{b1} 中设置了一个固定的 20kΩ 电阻；反馈电阻 R_e 串联在发射极电路中，起稳定静态工作点的作用。C_e 为交流旁路电容。放大后的交流信号通过耦合（隔直）电容 C_2 输出。

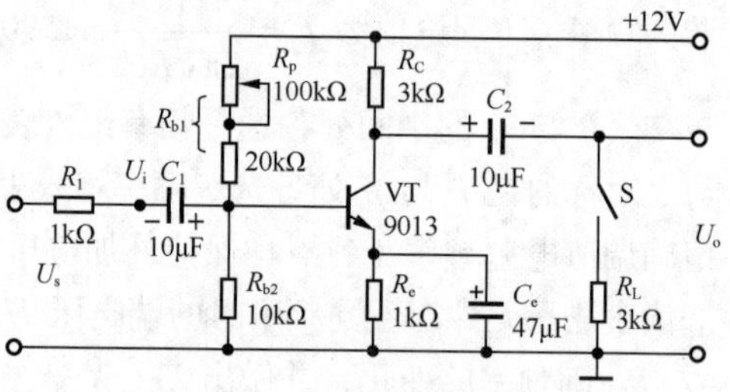

图 18-16 单管共射放大电路

1．静态工作点的测量

调节 R_P，使 I_c=1.5MA（此时 U_{Rc}=4.5V），测量并记录此时的 U_{ce}。

2．放大倍数的测量

输入电压为 5mV、频率为 1kHz 的信号，用示波器观察 U_o 的波形。在 U_o 不失真的条件下，分别测量当 $R_L=\infty$ 和 $R_L=3\text{k}\Omega$ 时的电压放大倍数，并记录在表 18-10 中。

3．输入电阻的测量

测试电路如图 18-17 所示。在信号源输出与放大电路输入端之间，串联一个已知电阻 R（R 的值以接近 R_i 为宜）。在输入波形不失真情况下用晶体管毫伏表分别测量出 U_s 与 U_i 的值并填入表 18-11，可算出输入电阻为

$$R_i = U_i R / (U_s - U_i)$$

其中，U_s 为信号源的输出电压，U_i 为放大电路的输入电压。

表 18-10 测量电压放大倍数

R_L	U_i	U_o	A_u
∞	5mV		
3kΩ	5mV		

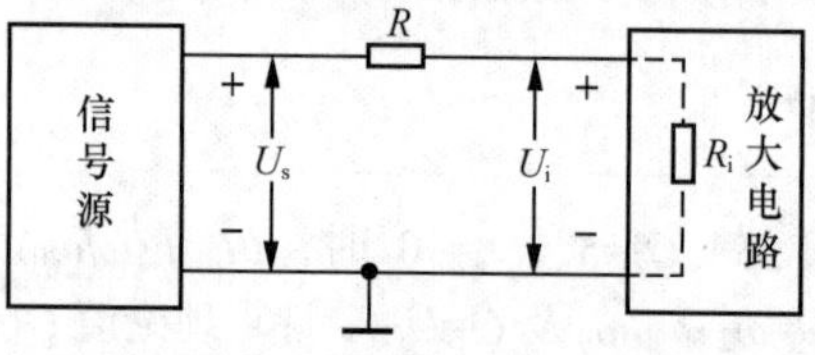

图 18-17 输入电阻测试电路

表 18-11 输入电阻测量

U_s	U_i	R	R_i

放大电路的输入电阻可用来反映放大电路与信号源的关系。若 $R_i \geqslant R_s$（R_s 为信号源内阻），放大电路从信号源获取的电压较大；若 $R_i \leqslant R_s$，放大电路从信号源获取的电流较大；若 $R_i=R_s$，则放大电路从信号源获取的功率最大。

4．输出电阻的测量

放大电路的输出电阻 R_o 可反映其带负载的能力，R_o 越小，带负载的能力越强。当 $R_o << R_L$ 时，放大电路可等效成一个恒压源。测量放大电路输出电阻的电路如图 18-18 所示。

图 18-18 中，负载电阻 R_L 应选择与 R_o 接近。在输出波形不失真的情况下，首先测量 R_L 未接入时（即放大电路负载开路时）的输出电压 U_o 值，然后再测量接入 R_L 后放大电路负载上的电压 U_{oL}，填入表 18-12。则放大电路输出电阻为

$$R_o = (U_o / U_{oL} - 1) R_L$$

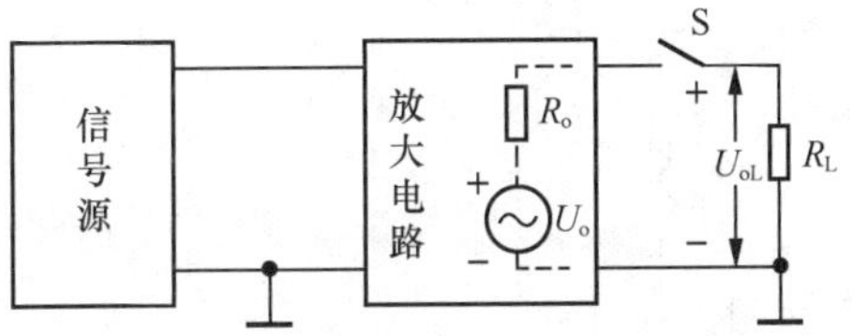

图 18-18 输出电阻测试电路

表 18-12 输出电阻测量

U_o	U_{oL}	R_L	R_o

5．观察工作点对输出波形 U_o 的影响

按表 18-13 要求，观察 U_o 的波形，在给定条件①的情况下，增加 U_s 直到 U_o 波形的正或负峰值刚要出现削波失真时，描下此时 U_o 的波形，并保持 U_s 的值不变。

表 18-13 给定条件下的 U_o 的波形

给定条件	U_o 的波形	U_{ce}
①维持实验步骤②的静态工作点 $R_L=\infty$		
②R_W 不变 $R_L=3k\Omega$		
③R_W 最大 $R_L=\infty$		
④R_W 最小 $R_L=\infty$		

18.7.5 实验报告要求

（1）整理实验数据，对实验结果进行分析总结。

（2）简述静态工作点的选择对放大电路性能的影响。

（3）总结共射放大电路的特点。

18.8 实验八 差动放大电路

18.8.1 实验目的

（1）了解差动放大电路的性能特点，并掌握提高其性能的方法。

（2）学会差动放大电路电压放大倍数测量方法，计算共模抑制比 CMRR。

18.8.2 实验原理

参见本书 10.2 节内容。

18.8.3 实验设备

实验电路板 1 块、直流稳压电源 1 台、函数信号发生器 1 台、万用表 1 块、双踪示波器 1 台、晶体管毫伏表 1 台、导线若干。

18.8.4 实验内容与步骤

本实验电路如图 18-19 所示。

1．测量静态工作点

先调零（调零方法：将 IN_1、IN_2 两点短接并接地，调整 R_W 使 $U_o=U_{o1}-U_{o2}=0V$），然后测量静态工作点，结果填入表 18-14 中。

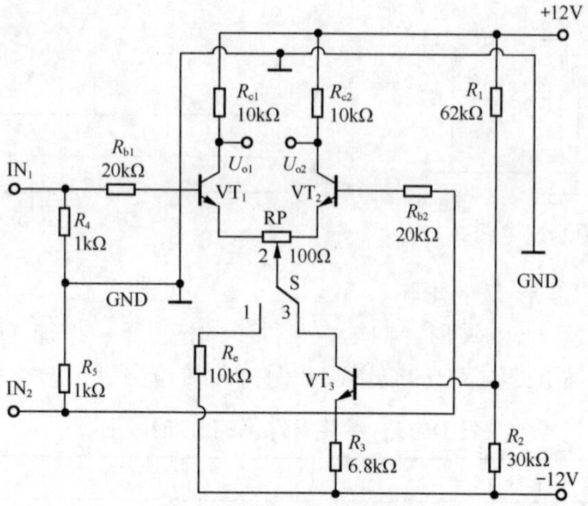

图 18-19 差动放大电路

表 18-14 静态工作点测量

	U_{b1}	U_{c1}	U_{e1}	U_{b2}	U_{c2}	U_{e2}
K 合到 1						

2．测量单端输入差模电压放大倍数

将 U_i=30mV、f=1kHz 交流信号加在 IN_1 与地之间，同时将 IN_2 接地，测 U_{o1}、U_{o2}、U_o 值，并将结果填入表 18-15 中。

表 18-15 差模电压放大倍数测量

	U_{o1}	U_{o2}	U_o	A_{d1}	A_{d2}	A_d
K 合到 1						
K 合到 3						

3．测量共模电压放大倍数

将 IN_1、IN_2 两点短接，并将 U_i=100mV、f=1kHz 交流信号接到 IN_1（IN_2）与地之间，测量 U_{o1} 与 U_{o2} 的值，并将结果填入表 18-16 中。

表 18-16 共模电压放大倍数测量

	U_{o1}	U_{o2}	U_o	A_{c1}	A_{c2}	A_c
K 合到 1						
K 合到 3						

4．计算共模抑制比 CMRR

18.8.5 实验报告要求

（1）整理实验数据，分析实验结果。

（2）总结差分放大电路的特点。

18.9 实验九 TTL 与非门测试

18.9.1 实验目的

（1）学会 TTL 与非门电路的参数测试方法。

（2）学会用示波器观测传输特性曲线。

（3）加深理解 TTL 与非门电路的外特性及使用条件。

18.9.2 实验原理

参见本书 15.3 节内容。

数字电路的实验，通常是加入矩形脉冲信号（或其他冲激信号）来研究其瞬态特性响应。因此必须选用能产生各种脉冲波的多用信号源。

为了能观察和测定频域很宽的脉冲信号的幅度、频率、相位及脉冲参数，比较输入与输出信号的相互关系，必须选用触发扫描的双线示波器。

本实验所用 TTL 芯片为 74LS00 与非门，它为双列 14 脚扁平封装集成块，内含四个二输入与非门，其俯视图如图 18-20 所示。

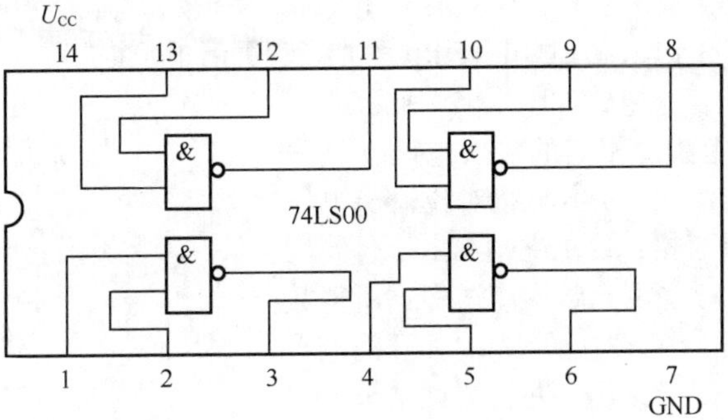

图 18-20 74LS00 俯视图

18.9.3 实验设备

74LS00 芯片 1 片、数字电路实验板 1 块、稳压电源 1 台、信号源 1 台、示波器 1 台、晶体管毫伏表 1 台、数字万用表 1 台、频率计 1 台。

18.9.4 实验内容与步骤

1．与非门逻辑功能的测试

（1）逻辑功能测试

按图 18-21 接好电路，输入信号用开关输入电路产生，输出电平关系用二极管显示。测试 74LS00 功能表，将测试结果记入表 18-17 中。

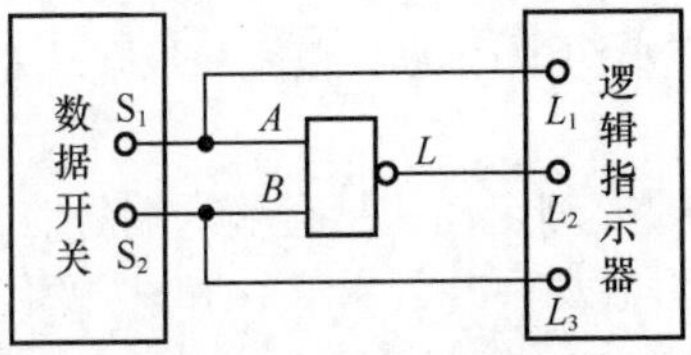

图 18-21 逻辑功能测试图

表 18-17 测试结果

A	B	L
0	0	
0	1	
1	0	
1	1	

（2）数据功能测试

按图 18-22 接好电路，在 74LS00 的一个双连输入端加上一个数字脉冲信号 N，其幅值为 3V，频率为 1kHz，控制信号由手动开关产生，观察手动开关对示波器显示波形的影响，并作出解释。

将 B 输入端换成 3V、10kHz 的正矩形波，观察示波器的波形变化，并作出解释。

2．电压传输特性曲线的测试

（1）用示波器进行测试。实验电路如图 18-23 所示。

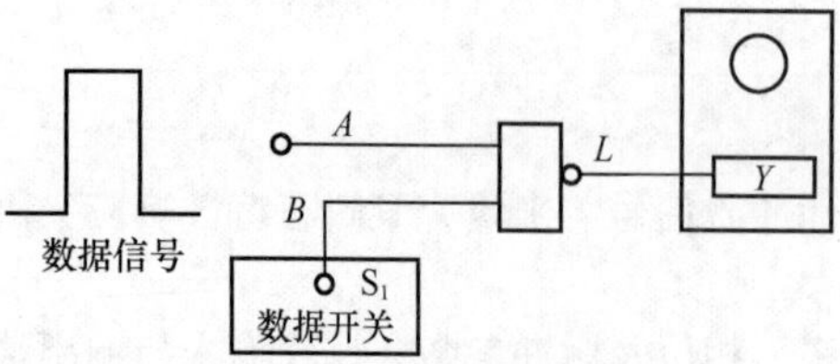

图 18-22　数控功能测试图

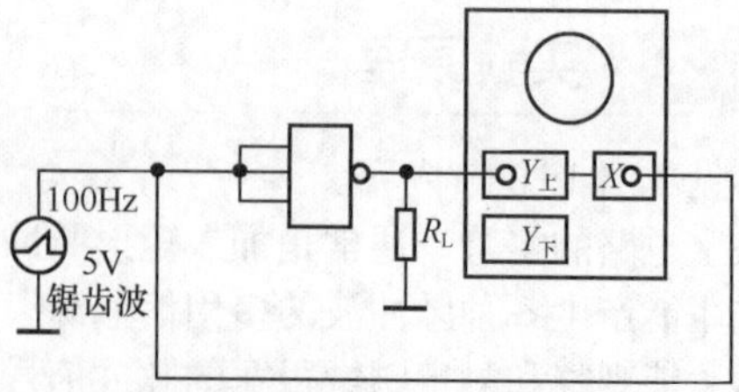

图 18-23　用示波器测与非门传输特性曲线图

① 将信号源输出锯齿波送入示波器，观察其波形和幅值，使其变化范围在 0～U_{CC}。

② 按图 18-23 接好电路，将锯齿波送入示波器 X 输入端用作横轴扫描信号，同时作为二输入与非门的输入信号，将 74LS00 输出信号送入 Y 输入端，调整示波器，便可观察到传输特性曲线。

③ 试解释以上实验的原理，并测出开门电平 U_{ON} 和关门电平 U_{OFF}。

（2）用电压表测试。实验电路如图 18-24 所示。

滑动变阻片触头便能获得相应的输入电压，从表 V_1 读出输入电压值，从表 V_2 读出与之对应输出电压值。自己设定测点及记录表格，要求在输出电压过渡区间（U_{ON} 和 U_{OFF} 之间）增加测点数密度。根据所得数据作出传输曲线，求出相应关门电平 U_{OFF} 和开门电平 U_{ON}，与示波器所测结果进行比较，并对测试结果给出评价，并初步分析实验误差。

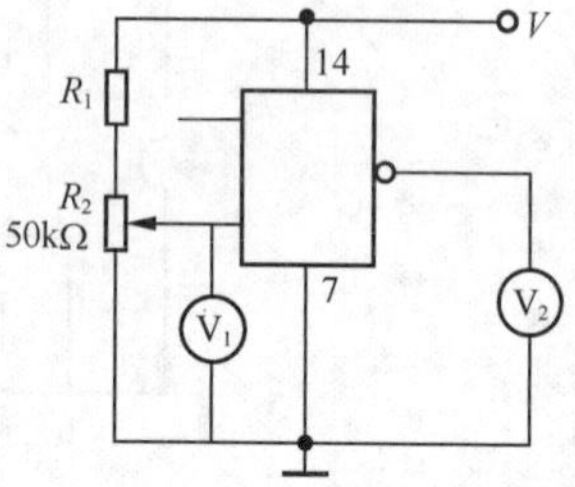

图 18-24　用电压表测与非门传输特性曲线

3．主要参数的测试

测试 TTL 与非门主要参数的电路如图 18-25 所示。

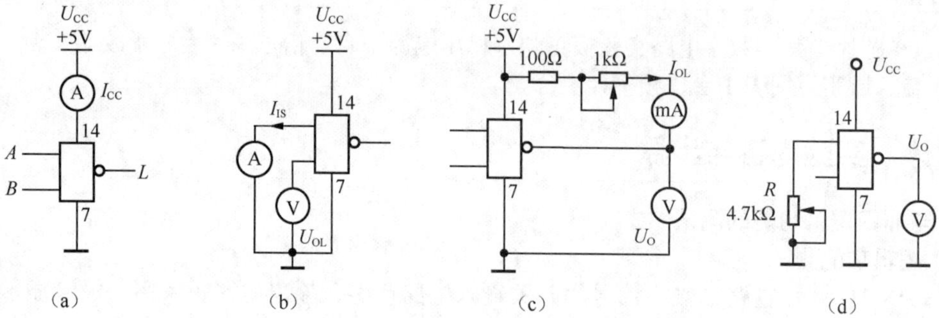

图 18-25　测各参数的对应的典型电路

图 18-25（a）用于测量空载功耗 P_{ON}，要求同时测定电源电压 U_{CC} 和任一悬空端对地电压是否满足对应要求，计算 $P_{ON}=U_{CC}I_C$。

图 18-25（b）用于测量低电平输入电流 I_{IS} 值，同时要求测定任一悬空输入端对地电压。

图 18-25（c）用于测量最大负载电流 I_{OL}，调整电阻器观察并记录 U_O 和 I_L 变化值的变化情况，当 $U_O\approx0.4V$ 时，此时的负载电流值就是允许灌入的最大负载电流值 I_{OL}（切记：要确保所得电流值不得超过 20mA，以免损坏器件）。要求在老师的指导下测出 I_{OL} 值，并计算扇出系数，以及对器件带负载能力的有关问题展开讨论。

图 18-25（d）用于测试关门电阻 R_{OFF} 和开门电阻 R_{ON}，改变可变电阻 R，观察 U_O 的变化情况，画出 U_O—R_w 的关系曲线，并在曲线上求出 R_{OFF} 和 R_{ON}（输出电压标准值的 0.707 倍所对应的 R_w 值），理解在器件工作过程中下拉电阻（上拉电阻）阻值的制约条件，并就其对输入电平的影响展开讨论。

在以上参数测试完成后，从手册中查出 74LS00 参考值，并与实验值进行比较，判断器件性能的好坏。

18.9.5 实验报告要求

（1）示波器传输曲线只需定性描述，万用表所测传输曲线应用坐标纸精确描出。

（2）实验参数测量应注明各多余引脚的处理方案，并描述各参数测量原理。

18.10 实验十 中规模集成组合逻辑功能件的应用

18.10.1 实验目的

（1）理解中规模组合逻辑功能块的功能及应用原理。

（2）了解输入逻辑电平产生电路的原理及方法。

（3）理解数字功能电路构成原理，学会组成逻辑电路的设计方法。

18.10.2 实验原理

中规模集成（Medium Scale Integration，MSI）电路是一种具有专门功能的集成元件，常用的组合功能件有译码器、编码器、数据选择器、数据比较器和全加器等。和小规模集成电路不同，在使用 MSI 电路时，器件的各控制输入端必须按逻辑要求接入电路，不允许悬空。

实验原理参见本书 15.6 节的内容。

18.10.3 实验设备

数字逻辑实验台（提供开关输入和 LED 显示电路）、74LS283 芯片 2 片、或非门 1 片、与非门 1 片。

18.10.4 实验内容与步骤

本实验要求设计电路实现一位十进制 BCD 码加法电路，即当 $A_3A_2A_1A_0$ 与 $B_3B_2B_1B_0$ 相加结果 $S_3S_2S_1S_0$ 小于 1010（1001 及以下数字）时，相加结果直接输出；当 $S_3S_2S_1S_0$ 大于 1010（或等于）时或有进位信号 C_{n+4} 时，再将此时的本位信号加上 6，即 0110（BCD 码），从而得到本位信号。其可行的电路结构如图 18-26 所示。

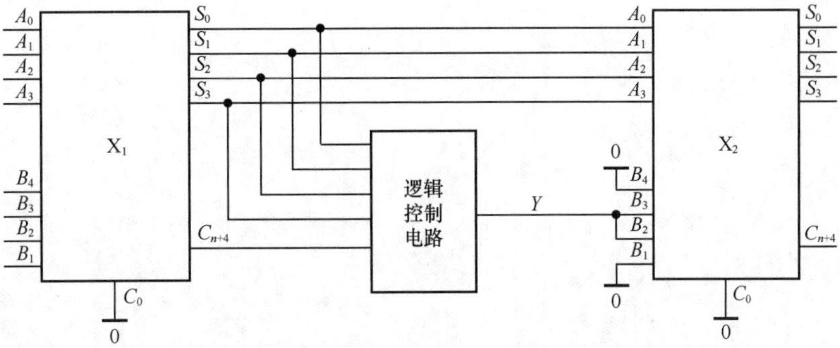

图 18-26 一位十进制 BCD 码加法电路

将 X_1 两数相加结果与 1001 比较，当大于 1001 时，逻辑控制电路输出有效，从而使第二个芯

片 X_2 的 B 口输入为 0110，输出为本位的十进制数 BCD 码，同时，当前一个芯片 X_1 进位信号 $C_{n+4}=1$ 时，此时即使 X_1 的输出小于 1001，但两数之和大于 1001，故也应使逻辑控制输出 Y 为高电平，X_2 的 B 口输入为 0110。当两块芯片的 C_{n+4} 中有一个有进位时则应产生向高位进位的信号。

47LS283 是四位二进制超前进位全加器，其俯视图如图 18-27 所示。

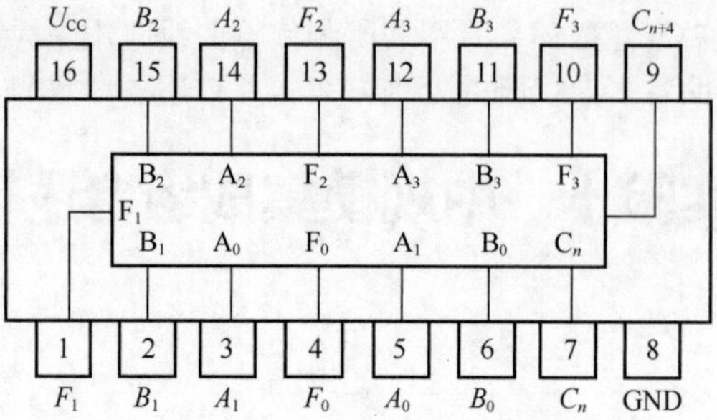

图 18-27　47LS283 俯视图

图 18-27 中，C_n 为最低位进位信号输入，C_{n+4} 为最高位向上进位信号输出，$A_3A_2A_1A_0$、$B_3B_2B_1B_0$ 分别为二进制数输入端，$F_3F_2F_1F_0$ 为二进制相加结果的本位信号，当 $F_3F_2F_1F_0=1111$ 时，再加 1，则变为 0000，并产生向上的进位输出。

具体要求如下。

（1）查阅器件 74LS238 的功能表，得到详细电路图（特别要注意控制端的处理）。

（2）设计电路结构图中的逻辑控制电路，要求用或非门和非门实现前述中的逻辑控制关系。

（3）用开关输入一组 BCD 码范围内的 $A_3A_2A_1A_0$、$B_3B_2B_1B_0$ 值，用发光管显示 $S_3S_2S_1S_0$ 来检查电路是否工作正常。

（4）当输入 $A_3A_2A_1A_0$ 大于 1001 时（非 BCD 码），检验输出结果。

18.10.5 实验报告要求

（1）介绍设计过程，画出详细电路图。

（2）将实验现象进行详细记录，并写出心得体会。